新工科建设之路·电子信息类教材

电气工程、自动化专业教材

FX 系列 PLC 编程及应用

彭建盛　主　编

卢森幸　陆正杰　邹清平　副主编

電子工業出版社

Publishing House of Electronics Industry

北京·BEIJING

内 容 简 介

“PLC 编程及应用”是电气自动化技术及相关专业的核心课程，是针对自动化设备装配调试岗位的典型工作任务而设置的课程。学生通过该课程学习，能掌握PLC内部资源、编程指令及程序设计等基本知识，并具备PLC控制系统设计、安装、调试及维护的能力。本书详细介绍三菱FX系列PLC编程基础、触摸屏、程序设计方法及工程应用，着重介绍了步进电动机的PLC控制、伺服电动机控制系统、编码器与变频器的PLC控制。全书通过实例引导读者从学习编写简单程序入手，逐步完善功能，最终结合工程实例介绍开发完整的PLC控制系统的方法和技巧。全书重点突出，层次分明，注重知识的系统性、针对性和前瞻性，注重理论与实践的结合，培养工程应用能力。

本书可作为普通高等学校自动化、电气工程及其自动化，职业院校机电类、电气类、数控类等相关专业的教学用书，也可供有关工程技术人员参考使用。

图书在版编目（CIP）数据

FX 系列 PLC 编程及应用 / 彭建盛主编. —北京：电子工业出版社，2021.9
ISBN 978-7-121-41856-3

Ⅰ. ①F…　Ⅱ. ①彭…　Ⅲ. ①PLC 技术－程序设计－高等学校－教材　Ⅳ. ①TM571.6

中国版本图书馆 CIP 数据核字（2021）第 172224 号

责任编辑：刘　瑀
印　　刷：北京七彩京通数码快印有限公司
装　　订：北京七彩京通数码快印有限公司
出版发行：电子工业出版社
　　　　　北京市海淀区万寿路 173 信箱　邮编：100036
开　　本：787×1 092　1/16　印张：25.25　字数：747 千字
版　　次：2021 年 9 月第 1 版
印　　次：2025 年 1 月第 4 次印刷
定　　价：76.00 元

凡所购买电子工业出版社图书有缺损问题，请向购买书店调换。若书店售缺，请与本社发行部联系，联系及邮购电话：（010）88254888，88258888。

质量投诉请发邮件至 zlts@phei.com.cn，盗版侵权举报请发邮件至 dbqq@phei.com.cn。

本书咨询联系方式：（010）88254115，liuy01@phei.com.cn。

前　言

作为工业自动化三大支柱之一，PLC 具有可靠性高、抗干扰性好、编程简单、通用性好等优点，目前已广泛应用于机械制造、能源采矿、石油化工、金属冶炼、交通运输、航空航天等诸多行业，并发挥着越来越重要的作用。本书以培养应用型高技能人才为根本目标，以电气自动化、机电一体化等专业工作岗位的能力需求为依据，突出技术应用性和针对性，注重实践能力的培养，兼顾理论教学、实践技能等内容。围绕 PLC 控制系统，结合工程实践，本书引入行业企业中典型、实用、操作性强的工程项目，内容翔实、案例丰富，共 10 章，主要包括 PLC 概述、FX 系列 PLC 硬件系统、FX 系列 PLC 编程基础、FX 系列 PLC 应用指令、触摸屏、FX 系列 PLC 程序设计方法及其应用、FX 系列 PLC 的工程应用、步进电动机的 PLC 控制、伺服电动机控制系统、编码器与变频器的 PLC 控制。每章均结合生产实际，具有很强的实用性和针对性，并配有习题以进行能力提升。

本书具有以下突出特色。

1．力求内容与工程实践对接。本书融入了步进电动机、伺服电动机、编码器与变频器的大量内容，内容更加接近生产实际。

2．力求学习过程与生产过程对接。本书采用“理实一体化”的思路，在每一个章节的内容安排上，都有对相关知识的介绍和具体实例的实施指导，可以实现一体化教学，使读者在完成实例的过程中对相关知识融会贯通。

3．力求从以能力为本位的角度出发，打造轻松的学习环境。本书提供了大量编程实例，以崭新的视角将理论与实践有机结合起来，并以图文并茂的方式呈现给读者。

4．力求专业术语解释通俗易懂。

5．根据生产现场和技术发展的需要，本书增加了 GX Developer 编程软件的使用内容，以使读者掌握先进的编程方法和控制方法。本书利用触摸屏控制 PLC，使读者不使用硬件设备就能够直观、形象地学习 PLC。

本书配套视频课程，课程的网址为 https://www.xueyinonline.com/detail/214290875。本书提供电子课件、视频教程、实例代码、实验等配套资源。读者可登录华信教育资源网（www.hxedu.com.cn）免费下载。由于编者水平有限，书中难免存在不妥和错误之处，恳请广大读者批评指正。

编　者

目　录

第1章 PLC概述

1.1 PLC的定义和结构特点

1. PLC的定义

传统的生产机械自动控制系统采用继电器控制，系统结构简单、操作简单、价格便宜，适用于工作模式固定、要求比较简单、控制速度较慢的场合，目前广泛应用在工业生产中。

随着自动化技术、计算机技术、通信技术的飞速发展，工业生产得到飞速发展。现代社会要求工业产品更新换代周期短，要求企业能够生产出多类型、多规格、小批量、高品质而低成本的产品。传统的继电器控制系统存在着设计制造周期长、维修和改变控制逻辑困难等缺点，不能适应工业的现代化发展。为了适应生产需求，可编程逻辑控制器（Programmable Logic Controller，PLC）成了通用的工业控制装置，它的基本原则包括：

① 用计算机代替继电器进行控制；

② 用程序代替硬件接线；

③ 输入/输出（I/O）电平可与外部装置直接相连；

④ 结构易于扩展。

PLC以微处理器（CPU）为核心，是把自动化技术、计算机技术、通信技术融为一体的自动控制装置，在编程方面采用了面向生产、用户的语言，打破了以往必须由具有计算机专业知识的人员进行编程的限制，得到了广泛推广和应用。

国际电工委员会（IEC）1987年对PLC的定义如下。可编程逻辑控制器是一种数字运算操作电子系统，专为工业环境下的应用而设计。它采用了可编程的存储器，用来在其内部存储执行逻辑运算、顺序控制、定时、计数和算术运算等操作的指令，并通过数字或模拟的输入和输出，控制多种类型的机械或生产过程。可编程逻辑控制器及其有关的外围设备，都应按易于与工业控制系统形成一个整体、易于扩充其功能的原则设计。

2. PLC的基本功能

（1）逻辑控制功能

逻辑控制功能实际上就是位处理功能，是PLC最基本的功能。PLC设置了“与”“或”“非”逻辑，可根据外部现场如开关、按钮或其他传感器的状态，按照自定的逻辑进行处理，将结果输出到现场被控制的对象上，如电磁阀、接触器、继电器、指示灯等。

（2）定时控制功能

PLC中有许多可供用户使用的定时器，功能类似于继电器线路中的时间继电器。定时器有一个设定值，也就是定时的时间，可以在编程时设定，也可以在运行过程中根据需要进行更改。

（3）计数控制功能

PLC为用户提供了多个计数器，计数器计到某一设定值时会产生一个状态信号，PLC利用该状态信号实现对某个操作数的计数控制。计数设定值可以在编程时设定，也可以在运行过程中根据需要进行更改。

（4）步进控制功能

PLC 为用户提供了若干个控制器，可以实现以时间、计数或者其他指定的逻辑信号为转移条件的步进控制，即在一道工序完成以后，在满足转移条件时自动进行下一道工序，FX 系列 PLC 都有专用的步进控制指令，利用步进控制指令编程十分方便。

（5）数据处理功能

FX 系列 PLC 都具有数据处理功能，可实现算术运算、数据比较、数据传送、数据移位、数据转换、译码、编码等操作。现在，PLC 的数据处理功能更加齐全，可以完成开方、PID 运算、浮点运算等操作。

（6）A/D、D/A 转换功能

在许多工业控制系统中，其控制对象除了数字量，还有模拟量，如温度、压力、液位等。为了适应现代工业控制系统的需求，PLC 还具有 A/D、D/A 转换功能。

（7）监控功能

PLC 具有监控功能，用户可以利用编程器或者监视器对 PLC 的运行状态进行监视。

（8）通信联网功能

采用通信技术，可以实现多台 PLC 之间的同位连接，PLC 与计算机之间的通信连接等。利用 PLC 之间的同位连接，可以把数十台 PLC 用同级或者分级的方式连成网络，使各台 PLC 的输入/输出（I/O）状态互相透明；利用 PLC 和计算机之间的通信连接，可以用计算机（上位机）连接数十台 PLC 进行现场控制。

（9）断电记忆功能

PLC 内部的部分存储器所使用的 RAM 中设置了断电保持器，以保证断电后这部分存储器中的信息不会丢失。

（10）故障诊断功能

PLC 可以对某些硬件的状态及指令使用的合法性等进行诊断，若发现异常情况，则报警并显示错误类型，若属于严重错误，则自动终止运行。故障诊断功能大大提高了 PLC 的安全性和可维护性。

3. PLC 的结构

PLC 的种类很多，但结构大同小异。PLC 的基本单元主要由 CPU、存储器、输入单元、输出单元、电源单元、通信及编程接口、I/O 扩展接口等部件组成（如图 1-1 所示），这些部件都是通过内部总线进行连接并实现相应功能的。

（1）CPU

PLC 的 CPU 与一般计算机的 CPU 一样，主要由运算器和控制器构成。它在 PLC 中，相当于人类的大脑和神经中枢。它是 PLC 的运算、控制中心，用来实现逻辑和算术运算，并对全机进行控制，按 PLC 程序赋予的功能指挥 PLC 有条不紊地工作，其主要任务如下。

① 接收并存储从编程设备输入的用户程序和数据，接收并存储通过输入单元送来的现场数据。

② 诊断 PLC 内部电路的故障和程序中的语法错误等。

③ PLC 进入运行状态后，从存储器逐条读取用户指令，解释并按照指令规定的任务进行数据传递、逻辑或算术运算，并根据运算结果，更新有关标志位的状态和输出映像存储器的内容，再经过输出单元实现输出控制。CPU 芯片的性能关系到 PLC 处理信息的能力与速度，CPU 的位数越高，运算速度越快，能够处理的信息量越大，系统的性能越好。

（2）存储器

PLC 中存储器的结构与一般计算机中存储器的结构类似，它由系统存储器和用户存储器构成。

① 系统存储器。系统存储器用 EPROM 或 EEPROM 来存储厂家编写的系统程序。系统程序是指控制和完成 PLC 各种功能的程序，它决定 PLC 的性能与质量，用户无法更改或调用系统程序。

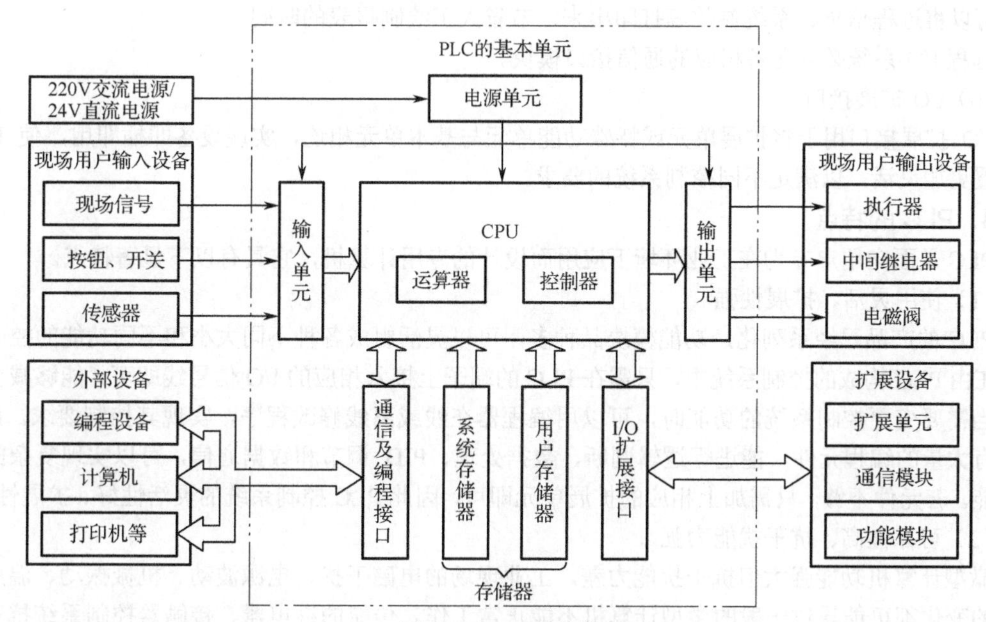

图 1-1 PLC 的结构

② 用户存储器。用户存储器用来存放用户的应用程序和数据，它包括用户程序存储器（程序区）和用户数据存储器（数据区）两部分。用户程序存储器用于存储用户程序，用户数据存储器用于存储 I/O、内部接点和线圈的状态及特殊功能要求的数据。对用户存储器中的内容，用户可根据控制需要进行读/写或任意修改。常用的用户存储器的形式有高密度、低功耗的 CMOS RAM（由锂电池实现断电保护，一般能保持 5～10 年，若经常带负载运行，也可保持 2～5 年）、EPROM 和 EEPROM 三种。

（3）输入单元和输出单元

输入单元和输出单元又称为 I/O 模块，它们是系统的“眼、耳、手、脚”，是联系外部现场设备和 CPU 模块的桥梁。现场的输入信号，如按钮开关量、行程开关量、限位开关量及各种传感器输出的开关量或模拟量等，都要通过输入单元送到 PLC 中。如果传感器量作为输入信号，由于这些信号的电平各式各样，而 PLC 的 CPU 所处理的信号只能是标准信号，因此需要添加变送器将传感器信号转换为标准信号，然后由 PLC 的输入单元将标准信号转换成 CPU 能够接收和处理的数字信号，即实现将模拟信号转换为数字信号的过程。输出单元的作用是接收 CPU 处理过的数字信号，并把它转换成现场执行部件所能接收的控制信号，以驱动负载，如电磁阀、电动机、中间继电器等。

（4）电源单元

PLC 的外部电源一般使用 220V 交流电源或 24V 直流电源。内部的开关电源为各模块提供 5V、12V、24V 等直流电源。小型 PLC 可以为输入电路和外部的电子传感器（如接近开关）提供 24V 直流电源，驱动 PLC 负载的直流电源一般由用户提供。后备电源是在 PLC 停机或突然失电时，用于保证 RAM 中的信息不丢失的电源。

（5）通信及编程接口

为了实现 PLC 与计算机、PLC 与 PLC、PLC 与监视器、PLC 与打印机等之间的通信，PLC 配有多种通信接口，这些通信接口一般都带有通信处理器。PLC 与计算机之间通过通信接口连接，可以组成多级分布式控制系统，实现控制与管理相结合。PLC 与 PLC 之间通过通信接口连接，可以组成多机系统或连成网络，实现数据共享、多机系统协调控制。PLC 与监视器之间通过通信接口连接，可以将控制过程图像化并显示出来，实现人机交互。PLC 与打印机之间通过通信接口连接，可以将过程信息、系统参数等打印出来，节省人工绘制报表的时间。

远程 I/O 系统必须配备相应的通信接口模块。

（6）I/O 扩展接口

I/O 扩展接口用于将扩展单元或特殊功能单元与基本单元相连，实现设备即插即用，使 PLC 的配置更加灵活，以满足不同控制系统的要求。

4．PLC 的特点

PLC 是面向用户专为在工业环境下应用而设计的专用计算机，它具有以下显著特点。

（1）使用灵活、扩展性强

PLC 的产品已经系列化，功能模块品种多，可以灵活组成各种不同大小和不同功能的控制系统。在由 PLC 构成的控制系统中，只需在 PLC 的端子上接入相应的 I/O 信号线即可，能够减少接线。当需要变更控制系统的功能时，可以用编程器在线或离线修改程序，实现其控制要求。PLC 内部有大量的编程元件，能进行逻辑判断、数据处理、PID 调节和数据通信，可以实现复杂的控制功能。若元件不够，只需加上相应的扩展单元即可，因此 PLC 控制系统的灵活性好、扩展性强。

（2）可靠性高、抗干扰能力强

微型计算机功能强大但抗干扰能力差，工业现场的电磁干扰、电源波动、机械振动、温度和湿度的变化都可能导致一般的微型计算机不能正常工作。传统的继电器、接触器控制系统抗干扰能力强，但由于存在大量的机械触点（易磨损、烧蚀）而寿命短，系统可靠性差。PLC 采用微电子技术，大量的开关动作由无触点的电子存储器件完成，大部分继电器和繁杂的连线被软件程序所取代，寿命长，可靠性大大提高；PLC 采取了一系列硬件和软件的抗干扰措施，能适应有强烈干扰的工业现场，例如，I/O 接口电路采用光电隔离，使工业现场的外电路与 PLC 内部电路实现电气隔离；PLC 增加自诊断、纠错等功能，提高其在恶劣工业现场的可靠性、抗干扰能力。从实际使用情况来看，PLC 能抗 1000V、1ms 脉冲的干扰，其工作温度范围为 0～60℃，无须强迫风冷，PLC 控制系统的平均无故障时间一般可达 4 万～5 万小时。

（3）接口简单、维护方便

PLC 的接口按工业控制的要求设计，有较强的带负载能力（I/O 接口可直接与 220V 交流电源，24V 直流电源相连），接口电路一般为模块式电路，便于维修和更换。有的 PLC 甚至可以带电插拔 I/O 模块，可不脱机、断电而直接更换故障模块，大大缩短了故障修复时间。

（4）体积小、功耗小、性价比高

控制系统使用 PLC 后，可以减少大量的中间继电器和时间继电器，例如，FX2N 系列的 PLC 具有 128 个 I/O 接口，相当于由 400～800 个继电器组成的控制系统。PLC 的 I/O 系统能够直观地反映现场信号的变化状态，还能通过各种方式直观地反映控制系统的运行状态，如内部工作状态、通信状态、I/O 状态、异常状态和电源状态等，非常有利于运行和维护。

（5）编程简单、容易掌握

PLC 是面向用户的设备，PLC 的设计者充分考虑了现场工程技术人员的技能和习惯。大多数 PLC 的编程均可采用常用的梯形图方式和面向工业控制的简单指令方式，编程语言形象直观、指令少、语法简单。用户不需要学习专门的计算机知识，具有一定的电工和工艺知识即可。利用专用的编程器，用户可方便地查看、编辑、修改程序。

（6）设计、施工、调试周期短

若用继电器、接触器控制完成一项控制工程，必须首先按工艺要求画出电气原理图，然后画出继电器屏（柜）的布置和接线图等，最后进行安装调试，修改起来十分不便。而由于 PLC 靠软件实现控制，硬件线路非常简洁，模块化较强，且已商品化，故仅需按性能、容量（I/O 点数、内存大小）等对其进行选用组装，大量具体的程序编写工作也可在提前进行，因此缩短了设计周期，使设计和施工可同时进行。由于 PLC 用软件取代硬接线实现控制功能，大大减轻了繁重的安装接线工作，缩短了施工周期。PLC 是通过程序完成控制任务的，采用方便的工业编程语言，且具有仿真的功能，故程序的设计、修改和调试都很方便，大大缩短了设计和调试周期。

5. PLC 与继电器控制系统的比较

PLC 的梯形图是在继电器—接触器控制线路的基础上发展起来的，它沿用了继电器控制系统的电路元件符号和继电器等概念。PLC 与继电器控制系统均可用于开关量的逻辑控制。PLC 与继电器控制系统又有所不同，主要表现在以下几方面。

（1）功能

PLC 采用计算机技术，具有逻辑控制、顺序控制、运动控制、数据处理等基本功能。继电器控制系统则采用硬接线逻辑，将继电器、接触器的串联或并联及延时继电器等组合起来控制逻辑，控制功能有限。

（2）工作原理

PLC 的控制功能主要是通过软件实现的，继电器控制系统的控制功能是由硬件实现的。

（3）工作方式

在 PLC 的控制逻辑中，各内部器件都处于周期性循环扫描过程中，工作方式为串行方式。继电器控制系统在工作过程中，所有的控制器件均处于受控状态，器件的瞬时闭合和断开理论上是同时发生的，工作方式为并行方式。

（4）响应速度

PLC 一条用户指令的执行时间一般以微秒计，速度极快。继电器控制系统触点开闭动作的执行时间一般为几十毫秒，使用的继电器越多，反应速度越慢，还会出现机械抖动问题。

（5）定时与计数

PLC 为用户提供了几百个定时器，它们的精度高、定时范围宽、定时调整方便，且不受环境影响。继电器控制系统利用时间继电器来定时。一般来说，时间继电器存在可靠性差、定时精度不高、定时范围窄、易受环境湿度和温度变化的影响、调整时间不方便等问题。

PLC 用软件为用户提供了大量的计数器，而继电器控制系统要想实现计数功能是非常困难的。

（6）设计与调试

PLC 的设计包括硬件设计和软件设计，硬件设计主要是执行部分的设计，这部分功能明确，设计也相对明确；在进行软件设计时，有大量用软件实现的继电器和定时器、计数器等编程元件供设计者使用，设计的方法很多，将在第 6 章具体介绍。继电器控制系统至今还没有一套通用的容易掌握的设计方法，为了保证控制的安全可靠，其设置了许多复杂的连锁电路。为了降低成本，其又力求减少使用的继电器（触点）的数量，因此设计复杂的继电器电路既困难又费时，设计出的电路也难以理解。PLC 的开关柜制作、现场施工和梯形图设计可以同时进行，梯形图可以在学校的实验室进行模拟调试，发现问题后修改起来非常方便。继电器控制系统要在硬件安装、接线全部完成后才能进行调试，发现问题后修改电路花费的时间也很多。

1.2 PLC 的应用领域

目前，PLC 在国内外已广泛应用于钢铁、石油、化工、电力、建材、机械制造、轻纺、交通运输、环保及文化娱乐等行业，应用情况大致可归纳为如下几类。

（1）开关量的逻辑控制

开关量就是“1”和“0”，PLC 用“与”“或”“非”等逻辑指令来实现电路的串联、并联。这是 PLC 最基本、最广泛的应用，它取代了传统的继电器电路，实现逻辑控制、顺序控制；既可用于单台设备的控制，也可用于多机群控制及自动化流水线，如注塑机、印刷机、订书机械、组合机床、磨床、包装生产线及电镀流水线等。在实际应用中，PLC 基本单元实现的是逻辑控制，若要实现 A/D 转换、高速计数、定位控制、人机界面（HMI）、网络通信等特殊功能，则需要添加特殊功能模块。

（2）模拟量控制

模拟量是指在一定范围连续变化的量。在工业生产过程中，有许多模拟量，如温度、压力、流量、液位和速度等。为了使 PLC 控制模拟量，必须实现模拟量和数字量之间的 A/D 转换及 D/A 转换。

（3）运动控制

PLC 可以对圆周运动或直线运动的位置、速度和加速度进行控制，实现运动控制与顺序控制的结合。从控制机构配置的角度来说，现在一般使用专用的运动控制模块，PLC 可驱动步进电动机或伺服电动机的单轴或多轴位置控制模块。世界上各主要 PLC 生产厂商的产品几乎都具有运动控制功能，广泛用于机械、机床、机器人、电梯等场合。

（4）过程控制

过程控制是指对温度、压力、流量等模拟量的闭环控制，在冶金、化工、热处理、锅炉控制等场合有非常广泛的应用。PLC 能利用各种各样的控制算法程序完成闭环控制。PID 调节是一般闭环控制系统中用得较多的调节方法，大中型 PLC 都有 PID 模块，目前许多小型 PLC 也有该模块。PID 调节一般通过运行专用的 PID 子程序进行。

（5）数据处理

PLC 具有数学运算（如矩阵运算、函数运算、逻辑运算）、数据传送、数据转换、排序、查表及位操作等功能，可以完成数据的采集、分析及处理。PLC 可以将数据与存储在存储器中的参考值进行比较，进而完成一些控制操作；也可以利用通信功能将数据传送到其他智能装置中，或将它们打印出来。数据处理一般用于大型控制系统，如无人控制的柔性制造系统和造纸、冶金、食品工业中的一些大型过程控制系统。

（6）通信及联网

PLC 通信包含 PLC 间的通信及 PLC 与其他智能设备间的通信两种。随着计算机控制的发展，工厂自动化网络发展得很快，各 PLC 生产厂商都十分重视 PLC 的通信功能，纷纷推出各自的网络系统。目前，PLC 都具有通信接口，通信非常方便。

PLC 除在工业领域应用广泛外，在生活中也有应用，如楼房中的恒压供水、电梯控制等。凡涉及自动或半自动的较为复杂的电路，都可以应用 PLC。

1.3 FX1S、FX1N、FX2N、FX3U、FX3G 与 Q 系列 PLC 简介

在中国市场中，三菱 PLC 常见的型号有以下几种：FX1S、FX1N、FX2N、FX3U、FX3G、Q 等。

FX 系列产品型号的命名如图 1-2 所示。

① 系列序号，如 1S、2N、3U、3G 等。

② I/O 点总数，一般包括开关量输入点、开关量输出点的总数。

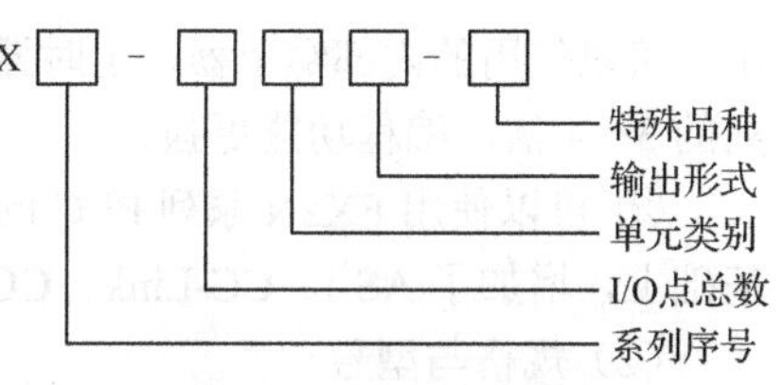

图 1-2　FX 系列产品型号

③ 单元类别，M 为基本单元，E 为 I/O 混合扩展单元，EX 为输入扩展单元，EY 为输出扩展单元。

④ 输出形式，R 为继电器输出，T 为晶体管输出，S 为双向晶闸管输出。

⑤ 特殊品种，D 为 DC（直流）电源，DC 输入；A 为 AC（交流）电源，AC 输入；H 为大电流输出扩展模块（1A/点）；V 为立式端子排的扩展模块；C 为接插口 I/O 方式；F 为输入滤波时间常数为 1ms 的扩展模块；L 为 TTL 输入型扩展模块；S 为独立端子（无公共端）扩展模块。若特殊品种一项无相应的符号，通常指：AC 电源，DC 输入，横式端子排，继电器输出 2A/点，晶体管输出 0.5A/点，晶闸管输出 0.3A/点。

例如，FX1S-20MT-4AD-2DA 型号表示：FX 系列序号为 1S；I/O 点数为 20 点；单元类别为基本单元；输出形式为晶体管输出；特殊品种为 AC 电源，DC 输入，横式端子排，继电器输出 2A/点，晶体管输出 0.5A/点；模拟量模块中有 4 个模拟量输入通道，2 个模拟量输出通道。

1．FX1S 系列

三菱 PLC 是一种集成型小型单元式 PLC，具有完善的性能。如果考虑安装空间和成本，其是一种理想的选择。FX1S 系列 PLC 是用于极小规模系统的超小型低价格 PLC。

（1）FX1S 系列 PLC 的特点

FX1S 系列 PLC 具有以下主要特点。

① 采用整体式固定 I/O 结构，PLC 的 CPU、电源、I/O 模块安装于本体，结构紧凑、安装简单。

② 运算速度快，每条基本逻辑控制指令的执行时间为 0.55～0.7μs，每条应用指令的执行时间为 3.7μs 至几百微秒，可以实现高速控制。

③ 编程指令、编程元件较丰富，性价比高。

④ 不能使用特殊功能模块和扩展模块，但具有内置式扩展功能模块与功能板，系统具有一定的扩展性能。

（2）规格与型号

根据 I/O 点的不同，FX1S 系列 PLC 有 10/14/20/30 共 4 种基本规格。在基本规格中，根据 PLC 电源的不同，可分为 AC 电源输入型与 DC 电源输入型两种类型；根据输出类型的不同，可分为继电器输出型与晶体管输出型两种类型。因此，FX1S 系列 PLC 共有 16 种不同的产品可以供用户选择。

2．FX1N 系列

FX1N 系列 PLC 是三菱推出的功能强大的普及型 PLC，具有扩展 I/O 模块，模拟量控制和通信、链接等扩展功能，是一款应用广泛的 PLC。

FX1N 系列 PLC 在 FX 系列 PLC 中属于性能中等、功能较 FX1S 有所增强、可以适用于大多数简单机械控制的小型 PLC 系列产品，与 FX1S 系列相比，其性能的提高主要体现在 I/O 扩展、编程功能与网络通信上。

（1）FX1N 系列 PLC 的特点

FX1N 系列 PLC 具有以下主要特点。

① 采用基本单元加扩展结构的形式，基本单元具有固定的 I/O 点，既可以作为独立的 PLC 使用，还可以使用 FX0S、FX2N 系列 PLC 的扩展 I/O 模块，以增加 I/O 点总数，最大 I/O 点数可以达到 128。

② 应用指令比 FX1S 系列 PLC 多了 4 种，编程元件、用户程序存储器容量均大大增加。其

中，可以使用的内部继电器、定时器、计数器、数据寄存器、用户程序的存储器容量为 FX1S 系列的 3～4 倍，编程功能更强。

③ 可以使用 FX2N 系列 PLC 的网络通信功能模块，在通用 RS-232、RS-485、RS-422 接口的基础上，增加了 AS-i、CC-Link、CC-Link/LT 接口等。

（2）规格与型号

根据 I/O 点的不同，FX1N 系列 PLC 有 24/40/60 共 3 种基本规格。在基本规格中，根据 PLC 电源的不同，可分为 AC 电源输入型与 DC 电源输入型两种类型；根据输出类型的不同，可分为继电器输出型、晶体管输出型两种类型。因此，FX1N 系列 PLC 共有 12 种不同的产品可以供用户选择。

3．FX2N 系列

FX2N 系列 PLC 适用于大多数单机控制或简单网络控制，具有高速处理及可扩展大量特殊功能模块等特点，能为工厂自动化应用提供强大的灵活性和控制能力。

FX2N 系列 PLC 使用了比 FX1S/FX1N 系列性能更强的 CPU，CPU 的运算速度与运算性能得到提高，I/O 点数增加，扩展功能模块增多，编程功能与通信功能得到增强。

（1）FX2N 系列 PLC 的特点

FX2N 系列 PLC 具有以下主要特点。

① 每条基本逻辑控制指令的执行时间缩短到了 0.08μs，每条应用指令的执行时间缩短到了 1.52μs 至几百微秒。

② 采用基本单元加扩展结构的形式，基本单元本身具有固定的 I/O 点，可以作为独立的 PLC 使用。FX2N 系列 PLC 的扩展 I/O 模块的最大 I/O 点数可以达到 256。与 FX1N 系列相比，在 I/O 扩展功能上，FX2N 系列 PLC 主要增加了模拟量 I/O 模块，其开关量的 I/O 模块与 FX1N 系列基本相同。

③ 应用指令大大增加，达到 132 种、309 条，主要增加的是传送、移位、求补、代码转换、浮点运算等应用指令。编程元件、用户程序存储器容量也大大增加，可以使用的内部继电器、定时器、计数器、数据寄存器、用户程序存储器的容量为 FX1N 系列 PLC 的 2～3 倍。

④ 可以使用较多的特殊功能模块，如温度传感器输入模块、温度调节位置控制模块、脉冲输出模块、高速计数模块、转角检测模块、轴定位控制模块等，以适应温度、位置的控制场合。

⑤ 在通信功能方面，在 FX1N 系列 PLC 的基础上增加了 M-NET 网络连接的通信模块，以满足网络连接的需求。

（2）规格与型号

根据 I/O 点的不同，FX2N 系列 PLC 有 16/32/8/64/80/128 共 6 种基本规格。在基本规格中，根据 PLC 电源的不同，可分为 AC 电源输入型与 DC 电源输入型两种类型；根据输出类型的不同，可分为继电器输出、晶体管输出型、双向晶闸管输出型 3 种类型。因此，FX2N 系列 PLC 有多种不同的产品可以供用户选择。

4．FX3U 系列

FX3U 系列 PLC 是三菱开发的第 3 代小型 PLC 系列产品，适用于网络控制。FX3U 系列 PLC 采用高性能 CPU，与 FX2N 系列相比，CPU 的运算速度大幅提高，通信功能进一步增强。此外，它采用基本单元加扩展结构的形式，兼容 FX2N 系列的全部功能。

FX3U 系列 PLC 晶体管输出型的基本单元内置了定位功能，并且增加了新的定位指令，使得其定位控制功能更加强大，使用更为方便。

FX3U 系列 PLC 具有以下主要特点。

① 运算速度进一步提高。FX3U 系列 PLC 每条基本逻辑控制指令的执行时间由 FX2N 系列的

0.08μs 缩短到了 0.065μs，每条应用指令的执行时间由 FX2N 系列的 1.25μs 至几百微秒缩短到了 0.642μs 至几百微秒。

② I/O 点数进一步增加。基本单元本身具有固定的 I/O 点数，完全兼容 FX2N 系列的全部扩展 I/O 模块，主机控制的 I/O 点数为 256，通过远程 I/O 连接，最大 I/O 点数可以达到 384。

③ 存储器容量进一步扩大。FX3U 系列 PLC 的用户程序存储器（RAM）的容量可达 64KB，并可以采用闪存（Flash ROM）卡。

④ 通信功能进一步增强。FX3U 系列 PLC 在 FX2N 系列的基础上增加了 RS-422 标准接口与网络连接的通信模块，以满足网络连接的需求；同时，通过转换装置，其还可以使用 USB 接口。

⑤ 高速计数。内置 100kHz 的 6 点高速计数器与独立 3 轴 100kHz 定位控制功能，可以实现简易位置控制功能。

5．FX3G 系列

FX3G 系列 PLC 的基本单元自带两路高速通信接口（RS-422 和 USB，内置 32KB 大容量存储器，标准模式时，每条基本逻辑控制指令的执行时间为 0.21μs，最大 I/O 点数为 256（包括 CC-Link 接口），定位功能设置简便（最多 3 轴），基本单元左侧最多可连接 4 台 FX3U 特殊适配器，可实现浮点数运算，可设置两级密码，每级 16 个字符。

6．Q 系列

Q 系列 PLC 是三菱公司推出的大型 PLC，CPU 的类型有基本 CPU、高性能 CPU、过程控制 CPU、运动控制 CPU、冗余 CPU 等，可以满足各种复杂的控制需求。

Q 系列 PLC 采用模块化的结构形式，系列产品的组成与规模灵活可变，最大 I/O 点数可以达到 4096；最大程序存储器容量可达 256KB，采用扩展存储器后，可以达到 32MB；基本逻辑指令的处理速度可以达到 34ns/条；性能水平居世界领先地位，适用于多种中等复杂机械、自动生产线的控制场合。通过扩展板与 I/O 模块可以增加 I/O 点数，通过扩展存储器卡可以增加程序存储器容量，通过各种特殊功能模块可提高 PLC 的性能，扩大 PLC 的应用范围。

Q 系列 PLC 可以实现多 CPU 模块在同基板上的安装，CPU 模块间可以通过自动刷新进行定期通信或通过特殊指令进行瞬时通信，以提高系统的处理速度；最大可以控制 32 轴的高速运动控制 CPU 模块，满足多种运动控制的需求；利用冗余 CPU、冗余通信模块与冗余电源模块等，可以构成连续、不停机工作的冗余系统。

Q 系列 PLC 配有各种类型的网络通信模块，这些模块可以组成最快速度达 100Mbit/s 的工业以太网。

1.4 FX 系列 PLC 的共同性能和规格

FX 系列 PLC 按结构可分为整体型和模块型两类，按应用环境可分为现场安装型和控制室安装型两类，按 CPU 字长可分为 1 位、4 位、8 位、16 位、32 位、64 位等。从应用角度出发，通常可按控制功能或 I/O 点数选型，其共同性能与规格如下。

① 采用反复执行存储程序的运算方式，有中断功能和恒定扫描功能。

② I/O 控制方式为执行 END 指令时的批处理方式，有 I/O 刷新指令。

③ 编程语言为梯形图和指令表，可以用步进梯形指令或 SFC（顺序功能图）来生成顺序控制程序，具有运行时变更程序的功能。

④ FX1S、FX1N、FX2N 系列 PLC 有 27 条顺序控制指令、2 条步进梯形指令；FX3G、FX3U 系列 PLC 增加了 2 条顺序控制指令，主控指令最多嵌套 8 层（N0～N7）。

⑤ 有 16 位变址寄存器 V0～V7 和 Z0～Z7。

⑥ FX1N、FX1S、FX2N 系列 PLC 有 256 点特殊辅助继电器和 256 点特殊数据寄存器；FX3G、FX3U 系列 PLC 有 512 点特殊辅助继电器和 512 点特殊数据寄存器。

⑦ 基本单元的右侧可连接 I/O 扩展模块和特殊功能模块（FX1S 除外），基本单元输入回路的电源电压一般为 DC 24 V。

⑧ 各系列均有内置的实时时钟和 RUN/STOP 开关。

⑨ 有 6 点输入中断和脉冲捕捉功能，有输入滤波器调整功能，可以同时使用 C235～C255 中的 6 点 32 位高速计数器。

⑩ 可以用功能扩展板来扩展 RS-232C、RS-485、RS-422 接口，可以实现 N:N（PLC 之间的简易连接）、并联、计算机通信；除了 FX1S 系列，均可以实现 CC-Link、CC-Link/LT 和 MELSEC-I/O 通信。

1.5 FX 系列 PLC 的性能规格比较

FX 系列 PLC 的性能规格比较如表 1-1 所示。在工程应用中，可以根据工程工艺和控制需求进行选用。

表 1-1 FX 系列 PLC 的性能规格比较

项　目	FX1S	FX1N	FX1NC	FX2N	FX2NC	FX3G	FX3U	FX3UC
内置 RAM 存储器/KB	—	—	—	8	8	—	64	64
可扩展 RAM 存储器/KB	—	—	—	16	16	—	64	64
内置 EEPROM 存储器/KB	2	8	8	—	—	32	—	—
可扩展 EEPROM 存储器/KB	2	8	8	—	—	32	—	—
应用指令/种	85	89	89	132	132	112	209	209
每条基本逻辑指令执行时间/μs	0.55～0.7	0.55～0.7	0.55～0.7	0.08	0.08	0.21	0.065	0.065
内置定位功能	2 轴独立					3 轴独立		
I/O 点数	10～30	14～128	14～128	16～256	16～256	14～256	16～384	16～384
模拟电位器/点	2	2	2	—	—	2	—	—
辅助继电器/点	512	1536	1536	3072	3072	7680	7680	7680
状态/点	128	1000	1000	1000	1000	4096	4096	4096
定时器/点	64	256	256	256	256	320	512	512
16 位计数器/点	32	200	200	200	200	200	200	200
32 位计数器/点	—	35	35	35	35	35	35	35
高速计数器最高计数频率/kHz	60	60	60	60	60	60	200	100

续表

项　目	FX1S	FX1N	FX1NC	FX2N	FX2NC	FX3G	FX3U	FX3UC
数据寄存器/点	256	8000	8000	8000	8000	8000	8000	8000
16位扩展寄存器/点	—	—	—	—	—	24000	32768	32768
16位扩展文件寄存器/点	—	—	—	—	—	24000	32768	32768
CJ、CALL指令用指针/点	64	128	128	128	128	2048	4096	4096
定时器中断指针/点	—	—	—	3	3	3	3	3
计数器中断指针/点	—	—	—	6	6	—	6	6

1.6 PLC的工作原理

PLC的工作原理涉及如下知识点。

① PLC是按集中输入、集中输出，周期性循环扫描的方式进行工作的。存在输入/输出滞后的现象，即输入/输出响应延迟。

② 每一次的扫描过程都集中对输入信号进行采样，对输出信号进行刷新。

③ 当输入端口关闭，程序处在执行阶段时，输入端口若有新状态，新状态将不能被读入。只有在下一次扫描时，新状态才会被读入。

④ 元件映像寄存器的内容是随着程序执行的变化而变化的。

⑤ CPU执行指令的速度、指令本身的执行时间、指令条数决定扫描周期。

1. 工作模式

PLC有两种工作模式，即运行（RUN）模式与停止（STOP）模式。在RUN模式下，PLC通过反复执行反映控制要求的用户程序来实现控制功能。为了使PLC的输出及时地响应随时变化的输入信号，用户程序不是只被执行一次的，而是不断地被重复执行的，直到PLC停机或切换到STOP模式为止。

2. 工作过程

如图1-3所示，PLC这种周而复始的循环工作方式称为扫描工作方式。由于执行指令的速度极快，从外部输入、输出的关系来看，输入、输出的处理似乎是同时完成的。下面详细介绍各阶段的工作过程。

在STOP模式下，PLC反复进行内部处理和通信服务工作。

在内部处理阶段，PLC首先进行系统初始化，清除内部继电器区，复位定时器，然后进行自诊断，检测CPU模块内部的硬件是否正常，确保系统可靠运行。

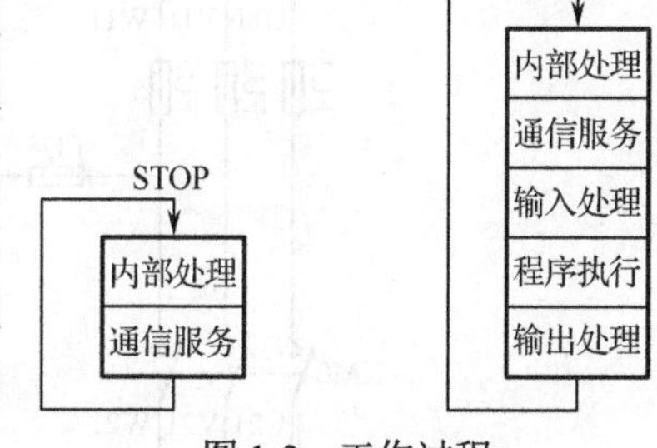

图1-3　工作过程

在通信服务阶段，PLC主要与编程器进行通信，完成用户程序的编写和修改，更新编程器显示的内容。

在RUN模式下，PLC除了执行上述的两个阶段，还要执行输入处理、程序执行、输出处理3个阶段。

在输入处理阶段，PLC通过扫描方式读取所有输入终端上的输入信号，并将输入状态存储在相应的输入图像寄存器中。此时，输入图像寄存器被清除。在程序执行阶段和输出处理阶段，输入图像寄存器与外界隔离，其内容保持不变，直到重新读取输入信号，刷新下一个扫描周期为止。可以看出，PLC 在执行程序和处理数据时，不直接使用当时场景的输入信号，而使用在采样过程中输入图像区域中的数据。一般来说，输入信号的宽度应大于一个扫描周期，否则会造成信号丢失。

在程序执行阶段，PLC 根据程序存储器中的指令内容，从输入数据寄存器与其他数据寄存器中读出各软元件的 On/Off 状态，从 0 步开始进行顺序运算，每次将结果写入数据寄存器。因此，各软元件数据寄存器中的内容随着程序的执行逐渐改变。而且，输出继电器的内部触点可利用输出数据寄存器中的内容执行。

在输出处理阶段，程序执行阶段的运算结果被存入输出映像区，而不被送到输出端口上。在输出刷新时，PLC 将输出映像区中的输出变量送入输出锁存器，然后由输出锁存器通过输出模块产生本周期的控制输出。若内部输出继电器的状态为“1”，则输出继电器触点闭合，通过输出端口驱动外部负载，全部输出设备的状态要保持一个扫描周期。

输入处理、程序执行、输出处理是 PLC 处理用户程序的 3 个阶段。

PLC 的扫描机制是从上到下、自左往右的循环扫描机制，其内部元件周而复始地按一定的顺序来完成 PLC 所承担的系统管理工作和应用程序的执行工作，其工作方式属于串行工作方式。而继电器控制在理论上能够同时控制各电器的瞬时吸合和断开，其工作方式属于并行工作方式。

下面以电动机自锁控制为例进行说明，PLC 电动机自锁控制工程具有以下功能。

① 启动控制功能，按下启动按钮 SB1 后电动机启动，开始运转。

② 自锁持续工作功能，松开启动按钮 SB1 后电动机依然在运转。

③ 停止控制功能，按下停止按钮 SB0 后电动机停止运转。

图 1-4 为继电器控制电动机自锁电路图，左侧为主回路，右侧为控制回路。按钮 SB0 为常闭按钮，按钮 SB1 为常开按钮，与按钮 SB1 并联的是交流接触器 KM0 的常开辅助触点，按钮 SB1 右侧的 KM0 为交流接触器线圈。当按下启动按钮 SB1 时，交流接触器线圈通电而产生磁场，使得交流接触器常开辅助触点闭合，保证松开启动按钮 SB1 后控制回路依然有电，这样就能实现启动控制与自锁持续工作功能。按下停止按钮 SB0 时，交流接触器线圈失电，交流接触器常开辅助触点断开，其控制回路失电，进而实现停止控制功能。

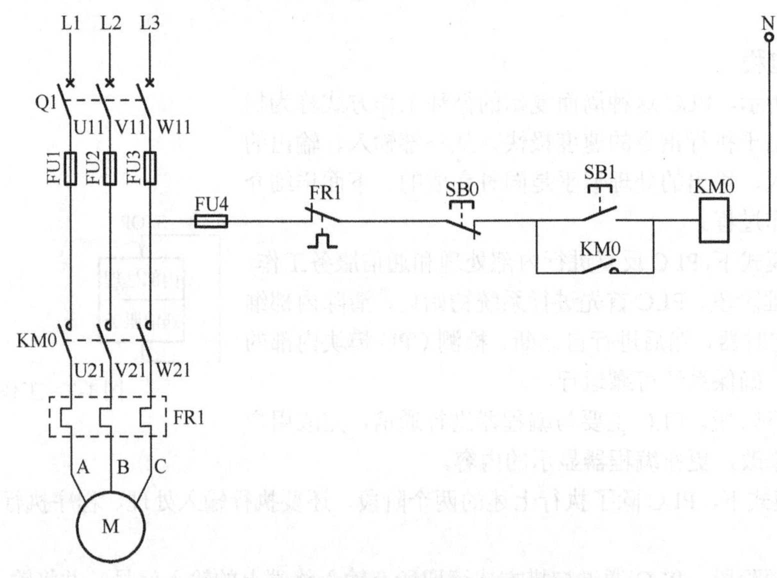

图 1-4 继电器控制电动机自锁电路图

利用PLC进行电动机自锁控制设计，首先要根据工程控制要求对PLC的I/O信号进行分配，如表1-2所示。I/O分配表的目的是定义各I/O口，防止在绘制PLC接线图和编写程序时混淆I/O口。接着，要根据工程控制要求和I/O分配表，确定PLC与外部硬件如何连接，如图1-5所示。

表1-2　I/O分配表

输入信号			输出信号		
名　称	代　号	输入点编号	名　称	代　号	输出点编号
启动按钮	SB1	X001	交流接触器线圈	KM0	Y000
停止按钮	SB0	X000			

前面的工作完成后，进行PLC电动机自锁控制梯形图的绘制及指令表的编写，如图1-6所示。X001为启动按钮SB1（常开触点软元件），X000为停止按钮SB0（常闭触点软元件），Y000为交流接触器线圈KM0（输出继电器软元件），与X001并联的是交流接触器线圈对应的PLC内部辅助继电器。当按下启动按钮SB1时，常开触点X001接通，输出继电器Y000瞬间接通，同时输出继电器的辅助触点得电，达到输出继电器自锁的效果，使得输出继电器持续接通，交流接触器启动并持续工作，使得电动机启动并持续工作。当按下停止按钮SB0时，常闭触点X000断开，输出继电器瞬间断开，交流接触器线圈KM0没有电流通过，电动机停止运行。通过指令表可以知道PLC内部扫描机制是从上到下，自左向右的。

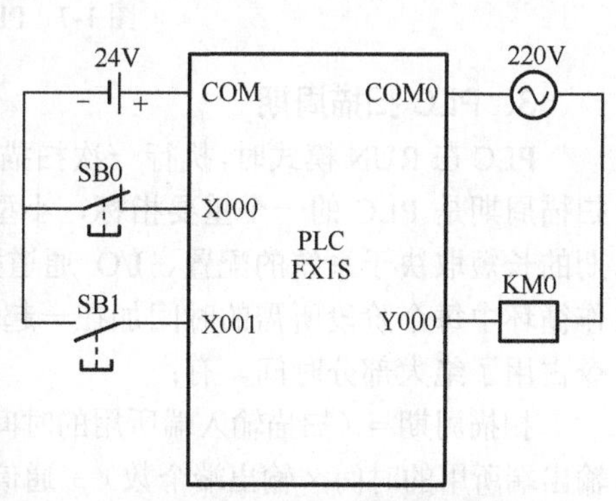

图1-5　PLC与外部硬件连接图

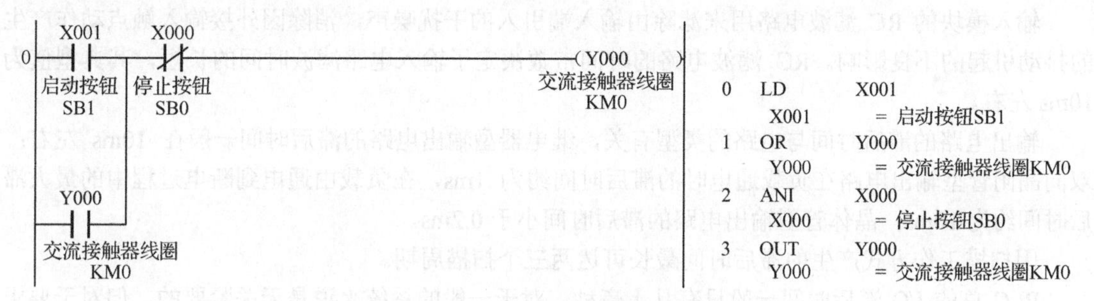

图1-6　PLC电动机自锁控制梯形图及指令表

图1-7为PLC处理用户程序的工作过程，该过程如下。

在输入处理阶段，CPU将常开触点X001和常闭触点X000的状态读入相应的输入映像存储器中，启动按钮SB1接通时读入二进制数1，反之读入二进制数0，停止按钮SB0接通时读入的是取反后的二进制数0。

在程序执行阶段，执行第0条指令时，从X001对应的输入映像寄存器中取出二进制数并保存，执行第1条指令时，取出Y000对应的元件映像寄存器中的二进制数（由于Y000还未被写入，所以取出的二进制数是0），与X001对应的二进制数相“或”（电路的并联对应“或”运算），运算结果被暂时保存。执行第2条指令时，取出X000对应的输入映像寄存器中的二进制数，将其与前面的运算结果相“与”（电路的串联对应“与”运算），运算结果被暂时保存。执行第3条指令时，将运算结果写入Y000对应的元件映像寄存器中。

在输出处理阶段，CPU将各元件映像寄存器中的二进制数传送给输出模块并将其锁存起来，若 Y000 对应的输出锁存寄存器存放的是二进制数 1，则外接的交流接触器线圈 KM0 得电，电动机运行；反之电动机将停止运行。

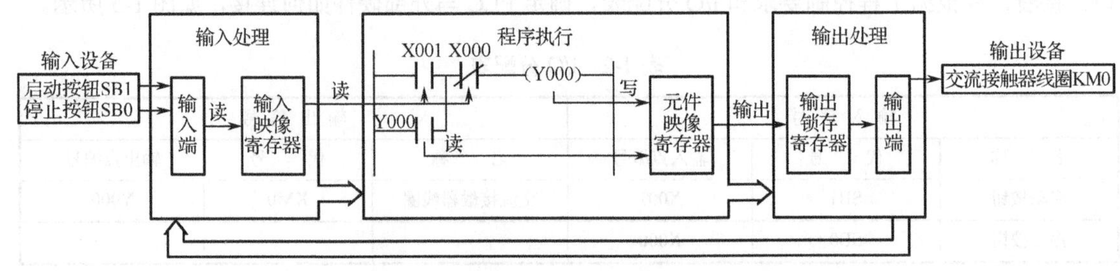

图 1-7　PLC 处理用户程序的工作过程

3. PLC 扫描周期

PLC 在 RUN 模式时，执行一次扫描过程所需的时间称为扫描周期，其典型值为 10～100ms。扫描周期是 PLC 的一个重要指标，小型 PLC 的扫描周期一般为十几毫秒到几十毫秒。扫描周期的长短取决于系统的配置、I/O 通道数、程序中使用的指令及外围设备的连接等，将一次工作循环中每个阶段所需的时间加在一起就是扫描周期。一般来说，在一个扫描周期中，执行指令占用了绝大部分时间。有：

扫描周期 =（扫描输入端所用的时间 × 输入端个数）+（指令执行速度×指令条数）+（扫描输出端所用的时间 × 输出端个数）+ 通信时间

4. I/O 滞后时间

I/O 滞后时间又称系统响应时间，是指 PLC 从输入信号发生变化的时刻至它控制的有关外部输出信号发生变化的时刻之间的时间间隔，它由输入电路滤波时间、输出电路的滞后时间和因扫描工作方式产生的滞后时间 3 部分组成。

输入模块的 RC 滤波电路用来滤除由输入端引入的干扰噪声，消除因外接输入触点动作产生的抖动引起的不良影响。RC 滤波电路的时间常数决定了输入电路滤波时间的长短，其典型值为 10ms 左右。

输出电路的滞后时间与电路的类型有关，继电器型输出电路的滞后时间一般在 10ms 左右；双向晶闸管型输出电路在负载通电时的滞后时间约为 1ms，在负载由通电到断电过程中的最大滞后时间约为 10ms；晶体管型输出电路的滞后时间小于 0.2ms。

因扫描工作方式产生的滞后时间最长可达两三个扫描周期。

PLC 总的 I/O 滞后时间一般只有几十毫秒，对于一般的系统来说是无关紧要的。但对于要求 I/O 滞后时间尽量短的系统，可以选用扫描速度快的 PLC 或采取其他措施。

习题 1

一、填空题

1. PLC 的基本原则包括：______、____、____、____等。
2. PLC 主要由______、______、______、______、______、______等部件组成。
3. PLC 用_____、____、_____等逻辑指令来实现触点和电路的串联、并联。
4. 对于 PLC 的输出形式，R 为_____，T 为 ____，S 为_____。
5. PLC 有两种工作模式，即_____模式与_____模式。
6. PLC 处理用户程序的工作过程一般分为 3 个阶段，即_____、____、____。

7. 决定PLC扫描周期的因素有：_____、____、____。

8. PLC最基本、最广泛的应用领域是控制，它取代了传统的继电器电路，进行_____、____控制。

9. PLC的供电电源可直接采用_____，也可用_____供电。

二、简答题

1. 简述PLC的定义。
2. 简述PLC的基本功能。
3. 简述PLC有哪些特点。
4. PLC的应用领域有哪些？
5. 简述FX1S、FX1N系列PLC的异同点。
6. FX2N系列PLC与FX1S/FX1N系列PLC相比，性能有了哪些提高？
7. 简述PLC的扫描工作过程。
8. PLC的扫描周期等于什么？
9. 简述I/O滞后时间的含义。

第 2 章　FX 系列 PLC 的硬件系统

2.1　I/O 模块和特殊功能模块

1. PLC 开关量输入模块

在一般的工业控制场合中，PLC 是经常使用的控制器，其工作电压几乎都是 24V，此电压不能直接接到所使用的输入端上。为了工业应用，通常使用光耦合器作为输入的中继器，让 24V 的电压信号通过光耦合器被送至输入端，也可以改变所使用的电压范围。

PLC 开关量输入模块包括：直流输入模块、交流输入模块、交直流输入模块。直流输入模块输入信号的电源均可由用户提供，也可由 PLC 自身提供，一般 8 路输入共用一个公共端，现场的输入提供一对开关信号：“0”或“1”（有无触点均可）；每路输入信号均经过光电隔离、滤波，然后被送入输入缓冲器，等待 CPU 采样。每路输入信号均支持 LED 显示，以指明信号是否到达 PLC 的输入端。

（1）直流输入模块

当外部检测开关接入直流电压时，需使用直流输入模块对信号进行检测。

直流输入模块的原理如图 2-1 所示。外部检测开关 S 的一端接外部直流电源（12V 或 24V），另一端与 PLC 直流输入模块的一个信号输入端相连，外部直流电源的另一端接 PLC 直流输入模块的公共端 COM。虚线框内是 PLC 内部输入电路，R1 为限流电阻；R2 与 C 构成滤波电路，用来抑制输入信号中的高频干扰；LED 为发光二极管。当 S 闭合后，直流电压经 R1、R2、C 的分压、滤波后形成 3V 左右的稳定电压供给光电隔离 VLC 耦合器，LED 显示某一输入端是否有信号输入。光电隔离 VLC 耦合器另一侧的光电三极管与内部电路连接。

内部电路中的锁存器将信号暂存，CPU 执行相应的指令后，将通过地址信号和控制信号读取锁存器中的信号。

当输入电源由 PLC 内部提供时，外部电源断开，此时将外部检测开关的公共接点直接与 PLC 直流输入模块的公共端 COM 相连即可。

（2）交流输入模块

当外部检测开关接入交流电压时，需使用交流输入模块进行信号检测。

交流输入模块的原理如图 2-2 所示。外部检测开关 S 的一端接外部交流电源（100～120V 或 200～240V），另一端与 PLC 交流输入模块的一个信号输入端相连，外部交流电源的另一端接 PLC 交流输入模块的公共端 COM。虚线框内是 PLC 内部输入电路，R1 和 R2 构成分压电路；C 为隔直电容，用来滤掉输入电路中的直流成分，对交流成分来说相当于短路；LED 为发光二极管。当 S 闭合时，PLC 连接交流电源，其工作原理与直流输入模块类似。

（3）交直流输入模块

当外部检测开关接入交流或直流电压时，需使用交直流输入模块进行信号检测。交直流输入模块的原理如图 2-3 所示。从图中可看出，其内部输入电路与直流输入模块类似，只不过其外接电源除直流电源外，还可用 12～24V 的交流电源。

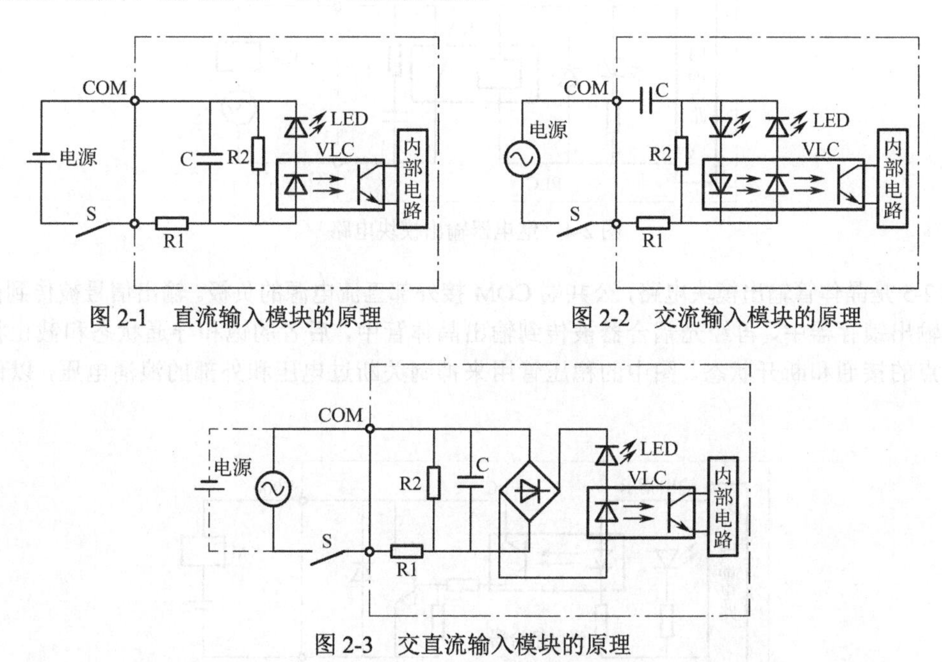

图 2-1　直流输入模块的原理　　图 2-2　交流输入模块的原理

图 2-3　交直流输入模块的原理

FX 系列 PLC 对输入信号的技术要求如表 2-1 所示。

表 2-1　FX 系列 PLC 对输入信号的技术要求

元　件　号	X000～X003（FX0S）	X004～X017（FX0S） X000～X007（FX0N、FX1S、FX1N、FX2N）	X010～（FX0N、FX1S、FX1N、FX2N）	X000～X003（FX0S）	X004～X017（FX0S）
输入信号电压	DC 24V±10%			DC 12V±10%	
输入信号电流	8.5mA	7mA	5mA	9mA	10mA
输入阻抗	2.7kΩ	3.3kΩ	4.3kΩ	1kΩ	1.2kΩ
输入 ON 电流	4.5mA 以上	4.5mA 以上	3.5mA 以上	4.5mA 以上	4.5mA 以上
输入 OFF 电流	1.5mA 以下	1.5mA 以下	1.5mA 以下	1.5mA 以下	1.5mA 以下
输入响应时间	约 10ms，其中：FX0S、FX1N 的 X000～X017 和 FX0N 的 X000～X007 为 0～15ms（可变），FX2N 的 X000～X017 为 0～60ms（可变）				
输入信号形式	无电压触点或 NPN 集电极开路晶体管				
电路隔离	光电耦合器隔离				
输入状态显示	输入 ON 时 LED 灯亮				

2. PLC 开关量输出模块

PLC 开关量输出模块可分为 3 种：继电器输出模块、晶体管输出模块和双向晶闸管（可控硅）输出模块。

图 2-4 是继电器输出模块电路。梯形图中输出继电器的线圈“通电”时，内部电路使继电器的线圈通电，它的常开触点闭合，使外部负载得电工作。继电器同时起隔离和功率放大作用，每一路只提供一对常开触点。与触点并联的 RC 电路用来消除触点断开时产生的电弧，以减轻它对 CPU 的干扰。

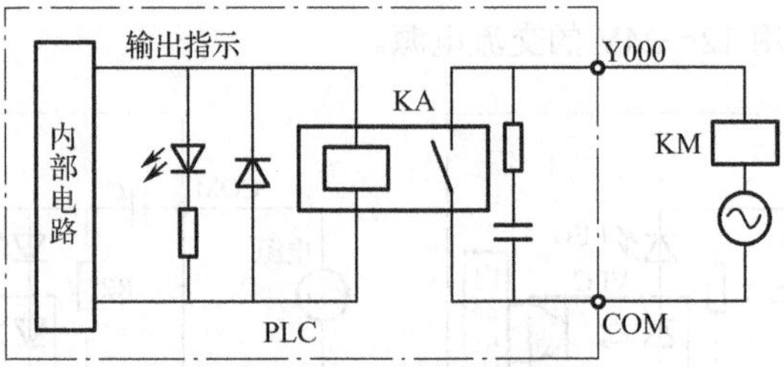

图 2-4 继电器输出模块电路

图 2-5 是晶体管输出模块电路，公共端 COM 接外部直流电源的负极。输出信号被传到内部电路中的输出锁存器中，再经光耦合器被传到输出晶体管中，后者的饱和导通状态和截止状态相当于触点的接通和断开状态。图中的稳压管用来抑制关断过电压和外部的浪涌电压，以保护晶体管。

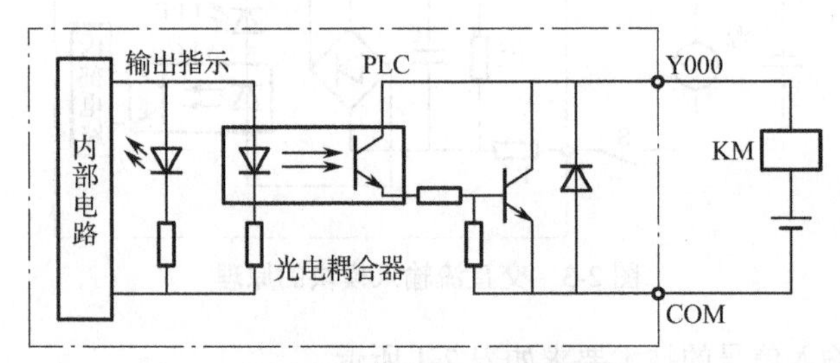

图 2-5 晶体管输出模块电路

图 2-6 是双向晶闸管输出模块电路。双向晶闸管为输出开关器件，由它组成的固态继电器（AC SSR）具有光隔离作用，可作为隔离器件。RC 电路的作用是减少高频信号干扰，压敏电阻为消除尖峰电压的浪涌吸收器。当 CPU 输出一个接通信号时，LED 指示灯亮，固态继电器中的双向晶闸管导通，负载得电。双向晶闸管的导通响应时间小于 1ms，关断响应时间小于 10ms。由于双向晶闸管的过零截止特性，在输出负载回路中的电源只能选用交流电源，不能选用直流电源，否则晶闸管一旦导通，即便是 CPU 发出的高电平控制信号消失了，其也不能关断。

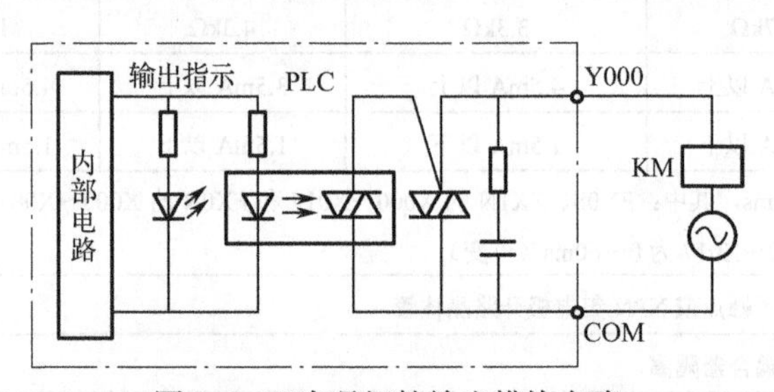

图 2-6 双向晶闸管输出模块电路

通常，继电器输出模块具有价格低、使用电压范围广、导通压降小、承受瞬时电压和过电流的能力较强，但寿命短、响应时间较长、动作速度较慢等特点。双向晶闸管输出模块适用于直流负载，其特点是反应速度快、寿命长、感性功率因数低，但价格较贵、过载能力较差。

FX 系列 PLC 对输出信号的技术要求如表 2-2 所示。

表 2-2 FX 系列 PLC 对输出信号的技术要求

项　目	继电器输出模块	双向晶闸管输出模块	晶体管输出模块
外部电源	AC 240V 或 DC 30V 以下	AC 85～240V	DC 5～30V

续表

项　目	继电器输出模块	双向晶闸管输出模块	晶体管输出模块
最大电阻负载	2A/1 点、8A/4 点、8A/8 点	0.3A/点、0.8A/4 点 （1A/1 点、2A/4 点）	0.5A/1 点、0.8A/4 点 （0.1A/1 点、0.4A/4 点） （1A/1 点、2A/4 点） （0.3A/1 点、1.6A/16 点）
最大感性负载	80VA	15VA/AC 100V、 30VA/AC 200V	12W/DC 24V
最大灯组负载	100W	30W	FX1S 为 0.9W/DC 24V，其他系列为 1.5W/DC 24V
开路漏电流	—	1mA/AC 100V 2mA/AC 200V	0.1mA 以下
响应时间	约 10ms	ON：1ms；OFF：10ms	ON：<0.2ms；OFF：<0.2ms 大电流 OFF：<0.4ms
电路隔离	继电器隔离	光电晶闸管隔离	光电耦合器隔离
输出动作显示	输出 ON 时 LED 灯亮		

3．特殊功能模块

根据不同的用途，特殊功能模块的内部结构与功能相差很大。部分特殊功能模块既可以独立使用，也可以利用 PLC 的 I/O 扩展接口进行 PLC 拓展。有的特殊功能模块本身具有独立的 CPU、存储器等组件，也可以进行独立编程，其性能与独立的控制装置相当。

目前，PLC 的特殊功能模块大致可分为 A/D 转换和 D/A 转换模块、温度测量与控制模块、高速计数器与运动控制模块、网络通信模块 4 种。

（1）A/D 转换和 D/A 转换模块

A/D 转换和 D/A 转换模块包括模拟量输入模块（A/D 转换模块）、模拟量输出模块（D/A 转换模块）两类，根据数据转换的 I/O 点数（通道数量）、转换精度（转换位数、分辨率）等的不同，有多种规格可供选择。其选择是根据现场情况来决定的，需要判断现场的通道是用来检测的还是用来控制的，如果只用来检测压力、温度、液位等，那么选择模拟量输入模块，如果用来控制变频器、比例阀等，那么选择模拟量输出模块；如果既要求检测模拟量，又要求使用检测和计算结果控制工程对象，那么同时选择模拟量输入/输出模块。A/D 转换和 D/A 转换模块的量程有电压和电流两种，电压有 0～5V，0～10V 等，电流有 0～20mA，4～20mA 等。常用的有 FX2N-5A（适合 FX2N，4 入/1 出），FX2N-2AD（适合 FX2N，4 入/1 出）和 FX2N-2DA（适合 FX2N，2 出）、FX2N-4AD（适合 FX2N，4 入）、FX3UC-4AD（适合 FX3UC，4 入）等。

（2）温度测量与控制模块

温度测量与控制模块包括温度测量模块与温度控制模块两类。温度测量模块的作用是对过程控制的温度进行测量，它可以直接连接热电偶、铂电阻等温度测量元件，并将来自过程控制的温度测量输入信号转换为数字量，以供 PLC 运算、处理使用。温度控制模块的作用是将来自过程控制的温度测量输入信号与系统的温度给定信号进行比较，并通过参数可编程的 PID 调节与模块的自动调节功能，实现温度的自动调节与控制。

根据测量温度的环境及测量范围、测量校准精度等条件，温度测量与控制模块有多种规格可以供选择，如 FX2N-4AD-PT、FX2N-4AD-TC、FX3U-4AD-PT-ADP。其中，常用 4 通道 PT 型热电阻温度输入模块 FX2N-4AD-PT，它可以连接到 FX0N、FX2N 和 FX2NC 系列 PLC 上；以及 4 通道 K 型热电偶温度输入模块 FX2N-4AD-TC，它通过扩展电缆与 PLC 主机相连，它的特点是集成性、性价比高，控制速度快，精度高（基本指令0.08μs/步），最多支持256个I/O点。

（3）高速计数器与运动控制模块

高速计数器用于速度、位置等控制系统，对来自编码器、计数开关等的输入脉冲信号进行计数，从而获得控制系统转速、位置的实际值，以供PLC运算、处理使用。高速计数器有时嵌在CPU单元中，有时为单独的模块。它的主要作用是读取普通输入点读取不到的高速脉冲，并对之进行计数。高速计数器属于硬件计数器，其计数方式与程序的扫描是没有关系的，它实时接收外部脉冲信号的变化。

FX2N系列PLC的高速计数器模块FX2N-1HC中有1个高速计数器，用于单相或双相最高50Hz的高速计数；FX3U系列PLC的高速计数器模块FX3U-4HSX-ADP中有4个高速计数器，用于单相或双相最高200Hz的高速计数。

运动控制模块一般带有微处理器，用来控制运动物体的位置、速度和加速度。从控制机构配置角度来说，其早期用于开关量I/O模块与位置传感器和执行机构的连接，现在一般广泛应用于多种装配机械、机床、机器人中。

常见的定位控制器有单轴定位单元的FX2N-1PG、FX2N-10G和双轴定位单元的FX2N-20GM，它们可用于执行直线插补、圆弧插补或独立双轴控制，也可以脱离PLC独立工作。它们的原理是向伺服或步进驱动器提供指定数量的脉冲，注意，其最高输出频率为200kHz。FX2N-20GM插补时的频率为100kHz，在程序中占用8个I/O口。

（4）网络通信模块

PLC与计算机、PLC与外部设备、PLC与PLC之间的信息交换称为PLC通信。PLC通信主要通过异步串行通信接口实现。FX2N系列PLC的网络通信模块主要有以下几种：RS-232通信模块FX2N-232-BD、RS-485通信模块FX2N-485-BD、RS-422通信模块FX2N-422-BD和FX2N通信模块适配器FX2N-CNV-BD。当FX2N装上FX2N-485-BD后，便能进行简单的PLC联网通信（8台）。

4. PLC扩展规则

FX2N基本单元的右侧可接FX2N系列的扩展单元、扩展模块，还可接FX0N、FX1N、FX2N系列的多台扩展设备。各系列的扩展方式如下。

（1）A种扩展方式

A种扩展方式如图2-7所示。

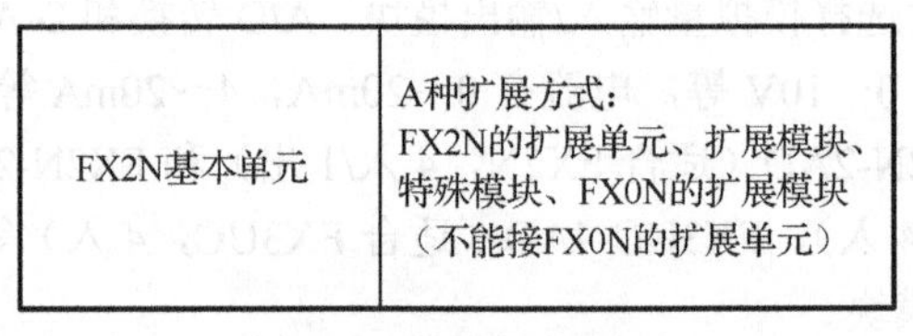

图2-7 A种扩展方式

（2）B种扩展方式

B种扩展方式如图2-8所示。

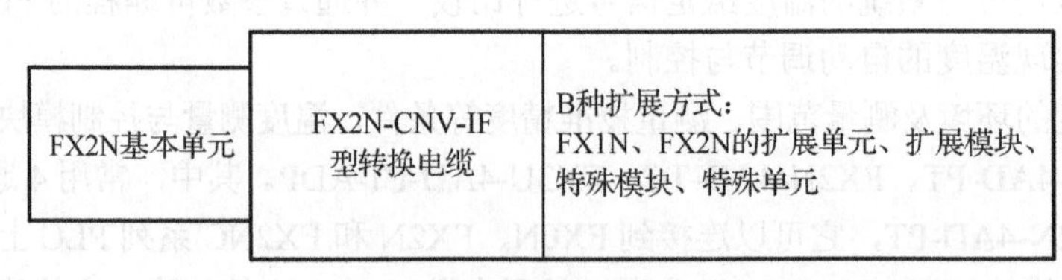

图2-8 B种扩展方式

FX2N 基本单元的右侧可以按“A 种扩展方式”或“B 种扩展方式”进行扩展。但是用“B 种扩展方式”时，一定要用 FX2N-CNV-IF 型转换电缆。一旦用了“B 种扩展方式”，就不能再用“A 种扩展方式”的扩展设备了。

2.2　PLC 学习机

FX1S 系列 PLC 功能简单、价格便宜，适用于小型开关量控制系统。它采用整体式固定的 I/O 结构，其 CPU、电源单元、I/O 单元安装于一体，结构紧凑、安装简单。

1. PLC 学习机的工程实训

PLC 学习机面向工业控制开设工程实训，涉及常用的工业控制技术。利用 PLC 学习机，教师可以开设温度、流量、重量、气阀、变频器、电动机等相关工程实训。同时，PLC 学习机模块化的设计、结构支持自组实训项目。例如，通用气阀应用控制涉及 PLC 的开关量控制及气缸的使用。重量检测、流量控制、温度控制实训涉及 A/D 转换和 D/A 转换技能，还涉及 PID 控制。步进电动机对丝杆滑台的定位控制的实训内容包括步进电动机的接线、步进驱动器的细分调节、PLC 对步进电动机的编程控制等。PLC 与变频器控制三相电动机实训涉及 PLC、变频器与电动机三者之间的线路连接、变频器应用，以及对不同电动机应用进行变频器设置和 PLC 控制程序设计等。

PLC 学习机配备一块触摸屏，实训时可以通过触摸屏进行人机交互设计。市场上常用的触摸屏品牌有威纶通、西门子、台达、三菱等，不同的触摸屏有不同的编程软件，但是工作原理相同，只要 PLC 的元器件地址与触摸屏上的元器件地址相同，就可实现通信控制。

2. 三菱 FX1S 系列 PLC 学习机的外部设备

三菱 FX1S 系列 PLC 学习机拥有多种外部设备（以下简称外设），分别为伺服电动机、三相电动机、步进电动机、编码器、流量传感器、温度变送器、称重传感器、气缸、电加热器、电磁阀等。为了方便学习和操作，PLC 学习机主机内配备的部件有开关电源、PLC、步进驱动器、变频器、固态继电器、继电器漏电空气开关、接触器等。

为了方便把外设接入 PLC 中进行控制，PLC 学习机把相关外设的 I/O 口、模拟量 I/O 口、变频器输入端（用来调频），以及 PLC 的 X1～X17、Y0～Y15 端引出到学习机盖子表面；把端子引出来的同时也避免了由操作者误操作带来的触电危险。PLC 学习机表面除端口外，还有触摸屏、显示灯、启动/停止按钮。

3. 三菱 FX1S 系列 PLC 学习机的外观介绍

图 2-9 为 PLC 学习机箱内安装布局图，其中 QF1 与 KM1 组成主回路，QF1 为空气开关，是一种只要电路中电流超过额定电流就会自动断开的开关；KM1 为交流接触器，是一种可快速切断交流与直流主回路和可频繁地接通大电流控制（可达 800A）电路的装置。KA1 为继电器，是一种用小电流去控制大电流的“自动开关”，在电路中起着自动调节、安全保护、转换电路等作用。SSR 为固态继电器，是一种 4 端有源器件，其中两个端口为输入调节端，另外两个端口为输出受控端。它既有放大驱动作用，又有隔离作用，很适合驱动大功率开关式执行机构，较普通继电器可靠性更高，且无触点、寿命长、速度快，对外界的干扰也小。AC/DC 为 220V 转 24V 的直流稳压电源。接线端主要接电源和相关元器件端口（如固态继电器的端口 4、继电器 KA1 等），需要用到某一个元器件时，用短线与之连接即可实现 PLC 通信，不用时可拆除。

图 2-10 为 PLC 学习机箱外布局图。左上角区域为变频器输入端区，下方的 VI、GND、KA1 端口与箱内的变频器端口对应，控制变频器的多段速。触摸屏是一款威纶通的产品（TK6070IQ），只支持 U 盘下载程序。“启动”和“停止”按钮控制的是 220V 交流接触器的通断。X0～X17 和

Y0～Y15 分别对应 PLC 的输入端口和输出端口，由于本书采用的 PLC 学习机采用 12 点输入和 8 点输出，因此 X14～X17 和 Y10～Y15 是无用端口。

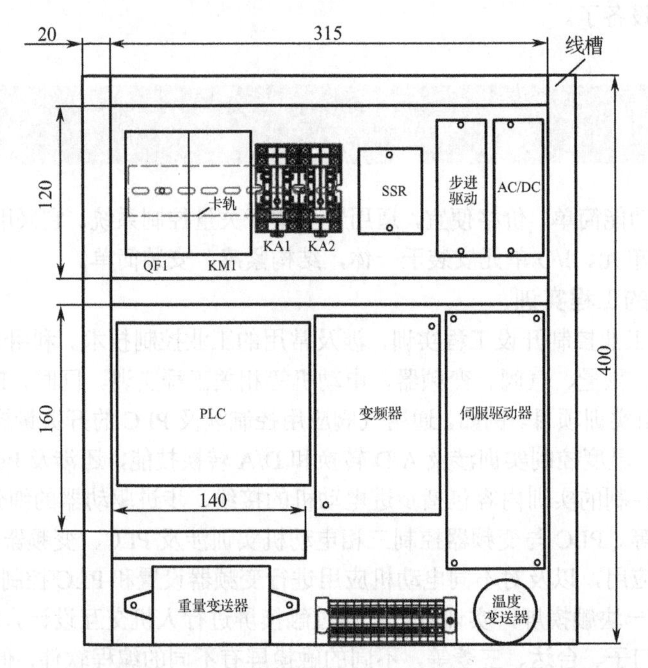

图 2-9　PLC 学习机箱内安装布局图

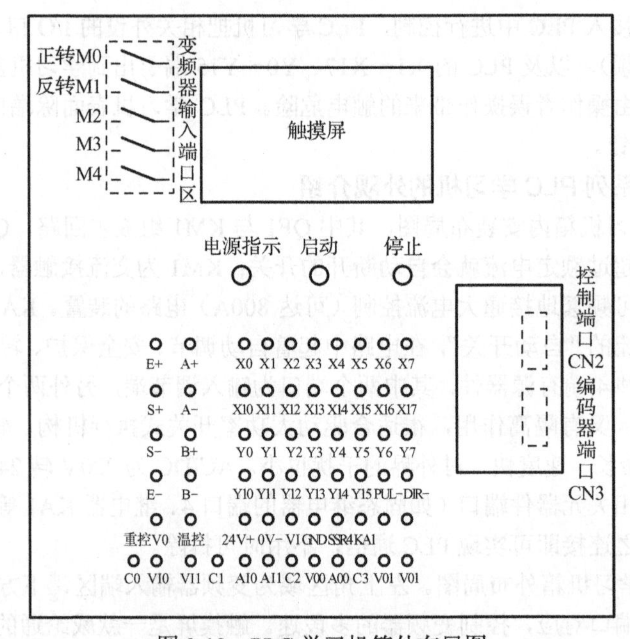

图 2-10　PLC 学习机箱外布局图

"A+""A–""B+""B–"和"PUL–""DIR–"端口与箱内的步进驱动器端口对应，其目的是控制步进电动机转动圈数和方向。"温控"端口与温度变送器模拟量输出端口连接。"重控 V0"端口与"温控"端口的接法类似，不同的是重量变送器还有 4 个引出端口"E+""S+""S–""E–"与称重传感器连接。最后一排是 FX1S-20MT-4AD-2AD 控制器侧面详细的引出端口，即 PLC 的模拟量 I/O 口。控制端口 CN2 和编码器端口 CN3 是伺服驱动器上的，其中 CN2 与 PLC 连接，CN3 与伺服电动机背面的编码器连接。

习题 2

一、填空题

1．FX 系列 PLC 的硬件系统可以分为______和______。

2．PLC 开关量输入模块有 3 种，分别是______、______、______。PLC 开关量输出模块大致也分为 3 种，分别是______、______和______。

3．若要控制步进电动机的转动圈数和方向，则需要"______"端口和"______"端口。

4．PLC 的特殊功能模块大致可以分为______、______、______和______四大类。

5．工业控制电压一般是______。

6．FX1S 系列 PLC 最多可以有______个 I/O 点。

7．KA1 为继电器，是一种用______去控制大电流的"自动开关"。

8．型号为 TK6070IQ 的威纶通触摸屏只支持______下载程序。

9．三菱 FX1S 系列 PLC 学习机采用______输入和______输出。

二、简答题

1．PLC 主要由哪几部分构成？各部分的功能是什么？

2．特殊功能模块的功能是什么？

3．简述双向晶闸管（可控硅）输出型电路的工作原理。

4．脉冲计数的作用是什么？位置控制的作用是什么？

5．简述普通继电器与固态继电器有什么异同之处。

6．简述三菱 FX1S 系列 PLC 学习机的优点。

第3章　FX系列PLC编程基础

3.1　PLC的编程语言

通常PLC采用面向控制过程、面向问题的“自然语言”进行编程。PLC的编程语言非常丰富，有梯形图、指令表（又称助记符）、顺序功能图等。用户可选择一种语言或混合使用多种语言编写出具有一定功能的指令。

三菱PLC的编程语言与一般计算机语言相比，具有图形式的指令结构、简单的应用软件生成过程、简单的程序结构、明确的变量常数、强化调试手段等特点。

IEC 61131-3是PLC的编程语言标准，已成为自动化工业中拥有广泛应用基础的国际标准。

IEC 61131-3定义了5种编程语言，即顺序功能图（SFC）、功能块图（FBD）、梯形图（LD）、指令表（IL）和结构文本（ST）。其中，顺序功能图（SFC）、功能块图（FBD）、梯形图（LD）是图形编程语言，指令表（IL）、结构文本（ST）是文字编程语言。

1．顺序功能图

顺序功能图用来编写顺序控制程序，提供了一种组织程序的图形方法。步、转换和动作是顺序功能图中的3种主要元素，如图3-1所示。顺序功能图用来描述开关量控制系统的功能。FX系列PLC的编程软件有顺序功能图语言，可以用顺序功能图来描述开关量控制系统的功能，可以很容易地设计出顺序控制梯形图程序。

2．功能块图

功能块图是类似于数字电路的编程语言，有数字电路基础的人很容易掌握。该编程语言用AND、OR等方块来表示逻辑运算关系，如图3-2所示。方块的左侧为逻辑运算的输入量，右侧为输出量，输入、输出端的小圆圈表示“非”运算，方块被“导线”连接在一起，信号会从左向右流动。目前很少有人使用功能块图。

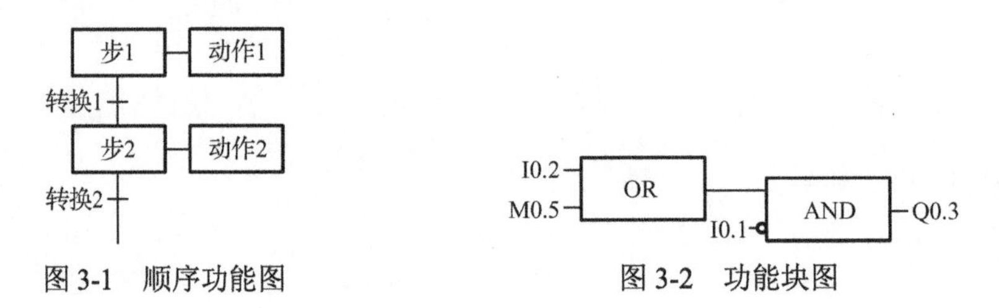

图3-1　顺序功能图　　图3-2　功能块图

3．梯形图

梯形图是PLC编程时使用最多的一种图形编程语言。它与继电器控制系统的电路很相似，很容易被工厂熟悉继电器控制的电气人员掌握，特别适用于开关逻辑控制。梯形图如图3-3所示。

梯形图由触点、线圈和应用指令等组成。触点代表逻辑输入条件，如外部的开关、按钮和内部条件等。线圈通常代表逻辑输出结果，用来控制外部的指示灯、交流接触器和内部的输出标志位等。梯形图中的信号只能从左向右流动。梯形图由若干阶级构成，自上而下排列，每个阶级起于左母线，经过触点与线圈，止于右母线。设计开关量控制程序时一般使用梯形图。在用户程序存储器中，指令按步序号顺序排列。

4．指令表

PLC 中的指令是一种与汇编语言中指令相似的助记符表达式，由指令组成的程序称为指令表，如图 3-4 所示。指令表较难阅读，其中的逻辑关系很难被一眼看出。

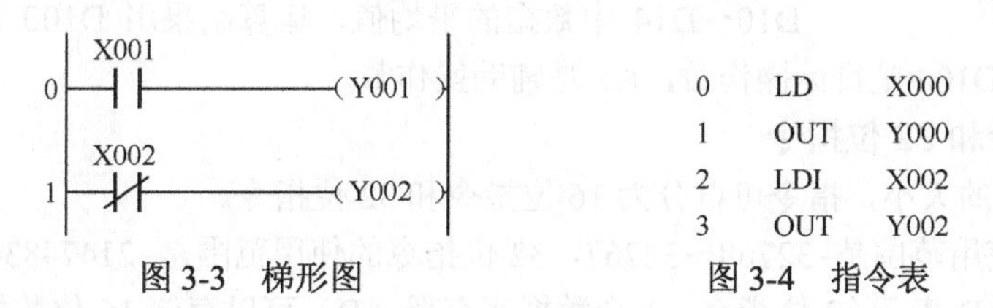

图 3-3　梯形图　　　图 3-4　指令表

5．结构文本

结构文本是为 IE 61131-3 标准创建的一种专用的高级编程语言。与梯形图相比，它能实现复杂的数学运算，使用结构文本编写的程序非常简洁和紧凑。

3.2　FX 系列 PLC 的基本指令

基本指令是用来表达触点与母线之间、触点与触点之间、触点与线圈之间连接的指令。

3.2.1　FX 系列 PLC 指令的表示

FX 系列 PLC 有许多基本指令，方便工程控制实现。

1．指令的格式

FX 系列 PLC 指令由助记符和操作数组成，格式如下。

助记符　（S·）　（S1·）　（D·）　（D1·）　n

[操作数 1]　[操作数 2]　[操作数 3]　[操作数 4]　[操作数 5]

注意：指令需要在英文半角状态下输入，助记符与操作数之间要用空格隔开，操作数和操作数之间也要用空格隔开。

助记符：一般由字母组成，有些助记符由字母与运算符组成。助记符一般是特定英文单词或英文单词缩写，能反映指令的功能。如加法指令助记符 ADD 是 Addition 的缩写，表示加法运算功能。数据寄存器 D 为 16 位，用于存放 16 位二进制数。在指令的助记符前加“D”，指令就变成了 32 位指令。指令有连续执行和脉冲执行两种执行形式。在助记符中标有“P”的为脉冲执行，在满足执行条件时仅执行一个扫描周期；没有标“P”的表示连续执行，在满足执行条件时每个扫描周期都要被执行。“P”和“D”可以同时使用。助记符占 1 个程序步，每个 16 位操作数和 32 位操作数分别占 2 个和 4 个程序步。

操作数：操作数由软元件或常数表示，操作数反映指令功能执行的对象或执行次数。操作数可以分为源操作数（S）、目标操作数（D）和辅助操作数（n）。有的指令没有操作数，大多数指令有 1～4 个操作数，内容不随指令执行而变化的操作数称为源操作数，在可变址修改软元件号的情况下，用加上“・”符号的 S・表示。源操作数较多时，以 S1・、S2・等表示。内容随指令执行而改变的操作数称为目标操作数，在可变址修改软元件号时，用加上“・”符号的 D・表示。

目标操作数较多时，以D1·、D2·等表示。n或m等辅助操作数一般表示执行次数，它既不是源操作数，也不是目标操作数。辅助操作数较多时，可以用n1、n2或m1、m2等表示，在可变址修改时，用加上“·”符号的n·。

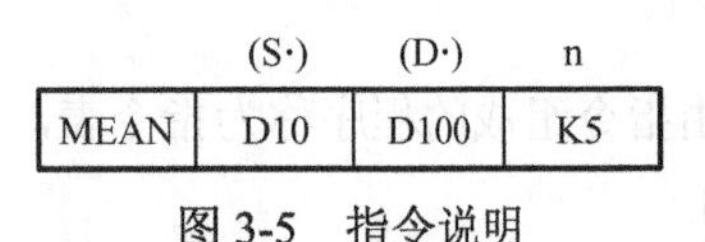

图3-5 指令说明

用编程软件输入图3-5中的指令MEAN时，按F8按钮，输入“MEAN D10 D100 K5”，助记符和各操作数之间用空格分隔，K5用来表示十进制常数5。该指令的功能为：求5个（n=5）数据寄存器D10～D14中数据的平均值，运算结果用D100保存，其中D10～D14是源操作数，D100是目标操作数，K5是辅助操作数。

2．16位指令和32位指令

根据处理数值的大小，指令可以分为16位指令和32位指令。

16位指令的使用范围是–32768～32767，32位指令的使用范围是–2147483648～2147483647。

在指令前面加D表示32位指令。1个数据寄存器（D）可以存储16位数据，32位数据需要用两个相邻的数据寄存器来存储，如D1、D0。

图3-6是16位和32位基本指令的应用，当X001为ON时，16位MOV传送指令执行，将数据5000传送到16位的D1数据寄存器中；当X002为ON时，32位DMOV传送指令执行，将数据50000传送到32位的(D2, D3)数据寄存器中。其中，D3中存放的为高16位数据，D2中存放的为低16位数据。

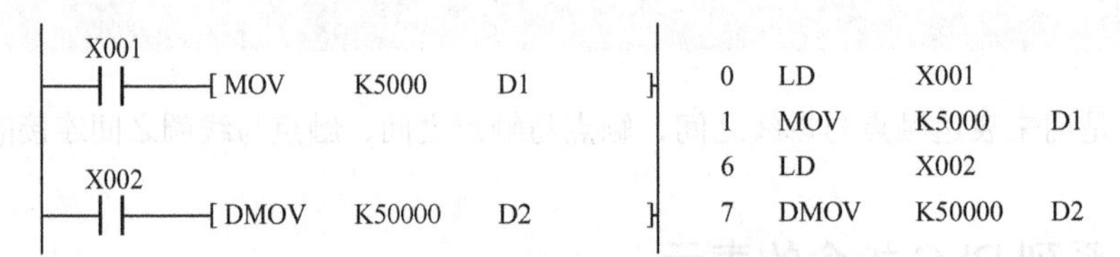

图3-6 16位和32位基本指令的应用

注意：不是所有的指令都可以转换为32位指令，具体应用时可以查阅相关指令使用手册。

3．连续执行和脉冲执行指令

连续执行指令可以连续执行，也就是每个扫描周期执行一次。

脉冲执行指令当有上升沿时会执行一次。

如图3-7所示，当X001为ON时，D1会连续执行加1（INC）指令（一个扫描周期加1一次），直到X001为OFF，加1指令不再执行；当X002由OFF变到ON时，执行加1指令一次，直到X002再次由OFF变到ON时再执行下一次加1指令。

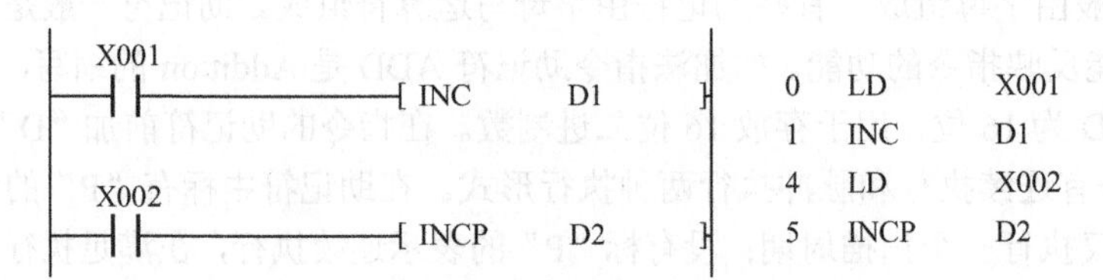

图3-7 连续执行和脉冲执行指令的应用

4．变址寄存器

FX系列PLC有16个变址寄存器，分别为V0～V7和Z0～Z7。变址寄存器用来在程序执行过程中修改软元件号。循环程序需要使用变址寄存器，在程序中输入Z和V，将会自动转换成Z0和V0。

图3-8是变址寄存器的应用，当X000为ON时，执行MOV指令和ADD指令，这时十进制

常数 100 被传送到 V1 中，5 被传送到 Z1 中；K50V1 相当于 K150（50+100），D6Z1 相当于数据寄存器 D11（6+5），D7Z1 相当于数据寄存器 D12（7+5），执行 ADD 指令时，有（K50V1）+（D6Z1）→D7Z1，即 150+D11→D12。

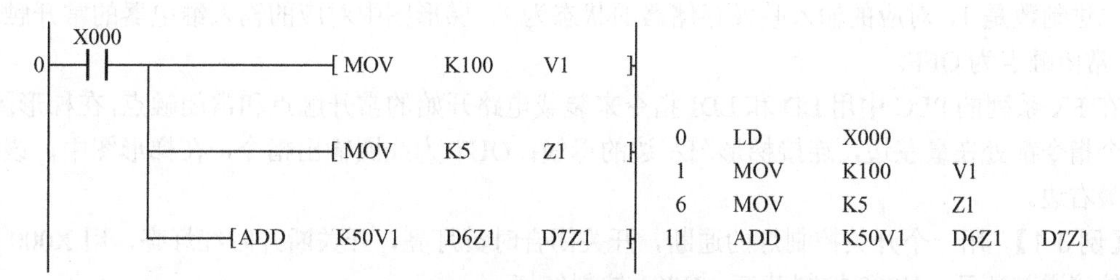

图 3-8　变址寄存器的应用

在 32 位指令表中，V 和 Z 自动组对使用，V 为高 16 位，Z 为低 16 位。例如，32 位变址指令中的 Z0 代表 V0 与 Z0 的组合。

设 Z2 中的数值为 11，因为输入继电器采用八进制地址，所以在计算地址过程中也要采用八进制地址进行计算，因此在计算 X2Z2 的地址时，Z2 的十进制数 11 首先被换算成八进制数 13，再进行地址的加法运算。因此 X2Z2 被定为 X15（八进制数 2+13=15），而不是 X13。

3.2.2　触点和线圈指令

触点和线圈指令是 PLC 应用最多的指令。触点分为常开触点和常闭触点。

触点和线圈指令包括常开触点装载指令、常闭触点装载指令、“与”操作指令、“与非”操作指令、“或”操作指令、“或非”操作指令、块“与”操作指令、块“或”操作指令、线圈输出指令，如表 3-1 所示。

表 3-1　触点和线圈指令

类　别	指令格式	操　作	注　释
常开触点装载指令	LD　S	开始常开触点逻辑运算。常开触点为 ON 时置 1，为 OFF 时置 0，梯形图为 ┤├	操作数 S 可以取 X、Y、M、T、C 和 S
常闭触点装载指令	LDI　S	开始常闭触点逻辑运算。常闭触点为 ON 时置 0，为 OFF 时置 1，梯形图为 ┤/├	同上
“与”操作指令	AND　S	串联一个常开触点	同上
“与非”操作指令	ANI　S	串联一个常闭触点	同上
“或”操作指令	OR　S	并联一个常开触点	同上
“或非”操作指令	ORI　S	并联一个常闭触点	同上
块“与”操作指令	ANB	两个或者两个以上电路块的串联	同上
块“或”操作指令	ORB	两个或者两个以上电路块的并联	同上
线圈输出指令	OUT　S	驱动线圈输出，梯形图为 —(　)	操作数 S 可以取 Y、M、T、C 和 S

注意：OUT 指令不能用于输入继电器 X，OUT 指令应放在梯形图的最右边；当 PLC 输出端不带负载时，尽量使用辅助继电器 M 或其他控制线圈。

1. 常开触点装载指令与常闭触点装载指令

当外部输入电路断开时，CPU读入的二进制数是0，对应的输入映像存储器的状态为0，梯形图中对应的输入继电器的常开触点为OFF，常闭触点为ON。当外部输入电路接通时，CPU读入的二进制数是1，对应的输入映像存储器的状态为1，梯形图中对应的输入继电器的常开触点为ON，常闭触点为OFF。

在FX系列的PLC中用LD和LDI指令来装载电路开始的常开触点和常闭触点，在梯形图中，这两个指令都处在最左边，连接梯形图左边的母线；OUT为线圈输出指令，在梯形图中，该指令处在最右边。

【例3-1】 用一个开关控制灯的通断，开关闭合时黄灯亮，开关断开时红灯亮，用X000控制开关的接通与断开，Y000控制黄灯，Y001控制红灯。

根据实际控制功能要求，完成PLC程序设计。图3-9是LD、LDI与OUT指令的应用。当X000为ON时（开关闭合），Y000接通（黄灯亮）；当X000为OFF时（开关断开），Y001接通（红灯亮）。

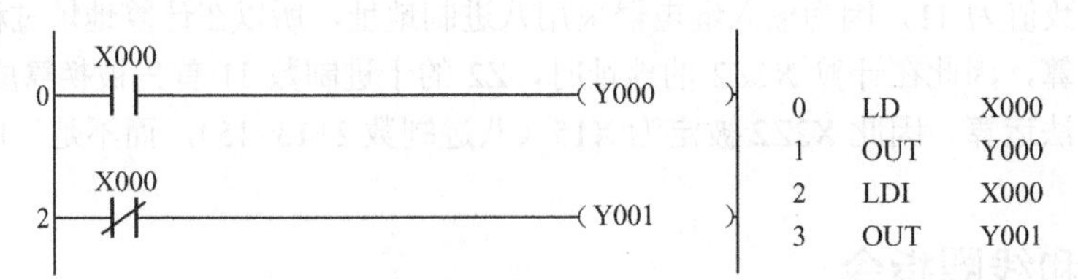

图3-9 LD、LDI与OUT指令的应用

2. 触点串联指令

触点串联指令包括逻辑“与”指令AND和逻辑“与非”指令ANI（And Inverse）。AND指令用于在当前梯形图位置串联一个常开触点。ANI指令用于在当前梯形图位置串联一个常闭触点。

【例3-2】 用两个开关控制灯的通断，同一时间只能亮一个灯，当第一个开关（X000）接通时，黄灯（Y000）亮，红灯（Y001）灭；当第二个开关（X001）接通时，红灯（Y001）亮。

根据实际控制功能要求，完成PLC程序设计。图3-10是触点串联指令的应用，可以看出，在第一逻辑控制回路中，常开触点X000和常闭触点X001串联，用“ANI X001”指令完成；只有常开触点X000为ON，常闭触点X001为OFF时，Y000才能接通，黄灯亮。在第二逻辑控制回路中，常闭触点X000和常开触点X001串联，用“AND X001”指令完成；只有常闭触点X000为OFF，常开触点X001为ON时，Y001才能接通，红灯亮。触点X000、X001在两个逻辑控制回路中是互锁关系，保证同一时刻仅有一个灯工作。

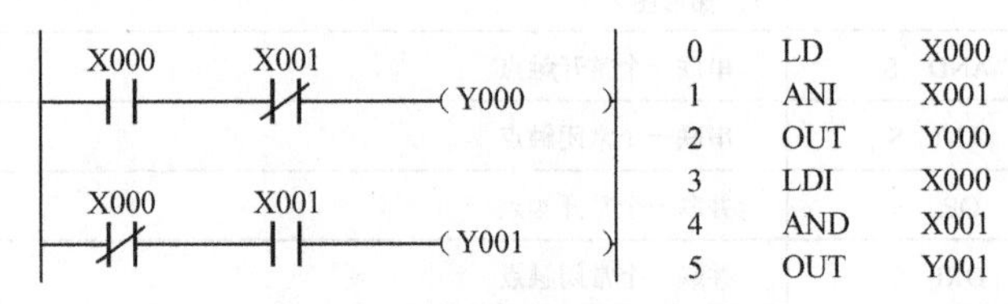

图3-10 触点串联指令的应用

3. 触点并联指令

触点并联指令包括逻辑“或”指令OR和逻辑“或非”指令ORI（Or Inverse）。OR指令用于在当前梯形图位置并联一个常开触点。ORI指令用于在当前梯形图位置并联一个常闭触点。一般最多能连续并联10个触点。

图3-11是触点并联指令的应用。图中常开触点X000和常开触点X001并联，用“OR X001”

指令完成；接着并联常闭触点M0，用指令“ORI M0”完成。

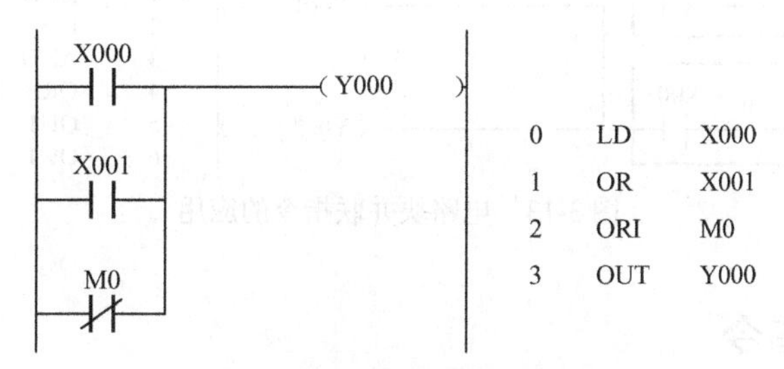

图3-11 触点并联指令的应用

4．块操作指令

在比较复杂的控制系统中，触点的串联、并联关系不能全部用简单的“与”“或”“非”逻辑关系描述，因此在指令系统中还有电路块（回路）的“与”和“或”操作指令，分别用ANB和ORB表示。在电路中，由两个或者两个以上的触点串联在一起的回路称为串联回路，由两个或者两个以上的触点并联在一起的回路称为并联回路。

（1）块“与”操作指令

块“与”操作指令用“ANB”（And Block）表示，也称电路块串联指令，用于两个或者两个以上电路块之间的串联。

将并联回路串联，执行“与”操作指令时，块开始装载用LD或LDI指令，块串联用ANB指令。

ANB指令不带软元件号，是一条独立指令，用于串联多个并联回路，回路数量没有限制。

图3-12是电路块串联指令的应用，块a由常开触点X000和常开触点X001并联组成，用指令“LD X000”和“OR X001”完成；块b由常开触点X002和常开触点X003并联组成，用指令“LD X002”和“OR X003”完成。块a与块b之间是串联关系，用ANB指令完成。

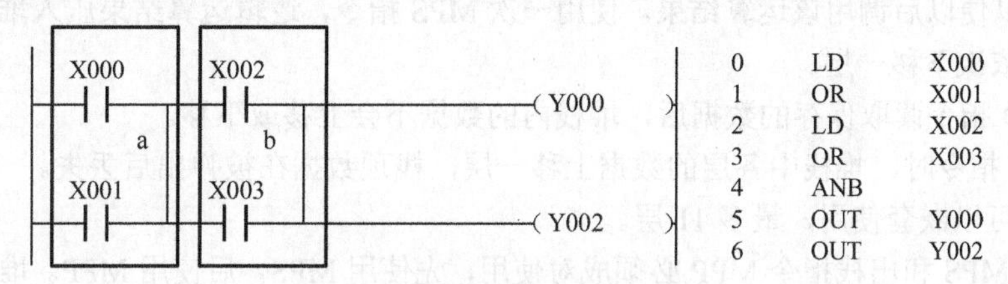

图3-12 电路块串联指令的应用

（2）块“或”操作指令

块“或”操作指令用“ORB”（Or Block）表示，也称电路块并联指令，用于两个或者两个以上电路块之间的并联。

将串联回路并联，执行“或”操作时，块开始装载用LD或LDI指令，块并联用ORB指令。

ORB指令不带软元件号，是一条独立指令，用于并联多个串联回路，回路数量没有限制。

图3-13是电路块并联指令的应用，块a由常开触点X000和常开触点X002串联组成，用指令“LD X000”和“AND X002”完成；块b由常开触点X001和常开触点X003串联组成，用指令“LD X001”和“AND X003”完成。块a与块b之间是并联关系，用ORB指令完成。

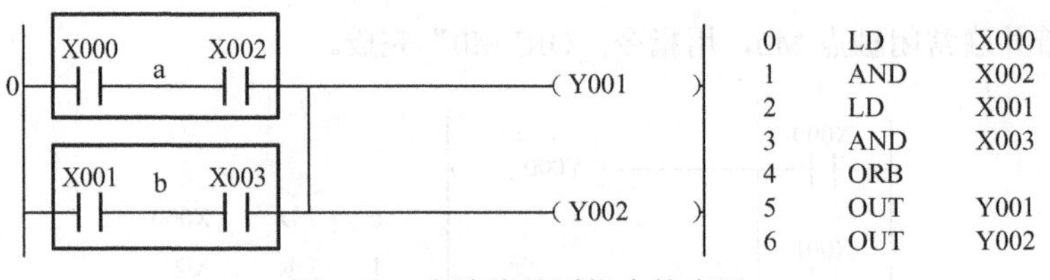

图 3-13　电路块并联指令的应用

3.2.3　其他基本指令

1．堆栈指令与主控指令

（1）堆栈指令

在编写程序时，经常会遇到多个分支电路同时受一个或一组触点控制的情况，在此情况下采用前面的几种指令不易编写程序，可像单片机程序一样，借助堆栈指令来完成程序的编写。

堆栈采用先进后出的数据存取方式。堆栈指令包括进栈指令 MPS、读栈指令 MRD 和出栈指令 MPP。堆栈指令说明如表 3-2 所示。

表 3-2　堆栈指令

类　别	指令格式	操　作
进栈指令	MPS	将栈顶的值复制后压入堆栈，栈中原来的数据下移一层，栈底数据丢失
读取指令	MRD	读取存储在堆栈最上层的电路中分支点处的运算结果，将下一个触点强制地连接到该点上，堆栈数据不变
出栈指令	MPP	将栈顶数据弹出一层，原来第二层数据变为新的栈顶值，原栈顶数据丢失

MPS、MRD 和 MPP 指令经常一起用于多重输出电路。MPS 指令用于存储电路中分支处的逻辑运算结果，以便以后调用该运算结果。使用一次 MPS 指令，逻辑运算结果压入堆栈一次，堆栈中原来的数据依次下移一层。

使用 MRD 指令读取保存的数据后，堆栈内的数据不会上移或下移。

使用 MPP 指令时，堆栈中各层的数据上移一层，栈顶数据在被弹出后丢失。

堆栈指令可以嵌套使用，最多 11 层。

进栈指令 MPS 和出栈指令 MPP 必须成对使用，先使用 MPS，后使用 MPP。堆栈指令没有操作数。读取指令 MRD 可以多次使用，但是进栈指令 MPS 和出栈指令 MPP 必须且只能使用一次。堆栈处理最后一条支路时必须使用 MPP 指令，而不是 MRD 指令。

图 3-14 是堆栈指令的应用，在编程软件中输入梯形图后，不会显示图中的堆栈指令。如果将该梯形图转换为指令表，编程软件会自动加入 MPS、MRD 和 MPP 指令。梯形图对应的指令表中有一个 MPS 指令，两个 MRD 指令，一个 MPP 指令。图中梯形图 a 处对应 MPS 指令，b 处和 c 处对应 MRD 指令，d 处对应 MPP 指令。

（2）主控指令

在编程中通常会遇到很多线圈同时受一个或者一组触点控制的情况。如果在每个线圈的控制电路中都串入同样的触点，将占用很多存储单元。为了解决这一问题，PLC 引入了主控指令。

使用主控指令的触点称为主控触点，它在梯形图中与一般的触点垂直。主控触点是控制一组电路的总开关。主控指令说明如表 3-3 所示。

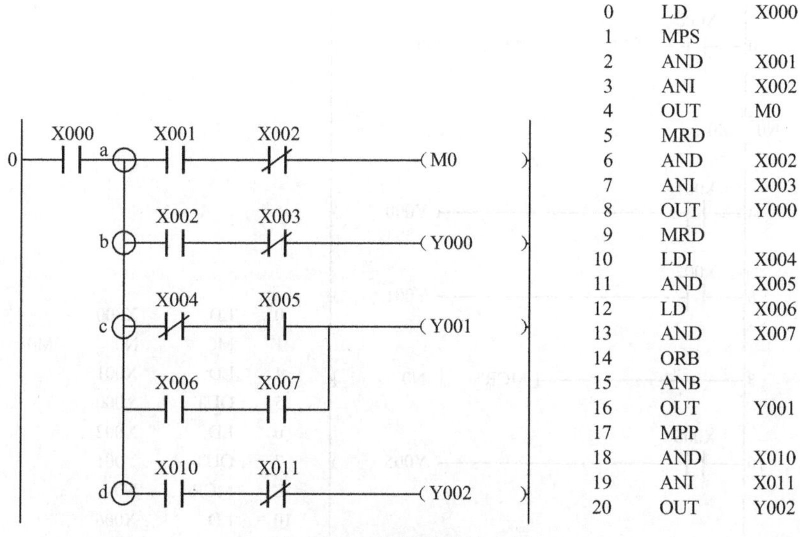

图 3-14　堆栈指令的应用

表 3-3　主控指令

类　别	指令格式	操　作	注　释
主控指令	MC　S　D	主控区的开始，输出 D	操作数 S 为常数，取 0～7；操作数 D 可以取 Y、M（特殊辅助继电器不可使用）
	MCR　S	主控区的结束	操作数 S 为常数，取 0～7

MC 指令是主控指令或者公共触点串联指令，用来表示主控区的开始。它只能用于输出继电器 Y 和辅助继电器 M（不包括特殊辅助继电器）。

MCR 指令是主控指令 MC 的复位指令，用来表示主控区的结束。

每个主控指令均以 MC 指令开始，以 MCR 指令结束，它们必须成对存在，否则程序会出错。

与主控指令相连的必须是 LD 或者 LDI 指令，即执行 MC 指令时，母线会移动到触点的后面，MCR 指令将同时复位低的嵌套层。

如果条件满足，直接执行从 MC 到 MCR 的程序；如果条件不满足，在主控程序中的累计定时器、计数器及复位/置位指令涉及的软元件都保持当前的状态不变，其余的软元件被复位，非累计定时器和用 OUT 指令驱动的软元件变为 OFF。

在 MC 指令区内使用 MC 指令称为主控嵌套。MC 和 MCR 指令的主控嵌套层为 N0～N7，N0 为最高层，N7 为最低层。在没有嵌套时，通常用 N0 层编程，N0 层的使用次数没有限制；在有嵌套时，MCR 指令将同时复位低的嵌套层。

图 3-15 是主控指令的应用，当 X000 为 ON 时，执行 MC 指令，使常开触点 M0 闭合；常开触点 M0 的下面接临时左母线。这时指令区内的 X001 和 X002 可以使用，X001 和 X002 可以控制 Y000 和 Y001；当 X000 为 OFF 时，X001 和 X002 不能控制 Y000 和 Y001，即使 X001 和 X002 为 ON，Y000 和 Y001 仍然不能接通。X006 不受主控指令的控制，在任何情况下都可以使用。

图 3-16 是主控指令的嵌套使用，这里嵌套了两个主控指令，当 X007 为 ON 时，常开触点 M100 闭合；常开触点 M100 的下面接临时左母线，可以使用指令区内的 X011、X012 触点。当 X007 为 ON 时，X011 可以使用，但是 X013 受 X012 的主控指令控制，当 X012 为 ON 时，常开触点 M101 闭合；常开触点 M101 的下面接临时左母线，可以使用指令区内的 X013，触发 Y003。

```
X000
0 ─┤├─[ MC   N0   M0 ]
N0 M0
X001
4 ─┤├─( Y000 )
X002
6 ─┤├─( Y001 )
8 ─[ MCR  N0 ]
X006
10 ─┤├─( Y005 )
12 ─[ END ]
```

```
0   LD    X000
1   MC    N0    M0
4   LD    X001
5   OUT   Y000
6   LD    X002
7   OUT   Y001
8   MCR   N0
10  LD    X006
11  OUT   Y005
```

图 3-15 主控指令的应用

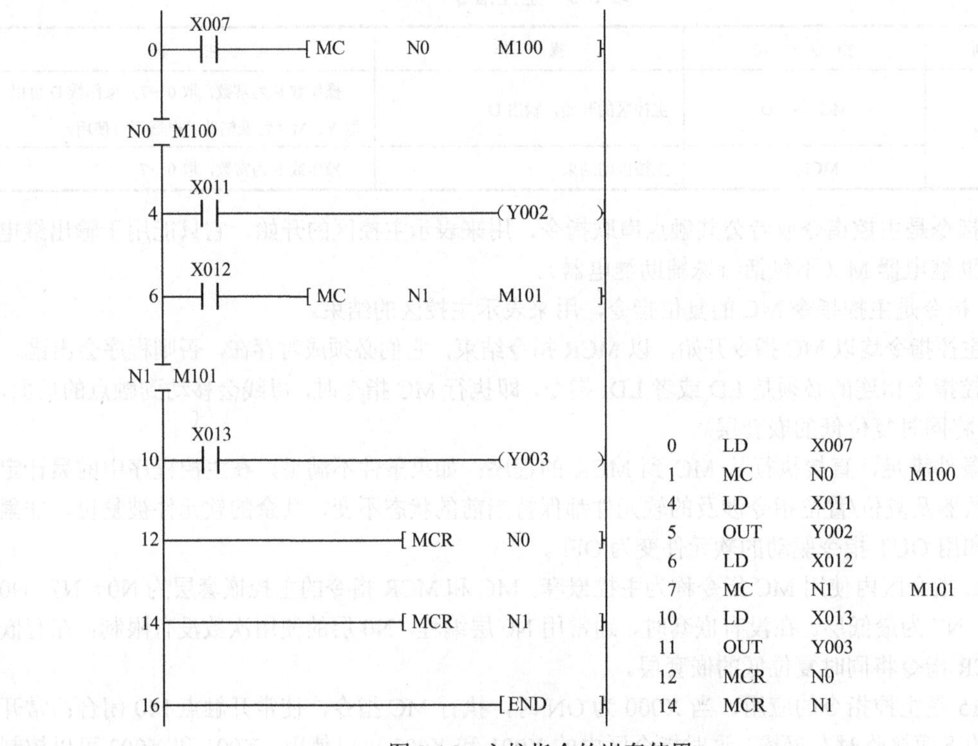

图 3-16 主控指令的嵌套使用

2. 置位指令（SET）与复位指令（RST）

置位就是使软元件置位，复位就是使软元件复位。置位指令与复位指令说明如表 3-4 所示。

表 3-4 置位指令与复位指令

类 别	指令格式	操 作	注 释
置位指令	SET D	使操作数 D 置位，对应位为 1	操作数可以取 Y、M、T、C、S、D、V 和 Z
复位指令	RST D	使操作数 D 复位，对应位为 0	同上

SET和RST指令的功能与数字电路中RS触发器的功能类似。同一编程软元件可以多次使用SET和RST指令，最后一次执行的指令将决定软元件的状态。SET和RST指令之间可以插入其他指令。RST也可以用来复位累计定时器和计数器。若SET和RST指令同时满足同一软元件操作的执行条件，则RST指令优先执行。

如图3-17所示，当X000为ON，X001为OFF时，执行SET指令，Y000置1，此时Y000接通；当X000为OFF，X001为ON时，执行RST指令，Y000复位为0，此时Y000断开；如果X000和X001同时为ON，则RST优先执行，所以Y000复位为0。

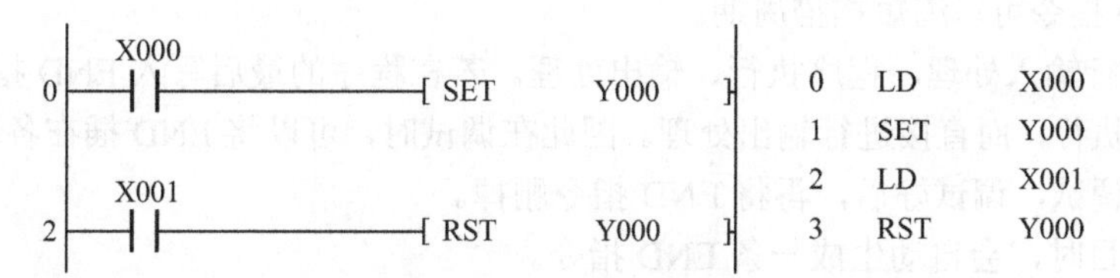

图3-17 置位与复位指令应用

【例3-3】 用两个开关控制黄灯和红灯的通断，同一时间只能亮一个灯，黄灯亮时红灯灭，红灯亮时黄灯灭（要求用到SET和RST指令）。

解析： 梯形图和对应的指令表如图3-18所示，用X000控制第一个开关的通断、用X001控制第二个开关的通断，Y001是黄灯的输出端，Y002是红灯的输出端。当X000为ON、X001为OFF时，Y001置位，Y002复位，这时黄灯亮；当X000为OFF、X001为ON时，Y001复位，Y002置位，红灯亮。

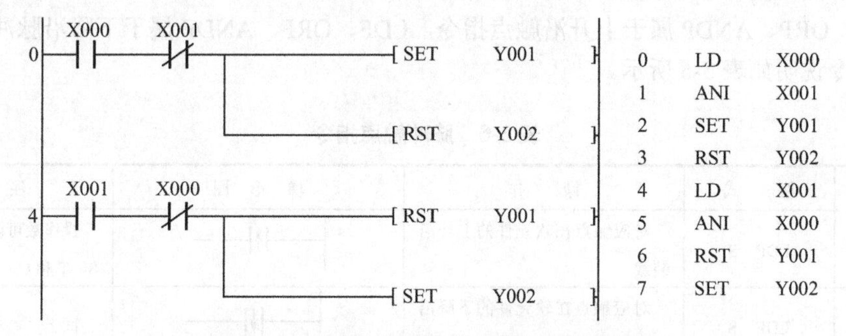

图3-18 用置位与复位指令控制灯的通断

3．取反、空操作和结束指令

取反、空操作和结束指令说明如表3-5所示。

表3-5 取反、空操作和结束指令

类　别	指令格式	操　作	注　释
取反指令	INV	将执行该指令之前的逻辑运算结果取反	若运算结果为1，则取反后的结果为0
空操作指令	NOP	使该步序做空操作	在程序中留下地址，以便插入指令或延长扫描周期
结束指令	END	结束当前的扫描执行过程	可以缩短扫描周期

（1）取反指令

INV（Inverse）是取反指令，又称取非指令，用于将执行该指令之前的逻辑运算结果取反，如果运算的结果是1，取反后的结果为0；如果运算的结果是0，取反后的结果为1。

（2）空操作指令

NOP（Nop Processing）是空操作指令。它不做任何逻辑操作，仅在程序中留下地址，以便调用程序时插入，或者稍微延长扫描周期，而不影响用户程序的执行。

当程序被全部清除时，存储器内的指令全部成为 NOP 指令。

（3）结束指令

END（End）是结束指令，用于强制结束当前的扫描执行过程。如果没有 END 指令，用户程序会从第一步直接执行到最后一步；如果有 END 指令，用户程序会从第一步执行到 END 指令这一步，使用 END 指令可以缩短扫描周期。

PLC 反复进行输入处理、程序执行、输出处理。若在程序的最后写入 END 指令，则 END 以后的程序将不被执行，而直接进行输出处理。因此在调试时，可以将 END 插在各段程序之后，从第一段开始分段调试，调试好后，再将 END 指令删掉。

生成新的项目时，会自动生成一条 END 指令。

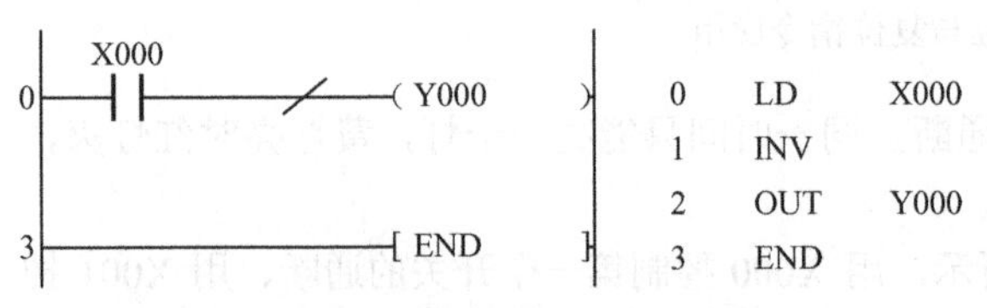

图 3-19 取反和结束指令的应用

图 3-19 是取反和结束指令的应用，图中有一个取反指令，若 X000 为 OFF，加取反指令后变为 ON，此时 Y000 置 1。若 X000 为 ON，加取反指令后变为 OFF，此时 Y000 复位为 0。

4. 脉冲触点指令

根据脉冲形式的不同，脉冲触点可以分为上升沿脉冲触点和下降脉冲触点两种形式。脉冲触点只有常闭触点，没有常开触点。脉冲触点指令包括 LDP、LDF、ORP、ORF、ANDP 和 ANDF。其中，LDP、ORP、ANDP 属于上升沿触点指令，LDF、ORF、ANDF 属于下降沿脉冲触点指令。脉冲触点指令说明如表 3-6 所示。

表 3-6 脉冲触点指令

类　别	格　式	操　作	梯 形 图	注　释
取脉冲上升沿指令	LDP S	对应触点在软元件的上升沿装载		操作数可以取 X、Y、M、S、T 和 C
取脉冲下降沿指令	LDF S	对应触点在软元件的下降沿装载		同上
与脉冲上升沿指令	ANDP S	串联一个触点，触点在软元件的上升沿接通一个扫描周期		同上
与脉冲下降沿指令	ANDF S	串联一个触点，触点在软元件的下降沿接通一个扫描周期		同上
或脉冲上升沿指令	ORP S	并联一个触点，触点在软元件的上升沿接通一个扫描周期		同上
或脉冲下降沿指令	ORF S	并联一个触点，触点在软元件的下降沿接通一个扫描周期		同上

LDP、LDF、ORP、ORF、ANDP 和 ANDF 指令表达的触点在梯形图中的位置与 LD、AND、OR 指令表达的触点在梯形图中的位置是相同的，只是两种指令表达触点的功能有所不同。

LDP、ORP、ANDP 指令的梯形图中有一个向上的箭头，表示指令中的软元件仅在上升沿（由 OFF 变为 ON）接通一个扫描周期。LDF、ORF、ANDF 指令的梯形图中有一个向下的箭头，表示指令中的软元件仅在下降沿（由 ON 变为 OFF）接通一个扫描周期。

图3-20是脉冲触点指令的应用，触点X000、X004需要上升沿装载，只执行一个扫描周期；触点X002、X006需要下降沿装载，只执行一个扫描周期；触点X001与M1并联，下降沿接通一个扫描周期；触点X003与M2并联，上升沿接通一个扫描周期；触点X005与X004串联，上升沿接通一个扫描周期；触点X007与X006串联，下降沿接通一个扫描周期。

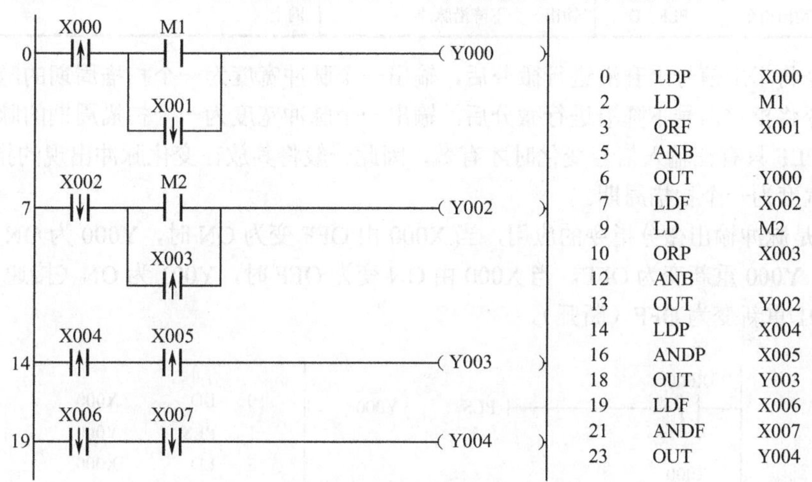

图3-20 脉冲触点指令的应用

【例3-4】 控制门的上升与下降。当有车来时，门前感应器感应到车，门开始上升，上升到最高点后停止上升；当车完全进门后，门开始下降，下降到最低点后停止下降。

解析：图3-21是本例对应的梯形图和指令表，门前感应器对应X000，上升沿有效；门后感应器对应X002，下降沿有效；上限开关对应常闭触点X001，到达最高点时断开；下限开关对应常闭触点X003，到达最低点时断开。当车来时，门前感应器感应到车，X000上升沿触发一次，Y001接通，这时Y001一直接通（自锁），门开始上升；上升到最高点时，常闭触点X001断开，这时Y001断开，门停止上升。当车开到门里面时，门后感应器感应到车，X002下降沿触发一次，Y002接通，这时Y002一直接通（自锁），门开始下降；下降到最低点时，常闭触点X003断开，这时Y002断开，门停止下降。

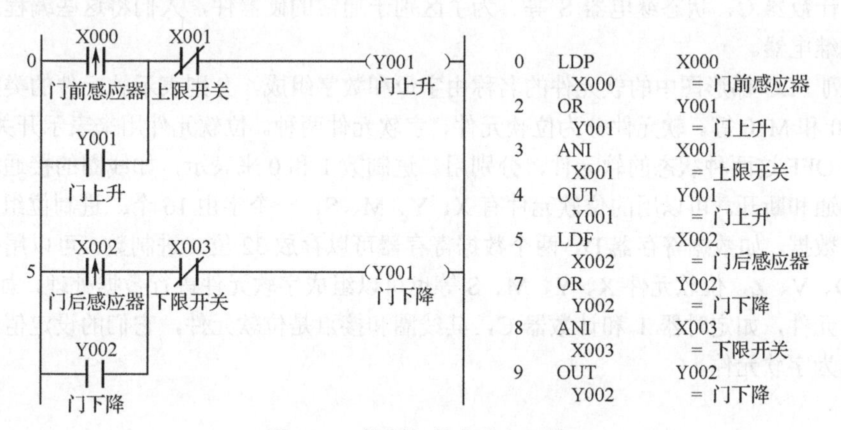

图3-21 控制门的上升与下降

5. 脉冲微分输出指令

脉冲微分输出指令包括PLS（上升沿脉冲微分输出指令）和PLF（下降沿脉冲微分输出指令）两种，脉冲微分输出指令说明如表3-7所示。

表 3-7　脉冲微分输出指令

类　别	格　式	操　作	注　释
上升沿脉冲微分输出指令	PLS　D	输出一个上升沿脉冲	操作数可以取 Y 和 M（除特殊辅助继电器外）
下降沿脉冲微分输出指令	PLF　D	输出一个下降沿脉冲	同上

PLS 指令将指定信号上升沿进行微分后，输出一个脉冲宽度为一个扫描周期的脉冲信号。

PLF 指令将指定信号下降沿进行微分后，输出一个脉冲宽度为一个扫描周期的脉冲信号。

PLS 和 PLF 只有在输入信号变化时才有效，因此一般将其放在变化脉冲出现的指令之后，其输出的脉冲宽度为一个扫描周期。

图 3-22 是脉冲输出微分指令的应用，当 X000 由 OFF 变为 ON 时，Y000 为 ON（接通），一扫描周期后，Y000 重新变为 OFF。当 X000 由 ON 变为 OFF 时，Y001 为 ON（接通），一个扫描周期后，Y001 重新变为 OFF（断开）。

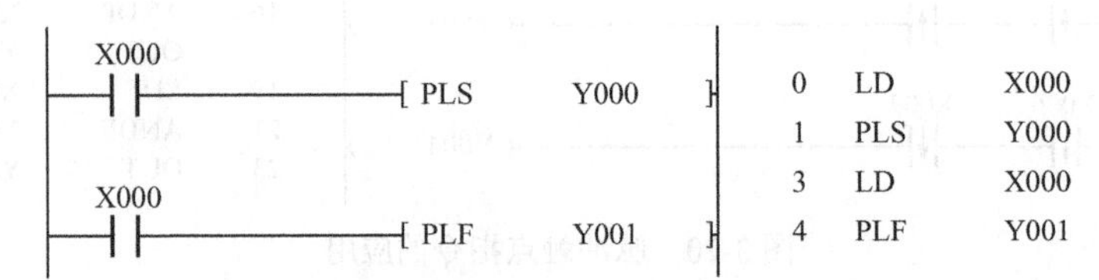

图 3-22　脉冲微分输出指令的应用

3.3　FX 系列 PLC 软元件

PLC 用于工业控制，其实质是用程序表达控制过程中事物和事物之间的逻辑或控制关系。在 PLC 的内部，有能设置各种功能、能方便代表控制过程中各种事物的元器件，这些元器件就是编程元件。PLC 的编程元件从物理实质上来说，是电子电路及存储器，考虑到工程技术人员的习惯，常用继电器电路中类似元器件的名称命名，称为输入继电器 X、输出继电器 Y、辅助继电器 M、定时器 T、计数器 C、状态继电器 S 等。为了区别于通常的硬器件，人们将这些编程元件又称为软元件或软继电器。

FX 系列 PLC 梯形图中的软元件的名称由字母和数字组成，分别表示软元件的类型和软元件号，如 Y100 和 M10 等。软元件分为位软元件、字软元件两种。位软元件用来表示开关量的状态，只有 ON 和 OFF 这两种状态的软元件，分别用二进制数 1 和 0 来表示，如线圈的接通和断开，常闭触点的接通和断开。可以用的位软元件有 X、Y、M、S。一个字由 16 个二进制位组成，字软元件用来处理数据，如数据寄存器 D，两个数据寄存器可以存放 32 位二进制数；可以用做字软元件有 T、C、D、V、Z，位软元件 X、Y、M、S 等也可以组成字软元件进行数据处理，如 K8X0。位与字混合软元件，如定时器 T 和计数器 C，其线圈和接点是位软元件，它们的设定值寄存器和当前值寄存器为字软元件。

3.3.1　输入继电器和输出继电器

输入继电器（X）是 PLC 接收外部开关量信号的“窗口”，其状态只能由外部开关量决定，PLC 不能改变输入信号的状态。常见的输入软元件有按钮、选择开关、光电开关，行程开关、传感器等。

输出继电器（Y）是 PLC 向外部负载发送信号的“窗口”，用来控制输出端，从而通过输出端来控制外部负载的接通与断开。常见的输出软元件有电磁阀、继电器、接触器、指示灯、显示器等。

输入继电器和输出继电器的软元件号用八进制数表示，八进制数只有 0～7 这 8 个数字，遵循“逢八进一”的运算规则。除输入继电器和输出继电器的软元件号采用八进制数外，其他软元件号均采用十进制数。

输入和输出继电器电路中每个硬件继电器中只有一个常开触点和一个常闭触点，但是在梯形图中，每个输出继电器的常开触点和常闭触点都可以多次使用。

如图 3-23 所示，X001 表示一个常开输入触点。Y001 表示一个输出继电器，它由 X001 控制。当 X001 为 ON 时，Y001 为 ON（接通），当 X001 为 OFF 时，Y001 为 OFF（断开）。

X001　　(Y001)

0	LD	X001
1	OUT	Y001
2	END	

图 3-23　输出继电器

3.3.2　辅助继电器

辅助继电器（M）相当于继电器控制系统中的中间继电器，是用于编程的软继电器，不能直接驱动负载，外部负载的驱动需要由输出继电器完成。在 PLC 中，有很多种辅助继电器，辅助继电器与中间继电器的原理类似，都有线圈，也都有触点。

辅助继电器主要分为 3 种类型：一般用途辅助继电器，断电保持辅助继电器，特殊辅助继电器。除特殊辅助继电器外，FX 系列 PLC 辅助继电器类型说明如表 3-8 所示。

表 3-8　FX 系列 PLC 辅助继电器类型（除特殊辅助继电器外）

FX 系列	FX1S	FX1N，FX1NC	FX2N，FX2NC	FX3U，FX3UC	FX3G
一般用途辅助继电器	M0～M383（384 点）	M0～M383（384 点）	M0～M499（500 点）	M0～M499（500 点）	M0～M383（384 点）
断电保持辅助继电器	M384～M511（128 点）	M384～M1535（1152 点）	M500～M3071（2572 点）	M500～M7679（7180 点）	M384～M7679（7296 点）
总点数	512	1536	3072	7680	7680

1．一般用途辅助继电器

FX1S 系列 PLC 一般用 M0～M383（共 383 点）表示一般用途辅助继电器，没有断电保持功能。若在 PLC 运行过程中突然停电，则一般用途辅助继电器都变为 OFF 状态，若电源再次接通，除非辅助继电器输入条件为常闭（ON 状态），否则一直为 OFF 状态。

【例 3-5】 如图 3-24 所示，当 X001 为 ON 时，M1 变为 ON（接通），Y001 也为 ON；当 X001 由 ON 变为 OFF 时，M1 还为 ON，只有当 X002 为 ON 时，M1 才会断开，否则 M1 和 Y001 一直为 ON（这里的辅助继电器充当中间继电器）。

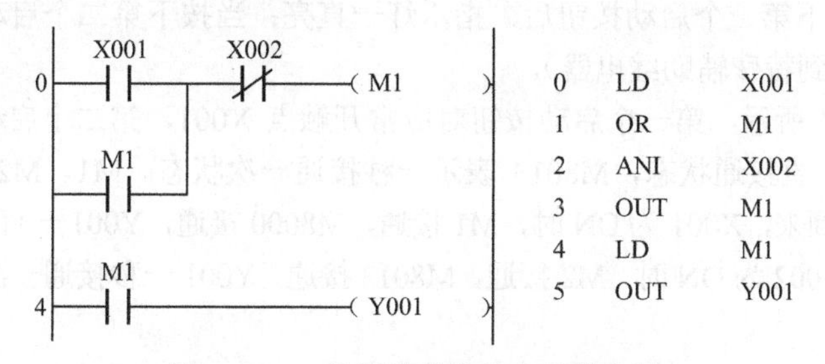

图 3-24　一般用途辅助继电器的应用

2. 断电保持辅助继电器

在FX1S系列PLC中，断电保持辅助继电器包括M384～M511（共128点），能够记忆停电之前的状态，若PLC在运行时突然停电，断电保持辅助继电器仍然保持停电前的状态，恢复后仍然保持停电前的状态值。

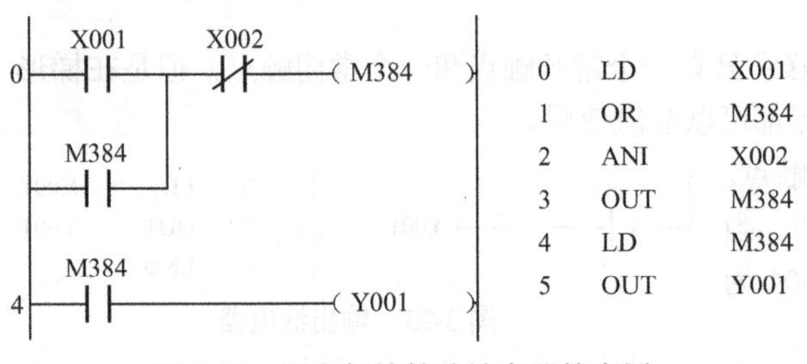

图3-25 断电保持辅助继电器的应用

【例3-6】 如图3-25所示，当X001为ON时，M384为ON（接通），Y001也为ON，当X001由ON变为OFF时，M384自锁持续为ON，Y001一直为ON。如果突然停电，由于M384是断电保持辅助继电器，能保持当前的状态不变，所以当PLC再次通电时，M384仍然保持原来的状态不变，Y001仍然为ON。只有当X002为ON时，M384才会为OFF。

3. 特殊辅助继电器

FX3G、FX3U、FX3UC系列PLC的特殊辅助继电器为512点继电器，其他系列PLC的特殊辅助继电器为256点继电器，用来表示PLC的某些状态、提供时钟脉冲和标志（如进位、借位标志）、设定PLC的运行方式，或者用于步进顺控、禁止中断、设定是加计数还是减计数等。每个特殊辅助继电器都有一个固定的特殊用法。

下面给出几个常用的特殊辅助继电器。

（1）M8000（运行监视器）：当PLC执行任务时，M8000为ON；当停止执行时，M8000为OFF。

（2）M8001：与M8000功能相反（在PLC执行任务时，一直为OFF）。

（3）M8002：初始脉冲有效，仅在运行开始的瞬间接通一次，在第一个扫描周期期间为ON，之后都为OFF。

（4）M8003：与M8002功能相反（在第一个扫描周期期间为OFF，之后都为ON）。

（5）M8004（错误发生）：若运算出错，则M8004为ON，否则其一直为OFF。例如，若除法指令的除数为0，则运算出错，此时M8004为ON。

（6）M8011、M8012、M8013和M8014分别产生10ms、100ms、1s和1min的时钟脉冲，一个周期内接通和断开的时间各占50%（如M8011接通5ms、断开5ms）。

图3-26是特殊辅助继电器的应用，这里的M8013 1s接通一次，若X001为ON，则M8013接通，Y001由M8013控制，因此Y001也1s接通一次。当X001为OFF时，Y001断开。

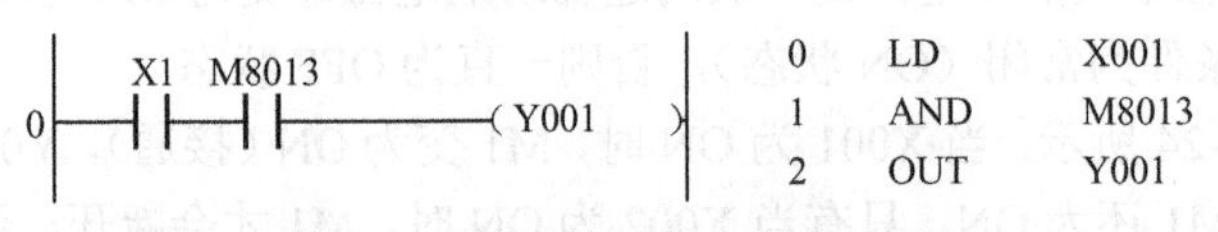

图3-26 特殊辅助继电器的应用

【例3-7】 当按下第一个启动按钮后，指示灯一直亮；当按下第二个启动按钮后，指示灯一秒闪烁一次（要求用到特殊辅助继电器）。

解析：如图3-27所示，第一个启动按钮对应常开触点X001，第二个启动按钮对应常开触点X002，M8000表示一直接通状态，M8013表示一秒接通一次状态。M1、M2起辅助作用，Y001为指示灯。当上升沿到来，X001为ON时，M1接通，M8000接通，Y001一直是接通状态，灯一直亮；当上升沿到来，X002为ON时，M2接通，M8013接通，Y001一秒接通一次，灯一秒闪烁一次。

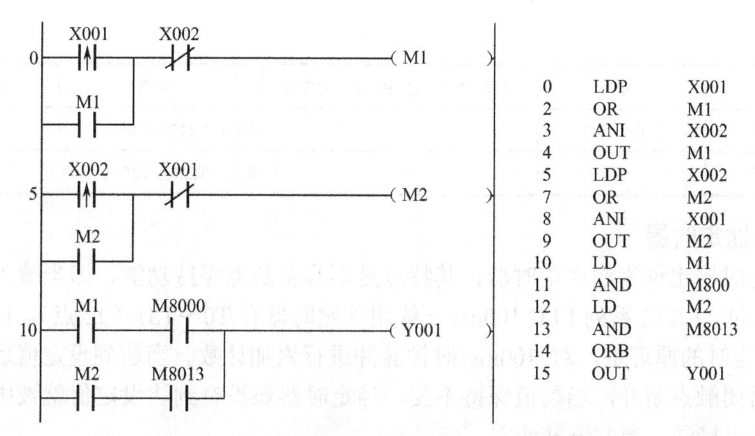

图3-27　特殊辅助继电器的应用（例3-7）

3.3.3 状态继电器

PLC提供了大量的动合、动断触点，供用户编程使用。状态寄存器是用于编写顺序控制程序的一种软元件。PLC拥有许多状态寄存器（S）。通常情况下，状态寄存器与步进控制指令配合使用，完成对某一工序的步进顺序控制。当状态寄存器不用于步进控制指令时，可以作为辅助继电器使用，使用方法和辅助继电器相同。

FX2N系列PLC的状态继电器的软元件编号为S0～S999，分为以下3种类型。

① 通用型状态继电器：S0～S499，没有断电保持功能，可用于初始化状态。

② 断电保持型状态继电器：S500～S899，在断电时能保持原来状态不变

③ 报警型状态继电器：S900～S999，它们和应用指令ANS（信号报警器置位）和ANR（信号报警器复位）等配合可以组成各种故障诊断电路，并发出报警信号。

3.3.4 定时器

FX系列PLC中的定时器（T）相当于继电器系统中的时间继电器。它有一个当前值，最高位（第15位）为符号位，正数的符号位为0，负数的符号位为1，有符号的值可以表示的最大正数为32767。

PLC定时器的时基有3种：1ms、10ms、100ms。定时器对PLC内部的时钟脉冲进行加计数，达到设定值时，定时器的输出触点动作。

可以用常数K或数据寄存器（D）的值作为定时器的设定值。例如，可以将外部数字拨码开关输入的数据存入数据寄存器，作为定时器的设定值。

定时器的分类如下：

① 一般用途定时器；

② 累计定时器。

FX系列PLC可用的定时器见表3-9。

表3-9　FX系列PLC可用的定时器

FX系列	FX1S	FX1N、FX1NC、FX2N、FX2NC	FX3G	FX3U、FX3UC
100ms一般用途定时器	32点，T0～T31	200点，T0～T199		
10ms一般用途定时器	30点，T32～T62	46点，T200～T245		
1ms一般用途定时器	—	—	64点，T256～T319	256点，T256～T511

续表

FX 系列	FX1S	FX1N、FX1NC、FX2N、FX2NC	FX3G	FX3U、FX3UC
1ms 累计定时器	1 点，T63	4 点，T245～T249		
100ms 累计定时器	—	6 点，T250～T255		

1. 一般用途定时器

一般用途定时器也称为通用定时器，其特点是不具备断电保持功能，即当输入电路断开或停电时，定时器复位。FX1S 系列 PLC 100ms 一般用途定时器有 T0～T31（32 点），计数时钟脉冲为 100ms。定时器定时的原理是，对 100ms 时钟脉冲进行累加计数。当达到设定值后，定时器的常开触点接通，常闭触点断开，当前值保持不变。当定时器还没有到达设定值就被中断时，常开触点断开，常闭触点接通，当前值被清零。

【例 3-8】 按下启动按钮（X001）时，3 秒后指示灯（Y001）亮，按下停止按钮（X002）后，指示灯（Y001）灭（用 100ms 和 10ms 一般用途定时器来实现）。

方法一：用 T0～T31 来定时。图 3-28 是用 100ms 一般用途定时器进行定时的应用。要想达到定时 3s，必须要进行 30 次 100ms 定时，当 X001 为 ON 时，T1 开始计时，到达设定值 30 次后，常开触点 T1 接通，Y001 接通，指示灯亮，因为 Y001 是由常开触点 T1 控制的，若 X001 由 ON 变为 OFF，则 T1 被复位。

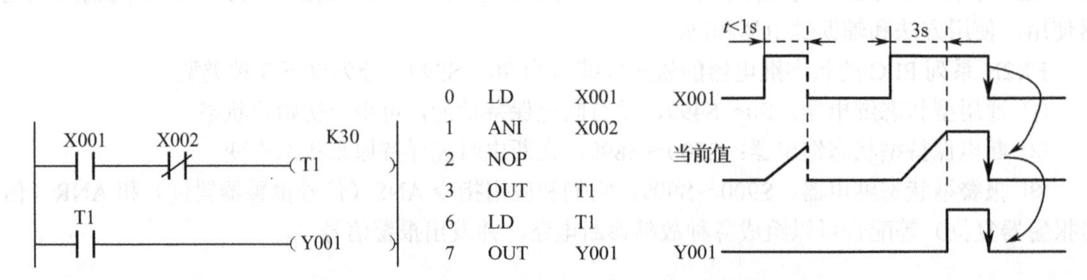

图 3-28 用 100ms 一般用途定时器进行定时的应用

方法二：用 T32～T62 来定时。图 3-29 是用 10ms 一般用途定时器进行定时的梯形图、指令表和时序图。若想让 Y001 在 3 秒后接通，则要进行 300 次 10ms 的定时；当 X001 为 ON 时，T33 开始定时，到达所设定值 300 次后，常开触点 T33 接通，驱动线圈 Y001，灯亮，因为 Y001 是由常开触点 T33 控制的。当 X001 由 ON 变为 OFF 时，T33 被复位。

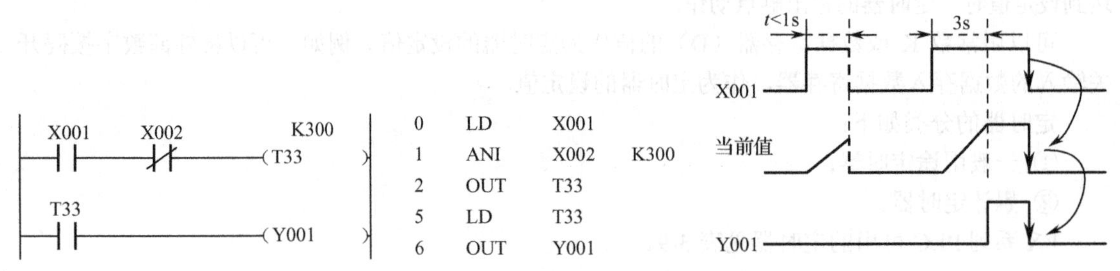

图 3-29 用 10ms 一般用途定时器进行定时的应用

2. 累计定时器

在 FX 系列 PLC 中，累计定时器可以定时，同时具有记忆功能。当累计定时器开始定时后，如果突然因断电而造成 PLC 工作中断，累计定时器会停止计时，保持当前的数值不变；当 PLC 恢复工作时，当前值继续累加，定时继续；当达到设定值时，触点动作。累计定时器的线圈在断电时不会复位，需要用复位指令（RST）进行复位。

图 3-30 是 FX2N 系列 PLC 累计定时器 T255 的应用。当 X000 接通时，定时器 T255 对 100ms 的时钟脉冲计数。若当前计数值与设定值 20 相等，则定时器的输出触点动作，即输出触点在驱动线圈动作的 2s 后再动作。从时序图可以看出，计数过程中，当 X000 断开或发生停电时，T255 的当前值保持不变。当 T255 再次接通时，计数继续进行，累计时间为 2s 时触点动作。当 X001 接通时，计数器复位，输出触点也复位。

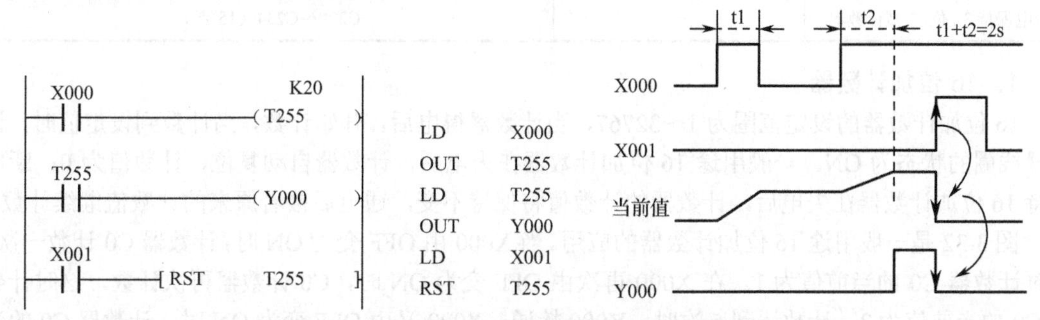

图 3-30　FX2N 系列 PLC 累计定时器 T255 的应用

【例 3-9】 电动机工作控制，要求：按下启动按钮 3 秒后，电动机启动；当松开启动按钮时，电动机仍然保持工作；当按下停止按钮时，电动机停止工作（要求用到定时器）。

解析：如图 3-31 所示，启动按钮对应常开触点 X001，停止按钮对应常闭触点 X002，定时器 T1 定时 3 秒，电动机由 Y001 控制。当常开触点 X001 为 ON 时，定时器 T1 开始定时，3 秒后，定时器 T1 动作，这时 Y001 接通，电动机启动。当 X001 变为 OFF 时，由于常开触点 Y001 已经接通，因此定时器仍然接通，电动机持续工作。只有当常闭触点 X002 为 ON 时，T1 才会断开，Y001 断开，电动机停止工作。

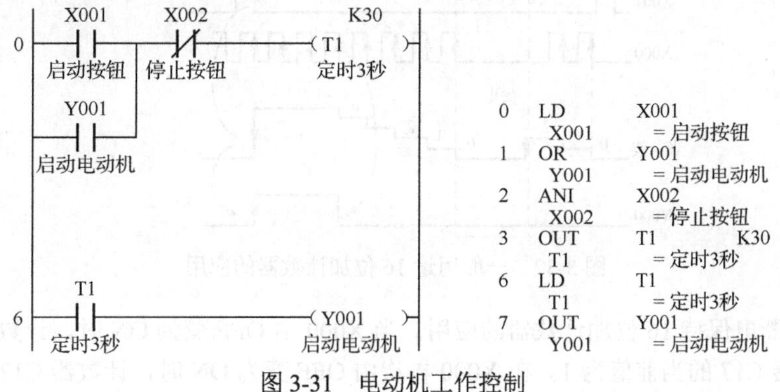

图 3-31　电动机工作控制

3.3.5　计数器

计数器用于对各种软元件触点闭合次数进行统计，实现计数控制。FX 系列 PLC 有两种计数器：内部计数器和高速计数器。内部计数器是在 PLC 执行扫描操作时对内部信号 X、Y、M、S、T、C 等进行计数的计数器，要求输入信号的接通和断开时间应比 PLC 的扫描周期长。高速计数器的响应速度快，对频率较高的脉冲进行计数必须采用高速计数器。这两类计数器的原理都是先设定预置值，当计数器输入信号从 OFF 变为 ON 时，计数值减 1 或加 1，计数值减为 0 或者加到设定值时，计数器线圈的状态变为 ON。

内部计数器说明如表 3-10 所示。

表 3-10　内部计数器

FX 系列	FX1S	FX1N、FX1NC、FX3G	FX2N、FX2NC、FX3U、FX3UC
一般用途 16 位加计数器	C0～C15（16 点）	C0～C15（16 点）	C0～C99（100 点）
断电保持 16 位加计数器	C16～C31（16 点）	C16～C199（184 点）	C1000～C199（100 点）
一般用途 32 位加/减计数器	—	C22～C219（20 点）	
断电保持 32 位加/减计数器	—	C220～C234（15 点）	

1. 16 位加计数器

16 位加计数器的设定范围为 1～32767，当计数器得电后，开始计数，当计数到设定值时，计数器线圈的状态为 ON。一般用途 16 位加计数器在失电后，计数器自动复位，计数值为 0；断电保持 16 位加计数器在失电后，计数器的计数值将保持不变，通电后接着原来的计数值继续计数。

图 3-32 是一般用途 16 位加计数器的应用。当 X000 由 OFF 变为 ON 时，计数器 C0 计数一次，这时计数器 C0 的当前值为 1。在 X000 再次由 OFF 变为 ON 时，C0 计数器再次计数，这时计数器 C0 的当前值为 2，计数达到 5 次时，Y000 接通。X000 又由 OFF 变为 ON 时，计数器 C0 的当前值还是 5，不会继续计数。如果 PLC 突然断电，计数器 C0 将会复位为 0。

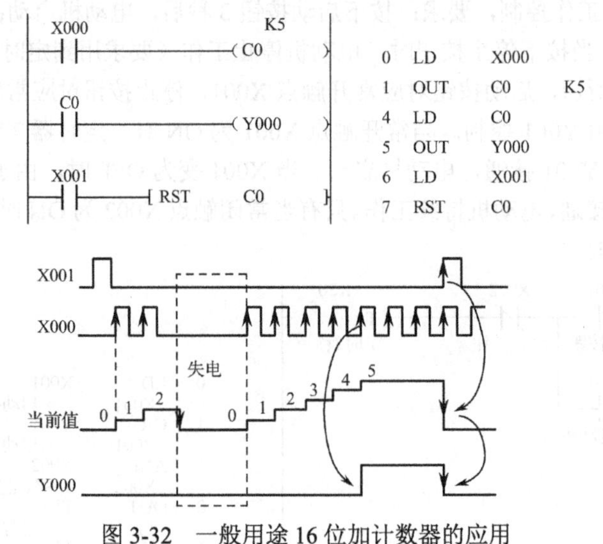

图 3-32　一般用途 16 位加计数器的应用

图 3-33 是断电保持 16 位加计数器的应用。当 X000 由 OFF 变为 ON 时，计数器 C17 计数一次，这时计数器 C17 的当前值为 1。在 X000 再次由 OFF 变为 ON 时，计数器 C17 再次计数，这时计数器 C17 的当前值为 2；如果此时计数器 C17 失电，计数值保持为 2，通电后接着原来的计数值继续计数。当计数达到 5 次时，Y000 接通。X000 又由 OFF 变为 ON 时，计数器 C17 的当前值还是 5，不会继续计数。计数器 C17 只能用复位指令来复位。

2. 32 位加/减计数器

32 位加/减计数器的设定范围为–2147483468～2147483467，在 FX1S 系列 PLC 中没有 32 位加计数器，但在 FX2N 系列 PLC 中有 32 位通用加/减计数器 C200～C219、32 位断电保持加/减计数器 C220～C234。32 位加/减计数器的设定范围使用常数 *K* 或者通过数据寄存器 D 来设置。若使用数据寄存器 D 设置，则设定值存放在相邻的两个数据寄存器中。例如，若指定使用数据寄存器 D10，则用 D11 和 D10 存放，其中 D11 存放高 16 位，D10 存放低 16 位。

FX2N 系列 PLC 的 C200～C219 在失电后，计数器将自动复位，当前计数值变为 0；C220～

C234在失电后，计数器仍然保持当前计数值不变，得电后接着原来的计数值继续计数。

FX2N 系列 PLC 的 C200～C234 可以进行加计数或者减计数，计数方式由特殊辅助继电器M8200～M8234设定，当特殊辅助继电器的状态为ON时，计数器进行减计数，否则进行加计数。

【例 3-10】 按下第一个启动按钮后，指示灯一直亮。10 秒后，指示灯一秒闪烁一次，闪烁10秒后，以此循环。按下关闭按钮后，停止循环（要求用到定时计数器和辅助继电器）。

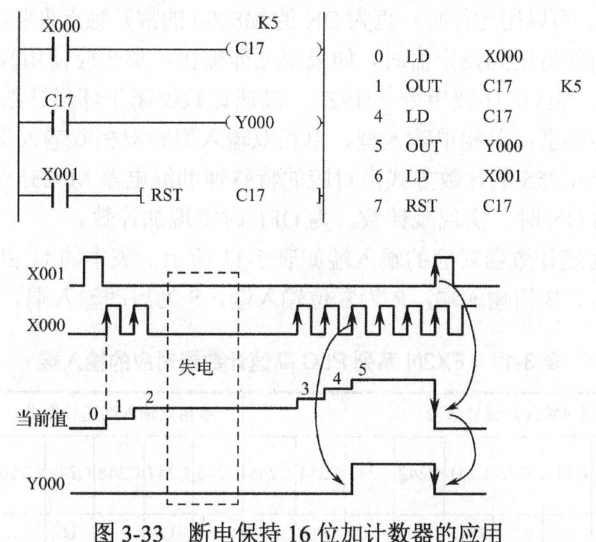

图 3-33 断电保持16位加计数器的应用

解析：如图3-34所示，用X001表示启动按钮，M1起辅助作用，（T1 K100）表示定时10秒，M8013一秒接通一次，（C1 K10）表示计数达到10次后的动作。当X001为ON时，M1接通，T1开始计时，Y001接通，当T1计时到10秒后，T1动作，Y001开始一秒闪烁一次，这时C1开始计数，计数达到10次后，C1复位，以此循环。X002表示关闭按钮，当X002为ON时，结束本次循环。

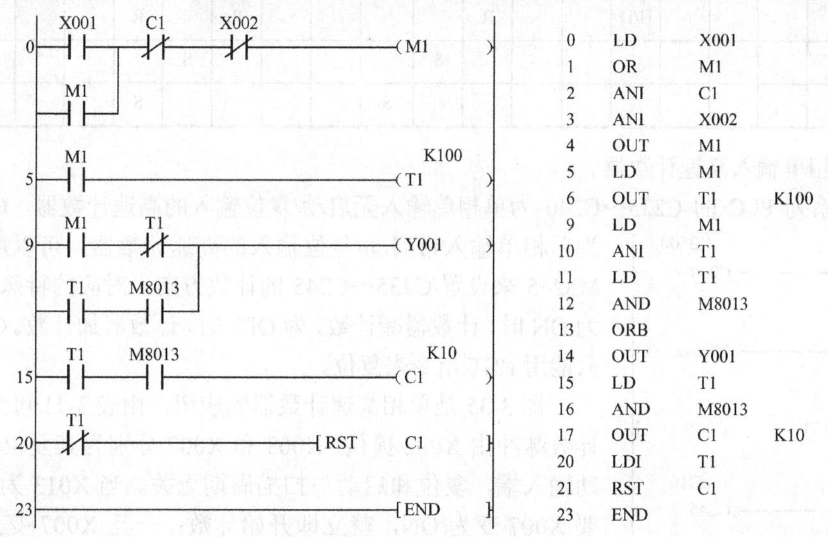

图 3-34 计数器的应用

3．高速计数器

内部计数器的计数方式和扫描周期有关，所以不能对高频率的输入信号进行计数；而高速计数器（HSC）采用中断的计数方式，和扫描周期无关，可以对高频率的输入信号进行计数，因此高速计数器又称为外部计数器。

高速计数器C235～C255共用PLC的8个高速计数器输入端X000～X007，某个输入端同时只能供一个高速计数器使用。这21个高速计数器均为32位加/减计数器。不同类型的高速计数器可以同时使用，但是它们使用的输入端不能冲突。

高速计数器的运行建立在中断的基础上，意味着事件的触发与扫描时间无关。在对外部高速脉冲进行计数时，梯形图中高速计数器的线圈应一直通电，以表示与它有关的输入端已被使用，其他高速计数器不能与它冲突。可以用运行时一直为ON的M8000的常开触点来驱动高速计数器的线圈。

当高速计数器的当前值达到设定值时，如果要立即输出，那么应使用高速计数器比较置位/复位指令（HSCS/HSCR）和区间比较指令（HSZ）。高速计数器属于环形计数器。

高速计数器有3种类型：单相单输入型、单相双输入型和双相双输入型。

高速计数器C235～C255的计数方式由对应的特殊辅助继电器M8235～M8255来控制，当特殊辅助继电器的状态为ON时，实现减计数，为OFF时实现加计数。

FX2N系列PLC高速计数器对应的输入端如表3-11所示，表中的U和D分别为加/减计数输入端，A和B分别为A、B相输入端，R为复位输入端，S为启动输入端。

表3-11　FX2N系列PLC高速计数器对应的输入端

中断输入端	单相单输入高速计数器											单相双输入高速计数器					双相双输入高速计数器				
	C235	C236	C237	C238	C239	C240	C241	C242	C243	C244	C245	C246	C247	C248	C249	C250	C251	C252	C253	C254	C255
X000	U/D						U/D			U/D		U	U		U		A	A		A	
X001		U/D					R			R		D	D		D		B	B		B	
X002			U/D					U/D			U/D		R		R			R		R	
X003				U/D				R			R			U		U			A		A
X004					U/D				U/D					D		D			B		B
X005						U/D			R					R		R			R		R
X006										S					S					S	
X007											S					S					S

（1）单相单输入高速计数器

FX2N系列PLC的C235～C240为单相单输入无启动/复位输入的高速计数器，C241～C245为单相单输入带启动/复位输入的高速计数器，可以用M8235～M8245来设置C235～C245的计数方向，对应的特殊辅助计数器为ON时，计数器减计数，为OFF时，计数器加计数。C235～C240只能用RST指令来复位。

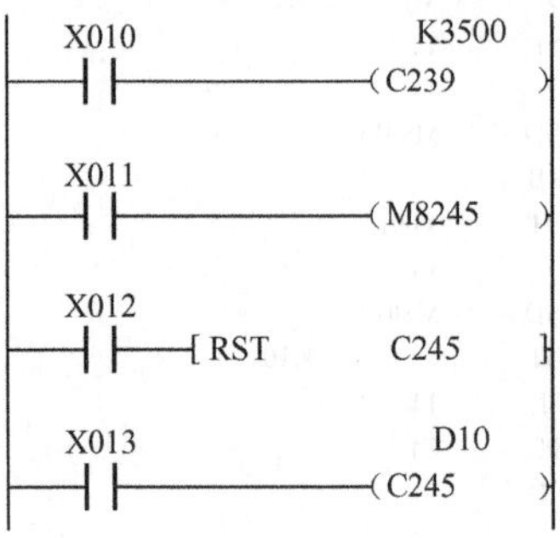

X010　K3500　(C239)
X011　(M8245)
X012　[RST　C245]
X013　D10　(C245)

图3-35　单相高速计数器的应用

图3-35是单相高速计数器的应用。由表3-11可知，C245的计数脉冲由X002提供。X003和X007分别为其复位输入端和启动输入端，复位和启动与扫描周期无关。当X013为ON时，只要X007变为ON，就立即开始计数；一旦X007变为OFF，就立即停止计数，C245的设定值由（D10，D11）指定。除用X003来复位外，还可以用复位指令来复位。当X011为OFF时，M8245为OFF，C245为加计数器；当X011为ON时，M8245为ON，C245为减计数器。

在图3-35中，当X010为ON时，高速计数器C239接通，由表3-11可知，C239的加/减计数输入端是X004，但是它并不在程序中出现。

（2）单相双输入高速计数器

FX2N系列PLC的C246～C250为单相双输入高速计数器，有一个加计数输入端和一个减计数输入端，如C246的加/减计数输入端分别是X000和X001。当计数器的线圈接通时，在X000的上升沿，计数器的当前值加1，在X001的上升沿，计数器的当前值减1。某些此类计数器还有复位和启动输入端，其也可以用复位指令来复位。

（3）双相双输入高速计数器

FX2N系列PLC的C251～C255为双相（又称A/B相）双输入高速计数器，有两个计数输入端，某些此类计数器有复位和启动输入端。

图3-36是双相双输入高速计数器的应用。当X011为ON时，通过中断，C251对由X000输入的A相信号和由X001输入的B相信号的动作计数。当X010为ON时，C251复位。当计数值大于等于设定值时，Y000线圈通电，当计数值小于设定值时，Y000线圈断电。A/B相输入不仅能提供计数信号，还能提供计数的方向。此类计数器一般在旋转轴上安装A/B相型编码器，在正转时自动进行加计数，反转时自动进行减计数。双相双输入高速计数器启动后，当A相输入为ON，B相输入由OFF变为ON时，进行加计数；而当B相输入由ON变为OFF时，进行减计数；计数器线圈被驱动后，当B相输入为ON，A相输入由OFF变为ON时，进行加计数；而当A相输入由ON变为OFF时，进行减计数。

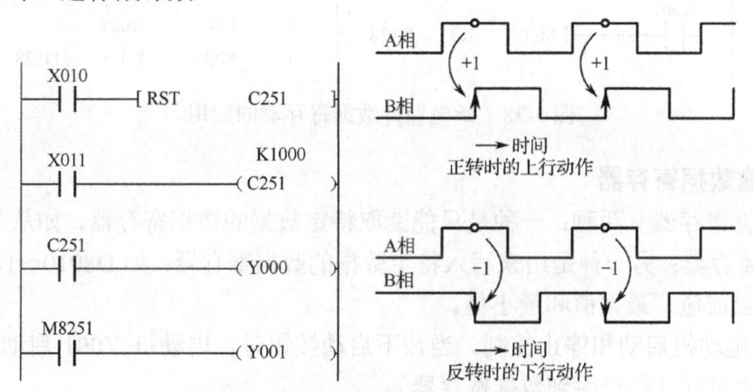

图3-36　双相双输入高速计数器的应用

通过M8251可监视C251的加/减计数状态，加计数时，M8251为OFF，Y001为OFF（输出为0）；减计数时，M8251为ON，Y001为ON（输出为1）。

3.3.6　数据寄存器

数据寄存器（D）在模拟量检测与控制及位置控制等场合用来存储数据和参数，三菱FX系列PLC中，所有数据寄存器都是16位（一个字）的，也可以用两个数据寄存器来存储32位数据。在由D0和D1组成的32位数据寄存器（D0，D1）中，D1存放高16位，D0存放低16位。16位和32位数据寄存器的最高位为符号位，符号位为0时，数据为正；为1时，数据为负。

FX系列PLC的各种数据寄存器的软元件号范围见表3-12。

表3-12　数据寄存器

FX系列	FX1S	FX1N、FX1NC、FX3G	FX2N、FX2NC、FX3U、FX3UC
一般用途数据寄存器	D0～D127（128点）	D0～D127（128点）	D0～D199（200点）
断电保持数据寄存器	D128～D255（128点）	D128～D7999（128点）	D200～D7999（128点）
特殊用途数据寄存器	D8000～D8255（256点）		

1．一般用途数据寄存器

没有断电保持功能，当 PLC 从 RUN 模式进入 STOP 模式时，所有一般用途数据寄存器中的值全都复位为 0。

图 3-37 是一般用途数据寄存器的应用，当 X001 为 ON 时，执行 MOV 传送指令，把数值 3 传送到一般用途数据寄存器 D1 中。如果 PLC 突然断电，D1 中的数值将复位为 0。

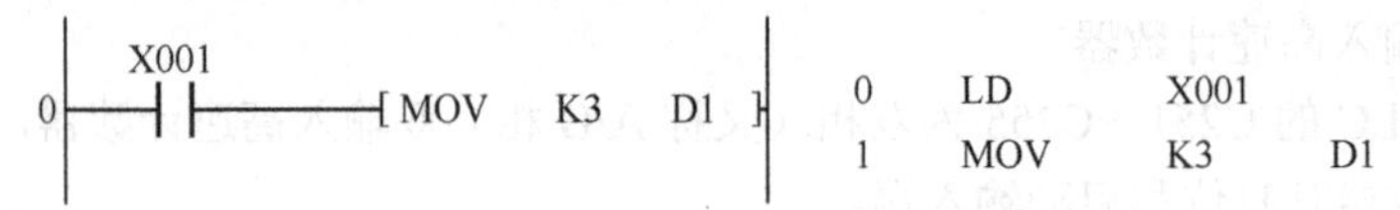

图 3-37　一般用途数据寄存器的应用

2．断电保持数据寄存器

断电保持数据寄存器有断电保持功能，当 PLC 从 RUN 模式进入 STOP 模式时，断电保持数据寄存器中的数值保持不变。

图 3-38 是断电保持数据寄存器的应用，当 X001 为 ON 时，执行 MOV 传送指令，把数值 3 传送到断电保持数据寄存器 D128 中，如果 PLC 突然断电，D128 中的数值将保持不变。PLC 再次通电后，D128 中的数值仍然是 3。

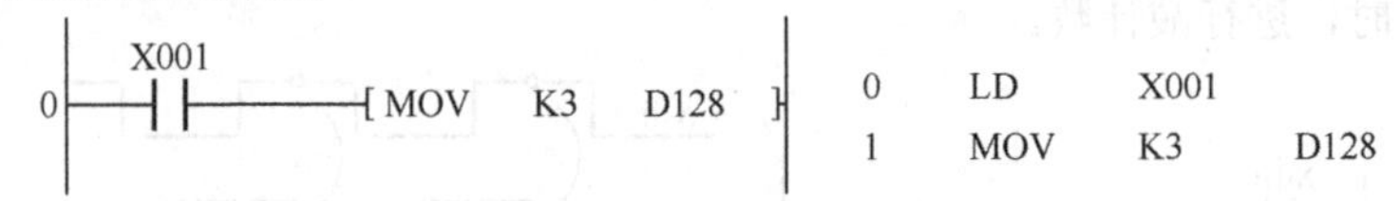

图 3-38　断电保持数据寄存器的应用

3．特殊用途数据寄存器

特殊用途数据寄存器有两种：一种是只能读取特定数据的数据寄存器，如从 PLC 中读取锂电池电压值的数据寄存器；另一种是用来写入特定数据的数据寄存器，如 D8010～D8012，分别存放 PLC 扫描周期的当前值、最大值和最小值。

【例 3-11】 电动机启动和停止控制。当按下启动按钮时，电动机 Y001 启动，当按下停止按钮时，电动机停止运行（要求用到数据寄存器）。

解析：如图 3-39 所示，X001 对应启动按钮，X002 对应停止按钮，用 Y001 的输出控制电动机。MOV 是传送指令。梯形图中，[= D1 K10]是比较指令，比较 D1 中的数值与常数 10，它们相等时对应触点接通。当 X001 为 ON 时，执行 MOV 传送指令，将 10 传送到数据寄存器 D1 中，然后执行比较指令，将 D1 中的数值与 10 比较，这时 D1 的数值为 10，因此 Y001 接通，电动机启动。当 X002 为 ON 时，执行另一个数据传送指令，将 5 转送到 D1 中，这时 D1 中的数值不等于 10，Y001 断开，电动机停止。

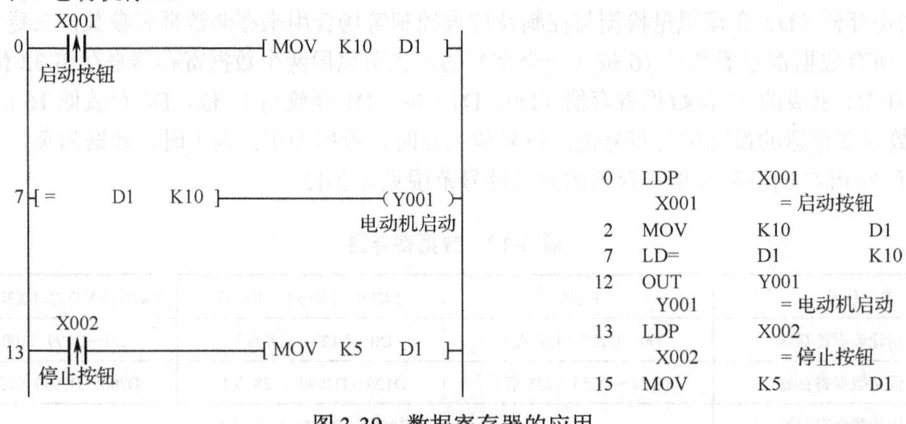

图 3-39　数据寄存器的应用

3.4　数据格式与数制

3.4.1　数据格式

1. 位软元件

位软元件用来表示开关量的状态，包括 X、Y、S 和 M。常开触点的接通、断开，线圈的通断等可分别用二进制数 1 和 0 表示，或者用 ON 或 OFF 表示。

2. 位软元件的组合

FX 系列 PLC 用 KnP 的形式表示连续的位软元件组，每组由 4 个连续的位软元件组成，P 为位软元件的地址（起始位软元件），n 为位软元件的组数。例如，K2M10 表示 M10～M17 这 8 个位软元件，M10 为数据的最低位，M17 为数据的最高位。采用 16 位操作数时，n 的取值范围为 1～4，n<4 时高位为 0；采用 32 位操作数时，n 的取值范围为 1～8，n<8 时高位为 0。

建议在使用位软元件组时，令 X 和 Y 的首地址（最低位）为 0，如 X000、X010、Y020 等。对于 M 和 S，首地址可以采用能被 8 整除的数，也可以采用软元件号的最低位，如 M32 和 S50。

3. 字软元件

一个字由 16 个二进制位组成，字软元件是用来处理数据的软元件，如 T、C、D 等。位软元件 X、Y、M、S 等可以组成字软元件来进行数据处理。

4. 软元件的缩写

输入继电器、输出继电器、辅助继电器和状态继电器的缩写分别为 X、Y、M 和 S。KnX、KnY、KnM、KnS 分别表示由 X、Y、M 和 S 组成的位软元件组。

定时器、计数器、数据寄存器、变址寄存器的缩写分别为 T、C、D 和 V（或 Z）。

此外，K、H 分别表示十进制整数常数和十六进制整数常数，如 K20、H1A。

3.4.2　数制

1. 十进制数

十进制数用于指定辅助继电器 M、定时器 T、计数器 C、状态继电器 S 等的软元件号。K 可以用于指定定时器、计数器的设定值和应用指令操作数中的数值。

2. 二进制数

在 FX 系列 PLC 内部，数据以二进制（Binary，BIN）补码的形式存储，所有四则运算都基于二进制数进行。二进制补码的最高位（第 15 位）为符号位，正数的符号位为 0，负数的符号位为 1；最低位为第 0 位。第 n 位二进制正数为 1 时，该位对应的十进制数为 2^n。以 16 位二进制数 0000110010010110 为例，其对应的十进制数为 $2^{11}+2^{10}+2^7+2^4+2^2+2^1= 3222$。16 位最大二进制正数为 0111111111111111，其对应的十进制数为 32767，16 位最小二进制负数为 1000000000000000，对应的十进制数为–32768。

正数的补码是它本身，负数的补码等于它逐位取反后加 1。例如，将 3222 对应的补码 00001100 10010110 逐位取反后，得到 1111001101101001，再加 1 得 1111001101101010。将–3222 的补码 1111001101101010 逐位取反后，得到 0000110010010101，再加 1 得 0000110010010110。

3．十六进制数

二进制数读起来很不方便，为了解决这个问题，可以用十六进制数来表示二进制数。十六进制数（Hexadecimal，HEX）包括16个字符，即0～9和A～F，分别对应于十进制数0～15，十六进制数采用“逢十六进一”的运算规则。

4位二进制数可以转换为1位十六进制数，如二进制数1111110001111001可以转换为十六进制数FC79H，后面的H表示十六进制。

4．八进制数

FX系列PLC的输入继电器和输出继电器的软元件号采用八进制数表示。八进制数只使用数字0～7，不使用8和9，八进制数按0～7、10～17、……、70～77、100～107等升序排列。

5．BCD码

BCD（Binary Coded Decimal）码是各位按二进制数编码的十进制数。1位十进制数用4位二进制数来表示，0～9对应的二进制数为0000～1001。BCD码之间的运算规则为逢十进一。以BCD码0111011010000101为例，其对应的十进制数为7685。16位BCD码对应4位十进制数，允许的最大数字为9999，最小数字为0。

6．常数

K用来表示十进制常数，16位十进制常数的范围为-32768～32767，32位十进制常数的范围为-2147483648～2147483647。

H用来表示十六进制常数，16位十六进制常数的范围为0～FFFFH，32位十六进制常数的范围为0～FFFFFFFFH。

7．指针

指针用于跳转、中断程序，与跳转、子程序、中断程序等指令一起使用。指针按用途可分为分支用指针P和中断用指针I。在梯形图中，指针放在母线的左边。

3.5 编程软件与仿真软件的使用

3.5.1 GX Developer软件的安装

1．安装编程软件GX Developer

下载GX Developer v8.68软件的安装包，并进行解压，解压文件后，双击文件夹中的setup.exe文件，开始安装GX Developer。

注意：在安装过程中，不要在“选择部件”对话框的“结构化文本（ST）语言编辑功能”复选框中打钩，因为FX系列FLC不能使用结构化文本（ST）语言；也不要在“监视专用GX Developer”复选框中打钩，因为如果打了钩，该软件就会只有监视功能，而没有编程功能。

在最后一个“选择部件”对话框中，一般不在“MEDOC打印文件的读出”和“从Melsec Medoc格式导入”这两个复选框中打钩。

单击“选择目标位置”对话框中的“浏览”按钮，可以修改软件的目标文件夹。安装完毕后，单击“信息”对话框中的“确定”按钮，结束安装。

2．安装仿真软件GX Simulator

下载GX Simulator 6-c软件的安装包，并进行解压，解压文件后，双击文件夹中的setup.exe文件，开始安装GX Simulator。

安装完 GX Simulator 后，桌面上有不会有相应的快捷方式，因为其被集成到了 GX Developer 编程软件中。因此安装仿真软件前必须先安装编程软件。

3.5.2　GX Developer 软件的使用

1. 工具条设置

GX Developer 初始界面如图 3-40 所示，工具条中的工具会被全部显示出来。实际上，有些工具很少使用，可以将它们隐藏起来。单击“显示”→“工具条”选项，单击“工具条”对话框中某些工具左边的小圆圈按钮，使之变为空心，再单击“确定”按钮，对应的工具将被隐藏起来。

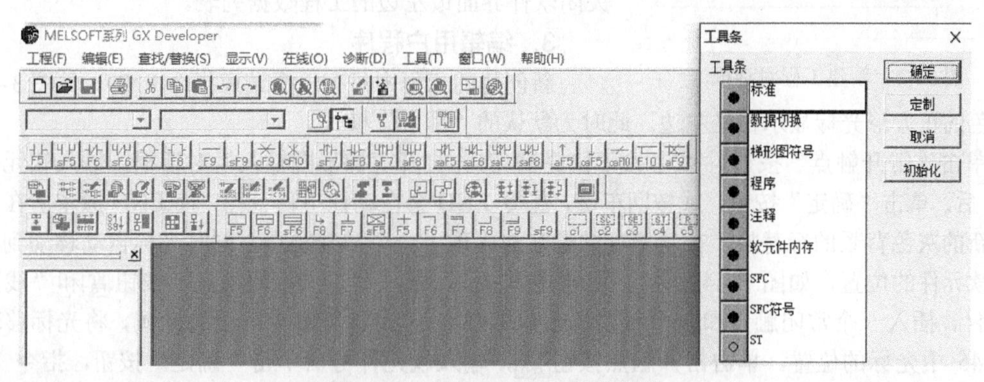

图 3-40　GX Developer 初始界面

在 GX Developer 软件中编写梯形图程序的示例如图 3-41 所示。

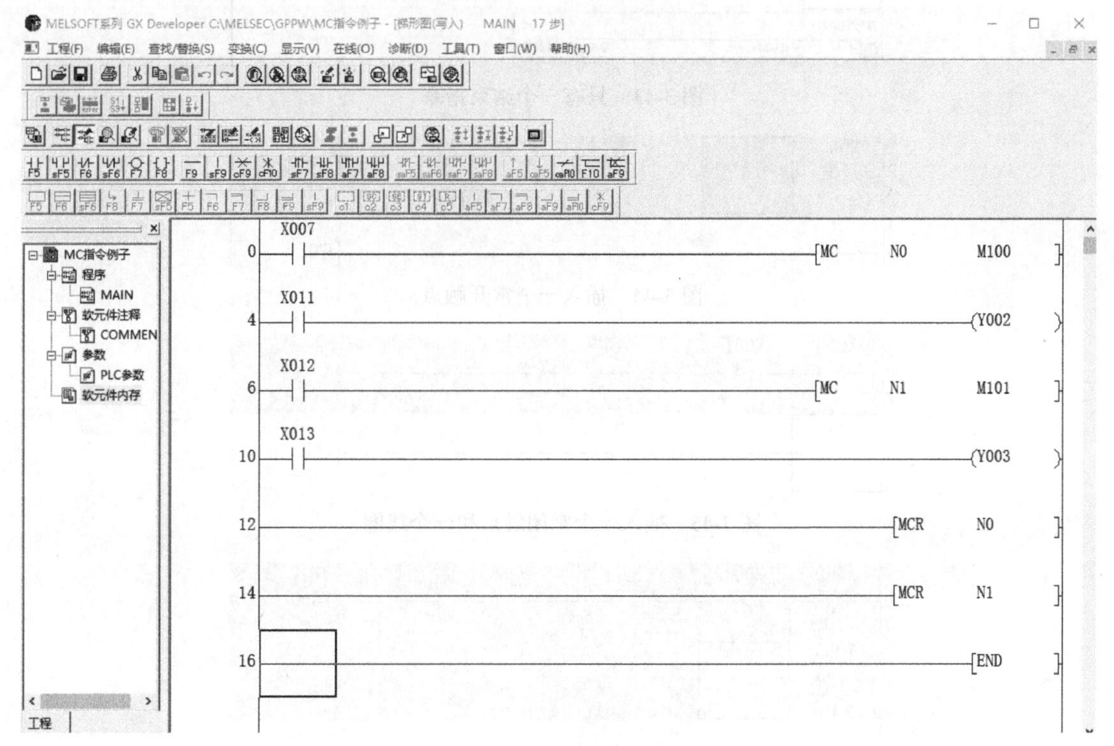

图 3-41　编写梯形图程序

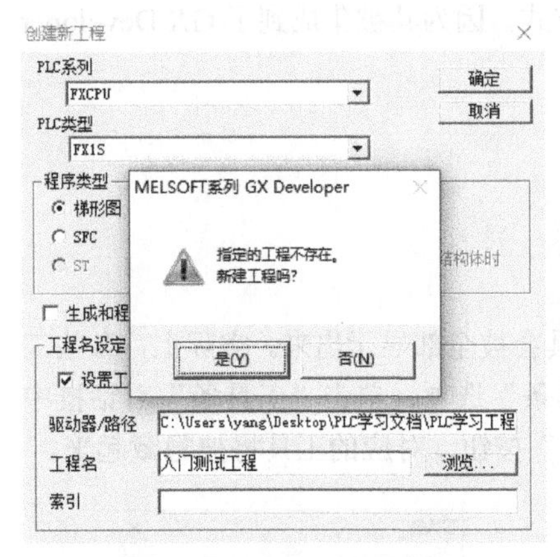

图 3-42 新建工程对话框

2. 创建一个新工程

单击“新建工程”按钮，或单击“工程”→“创建新工程”选项，打开“创建新工程”对话框，可设置 PLC 的系列和类型。在“设置工程名”复选框中打钩，然后设置工程名。单击“浏览”按钮，设置保存工程的路径，最后单击“确定”按钮，出现如图 3-42 所示的对话框，单击“是”按钮确认，即可创建一个新工程。新工程的主程序 MAIN 将被自动打开。

单击“显示”→“工程数据列表”选项，可以显示或关闭软件界面最左边的工程数据列表。

3. 编辑用户程序

新创建的工程中只有一个结束指令 END（见图 3-43），深蓝色的正方形光标显示在最左边。此时为默认的“插入”模式。

单击“常开触点”按钮或者按下快捷键 F5，打开“梯形图输入”对话框，输入软元件号 X000 后，单击“确定”按钮，或按回车键，指令 END 会自动往下移一行，而 END 原本所在行被一个新的灰色背景的行替换，在新增行的最左边出现了一个常开触点，同时光标自动移动到了下一个软元件的位置，如图 3-44 所示。用同样的方法，依次单击“常闭触点”按钮和“线圈”按钮，插入一个常闭触点和一个线圈（见图 3-45）。单击常开触点下面的区域，将光标移动到图 3-45 中光标的位置。单击常开触点按钮，输入软元件号后单击“确定”按钮，指令 END 所在行上面增加了包含并联的 Y000 常开触点的灰色背景行（见图 3-46）。

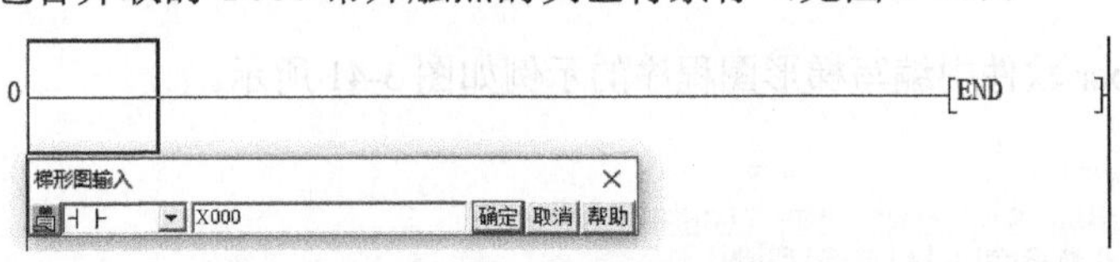

图 3-43 只有一个结束指令

图 3-44 插入一个常开触点

图 3-45 插入一个常闭触点和一个线圈

图 3-46 插入并联的常开触点

同时按 Shift 和 Insert 键，或单击“编辑”→“行插入”选项，可以在光标所在行的上面插入一个新的空白行，然后在新行中添加触点或线圈。图 3-46 所示的梯形图对应的控制电路具有记忆功能，在继电器系统和 PLC 中被大量使用，它称为“启动–保持–停止”电路，简称“启保停”电路。

4．程序的变换

单击“程序变换/编译”按钮，或单击“变换”→“变换”选项，编程软件对输入的梯形图程序进行变换（编译）。变换操作首先对程序进行语法检查，如果有错误，那么将程序转换为可以下载的代码格式。变换成功后，梯形图中的灰色背景变为白色背景。

变换时，如果程序中有语法错误，将会显示错误信息，同时光标会自动移动到出错的地方，用户修改程序后再次变换即可。

单击“程序批量变换/编译”按钮，或单击“变换”→“变换（编辑中的全部程序）”选项，可批量变换所有编辑中的程序。

5．串联–并联的画法

串联就是将左右两边的触点或电路块用水平线连接起来。将光标移动到连接位置，单击按钮，输入对应段数，然后单击“确定”按钮或者按 Enter 键，生成的水平线会将两边的触点或电路块连接起来，完成电路的串联。

将光标移动到要并联的触点右侧，单击“画竖线”按钮，再将光标移动到并联触点的位置，单击需要并联的触点，然后单击“确定”按钮，可将这两个触点并联起来。也可以直接将光标移动到某个触点的下方，单击“并联常开触点”按钮，在“梯形图输入”对话框内输入需要并联的软元件号，单击“确定”按钮，完成两个触点的并联。

用光标选中某一段水平线，单击按钮，可以删除光标内的水平线。将光标放到要删除的垂直线的右侧，使垂直线的上端点在光标左侧，单击按钮，可以删除选中的垂直线。删除水平线、垂直线或触点时，还可用光标选中要删除对象，然后按 Delete 键。

6．分支电路的画法

将光标放在图 3-46 中 X001 右侧，单击按钮，画出一根垂直线。将光标向下移动一个位置，使垂直线的下端点在光标左侧，依次单击常开触点按钮和线圈按钮，生成常开触点 X002 和线圈 M1。进行程序变换，即可生成对应的梯形图，见图 3-47。

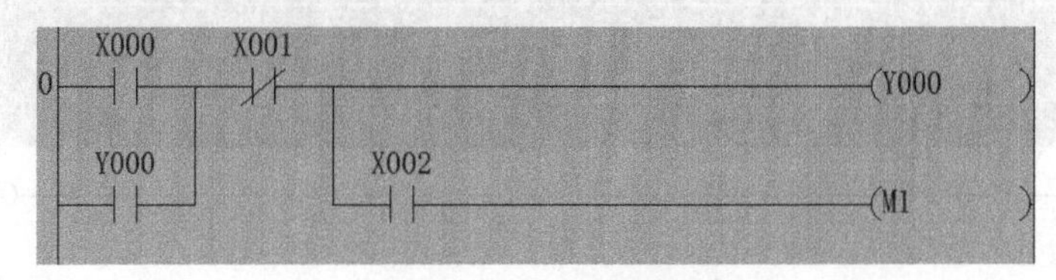

图 3-47　分支电路

单击“梯形图/指令表显示切换”按钮，可以实现将梯形图转换为对应的指令表（见图 3-48）。再次单击该按钮时，又可将指令表转换为梯形图。

```
0  LD   X000
1  OR   Y000
2  ANI  X001
3  OUT  Y000
4  AND  X002
5  OUT  M1
6  END
```

图 3-48　指令表

7．用画线输入功能生成分支电路

单击“画线输入”按钮，将光标放置在要输入折线的位置，按住鼠标左键，拖动光标，在梯形图上画出一条折线（见图 3-49）。通过改变光标终点的位置，可以改变折线的高度和宽度。再次单击“画线输入”按钮，可终止画线操作。单击“画线删除”按钮，拖动光标，可删除折线。

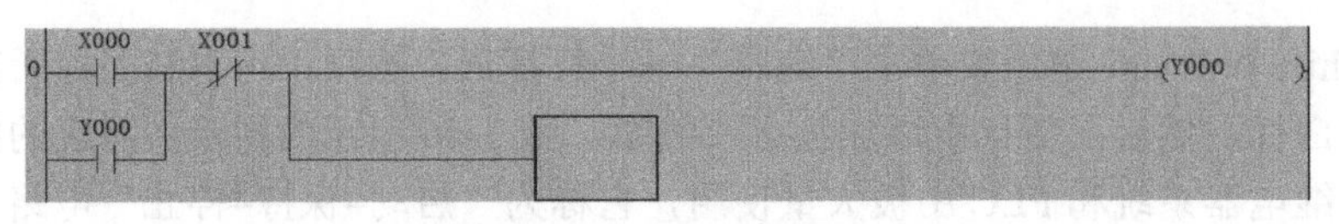

图3-49 画出一条折线

8. 读出模式与写入模式

单击“读出模式”按钮，光标变为实心的，在读出模式下不能修改梯形图。

双击梯形图中的空白处，将会出现“查找”对话框。输入某个软元件号后单击“查找”按钮，光标将自动移动到查找到的触点或线圈上。

双击梯形图中的某个触点或线圈，将会出现“查找”对话框。单击“查找”按钮，将自动找到梯形图中与之具有相同软元件号的所有触点和线圈。

单击“写入模式”按钮，矩形光标变为空心的，在写入模式下可以修改梯形图。

9. 改写模式和插入模式

多次按Insert键，窗口最下面的状态栏将交替显示“改写”和“插入”。在改写模式下双击某个触点，可以改写触点的软元件号；在插入模式下双击某个触点，将会插入一个新的触点。

10. 剪贴板的使用

在改写模式下，首先用光标选中梯形图中的某个触点或线圈。按住鼠标左键，在梯形图中移动光标，选中一个长方形区域［见图3-50（a）］，被选中的部分将变成深蓝色。若在最左边的步数区按住鼠标左键，让光标在该区移动，则选中的是一行或多行电路［见图3-50（b）］。

可以按Delete键删除选中的部分，还可以用工具条上的按钮和Windows的剪贴板功能，将选中的部分粘贴到程序的其他地方，甚至可以将其粘贴到同时打开的其他工程中。

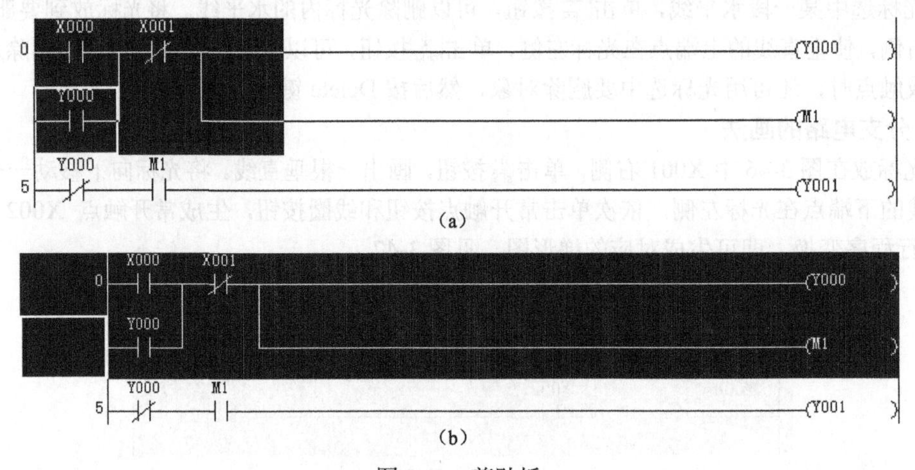

图3-50 剪贴板

11. 程序区的放大和缩小

单击“显示”→“放大/缩小”选项，可以设置显示倍率。如果选中“自动倍率”单选按钮，程序区将根据其宽度自动确定倍率。

未选中“自动倍率”单选按钮时，单击工具条上的按钮和按钮，可以增大或缩小显示倍率。

12. 查找与替换功能

可以用“查找与替换”菜单中的命令或者工具条中的按钮查找元件、指令、步序号、字符串、注释。

单击“查找与替换”→“触点线圈使用列表”选项，在打开的对话框中输入软元件号Y000（见图3-51），单击“执行”按钮，将列出该软元件所有触点、线圈所在的步序号。双击列表中的某一行，光标将会选中梯形图中对应的触点或线圈。

单击“查找与替换”→“软元件使用列表”选项，在打开的对话框中的“查找软元件”下拉框输入表示输出继电器的 Y（见图 3-52），将会显示程序中使用了哪些输出继电器、是否使用了它的触点或线圈、每个软元件使用的次数，以及软元件的注释。

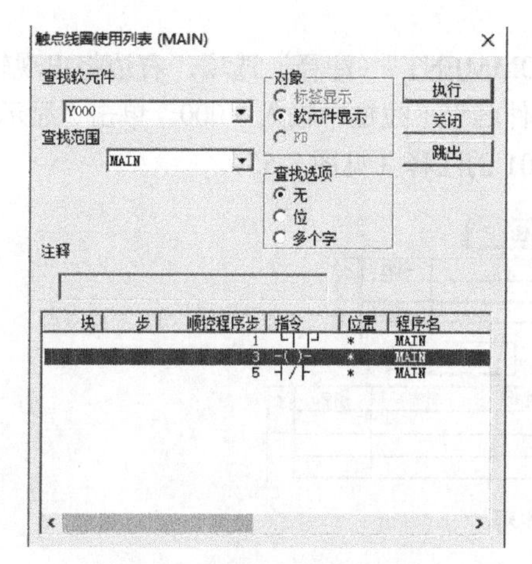

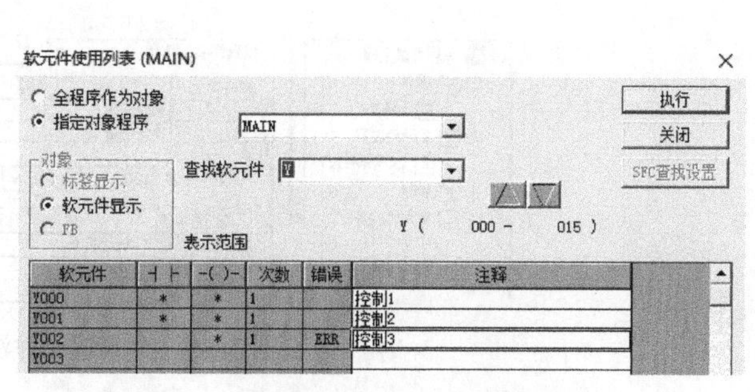

图 3-51　触点线圈使用列表　　　　图 3-52　软元件使用列表

在改写模式下，单击“查找与替换”菜单中的选项，可以实现软元件替换、软元件批量替换、指令替换、常开/常闭触点互换、字符串替换、模块起始 I/O 号替换和声明/注释类型替换等。

13．程序检查

单击“工具”→“程序检查”选项，在打开的对话框（见图 3-53）中设置检查内容，单击“执行”按钮，在下面的列表中将出现检查的结果。

14．转换 FXGP（WIN）格式的程序

GX Developer 可以打开和转换 FX 系列 PLC 专用的小型编程软件 FX-PCS/WIN 生成的程序。

单击“工程”→“读取其他格式的文件”→“读取 FXGP（WIN）格式文件”选项，打开如图 3-54 所示的对话框。单击“浏览”按钮，在出现的“打开系统名，机器名”对话框中，选中需要打开的程序文件，单击“确定”按钮。然后选中要读取的 PLC 参数和程序，单击“执行”按钮，FXGP（WIN）格式的文件将被转换为 GX Developer 可处理的文件。

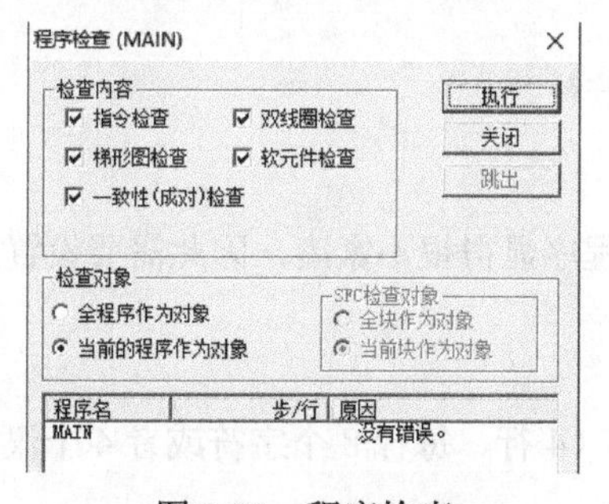

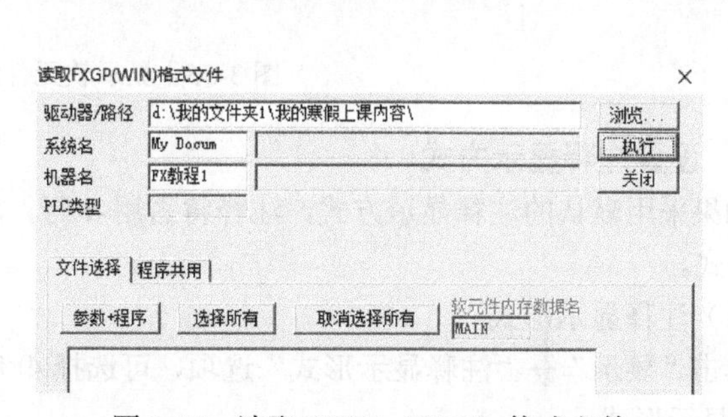

图 3-53　程序检查　　　　图 3-54　读取 FXGP（WIN）格式文件

3.5.3　注释、声明和注解的生成与显示

在 GX Developer 中，用户可以：

① 为每个软元件指定一个注释；

② 在梯形图中添加 64 个字符×n 行的声明，为跳转和子程序指针（P 指针）及中断指针（I 指针）添加 64 个字符×1 行的注解；

③ 为线圈添加 32 个字符×1 行的注解。

1．软元件注释

（1）生成软元件注释

双击工程数据列表中“软元件注释”文件夹中的“COMMENT”（注释）选项，右边将出现输入继电器注释，可以输入 X000 和 X001 的注释。在“软元件名”下拉框中输入 Y000，单击“显示”按钮，可切换到输出继电器注释对话框，输入 Y000 和 Y001 的注释（见图 3-55）。

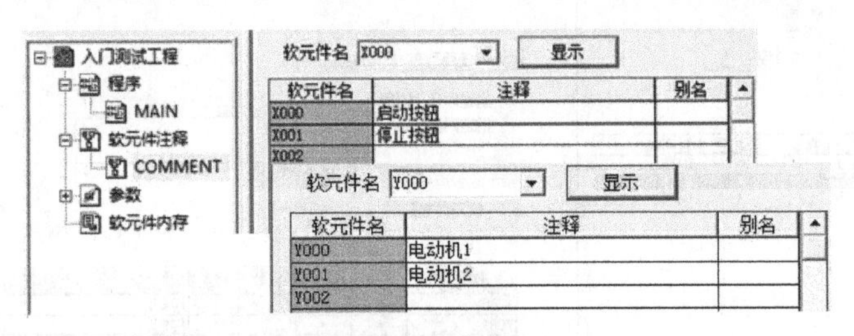

图 3-55 生成软元件注释

在改写模式下单击工具条中的“注释编辑”按钮，进入注释编辑模式。双击梯形图中的某个触点或线圈，可以在出现的“注释输入”对话框中输入注释或修改已有注释。单击“确定”按钮后，梯形图中将显示新的或修改后的注释。再次单击“注释编辑”按钮，可退出注释编辑模式。

（2）显示软元件注释

打开程序，单击“显示”→“注释显示”选项，该选项的左边将出现一个“√”，触点和线圈的下面将显示注释（见图 3-56）。

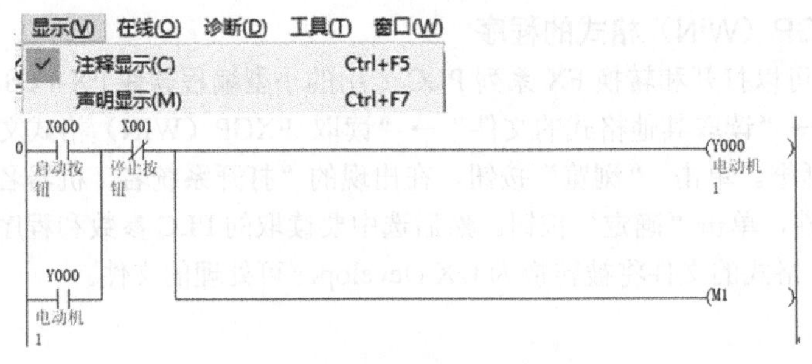

图 3-56 显示软元件注释

2．设置注释显示方式

如果采用默认的注释显示方式，注释将占用 4 行，程序显得很不紧凑，因此需要设置注释的显示方式。

（1）注释显示形式

单击“显示”→“注释显示形式”选项，可选择 4×8（4 行、每行 8 个字符或者 4 个汉字）或 3×5 的显示形式。

（2）注释的行数

单击“显示”→“软元件注释行数”选项，可选择 1～4 行。若注释超出设置的行数范围，则不能全部显示。

（3）当前值监视行的显示方式

在 RUN 模式下单击工具条上的“监视模式”按钮，在对应指令的操作数和定时器、计数器下面的当前值监视行将显示它们的监视状态，如图3-57所示。单击“显示”→“当前值监视行显示”选项，可选择“通常显示”“通常不显示”和“仅在监视时显示”3个选项。建议设置为“仅在监视时显示”，即在未进入监视模式时，不显示当前值监视行。

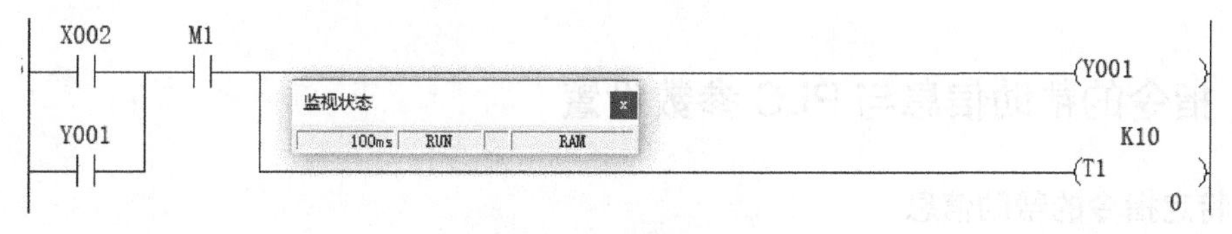

图3-57 监视状态

3．生成和显示声明

将光标放到步序号所在处，双击鼠标，在出现的“梯形图输入”对话框中输入声明（见图3-58）。声明必须以英文分号开始，否则编程软件将视其为指令。单击“确定”按钮完成输入。

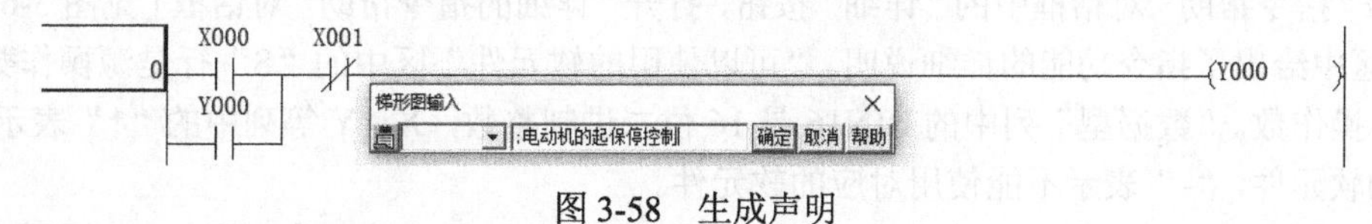

图3-58 生成声明

单击“显示”→“声明显示”选项，该选项的左边将出现一个“√”，电路上面将显示输入的声明“电动机的启保停控制”（见图3-59）。

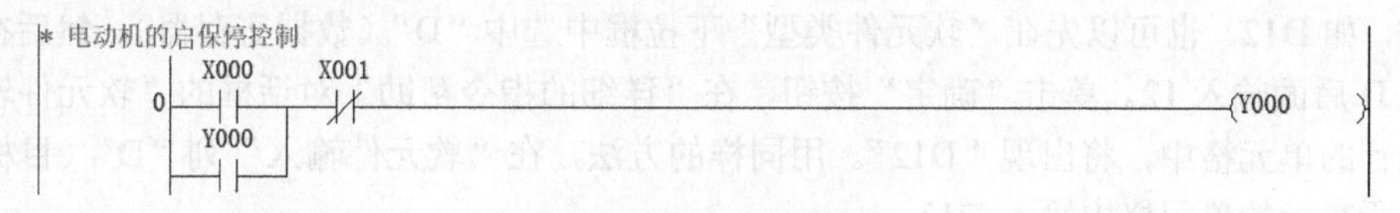

图3-59 显示声明

在改写模式下，单击工具条中的“声明编辑”按钮，进入声明编辑模式。双击梯形图中的某个步序号或某块电路，可以在出现的“行间声明输入”对话框中输入声明或者修改已有的声明。单击“确定”按钮后，该电路块上面将会显示新的或修改后的声明。再次单击“声明编辑”按钮，可退出声明编辑模式。

双击显示出的声明，可以在出现的“梯形图输入”对话框中编辑声明。

选中程序中的声明，按Delete键，可以删除声明。

4．生成和显示注解

双击图3-59中的Y000线圈，在出现的“梯形图输入”对话框中的Y000的后面输入注解（见图3-60）。注解以英文分号开始，完成输入后，单击“确定”按钮。也可在改写模式下，单击工具条中的“注解编辑”按钮，进入注解编辑模式。双击需要进行注解的软元件，在“输入注解”对话框中（见图3-61）输入或修改注解，单击“确定”按钮后，在该电路块的上面将会立即显示新的或修改后的注解。再次单击“注解编辑”按钮，可退出注解编辑模式。

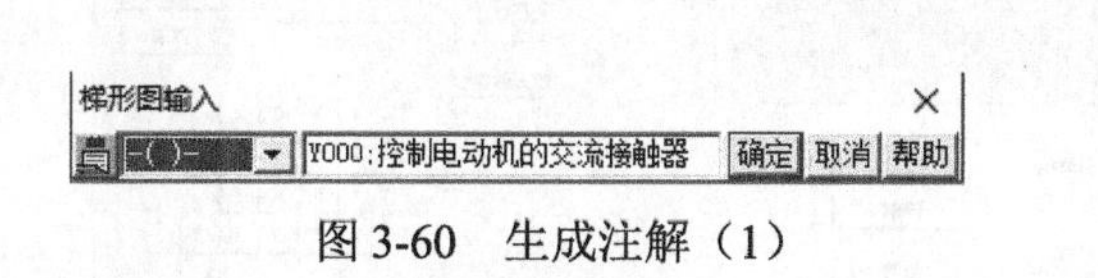

图3-60 生成注解（1）

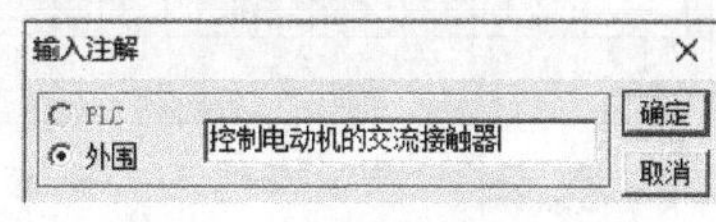

图3-61 生成注解（2）

单击“显示”→“注解显示”选项，该选项的左边将出现一个“√”，Y000线圈上面将显示输入的注解“控制电动机的交流接触器”。

在改写模式下，双击显示出的注解，可以在出现的“梯形图输入”对话框中编辑注解。

选中梯形图中的注解，按 Delete 键，可以删除选中的注释。

在指令表程序显示模式下，也可以选择是否显示软元件的注释、声明和注解。

3.5.4 指令的帮助信息与 PLC 参数设置

1. 特定指令的帮助信息

双击梯形图中的光标，打开“梯形图输入”对话框［见图 3-62（a）］。输入“MOV”（传送指令），单击“帮助”按钮，出现“指令帮助”对话框［见图 3-62（b）］。

双击梯形图中已有的指令，出现该指令的“梯形图输入”对话框。单击“帮助”按钮，也将会出现该指令的“指令帮助”对话框。

单击“指令帮助”对话框中的“详细”按钮，打开“详细的指令帮助”对话框［见图 3-62（c）］。“说明”区中给出了指令功能的详细说明。“可以使用的软元件”区中的“S”行是源操作数，“D”行是目标操作数。“数据型”列中的 BIN16 是 16 位二进制整数，X、Y 等列中的“*”表示可以使用对应的软元件，“-”表示不能使用对应的软元件。

勾选“脉冲化”复选框，左上角的“MOV”变为“MOVP”（脉冲执行型的传送指令）。

双击“软元件输入”列“S”（源操作数的缩写）所在行的空白单元格，打开“软元件输入”对话框［见图 3-62（d）］。在“软元件”框中，可以直接用计算机的键盘或对话框中的小键盘输入源操作数，如 D12。也可以先在“软元件类型”下拉框中选中“D”（数据寄存器），然后在“软元件”框的 D 后面输入 12。单击“确定”按钮，在“详细的指令帮助”对话框的“软元件输入”列“S”所在行的单元格中，将出现“D12”。用同样的方法，在“软元件输入”列“D”（目标操作数的缩写）所在行的单元格中输入 D13。

输入完成后，单击“确定”按钮，返回“梯形图输入”对话框。可以看到指令“MOVP D12 D13”。当然，也可以在“梯形图输入”对话框直接输入上述指令。

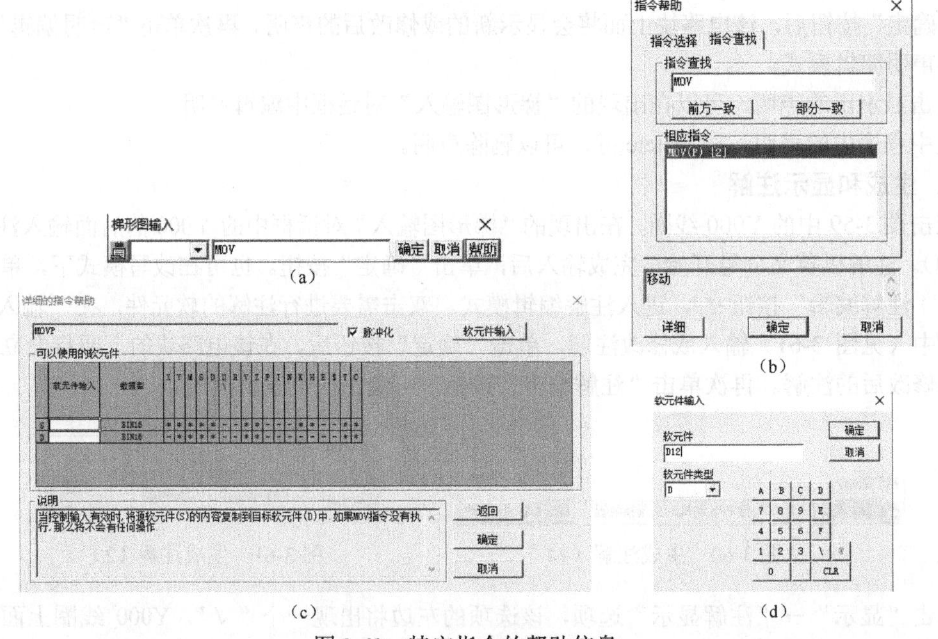

图 3-62 特定指令的帮助信息

2．任意指令的帮助信息

双击梯形图中的空白处，打开“梯形图输入”对话框，里面没有任何指令和软元件号。单击“帮助”按钮，出现“指令帮助”对话框，选择“指令选择”选项卡。可以在“类型一览表”中选择指令的类型，“指令一览表”会给出选中指令类型中的指令。双击其中的某条指令，将打开该指令的“详细的指令帮助”对话框，可以看到该指令的详细说明，也可以用该对话框输入该指令的操作数。

3．PLC参数设置

双击软件界面工程数据列表中参数文件夹下的“PLC参数”选项，打开“FX参数设置”对话框（见图3-63）。在“内存容量设置”选项卡中，可以设置内存容量。在“PLC系统（2）”选项卡中，可以设置通信参数。

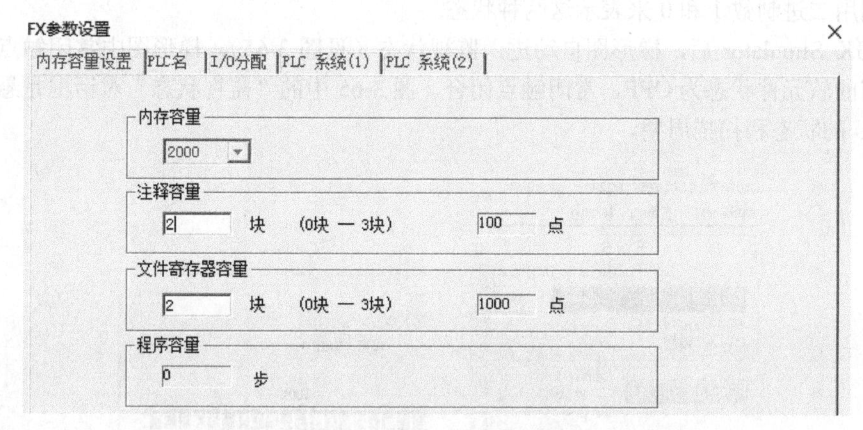

图3-63　PLC的参数设置

3.5.5　仿真软件入门

1．仿真软件GX Simulator的功能

由于价格昂贵，一般的初学者不能使用PLC做实验。PLC的仿真软件解决了这一难题。仿真软件用来模拟PLC系统程序和用户程序的运行，与硬件PLC一样，用户需要将程序下载到仿真PLC中，用键盘和鼠标为仿真PLC提供输入信号，观察计算机屏幕上仿真PLC输出信号的状态。

三菱的仿真软件GX Simulator可与编程软件GX Developer配套使用，方便且功能强大，可以对FX系列PLC绝大多数指令进行仿真。不需要PLC硬件，GX Simulator就可以模拟运行PLC用户程序。仿真时，用户可以使用GX Developer编程软件的各种监视功能，仿真实验和硬件实验观察到的现象几乎完全相同。

GX Simulator具有硬件PLC没有的单步执行、跳步执行和部分程序调试功能，可以加快调试速度。GX Simulator不支持I/O模块和网络，仅支持特殊功能模块的缓冲区。GX Simulator的扫描周期被固定为100ms的整数倍。

新版的仿真软件可以对所有的FX系列PLC进行仿真，还可以对大中型PLC（A系列和Q系列）进行仿真，对I/O点数也没有限制。

2．GX Simulator支持的指令

GX Simulator支持FX1S、FX1N、FX1NC、FX2N和FX2NC绝大部分的指令，不支持中断指令、PID指令、位置控制指令，以及与硬件和通信有关的指令。

3．GX Simulator对软元件的处理

GX Simulator从RUN模式切换到STOP模式时，断电保持软元件的值将被保留，非断电保持软元件的值将被清除。退出GX Simulator时，所有软元件的值将被清除。

4．打开GX Simulator

打开一个工程后，单击工具条上的“梯形图逻辑测试启动/停止”按钮，或单击“工具”→“梯形图逻辑测试启动/停止”选项，打开仿真软件GX Simulator［见图3-64（a）］。用户程序被自动写入仿真PLC，显示写入过程的对话框见图3-65（b）。写入结束后，该对话框消失，图3-65（a）中的RUN指示灯（发光二极管）变为黄色，表示PLC处于运行状态。

位软元件（如辅助继电器M和输出继电器Y等）只有两种不同的状态，FX系列PLC将位软元件的线圈通电、常开触点接通、常闭触点断开的状态称为ON，相反的状态称为OFF。在PLC内部，分别用二进制数1和0来表示这两种状态。

打开GX Simulator后，梯形图自动进入监视状态（见图3-65），梯形图中常闭触点上的深蓝色表示对应的软元件状态为OFF，常闭触点闭合。图3-65中的“监视状态”对话框是悬浮的，用来显示CPU的状态和扫描周期。

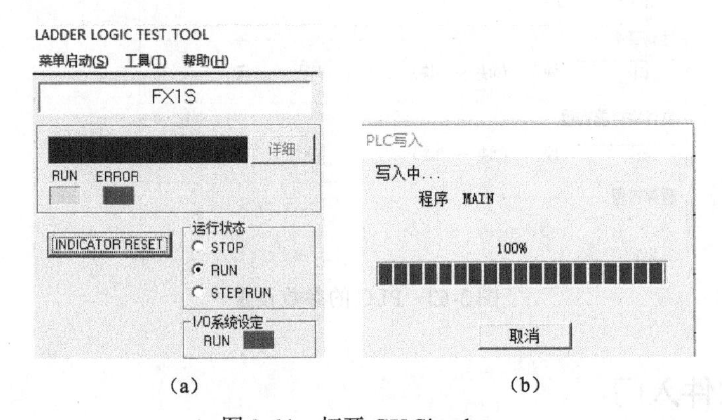

（a）　　　　（b）

图3-64　打开GX Simulator

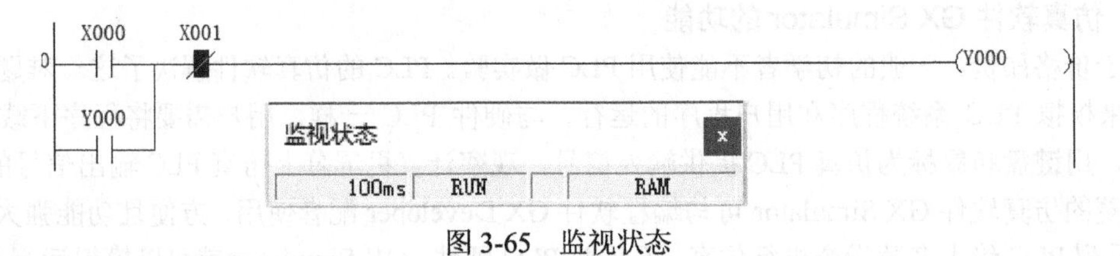

图3-65　监视状态

5．打开软元件监视窗口

单击“菜单启动”→“继电器内存监视”选项，出现“DEVICE MIEMORY MONITOR”（软元件监视）窗口。

单击“软元件”→“位软元件窗口”→“X”选项，出现X窗口。调试程序时，一般同时显示多个窗口，如X、Y、M、TN等，如图3-66所示。

在软元件监视窗口中，单击和按钮，将会分别显示编号最小和最大的辅助继电器，单击和按钮，将会分别显示编号较小和较大的辅助继电器。

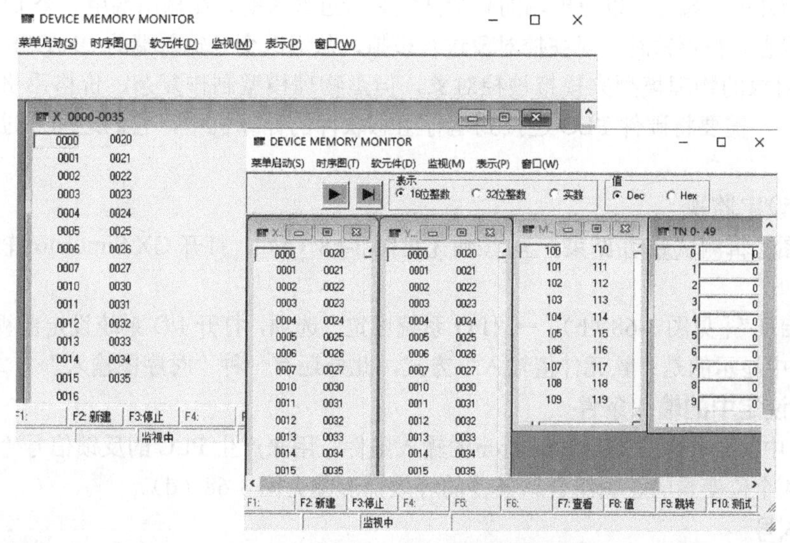

图 3-66　软元件监视窗口

6. 仿真操作

单击 X 窗口中的 0000（X000），背景变为黄色，X000 将变为 ON，相当于做硬件实验时接通 X000 外接的输入电路。梯形图中，X000 两边的圆括号变为深蓝色，表示该触点接通。由于梯形图的作用，Y000 线圈接通，图 3-67 中 Y000 两边的圆括号变为深蓝色。同时 Y 窗口中 0000（Y000）的背景变为黄色，表示 Y000 为 ON。

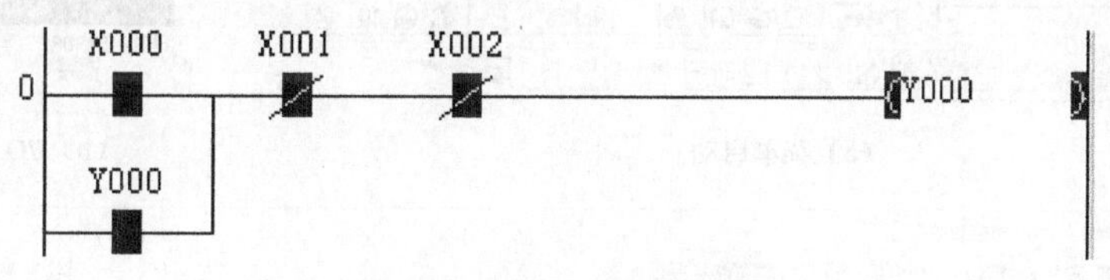

图 3-67　梯形图监视视图

再次单击 X 窗口中的 0000，背景将变为灰色，X000 变为 OFF。梯形图中，X000 两边圆括号的深蓝色消失，该触点断开。由于 Y000 的自保持作用，Y000 线圈继续接通。Y 窗口中 0000 的背景仍然为黄色。

单击 X 窗口中的 0001（X001），X001 变为 ON，0001 的背景变为黄色。梯形图中，X001 两边圆括号的深蓝色消失，该触点断开。由于梯形图程序的作用，Y000 变为 0FF，梯形图中，Y000 两边圆括号的深蓝色消失，同时 Y 窗口中 0000 的背景变为灰色。在 Y000 为 ON 时，X002 变为 ON，Y000 线圈也会断开。

3.6　仿真软件的 I/O 系统设定功能的应用

3.6.1　I/O 系统设定功能概述

1. I/O 系统设定功能

在将 PLC 安装到控制现场之前，一般需要预先调试用户程序。调试时，用接在输入端的小开关来模拟实际切换开关和按钮，以及现场的限制开关和接近开关等，在输出端用一个 LED 来显示各输出继电器的状态。在调试时，对被控对象进行模拟，从而改变各输入端的 ON/OFF 状态。

可以用被控对象的物理模型来模拟被控对象，但是物理模型制作复杂、价格昂贵、容易损坏。在模拟信号时，需要将硬件 PLC 连接到运行组态软件的计算机中，它们之间通过通信接口交换信息。

2．I/O 系统设定监视

单击“梯形图逻辑测试启动/结束”按钮［见图 3-68（a）］，打开 GX Simulator 软件，用户被自动写入。

单击“菜单启动”［见图 3-68（b）］→“I/O 系统设定”选项，打开 I/O 系统设定监视窗口［见图 3-68（c）］。图中显示的是“软元件值输入”方式，此外还有一种“时序图输入”方式。

3．I/O 系统设定中的输入条件

图 3-68（c）中的条件来自 GX Simulator 的输入条件，用来产生 PLC 的反馈信号“输入号”，每个条件最多是 4 个位变量的逻辑组合。条件的等效梯形图见图 3-68（d）。

4．设置输入号

单击图 3-68（d）中的按钮，打开“软元件指定”对话框［见图 3-68（e）］。选中 X，输入软元件号 1，选中 ON 单选按钮。单击 OK 按钮。继续设定第二个条件，选中 X，输入软元件号 0，选中 OFF 按钮。这时得到的结果如图 3-68（f）所示。

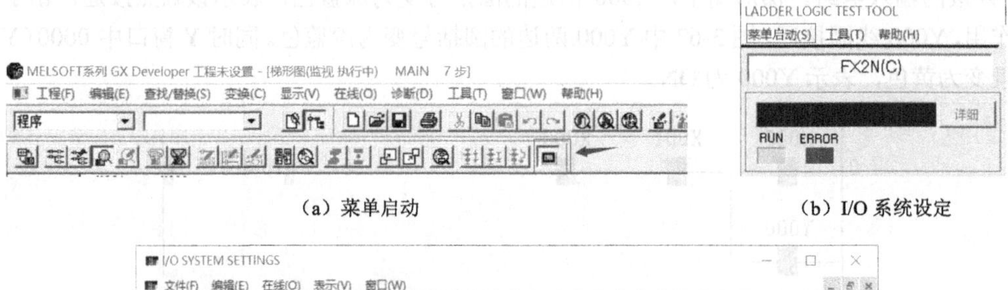

（a）菜单启动　　（b）I/O 系统设定

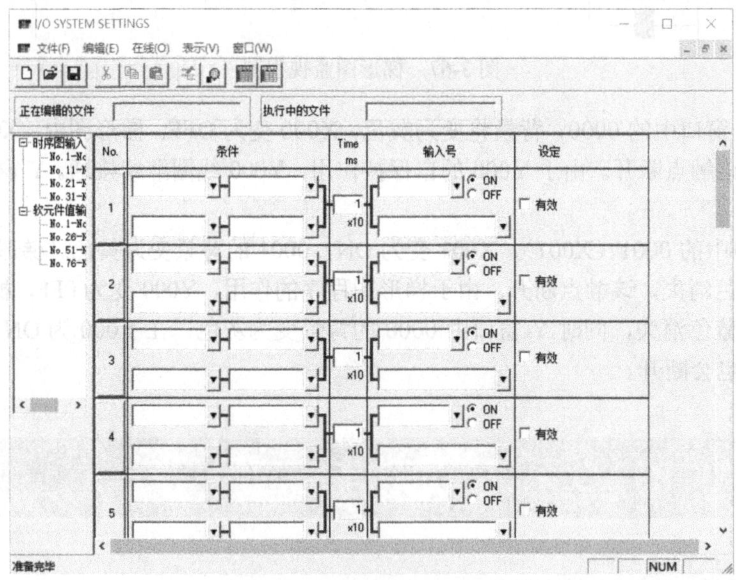

（c）I/O 系统设定监视窗口

图 3-68　I/O 系统设定功能

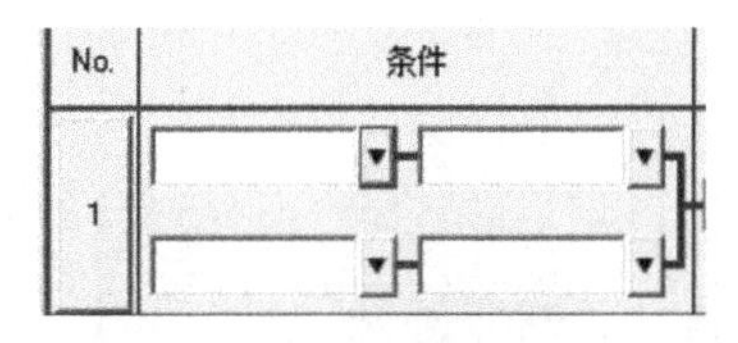

（d）条件的等效梯形图

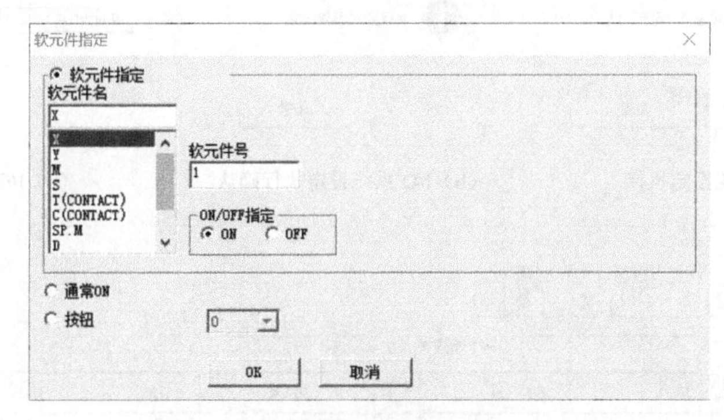

（e）软元件指定

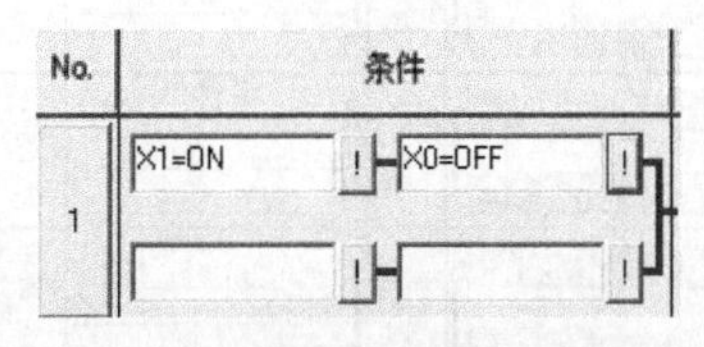

（f）条件的等效梯形图结果

图 3-68　I/O 系统设定功能（续）

5. 生成反馈信号的延迟时间

可以设置每个反馈信号的延迟时间。例如，在“time”区域设置延迟时间为 1000ms（1s）。默认延迟时间为 10ms，因为仿真 PLC 的固定扫描周期为 100ms，所以可以将 10ms 的延迟视为没有延迟。

6. 保存设置

设置完成后，单击“文件”→“保存”选项，文件名后缀为“.IOS”，这里命名为“启保停.IOS”。

3.6.2　I/O 系统设定功能的仿真实验

1. 启动 I/O 系统设定功能

启动 GX Simulator 之后，单击“菜单启动”→“I/O 系统设定执行”选项，打开 I/O 系统设定监视窗口，打开“启保停.IOS”。

单击“执行”按钮，或者单击“文件”→“I/O 系统设定执行”选项，出现如图 3-69（a）所示的对话框，单击“确定”按钮出现如图 3-69（b）所示的对话框，再单击“确定”按钮，该对话框消失。这时图 3-69（c）中的“I/O 系统设定”区中的 RUN 指示灯变为黄色，表示正在运行 I/O 系统设定功能。对话框中间区域的 RUN 指示灯也变为黄色，表示仿真 PLC 处于 RUN 模式。

单击“监视模式”按钮，进入 I/O 系统设定监视窗口［见图 3-69（d）］，刚打开窗口时，X1 为 ON，X0 为 OFF。单击 X1=ON 按钮，X1 将由 ON 变为 OFF，这时，X1=ON 按钮由灰色变为黄色，单击 X0=OFF 按钮由黄色变为灰色。

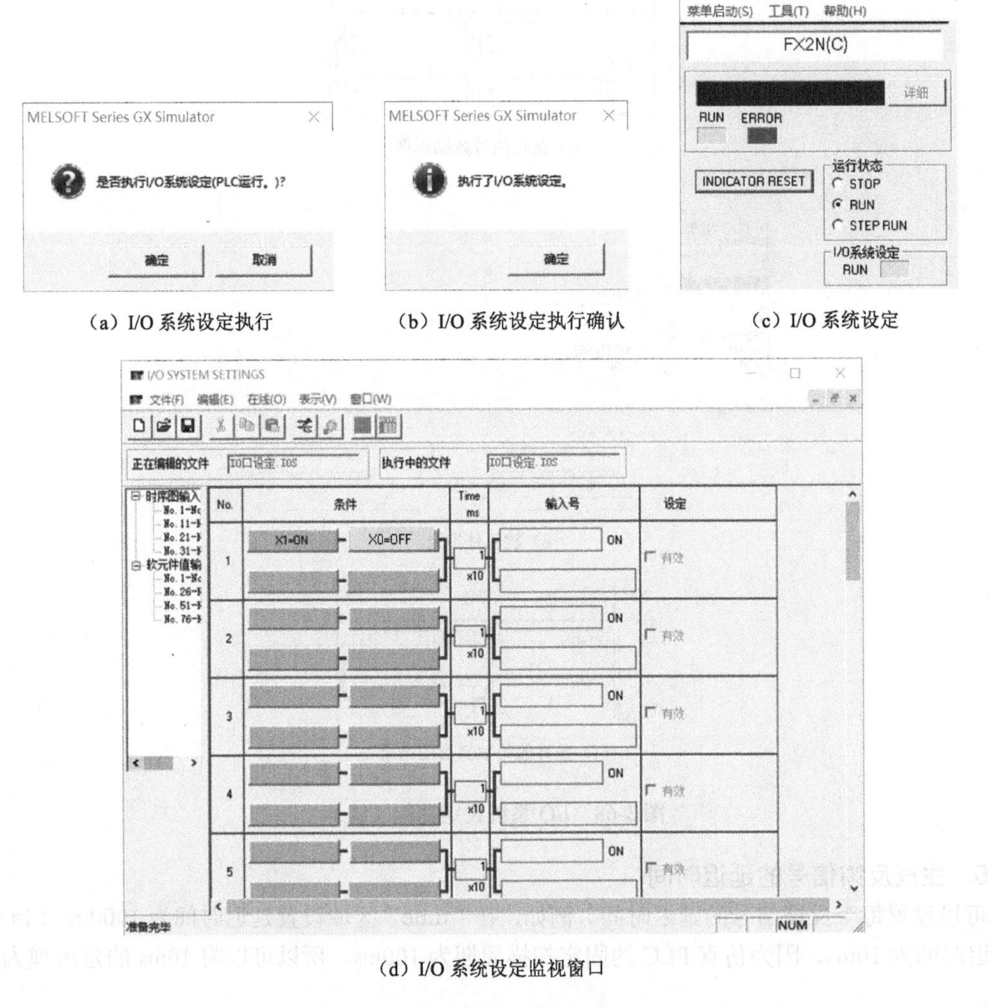

(a) I/O 系统设定执行　　(b) I/O 系统设定执行确认　　(c) I/O 系统设定

(d) I/O 系统设定监视窗口

图 3-69　I/O 系统设定功能的仿真实验

2. 启动软元件监视

单击“菜单启动”→“继电器内存监视”选项，出现软元件监视窗口，单击“软元件”→“软元件窗口”→“X”选项，生成 X 窗口，适当调节 X 窗口的位置和宽度。

3. 仿真操作

单击窗口中的 X1，这时 X1 变为黄色，X1 由 OFF 变为 ON。Y000 接通。再次单击 X1 时，X1 由 ON 变为 OFF；但是，由于常开触点 Y000 的自锁作用，线圈 Y000 仍然接通。单击 X0 时，触点 X0 由 ON 变为 OFF，线圈 Y000 断开，常开触点 Y000 也断开。

4. I/O 系统设定复位功能

单击“编辑模式”按钮，可以退出监视模式。单击“复位”按钮，或者单击“文件”→“I/O 系统设定复位”选项，出现如图 3-70 所示的对话框。单击“确定”按钮后，出现如图 3-71 所示的对话框，再次单击“确定”按钮后，I/O 系统设定复位，图 3-69（c）中“I/O 系统设定”区域的 RUN 指示灯由黄色变为灰色，仿真 PLC 切换到 STOP 模式。

单击“文件”→“I/O 系统设定结束”选项，关闭 I/O 系统设定。

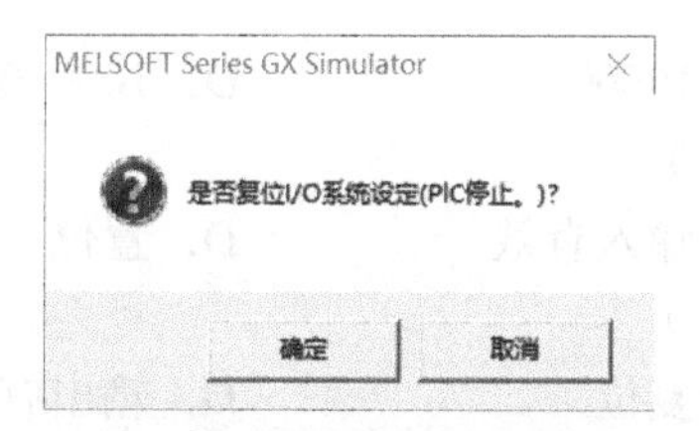

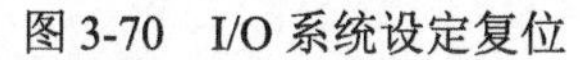
图 3-70　I/O 系统设定复位

图 3-71　I/O 系统设定复位确认

习题 3

一、填空题

1．外部输入接通时，CPU 读入的是二进制数__________，对应的输入映像存储器的状态为_____，梯形图中对应的输入继电器的常开触点为________，常闭触点为_______。

2．当梯形图中输出继电器线圈接通时，对应的输出映像存储器的状态为_______，在输出处理阶段后，继电器输出模块中对应的硬件继电器线圈为_________，其常开触点为______，常闭触点为________，外部设备为_______。

3．一般用途定时器的线圈______时开始定时，定时时间达到其设定值时，定时器触点_______。

4．一般用途定时器的线圈_______时被复位，复位后其常闭触点_______，常开触点________，当前值变为_______。

5．计数器的复位输入电路______、计数器电路______________，当前值______设定值时，计数器的当前值加 1。

6．计数器的当前值等于设定值时，常开触点_______，常闭触点________。再次出现计数脉冲时当前值_______。复位输入电路______时，计数器被复位，复位后其常开触点_________，常闭触点______，当前值______。

7．OUT 指令不能用于______继电器。

8．M8013 的输出脉冲是______，占空比是______。

9．_______是初始化脉冲，在 PLC 中，从______模式进入______模式时，它经过一个 ON 扫描周期。当 PLC 处于 RUN 模式时，M8000 一直是______。

10．与主控触点下端相连的常闭触点应使用______指令。

11．软元件中只有_____和_____的软元件号采用八进制数。

12．___________是指当指令接通时连续不断地执行，只有指令断开后，才不会执行。

13．软元件分为__________和____________两种。

二、选择题

1．FX1S 系列 PLC 最多有多少个 I/O 口？（　　）

A．30　　B．128　　C．256　　D．1000

2．M8013 的脉冲输出周期是多少？（　　）

A．5 秒　　B．13 秒　　C．10 秒　　D．1 秒

3．M8013 脉冲的占空比是多少？（　　）

A．50%　　B．100%　　C．40%　　D．60%

4．FX 系列 PLC 中一个晶体管输出端的输出电压是多少？（　　）

A．DC 12V　　B．AC 110V　　C．AC 220V　　D．DC 24V

5．FX 系列 PLC 中，16 位内部计数器的计数值最大可设定为（　　）。

A．32768　　B．32767　　C．10000　　D．100000

6．FX系列PLC中的SET是什么指令？（　　）

A．下降沿　　B．上升沿　　C．输入有效　　D．置位

7．FX系列PLC中的RST是什么指令？（　　）

A．下降沿　　B．上升沿　　C．复位　　D．输出有效

三、简答题

1．在IEC的PLC编程语言标准中，编程语言有多少种？分别有哪些？

2．PLC基本指令主要包括哪些？作用是什么？

3．什么叫双线圈输出？在什么情况下允许双线圈输出？

4．什么是触点的串联指令？什么是触点的并联指令？

5．什么是辅助继电器？它的作用是什么？

四、程序题

1．写出图1中的梯形图对应的指令表。

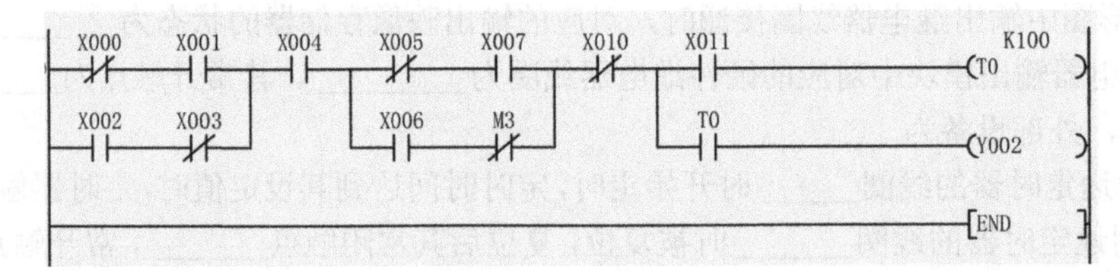

图1　第1题图

2．写出图2中的梯形图对应的指令表。

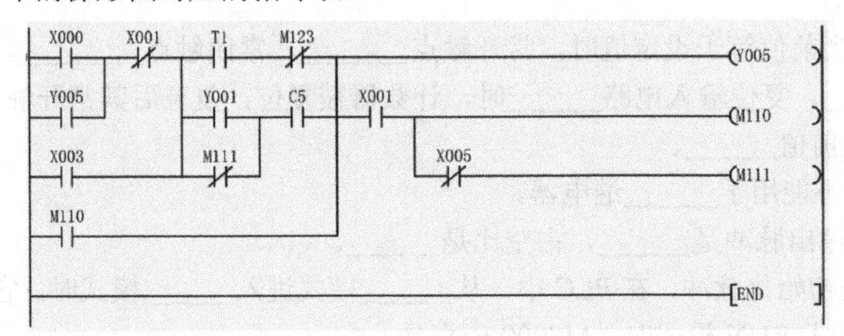

图2　第2题图

3．画出以下指令表对应的梯形图。

```
0 LD M150
1 ANI X001
2 OR M200
3 AND X002
4 LD M201
5 ANI M202
6 ORB
7 LDI X004
8 ORI X005
9 ANB
10 OR M203
11 SET M4
12 ANI X011
13 OUT Y004
```

```
14 AND X010
15 OUT M100
16 END
```

4．画出以下指令表对应的梯形图。

```
0 LD M200
1 ORI X000
2 LD X001
3 ANI X002
4 OR M321
5 AND X003
6 LD M110
7 ANI M111
8 ORB
9 ANB
10 ORI X005
11 OUT M123
12 END
```

5．控制要求：按一次按钮，门铃响2秒、停止3秒，门铃响5次后程序结束。

（1）写出I/O口分配表。

（2）画出外部接线图。

（3）画出程序梯形图。

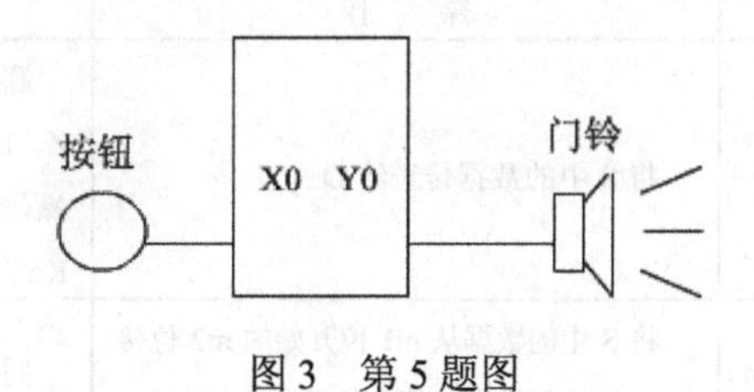

图3 第5题图

6．红绿灯的控制：按启动按钮后，绿灯亮30秒后灭，然后黄灯闪烁3秒后灭（一秒闪烁一次），最后让红灯亮50秒后灭，这时绿灯亮。重复以上循环，直到按下停止按钮。画出程序梯形图。

7．控制一个定时喇叭：当计数达到10次后，喇叭一直响，要求每5秒计数一次，喇叭响一秒后，计数一次。按下启动按钮时，开始计数，按下停止按钮时，喇叭停止响。画出梯形程序图。

第 4 章　FX 系列 PLC 的应用指令

4.1　数据指令

常用的数据指令有传送指令、比较指令、移位指令、数据处理指令。

4.1.1　传送指令

传送指令包括 MOV（一般传送指令）、SMOV（BCD 码移位传送指令）、CML（取反传送指令）、BMOV（数据块传送指令）、FMOV（多点传送指令）、XCH（数据交换指令）、SWAP（高低字节交换指令）。传送指令的相关说明如表 4-1 所示。

表 4-1　传送指令

指　令	指 令 格 式	操　作	注　释
MOV	(D) MOV (P)　S　D	将 S 中的数据传送给 D	源操作数 S 可以取 K、T、C、D、V、Z、H、KnX、KnY、KnM、KnS；目标操作数 D 可以取 T、C、D、V、Z、KnX、KnY、KnM、KnS
SMOV	SMOV(P) S m1 m2 D n	将 S 中的数据从 m1 位开始的 m2 位传送给 D 中的数据从第 n 位开始的 m2 位	同上
CML	(D) CML　S　D	将 S 中的数据按位取反后传送给 D	同上
BMOV	BMOV　S　D　n	将 S 中的数据的前 n 个数据传送给 D	同上
FMOV	FMOV　S　D　n	将 S 中的数据传送给 D 的前 n 个软元件	同上
XCH	(D) XCH (P)　D1　D2	D1 中的数据与 D2 中的数据互换	同上
SWAP	(D) SWAP (P)　D	D 中的数据的高 8 位和低 8 位互换	同上

1. 一般传送指令

MOV 指令支持 16 位和 32 位操作数，支持连续执行和脉冲执行。执行该指令时，源数据如果是计数器，则采用 32 位操作数。

图 4-1 是一般传送指令的应用，当按下启动按钮时，X000 为 ON，执行 MOV 指令，将数值 3 传送到数据寄存器 D1 中。

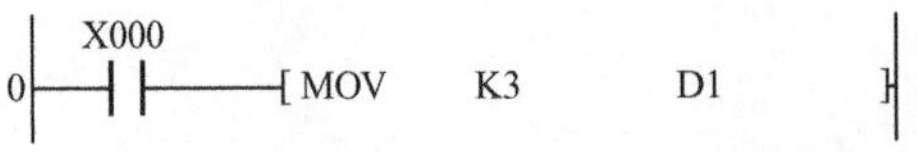

```
   X000
0 ─┤ ├──────[MOV   K3   D1 ]      0  LD   X000
                                  1  MOV  K3    D1
```

图 4-1　一般传送指令的应用

2．BCD 码移位传送指令

SMOV 指令将由源操作数指定的软元件中 4 位 BCD 码形式的数据从第 m1 位开始的 m2 位传送到 4 位十进制目标操作数 D 的从第 n 位开始的 m2 位，目标操作数 D 其他位保持不变，传送后，目标操作数的 BCD 码将自动转换成二进制数。指令中的 m1、m2 和 n 的取值范围为 1～4，分别对应于个位、十位、百位、千位。在图 4-2 中，当 X000 为 ON 时，把源操作数 D1 从第 4 位开始的 2 位（千位和百位）传送到 D2 从第 3 位开始的 2 位（百位和十位）。

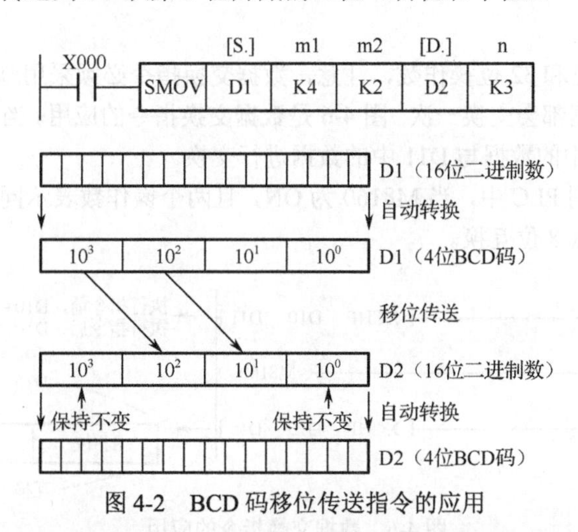

图 4-2　BCD 码移位传送指令的应用

3．取反传送指令

CML 指令将由源操作数指定的软元件中的数据自动转换成二进制数后逐位取反，然后传送到目标操作数 D 中。图 4-3 是取反传送指令的应用，当 X002 为 ON 时，CML 指令将 D1 中数据的低 8 位取反后传送到 Y000～Y007 中。

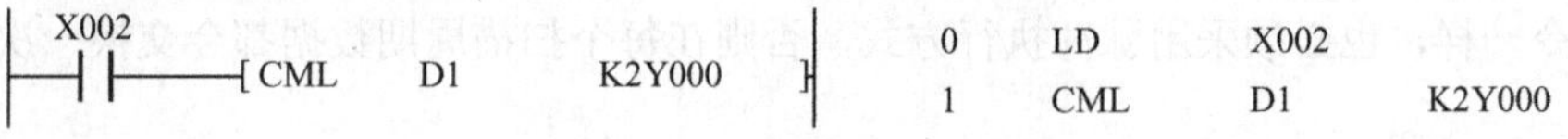

```
X002
─┤├──[CML   D1   K2Y000]      0  LD    X002
                              1  CML   D1    K2Y000
```

图 4-3　取反传送指令的应用

4．数据块传送指令

BMOV 指令将以源操作数指定的软元件的连续 n 个地址中的数据组成数据块，传送到以目标操作数为首地址的连续 n 个地址中。

图 4-4 是数据块传送指令的应用，其中 K3 表示 3 个数据（n=3），当 X002 为 ON 时，BMOV 指令将以 D0 为首地址的连续 3 个地址中（D0、D1、D2）的数据分别传送到以 D3 为首地址的连续 3 个地址中（D3、D4、D5），指令执行后，D3、D4、D5 中的数据与 D0、D1、D2 中的数据相同。

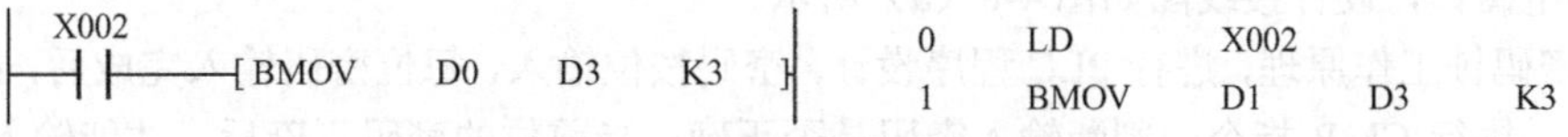

```
X002
─┤├──[BMOV   D0   D3   K3]    0  LD    X002
                              1  BMOV  D1   D3   K3
```

图 4-4　数据块传送指令的应用

5．多点传送指令

FMOV 指令将单个软元件中的数据传送到以指定的目的地址开始的 n 个软元件（n≤512）中，传送后，这 n 个软元件中的数据完全相同。如果软元件号超出允许的范围，那么仅传送允许范围内的数据。

图4-5是多点传送指令的应用，当X001为ON时，FMOV指令将常数360分别传送到以D0为首地址的10个数据寄存器（D0～D9中）。

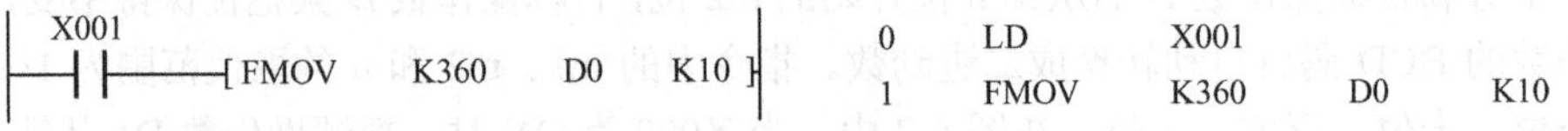

X001 [FMOV K360 D0 K10]

0 LD X001
1 FMOV K360 D0 K10

图4-5 多点传送指令的应用

6. 数据交换指令

XCH指令支持16位和32位操作数，注意，数据交换指令必须采用脉冲执行方式（XCHP），否则在每个扫描周期数据都会交换一次。图4-6是数据交换指令的应用。当X001为ON时，XCHP指令将数据寄存器D10中的数据与D11中的数据进行交换。

拓展：在FX2N系列PLC中，当M8160为ON，且两个操作数表示同一地址时，执行该指令时会把数据的高8位和低8位互换。

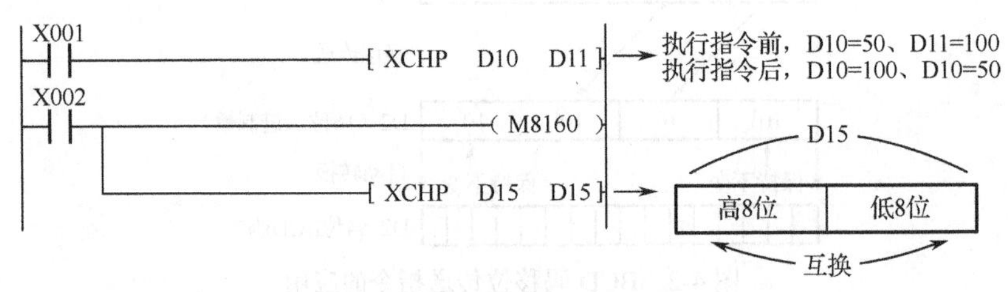

图4-6 数据交换指令的应用

7. 高低字节交换指令

一个16位的字由一个高8位字节和一个低8位字节组成。SWAP指令用于将16位操作数的高8位和低8位互换。在图4-7中，当X001为ON时，SWAPP指令将D8的高低字节互换。当指令做32位运算时，先交换D10的高字节和低字节，再交换D11的高字节和低字节。SWAP指令和XCH指令一样，也必须采用脉冲执行方式，否则在每个扫描周期数据都会交换一次。

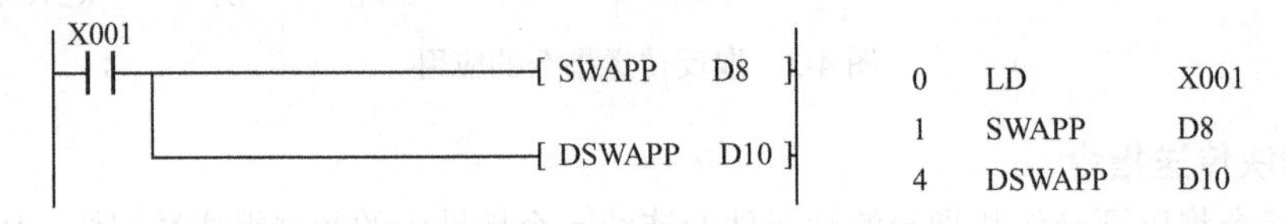

图4-7 高低字节交换指令的应用

【例4-1】 密码锁的设计。

解析： 密码锁的设计如图4-8所示，设置4位密码1698，即先在将数字开关拨到1时，按一下确认键，再分别在拨到6、9、8时按一下确认键，使电磁锁Y000通电打开。

数字开关连接PLC的X000～X003，确认键连接PLC的X004，复位键连接PLC的X005，Y000驱动电磁锁，硬件接线图如图4-8（a）所示。

根据密码锁工作原理，进行PLC程序设计，密码按位输入，每位密码输入完成后，按确认键，X004置1，执行CMP指令，判断输入密码是否正确；当前位的密码正确后，才能输入下一位密码。只有4位密码都正确后，Y000置1，电磁锁打开，梯形图如图4-8（b）所示，指令表如图4-8（c）所示。

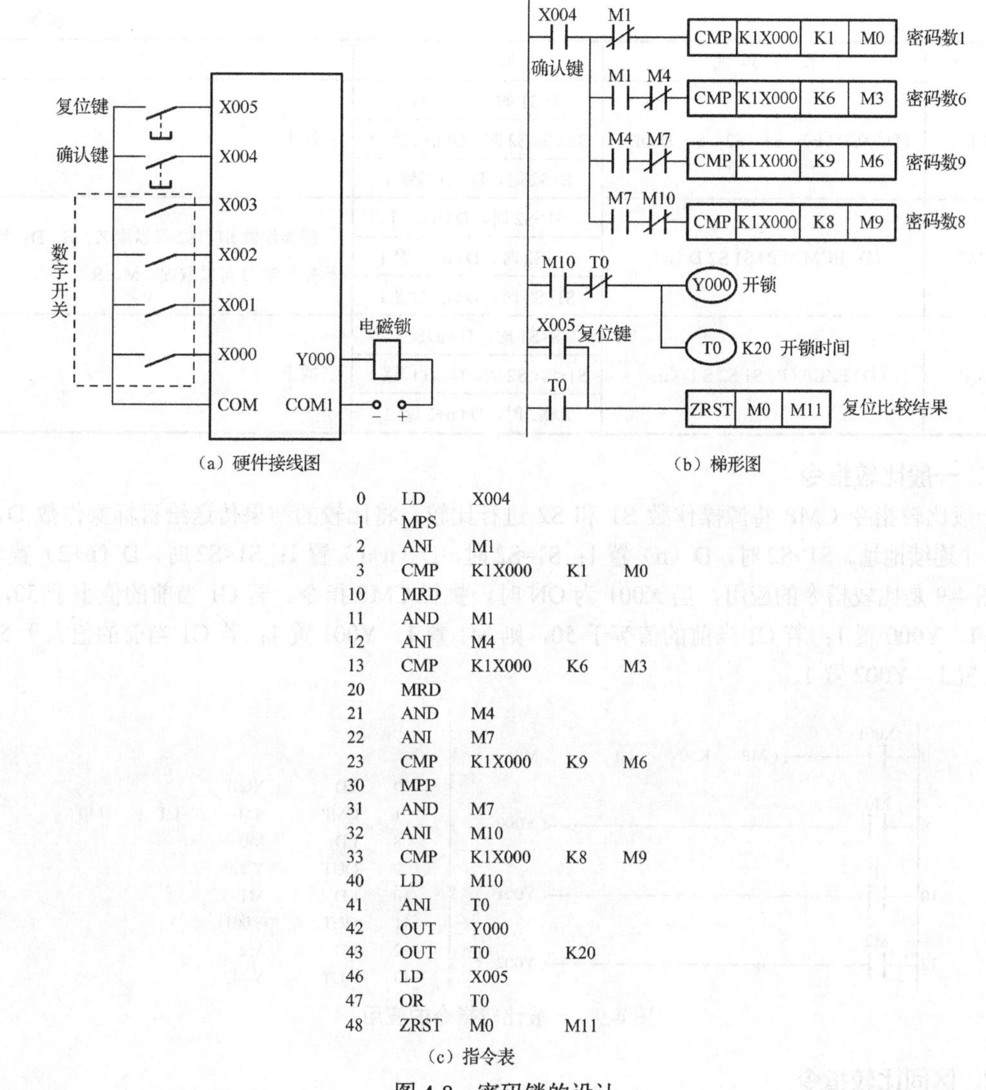

（a）硬件接线图　　（b）梯形图

（c）指令表

图 4-8　密码锁的设计

4.1.2　比较指令

常用的比较指令有 CMP（一般比较指令）、ZCP（区间比较指令）、ECMP（二进制浮点数比较指令）、EZCP（二进制浮点数区间比较指令）、触点比较指令。比较指令相关说明（除触点比较指令之外）如表 4-2 所示。

表 4-2　比较指令①

指　令	指 令 格 式	操　作	注　释
CMP	(D) CMP (P) S1　S2　D (n)	S1>S2 时，D（n）置 1	源操作数 S1、S2 可以取 K、T、C、D、V、Z、H、KnX、KnM、KnS；目标操作数 D 可以取 Y、M、S
		S1=S2 时，D（n+1）置 1	
		S1<S2 时，D（n+2）置 1	

① 在比较指令中，为方便描述，直接用 S1、S2 表示其指定软元件中的数据。

续表

指　令	指令格式	操　作	注　释
ZCP	(D) ZCP (P)　S1　S2　S　D (n)	S<S1 时，D (n)置 1	同上
		S1≤S≤S2 时，D(n+1)置 1	
		S>S2 时，D (n+2)置 1	
ECMP	(D) ECMP (P) S1 S2 D (n)	S1>S2 时，D (n)置 1	源操作数 S1、S2 可以取 K、H、D；目标操作数 D 可以取 Y、M、S
		S1=S2 时，D (n+1)置 1	
		S1<S2 时，D (n+2)置 1	
EZCP	(D) EZCP (P) S1 S2 S D (n)	S<S1 时，D (n)置 1	同上
		S1≤S≤S2 时，D(n+1)置 1	
		S>S2 时，D (n+2)置 1	

1．一般比较指令

一般比较指令 CMP 将源操作数 S1 和 S2 进行比较，将比较的结果传送给目标操作数 D，D 占用 3 个连续地址。S1>S2 时，D（n）置 1；S1=S2 时，D（n+1）置 1；S1<S2 时，D（n+2）置 1。

图 4-9 是比较指令的应用，当 X001 为 ON 时，执行 CMP 指令。若 C1 当前的值小于 50，则 M0 置 1，Y000 置 1；若 C1 当前的值等于 50，则 M1 置 1，Y001 置 1；若 C1 当前的值大于 50，则 M2 置 1，Y002 置 1。

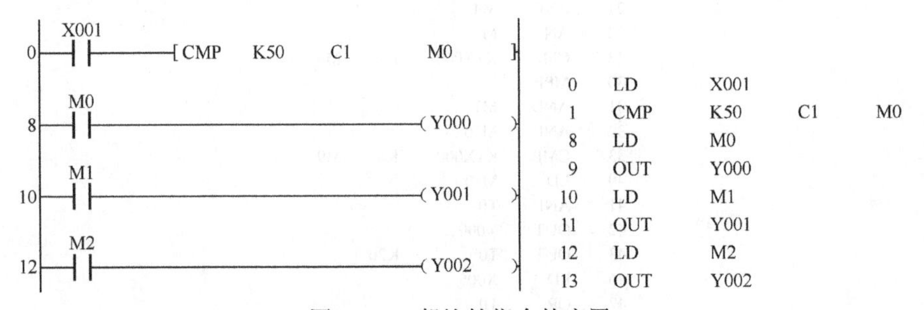

图 4-9　一般比较指令的应用

2．区间比较指令

ZCP 指令用于将源操作数 S 与由源操作数 S1 和 S2 确定的区间进行比较，将比较结果传送给目标操作数 D，D 占用 3 个连续地址。

ZCP 指令支持 16 位、32 位操作数，支持脉冲执行和连续执行。

区间比较结果有 3 种：S<S1 时，D（n）置 1；S1≤S≤S2 时，D（n+1）置 1；S>S2 时，D（n+2）置 1。

图 4-10 是区间比较指令的应用，M8000 是运行监控常开触点，PLC 运行时，其一直 ON，执行 ZCP 指令，若 D2 中的值小于 200，则继电器 M3 置 1，Y001 置 1；若 D2 中的值大于等于 200 且小于等于 300，则继电器 M4 置 1，Y002 置 1；若 D2 中的值大于 300，则继电器 M5 置 1，Y003 置 1。

3．二进制浮点数比较指令

ECMP 指令对两个源操作数 S1 和 S2（二进制数）进行比较，将比较的结果传送给目标操作数 D，D 占用 3 个连续地址。

ECMP 和 CMP 基本一样，S1>S2 时，D（n）置 1；S1=S2 时，D（n+1）置 1；S1<S2 时，D（n+2）置 1。常数参与比较时，将被自动转换为浮点数。因为浮点数是 32 位的，所以在浮点数指令的前面应加 D。

```
    M8000
0 ──┤ ├──────[ ZCP   K200   K300   D2   M3 ]
    M3
10──┤ ├──────────────────────────( Y001 )
    M4
12──┤ ├──────────────────────────( Y002 )
    M5
14──┤ ├──────────────────────────( Y003 )
```

0	LD	M8000			
1	ZCP	K200	K300	D2	M3
10	LD	M3			
11	OUT	Y001			
12	LD	M4			
13	OUT	Y002			
14	LD	M5			
15	OUT	Y003			

图 4-10　区间比较指令的应用

4．二进制浮点数区间比较指令

EZCP 指令将源操作数 S 与由源操作数 S1 和 S2 确定的区间进行比较，将比较结果传送给目标操作数 D，D 占用 3 个连续地址。

EZCP 指令和 ZCP 指令基本一样，S<S1 时，D（n）置 1；S1≤S≤S2 时，D（n+1）置 1；S>S2 时，D（n+2）置 1。两者的不同之处是，EZCP 指令的源操作数是二进制浮点数。

【例 4-2】 现在对某设备的水温进行控制，将实际温度读入 D1 中，若温度低于 75℃，则为低温，红灯闪烁；若温度高于 90℃，则为高温，黄灯闪烁；若温度在 75℃和 90℃之间，则温度正常，绿灯亮。按下启动按钮时，开始水温控制；按下停止按钮时，结束水温控制。

解析： 如图 4-11 所示，启动按钮对应 X001，停止按钮对应 X002，M1、M2、M3 为辅助继电器，起辅助控制作用，红灯用 Y001 输出端控制，绿灯用 Y002 输出端控制，黄灯用 Y003 输出端控制，M8013 用于控制一秒闪烁一次。当 X001 为 ON 时（启动按钮被按下），执行 ZCP 指令，若实际温度低于 75℃（D1 中的数值小于 75），辅助继电器 M1 置 1，M8013 动作，Y001 置 1（红灯闪烁）；若实际温度在 75℃和 90℃之间，M2 置 1，Y002 置 1（绿灯亮）；若实际温度高于 90℃，M3 置 1，M8013 动作，Y003 置 1（黄灯闪烁），当 X002 为 ON（停止按钮被按下）时，结束水温控制。

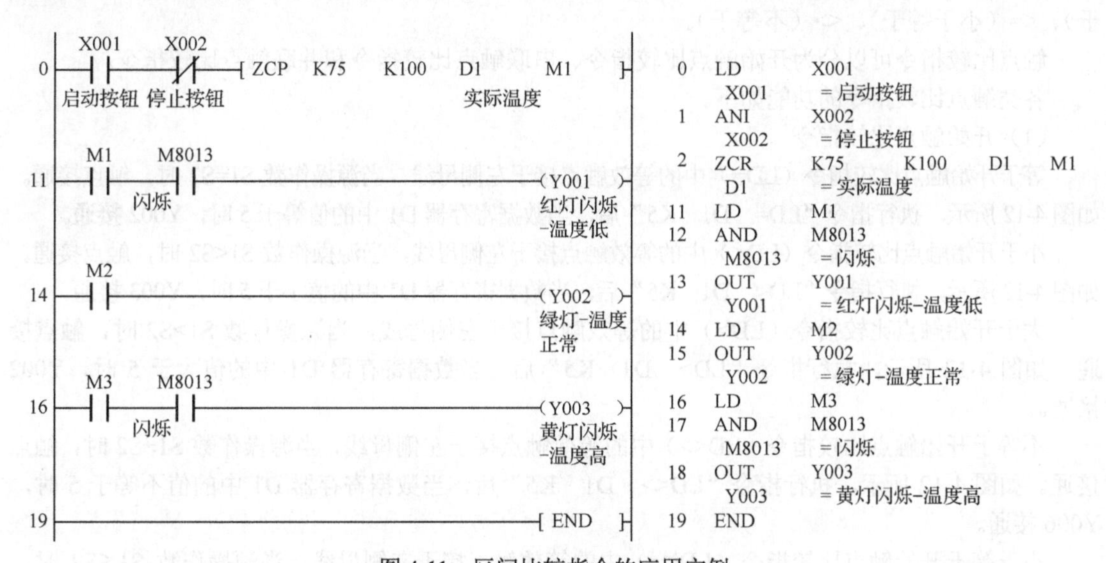

图 4-11　区间比较指令的应用实例

5．触点比较指令

触点比较指令说明如表 4-3 所示。

表 4-3　触点比较指令

指　令	指令格式	操　作	注　释
等于开始触点比较指令	LD=　S1　S2	S1=S2 时，开始触点置 1	操作数可以取所有数据类型的数据
小于开始触点比较指令	LD<　S1　S2	S1<S2 时，开始触点置 1	同上
大于开始触点比较指令	LD>　S1　S2	S1>S2 时，开始触点置 1	同上
不等于开始触点比较指令	LD<>　S1　S2	S1≠S2 时，开始触点置 1	同上
小于等于开始触点比较指令	LD<=　S1　S2	S1≤S2 时，开始触点置 1	同上
大于等于开始触点比较指令	LD>=　S1　S2	S1≥S2 时，开始触点置 1	同上
等于串联触点比较指令	AND =　S1　S2	S1=S2 时，串联触点置 1	同上
小于串联触点比较指令	AND<　S1　S2	S1<S2 时，串联触点置 1	同上
大于串联触点比较指令	AND>　S1　S2	S1>S2 时，串联触点置 1	同上
不等于串联触点比较指令	AND<>　S1　S2	S1≠S2 时，串联触点置 1	同上
小于等于串联触点比较指令	AND<=　S1　S2	S1≤S2 时，串联触点置 1	同上
大于等于串联触点比较指令	AND>=　S1　S2	S1≥S2 时，串联触点置 1	同上
等于并联触点比较指令	OR =　S1　S2	S1=S2 时，并联触点置 1	同上
小于并联触点比较指令	OR<　S1　S2	S1<S2 时，并联触点置 1	同上
大于并联触点比较指令	OR>　S1　S2	S1>S2 时，并联触点置 1	同上
不等于并联触点比较指令	OR<>　S1　S2	S1≠S2 时，并联触点置 1	同上
小于等于并联触点比较指令	OR<=　S1　S2	S1≤S2 时，并联触点置 1	同上
大于等于并联触点比较指令	OR>=　S1　S2	S1≥S2 时，并联触点置 1	同上

触点比较指令相当于一个等效触点，执行时，若源操作数 S1 和 S2 满足比较条件，则等效触点闭合。源操作数可以取所有数据类型的数据。表 4-3 中以 LD 开始的触点比较指令接在左侧母线上，以 AND 开始的触点比较指令与其他触点或电路串联，以 OR 开始的触点比较指令与其他触点或电路并联。常用的触点比较指令的运算符号包括>（大于）、=（等于）、<（小于）、>=（大于等于）、<=（小于等于）、<>（不等于）。

触点比较指令可以分为开始触点比较指令、串联触点比较指令和并联触点比较指令。

各类触点比较指令的功能如下。

（1）开始触点比较指令

等于开始触点比较指令（LD=）中的等效触点接于左侧母线，当源操作数 S1=S2 时，触点接通。如图 4-12 所示，执行指令“LD=　D1　K5”后，当数据寄存器 D1 中的值等于 5 时，Y002 接通。

小于开始触点比较指令（LD<）中的等效触点接于左侧母线，当源操作数 S1<S2 时，触点接通。如图 4-12 所示，执行指令“LD<　D1　K5”后，当数据寄存器 D1 中的值小于 5 时，Y003 接通。

大于开始触点比较指令（LD>）中的等效触点接于左侧母线，当源操作数 S1>S2 时，触点接通。如图 4-12 所示，执行指令“LD>　D1　K5”后，当数据寄存器 D1 中的值大于 5 时，Y002 接通。

不等于开始触点比较指令（LD<>）中的等效触点接于左侧母线，当源操作数 S1≠S2 时，触点接通。如图 4-12 所示，执行指令“LD<>　D1　K5”后，当数据寄存器 D1 中的值不等于 5 时，Y006 接通。

小于等于开始触点比较指令（LD<=）中的等效触点接于左侧母线，当源操作数 S1≤S2 时，触点接通。如图 4-12 所示，执行指令“LD<=　D1　K5”后，当数据寄存器 D1 中的值小于等于 5 时，Y005 接通。

大于等于开始触点比较指令（LD>=）中的等效触点接于左侧母线，当源操作数 S1≥S2 时，触点接通。如图 4-12 所示，执行指令“LD>=　D1　K5”后，当数据寄存器 D1 中的值大于等于 5 时，Y004 接通。

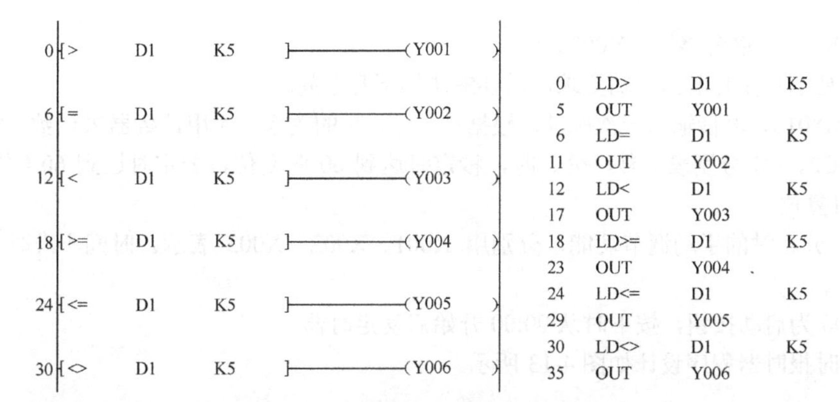

图 4-12　开始触点比较指令的应用

（2）串联触点比较指令

等于串联触点比较指令（AND=）中的等效触点与其他触点或电路串联，当源操作数 S1=S2 时，触点接通。

小于串联触点比较指令（AND<）中的等效触点与其他触点或电路串联，当源操作数 S1<S2 时，触点接通。

大于串联触点比较指令（AND>）中的等效触点与其他触点或电路串联，当源操作数 S1>S2 时，触点接通。

不等于串联触点比较指令（AND<>）中的等效触点与其他触点或电路串联，当源操作数 S1≠S2 时，触点接通。

小于等于串联触点比较指令（AND<=）中的等效触点与其他触点或电路串联，当源操作数 S1≤S2 时，触点接通。

大于等于串联触点比较指令（AND>=）中的等效触点与其他触点或电路串联，当源操作数 S1≥S2 时，触点接通。

（3）并联触点比较指令

等于并联触点比较指令（OR=）中的等效触点与其他触点或电路并联，当源操作数 S1=S2 时，触点接通。

小于并联触点比较指令（OR<）中的等效触点与其他触点或电路并联，当源操作数 S1<S2 时，触点接通。

大于并联触点比较指令（OR>）中的等效触点与其他触点或电路并联，当源操作数 S1>S2 时，触点接通。

不等于并联触点比较指令（OR<>）中的等效触点与其他触点或电路并联，当源操作数 S1≠S2 时，触点接通。

小于等于并联触点比较指令（OR<=）中的等效触点与其他触点或电路并联，当源操作数 S1≤S2 时，触点接通。

大于等于并联触点比较指令（OR>=）中的等效触点与其他触点或电路并联，当源操作数 S1≥S2 时，触点接通。

【例 4-3】 设计一个学生宿舍简易定时报时器，具体控制要求如下：

① 6:20，电铃（Y000）每秒响 1 次，响 5 次后自动停止；晚上 23:00，电铃（Y000）每秒响 1 次，响 5 次后自动停止；

② 18:00—22:00，启动热水供应系统（Y001）；

③ 19:30，开启宿舍路灯（Y002）；

④ 6:00，关闭宿舍路灯（Y002）。

根据简易定时报时器的控制要求，需要解决如下几个问题：

① 对 M8013，每秒输入一次脉冲。根据秒、分、时的关系，应用计数器来计数，实现时钟的功能。C1、C2、C3 分别表示秒、分、时，秒定时达到 60 时复位，分定时达到 60 时复位，时定时达到 24 时复位。

② 秒、分、时的手动调节功能，分别用 X001、X002、X003 表示。时间不准时，可以进行手动调节。

③ X000 为启动按钮，按下时从 00:00 开始启动定时器。

简易定时报时器程序设计如图 4-13 所示。

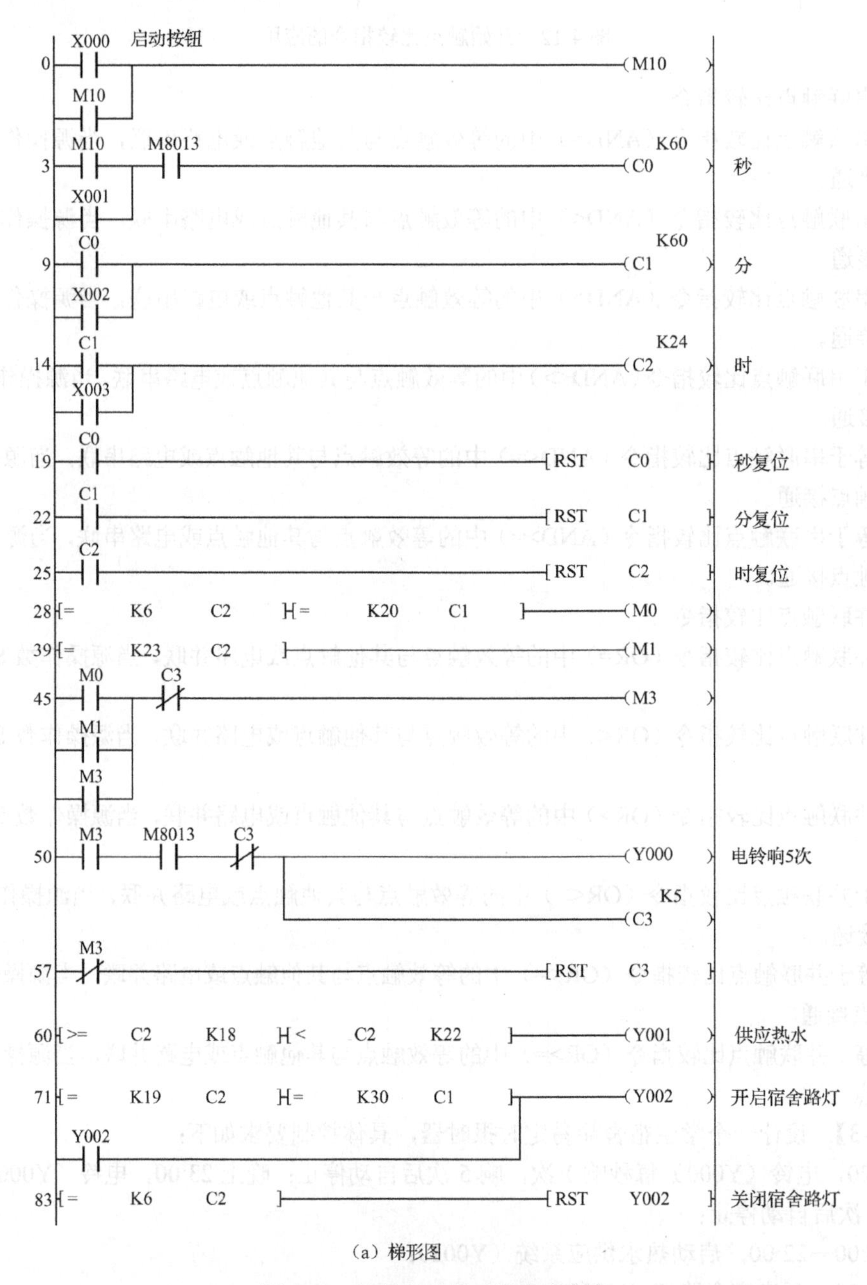

（a）梯形图

图 4-13 简易定时报时器程序设计

```
0   LD     X000
1   OR     M10
2   OUT    M10
3   LD     M10
4   OR     X001
5   AND    M8013
6   OUT    C0     K60
9   LD     C0
10  OR     X002
11  OUT    C1     K60
14  LD     C1
15  OR     X003
16  OUT    C2     K24
19  LD     C0
20  RST    C0
22  LD     C1
23  RST    C1
25  LD     C2
26  RST    C2
28  LD=    K6     C2
33  AND=   K20    C1
38  OUT    M0
39  LD=    K23    C2
44  OUT    M1
45  LD     M0
46  OR     M1
47  OR     M3
48  ANI    C3
49  OUT    M3
50  LD     M3
51  AND    M8013
52  ANI    C3
53  OUT    Y000
54  OUT    C3     K5
57  LDI    M3
58  RST    C3
60  LD>=   C2     K18
65  AND<   C2     K22
70  OUT    Y001
71  LD=    K19    C2
76  AND=   K30    C1
81  OR     Y002
82  OUT    Y002
83  LD=    K6     C2
88  RST    Y002
89  END
```

（b）指令表

图4-13　简易定时报时器程序设计（续）

4.1.3　移位指令

1. 循环移位指令

循环移位指令包括ROR（循环右移指令）、ROL（循环左移指令）、RCR（带进位的循环右移指令）和RCL（带进位的循环左移指令）。循环移位指令支持16位、32位操作数，支持连续执行和脉冲执行。循环移位指令说明如表4-4所示。

表4-4　循环移位指令

指　　令	指令格式	操　　作	注　　释
ROR	（D）ROR（P）　D　n	D中的数据右移n位	16位指令和32位指令的n应分别小于等于16和32，D可以是KnY、KnM、KnS、T、C、D、V、Z
ROL	（D）ROL（P）　D　n	D中的数据左移n位	同上
RCR	（D）RCR（P）　D　n	D中的数据连同进位标志M8022右移n位	同上
RCL	（D）RCL（P）　D　n	D中的数据连同进位标志M8022左移n位	同上

（1）循环右移指令

ROR指令将操作数D中的数据右移n位，每次移出来的那一位同时进入标志M8022，移位后的数据仍存入原来的存储单元。若在目标元件中指定元件组的组数，则只有K4（16位）和K8（32位）有效，如K4Y000和K8M0。

图4-14是循环右移指令的应用，当X000为ON时，将D0中的数据右移（从高位向低位）4位。每次移出来的那一位同时进入标志M8022，移位后的数据仍存入原来的存储单元。图4-15是循环右移位指令的应用分析，移位前，D0中的数据为1000001001010001，执行一次RORP指令（经过4次右移）后，D0中的数据为0001100000100101，进位标志M8022为0。

图 4-14　循环右移指令的应用

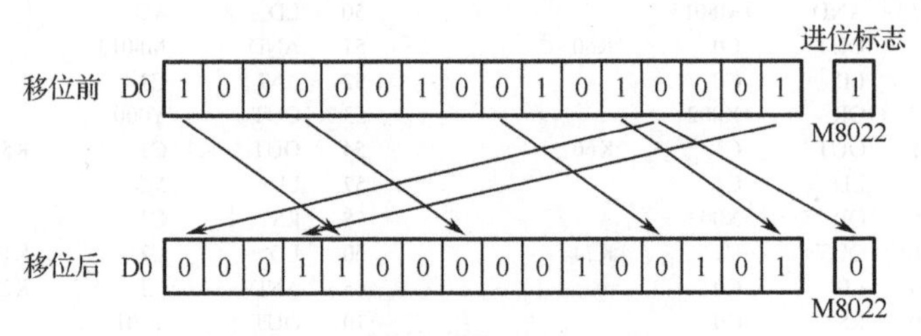

图 4-15　循环右移指令的应用分析

（2）循环左移指令

ROL 指令将操作数 D 中的数据左移 n 位，每次移出来的那一位同时进入标志 M8022，移位后的数据仍存入原来的存储单元。

图 4-16 是循环左移指令的应用，当 X000 为 ON 时，将 D0 中的数据左移（从高位向低位）4 位。每次移出来的那一位同时进入标志 M8022，移位后的数据仍存入原来的存储单元。图 4-17 是循环左移位指令的应用分析，移位前，D0 中的数据为 1000001001010001，执行一次 ROLP 指令（经过 4 次左移）后，D0 中的数据为 0010010100011000，进位标志 M8022 为 0。

图 4-16　循环左移指令的应用

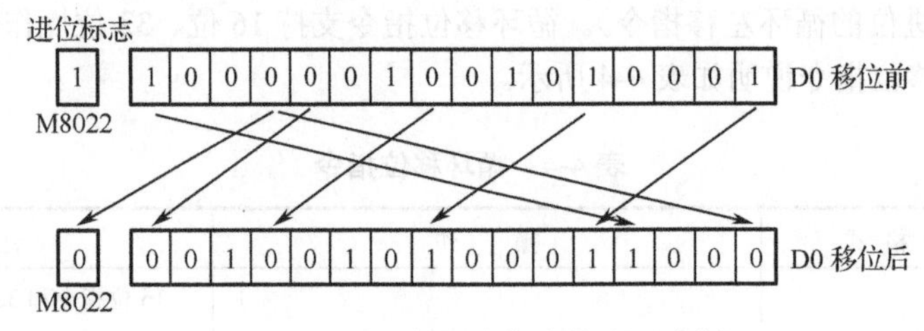

图 4-17　循环左移位指令的应用分析

（3）带进位的循环右移指令

RCR 指令将操作数 D 中的数据与进位标志 M8022 一起右移 n 位，移位后的数据仍存入原来的存储单元。

图 4-18 是带进位的循环右移指令的应用，当 X000 为 ON 时，将 D10 和进位标志 M8022 中的数据一起右移（从高位向低位）4 位，移位后的数据仍存入原来的存储单元。图 4-19 是带进位的循环右移指令的应用分析，移位前，D10 中的数据为 1111111100000000，进位标志 M8022 为 1，执行一次 RCRP 指令（经过 4 次右移）后，D10 中的数据为 0001111111110000，进位标志 M8022 为 0。

X000　RCRP　[D.] D10　n K4

0　LD　X000
1　RCRP　D10　K4

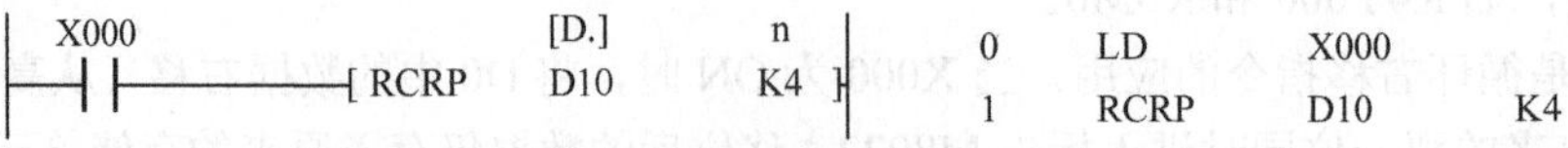

图 4-18　带进位的循环右移指令的应用

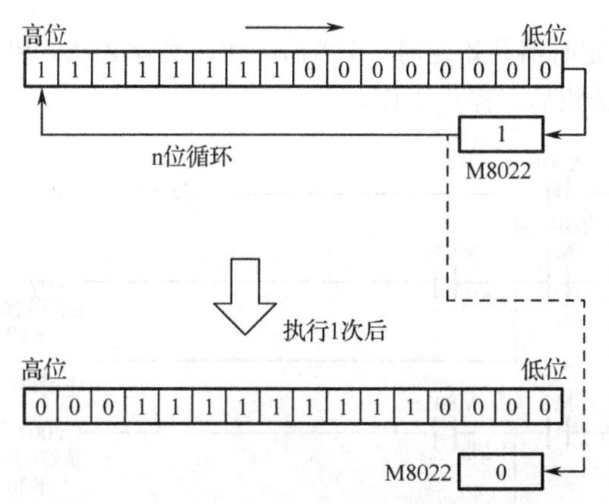

图 4-19　带进位的循环右移指令的应用分析

（4）带进位的循环左移指令

RCL 指令将操作数 D 中的数据与进位标志 M8022 一起左移 n 位，移位后的数据仍存入原来的存储单元。

图 4-20 是带进位的循环左移指令的应用，当 X000 为 ON 时，将 D10 和进位标志 M8022 中的数据一起左移（从高位向低位）4 位，移位后的数据仍存入原来的存储单元。图 4-21 是带进位的循环左移指令的应用分析，移位前，D10 中的数据为 1111111100000000，进位标志 M8022 为 0，执行一次 RCLP 指令（经过 4 次左移）后，D10 中的数据为 111100000000111，进位标志 M8022 为 1。

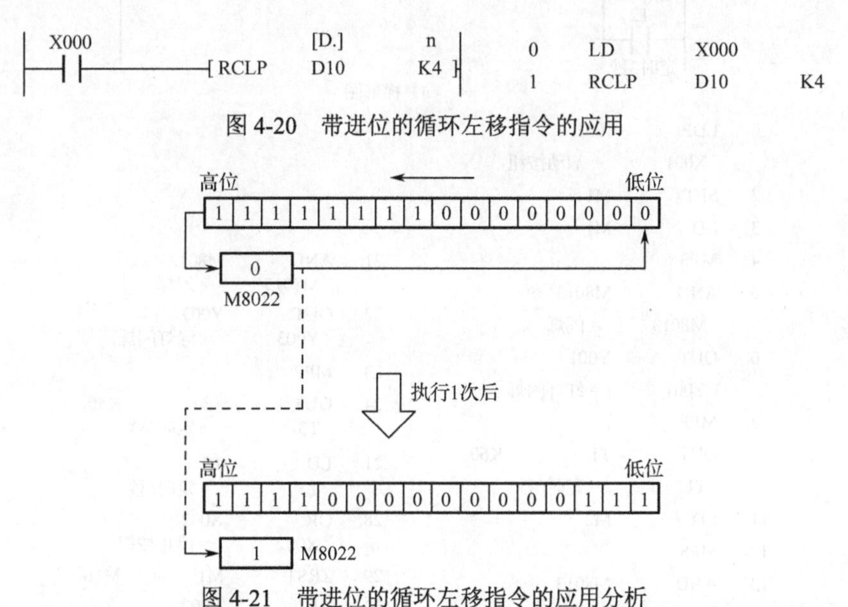

图 4-20　带进位的循环左移指令的应用

图 4-21　带进位的循环左移指令的应用分析

【例 4-4】 控制红黄绿三个灯的循环闪烁。要求：按下启动按钮，红灯闪烁 6 秒，接着黄灯闪烁 3 秒，然后绿灯闪烁 5 秒，最后回到初始状态……如此循环（要求用到循环移位指令）。

解析：根据控制要求，控制红黄绿三个灯的循环闪烁程序设计如图 4-22 所示，启动按钮对应 X001，停止按钮对应 X002，M1～M4 起辅助作用，红灯由 Y001 控制，黄灯由 Y002 控制，绿灯由 Y003 控制，ZRST 是成批复位指令，SET 是置位指令。当 X001 为 ON 时，执行 SET 指令，将 M1 置 1，M1 接通，Y001 接通（黄灯闪烁），定时器 T1 开始定时，6 秒后 T1 动作，执行 ROLP（循环左移脉冲）指令，M2 动作，Y002 接通，T2 开始定时，3 秒后 T2 动作，执行 ROLP 指令，

M3 动作，Y003 接通，T3 定时器开始定时，5 秒后动作，执行 ZRST 和 SET 指令，这时 M1 置 1，重复以上循环。按下停止按钮后，停止工作。

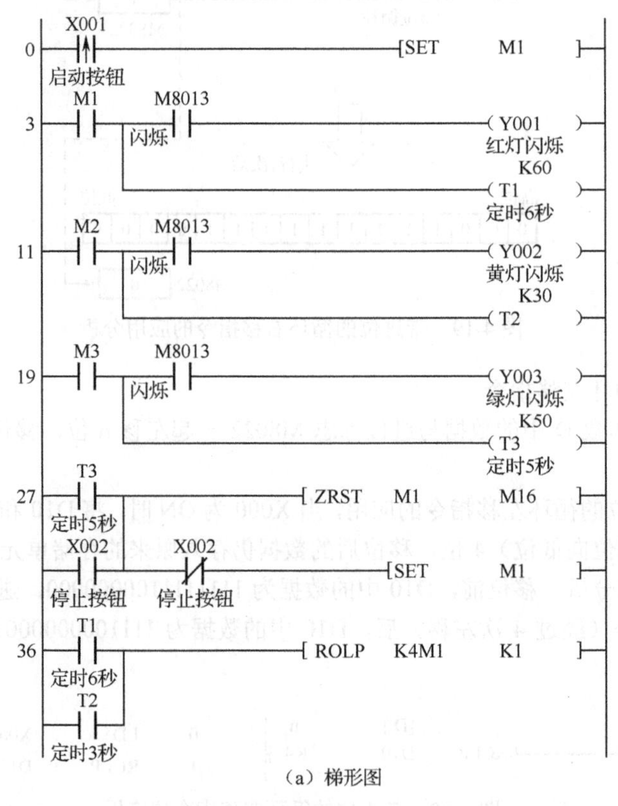

（a）梯形图

0	LDP	X001	
	X001	= 启动按钮	
2	SET	M1	
3	LD	M1	
4	MPS		
5	AND	M8013	
	M8013	= 闪烁	
6	OUT	Y001	
	Y001	= 红灯闪烁	
7	MPP		
8	OUT	T1	K60
	T1	= 定时6秒	
11	LD	M2	
12	MPS		
13	AND	M8013	
	M8013	= 闪烁	
14	OUT	Y002	
	Y002	= 黄灯闪烁	
15	MPP		
16	OUT	T2	K30
	T2	= 定时3秒	
19	LD	M3	
21	AND	M8013	
	M8013	= 闪烁	
22	OUT	Y003	
	Y003	= 绿灯闪烁	
23	MPP		
24	OUT	T3	K50
	T3	= 定时5秒	
21	LD	T3	
	T3	= 定时5秒	
28	OR	X002	
	X002	= 停止按钮	
29	ZRST	M1	M16
34	ANI	X002	
	X002	= 停止按钮	
35	SET	M1	
36	LD	T1	
	T1	= 定时6秒	
37	OR	T2	
	T2	= 定时3秒	
38	ROLP	K4M1	K1

（b）指令表

图 4-22　控制红黄绿三个灯的循环闪烁程序设计

2．位移位指令

位移位指令分为位右移指令 SFTR 和位左移指令 SFTL。位移位指令支持 16 位、32 位操作数，支持连续执行和脉冲执行。若采用连续执行方式，则每个扫描周期都移动 n2 位。位移位指令说明如表 4-5 所示。

表 4-5　位移位指令

指　　令	指 令 格 式	操　　作	注　　释
SFTR	SFTR（P）　S　D　n1　n2	将 D 中的数据（n1 位）右移 n2 位，移位后的空缺由源操作数 S 指定的数据填补	源操作数可取 X、Y、M 和 S；目标操作数可取 Y、M 和 S。n1、n2 的取值范围：0<n2<n1<1024
SFTL	SFTL（P）　S　D　n1　n2	将 D 中的数据（n1 位）右移 n2 位，移位后的空缺由源操作数 S 指定的数据填补	同上

（1）位右移指令

SFTR 指令将目标操作数 D 中的数据（n1 位）右移 n2 位，移位后的空缺由源操作数 S 指定的数据填补。

图 4-23 是位右移指令的应用，在每个扫描周期，当 X001 为 ON 时，根据位右移指令“SFTR X001 M1 K16 K4”可知，16 位目标操作数（M1～M16 中的数据）右移 4 位；移位后，目标操作数 D 左侧 4 位（M13～M16 中的数据）由源操作数（X001～X004 中的数据）填补，右侧 4 位（M1～M4 中的数据）溢出。图 4-24 是位右移指令的应用分析。

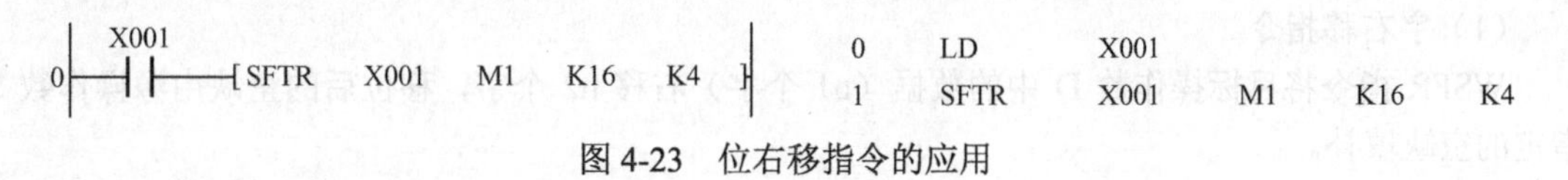

图 4-23　位右移指令的应用

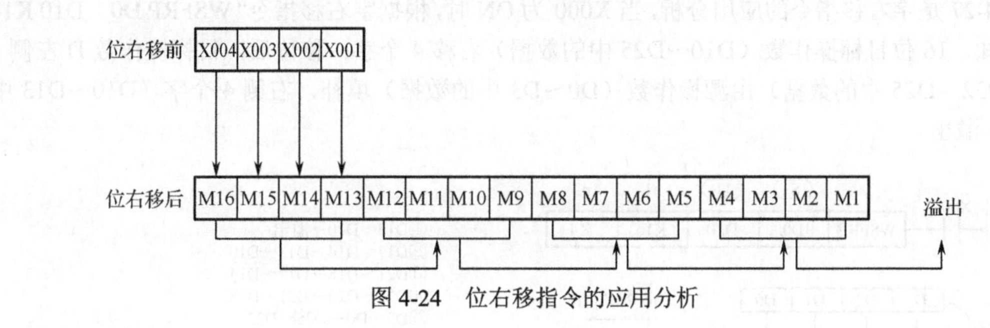

图 4-24　位右移指令的应用分析

（2）位左移指令

SFTL 指令将目标操作数 D 中的数据（n1 位）左移 n2 位，移位后的空缺由源操作数 S 指定的的数据填补。

图 4-25 是位右移指令的应用，在每个扫描周期，当 X001 为 ON 时，根据位右移指令“SFTR X001 M1 K16 K4”可知，16 位目标操作数（M1～M16 中的数据）左移 4 位；移位后，目标操作数 D 右侧 4 位（M1～M4 中的数据）由源操作数（X001～X004 中的数据）填补，左侧 4 位（M13～M16 中的数据）溢出。图 4-26 是位右移指令的应用分析。

X001
0　SFTL　X001　M1　K16　K4
0　LD　X001
1　SFTL　X001　M1　K16　K4

图 4-25　位左移指令的应用

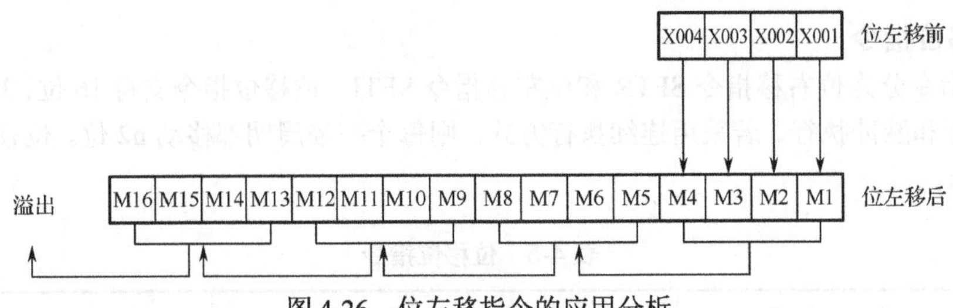

图 4-26　位左移指令的应用分析

3. 字移位指令

字移位指令分为字右移指令 WSFR 和字左移指令 WSFL。字移位指令只支持 16 位操作数，支持连续执行和脉冲执行。字移位指令说明如表 4-6 所示。

表 4-6　位移位指令

指　　令	指 令 格 式	操　　作	注　　释
WSFR	WSFR（P） S D n1 n2	将 D 中的数据（n1 个字）右移 n2 个字，移位后的空缺由源操作数 S 指定的数据填补	源操作数可取 KnX、KnY、KnM、KnS、T、C、D；目标操作数可取 KnX、KnY、KnM、KnS、T、C、D。n1、n2 的取值范围：0<n2<n1<512
WSFL	WSFL（P） S D n1 n2	将 D 中的数据（n1 个字）左移 n2 个字，移位后的空缺由源操作数 S 指定的数据填补	同上

（1）字右移指令

WSFR 指令将目标操作数 D 中的数据（n1 个字）右移 n2 个字，移位后的空缺由源操作数 S 指定的空缺填补。

图 4-27 是字右移指令的应用分析，当 X000 为 ON 时，根据字右移指令“WSFRP D0　D10 K16 K4”可知，16 位目标操作数（D10～D25 中的数据）右移 4 个字；移位后，目标操作数 D 左侧 4 个字（D22～D25 中的数据）由源操作数（D0～D3 中的数据）填补，右侧 4 个字（D10～D13 中的数据）溢出。

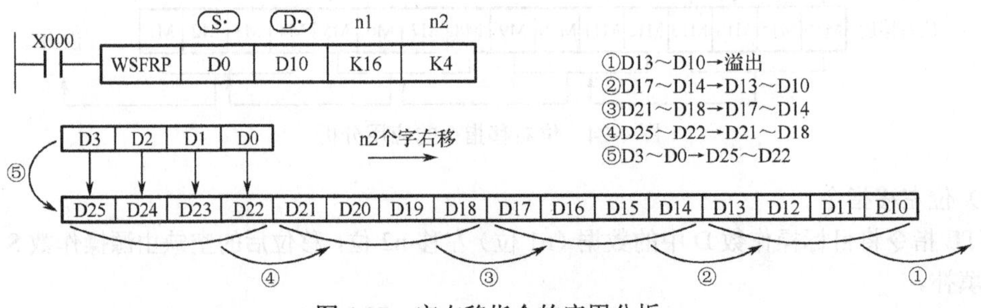

图 4-27　字右移指令的应用分析

（2）字左移指令

WSFL 指令将目标操作数 D 中的数据（n1 个字）左移 n2 个字，移位后的空缺由源操作数 S 指定的数据填补。

图 4-28 是字左移指令的应用分析，当 X000 为 ON 时，根据字左移指令“WSFLP D0　D10 K16 K4”可知，16 位目标操作数（D10～D25 中的数据）左移 4 个字；移位后，目标操作数 D 右侧 4 个字（D10～D13 中的数据）由源操作数（D0～D3 中的数据）填补，左侧 4 个字（D22～D25 中的数据）溢出。

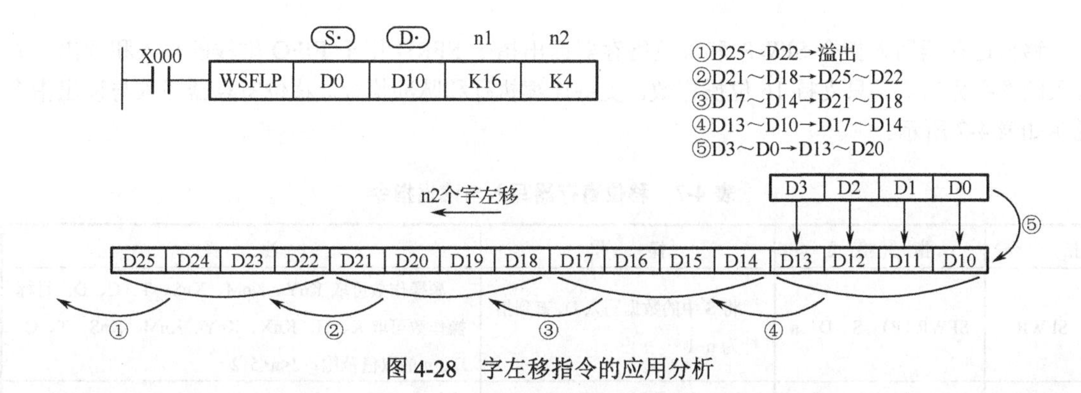

图 4-28　字左移指令的应用分析

【例 4-5】 控制红黄绿三个灯的循环闪烁。要求：按下启动按钮，红灯闪烁 6 秒，接着黄灯闪烁 3 秒，然后绿灯闪烁 5 秒，最后回到初始状态……如此循环（要求用到位移位指令）。

解析： 题目要求与【例 4-4】类似，但是，程序设计有所不同，本例采用位移位指令完成。如图 4-29 所示，启动按钮对应 X001，停止按钮对应 X002，M1 起辅助作用，红灯由 Y001 控制，黄灯由 Y002 控制，绿灯由 Y003 控制，ZRST 是成批复位指令，SET 是置位指令。当 X001 为 ON 时，执行 SET 指令，Y001 置 1，红灯亮，定时器 T1 开始定时，6 秒后 T1 动作，执行 SFTLP（位左移脉冲）指令，Y002 动作，黄灯亮，T2 开始定时，3 秒后 T2 动作，执行 SFTLP 指令，Y003 动作，绿灯亮，T3 定时器开始定时，5 秒后 T3 动作，执行 ZRST 和 SET 指令，这时 Y001 置 1，重复以上循环。按下停止按钮后，停止工作。

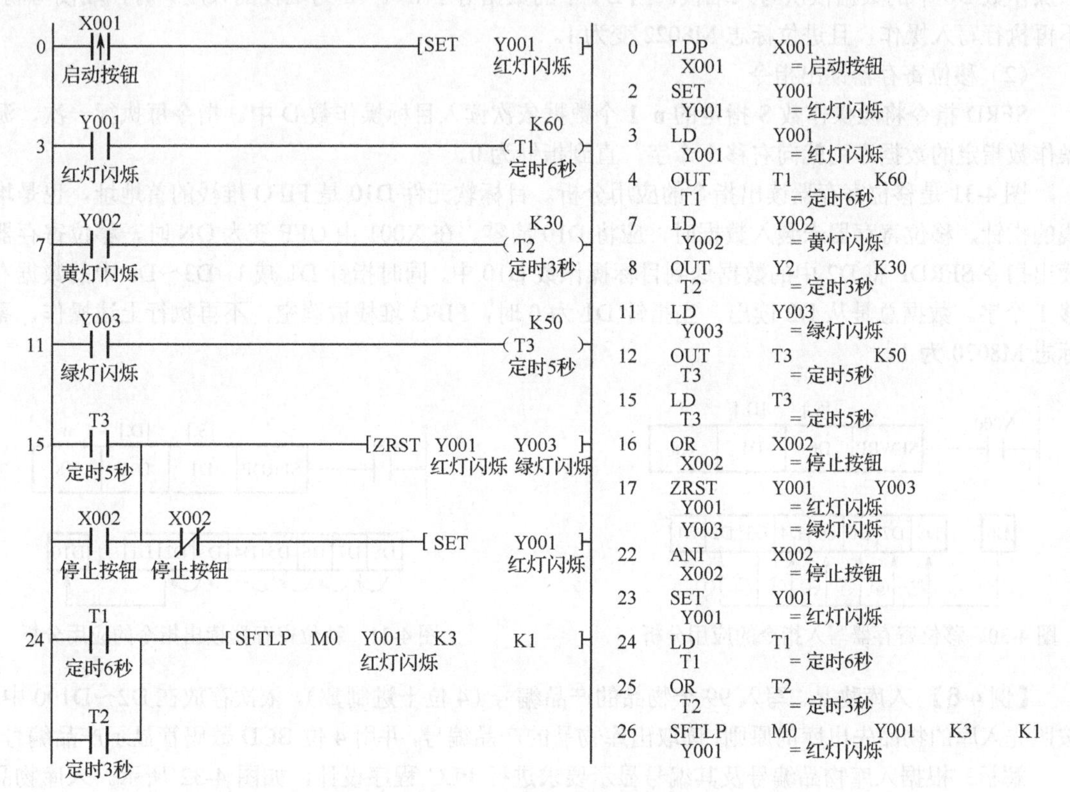

图 4-29　控制红黄绿三个灯的循环闪烁程序设计（位移位指令）

4．移位寄存器写入与读出指令

移位寄存器又称为 FIFO（First In First Out，先入先出）堆栈，堆栈的长度范围为 2～512 个字。移位寄存器写入指令SFWR和移位寄存器读出指令SFRD用于FIFO堆栈的写入和读出，先写入的数据先读出，只支持16位操作数，支持连续执行和脉冲执行。移位寄存器写入与读出指令说明如表4-7所示。

表4-7　移位寄存器写入与读出指令

指　　令	指令格式	操　　作	注　　释
SFWR	SFWR（P） S D n	将S中的数据写入D，直到指针为n−1	源操作数可取KnY、KnM、KnS、T、C、D；目标操作数可取K、H、KnX、KnY、KnM、KnS、T、C、D。n的取值范围：2<n<512
SFRD	SFRD（P） S D n	将S指定的n−1个数据依次读入D中，直到指针为0	同上

（1）移位寄存器写入指令

SFWR指令将源操作数S中的数据写入目标操作数D指定的软元件中。指令每执行一次，指针加1，直到指针为n−1。

图4-30是移位寄存器写入指令的应用分析。目标操作数D1是FIFO堆栈的首地址，也是堆栈的指针，移位寄存器未装入数据时，应将D1清零。在X000由OFF变为ON时，移位寄存器写入指令SFWRP将指针加1后写入数据，D1中的数据为1。第一次写入时，将D0中的数据写入D2。当X000再次由OFF变为ON时，D1中的数据为2，D0中的数据被写入D3。以此类推，将源操作数D0中的数据依次写入堆栈。当D1中的数据等于n−1（n为堆栈的长度）时，堆栈写满，不再执行写入操作，且进位标志M8022变为1。

（2）移位寄存器读出指令

SFRD指令将源操作数S指定的n-1个数据依次读入目标操作数D中。指令每执行一次，源操作数指定的数据序列就向右移1个字，直到指针为0。

图4-31是移位寄存器读出指令的应用分析。目标软元件D10是FIFO堆栈的首地址，也是堆栈的指针，移位寄存器未装入数据时，应将D10清零。在X001由OFF变为ON时，移位寄存器读出指令SFRDP将D2中的数据送到目标操作数D10中，同时指针D1减1，D3～D8中的数据右移1个字。数据总是从D2读出，当指针D1为0时，FIFO堆栈被读空，不再执行上述操作，零标志M8020为1。

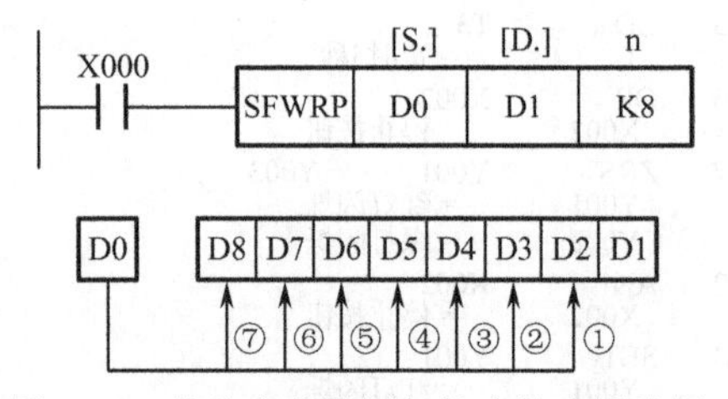

图4-30　移位寄存器写入指令的应用分析

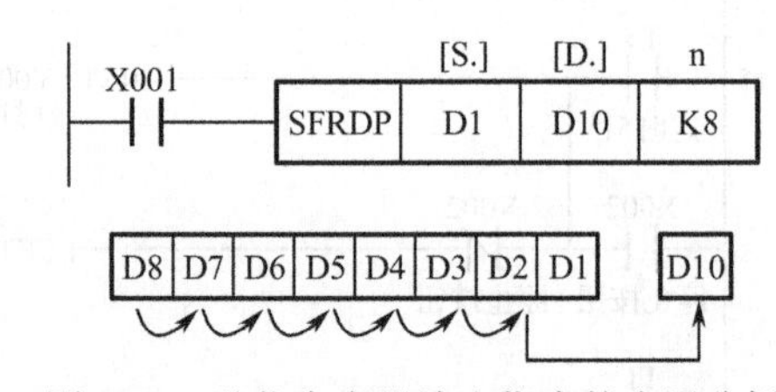

图4-31　移位寄存器读出指令的应用分析

【例4-6】 入库物品。写入99个物品的产品编号（4位十进制数），依次存放在D2～D100中，按照先入库的物品先出库的原则，读取出库物品的产品编号，并用4位BCD数码管显示产品编号。

解析： 根据入库物品编号及其编号显示要求进行PLC程序设计，如图4-32所示。入库物品的4位十进制数产品编号由X000～X003提供并存储于D0中，当X000为ON时执行。同时，当X000由OFF变为ON时，执行SFWRP指令，把产品编号存储在D2～D100中。当X001由OFF变为ON时，执行SFRDP指令，把产品编号读到D101中，并由Y000～Y003控制BCD数码管显示。

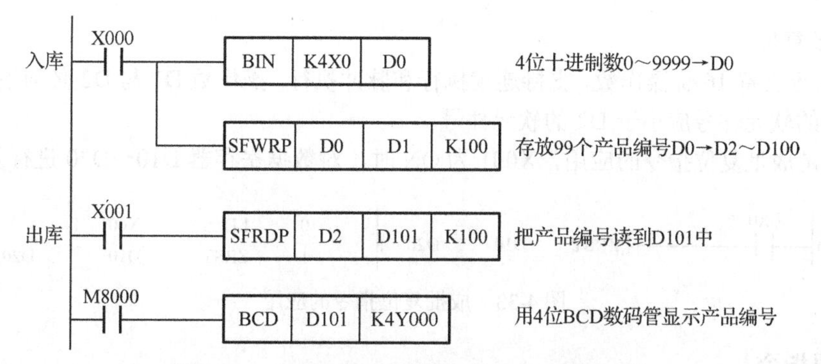

图4-32 入库物品编号及其编号显示程序设计

4.1.4 数据处理指令

数据处理指令是用于进行复杂数据处理和实现特殊用途的指令，包含ZRST（成批复位指令）、DECO（译码指令）、ENCO（编码指令）、SUM（ON位数统计指令）、BON（ON位判断指令）、MEAN（平均值指令）、ANS（报警器置位指令）、ANR（报警器复位指令）、SQR（求平方根指令）。数据处理指令共有9个，应用指令的编号为FNC40～FNC48。数据处理指令说明如表4-8所示。

表4-8 数据处理指令

指 令	指令格式	操 作	注 释
ZRST	ZRST（P） D1 D2	将D1～D2之间的同类软元件成批复位	操作数可取Y、C、M、S、T、D
DECO	DECO（P） S D n	根据S中的数据来控制D的对应位（置1）	源操作数S可取K、H、X、Y、C、T、M、S、D、V和Z；目标操作数D可取Y、C、M、S、T、D
ENCO	ENCO（P） S D n	将S中的数据表示为二进制数，将为1的最高位所在位数存入D中	源操作数S可取X、Y、C、T、M、S、D、V和Z；目标操作数D可取C、V、T、D、Z
SUM	（D）SUM（P）S D	统计S中的数据中1的个数，将其存放在D中，无1时，零标志M8020=1	源操作数S可取K、H、KnX、KnY、KnM、KnS、T、C、D、V、Z；目标操作数D可取KnY、C、KnM、KnS、T、D、V、Z
BON	（D）BON（P）S D n	判断S的指定位n是否为1，为1时，将1存入D；为0时，将0存入D	源操作数S可取K、H、KnX、KnY、KnM、KnS、T、C、D、V、Z；目标操作数D可取Y、M、S
MEAN	（D）MEAN（P）S D n	求以S开始的n个字软元件中数据的平均值，将结果送到D中，略去余数	源操作数S可取KnX、KnY、KnM、KnS、T、C、D；目标操作数D可取KnY、KnM、KnS、T、C、D、V、Z。n的取值范围：1～64
ANS	ANS S n D	置位指定报警器（状态继电器S）	源操作数S可取T0～T199；目标操作数D可取S900～S999，n的取值范围：1～32767
ANR	ANR	复位指定报警器（状态继电器S）	对报警器S900～S999进行复位
SQR	（D）SQR（P） S D	对S中的数据进行开平方运算，将结果存放在D中	源操作数S可取K、H、D；目标操作数D可取D

1. 成批复位指令

单个软元件和字软元件可以用ZRST指令进行复位。ZRST指令的功能是将D1～D2之间的同类软元件成批复位。

ZRST 指令支持 16 位操作数，支持连续执行和脉冲执行。操作数 D1 与 D2 必须指定相同的组件区域，D1 的软元件号应小于 D2 的软元件号。

图 4-33 是成批复位指令的应用，X001 为 ON 时，对数据寄存器 D10～D20 进行复位。

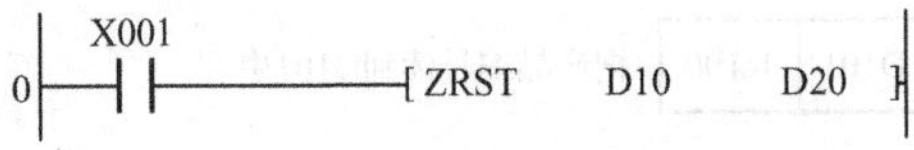

```
   X001
0 ─┤ ├──────[ ZRST   D10   D20 ]      0   LD     X001
                                       1   ZRST   D10   D20
```

图 4-33　成批复位指令的应用

2. 译码指令

DECO 指令的功能是根据源操作数 S 中的数据（n 位二进制数）将目标操作数 D 中对应的位置 1，其余位置 0。该指令支持 16 位操作数，不支持 32 位操作数，支持连续执行和脉冲执行。

译码指令的使用注意事项如下。

① 若 D 指定的目标软元件是字软元件 T、C、D，应使 n≤4，目标软元件每一位都受控；若 D 指定的目标软元件是位软元件 Y、M、S，应使 n≤8，当 n=0 时，不做处理。

② 16 位源操作数可取 X、T、M 和 S；16 位目标操作数可取 Y、M、S；32 位（字）源操作数可取 K、H、T、C、D、V 和 Z；32 位（字）目标操作数可取 T、C 和 D。

图 4-34 是译码指令的应用，当由 X000～X002 组成的 3 位（n=3）二进制数为 011 时，相当于十进制数 3，“DECO X000 M0 K3”将 M0～M7 这 8 位二进制数中的第 3 位（M2）置 1（M0 为第 1 位），其余位置 0。图 4-35 是译码指令的应用分析。

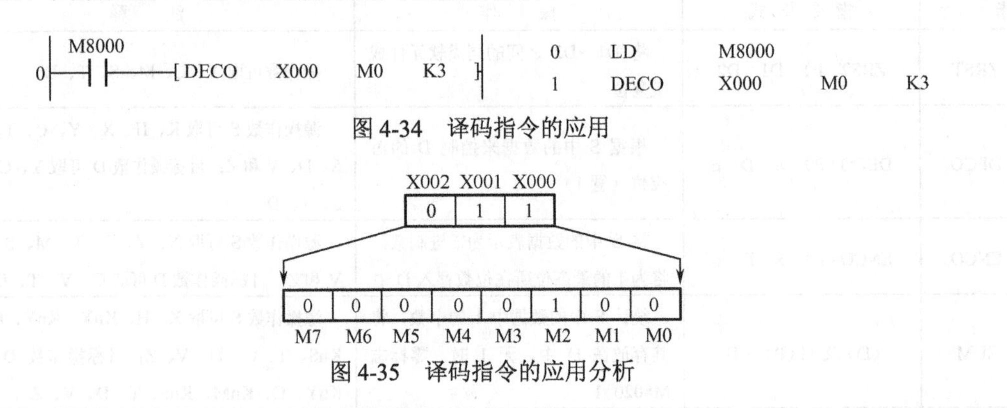

图 4-34　译码指令的应用

图 4-35　译码指令的应用分析

【例 4-7】 用一个按钮控制 3 台电动机 A、B、C 的顺序启动，按一下按钮，启动 A 电动机；再按一下按钮，停止 A 电动机，启动 B 电动机；再按一下按钮，停止 B 电动机，启动 C 电动机；再按一下按钮，停止 C 电动机……如此循环。

解析： 图 4-36 是 3 台电动机启动控制程序，按钮对应 X000。初始化（上电）完毕后，M8000 接通，当第一次按下按钮 X000 时，执行 INCP（加 1）指令，D0 低 3 位的二进制数由 000 变为 001，转换为十进制数相当于 1，通过 DECO 译码指令，将 M1 置 1，其余位置 0；这样，Y001 接通，A 电动机启动，B、C 电动机不工作。当第二次按下按钮 X000 时，再次执行 INCP（加 1）指令，D0 低 3 位的二进制数由 001 变为 010，转换为十进制数相当于 2，通过 DECO 译码指令，将 M2 置 1，其余位置 0；这样，Y002 接通，B 电动机启动，A、C 电动机不工作。当第三次按下按钮 X000 时，再次执行 INCP（加 1）指令，D0 低 3 位的二进制数由 010 变为 011，转换为十进制数相当于 3，通过 DECO 译码指令，将 M3 置 1，其余位置 0；这样，Y003 接通，C 电动机启动，A、B 电动机不工作。当第四次按下按钮 X000 时，再次执行 INCP（加 1）指令，D0 低 3 位的二进制数由 011 变为 100，D0 复位，3 个电动机都不工作。之后如果按下按钮，将重复上述过程。

```
X000
─┤├──────────────────────[INCP  D0]
M8000  X000
─┤├────┤├──────[DECO  D0  M0  K3]
M1
─┤├──────────────────────(Y001)
M2
─┤├──────────────────────(Y002)
M3
─┤├──────────────────────(Y003)
M4
─┤├──────────────────────[RST  D0]
```

0	LD	X000		
1	INCP	D0		
4	LD	M8000		
5	AND	X000		
6	DECO	D0	M0	K3
13	LD	M1		
14	OUT	Y001		
15	LD	M2		
16	OUT	Y002		
17	LD	M3		
18	OUT	Y003		
19	LD	M4		
20	RST	D0		

图 4-36　3 台电动机启动控制程序

3. 编码指令

ENCO 指令的功能是将源操作数 S 中的数据表示为二进制数，将为 1 的最高位所在的位数以二进制数的形式存入目标操作数 D 中。该指令仅支持 16 位操作数，支持连续执行和脉冲执行。

使用编码指令的注意事项如下。

① 若 S 指定的源操作数是字软元件 T、C、D、V 和 Z，则 n 的取值范围为 1～4；若 S 指定的源操作数是位软元件 X、Y、M、S，则 n 的取值范围为 1～8。

② 32 位源操作数可取 T、C、D、V 和 Z；16 位源操作数可取 X、Y、M 和 S。16 位目标操作数可取 Y、M、S；32 位目标操作数可取 T、C 和 D。

③ 若源操作数指定的数据中有多个 1，则只有最高位的 1 有效。

图 4-37 是编码指令的应用，当 X001 为 ON 时，执行 ENCO 指令，"ENCO M10 D10 K3" 指令将 M10～M17 中地址最高的为 1 的位在字中的位数写入 D10。设 M11 和 M13 为 1，最高位 M13 在 M10～M17 中的位数为 3，执行 ENCO 指令后，写入 D10 中的数为 3，对应的二进制数为 011。图 4-38 是编码指令的应用分析。

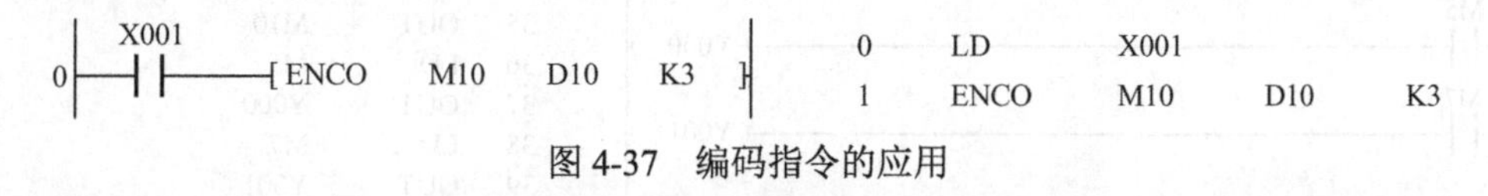

图 4-37　编码指令的应用

【例 4-8】 设有一运料小车，负责 6 个工位的运料，每个工位都有一个行程开关和一个呼叫开关，运料小车可以在 6 个工位之间行驶。当 PLC 启动后，在收到任何一个工位的呼叫后，运料小车将行驶到该工位然后停在该工位上。要求用编码指令编写一个呼叫运料小车的程序。

解析：图 4-39 是 6 个工位运料小车示意图，小车可以左右自由行驶，按钮 SB1～SB6 为 6 个工位的呼叫按钮，开关 SQ1～SQ6 为 6 个工位的行程限位开关。当呼叫按钮被按下时，小车向对应工位行驶，碰到行程限位开关后停止。

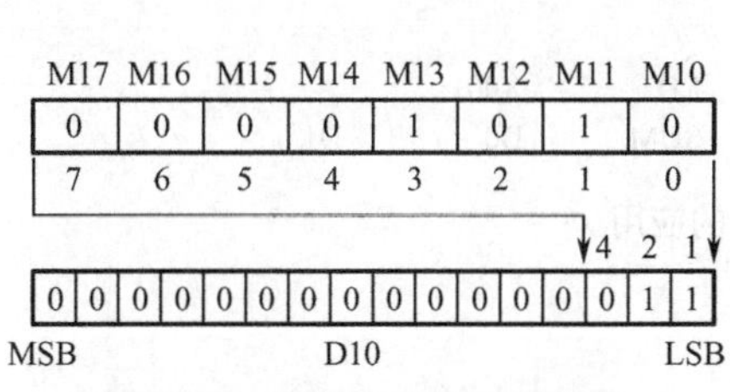

图 4-38　编码指令的应用分析

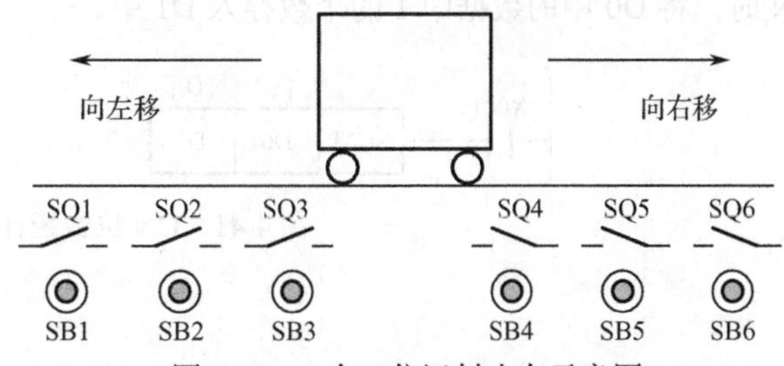

图 4-39　6 个工位运料小车示意图

图4-40是6个工位运料小车的程序设计，按钮SB1～SB6连接PLC的X000～X005，开关SQ1～SQ6 连接 PLC 的 X010～X015，程序设计要点说明如下。

① X020 为小车启动输入端，X021 为小车停止输入端。

② 初始状态：按钮 SB1～SB6 和开关 SQ1～SQ6 处于常开状态，PLC 输入端 X000～X007 和 X010～X017 置 0。

③ 工程启动工作：M20 接通，执行"ENCO X000 D0 K3"，将工位呼叫按钮的状态通过 X000～X005 存入数据寄存器 D0；执行"ENCO X010 D1 K3"，将工位行程限位开关的状态通过 X010～X015 存入数据寄存器 D1；执行"CMP D0 K0 M0"，判断工位呼叫按钮是否被按下，若工位呼叫按钮没有被按下，则 M1 为 1；若工位呼叫按钮被按下，则 M0 为 1。

④ 当工位呼叫按钮被按下时，M0 为 1，M1 复位接通，M10 自锁，执行"CMP D0 D1 M5"，将呼叫号和小车当前工位号进行比较，从而确定小车的动作。

⑤ 当呼叫号大于当前工位号时，M5 置 1，触发 Y000 接通，小车向右行驶。

⑥ 当呼叫号小于当前工位号时，M7 置 1，触发 Y001 接通，小车向左行驶。

⑦ 当呼叫号等于当前工位号时，M6 置 1，小车停止行驶。

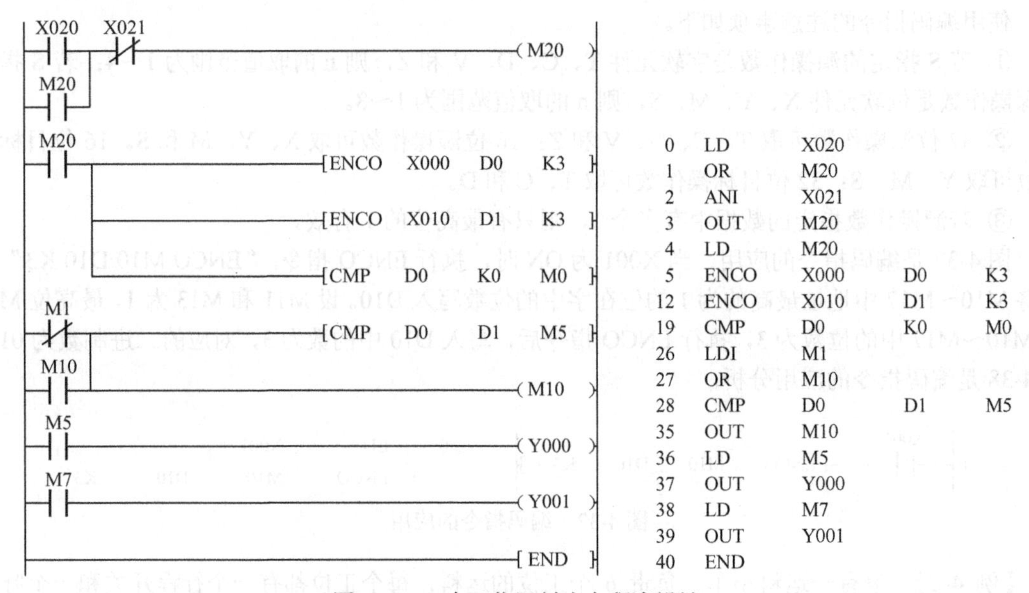

图 4-40 6 个工位运料小车程序设计

4．ON 位数统计指令

SUM 指令的功能是统计 S 中的数据中 1 的个数然后将结果传送给 D，当 1 的个数为 0 时，零标志 M8020 为 1。该指令支持 16 位、32 位操作数，支持连续执行和脉冲执行。

图 4-41 是 ON 位数统计指令的应用，图 4-42 是 ON 位数统计指令的应用分析。当 X001 为 ON 时，将 D0 中的数据中 1 的个数存入 D1 中。

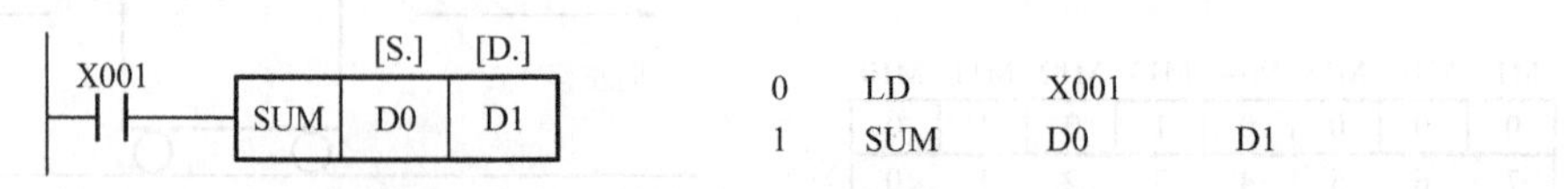

图 4-41 ON 位数统计指令的应用

图 4-42　ON 位数统计指令的应用分析

5. ON 位判断指令

BON 指令的功能是判断源操作数 S 的指定位 n 是否为 1，若为 1，则将 1 存入目标操作数 D；若为 0，则将 0 存入目标操作数 D。该指令支持 16 位、32 位操作数，支持连续执行和脉冲执行。

图 4-43 是 ON 位数判断指令的应用，图 4-44 是 ON 位数判断指令的应用分析。当 X001 为 ON 时，若 D0 的第 15 位为 0，则 M0 中的数据 0；若 D0 的第 15 位为 1，则 M0 中的数据 1。

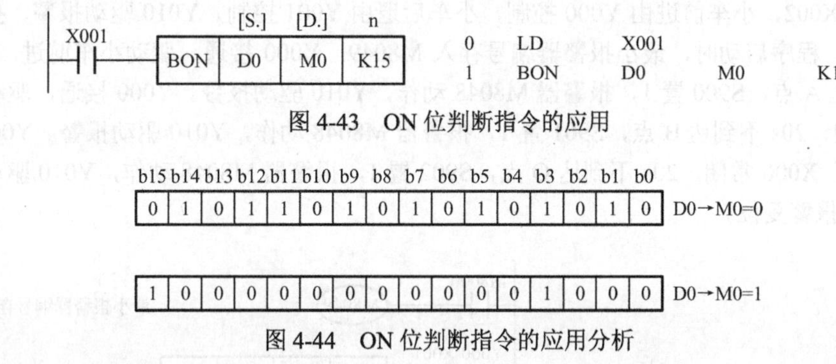

图 4-43　ON 位判断指令的应用

图 4-44　ON 位判断指令的应用分析

6. 平均值指令

MEAN 指令的功能是求以源操作数 S 开始的 n 个字软元件中数据的平均值，将结果传送到目标操作数 D 中，略去余数。该指令支持 16 位、32 位操作数，支持连续执行和脉冲执行。

图 4-45 是平均值指令的应用。当 X001 为 ON 时，计算 D0、D1、D2 中数据的平均值，将计算结果存储到 D10 中。

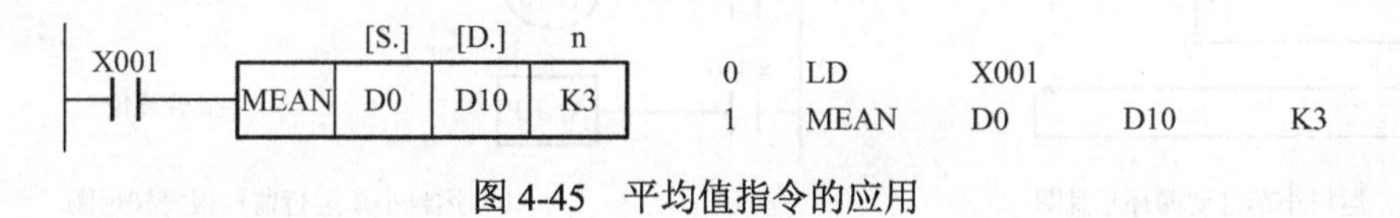

图 4-45　平均值指令的应用

7. 报警器置位指令

ANS 指令用于驱动报警器 M8048 动作。源操作数 S 可取 T0～T199，目标操作数 D 可取 S900～S999，n 的取值范围为 1～32767（n 是 100ms 定时器的设定值）。该指令一般只支持 16 位操作数，支持连续执行。

图 4-46 是报警器置位指令的应用，当 X001 为 ON 时，定时器 T0 定时 10000ms 后，状态寄存器 S900 置 1，同时 M8048 动作。

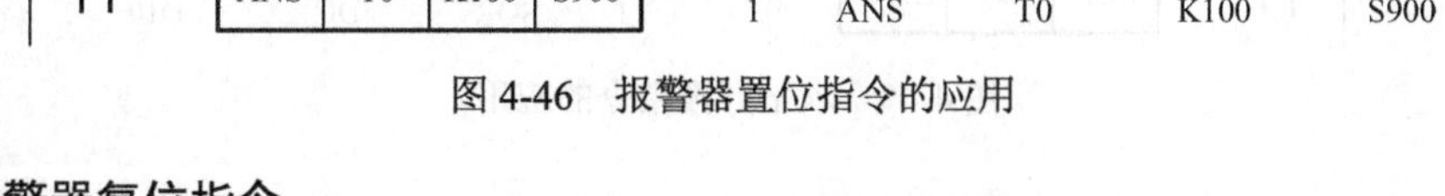

```
X001        [S.]  n    [D.]
─┤├──── ANS  T0  K100  S900        0  LD   X001
                                    1  ANS  T0    K100   S900
```

图 4-46　报警器置位指令的应用

8. 报警器复位指令

ANR 指令用于对报警器 S900～S999 复位，该指令无操作数。

图 4-47 是报警器复位指令的应用，复位按钮连接 X001，每按一次复位按钮，按软元件号递增的顺序将报警器状态复位。

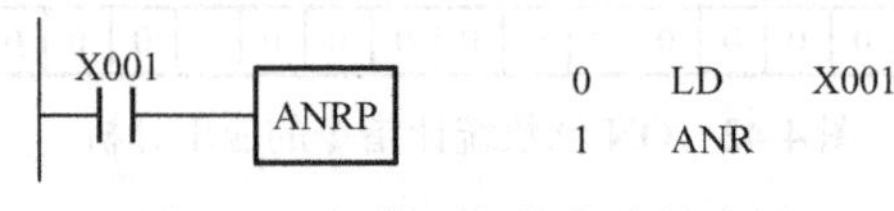

图 4-47 报警器复位指令的应用

【例 4-9】 用报警器监控运料小车的运行情况：小车前进时，若 10s 内不到达 A 点，则报警；小车前进时，若 20s 内不到达 B 点，则报警；小车后退时，若 20s 内不到达 O 点，则报警。图 4-48（a）是运料小车自动循环示意图。

解析：图 4-48（b）是运料小车运行监控报警梯形图。O 点信号连接 X000，A 点信号连接 X001，B 点信号连接 X002，小车前进由 Y000 控制，小车后退由 Y001 控制，Y010 驱动报警，报警复位由 X010 控制。程序启动时，最小报警器编号存入 M8049；Y000 接通，驱动小车前进，X001 常闭，10s 不到达 A 点，S900 置 1，报警器 M8048 动作，Y010 驱动报警。Y000 接通，驱动小车前进，X002 常闭，20s 不到达 B 点，S901 置 1，报警器 M8048 动作，Y010 驱动报警。Y001 接通，驱动小车后退，X000 常闭，20s 不到达 O 点，S902 置 1，报警器 M8048 动作，Y010 驱动报警。X010 为 ON，报警复位。

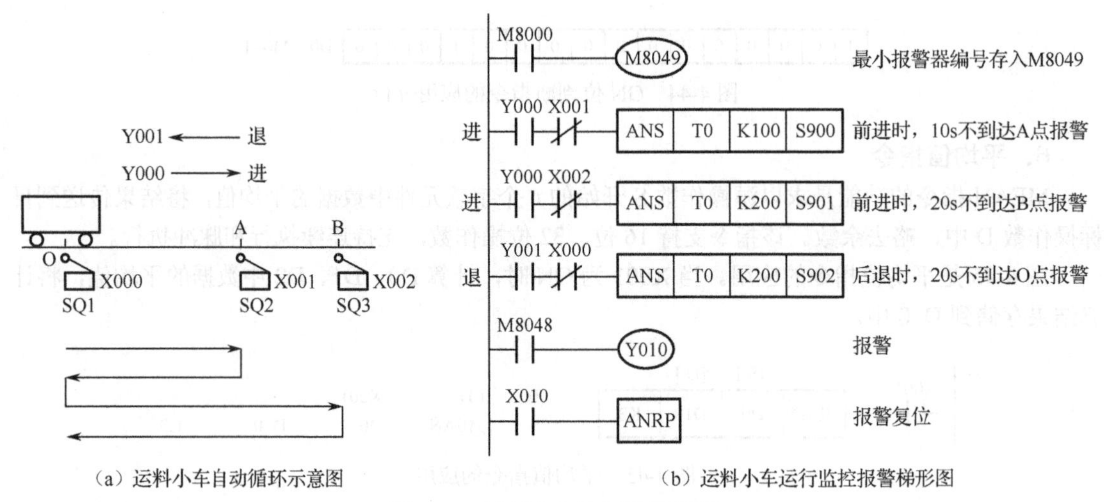

（a）运料小车自动循环示意图　　（b）运料小车运行监控报警梯形图

图 4-48 运料小车运行监控报警

9. 求平方根指令

SQR 指令的功能是将源操作数 S 中的数据进行开平方运算，将结果传送到目标操作数 D 中。该指令支持 16 位、32 位操作数，支持连续执行和脉冲执行。

图 4-49 是求平方根指令的应用。当 X000 为 ON 时，对 D0 中的数据进行开平方运算，将结果存放在 D10 中。

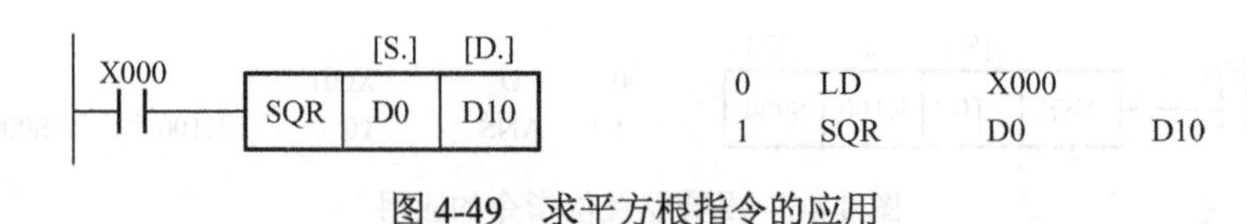

图 4-49 求平方根指令的应用

4.2 四则运算与逻辑运算指令

四则运算与逻辑运算指令是较常用的应用指令，主要用于二进制数（BIN）的加、减、乘、除运算及字软元件的逻辑运算等，通过这些运算可实现数据的传送、变位及其他控制功能。

4.2.1 四则运算指令

四则运算指令包括 ADD（加法指令）、SUB（减法指令）、MUL（乘法指令）、DIV（除法指令）、INC（加1指令）、DEC（减1指令）。所有四则运算指令都支持16位、32位操作数，支持脉冲执行和连续执行。四则运算指令对标志位的影响如下。

① 若运算结果为0，则零标志M8020变为1。

② 若16位运算的运算结果大于32767或32位运算的运算结果大于2147483647，则进位标志位M8022变为1。

③ 若16位运算的运算结果小于–32767或32位运算的运算结果小于–2147483647，则借位标志M8021变为1。

④ 若运算出错，如DIV指令的除数为0，则错误发生标志M8004变为1。

四则运算指令说明如表4-9所示。

表4-9 四则运算指令

指令	指令格式	操作	注释
ADD	(D) ADD (P) S1 S2 D	S1+S2→D	源操作数S1、S2可取K、H、KnX、KnY、KnM、KnS、T、C、D、V、Z；目标操作数D可取KnY、KnM、KnS、T、C、D、V和Z
SUB	(D) SUB (P) S1 S2 D	S1-S2→D	同上
MUL	(D) MUL (P) S1 S2 D	S1×S2→D	同上
DIV	(D) DIV (P) S1 S2 D	S1/S2→D	同上
INC	(D) INC (P) D	D+1→D	操作数D可取KnY、KnM、KnS、T、C、D、V和Z
DEC	(D) DEC (P) D	D–1→D	

1．加法指令

ADD指令的功能是将指定的两个源操作数中的二进制数相加，将结果传送到指定的目标操作数D中。

该指令的使用注意事项如下。

① 加法指令在执行时影响3个常用的标志：M8020零标志、M8021借位标志和M8022进位标志。

② 运算数据为有符号二进制数，其最高位为符号位（0为正，1为负）。

图4-50是加法指令的应用，当X001为ON时，连续执行ADD指令，将源操作数D1中的数据与3相加，将运行结果传送到目标操作数D1中；当X002为ON时，执行1次ADDP指令，将源操作数D3中的数据与3相加，将运行结果送到目标操作数D3中；当X002由OFF变为ON时，再次执行ADDP指令；当X003为ON时，连续执行DADD指令，将D6、D5中的数据与30000相加，将运算结果传送到D6、D5中。当数据较大时，可以使用32位加法指令。

```
     X001
 0 ──┤ ├──────[ADD    D1    K3       D1 ]
     X002
 8 ──┤ ├──────[ADDP   D3    K3       D3 ]
     X003
16 ──┤ ├──────[DADD   D5    K30000   D5 ]

 0   LD     X001
 1   ADD    D1      K3       D1
 8   LD     X002
 9   ADDP   D3      K3       D3
16   LD     X003
17   DADD   D5      K30000   D5
```

图 4-50　加法指令的应用

2．减法指令

SUB 指令的功能是将指定的两个源操作数中的二进制数相减，将结果传送到指定的目标操作数 D 中。该指令的使用注意事项如下。

① 减法指令对 M8020、M8021 和 M8022 的影响和加法指令相同。

② 运算数据为有符号的二进制数，最高位为符号位（0 为正，1 为负）。

图 4-51 是减法指令的应用，当 X001 为 ON 时，连续执行 SUB 指令，将源操作数 D1 中的数据减去 3，将运行结果传送到目标操作数 D1 中；当 X002 为 ON 时，执行 1 次 SUBP 指令，将源操作数 D3 中的数据减去 3，将运行结果传送到目标操作数 D3 中；当 X002 由 OFF 变为 ON 时，再次执行 SUBP 指令；当 X003 为 ON 时，连续执行 DSUB 指令，将 D6、D5 中的数据减去 30000，将运算结果传送到 D6、D5 中。当数据较大时，可以使用 32 位减法指令。

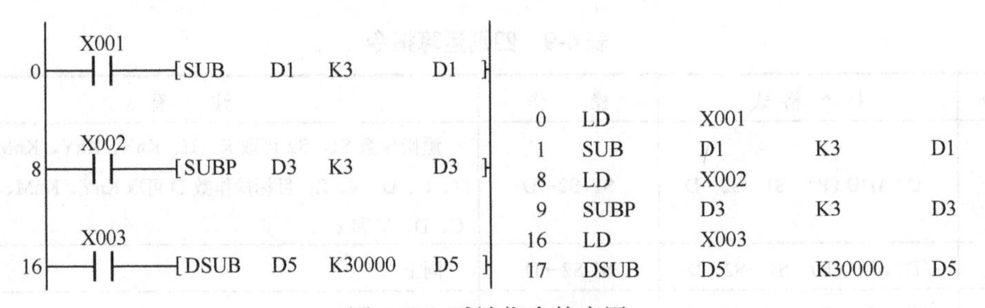

图 4-51　减法指令的应用

【例 4-10】 有一台投币洗车机，用于清洗车辆，司机每投入 10 元可以使用 10 分钟，其中喷水时间为 5 分钟。

根据投币洗车机的控制要求，需要解决以下问题。

① 5 分钟和 10 分钟的定时，可以应用 T0 和 T25 来设置，脉冲周期都是 100ms。

② X000 连接投币传感器，检测是否投币；X002 连接手动复位按钮；X001 连接喷水开关。

解析： 投币洗车机梯形图和指令表如图 4-52 所示。

3．乘法指令

MUL 指令的功能是将指定的两个源操作数中的二进制数相乘，将结果传送到指定的目标操作数 D 中。该指令的使用注意事项如下。

① 若目标位软元件的位数小于运算结果的位数，则只能保存结果的低位。

② 运算数据为有符号的二进制数，最高位为符号位（0 为正，1 为负）。

③ 源操作数可取所有数据类型，目标操作数可取 KnY、KnM、KnS、T、C、D、V 和 Z，Z 只在 16 位乘法指令中可用，在 32 位乘法指令中不可用。

图 4-53 是乘法指令的应用。当 X001 为 ON 时，连续执行 MUL 指令，将源操作数 D1 中的数据与 3 相乘，将运行结果传送到目标操作数 D1 中；当 X002 为 ON 时，执行 1 次 MULP 指令，将源操作数 D3 中的数据与 3 相乘，将运行结果传送到目标操作数 D4、D3 中，当 X002 由 OFF

变为ON时，再次执行MULP指令；当X003为ON时，连续执行DMUL指令，将D6、D5中的数据与30000相乘，将所得结果传送到D8、D7、D6、D5中。当数据较大时，可以使用32位乘法指令。

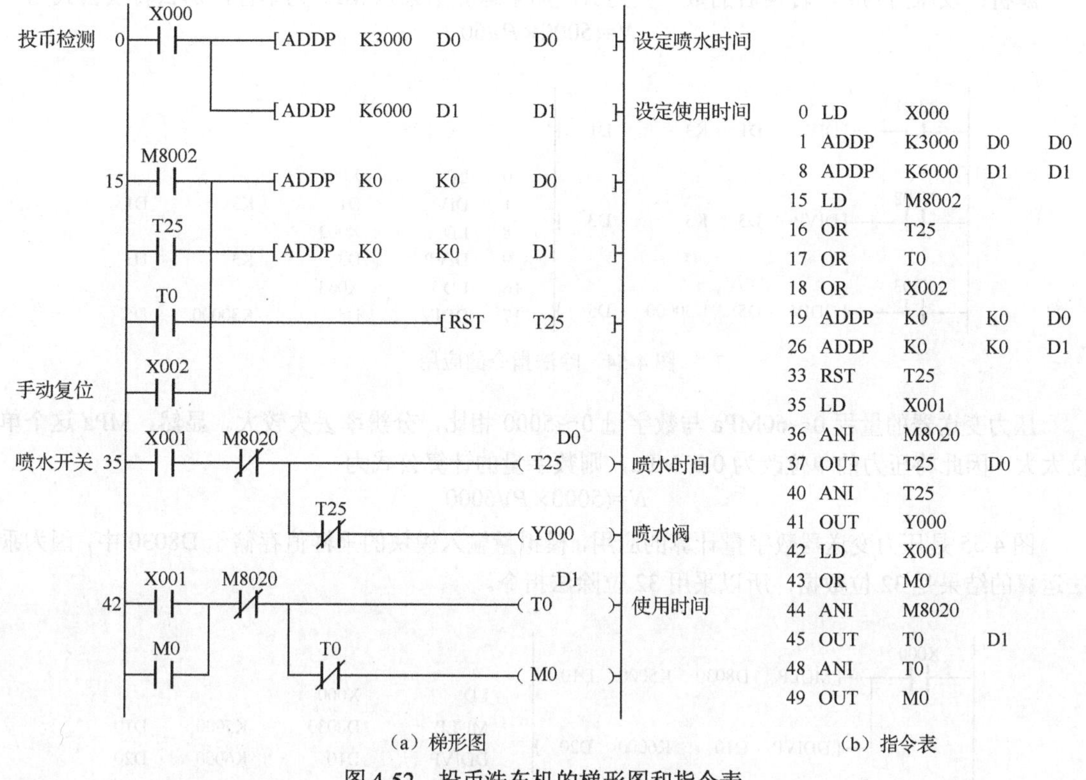

图4-52 投币洗车机的梯形图和指令表

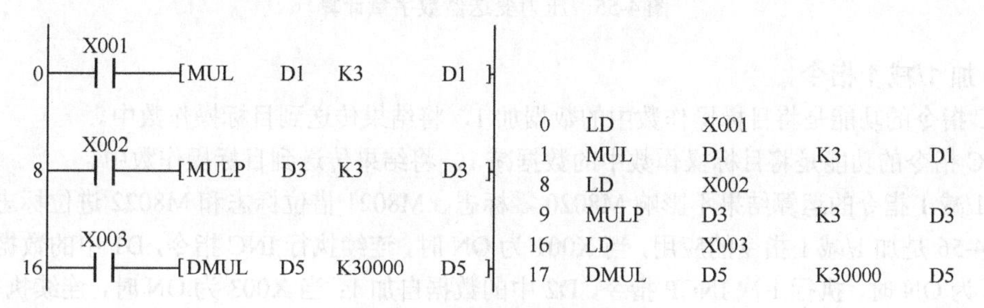

图4-53 乘法指令的应用

4．除法指令

DIV指令的功能是用源操作数S1中的二进制数除以S2中的二进制数，将商传送到目标操作数D中，余数传送到D的下一软元件中。除法指令的使用注意事项如下。

① 若将位软元件指定为D，则无法得到余数，除数为0时会出错。

② 运算数据为有符号的二进制数，最高位为符号位（0为正，1为负）。

图4-54是除法指令的应用。当X001为ON时，连续执行DIV指令，用源操作数D1中的数据除以3，将运算结果传送到目标操作数D1中，余数存储在D2中；当X002为ON时，执行1次DIVP指令，用源操作数D3中的数据除以3，将运行结果传送到目标操作数D3中，余数存储在D4中；当X002由OFF变为ON时，再次执行MULP指令；当X003为ON时，连续执行DDIV指令，将D6、D5中的数据除以30000，将运算结果传送到D6、D5中，余数存储在D8、D7中。

当数据较大时，可以使用 32 位除法指令。

【例 4-11】 压力变送器的量程为 0～60MPa，输出信号的取值范围为 4～20mA，模拟量输入模块的量程为 4～20mA，转换后数字量的取值范围为 0～5000，要求完成转换后数字量的计算。

解析：设压力为 P，转换后的数字量为 N，如果运算结果以 MPa 为单位，那么转换公式为

$$N=(5000\times P)/60$$

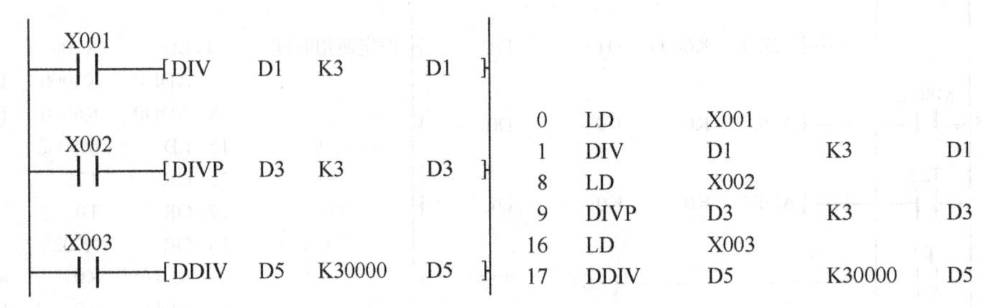

图 4-54 除法指令的应用

压力变送器的量程 0～60MPa 与数字量 0～5000 相比，分辨率丢失较大。显然，MPa 这个单位太大，因此将压力的单位改为 0.01MPa，则数字量的计算公式为

$$N=(5000\times P)/6000$$

图 4-55 是压力变送器数字量计算的应用，模拟量输入模块的采样值存储于 D8030 中，因为乘法运算的结果是 32 位数据，所以采用 32 位除法指令。

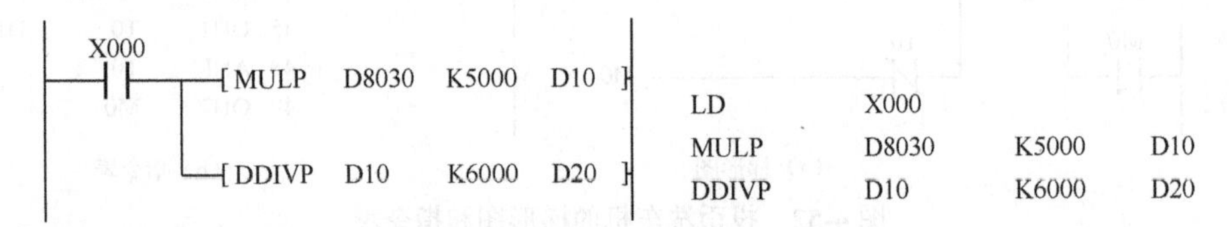

图 4-55 压力变送器数字量计算

5. 加 1/减 1 指令

INC 指令的功能是将目标操作数中的数据加 1，将结果传送到目标操作数中。

DEC 指令的功能是将目标操作数中的数据减 1，将结果传送到目标操作数中。

加 1/减 1 指令的运算结果不影响 M8020 零标志、M8021 借位标志和 M8022 进位标志。

图 4-56 是加 1/减 1 指令的应用，当 X001 为 ON 时，连续执行 INC 指令，D1 中的数据自加 1；当 X002 为 ON 时，执行 1 次 INCP 指令，D2 中的数据自加 1；当 X003 为 ON 时，连续执行 DINC 指令，D3 中的数据自加 1；当 X004 为 ON 时，连续执行 DEC 指令，D1 中的数据自减 1；当 X005 为 ON 时，执行 1 次 DECP 指令，D2 中的数据自减 1；当 X006 为 ON 时，连续执行 DDEC 指令，D3 中的数据自减 1。

【例 4-12】 控制一台电动机，要求正转 5s、停止 5s、反转 5s、停止 5s，并自动循环运行，直到停止。

解析：图 4-57 是电动机正反转控制程序设计，启动按钮对应 X000，Y000 控制电动机正转，Y001 控制电动机反转。当按下启动按钮后，X000 由 OFF 变为 ON，T0 计时 5s，M1、M0 分别置 0、1，Y000 接通，驱动电动机正转；计时 5s 时，定时器 T0 置位，常闭触点 T0 由闭合变为断开，计时器 T0 当前值清零，重新计时，此时，M1、M0 分别置 1、0，电动机停止工作；再次计时 5s 时，定时器 T0 置位，常闭触点 T0 由闭合变为断开，计时器 T0 当前值清零，重新计时，此时，M1、M0 分别置 1、1，Y001 接通，驱动电动机反转；又再次计时 5s 时，定时器 T0 置位，常闭

触点 T0 由闭合变为断开，计时器 T0 当前值清零，重新计时，此时，M1、M0 分别置 0、0，电动机停止工作。

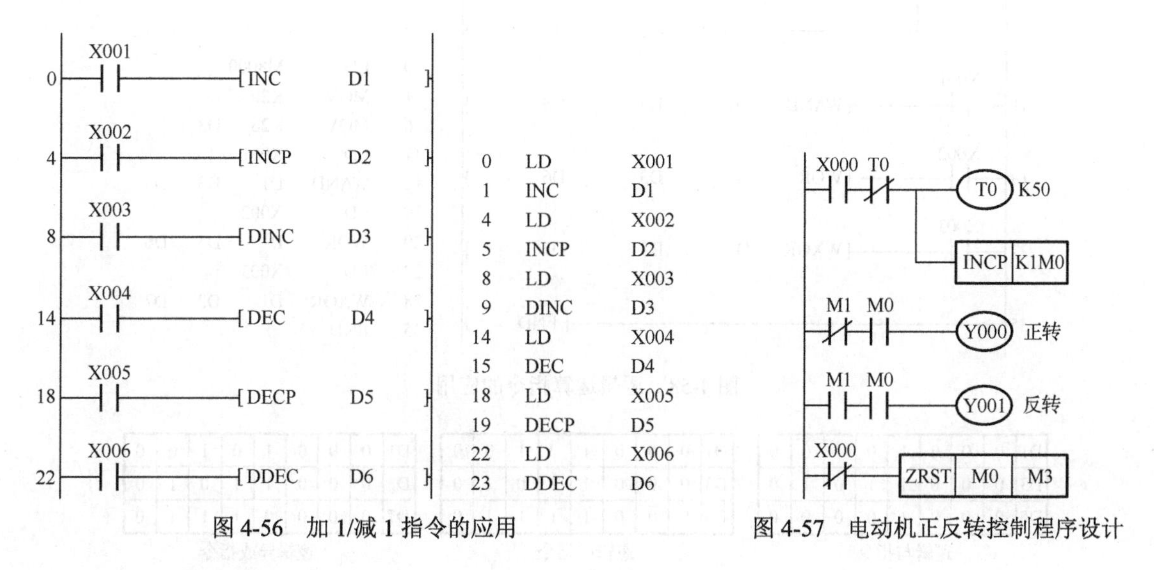

图 4-56　加 1/减 1 指令的应用　　图 4-57　电动机正反转控制程序设计

4.2.2　逻辑运算指令

逻辑运算指令包括 WAND（逻辑与指令）、WOR（逻辑或指令）、WXOR（逻辑异或指令）、等，逻辑运算指令说明如表 4-10 所示。

表 4-10　逻辑运算指令

指　　令	指 令 格 式	操　　作	注　　释
WAND	（D）WAND（P）S1　S2　D	S1 与 S2 中数据进行按位与运算，将运算结果送到 D 中	源操作数 S1、S2 可取 K、H、KnX、KnY、KnM、KnS、T、C、D、V、Z；目标操作数 D 可取 KnY、KnM、KnS、T、C、D、V、Z
WOR	（D）WOR（P）S1　S2　D	S1 与 S2 中数据进行按位或运算，将运算结果送到 D 中	同上
WXOR	（D）XOR（P）S1　S2　D	S1 与 S2 中数据进行按位异或运算，将运算结果送到 D 中	同上

【例 4-13】　将一个十进制数 20 和一个十进制数 26 进行逻辑与、逻辑或、逻辑异或运算。

图 4-58 是逻辑运算指令的应用，将 21 传送到数据寄存器 D1 中，将 26 传送到数据寄存器 D3 中。

当 X001 为 ON 时，执行 WAND 指令，将 D1 和 D3 中的数据进行逻辑与运算，将运算结果传送到 D5 中，这时 D5 中的数据为 16。

当 X002 为 ON 时，执行 WOR 指令，将 D1 和 D3 中的数据进行逻辑或运算，将运算结果传送到 D6 中，这时 D6 中的数据为 40。

当 X003 为 ON 时，执行 WXOR 指令，将 D1 和 D3 中的数据进行逻辑异或运算，将运算结果传送到 D7 中，这时 D7 中的数据为 14。

图 4-59 是逻辑运算指令的应用分析。

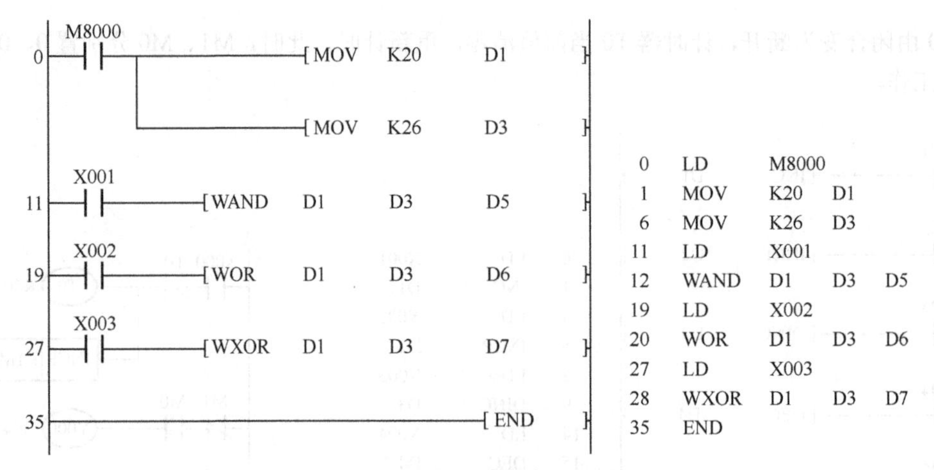

图 4-58 逻辑运算指令的应用

D1	0	0	0	1	0	1	0	0
D3	0	0	0	1	1	0	1	0
D5	0	0	0	1	0	0	0	0

逻辑与指令

D1	0	0	0	1	0	1	0	0
D3	0	0	0	1	1	0	1	0
D6	0	0	0	1	1	1	1	0

逻辑或指令

D1	0	0	0	1	0	1	0	0
D3	0	0	0	1	1	0	1	0
D7	0	0	0	0	1	1	1	0

逻辑异或指令

图 4-59 逻辑运算指令的应用分析

4.3 浮点数运算指令

4.3.1 浮点数

FX 系列 PLC 中的二进制浮点数用于浮点数运算，十进制浮点数用于监视。

1. 二进制浮点数

二进制浮点数又称实数（REAL），它由相邻的两个数据寄存器（如 D10 和 D11）存储，D10 中的值是低 16 位，D11 中的值是高 16 位。浮点数可以表示为 $1.m\times2^{E}$，$1.m$ 为尾数，尾数的小数部分 m 和指数部分 E 均为二进制数，E 可能是正数，也可能是负数。FX 系列 PLC 采用的 32 位浮点数的格式为 $1.m\times2^{e}$，式中，指数部分 $e=E+127$（$1\leqslant e\leqslant254$），e 为 8 位正数。

浮点数的格式如图 4-60 所示，共占 32 位，需要使用编号连续的一对数据寄存器存储。最高位（第 31 位）为浮点数的符号位，最高位为 0 时是正数，最高位为 1 时是负数；8 位指数 e 占第 23～30 位；因为尾数的整数部分总为 1，所以只保留了尾数的小数部分 m（第 0～22 位），第 22 位对应 2^{-1}，第 0 位对应 2^{-23}。浮点数与 6 位有效数字的十进制数的精度相当。

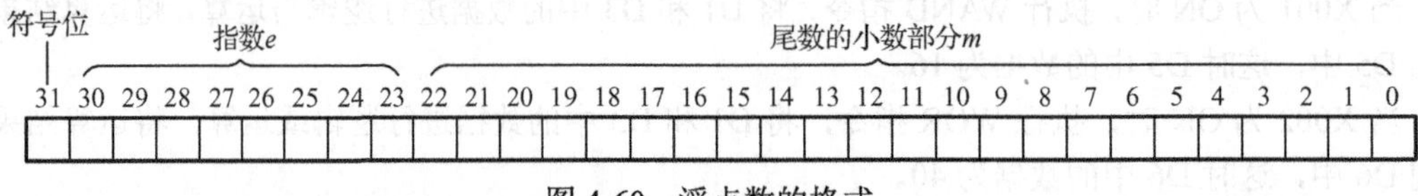

图 4-60 浮点数的格式

浮点数的优点是能用很小的存储空间表示非常大和非常小的数。PLC 的输入和输出大多是整数，如模拟量输入模块输出的转换值和传送给模拟量输出模块的都是整数。用浮点数来处理这些数据时需要进行整数和浮点数之间的相互转换，浮点数的运算速度比整数慢。

实际上，用户不会直接使用图 4-60 所示的浮点数的格式，读者对它有一般性的了解就可以了。编程软件 GX Developer 支持浮点数。

使用指令 FLT 和 INI 可以实现整数与二进制浮点数之间的相互转换。

2．十进制浮点数

在不支持浮点数显示的编辑工具中，会将二进制浮点数转换成十进制浮点数后进行监控，但是内部的处理仍然采用二进制浮点数。一个十进制浮点数占用相邻的两个数据寄存器，如 D0 和 D1，D0 存储尾数，D1 存储指数，数据格式为尾数×10^{指数}，其尾数为 4 位 BCD 整数，范围为 0、1000～9999 和−9999～−1000，指数的范围为−41～35。例如，小数 24.56 可以表示为 2456×10^{-2}。在 PLC 内部，尾数和指数都按二进制补码处理，它们的最高位为符号位。

使用指令 EBCD 和 EBIN，可以实现十进制浮点数与二进制浮点数之间的相互转换。

4.3.2　浮点数转换指令

浮点数转换指令有 FLT（将二进制整数转换为二进制浮点数）、INT（将二进制浮点数转换为二进制整数）、EBCD（将二进制浮点数转换为十进制浮点数）和 EBIN（将十进制浮点数转换为二进制浮点数）等，浮点数转换指令说明如表 4-11 所示。

表 4-11　浮点数转换指令

指　令	指令格式	操　作	注　释
FLT	（D）FLT（P）　S　D	将 S 中的二进制整数转换为二进制浮点数，将结果存放在 D 中	源操作数和目标操作数均为 D
INT	（D）INT（P）S　D	将 S 中的二进制浮点数舍去小数部分后转换为二进制整数，将结果存放在 D 中	同上
EBCD	（D）EBCD（P）　S　D	将 S 中的二进制浮点数转换成十进制浮点数，将结果存放在 D 中	同上
EBIN	（D）EBIN（P）　S　D	将 S 中的十进制浮点数转换成二进制浮点数，将结果存放在 D 中	同上

1．将二进制整数转换为二进制浮点数

FLT 指令支持 16 位、32 位操作数，支持连续执行和脉冲执行。FLT 指令的逆变换是 INT 指令。

图 4-61 是 FLT 指令的应用。当 X000 为 ON 时，将 D0 中的二进制整数转换为二进制浮点数，将结果存放在 D2 中。

图 4-61　FLT 指令的应用

2．将二进制浮点数转换为二进制整数

INT 指令支持 16 位、32 位操作数，支持连续执行和脉冲执行。当运算结果为 0 时，零标志 M8020 为 1；当运算结果超过 16 位或 32 位的数据范围时，进位标志 M8022 为 1；当转换的值小于 1 时，借位标志 M8021 为 1。

3．将二进制浮点数转换为十进制浮点数

EBCD 指令支持 16 位、32 位操作数，支持连续执行和脉冲执行。

图 4-62 是 EBCD 指令的应用。当 X000 为 ON 时，连续执行 DEBCD 指令，将 D1、D2 中的二进制浮点数转换成十进制浮点数，存放到 D4、D5 中。

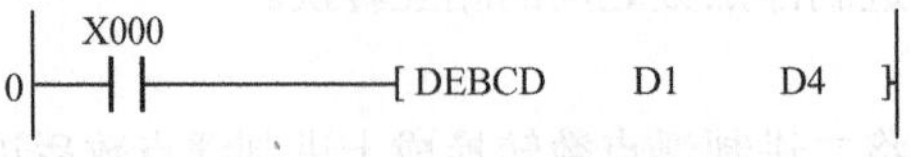

0	LD	X000	
1	DEBCD	D1	D4

图 4-62 EBCD 指令的应用

4．将十进制浮点数转换为二进制浮点数

EBIN 指令支持 16 位、32 位操作数，支持连续执行和脉冲执行。

图 4-63 是 EBIN 指令的应用。当 X001 为 ON 时，执行 DEBIN 指令，将 D2、D3 中的十进制浮点数转换成二进制浮点数，放到 D6、D7 中。

0	LD	X000	
1	DEBCD	D1	D4

图 4-63 EBIN 指令的应用

4.3.3 浮点数运算指令

常用的浮点数运算指令有 EADD（二进制浮点数加法指令）、ESUB（二进制浮点数减法指令）、EMUL（二进制浮点数乘法指令）、EDIV（二进制浮点数除法指令）、ESQR（二进制浮点数开平方指令）、SIN（二进制浮点数正弦指令）、COS（二进制浮点数余弦指令）、TAN（二进制浮点数正切指令）。浮点数运算指令说明如表 4-12 所示。做浮点数加法、减法运算时，如果运算结果为零、超过浮点数的取值范围，则会影响零标志 M8020、进位标志 M8022 或借位标志 M8021。做浮点数除法运算时，当除数为 0 时将会出错，不执行指令。如果有常数参与运算，则其自动转换为浮点数。

表 4-12 浮点数运算指令

指　令	指令格式	操　作	注　释
EADD	(D)EADD(P) S1 S2 D	将 S1 与 S2 中的二进制浮点数相加，将运算结果存放在 D 中	源操作数 S1、S2 可取 K、H、D；目标操作数 D 只能取 D
ESUB	(D)ESUB(P) S1 S2 D	将 S1 与 S2 中的二进制浮点数相减，将运算结果存放在 D 中	同上
EMUL	(D)EMUL(P) S1 S2 D	将 S1 与 S2 中的二进制浮点数相乘，将运算结果存放在 D 中	同上
EDIV	(D)EDIV(P) S1 S2 D	将 S1 与 S2 中的二进制浮点数相除，将运算结果存放在 D 中	同上
ESQR	(D)ESQR(P) S D	对 S 中的二进制浮点数进行开平方运算，将运算结果存放在 D 中	同上
SIN	(D)SIN(P) S D	计算 S 中的二进制浮点数弧度值对应的正弦值，将运算结果存放在 D 中	源操作数 S 和目标操作数 D 只能取 D；弧度（RAD）=角度×π/180，角度的范围：0≤角度≤2π
COS	(D)COS(P) S D	计算 S 中的二进制浮点数弧度值对应的正弦值，将运算结果存放在 D 中	同上

续表

指　令	指令格式	操　作	注　释
TAN	（D）TAN（P） S D	计算 S 中的二进制浮点数弧度值对应的正切值，将运算结果存放在D中	同上

1．二进制浮点数加法指令

EADD 指令的功能是将源操作数 S1 和 S2 中的二进制浮点数相加，将运算结果存放在目标操作数 D 中。当源操作数为常数时，其将自动转换成二进制浮点数。该指令支持 16 位、32 位操作数，支持连续执行和脉冲执行。执行该指令后，运算结果以二进制浮点数的形式存放在目标操作数 D 中，影响标志位 M8020、M8021、M8022。

图 4-64 是二进制浮点数加法指令的应用。当 X001 为 ON 时，连续执行 DEADD 指令，每扫描一个周期就执行一次，将 D1 和 D10 中的二进制浮点数相加，将得到的运算结果传送到 D20 中。

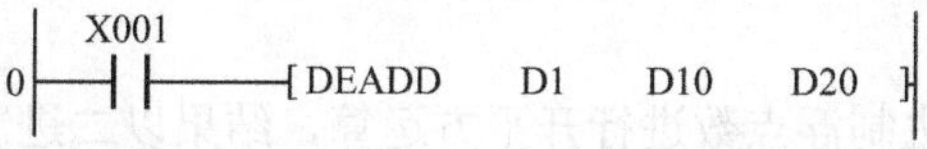

```
   X001
0 ─┤├───[DEADD  D1  D10  D20]      0  LD     X001
                                   1  DEADD  D1   D10  D20
```

图 4-64　二进制浮点数加法指令的应用

2．二进制浮点数减法指令

ESUB 指令的功能是用源操作数 S1 中的二进制浮点数减去 S2 中的二进制浮点数，将运算结果存放在目标操作数 D 中。当源操作数为常数时，其将自动转换成二进制浮点数。该指令支持 16 位、32 位操作数，支持连续执行和脉冲执行。执行该指令后，运算结果以二进制浮点数的形式存放在目标操作数 D 中，影响标志位 M8020、M8021、M8022。

图 4-65 是二进制浮点数减法指令的应用。当 X001 为 ON 时，连续执行 DESUB 指令，每扫描一个周期就执行一次，用 D2 中的二进制浮点数减去 D12 中的二进制浮点数，将得到的运算结果传送到 D22 中。

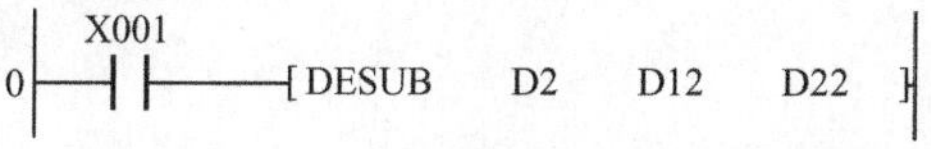

```
   X001
0 ─┤├───[DESUB  D2  D12  D22]      0  LD     X001
                                   1  DESUB  D2   D12  D22
```

图 4-65　二进制浮点数减法指令的应用

3．二进制浮点数乘法指令

EMUL 指令的功能是将源操作数 S1 和 S2 中的二进制浮点数相乘，将运算结果存放在目标操作数 D 中。当源操作数为常数时，其将自动转换成二进制浮点数。该指令支持 16 位、32 位操作数，支持连续执行和脉冲执行。执行该指令后，运算结果以二进制浮点数的形式存放在目标操作数 D 中；当运算结果为 0 时，M8020 为 1；当运算结果超过浮点数可表示的最大值时，M8022 为 1；当运算结果超过浮点数可表示的最小值时，M8021 为 1。

图 4-66 是二进制浮点数乘法指令的应用，当 X003 为 ON 时，执行 DEMUL 指令，每扫描一个周期就执行一次，将 D3、D4 和 D13、D14 中的二进制浮点数相乘，将得到的运算结果传送到 D23、D24 中。

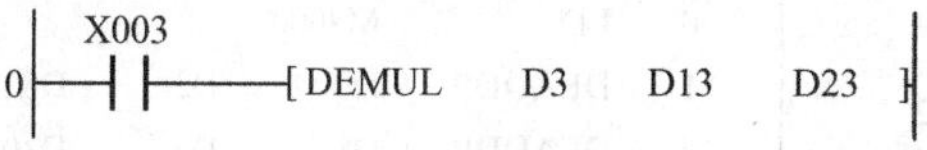

```
   X003
0 ─┤├───[DEMUL  D3  D13  D23]      0  LD     X003
                                   1  DEMUL  D3   D13  D23
```

图 4-66　二进制浮点数乘法指令的应用

4．二进制浮点数除法指令

EDIV 指令的功能是用源操作数 S1 中的二进制浮点数除以 S2 中的二进制浮点数，将运算结果存放在目标操作数 D 中。当源操作数为常数时，其将自动转换成二进制浮点数。该指令支持 16 位、32 位操作数，支持连续执行和脉冲执行；运算结果以二进制浮点数的形式存放在目标操作数 D 中。

图 4-67 是二进制浮点数除法指令的应用，当 X003 为 ON 时，执行 DEDIV 指令，每扫描一个周期就执行一次，用 D4、D5 中的二进制浮点数除以 D14、D15 中的二进制浮点数，将得到的运算结果传送到 D24、D25 中。

X003
0 ─┤├─[DEDIV D4 D14 D24]

0 LD X003
1 DEDIV D4 D14 D24

图 4-67 二进制浮点数除法指令的应用

5．二进制浮点数开平方指令

ESQR 指令的功能是对源操作数 S 中的二进制浮点数进行开平方运算，结果以二进制浮点数的形式存放在目标操作数 D 中。当源操作数为常数时，其将自动转换成二进制浮点数；源操作数中的二进制浮点数应为正数，否则运算出错，M8067 为 1。该指令支持 16 位、32 位操作数，支持连续执行和脉冲执行。如果结果为 0，零标志 M8020 为 1。

6．二进制浮点数正弦指令

SIN 指令用于计算 S 中的二进制浮点数弧度值对应的正弦值，将运算结果存放在 D 中。该指令支持 16 位、32 位操作数，支持连续执行和脉冲执行，源操作数 S 和目标操作数 D 只能取数据寄存器 D。

7．二进制浮点数余弦指令

COS 指令用于计算 S 中的二进制浮点数弧度值对应的余弦值，将运算结果存放在 D 中。该指令支持 16 位、32 位操作数，支持连续执行和脉冲执行，源操作数 S 和目标操作数 D 只能取数据寄存器 D。

8．二进制浮点数正切指令

TAN 指令用于计算 S 中的二进制浮点数弧度值对应的正切值，将运算结果存放在 D 中。该指令支持 16 位、32 位操作数，支持连续执行和脉冲执行，源操作数 S 和目标操作数 D 只能取数据寄存器 D。

【例 4-14】 对测量出来的 4 个小数求平均值。

解析：将测量出来的第 1 个数据存入 D0、D1 中，将测量出来的第 2 个数据存入 D2、D3 中，将测量出来的第 3 个数据存入 D4、D5 中，将测量出来的第 4 个数据存入 D6、D7 中。把这些数据相加，再除以 4，就可得出数据的平均值，如图 4-68 所示。

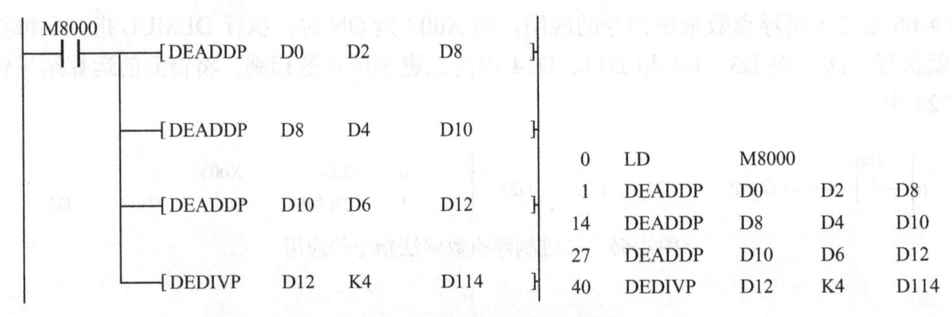

图 4-68 求平均值程序设计

【例 4-15】 求对应角度 φ 的 $\sin\varphi$、$\cos\varphi$、$\tan\varphi$ 。

解析： 在计算三角函数时先使用弧度公式：弧度（RAD）= 角度×π/180，将角度转换成弧度。本例对应的梯形图和指令表如图 4-69 所示，X000、X001、X002 和 X003 用于选择输入的角度，将求得的正弦值存入 D30、D31 中，余弦值存入 D40、D41 中，正切值存入 D50、D51 中。

```
 X000
─┤├──────────────────────[MOVP   K30    D2   ]
 X001
─┤├──────────────────────[MOVP   K45    D2   ]
 X002
─┤├──────────────────────[MOVP   K60    D2   ]
 X003
─┤├──────────────────────[MOVP   K90    D2   ]
 M8000
─┤├──────────────────────[FLT    D2     D6   ]
   ├───[DEDIV  K31415926  K1800000000  D10   ]
   ├───────────[DEMUL   D6     D10    D20    ]
   ├──────────────────────[DSIN   D20    D30  ]
   ├──────────────────────[DCOS   D20    D40  ]
   └──────────────────────[DTAN   D20    D50  ]
─────────────────────────────────────[END     ]
```

```
0   LD     X000
1   MOVP   K30        D2
6   LD     X001
7   MOVP   K45        D2
12  LD     X002
13  MOVP   K60        D2
18  LD     X003
19  MOVP   K90        D2
24  LD     M8000
25  FLT    D2         D6
30  DEDIV  K31415926             K1800000000  D10
43  DEMUL  D6         D10        D20
56  DSIN   D20        D30
65  DCOS   D20        D40
74  DTAN   D20        D50
83  END
```

图 4-69 求对应角度 φ 的 $\sin\varphi$、$\cos\varphi$、$\tan\varphi$ 程序设计

4.4 程序流程控制指令

程序流程控制指令主要有 CJ（条件跳转指令）、CALL（子程序调用指令）、SRET（子程序返回指令）、EI（中断允许指令）、DI（中断禁止指令）、IRET（中断返回指令）、FOR（循环开始指令）、NEXT（循环结束指令）。

程序流程控制指令说明如表 4-13。

表 4-13 程序流程控制指令

指 令	指令格式	操 作	注 释
CJ	CJ（P）Pn	跳转到指针 Pn 处，开始执行程序	FX 各子系列的 PLC 可以使用的指针点数不同
CALL	CALL（P）Pn	调用子程序	同上
SRET	SRET	子程序返回	
EI	EI	允许中断	
DI	DI	禁止中断	
IRET	IRET	中断返回	
FOR	FOR n	循环体开始（位置）	n 表示循环体执行次数
NEXT	NEXT	循环体结束（位置）	

4.4.1 条件跳转指令

CJ 指令用于跳过顺序程序中的一部分，跳转到 Pn 指针指定的入口处。该指令主要用于复杂程序的设计，可以用来优化程序结构，增强程序功能。CJ 指令可以使 PLC 编程的灵活性大大提高，使 PLC 根据不同条件，选择执行不同的程序，缩短扫描周期。该指令中的指针 Pn 用于条件跳转指令和子程序调用指令。在梯形图中，指针放在左侧垂直母线的左边。FX 各子系列的 PLC 可以使用的指针点数不同，可查看手册获取。例如，FX1S 系列 PLC 有 64 点指针（P0～P63），FX1N、FX2N 和 FX2NC 系列 PLC 有 128 点指针（P0～P127）。

图 4-70 是条件跳转指令的应用。程序运行时，当 X001 为 ON 时，执行 CJ 指令，跳转到指针 P1 处开始执行程序；被跳过的那部分程序不能执行，这时 X002、X003、T1 触点控制无效，计时器 T1、Y002 不工作。当 X001 为 OFF 时，不执行 CJ 指令，不会跳转程序，X002、X003、T1 触点控制有效，计时器 T1、Y002 工作。

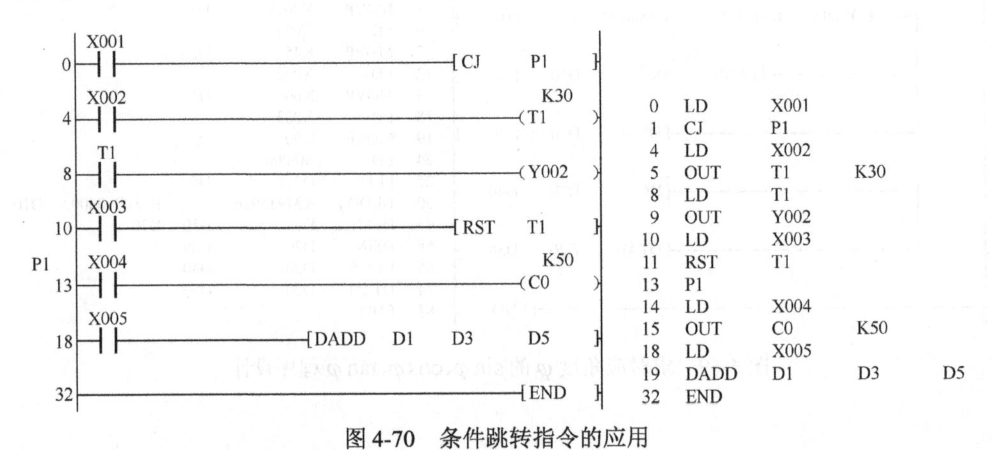

图 4-70 条件跳转指令的应用

如果用特殊辅助继电器 M8000 的常开触点驱动 CJ 指令，那么相当于无条件跳转，因为运行时 M8000 总为 1。

指针可以放置在对应的条件跳转指令之前（往回跳），但是如果反复跳转的时间超过监控定时器设定的时间（默认值为 100ms），那么会引起监控定时器出错。

多条条件跳转指令可以同时跳转到同一个指针处。一个指针只能出现一次，若出现两次或者两次以上，则会出现错误。CALL 指令（子程序调用）和 CJ 指令不能同时用同一个指针。

为了生成指针 P1，双击左侧垂直母线的左边，在出现的“梯形图输入”对话框中输入“P1”，单击“确定”按钮，可以看到生成的指针 P1。

使用条件跳转指令时应当注意如下事项。

① CJP 指令以脉冲执行方式执行。

② 在同一个程序中，一个指针标号只能出现一次，否则程序会出错。但是在同一个程序中，两条条件跳转指令可以使用相同的指针标号。

③ 条件跳转执行期间，即使被跳过程序的驱动条件改变了，但其线圈（或结果）仍保持跳转前的状态，因为跳转期间没有执行这段程序。

④ 若跳转开始时定时器和计数器已在工作，则跳转期间它们将停止工作，即 T 和 C 的当前值保持不变，直到跳转条件不满足为止，然后 T 和 C 又继续工作（T 和 C 接着以前的数值继续计时和计数）。但定时器 T192～T199 和高速计数器 C235～C255 在跳转后将继续工作。

4.4.2 子程序指令

当系统规模较大、控制要求复杂时，如果将全部控制任务放在主程序内，主程序将会非常复杂，难以调试，难以阅读。使用子程序可以将整个程序分成容易管理的小块，使程序结构简单清晰，易于查错和维护。

子程序也用于需要反复执行相同任务时，此时只需要编写一次子程序，让别的程序在需要的时候调用它即可。

每个扫描周期都要执行一次主程序。子程序的调用一般是有条件的，子程序没有被调用时，不会执行。

通常将具有特定功能并需要多次执行的程序编制成子程序，子程序在结构化程序设计中是一种方便有效的工具。

1. 与子程序有关的指令

与子程序有关的指令有 CALL（子程序调用指令）、SRET（子程序返回指令）。

CALL 指令的功能是调用从标号 Pn 处开始的子程序。

SRET 指令的功能是返回到上一级主程序中，无操作数。

子程序（包括中断程序）应放在 FEND 指令之后。FEND 指令无操作数，表示主程序结束。执行到 FEND 指令时，PLC 进行输入/输出处理、监控定时器刷新等操作。主程序是指从第 0 步开始到 FEND 指令的程序，子程序是指从 CALL 指令指定的指针 Pn 开始到 SRET 指令的程序。如果有多余的 FEND 指令，子程序应放在最后面的 FEND 指令和 END 指令之后。CALL 指令调用的子程序必须用 SRET 指令结束。FEND 指令如果出现在 FOR-NEXT 循环中，则程序将出错。

2. 子程序的应用

子程序是一种相对独立的程序，为区别于主程序，PLC 规定，在编写程序时，将主程序排在前面，子程序排在后面，并以主程序结束指令 FEND 将这两部分隔开。子程序可以嵌套使用。

图 4-71（a）是调用子程序的过程。当 X001 为 ON 时，执行“CALL P0”子程序调用指令，从而使指针 P0 后面的子程序执行，执行到 SRET 指令后，再返回到主程序继续执行。

图 4-71（b）是子程序嵌套的过程。当 X002 为 ON 时，执行“CALL P1”指令，从而使指针 P1 后面的子程序执行。当 X003 为 ON 时，执行“CALL P2”指令，从而使指针 P2 后面的子程序执行，否则就直接执行“子程序 1”。当指针标号 P2 后面的子程序 2 执行完后，继续执行到 SRET（子程序 2 结束指令），然后返回到“子程序 1”继续执行，执行完后继续执行 SRET（子程序 1 结束指令），然后返回并执行主程序。

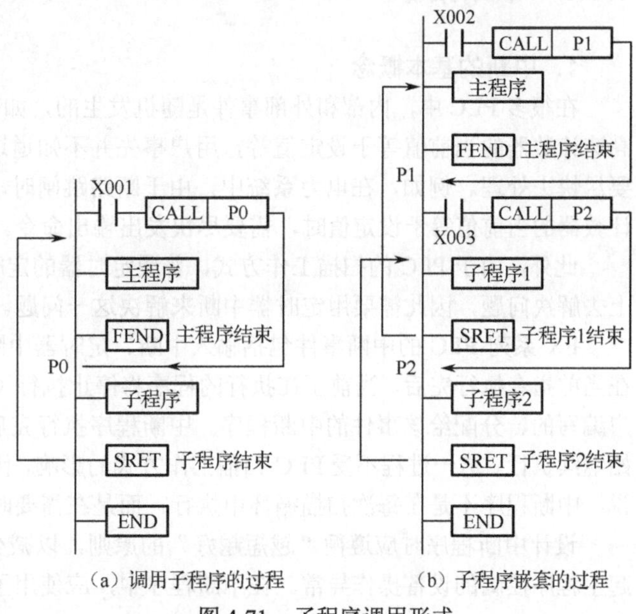

图 4-71　子程序调用形式

【例 4-16】 用两个开关控制一个信号灯，当两个开关断开时，灯灭；当 1 号开关断开而 2 号开关闭合时，灯每秒闪烁一次；当 1 号开关闭合而 2 号开关断开时，灯每两秒闪烁一次；当两个开关同时闭合时，灯常亮。

解析：图 4-72 中，1 号开关对应 X000，2 号开关对应 X001，灯由 Y000 驱动。当 X001X000=01 时，调用子程序 P0，灯每秒闪烁一次；当 X001X000=10 时，调用子程序 P1，灯每两秒闪烁一次；当 X001X000=11 时，调用子程序 P2，灯常亮。当 X001X000=00 时，不调用任何子程序，灯灭。

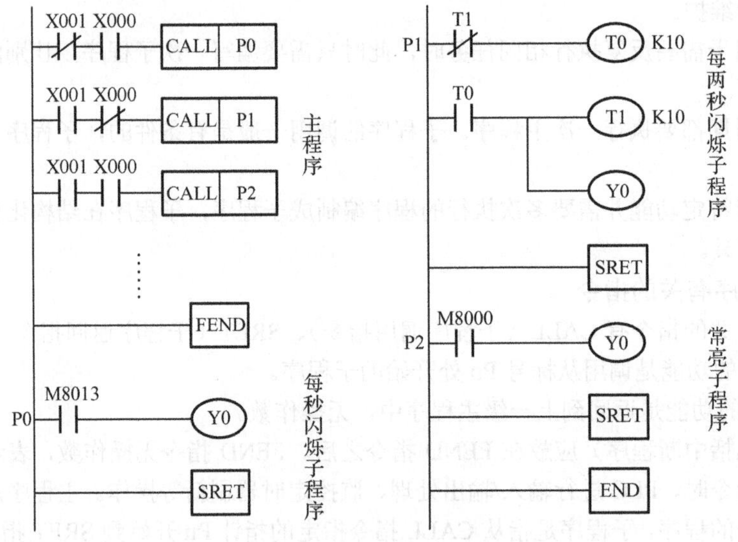

图 4-72　用两个开关控制一个信号灯

4.4.3　中断指令

1. 中断的基本概念

在很多 PLC 中，内部和外部事件是随机发生的，如外部开关量输入信号的上升沿或下降沿、高速计数器的当前值等于设定值等，用户事先并不知道这些事件何时发生，但是当它们出现时又要尽快去处理。例如，在电力系统中，由于断路跳闸时，需要及时记录事件出现的时间；当高速计数器的当前值等于设定值时，需要尽快发出输出命令。PLC 用中断来解决上述问题。

此外，由于 PLC 的扫描工作方式，普通定时器的定时误差很大，即使定时时间到了也不能马上去解决问题，因此需要用定时器中断来解决这一问题。

FX 系列 PLC 的中断事件包括输入中断、定时器中断和高速计数器中断。中断事件出现时，在当前指令执行完后，当前正在执行的程序将停止执行（被中断），操作系统将会立即调用一个用户编写的、分配给该事件的中断程序。中断程序执行完后，停止执行的程序将从被打断的地方开始继续执行。这一过程不受 PLC 扫描工作方式的影响，因此 PLC 能够迅速响应中断事件。换句话说，中断程序不是在每次扫描循环中执行，而是在需要时才执行。

设计中断程序时应遵循“越短越好”的原则，以减少执行时间，减少处理延迟，否则可能引起主程序控制的设备操作异常。在中断程序中，应使用子程序专用的 100ms 累计定时器 T192～T199。

2. 中断指针

中断指针（见图 4-73）用来指明某一中断源的中断程序入口，当中断程序执行到中断返回指令 IRET 时，返回中断事件出现时正在执行的程序。中断程序应放在 FEND 指令之后。

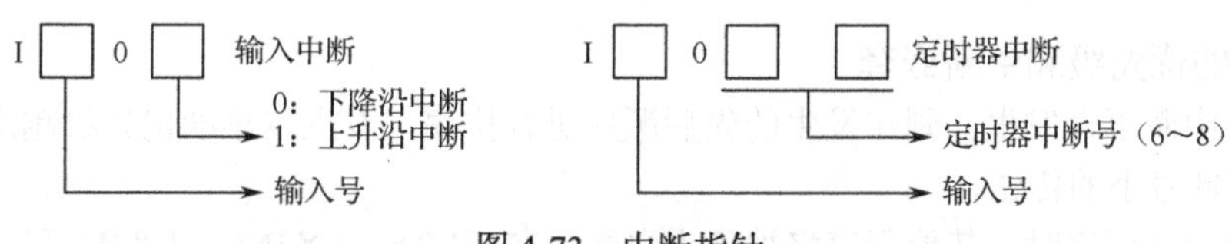

图4-73 中断指针

（1）输入中断

输入中断用于快速响应X000～X005的输入信号，对应的输入中断指针为Ix0*，最高位是产生中断的输入继电器的软元件号，“*”号表示指针最低位，为0或1，分别表示下降沿中断和上升沿中断。例如，由中断指针I101开始的中断程序在输入信号X001的上升沿时执行。同一个输入中断源只能使用上升沿中断和下降沿中断中的一种，如不能同时使用中断指针I300和I301。用于中断的输入端不能与已经用于高速计数器和脉冲密度等应用指令的输入端冲突。

（2）定时器中断

FX1S、FX1N、FX1NC系列PLC没有定时器中断功能，其他系列PLC有3点定时器中断功能，中断指针为I6**～I8**，其低两位是以ms为单位的中断周期。由I6、I7、I8开头的定时器中断指针分别只能使用一次。定时器中断使PLC以指定的中断循环时间（10ms～99ms）周期性地执行中断程序，循环处理某些任务，处理时间不受PLC扫描周期的影响。

定时器中断设定的值如果小于9ms，在以下情况可能无法按照正确的周期处理定时器中断。

① 中断程序的处理时间较长。

② 主程序中使用了处理时间较长的指令。

（3）计数器中断

FX2N、FX2NC、FX3U和FX3UC系列PLC有6点计数器中断功能，中断指针为I010～I060。计数器中断与高速计数器比较置位指令HSCS配合使用，根据高速计数器计数当前值与计数设定值的关系来确定是否执行相应的中断服务程序。

3．与中断有关的指令

中断返回指令IRET、允许中断指令EI和禁止中断指令DI均无操作数，分别占用一个程序步。

不是所有的用户都需要PLC的中断功能，用户一般也不需要处理所有的中断事件，可以用指令或专用的软件来控制是否需要中断和需要哪些中断。

EI指令用于允许处理中断事件。DI指令用于禁止处理所有的中断事件，允许中断排队等候，但是不允许执行中断程序，直到用EI指令重新允许处理中断事件为止。IRET指令用于表示中断的结束。

PLC通常处于禁止中断的状态，EI指令和DI指令之间的程序段为允许中断范围（见图4-74），当执行到该区间时，如果中断源产生中断，CPU将停止执行当前的程序，转而执行相应的中断程序，执行到中断程序中的IRET指令时，返回主程序继续执行。

中断程序从它对应的唯一的中断指针开始，到第一条IRET指令结束。中断程序应放在主程序结束指令FEND之后。

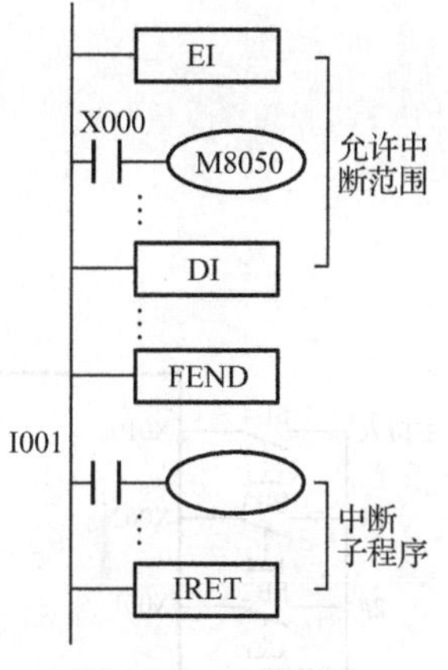

图4-74 中断指令

4．禁止部分中断源

当某一个中断源被禁止时，即使用户编写了相应的中断程序，但在中断事件发生时，也不会执行相应的中断程序。特殊辅助继电器M8050～M8055为1时，分别禁止X000～X005产生中断。当M8056～M8058为1时，分别禁止中断指针为I6**～I8**的定时器中断。当M8059为1时，禁止处理所有的计数器中断。

PLC上电时，M8050～M8059均为0，没有禁止任何中断源，执行EI指令后，CPU将处理编写了中断程序的所有中断事件。

5．中断的优先级和中断嵌套

若有多个中断事件发生，则按发生的先后顺序进行排序，发生越早的优先级越高。若同时发生，则中断指针号小的优先。

执行一个中断程序时，其他程序将被禁止中断。在FX2N、FX2NC、FX3U和FX3UC系列PLC的中断程序中编写EI和DI指令，可以实现双重中断（只允许两级中断嵌套）。

6．输入中断的脉冲宽度

FX系列PLC的中断输入信号的最小脉冲宽度见编程手册。例如，对FX3U和FX3UC系列PLC的X000～X005来说，要求为5μs，对X006和X007的要求为50μs。

7．脉冲捕获功能

执行EI指令后，用于高速输入的X000～X005可以"捕获"窄脉冲信号。在X000～X005的上升沿，M8170～M8175分别通过中断被置位。需要用指令在适当的时候将M8170～M8175复位。如果X000～X005已经使用了其他高速功能，则脉冲捕获功能将被禁止。

【例4-17】 设计三人智力抢答器。

解析：图4-75（a）是三人智力抢答器硬件接线图，1#选手的抢答按钮SB1对应X000，抢答成功指示灯由Y000驱动；2#选手的抢答按钮SB2对应X001，抢答成功指示灯由Y001驱动；3#选手的抢答按钮SB3对应连接X002，抢答成功指示灯由Y002驱动；主持人使用的按钮SB4连接X010，抢答允许由Y003驱动。图4-75（b）是三人智力抢答器的程序设计。

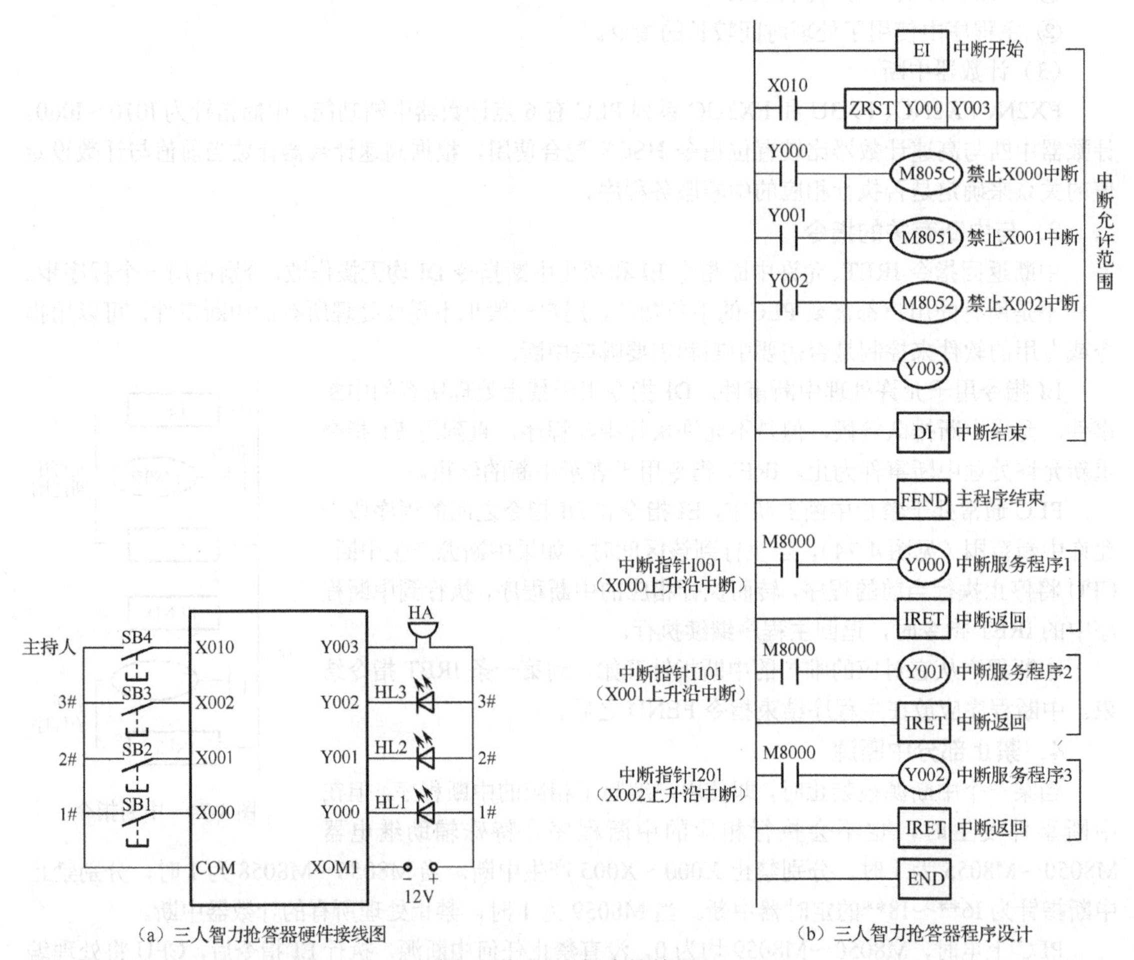

（a）三人智力抢答器硬件接线图　　（b）三人智力抢答器程序设计

图4-75　三人智力抢答器

4.4.4 循环指令

1．用于循环程序的指令

FOR 指令用来表示循环体的起点，它的源操作数是循环次数 n（n 的取值范围为 1～32767），其可以是任意的字软元件。如果 n 为负数，则视为 n=1，循环最多可以嵌套 5 层。

循环结束指令 NEXT 用于表示循环体的终点，无操作数。

FOR 与 NEXT 之间的程序将被反复执行，执行次数由 FOR 指令的源操作数设定。循环执行完后，再执行 NEXT 后面的指令。

FOR 和 NEXT 没有成对使用，或将 NEXT 指令放在 FEND 和 END 的后面都是错误的。

循环程序应在一个扫描周期内完成。如果执行循环程序的时间太长，使扫描周期超过监控定时器的设定时间，也会出错。

2．循环程序设计

【例 4-18】 闪烁灯控制：按下启动按钮后，灯开始闪烁；每秒闪烁一次，闪烁 20 次后停止。

解析：如图 4-76 所示，启动按钮对应 X001，灯由 Y001 控制。当 X001 为 ON 时，执行“CALL P0”指令，跳转到 P0 处执行 FOR 指令，循环 20 次，循环体内，由线圈 Y001 驱动灯每秒闪烁一次，同时对灯的闪烁进行计数。灯闪烁 20 次后，线圈 Y001 复位，灯自动关闭。

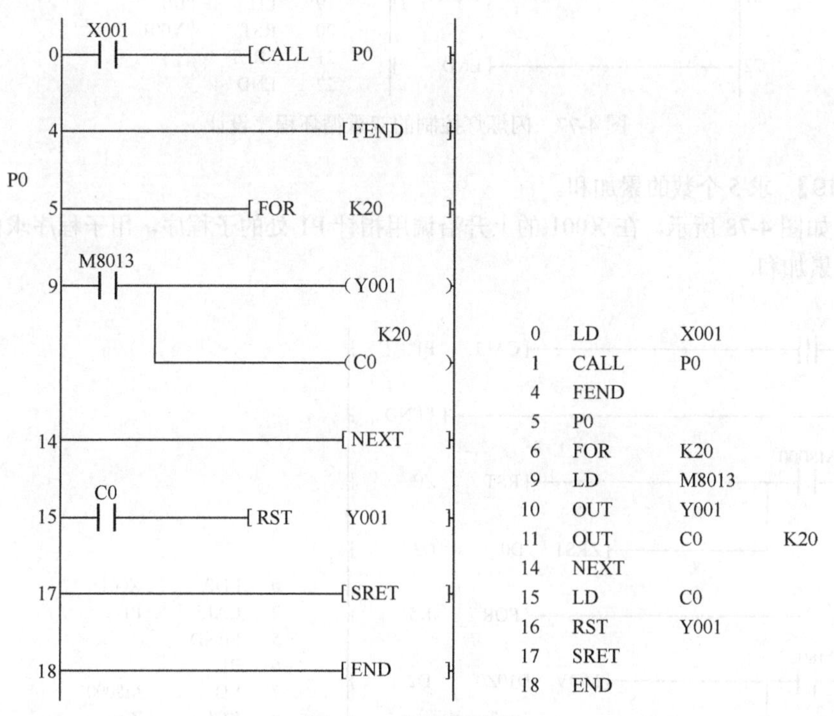

图 4-76　闪烁灯控制

双重循环是指在循环指令中嵌套一个循环指令。图 4-77 给出了【例 4-18】的双重循环程序设计，每执行 1 次外层循环，就会执行 5 次内层循环。外层循环执行了 4 次，因此，共执行 20 次内层循环，即灯闪烁了 20 次。

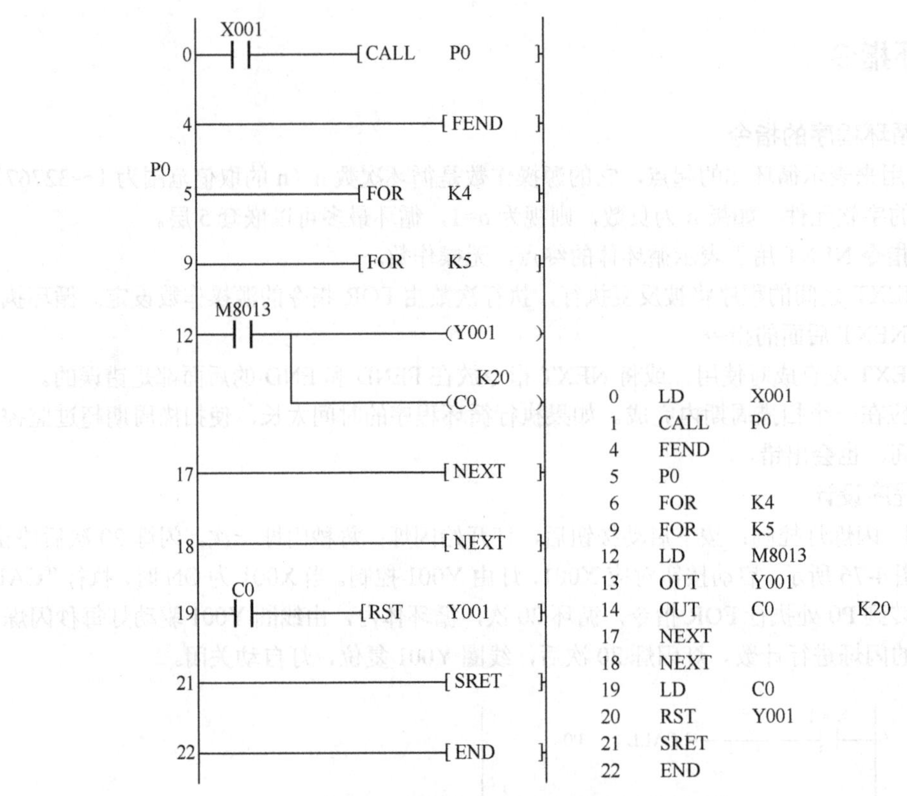

图 4-77 闪烁灯控制的双重循环程序设计

【例 4-19】 求 5 个数的累加和。

解析：如图 4-78 所示，在 X001 的上升沿调用指针 P1 处的子程序，用子程序求由 D10 开始的 5 个数的累加和。

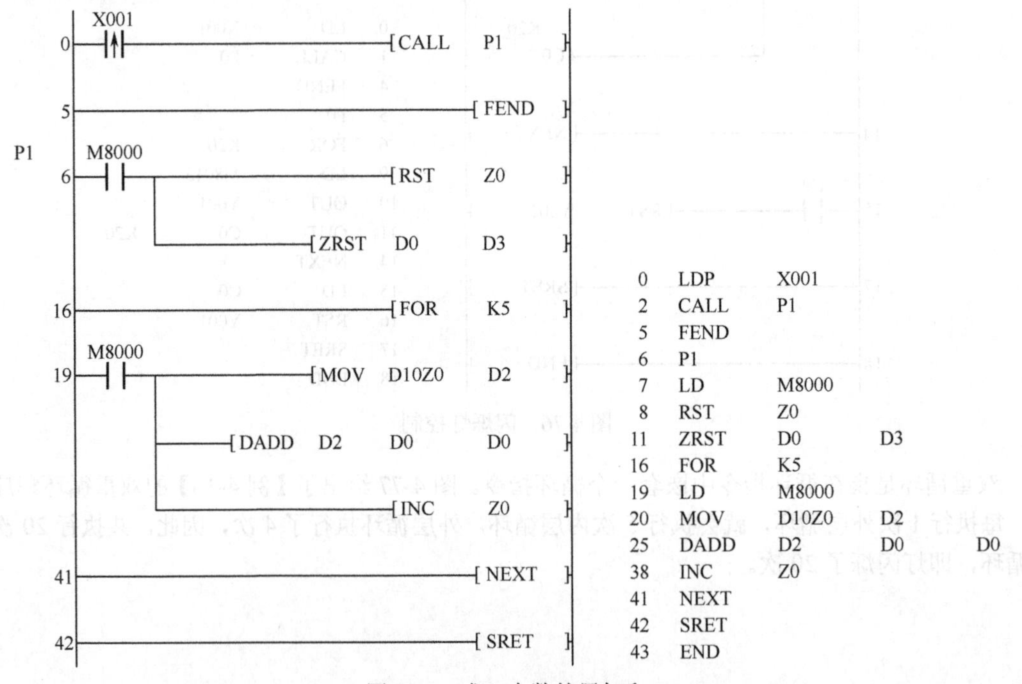

图 4-78 求 5 个数的累加和

在子程序中，首先调用复位指令 RST 和成批复位指令 ZRST，将变址寄存器 Z0、保存累加和的 32 位数据寄存器（D0、D1）和暂存数据的 32 位数据寄存器（D2、D3）清零。因为要累加 5 个数，所以要循环 5 次；在循环体进行加法运算；指针 Z0 加 1，指向下一个加数。

求累加和的关键是在循环过程中修改被累加的操作数的软元件号，这是用变址寄存器 Z0 的变址寻址功能来实现的。第一次循环时，Z0 中的初值为 0，MOV 指令中的 D10Z0 对应的软元件为 D10，被累加的是 D10 中的值。累加结束后，INC 指令将 Z0 中的值加 1。第二次循环时，D10Z0 对应的软元件为 D11，被累加的是 D11 中的值……累加 5 个数后，结束循环，将 5 次循环累加的结果存入 D5 中，执行 NEXT 指令之后的 SRET 指令。

4.5　高速处理指令

高速处理指令主要用于对 PLC 中的输入/输出数据进行高速处理，以避免扫描周期的影响。高速处理指令主要有 REF（I/O 刷新指令）、REFF（滤波器时间调整指令）、MTR（矩阵输入指令）、HSCS（高速计数器比较置位指令）、HSCR（高速计数器比较复位指令）、HSZ（高速计数器区间比较指令）、SPD（速度检测指令）、PLSY（脉冲输出指令）、PWM（脉宽调制指令）、PLSR（可调速脉冲输出指令）。高速处理指令说明如表 4-14 所示。

表 4-14　高速处理指令

指　令	指令格式	操　作	注　释
REF	REF(P) D n	对 X 或 Y 的 n 位继电器的值进行刷新	目标操作数为软元件号个位为 0 的 X 或 Y，如 X000、X010、Y000、Y020 等；n 必须是 8 的倍数
REFF	REFF(P) n	对数字滤波器进行刷新并调整滤波时间常数	n 为滤波时间常数设定值，单位为 ms
MTR	MTR S D1 D2 n	将源操作数 S 和目标操作数 D1 组成一个 8×n 的矩阵，将开关输入状态信号存入目标操作数 D2 中	源操作数 S 只能是 X，目标操作数 D1 只能是 Y，目标操作数 D2 可以是 Y、M、S
HSCS	(D)HSCS S1 S2 D	当 S2 指定的高速计数器的当前值达到 S1 指定的预置值时，D 立即置 1	源操作数 S1、S2 可取所有源操作数类型，目标操作数 D 可取 Y、M 和 S
HSCR	(D)HSCR S1 S2　D	当 S2 指定的高速计数器的当前值达到 S1 指定的预置值时，D 立即复位	同上
HSZ	(D)HSZ S1 S2 S3 D(n)	将 S3 中的数据和由 S1、S2 中的数据确定的区间进行比较，比较结果用 3 个连续继电器[D(n)、D(n+1)、D(n+2)]表示	同上
SPD	SPD　S1　S2　D	检测给定时间内编码器的脉冲个数，将 S1 指定的输入脉冲在 S2 指定的时间内计数，将计数结果存放在以 D 为首地址的连续 3 个字软元件中	源操作数 S1 可取 X000~X005，S2 可取所有源操作数类型，目标操作数 D 可取 C、T、Z、V
PLSY	(D)PLSY　S1　S2　D	将由 S1 指定频率，S2 指定个数的脉冲信号，通过 D 指定的输出端输出	源操作数 S1、S2 可取所有源操作数类型；目标操作数 D 只能取 Y000 和 Y001，Y000 和 Y001 不能同时用

续表

指令	指令格式	操作	注释
PWM	PWM S1 S2 D	产生周期和脉宽都可以调节的输出脉冲，S1指定脉宽，S2指定周期，D指定输出端	源操作数S1、S2可取所有源操作数类型，目标操作数D只能取Y000和Y001
PISR	(D)PISR S1 S2 S3 D	将D指定的输出频率从0加到S1指定的最高频率，到达最高频率后，再减为0，输出脉冲的总数量由S2指定，加速和减速时间由S3指定	源操作数S1、S2、S3可取所有源操作数类型，目标操作数D只能取Y000和Y001

4.5.1 与I/O有关的指令

1. I/O刷新指令

输入/输出刷新指令REF的功能是对X或Y的n位继电器的值进行刷新。目标操作数D用来指定目标软元件的首位，应取软元件号最低位为0的X和Y软元件，如X000、X010、Y020等。n应为8的倍数。

FX系列PLC采用I/O批处理的方法，即将输入状态在程序处理之前成批读入输入映像寄存器中，而将输出数据在执行END指令之后由输出映像寄存器通过输出锁存器传送到输出端。若需要最新的输入信息且希望立即输出结果，则必须使用REF指令。

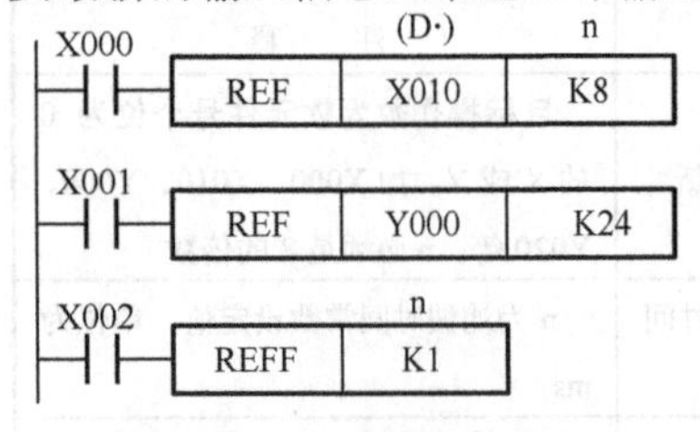

图4-79 I/O刷新指令的应用

图4-79是I/O刷新指令的应用，X000为ON时，8个输入值（n=8）被立即读入X010～X017。当X001为ON时，Y000～Y023（共24点）的值被立即传送到输出模块。I/O软元件刷新时有很短的延迟，输入的延迟时间与输入滤波器的设置有关。

在中断程序中执行REF指令，读取最新的输入（X）信息，将运算结果（Y）及时输出，可以消除由扫描工作方式引起的延迟。

2. 滤波器时间调整指令

滤波时间调整指令REFF用于对数字滤波器D8020的滤波时间常数进行调整，并指定它们的滤波时间常数n（n的取值范围为0～60，单位为ms）。

机械触点接通和断开时，由于触点的抖动，实际的波形如图4-80所示。波形会影响程序的正常执行。可以使用输入滤波器来滤除图中的窄脉冲。

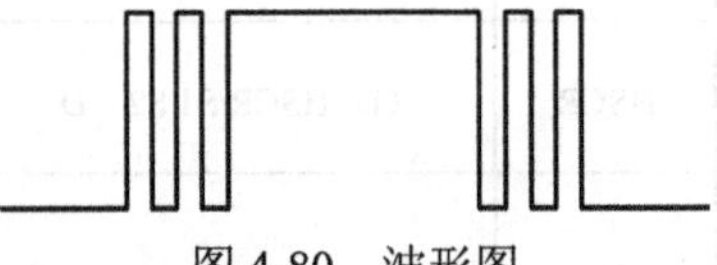

图4-80 波形图

为了防止输入噪声的影响，开关量输入端设有RC硬件滤波器，滤波时间常数约为10ms。无触点电子固态开关没有抖动噪声，可以高速输入。对于这类输入信号，PLC输入端的RC滤波器影响了高速输入的速度。

X000～X017采用数字滤波器。这些输入端也有RC滤波器，其滤波时间常数不小于50μs。使用高速计数输入指令、脉冲密度指令或者中断指令时，输入滤波器的滤波时间常数将自动设置为50μs。

滤波时间常数越大，滤波效果越好。当滤波时间常数设为0时（但实际上该输入达不到0），X000～X001的滤波时间常数为20μs，其他端为50μs。由X000～X017输入的滤波时间常数被传送到特殊数据寄存器D8020中，因此，也可以通过改变D8020中的初始值来设定输入滤波时间常数。如果将X000～X007作为高速计数器输入端或使用FNC56速度检测指令及中断输入，相应输入端的反应时间被自动调整为最小值（50μs）。

当图 4-78 中的 X002 为 ON 时，上述的输入映像寄存器被刷新，它们的滤波时间常数被设定为 1ms（n=1）。

3．矩阵输入指令

矩阵输入指令 MTR 将由源操作数 S 指定的软元件开始的连续 8 个输入端和由目标操作数 D1 指定的软元件开始连续 n 个晶体管输出端（n 的取值范围为 2～8）组成一个 8×n 的矩阵，将开关输入状态信号存入目标操作数 D2 中。该指令能实现从输入端快速、批量地接收数据。

矩阵输入指令的使用注意事项如下。

① 源操作数 S 指定连接输入端的起始软元件，从该软元件开始的连续 8 个输入端为矩阵列；目标操作数 D1 指定连接输出端的起始元件号，从该软元件开始的连续 n 个输出端为矩阵行，如 D1=Y020，n=3 表示 Y020、Y021、Y022 作为矩阵行；目标操作数 D2 指定存储矩阵开关输入状态信号的起始软元件，如指定 M30，则表示 M30～M37、M40～M47、M50～M57。

② 每列读取时间约为 20ms，如果有 8 列，则读取时间为 20ms×8=160ms，因此 ON/OFF 速度快于 160ms 的输入信号就不适用于矩阵输入。

③ MTR 指令一般使用 M8000 触点，该触点在 PLC 运行时始终是接通的，如果用其他触点，则当触点断开时，从指定输出 Y 开始的 16 个软元件（例如 Y040～Y057）将断开，此时需要在 MTR 指令前后增加保护 Y 的程序。

④ 源操作数 S 是软元件号个位为 0 的 X，通常用 X020 以后的软元件；目标操作数 D1 是软元件号个位为 0 的 Y；目标操作数 D2 是软元件号个位为 0 的 Y、M 和 S；n 的取值范围是 2～8。

图 4-81 是矩阵输入指令的应用，图 4-81（d）中的 3 个输出端（Y004～Y006）循环顺序接通，当 Y004 为 ON 时，读入第一行开关输入状态，存入 M30~M37；当 Y005 为 ON 时，读入第二行的开关输入状态，存入 M40～M47；当 Y006 为 ON 时，读入第三行的开关输入状态，存入 M50～M57。对于每个输入，其 MTR 指令采用中断方式，立即执行，间隔时间为 20ms，允许输入滤波器的延迟时间为 10ms。

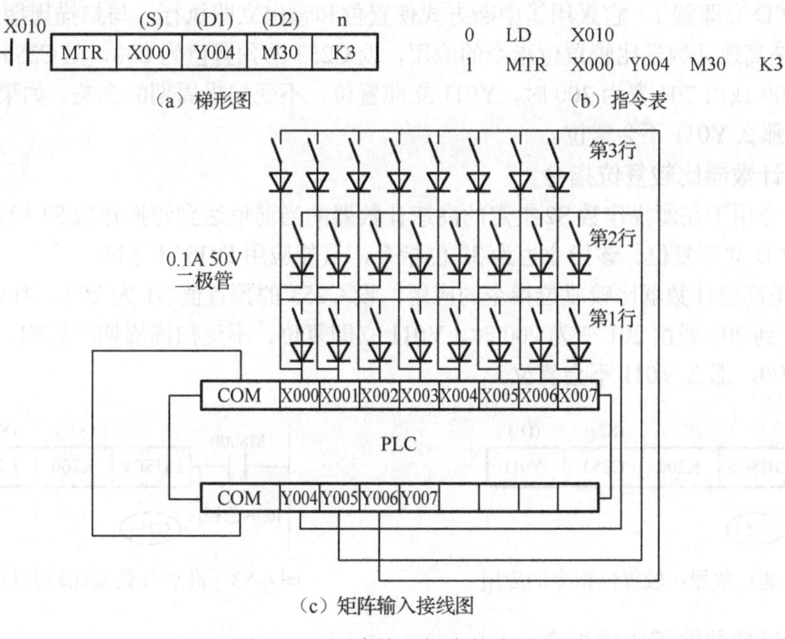

图 4-81　矩阵输入指令的应用

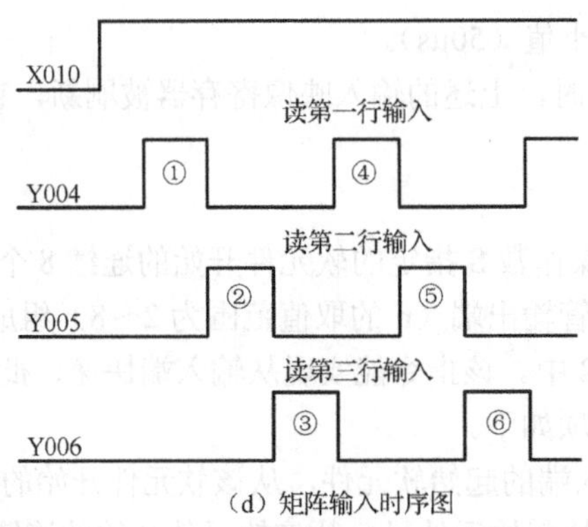

（d）矩阵输入时序图

图 4-81　矩阵输入指令的应用（续）

利用 MTR 指令，只用 8 个输入端和 8 个输出端，就可以输入 64 个输入端的状态。但是读一次 64 个输入端所需要的时间为 20ms×8=160ms，所以不适用于需要快速响应的系统。如果用 X000～X017 作为输入端，则每行读入时间会减半，64 个输入端的输入时间可以缩短到约 80ms。这条指令实际上极少使用。

4.5.2　高速计数器指令

高速计数器（C235～C255）用来对外部输入的高速脉冲进行计数。高速计数器指令有 HSCS（高速计数器比较置位指令）、HSCS（高速计数器比较复位指令）和 HSZ（高速计数器区间比较指令），均为 32 位指令。其源操作数可取所有数据类型，目标操作数可取 Y、M 和 S。在使用高速计速器指令时，建议用一直为 1 的 M8000 的常开触点来驱动高速计数器。

1．高速计数器比较置位指令

HSCS 指令用于在源操作数 S2 指定的高速计数器的当前值达到源操作数 S1 指定的预置值时，将目标操作数 D 立即置 1。它采用了中断方式使置位和输出立即执行，与扫描周期无关。

图 4-82 是高速计数器比较置位指令的应用，设 C253 的预置值为 200，在 C253 的当前计数值由 199 变到 200 或由 201 变为 200 时，Y011 立即置位，不受扫描周期的影响。如果当前值被强制设置为 200，那么 Y011 不会置位。

2．高速计数器比较复位指令

HSCR 指令用于在源操作数 S2 指定的高速计数器的当前值达到源操作数 S1 指定的预置值时，将目标操作数 D 立即复位。该指令也为 32 位指令，只能应用 DHSCR 指令。

图 4-83 是高速计数器比较复位指令的应用，设 C253 的预置值 S1 为 200，当 C253 的当前计数值由 199 变到 200 或由 201 变为 200 时，Y011 立即复位，不受扫描周期的影响。如果当前值被强制设置为 200，那么 Y011 不会复位。

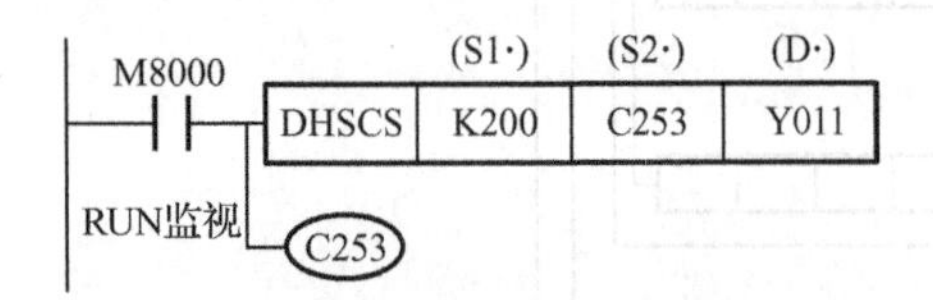

图 4-82　高速计数器比较置位指令的应用

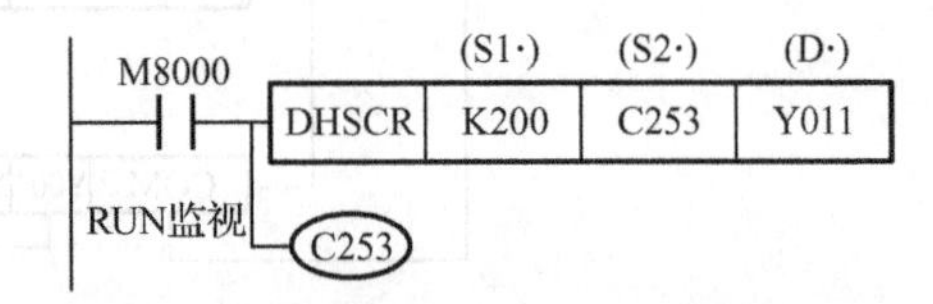

图 4-83　高速计数器比较复位指令的应用

3．高数计数器区间比较指令

HSZ 指令用于将源操作数 S3 中的数据与由源操作数 S1、S2 中的数据确定的区间进行比较，比较结果决定以目标操作数 D 为首地址的连续 3 个继电器[D（n），D（n+1），D（n+2）]的状态。该指令是 32 指令，必须用 DHSZ 指令输入。

图 4-84 是高速计数器区间比较指令的应用，当 X001 为 ON 时，执行 DHSZ 指令，当 C255 的当前值小于 400 时，M1 接通；当 C255 的当前值大于等于 400 且小于等于 1000 时，M2 接通；当 C255 的当前值大于 1000 时，M3 接通。

```
 0 ─┤X001├──[DHSZ  K400  K1000  C255  M1]
18 ─┤M1├───(Y010)
20 ─┤M2├───(Y011)
22 ─┤M3├───(Y012)
```

```
0   LD     X001
1   DHSZ   K400   K1000   C255   M1
18  LD     M1
19  OUT    Y010
20  LD     M2
21  OUT    Y011
22  LD     M3
23  OUT    Y012
```

图 4-84　高速计数器区间比较指令的应用

【例 4-20】 用编码器控制电动机的启动转速。

解析： 电动机转速分为低速、中速、高速三挡。图 4-85 是用编码器控制电动机启动转速的应用。当系统启动时，复位 C235、Y010、Y011 和 Y012，接着对 X000 的输入脉冲进行计数。启动后，当 X010 为 ON 时，DZCPP 指令仅在第一个扫描周期执行，DHSZ 指令在 X000 有脉冲输入时进行比较。当 C235 的当前值小于 1000 时，Y010 接通，电动机低速运行；当 C235 的当前值大于等于 1000 且小于等于 2000 时，Y011 接通，电动机中速运行；当 C235 的当前值大于 2000 时，Y012 接通，电动机高速运行。

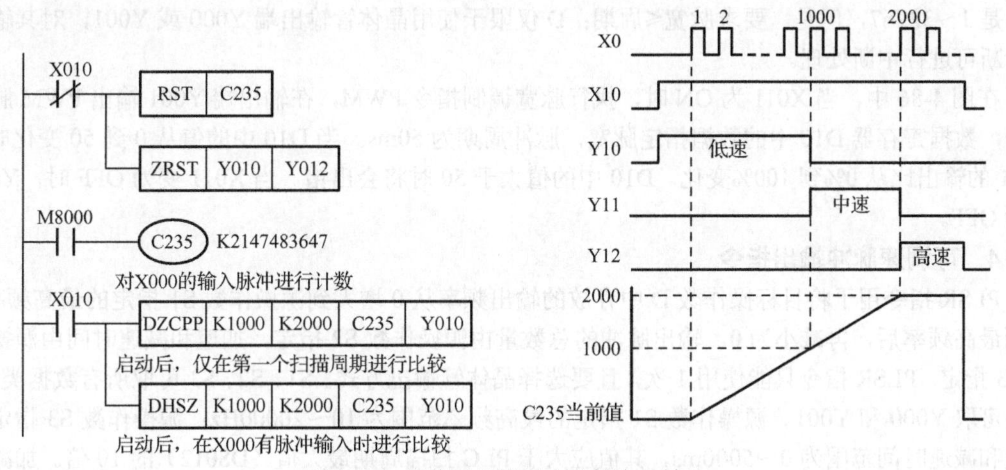

图 4-85　用编码器控制电动机启动转速

4.5.3　脉冲指令

在工程项目设计中，会经常用到脉冲指令。脉冲指令包括 SPD（速度检测指令）、PLSY（脉冲输出指令）、PWM（脉宽调制指令）、PLSR（可调速脉冲输出指令）。

1．速度检测指令

SPD 指令用来检测给定时间内编码器的脉冲个数，将源操作数 S1 指定的输入脉冲在 S2 指定的时间内计数，计数结果存放在以D为首地址的连续3个字软元件中。在源操作数S1中用到的X，不能再作为其他高速计数器的输入端。输入端X000～X005的最高输入频率与一相高速计数器相同，在与高速计数器、脉冲输出指令PLSY、可调脉冲输出指令PLSR同时使用时，其频率应限制在规定频率范围之内。

图4-86是脉冲指令的应用，当X012为ON时，执行速度检测指令SPD，将100ms内的脉冲数存放到D0中，计数当前值存放到D1中，剩余时间存放到D2中，100ms后D1、D2复位，重新开始计数。

2．脉冲输出指令

PLSY指令中的源操作数S1指定脉冲频率，源操作数S2指定脉冲个数，目标操作数D指定脉冲的输出端。源操作数S1、S2可取所有数据类型；目标操作数D只能取Y000和Y001；脉冲输出端必须是晶体管输出端，闸流体与继电器输出端均无效；该指令可用于脉冲控制电动机，如步进电动机（定位控制）；源操作数S1指定脉冲频率，对于FX2N和FX2NC系列FLC，频率为2～20000Hz；S2指定脉冲个数，16位指令的脉冲个数取值范围为1～32767，32位指令的脉冲个数取值范围为1～2147483647。指定脉冲输出完后，指令完成标志M8029置1。

当图4-86中的X010由OFF变为ON时，脉冲输出指令PLSY开始执行，Y000输出频率为1000Hz的脉冲，脉冲个数由数据寄存器D4中的数据指定。若在发出脉冲期间，X010由ON变到OFF，Y000也变为OFF。Y000和Y001输出的脉冲个数可以分别用32位数据寄存器（D8140，D8141）和（D8142，D8143）监视。在指令执行过程中，可以修改S1和S2中的数据，但是该操作在指令执行之前不起作用。

3．脉宽调制指令

PWM指令用于产生周期和宽度都可以调节的PWM脉冲，其中S1指定脉宽，S2指定周期，D指定脉冲输出端。PWM指令只能使用1次。S1指定的脉宽的范围是0～32767，S2指定的周期范围是1～32767，但是，要求脉宽≤周期；D仅限于使用晶体管输出端Y000或Y001，对其输出的通断可进行中断处理。

在图4-86中，当X011为ON时，执行脉宽调制指令PWM，在输出端Y001输出PWM脉冲信号，数据寄存器D10中的数据指定脉宽，脉冲周期为50ms。当D10中的值从0到50变化时，Y001的输出比从0%到100%变化。D10中的值大于50时将会出错。当X011变为OFF时，Y001变为OFF。

4．可调速脉冲输出指令

PLSR指令用于将目标操作数D中存放的输出频率从0增大到源操作数S1指定的最高频率，达到最高频率后，再减小为0，输出脉冲的总数量由源操作数S2指定，加速和减速时间由源操作数S3指定。PLSR指令只能使用1次，且要选择晶体管输出方式。S1、S2、S3可取所有数据类型；D只可取Y000和Y001。源操作数S1指定的最高频率范围为10～20000Hz；源操作数S3指定的加速和减速时间范围为0～5000ms，其值应大于PLC扫描周期最大值（D8012）的10倍。加减的变速次数固定为10次。

在图4-86中，当X013为ON时，将在输出端Y000输出频率（从0增大到500Hz），达到最高频率500Hz后，频率再减小为0，输出脉冲的总数量由数据寄存器D6中的数据决定，加速和减速时间为3600ms。

【例4-21】 对步进电动机进行控制，要求可以控制步进电动机的转速、正转、反转。

解析：图4-87是步进电动机控制的应用，启动与停止开关对应X001，正转控制开关对应X002，反转控制开关对应X003，电动机正转由Y002驱动，电动机反转由Y003驱动。当X001为ON时，Y000输出频率为1500Hz的脉冲，脉冲个数由数据寄存器D4中的数据指定；电动机启动后，转速由 Y000 输出的脉冲控制。当 X002 为 ON 时，Y002 置位，驱动电动机正转；当 X003 为 ON 时，Y003 置位，驱动电动机反转；正反转互锁。

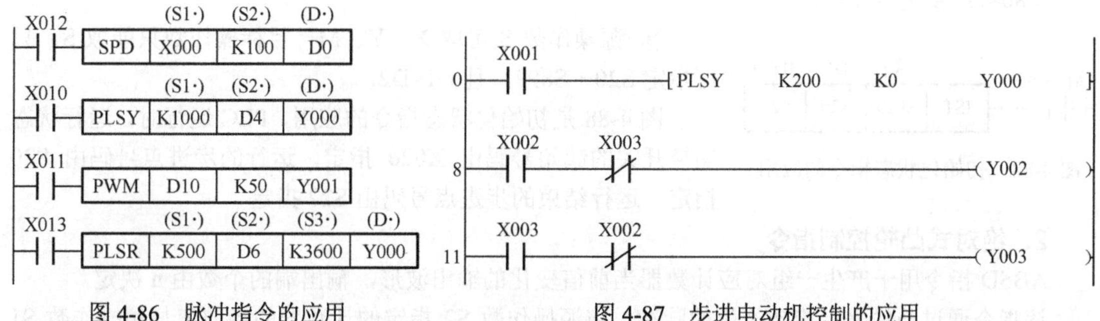

图 4-86　脉冲指令的应用　　　　图 4-87　步进电动机控制的应用

4.6　方便指令

4.6.1　与控制有关的指令

与控制有关的指令包括 IST（初始化状态指令）、ABSD（绝对式凸轮控制指令）、INCD（增量式凸轮控制指令）、RAMP（斜坡信号指令）、ROTC（旋转工作台控制指令）。与控制有关的指令说明如表 4-15 所示。

表 4-15　与控制有关的指令

指　令	指 令 格 式	操　作	注　释
IST	IST　S　D1　D2	用于状态转移图和步进梯形图的状态初始化设定	源操作数 S 可取 X、Y、M；目标操作数 D1、D2 只能取 S
ABSD	（D）ABSD S1 S2　D　n	产生一组对应计数器当前值变化的输出波形，输出端的个数由 n 决定	源操作数 S1 可取任何数据类型，源操作数 S2 只能取 C，目标操作数 D 可取 Y、M、S，n 取值范围是 1～64
INCD	INCD　S1　S2　D　n	产生一组对应计数器对位置脉冲的计数值变化的输出波形	同上
RAMP	RAMP　S1　S2　D　n	根据设定要求产生一个斜坡信号	源操作数 S 和目标操作数 D 只能取 D；n 为扫描周期，取值范围是 1～32767
ROTC	ROTC　S　m1　m2　D	控制旋转工作台旋转，使得被选工作台以最短路径到达出口位置	源操作数 S 必须是 D，目标操作数 D 可取 Y、M、S，m1、m2 的取值范围为 0～32767

1．初始化状态指令

IST 指令用于状态转移图和步进梯形图的状态初始化设定。S 指定运行状态切换开关的起始号码，D1 指定运行的步进点号码，D2 指定运行结束的步进点号码。

IST 指令的使用注意事项如下。

① 当使用 IST 指令时，S10～S19 被认定为原点复归状态的专属区域，不可用于其他用途。

② 与 IST 指令有特殊关系的特殊辅助继电器如下。

M8040：移行禁止。

M8041：步进点移行开始。

M8042：步进点启动脉冲。

M8047：步进点监视。

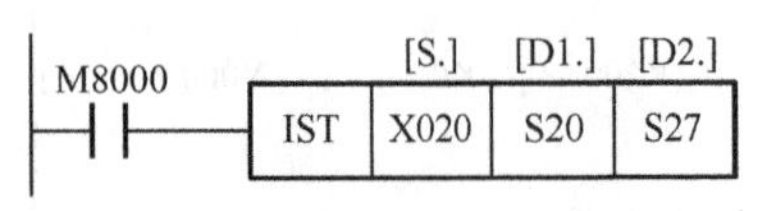

图 4-88 初始化状态指令的应用

③ 源操作数 S 可取 X、Y、M，目标操作数只能取 S，只可指定 S20～S899，且 D1<D2。

图 4-88 是初始化状态指令的应用，PLC 运行时，运行状态切换开关的起始号码由 X020 指定，运行的步进点号码由 S20 指定，运行结束的步进点号码由 S27 指定。

2．绝对式凸轮控制指令

ABSD 指令用于产生一组对应计数器当前值变化的输出波形，输出端的个数由 n 决定。

该指令通过凸轮平台旋转产生的脉冲，将源操作数 S2 指定的计数器的当前值与源操作数 S1 指定的软元件中的数据进行比较，使目标操作数 D 指定的软元件输出要求的波形。输出端的个数由 n 指定，$1 \leqslant n \leqslant 64$。源操作数 S1 是保存输出信号上升沿、下降沿时计数值的起始软元件，S2 是对位置脉冲计数的计数器，目标操作数 D 可取 Y、M 和 S。该指令只能使用 1 次。

【例 4-22】 用一个有 360 个齿的齿盘来检测旋转角度，齿盘每转 1° 产生 1 个脉冲，由计数器对 C0（接近开关检测齿脉冲）进行计数，其计数值对应齿盘的旋转角度。

解析：图 4-89 是绝对式凸轮控制指令的应用，程序中有 4 个输出端（n=4），由 M0～M3 控制。凸轮平台旋转一周期间，M0～M3 的 ON/OFF 状态变化受由 X001 提供的角度位置脉冲（1°/ 脉冲）控制。从 D300 开始的 8 个（2^3=8）数据寄存器用来存放 M0～M3 的接通端（由 OFF 变为 ON）和断开端（由 ON 变为 OFF）。可以用 MOV 指令将接通端数据存入 D300~D307 中的奇数单元，断开端数据存入 D300～D307 中的偶数单元。

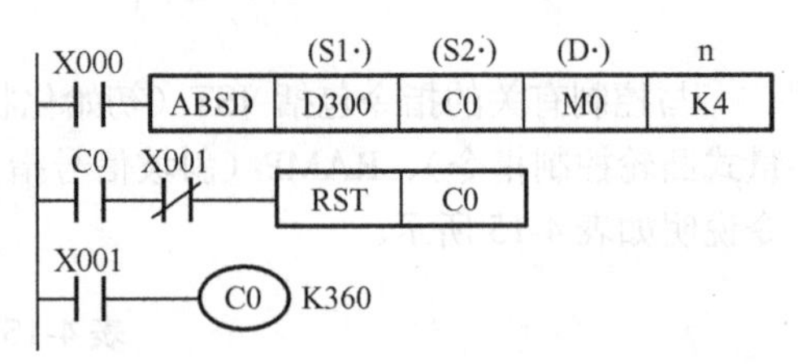

图 4-89 绝对式凸轮控制指令的应用

例如，M0 的接通端和断开端分别受 D300 和 D301 控制，M1 的接通端和断开端分别受 D302 和 D303 控制，……，M4 的接通端和断开端分别受 D306 和 D307 控制。表 4-16 是输出端信号变化值，若 X000 为 OFF，各输出端的状态不变。该指令只能使用 1 次。

表 4-16 输出端信号变化值

D300～D307			M0～M4 输出波形
接通端数值	断开端数值	输出软元件	
D300:40	D301:140	M0	M0 40 140
D302:100	D303:200	M1	M1 100 200
D304:160	D305:60	M2	M2 60 160
D306:240	D307:280	M3	M3 240 280 0° 180° 360°

3．增量式凸轮控制指令

INCD 指令用于根据源操作数 S2 指定的计数器对位置脉冲的计数值，实现对最多 64 个输出端（Y、M 和 S）的循环顺序进行控制，使它们依次为 ON，且同时只有一个输出端为 ON。其源操作数与目标操作数的功能与 ABSD 指令相同，只支持 16 位操作数，n 的取值范围是 0～64，该指令只能使用 1 次。

在图4-90所示的程序中，有4个输出端（n=4），由M0～M3来控制。它们的ON/OFF状态由凸轮提供的脉冲个数控制。用D300～D303数据寄存器来存放使M0～M3为ON的脉冲个数。可以用MOV指令将数值20、30、10、40分别传送到D300～D303中。当C0的当前值达到所设定的值时，其自动复位，然后又重新开始计数。

段计数器C1用来存放复位的次数，M0～M3按C1的值依次动作。由n指定的最后一段完成后，完成标志M8029为1，又重复上述过程。若X000为OFF，则各输出状态不变。若C0和C1复位，则当前的值被清零；同时M0～M3变为0，只有当X000再次为ON后，才会重新开始运行。

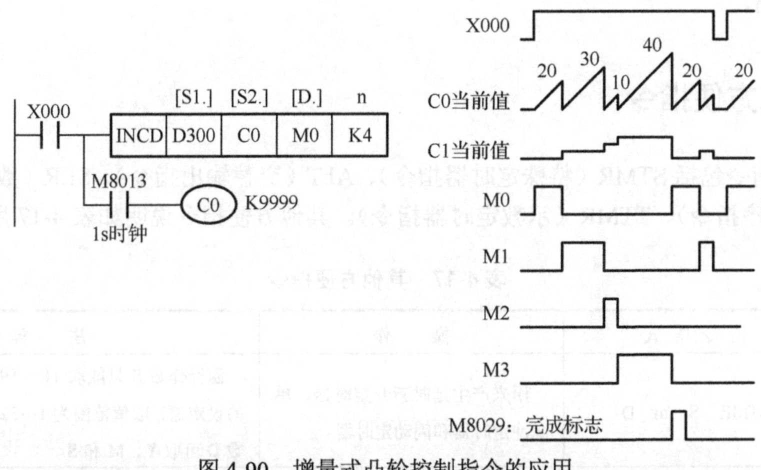

图4-90　增量式凸轮控制指令的应用

4．斜坡信号指令

RAMP指令与模拟量输出结合，可以实现软启动和软停止。设置好斜坡输出信号的初始值（由S1指定）和最终值（由S2指定）后，执行该指令时，D中的输出数据由初始值逐渐变为最终值，变化的全过程所需的时间用扫描周期个数n来设置。用D的下一个软元件来保存已经扫描的次数。源操作数和目标操作数都是数据寄存器D，n的取值范围是0～32767。该指令只能进行16位运算。

将设定的扫描周期（要长于实际扫描周期）写入M8039，然后M8039为1，PLC进入恒定值扫描周期运行方式。如果扫描周期的设定值为10ms，当X000为ON时，图4-91中，D3中的值从D1中的值变到D2中的值所需要的时间为10ms×1000＝10s。

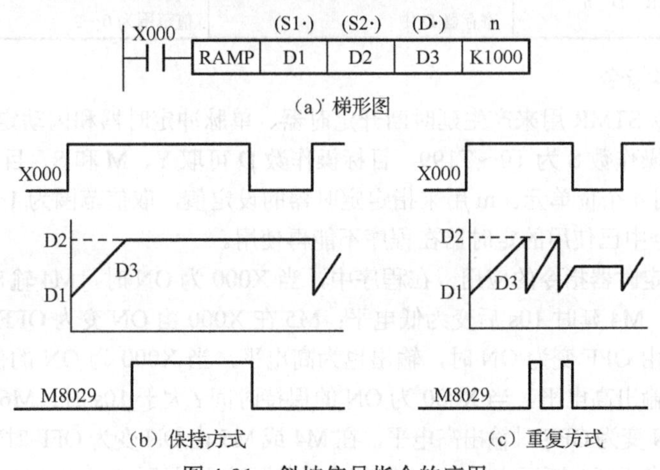

图4-91　斜坡信号指令的应用

当X000为ON时，斜坡开始输出。若在斜坡输出过程中，X000由ON变为OFF，则停止斜坡输出，D3的值保持不变。此后若X000再次由OFF变为ON，D3清零，斜坡输出重新从D1中的值开始进行。当输出达到D2中的值时，M8029为1。

若保持标志M8026为1，则斜坡输出为保持方式，其最终被保持。若保持标志M8026为0，则为重复方式，D3中的值达到D2中的值后恢复为D1中的值，重复斜坡输出。

5．旋转工作台控制指令

ROTC指令用于让工作台上指定位置的工件以最短的路径移到出口位置。该指令极少使用，因此不详细介绍。

4.6.2　其他方便指令

其他方便指令包括STMR（特殊定时器指令）、ALT（交替输出指令）、SER（数据查找指令）、SORT（数据排序指令）、TTMR（示教定时器指令）。其他方便指令说明如表4-17所示。

表4-17　其他方便指令

指　令	指令格式	操　作	注　释
STMR	STMR　S　m　D	用来产生延时断开定时器、单脉冲定时器和闪动定时器	源操作数S只能取T0～T99，m指定定时器的设定值，取值范围为1～32767ms，目标操作数D可取Y、M和S
ALT	ALT（P）　D	用一个按钮控制负载的启动和停止	目标操作数D可取Y、M和S
SER	（D）SER（P）S1 S2 D n	在以S1为首地址的n个软元件中查找与S2中的数据相同的数据，将查找结果存入目标操作数D中	源操作数S1、S2可取所有数据类型，目标操作数D可取C、T、D、KnX、KnY、KnV、KnS
SORT	SORT　S　m1　m2　D　n	将源操作数S中的数据组成一个m1行、m2列的表格，并按从小到大的顺序排列	源操作数S和目标操作数D只能是数据寄存器D，m1的取值范围为1～32，m2的取值范围为1～6，n的取值范围为1～m2
TTMR	TTMR　D　n	将按钮闭合的时间记录在数据寄存器D中	目标操作数D只能是数据寄存器D，n的取值范围为0～2

1．特殊定时器指令

特殊定时器指令STMR用来产生延时断开定时器、单脉冲定时器和闪动定时器。该指令只支持16位操作数，源操作数S为T0～T199，目标操作数D可取Y、M和S，目标操作数D为输出电路，它需连续使用4个位单元。m用来指定定时器的设定值，取值范围为1～32767。

特殊定时器指令中已使用的定时器在程序不能再使用。

图4-92是特殊定时器指令的应用，在程序中，当X000为ON时，M4输出高电平，当X000由ON变为OFF时，M4延时10s后变为低电平；M5在X000由ON变为OFF时，输出10s的高电平；M6在X000由OFF变为ON时，输出也为高电平，当X000为ON的保持时间t小于10s时，M6在t时间内输出高电平，当X000为ON的保持时间t大于10s时，M6只输出10s的高电平；M7在M6由ON变为OFF时输出高电平，在M4或M5由ON变为OFF时输出低电平。因此，由分析可知，M4相当于延时断开定时器，M5相当于单脉冲定时器，M6和M7相当于闪动定时器。当X001为ON时，M4作为STMR指令的控制按钮，使M3和M2组成了10s的振荡电路。

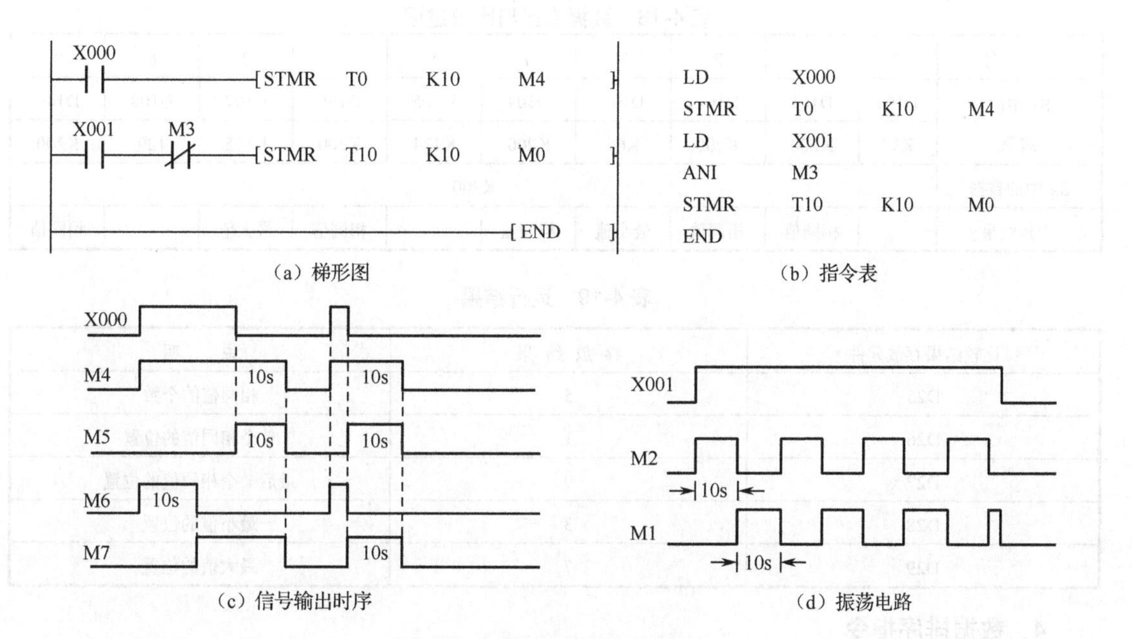

图 4-92　特殊定时器指令的应用

2．交替输出指令

ALT 指令用于在输入信号的上升沿时使目标操作数 D 的输出状态发生改变。目标操作数 D 可取 Y、M 和 S。该指令若连续执行，则每个扫描周期都会进行反向动作（状态翻转）。

图 4-93 是交替输出指令的应用，程序运行时，在 M0 的上升沿，M1 的状态发生翻转。

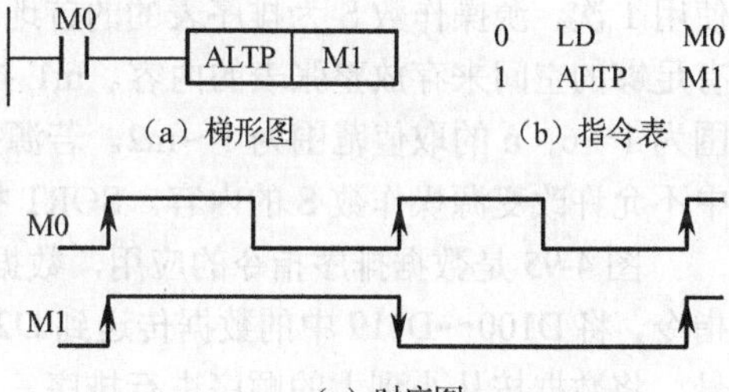

M0　ALTP　M1
（a）梯形图
0　LD　M0
1　ALTP　M1
（b）指令表
M0
M1
（c）时序图

图 4-93　交替输出指令的应用

3．数据查找指令

SER 指令用于在以 S1 为首地址的 n 个软元件中查找与 S2 中的数据相同的数据，查找结果存入目标操作数 D 中。该指令的源操作数 S1、S2 可取所有数据类型，目标操作数 D 可取 C、T、D、KnX、KnY、KnV、KnS。操作数为 16 位时，n 的取值范围为 1～256；操作数为 32 位时，n 的取值范围为 1～128。存入结果时，占用从目标操作数 D 开始 5 个软元件，这 5 个单元分别存储相同值的个数、首个相同值的位置、最后一个相同值的位置、最小值的位置和最大值的位置。该指令支持 16 位操作数和 32 位操作数，支持连续执行和脉冲执行。

图 4-94 是数据查找指令的应用，当 X001 为 ON 时，执行 SER 指令，将从 D100 开始的连续 10 个软元件中的数据与 D1 中的数据进行比较，比较结果存入从 D25 开始的 5 个软元件中。数据查找与比较过程如表 4-18 所示，运行结果如表 4-19 所示。

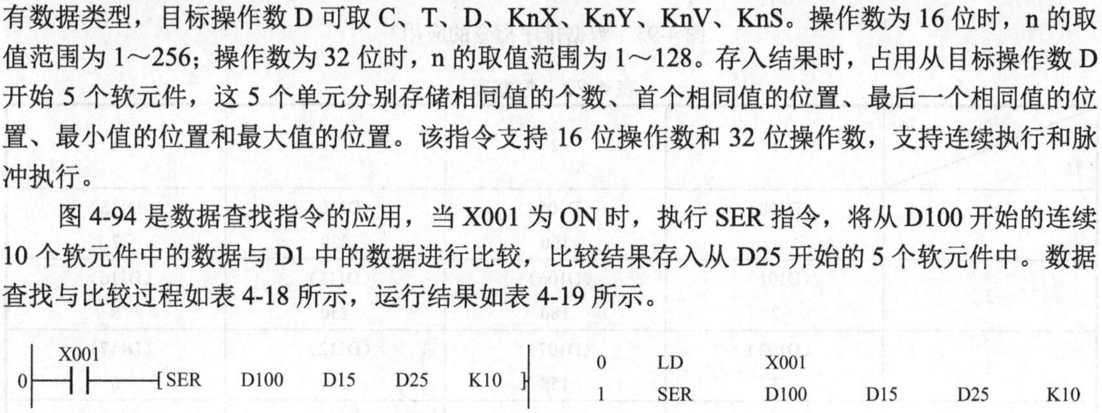

0　X001　SER　D100　D15　D25　K10

0　LD　X001
1　SER　D100　D15　D25　K10

图 4-94　数据查找指令的应用

表4-18　数据查找与比较过程

序　　号	0	1	2	3	4	5	6	7	8	9
S1中的数据	D100	D101	D102	D103	D104	D105	D106	D107	D108	D109
	K97	K200	K200	K65	K200	K134	K200	K235	129	K200
S2中的数据	K200									
查找结果		相同值	相同值	最小值	相同值		相同值	最大值		相同值

表4-19　运行结果

比较结果存放元件	存放结果	说　　明
D25	5	相同值的个数
D26	1	首个相同值的位置
D27	9	最后一个相同值的位置
D28	3	最小值的位置
D29	7	最大值的位置

4．数据排序指令

SORT指令用于将源操作数S中的数据转换成一个m1行、m2列的表格，并将指定的数据内容按从小到大的顺序排列。该指令的源操作数S和目标操作数D都为数据寄存器D，该指令只能使用1次。源操作数S为排序表的的首地址，目标操作数D为排序后新表的首地址，它们后面应有足够的空间来存放整张表的内容。m1指定表的行数，范围为1～32；m2指定对表的列数，范围为1～6；n的取值范围为1～m2。若源操作数S和目标操作数D为同一软元件，则在排序过程中不允许改变源操作数S的内容。SORT指令执行完毕后，结束标志M8029为1。

图4-95是数据排序指令的应用，数据表内容如表4-20所示，当X000为ON时，执行SORT指令，将D100～D119中的数据传送到D200～D219中，组成一个5×4的表格，并根据D0中的列号，将数据按从小到大的顺序进行排序。

```
 X000        [S.]   m1    m2   [D.]    n
--| |--[SORT  D100   K5    K4   D200   D0 ]      LD    X000
                     5行   4列          序号      SORT  D100  K5  K4  D200  D0
```

图4-95　数据排序指令的应用

表4-20　数据表

行＼列	1	2	3	4
1	(D100) 1	(D105) 160	(D110) 320	(D115) 7
2	(D101) 2	(D106) 180	(D111) 250	(D116) 8
3	(D102) 3	(D107) 158	(D112) 280	(D117) 6
4	(D103) 4	(D108) 160	(D113) 290	(D118) 7
5	(D104) 5	(D109) 152	(D114) 270	(D119) 9

表4-21是D0=K2时执行指令的结果，表4-22是D0=K3时执行指令的结果。

表4-21 D0=K2时执行指令的结果

行＼列	1	2	3	4
1	(D100) 1	(D105) 152	(D110) 320	(D115) 7
2	(D101) 2	(D106) 158	(D111) 250	(D116) 8
3	(D102) 3	(D107) 160	(D112) 280	(D117) 6
4	(D103) 4	(D108) 160	(D113) 290	(D118) 7
5	(D104) 5	(D109) 180	(D114) 270	(D119) 9

表4-22 D0=K3时执行指令的结果

行＼列	1	2	3	4
1	(D100) 1	(D105) 160	(D110) 250	(D115) 7
2	(D101) 2	(D106) 180	(D111) 270	(D116) 8
3	(D102) 3	(D107) 158	(D112) 280	(D117) 6
4	(D103) 4	(D108) 160	(D113) 290	(D118) 7
5	(D104) 5	(D109) 152	(D114) 320	(D119) 9

5. 示教定时器指令

TTMR指令用于将按钮闭合的时间记录在数据寄存器D中，由此通过按钮可以调整定时器的设置时间。该指令只支持16位操作数，目标操作数D只能为数据寄存器D，n可为0、1、2。TTMR指令将按钮闭合的时间（由D的下一个单元进行记录）乘以系数10^n作为定时器的预置值送入D中。

图4-96是示教定时器指令的应用，当X000为ON时，执行TTMR指令，D301记录按钮被按下的时间（T1），然后将该时间（T1）乘以10^n，由于n=1，因此存入D300的值为10×T1，如果n=2，则存入D300的值为100×T1。当X001为ON时，T1延时的时间就是X000闭合时间的10^n倍，这样就达到了调整定时器设置时间的目的。

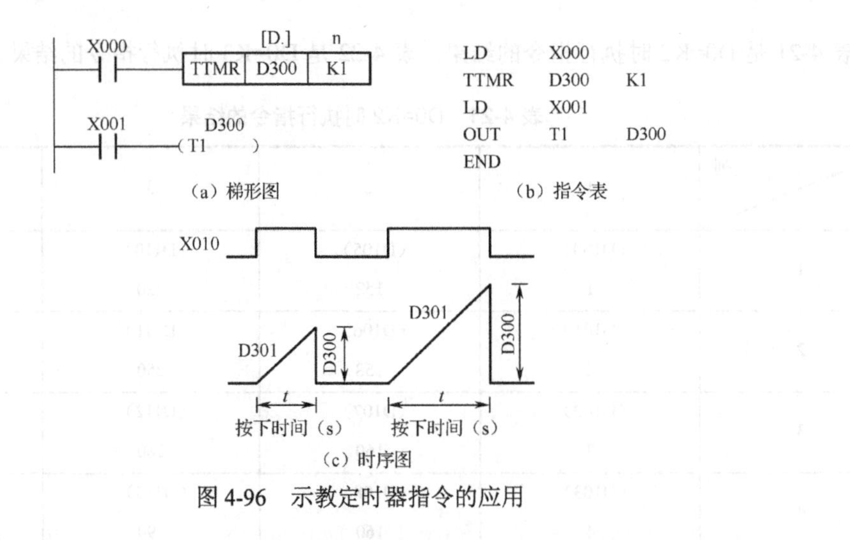

（a）梯形图 （b）指令表

（c）时序图

图4-96 示教定时器指令的应用

4.7 外部设备I/O指令

外部设备I/O指令包括TKY（十键输入指令）、HKY（十六键输入指令）、DSW（数字开关指令）、SEGD（七段译码指令）、SEGL（带锁存七段译码指令）、ARWS（方向开关指令）、ASC（ASCII码转换指令）、PR（ASCII码打印指令）、FROM（读特殊功能模块指令）、TO（写特殊功能模块指令）。外部设备I/O指令说明如表4-23所示。

表4-23 外部设备I/O指令

指　令	指令格式	操　作	注　释
TKY	(D)TKY S D1 D2	向接在PLC上的10个输入端输入0～9	该指令在程序中只能使用1次
HKY	(D)HKY S D1 D2 D3	用于向以矩阵方式排列的16个按键输入0～9和A～F	源操作数S指定4个输入软元件的首地址，目标操作数D1指定4个输出软元件的首地址，D2指定输入存储软元件，D3指定键状态的存储软元件首地址
DSW	DSW S D1 D2 n	读取一组或两组4位BCD码数字开关状态的设置值	源操作数S指定4个输入软元件的首地址，目标操作数D1指定4个开关选通输出软元件的首地址，D2指定开关状态存储寄存器，n指定开关组数
SEGD	SEGD S D	将S指定软元件中数据的低4位中的十六进制数译成七段显示码数据，存入目标操作数D中，D的高8位不变	a、b、c、d、e、f、g分别对应输出字节的第0～6位
SEGL	SEGL S D n	控制一组或两组4位带锁存七段译码的共阴极数码管	该指令在程序中只能使用1次，必须使用晶体管输出类型的PLC
ARWS	ARWS S D1 D2 n	用4个方向开关逐位输入或者修改4位BCD码数据，用带锁存的4位或8位七段数码管来显示当前设置的数值	必须使用晶体管输出类型的PLC
ASC	ASC S D	将源操作数S中数据的最多8个字母或数字转换成ASCII码，存放在目标操作数D中	必须使用晶体管输出类型的PLC

续表

指　令	指令格式	操　作	注　释
PR	PR　S　D	将源操作数 S 指定的 ASCII 码经指定软元件输出	必须使用晶体管输出类型的 PLC
FROM	(D)FROM(P) m1 m2 D n	将特殊功能模块单元缓冲存储器的内容读入 PLC 中，并存入指定的数据寄存器中	特殊功能模块为 FX 系列 PLC 基本单元右边扩展总线上的功能模块
TO	(D)TO(P) m1 m2 S n	将 PLC 指定的数据寄存器中的内容写入特殊功能模块的缓冲寄存器中	m1、m2 和 n 的意义和取值范围与 FROM 指令相同

1．十键输入指令

TKY 指令用于向接在 PLC 上的 10 个输入端输入 0～9。源操作数 S 指定 10 个按键对应 PLC 输入软元件的首地址；目标操作数 D1 是将按键转换成 BIN 码后存储的首地址，只能是 X，10 个按键可以输入 4 位十进制数据。该指令在程序中只能使用 1 次；进行 16 位操作时，最大输出数据为 9999；进行 32 位操作时，最大输出数据为 99999999；超出最大限制时，高位将溢出并丢失。

图 4-97 是十键输入指令的应用。10 个按键与 PLC 输入软元件 X000～X011 连接，这 10 个按键可以输入 4 位十进制数据，数据将自动转换成 BIN 码存于 D10 中。与输入对应的辅助继电器为 M30～M39，用来记录输入的个数，辅助继电器与数字按键的对应关系如表 4-24 所示。当 X020 为 ON 时，执行 TKY 指令，X000～X011 分别输入 0～9，依次按下 X011、X010、X002、X003 按键时，就可以将 9823 输入 PLC 的数据寄存器 D10 中。任何一个按键被按下，M40 都将产生一个脉冲，称为键输入脉冲，用于记录按键被按下的次数。当按键被按下的次数大于 4 时，M40 会发出提醒，并将相关存储单元清零。

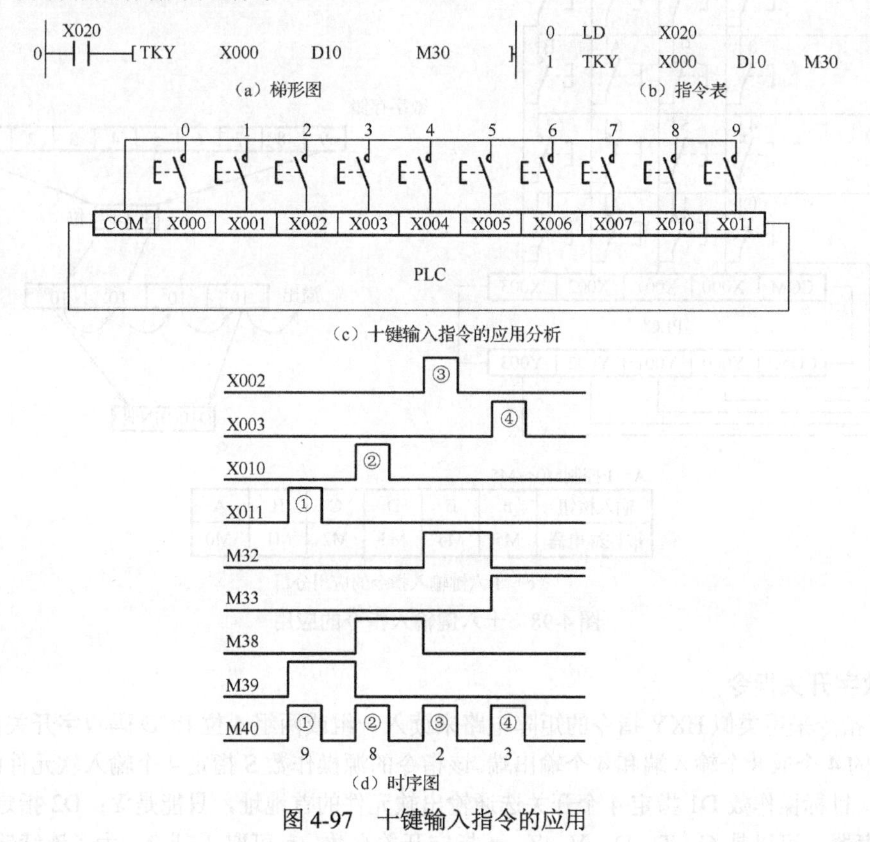

图 4-97　十键输入指令的应用

表 4-24 辅助继电器与数字按键的对应关系

内　容	X000	X001	X002	X003	X004	X005	X006	X007	X010	X011
输入数字	0	1	2	3	4	5	6	7	8	9
对应的辅助继电器	M30	M31	M32	M33	M34	M35	M36	M37	M38	M39

2. 十六键输入指令

HKY 指令用于向以矩阵方式的排列的 16 个按键输入 0～9 和 A～F。

该指令的源操作数 S 指定 4 个输入软元件的首地址，只能是 X；目标操作数 D1 指定输出软元件的首地址（晶体管输出），只能是 Y；目标操作数 D2 指定输入存储软元件，可以是 C、T、D、V、Z；目标操作数 D3 指定键状态的存储软元件首地址，可以是 Y、M、S。若将 M9167 置 1，则 0～9、A～F 将以十六进制数的形式存入目标操作数 D2 指定的数据寄存器中。

图 4-98 是十六键输入指令的应用，16 个数字按键以 4×4＝16 的矩阵方式与 PLC 的 X000～X003 和 Y000～Y003 连接，这 16 个按键可以输入十进制数或十六进制数，当X010 为 ON 时，执行 HKY 指令，按下数字键 0～9 时，输入数值以二进制数存放于 D10 中；允许输入的数字范围为 0～9999，如果超出此范围，将会产生溢出。字母键 A～F 控制M10～M15，当某个字母键被按下时，对应的辅助继电器动作，并保持到下一个按键被按下时才复位。按下任意一个数字键时，M16 为 1。

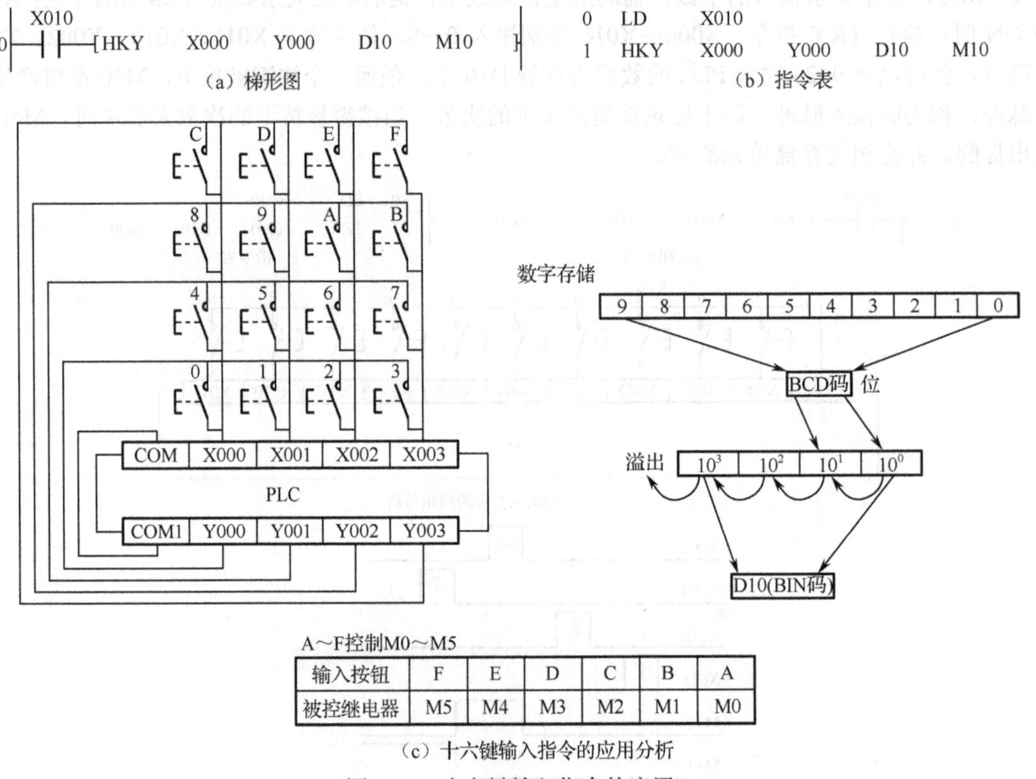

(c) 十六键输入指令的应用分析

图 4-98 十六键输入指令的应用

3. 数字开关指令

DSW 指令采用类似 HKY 指令的矩阵电路来读入一组或两组 4 位 BCD 码数字开关的设置值，占用 PLC 的 4 个或 8 个输入端和 4 个输出端。该指令的源操作数 S 指定 4 个输入软元件的首地址，只能是 X；目标操作数 D1 指定 4 个开关选通输出软元件的首地址，只能是 Y；D2 指定的开关状态存储寄存器，可以是 C、T、D、V、Z；n 指定开关组数，n 可取 1 或 2。为了连续输入数字开关的数据，应采用晶体管输出类型的 PLC。

DSW 指令的应用如图 4-99 所示。将一组 4 位 BCD 码数字开关设置值与 PLC 的 X010～X013 和 Y010～Y013 连接，这 4 位 BCD 码被传送到 D0 中。当 X000 为 ON 时，执行 DSW 指令，按 Y010～Y013 的顺序选通读入，数据以二进制数的形式存入 D0 中。n=1 表示读入一组 4 位 BCD 码数字开关设置值，n=2 表示读入两组 4 位 BCD 码数字开关设置值。如果有两组设置值，则第二组设置值接到 X014～0X17 中，数据仍按 Y010～Y013 的顺序选通读入，数据以二进制数的形式存放在 D1 中。每组开关由 4 个拨盘分别产生 4 个 4 位 BCD 码。当 X000 为 ON 时，Y010～Y013 依次为 ON，一个周期完成后，M8029 为 1。

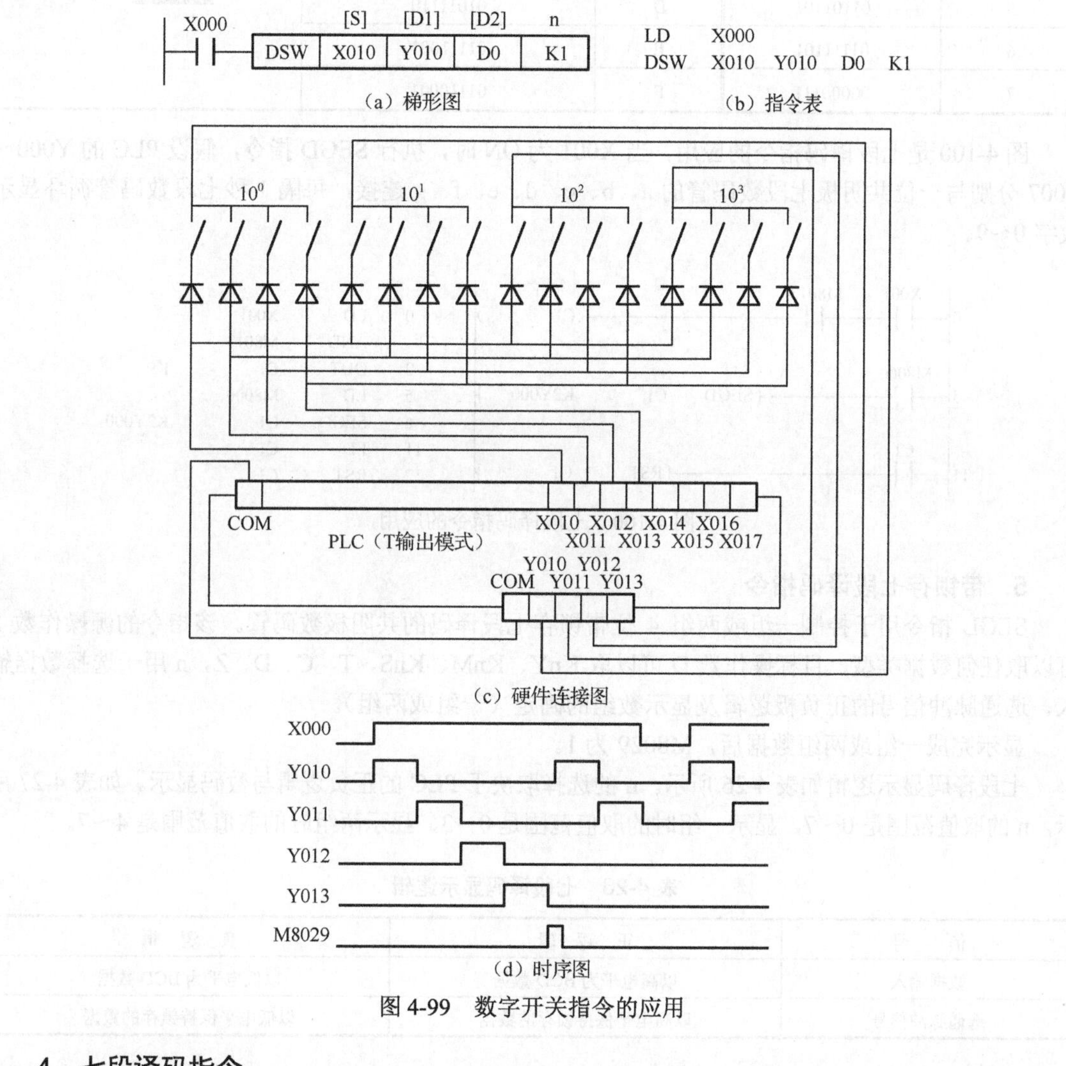

图 4-99　数字开关指令的应用

4．七段译码指令

SEGD 指令用于控制一位共阴极七段数码管。该指令将源操作数 S 指定软元件中数据的低 4 位中的十六进制数译成七段显示码数据，存入目标操作数 D 中，D 的高 8 位不变；源操作数 S 可以是 K、H、KnX、KnY、KnM、KnS、T、C、D、Z；目标操作数 D 可以是 KnY、KnM、KnS、T、C、D、Z。

七段数码管的 a、b、c、d、e、f、g 分别对应输出字节的第 0～6 位。若输出的字节某位段码为 1，则对应的段码显示，若输出字节的某位段码为 0，则对应的段码不显示。字符显示与各段码的关系如表 4-25 所示。

表 4-25 字符显示与各段码的关系

十六进制数	gfedcba	十六进制数	gfedcba
0	00111111	8	01111111
1	00000110	9	01100111
2	01011011	A	01110111
3	01001111	B	01111100
4	01100110	C	00111001
5	01101101	D	01011110
6	01111101	E	01111001
7	00000111	F	01110001

图 4-100 是七段译码指令的应用，当 X001 为 ON 时，执行 SEGD 指令，假设 PLC 的 Y000～Y007 分别与一位共阴极七段数码管的 a、b、c、d、e、f、g 连接，每隔 1 秒七段数码管循环显示数字 0～9。

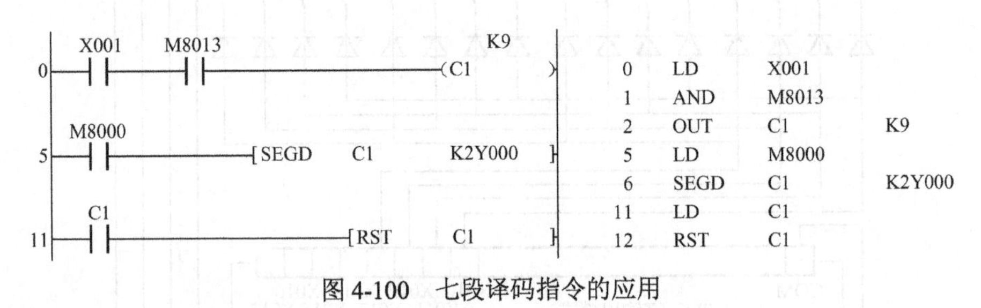

图 4-100 七段译码指令的应用

5. 带锁存七段译码指令

SEGL 指令用于控制一组或两组 4 位带锁存七段译码的共阴极数码管。该指令的源操作数 S 可以取任何数据类型，目标操作数 D 可以取 KnY、KnM、KnS、T、C、D、Z，n 用于选择数据输入、选通脉冲信号的正负极逻辑及显示数组的确定（一组或两组）。

显示完成一组或两组数据后，M8029 为 1。

七段译码显示逻辑如表 4-26 所示。n 的选择取决于 PLC 的正负逻辑与数码显示。如表 4-27 所示，n 的取值范围是 0～7，显示一组时的取值范围是 0～3，显示两组时的取值范围是 4～7。

表 4-26 七段译码显示逻辑

信　号	正 逻 辑	负 逻 辑
数据输入	以高电平为 BCD 数据	以低电平为 BCD 数据
选通脉冲信号	以高电平保持锁存的数据	以低电平保持锁存的数据

表 4-27 参数 n 的选择

4 位一组			4 位两组		
数据输入	选通脉冲信号	n	数据输入	选通脉冲信号	n
一致	一致	0	一致	一致	4
	不一致	1		不一致	5
不一致	一致	2	不一致	一致	6
	不一致	3		不一致	7

图 4-101 是带锁存七段译码指令的应用，使用晶体管输出类型的 PLC 与 4 位两组共阴极数码管连接。若显示 4 位一组，则 n 的取值范围为 0～3，程序中为 1，因此，PLC 采用负逻辑，显示器的数据输入也采用负逻辑，显示器的选通脉冲信号采用正逻辑。当 X001 为 ON 时，执行 SEGL 指令，将 D0 中的 BIN 码转换成 4 位 BCD 码（0～9999），并将这 4 位 BCD 码分时依次送入 Y000～Y003，而 Y004～Y007 依次作为各数码管的选通信号。

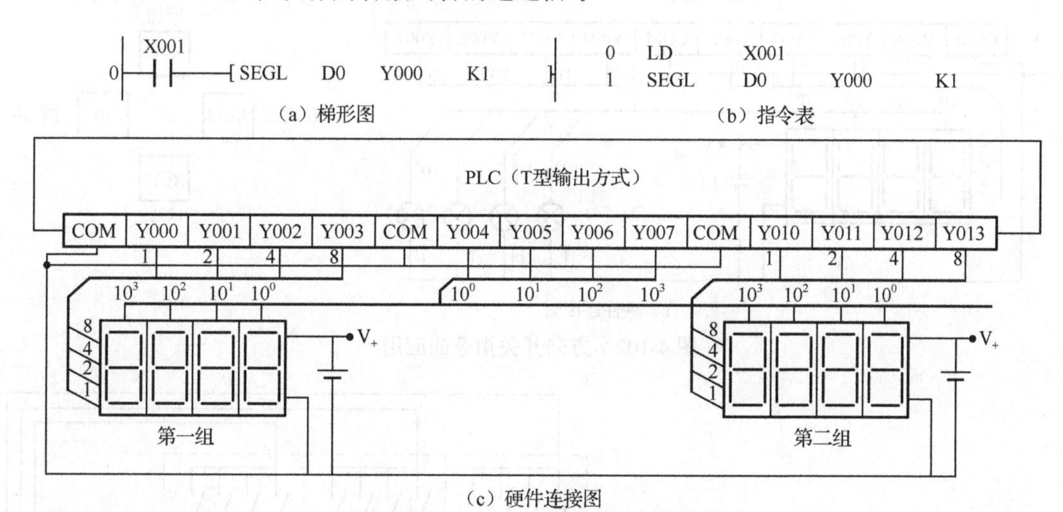

（c）硬件连接图

图 4-101　带锁存七段译码指令的应用

若显示 4 位两组，则 n 的取值范围为 4～7，当 X001 为 ON 时，将 D0 中的 BIN 码转换成 4 位 BCD 码（0～9999），并将这 4 位 BCD 码分时依次送入 Y000～Y003；D1 中的 BIN 码也转换成 4 位 BCD 码（0～9999），并将这 4 位 BCD 码分时依次送入 Y010～Y013，而 Y004～Y007 依旧作为各数码管的选通信号。

6．方向开关指令

ARWS 指令用于用 4 个方向开关逐位输入或者修改 4 位 BCD 码数据，然后用带锁存的 4 位或 8 位七段数码管来显示当前设置的数值。该指令的源操作数 S 用于指定 4 个开关方向的输入端的首地址，可以取 X、Y、M、S；目标操作数 D1 用于存储需要修改的 4 位数据，可以是 T、C、D、Z；目标操作数 D2 用于指定带锁存的七段数码管的数据输出和选通脉冲输出端的首地址，只能是 Y。n 与 SEGL 指令中的 n 是相同的，取值范围为 0～3。该指令在程序中只能使用 1 次，必须使用晶体管输出类型的 PLC。

图 4-102 是方向开关指令的应用，使用晶体管输出类型的 PLC 与 4 位一组共阴极数码管连接，其中 Y000～Y003 作为 4 位 BCD 码数据的输入端，而 Y004～Y007 作为各数码管的选通信号。方向开关与 X010～X013 连接，用来修改和设置 D10 中的 4 位数据，其中位左移键（X013）和位右移键（X012）用来移动输入和显示位，增加键（X011）和减少键（X010）用来修改该位的数据。

当 X001 为 ON 时，执行 ARWS 指令，将显示数据（通常为 BCD 码）送入 D10 中。X001 刚接通时，指定的是最高位，每按 1 次位左移键，指定位则左移 1 位，每按 1 次位右移键，指定位则右移 1 位，在移位过程中，有相应的数码管显示。如果选择 10 位，且原数据为 5，按减少键，则数据按 5→4→3→2→1→0→9 循环减小，按增加键，则数据按 5→6→7→8→9→0→1 循环增加。

【例 4-23】 使用方向开关指令修改定时器 T0～T49 的设定值，并显示某定时器的当前值。

解析：需要用到开关指令设定键、T0～T49 定时器的延时设定键、带锁存的七段 LED 显示及读/写指示灯，因此画出如图 4-103 所示的接线图。

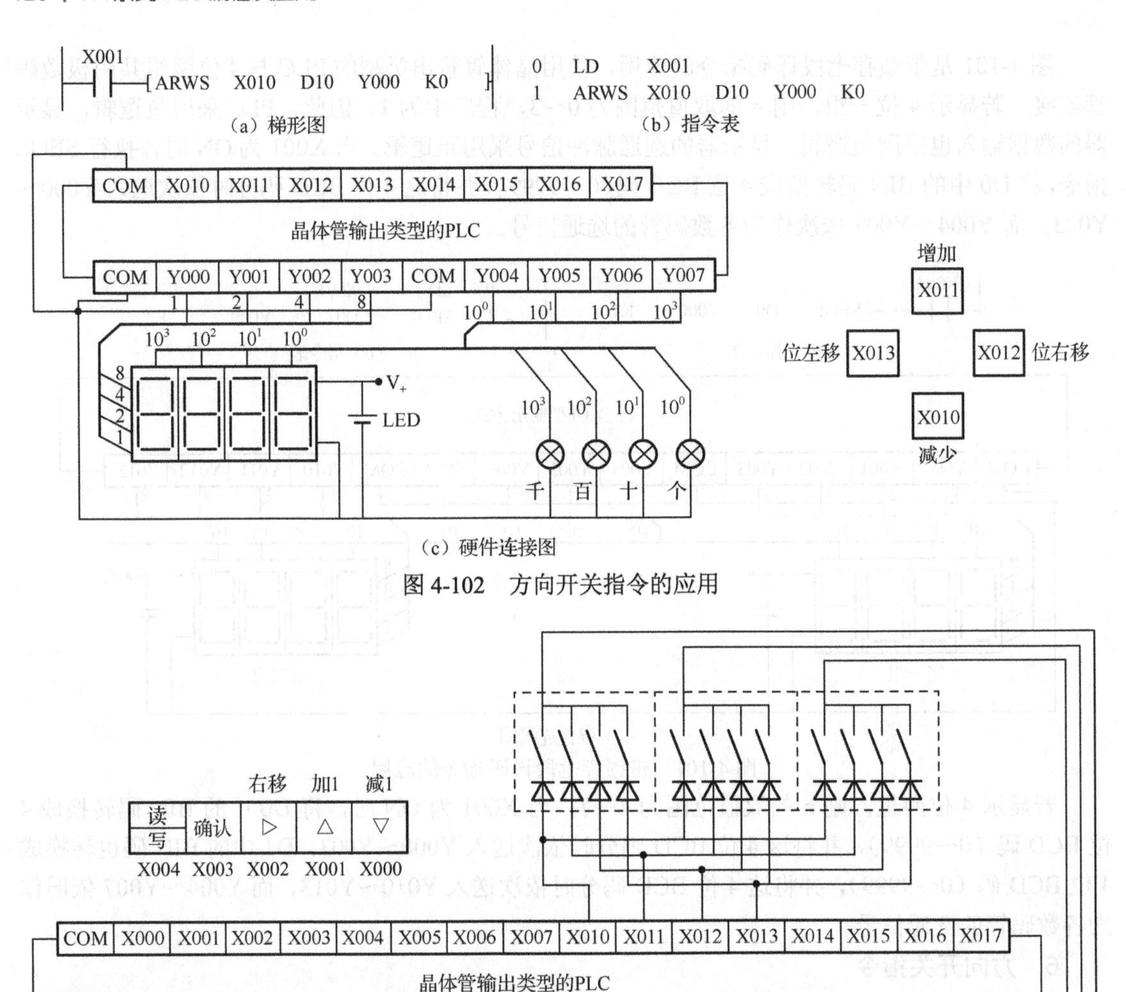

图 4-102 方向开关指令的应用

图 4-103 接线图

用 X004（读/写键）和 ATL 指令切换读/写操作，T0～T49 的延时设定值可以由 D100～D149 给出。读操作时，用 3 个 BCD 码开关设定定时器的符号，按 X003（确认键）时，数字开关指令 DSW 将软元件号用变址的方式读入 Z 中，并使用 SEGL 指令将当前的值在 LED 中显示出来。写操作时，将定时器软元件号 D100Z0 送到 D211 中，通过 X000（减 1 键）、X002（加 1 键）和 X003（右移键）来修改指定定时器的设定值，修改好后，再按 X003（确认键），用 MOVP 指令控制，使 D211 中的数值等于 D100Z0 中的数值即可。程序设计如图 4-104 所示。

7. ASCII 码转换指令

ASC 指令用于将源操作数 S 中数据的最多 8 个字母或数字转换成 ASCII 码存放在目标操作数 D 中。该指令的源操作数 S 是计算机输入的 8 字节以内的字母或者数字；目标操作数 D 可以是 T、C、V、Z。该指令适用于在外部显示器上选择显示出错等信息。

```
       X007                                               D100
0 ────┤ ├────┬─────────────────────────────────────────(T0      )
             ¦  定时器T0～T49                             D149
             └─────────────────────────────────────────(T49     )
       X000                                               减1
7 ────┤ ├──────────────────────────────────────────────(M0      )
       X001                                               加1
9 ────┤ ├──────────────────────────────────────────────(M1      )
       X002                                               位右移
11 ───┤ ├──────────────────────────────────────────────(M2      )
       M8000                                              禁止位左移
13 ───┤/├──────────────────────────────────────────────(M3      )
       X004                                               读/写切换
15 ───┤↑├─────────────────────────────────────[ALT      M100    ]
       M100                                               读出显示
20 ───┤/├──────────────────────────────────────────────(Y010    )
       M100                                               写入显示
22 ───┤ ├──────────────────────────────────────────────(Y011    )
       Y010      X003        数字开关选择定时器编号
24 ───┤ ├───┬───┤ ├───[DSW     X010     Y014     Z0     K1      ]
            │                     显示T0Z0的当前值
            └────────────[SEGL    T0Z0     Y000     K1            ]
       Y011                  T0Z0设定值（D100Z0）→（D211）
44 ───┤ ├───┬──────────────────[MOVP    D100Z0    D211            ]
            └───[ARWS     M0      D211     Y000     K1            ]
       Y011      X003  （M3～M0）→D211→（Y0～Y7）→LED　4位一组
59 ───┤ ├───────┤ ├────────────[MOVP    D211      D100Z0          ]
                         传送设定值（D211）→（D200Z0）
```

（a）梯形图

步	指令	操作数			
0	LD	X007			
1	OUT	T0	D100		
4	OUT	T49	D149		
7	LD	X000			
8	OUT	M0			
9	LD	X001			
10	OUT	M1			
11	LD	X002			
12	OUT	M2			
13	LDI	M8000			
14	OUT	M3			
15	LDP	X004			
17	ALT	M100			
20	LDI	M100			
21	OUT	Y010			
22	LD	M100			
23	OUT	Y011			
24	LD	Y010			
25	MPS				
26	AND	X003			
27	DSW	X010	Y014	Z0	K1
36	MPP				
37	SEGL	T0Z0	Y000	K1	
44	LD	Y011			
45	MOVP	D100Z0	D211		
50	ARWS	M0	D211	Y000	K1
59	LD	Y011			
60	AND	X003			
61	MOVP	D211	D100Z0		
66	END				

（b）指令表

图 4-104　方向开关指令的应用程序设计

图 4-105 是 ASCII 码转换指令的应用，当 X001 为 ON 时，执行 ASS 指令，将“HELLO!”转换成 ASCII 码存放在以 D0 为首地址的数据寄存器中。当 X000 为 OFF 时，将转换后的结果存放到 D0～D2 中；当 X000 为 ON 时，将转换后的结果存放到 D0～D5 中。

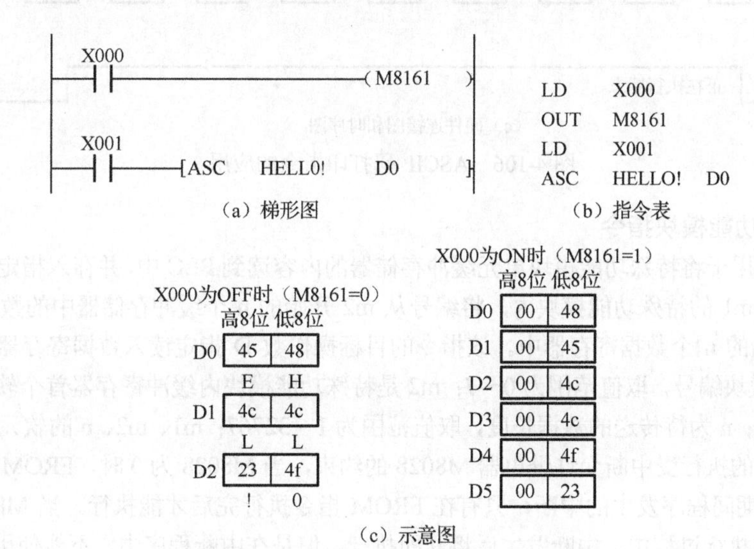

图 4-105　ASCLL 码转换指令的应用

8. ASCII 码打印指令

PR指令用于将源操作数S指定的ASCII码经指定软元件输出。该指令的源操作数S可以是C、T、D；目标操作数D只能是Y。该指令适用于在外部显示器上选择显示出错等信息，该指令只能使用两次，并且必须使用晶体管输出类型的PLC。该指令是一次串联输出8位并行数据的指令，当M8027为0时，其采用8字节串联输出；当M8027为1时，其采用1～16字节串联输出。

图4-106是ASCII码打印指令的应用。使用晶体管输出类型的PLC与A6FD型外部显示器连接。当X001为ON时，执行ASC指令，将字符串“FX3UCPLC”以ASCII码的形式存放在D100～D103中，执行PR指令时，将字符串“FX3UCPLC”按F→X→3→U→C→P→L→C顺序依次经Y000～Y007输出到A6FD型外部显示器中进行打印。Y010作为A6FD型外部显示器的选通脉冲信号。

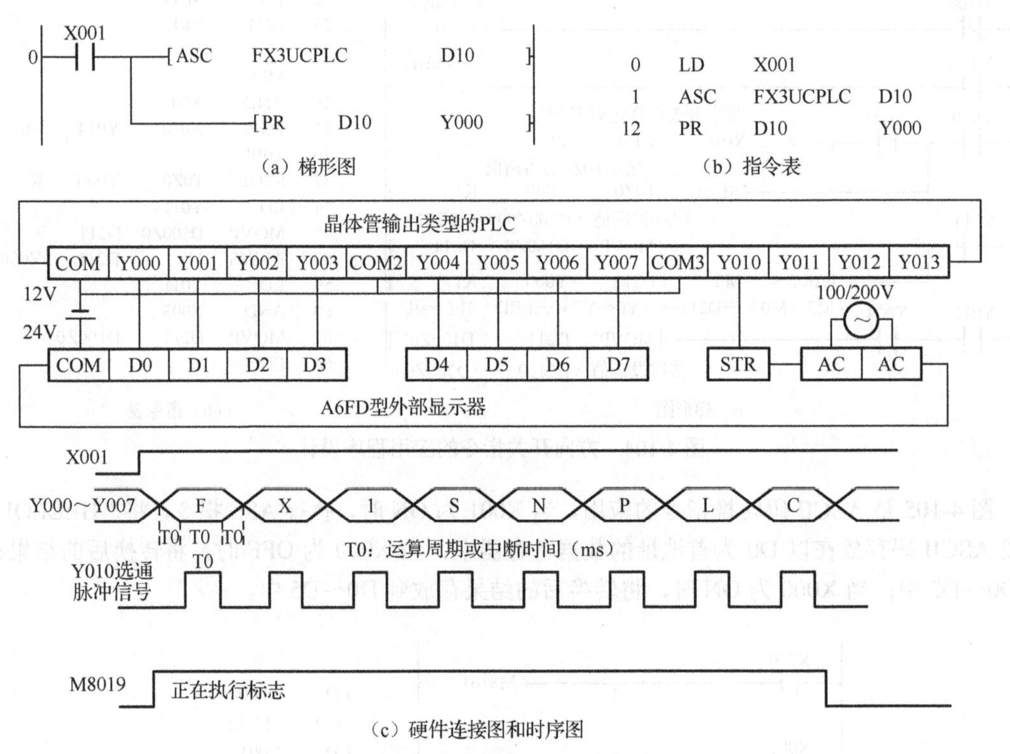

图4-106 ASCII码打印指令的应用

9. 读特殊功能模块指令

FROM指令用于将特殊功能模块单元缓冲存储器的内容读到PLC中，并存入指定的数据寄存器中。即在编号为m1的特殊功能模块内，将编号从m2开始的n个缓冲存储器中的数据读入PLC，并存入从D开始的n个数据寄存器中。该指令的目标操作数D指定读入数据寄存器的起始位置；m1是特殊功能模块编号，取值范围为0～7；m2是特殊功能模块内缓冲寄存器首个软元件号，取值范围为0～32767；n为待传送的数据长度，取值范围为1～32767；m1、m2、n的软元件都为K、H。

FROM指令的执行受中断允许继电器M8028的约束，当M8028为0时，FROM指令处于自动中断禁止状态，期间程序发生的中断，只有在FROM指令执行完后才能执行。当M8028为1时，在FROM指令的执行过程中，中断发生后将立即执行，但是在中断程序中，不能使用FROM指令。

图4-107是读/写特殊功能模块指令的应用，当X000为ON时，执行FROM指令，从第1个特殊功能模块第20个缓冲存储器开始，把连续n（程序中n=1）个缓冲存储器中的数据读入PLC中，并存入从目标操作数D开始的n个数据寄存器中。

10. 写特殊功能模块指令

TO 指令用于将 PLC 指定的数据寄存器中的内容写入特殊功能模块的缓冲寄存器中，即将 PLC 基本单元中从源操作数 S 指定的软元件开始的 n 个字的数据，写到编号为 m1 的特殊功能模块中从编号 m2 开始的 n 个缓冲存储器中。该指令中的源操作数 S 指定写入特殊功能模块的起始位置，可以是 KnY、KnM、KnS、T、C、D、V、Z；m1、m2、n 的意义和取值范围与 FROM 指令相同。

TO 指令的执行也受中断允许继电器 M8028 的约束，当 M8028 为 0 时，TO 指令处于自动中断禁止状态，期间程序发生的中断，只有在 TO 指令执行完后才能执行。当 M8028 为 1 时，在 TO 指令的执行过程中，中断发生后将立即执行，但是在中断程序中，不能使用 TO 指令。

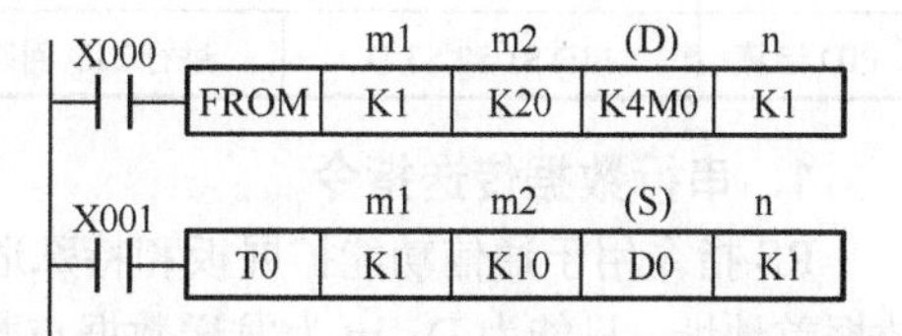

图 4-107　读/写特殊功能模块指令的应用

如图 4-107 所示，当 X001 为 ON 时，执行 TO 指令，将 PLC 基本单元中从源操作数 S 指定的软元件开始的 n（程序中 n=1）个数据，写到从第 1 个特殊功能模块的第 10 个缓冲存储器开始的连续 n 个缓冲存储器中。

4.8　外部设备指令

外部设备指令主要用于连接串行口的特殊适配器并对其进行控制、模拟量功能扩展模块处理和 PID 运算等操作。FX 系列 PLC 外部设备指令包括 RS（串行数据传送指令）、PRUN（八进制数传送指令）、ASCI（十六进制数转 ASCII 码指令）、HEX（ASCII 码转十六进制数指令）、CCD（校验码指令）、VRRD（电位器值读出指令）、VRSC（电位器刻度指令）和 PID（PID 运算指令）。外部设备指令说明如表 4-28 所示。

表 4-28　外部设备指令

指　令	指令格式	操　作	注　释
RS	RS　S　m　D　n	通信功能扩展板和特殊适配器发送和接收串行数据	源操作数 S 为发送数据首地址，只能是 D；m 为发送数据点数，可以为 D、H、K；目标操作数 D 为接收数据首地址，只能为 D；n 为接收数据点数，可以为 D、H、K
PRUN	PRUN　S　D	将 S 中的数据以八进制数的形式传送给 D	源操作数 S 只能是 KnX 或 KnM，目标操作数 D 只能是 KnY 或 KnM；源操作数和目标操作数软元件号的末位取 0
ASCI	ASCI（P）　S　D　n	将 n 个指定 S 中的十六进制数转换成 ASCII 码，并存入 D 中	源操作数 S 可取 K、H、KnX、KnY、KnM、KnS、C、T、D、V、Z；目标操作数 D 可取 KnY、KnM、KnS、C、T、D；n 为转换字符个数，取值范围为 1～256
HEX	HEX（P）　S　D　n	将 n 个指定 S 中的 ASCII 码转换成十六进制数，并存入 D 中	同上
CCD	CCD（P）　S　D　n	将以 S 指定的软元件开始的 n 位组成堆栈，将各数据的总和传送到 D 指定的软元件中，而将堆栈中的水平奇偶校验数据传送到 D 的下一个软元件中	源操作数 S 可取 KnX、KnY、KnM、KnS、C、T、D、V、Z；目标操作数 D 可取 KnM、KnS、C、T、D；n 为校验个数，取值范围为 1～256

续表

指 令	指令格式	操 作	注 释
VRRD	VRRD(P) S D	将S指定的模块量扩展板上某个可调电位器输入的模拟量值转换成8位二进制数，并送到D中	源操作数S指定电位器序号VR0~VR7；目标操作数D可取KnY、KnM、KnS、C、T、D、V、Z
VRSC	VRSC(P) S D	将S指定的模块量扩展板上某个可调电位器的刻度0～10转换成二进制数并送到D中	同上
PID运算	PID S1 S2 S3 D	进行PID回路控制的PID运算	

1．串行数据传送指令

RS指令用于通信功能扩展板和特殊适配器发送和接收串行数据。该指令的源操作数S为发送数据首地址，只能为D；m为发送数据点数，可以为D、H、K；目标操作数D为接收数据首地址，只能为D；n为接收数据点数，可以为D、H、K；不执行数据的发送或接收操作时，可将m或n置0。串行数据传送指令涉及的特殊软元件如表4-29所示。

表4-29 串行数据传送指令涉及的特殊软元件

软 元 件	功 能 描 述	软 元 件	功 能 描 述
M8121	等待发送标志	D8120	设定通信格式
M8122	发送请求标志，置位后开始发送	D8122	未发送的（剩余的）字节数
M8123	接收结束标志，接收结束时置位	D8123	已接收的字节数
M8124	载波检测标志	D8124	起始符，初始值为STX（H02）
M8129	超时判定标志	D8125	结束符，初始值为ETX（H03）
M8161	8位处理模式时为ON，16位模式时为OFF	D8129	超时判定时间，单位为10ms
M8063	串行通信出错时为ON	D8063	串行通信出错的错误代码

图4-108是串行数据传送指令的应用。当X000为ON时，将4个数据寄存器D200～D203中的数据发送出去，由从D500开始的数据寄存器接收，接收数据的点数由D1中数据指定。

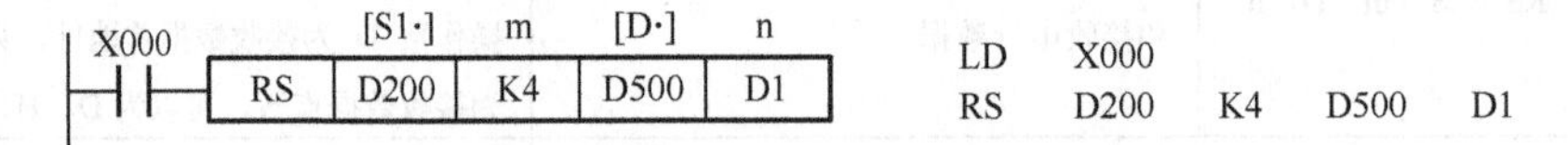

图4-108 串行数据传送指令的应用

在FX1S和FX1N系列PLC中，m和n的取值范围为1～255，其他系列中m和n的取值范围为1～4096。若不发送数据，应将发送数据字节数设置为0；若不接收数据，应将接收数据字节数设置为0。

发送数据的过程如下。

① 执行RS指令，PLC被置为等待接收数据状态。RS指令应处于被驱动状态，X000应为ON状态。

② 在发送脉冲请求时，向RS指令指定的数据发送区写入数据；然后将发送请求标志M8122置1，开始发送数据。发送结束后，M8122会自动复位。

③ 接收完成后，接收结束标志M8123置1。M8123的常开触点接通，将RS指令指定的接收数据存入存储区内。如果还需要接收数据，应将M8123复位。

接收数据的过程如下。

① 在接收数据的过程中，为了保证接收到的数据正确，需要指定起始符（又称为报头），接收到D8124中设定的起始符后，开始接收数据，起始符之后的数据被接收且被保存。接收数据以中断方式进行，与扫描周期无关。

② 接收结束条件：RS指令发送来的数据与已接收到的数据一样；接收到D8125中设置的结束符（又称为报尾）；接收时间超过D8129设定的时间且仍然没有接收到下一个数据。

③ 用户在使用RS指令时，同一时间只能有一条RS指令在执行。在不同时间的同一个程序中可以使用多条RS指令。切换不同的RS指令时，应保证OFF的时间间隔大于一个扫描周期。

2. 八进制数传送指令

PRUN指令将源操作数S和目标操作数D中的数据以八进制数的形式进行传送。该指令的源操作数S只能是KnX或KnM，目标操作数D只能是KnY或KnM；源操作数和目标操作数软元件号的末位取0，如X010、Y010、M10等。

图4-109是八进制数传送指令的应用，当X020为ON时，在传送过程中，M38和M39中的数据不变化，将X017～X010中的数据传送到M47～M40中，将X007～X000中的数据传送到M37～M30中。当X001为ON时，在传送过程中，M38和M39中的数据不传送，即将M47～M40中的数据传送到Y017～Y010中，将M37～M30中的数据传送到Y007～Y000中。

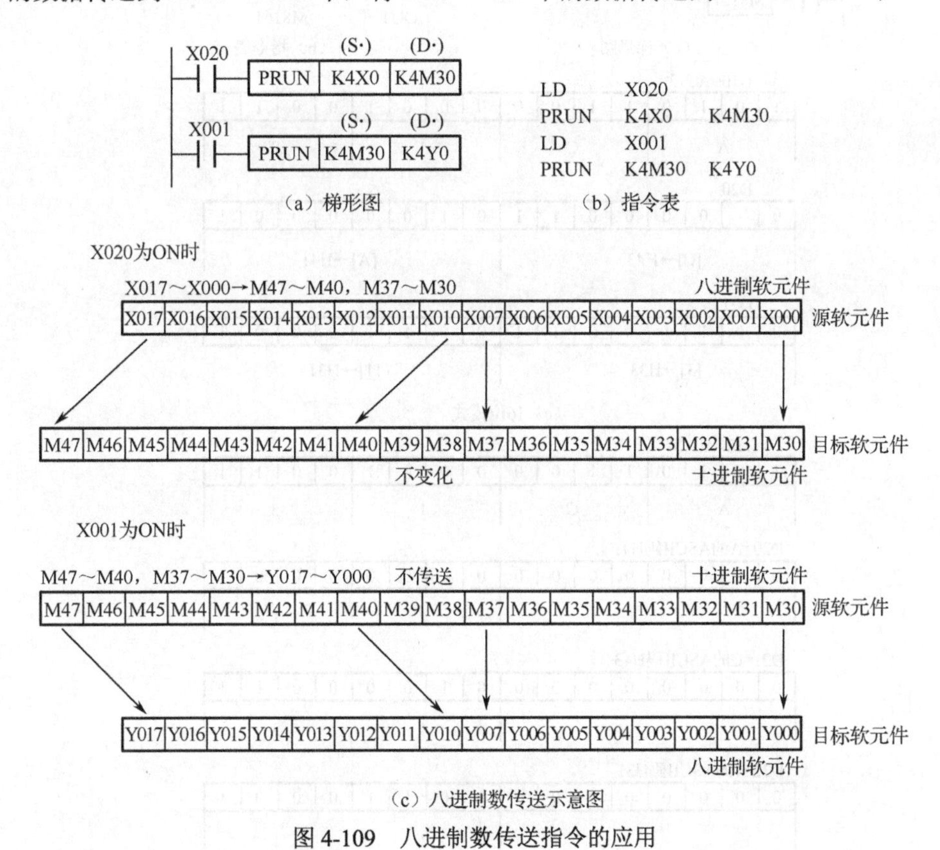

图4-109　八进制数传送指令的应用

3. 十六进制数转ASCII码指令

ASCI指令用于将n个指定S中的十六进制数转换成ASCII码，并存入D中。该指令的源操作数S可取K、H、KnX、KnY、KnM、KnS、C、T、D、V、Z；目标操作数D可取KnY、KnM、KnS、C、T、D；n为转换字符个数，取值范围为1～256。

ASCI指令有两种转换模式，当M8161为0时，为16位模式；当M8161为1时，为8位模式。在16位模式下，将源操作数S中的十六进制数转换成ASCII码向目标操作数D的高8位和低8位进行传送；在8位模式下，只向D的低8位传送。

图4-110是十六进制数转ASCII码指令的应用。当X000为ON且X001为OFF时，ASCI指令按16位模式执行，将D10中的十六进制数转换成ASCII码，再存放到D20～D21中。例如，D10中的数据为十六进制数AC13，转换后，D20高8位的ASCII码为H43，低8位的ASCII码为H41；D21高8位的ASCII码为H33，低8位的ASCII码为H31。当X000为ON且X001为ON时，指令ASCI指令按8位模式执行，将D10中低8位的十六进制数转换成ASCII码，存放到D20～D23中。例如，D10中的数据为十六进制数AC13，转换后，D20高8位的ASCII码为H00，低8位的ASCII码为H41；D21高8位的ASCII码为H00，低8位的ASCII码为H43；D22高8位的ASCII码为H00，低8位的ASCII码为H31；D23高8位的ASCII码为H00，低8位的ASCII码为H33。

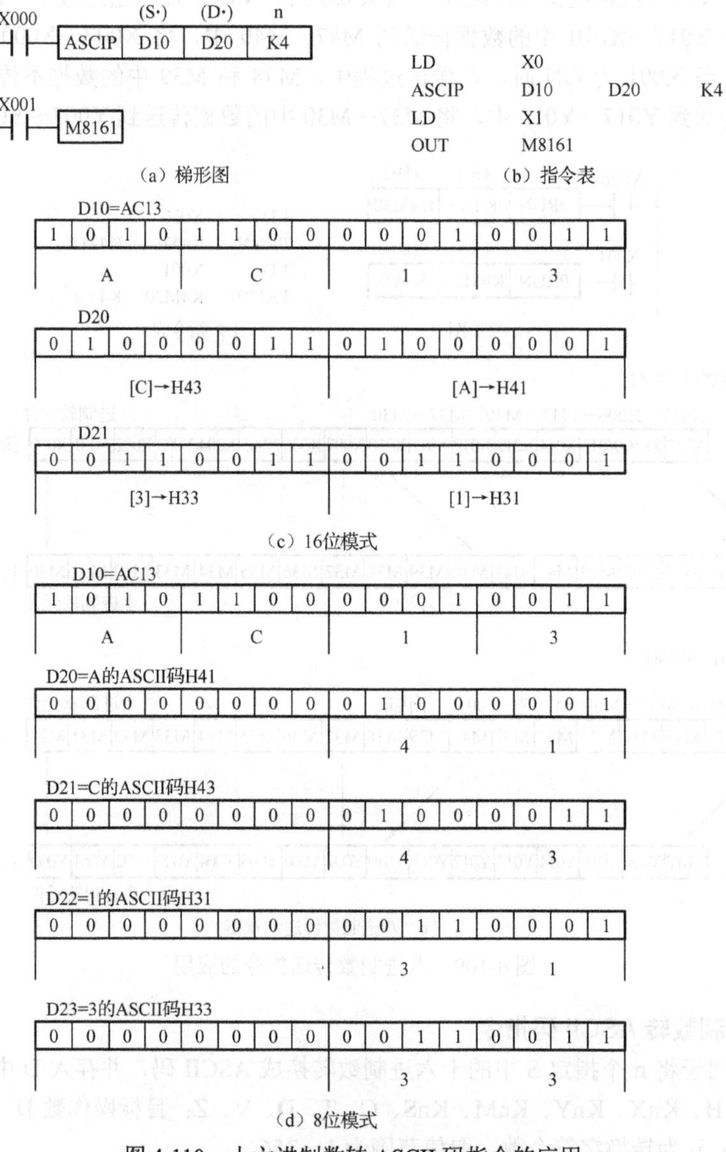

图4-110 十六进制数转ASCII码指令的应用

4．ASCII 码转十六进制数指令

HEX 指令用于将 n 个指定 S 中的 ASCII 码转换成十六进制数，并存入 D 中。该指令的源操作数 S 可取 K、H、KnX、KnY、KnM、KnS、C、T、D、V、Z，目标操作数 D 可取 KnY、KnM、KnS、C、T、D，n 为转换字符个数，取值范围为 1～256。

HEX 指令有两种转换模式，当 M8161 为 0 时，是 16 位模式；当 M8161 为 1 时，是 8 位模式。在 16 位模式下，将源操作数 S 中的高 8 位和低 8 位 ASCII 码转换成十六进制数向目标操作数 D 传送；在 8 位模式下，只向目标操作数 D 的低 8 位传送，而其高 8 位为 0。如果输入数据为 BCD 码，在 HEX 指令执行后，需要将 BCD 码转换成 BIN 码。

可见，HEX 与 ASCI 是两条互逆指令。

图 4-111 是 ASCII 码转十六进制数指令的应用。当 X000 为 OFF，X001 为 ON 时，HEX 指令以 16 位模式执行，将 D21、D20 中的 ASCII 码转换成十六进制数，存放到 D200 中，例如，D20 中的 ASCII 码为 3135，D21 中的 ASCII 码为 4142，转换后，D200 中的十六进制数为 51BA。当 X000 为 ON，X001 为 ON 时，HEX 指令以 8 位模式执行，将 D23、D22、D21、D20 中的 ASCII 码转换成十六进制数，存放到 D200 中。例如，D20 中的 ASCII 码为 3135，D21 中的 ASCII 码为 4142，D22 中的 ASCII 码为 3143，D21 中的 ASCII 码为 4538，转换后，D200 中的十六进制数为 5BC8。

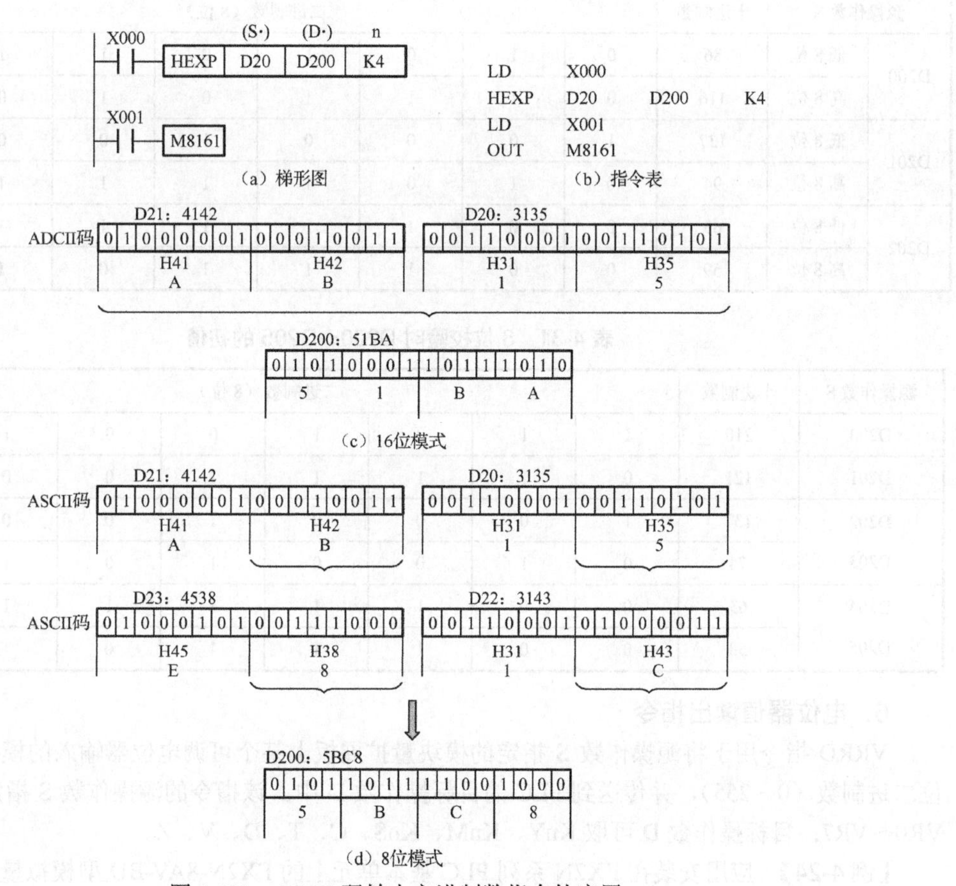

图 4-111　ASCII 码转十六进制数指令的应用

5．校验码指令

CCD 指令用于将以 S 指定的软元件开始的 n 位组成堆栈（高位和低位分开），将各数据的总和传送到 D 指定的软元件中，而将堆栈中的水平奇偶校验数据（各数据相应位的“异或”运算结

果）传送到 D 的下一个软元件中。该指令的源操作数 S 可取 KnX、KnY、KnM、KnS、C、T、D、V、Z，目标操作数 D 可取 KnM、KnS、C、T、D；n 为校验个数，取值范围为 1～256。

CCD 指令有两种转换模式，当 M8161 为 0 时，是 16 位模式；当 M8161 为 1 时，是 8 位模式。在 16 位模式下，校验源操作数 S 的高 8 位和低 8 位并进行传送；在 8 位模式下，只校验源操作数 S 的低 8 位。

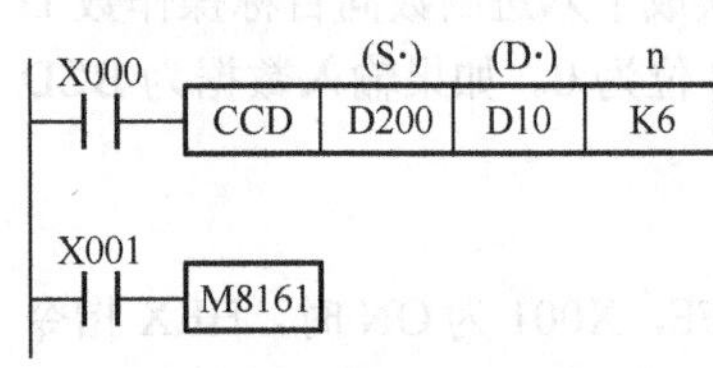

图 4-112　校验码指令的应用

图 4-112 是校验码指令的应用。当 X000 为 ON 时，执行 CCD 指令。当 X001 为 OFF 时，M8161 为 0，采用 16 位模式，校验 D200～D202 中的高、低 8 位。根据 16 位校验时 D200～D202 的初值（见表 4-30），执行 16 位校验，将结果送入 D11，奇偶校验结果为 HF1，送入 D10 的总和校验为 K555。

当 X001 为 ON 时，M8161 为 1，采用 8 位校验模式，校验 D200～D205 中的低 8 位。根据 8 位校验时 D200～D205 的初值（见表 4-31），执行 8 位校验，将结果送入 D11，奇偶校验结果为 H6D，送入 D10 的总和校验为 K663。

表 4-30　16 位校验时 D200～D202 的初值

源操作数 S		十进制数	二进制数（8 位）							
D200	低 8 位	86	0	1	0	1	0	1	1	0
	高 8 位	116	0	1	1	1	0	1	0	0
D201	低 8 位	137	1	0	0	0	1	0	0	1
	高 8 位	94	0	1	0	1	1	1	1	0
D202	低 8 位	63	0	0	1	1	1	1	1	1
	高 8 位	59	0	0	1	1	1	0	1	1

表 4-31　8 位校验时 D200～D205 的初值

源操作数 S	十进制数	二进制数（8 位）							
D200	210	1	1	0	1	0	0	1	0
D201	121	0	1	1	1	1	0	0	1
D202	137	1	0	0	0	1	0	0	1
D203	74	0	1	0	0	1	0	1	0
D204	63	0	0	1	1	1	1	1	1
D205	58	0	0	1	1	1	0	1	0

6．电位器值读出指令

VRRD 指令用于将源操作数 S 指定的模块量扩展板上某个可调电位器输入的模拟量转换成 8 位二进制数（0～255），并传送到 PLC 的目标操作数 D 中。该指令的源操作数 S 指定电位器序号 VR0～VR7；目标操作数 D 可取 KnY、KnM、KnS、C、T、D、V、Z。

【例 4-24】 应用安装在 FX2N 系列 PLC 基本单元上的 FX2N-8AV-BD 型模拟量功能扩展板，设定 8 个定时器 T0～T7 的值。

解析： FX2N-8AV-BD 型模拟量功能扩展板上有 8 个可调电位器 VR0～VR7，旋转 VR0～VR7 的可调电位器旋钮，可以调整输入的数值，数值在 0～255 之间。如果需要用大于 255 的数值，可以使用乘法指令将数值放大。

图 4-113 是用模拟量功能扩展板设定 8 个定时器的值的程序设计。旋转 FX2N-8AV-BD 型模拟量功能扩展板的可调电位器旋钮 VR0～VR7，通过 VRRD 指令读出 VR0～VR7 的刻度值，并将该刻度值分别作为 T0～T7 的外部输入设定值。PLC 上电运行时，先将变址寄存器 Z 复位，再由 FOR-NEXT 指令经过 8 次循环将 VR0～VR7 事先设定的值存放到 D10～D17 中，D10～D17 分别作为定时器 T0～T7 的间接设定值。

0	LD	M8000	
1	RST	Z0	
4	FOR	K8	
7	LD	M8000	
8	VRRD	K0Z0	D10Z0
13	INC	Z0	
16	NEXT		
17	LD	X000	
18	OUT	T0	D10
21	LD	T0	
22	OUT	Y000	
23	LD	X001	
24	OUT	T1	D11
27	LD	T1	
28	OUT	Y001	
29	LD	X002	
30	OUT	T2	D12
33	LD	T2	
34	OUT	Y002	
35	LD	X003	
36	OUT	T3	D13
39	LD	T3	
40	OUT	Y003	
41	LD	X004	
42	OUT	T4	D14
45	LD	T4	
46	OUT	Y004	
47	LD	X005	
48	OUT	T5	D15
54	LD	T5	
52	OUT	Y005	
53	LD	X006	
54	OUT	T6	D16
57	LD	T6	
58	OUT	Y006	
59	LD	X007	
60	OUT	T7	D17
63	LD	T7	
64	OUT	Y007	
65	END		

图 4-113　用模拟量功能扩展板设定 8 个定时器的值

7. 电位器刻度指令

VRSC指令用于将源操作数S指定的模块量扩展板上某个可调电位器的刻度0～10转换成二进制数并传送到PLC的目标操作数D中。该指令的源操作数S指定电位器序号VR0～VR7；目标操作数D可取KnY、KnM、KnS、C、T、D、V、Z。

使用VRSC指令可以把模拟量功能扩展板作为8个选择开关来使用。

【例4-25】 应用PLC进行旋转开关的位置控制。

解析： 应用安装在FX2N系列PLC基本单元上的FX2N-8AV-BD型模拟量功能扩展板进行设计。FX2N-8AV-BD上每个选择开关有11个位置，可通过旋转可调电位器VR0～VR7的刻度0～10进行控制，图4-114是旋转开关的位置控制程序设计。将可调电位器旋钮VR1作为11个位置的选择开关，通过旋转电位器旋钮VR1，由VRSC指令获取电位器刻度值0～10来控制M0～M10的触点闭合。在程序中，当X000为ON时，将VR1的刻度值（0～10）传送到D100中，旋钮在旋转时，将刻度值四舍五入化成0～10的整数值。当VR1的刻度为0时，M0触点为ON，Y000为ON；当VR1的刻度为1时，M1触点为ON，Y001为ON；当VR1的刻度为2时，M2触点为ON，Y002为ON，……，当VR1的刻度为10时，M10触点为ON，Y012为ON。

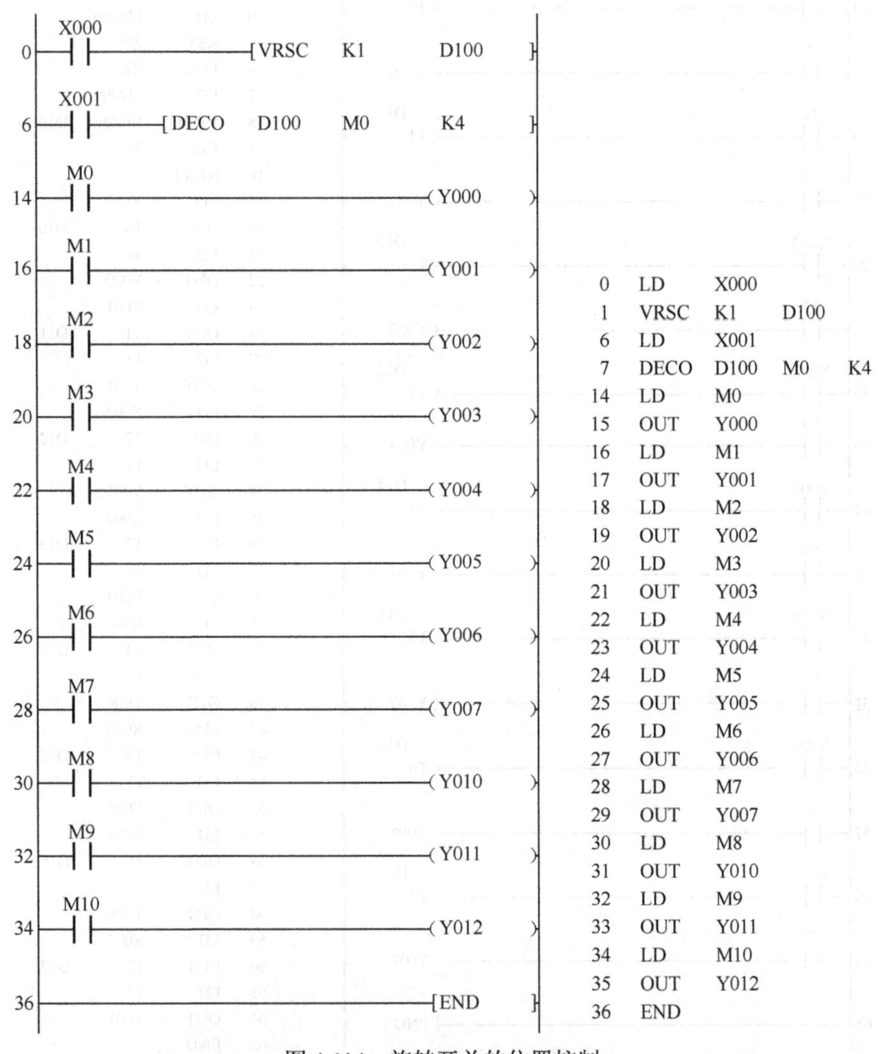

图4-114 旋转开关的位置控制

8. PID 运算指令

PID 指令用于模拟量闭环控制。PID 运算所需要的参数放在指令指定的数据区内。

4.9 其他指令

4.9.1 时钟运算指令

使用时钟运算指令，可以对时钟数据进行运算和比较，还可以对 PLC 内置的实时时钟数据进行格式化等操作。在 PLC 中，时钟运算指令共 7 个，分别为 TCMP（时钟数据比较指令）、TZCP（时钟数据区间比较指令）、TADD（时钟数据加法运算指令）、TSUB（时钟数据减法运算指令）、TRD（时钟数据读取指令）、TWR（时钟数据写入指令）、HOUR（计时表指令）。时钟运算指令说明如表 4-32 所示。

表 4-32 时钟运算指令

指 令	指令格式	操 作	注 释
TCMP	TCMP(P) S1 S2 S3 S D	将 S1、S2、S3 中的时间与以 S 为首地址的 3 个软元件中的数据进行比较，根据大小输出以 D 为首地址的 3 个软元件的 ON/OFF 状态	S1、S2、S3 分别对应指定比较基准时间的“时”“分”“秒”，以 S 首地址的连续 3 个软元件分别对应指定时钟数据的“时”“分”“秒”，与 CMP 指令类似
TZCP	TZCP(P) S1 S2 S D	将以 S 为首地址的 3 个软元件中的时钟数据与 S2、S1 指定的时钟比较范围进行比较，然后根据大小输出以 D 为首地址的 3 个软元件 ON/OFF 状态	与 ZCP 指令类似
TADD	TADD S1 S2 D	将以S1为首地址的3个软元件中的时钟数据与以S2为首地址的3个软元件中的时钟数据相加，将结果存放到以 D 为首地址的 3 个软元件内	与 ADD 指令类似
TSUB	TSUB S1 S2 D	将以S1为首地址的3个软元件中的时钟数据（减数）与以 S2 为首地址的 3 个软元件中的时钟数据（被减数）相减，将结果存放到以 D 为首地址的 3 个软元件内	与 SUB 指令类似
TRD	TRD(P) D	将特殊寄存器 D8013～D8019 中的时钟数据读入以 D 为首地址的 7 个数据寄存器中	D8019～D8013 分别存放星期、年、月、日、时、分、秒
TWR	TWR(P) S	将时钟数据写入 PLC 的实时时钟中	将时钟数据写入 D8013～D8019 中
HOUR	HOUR S D1 D2	当 D1 记录的当前计数小时数等于 S 指定的延时小时数时，D2 动作	目标操作数 D1 为当前小时数

时钟数据在 PLC 内有星期、年、月、日、时、分、秒，分别用 D8019～D8013 存放，时钟运算指令使用的寄存器如表 4-33 所示。

表4-33 时钟运算指令使用的寄存器

寄 存 器	名 称	设 定 范 围
D8013	秒	0～59
D8014	分	0～59
D8015	时	0～23
D8016	日	0～31
D8017	月	0～12
D8018	年	0～99（只取后两位）
D8019	星期	0～6（对应星期日～星期六）

时钟运算指令涉及的特殊辅助继电器如下。

M8015（时钟设置）：为1时时钟停止，在它由1变为0的下降沿写入时间。

M8016（时钟锁存）：为1时D8013～D8019中的数据被锁存，方便显示出来，但是时钟继续运行。

M8017（±30s校正）：在它由1变为0时，若当前时间为0～29s，则被修正为0，若当前时间为30～59s，则秒变为0，向分进一位。

M8018（实时时钟标志）：为1时，表示PLC安装有实时时钟。

M8019（设置错误）：当设置的时钟数据超出了允许的范围时，将会出现错误。

1．时钟数据比较指令

TCMP指令用于将源操作数S1、S2、S3中的时间与以S为首地址的3个软元件中的数据进行比较，根据大小输出以目标操作数D为首地址的3点ON/OFF状态。指令中S1、S2、S3分别对应比较基准时间的“时”“分”“秒”，可取任意数据类型的字软元件；以S为首地址的连续3个软元件分别对应时钟数据的“时”“分”“秒”，可取T、C和D；目标操作数D可取Y、M和S。

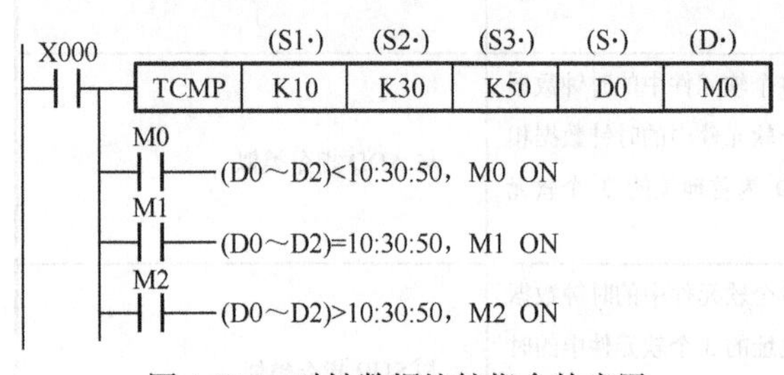

图4-115 时钟数据比较指令的应用

图4-115是时钟数据比较指令的应用，当X000为ON时，执行TCMP指令，将数据寄存器D0～D2中存储的时间与10时30分50秒进行比较，根据比较结果使M0～M2中的某一个触点动作。若以D0为首地址的连续3个数据寄存器中的时间小于10时30分50秒，则M0为ON；若以D0为首地址的连续3个数据寄存器中的时间等于10时30分50秒，则M1为ON；若以D0为首地址的连续3个数据寄存器中的时间大于10时30分50秒，则M2为ON。

2．时钟数据区间比较指令

TZCP指令用于将以源操作数S为首地址的3个软元件中的时钟数据与S2、S1指定的时钟比较范围进行比较，然后根据大小输出以目标操作数D为首地址的3个软元件的ON/OFF状态。指令中，以S1为首地址的连续3个数据寄存器以“时”“分”“秒”方式指定比较基准时间下限，可取T、C和D；以S2为首地址的连续3个数据寄存器以“时”“分”“秒”方式指定比较基准时间上限，可取T、C和D；以S为首地址的连续3个数据寄存器以“时”“分”“秒”方式指定时钟数据，可取T、C和D，目标操作数D可取Y、M和S。

图 4-116 是时钟数据区间比较指令的应用，当 X002 为 ON 时，执行 TZCP 指令，将 D0～D2 中存储的时间分别与 D10～D12 和 D20～D22 中存储的时间进行比较。如果（D0～D2）<（D10～D12），则 M3 为 ON；如果（D10～D12）⩽（D0～D2）⩽（D20～D22），则 M4 为 ON；如果（D0～D2）>（D20～D22），则 M5 为 ON。

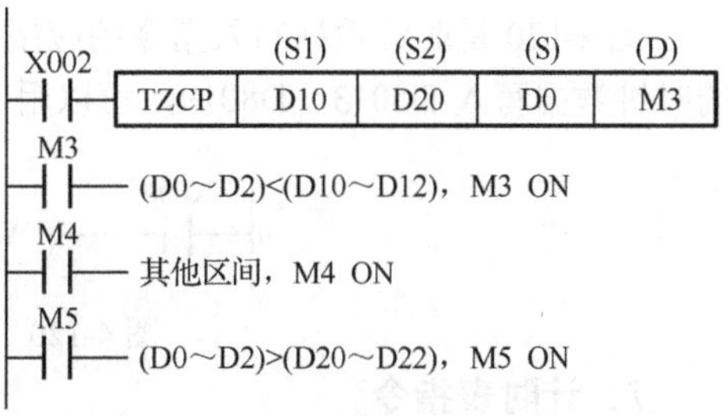

图 4-116　时钟数据区间比较指令的应用

3．时钟数据加法运算指令

TADD 指令用于将以源操作数 S1 为首地址的 3 个软元件中的时钟数据与以 S2 为首地址的 3 个软元件中的时钟数据相加，将结果存放到以 D 为首地址的 3 个软元件内。

图 4-117 是时钟数据加法运算指令的应用，当 X002 为 ON 时，执行 TADD 指令，将 D0、D1、D2 中的“时”“分”“秒”与 D10、D11、D12 中的“时”“分”“秒”相加，将所得的结果传送到 D20、D21、D22 中。

4．时钟数据减法运算指令

TSUB 指令用于将以源操作数 S1 为首地址的 3 个软元件中的时钟数据（减数）与以 S2 为首地址的 3 个软元件中的时钟数据（被减数）相减，将结果存放到以 D 为首地址的 3 个软元件内。

图 4-118 是时钟数据减法运算指令的应用，当 X001 为 ON 时，执行 TSUB 指令，用 D0、D1、D2 中的“时”“分”“秒”减去 D10、D11、D12 中的“时”“分”“秒”，将所得的结果传送到 D20、D21、D22 中。

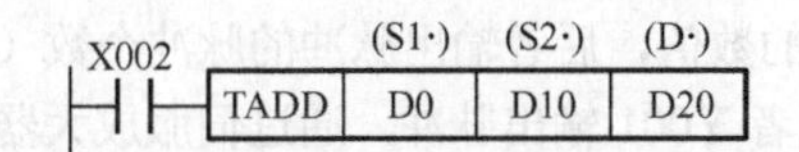

图 4-117　时钟数据加法运算指令的应用

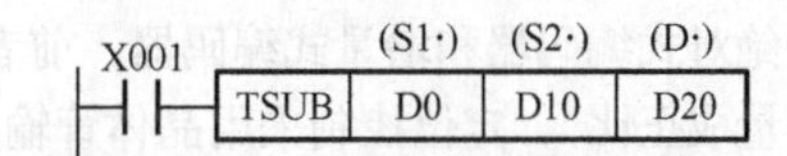

图 4-118　时钟数据减法运算指令的应用

5．时钟数据读取指令

TRD 指令用于将特殊数据寄存器 D8013～D8019 中的时钟数据读入以 D 为首地址的 7 个数据寄存器中。目标操作数 D 可取 T、C 和 D。

图 4-119 是时钟数据读取指令的应用，当 X001 为 ON 时，执行 TRD 指令，读出时钟数据，送入以 D0 为首地址的 7 个数据寄存器中，D0～D6 分别表示星期、年、月、日、时、分、秒。当 X002 为 ON 时，执行 TZCP 指令，读出 D3～D5 中的时间，与 D10～D13 和 D20～D23 中的时间进行比较，若（D3～D5）⩽（D10～D13），则 M0 为 ON，若（D10～D13）⩽（D3～D5）⩽（D20～D23），则 M1 为 ON，若（D3～D5）⩾（D20～D23），则 M2 为 ON。

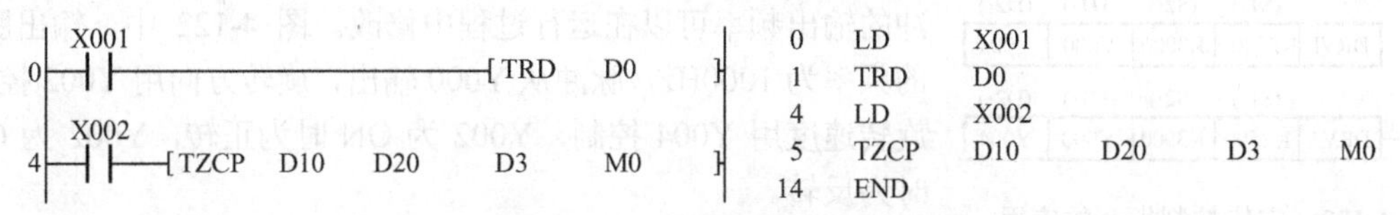

图 4-119　时钟数据读取指令的应用

6．时钟数据写入指令

TWR 指令用于将时钟数据写入 PLC 的实时时钟中。执行该指令前，一般需要将时钟数据存储在以源操作数 S 为首地址的 7 个数据寄存器中，该指令用于将时钟数据写入特殊寄存器 D8013～D8019 中。源操作数 S 可取 T、C 和 S。

执行该指令后，内置实时时钟 D8013～D8019 中的时间会立即改变，改为新的时间。

图 4-120 是时钟数据写入指令的应用，当 X000 为 ON 时，执行 TWR 指令，将 D10～D16 中的时钟数据写入 D8013～D8019，可以用 MOV 指令来实现时钟数据的获取。

```
    X000
0 ──┤├──────[TWR   D10]      0  LD    X000
                             1  TWR   D10
                             4  END
```

图 4-120　时钟数据写入指令的应用

7．计时表指令

HOUR 指令用于当 D1 记录的当前计数小时数等于 S 指定的延时小时数时，使 D2 动作。源操作数 S 和目标操作数 D1 可取所有的数字类型，目标操作数 D2 可取 X、Y、M、S。

图 4-121 是计时表指令的应用。当 X000 为 ON 时，执行 HOUR 指令，当 D10 中的数据达到 250 时，Y000 变为 ON，这时仍然能够继续计时，当计数小时数达到 16 位或者 32 位数据的最大值时，停止计时。

```
  X000
──┤├──────[HOUR   K250   D10   Y000]      0  LD     X000
                                          1  HOUR   K250   D10   Y000
```

图 4-121　计时表指令的应用

4.9.2　定位控制指令

定位控制指令与三菱的伺服放大器和伺服电动机配合使用。定位控制采用两种位置检测装置，分别为绝对式编码器和增量式编码器。前者输出绝对位置的数值，后者输出脉冲的脉冲个数（与位置的增量成正比）。定位控制采用晶体管输出型的 Y000 或者 Y001 输出脉冲，通过伺服放大器来控制步进电动机。FX2N 和 FX2NC 系列 PLC 不能使用定位控制指令，定位控制指令不能用于仿真。

下面介绍几个常用的定位控制指令。

当前绝对值读取指令（DABS）用来读取绝对位置数据。图 4-122 中的 M0 为 ON 时，从 X000、X001 读取伺服装置来的输入信号，用 Y000、Y001 将控制信号转送给伺服装置。D8140、D8141 中是读取的绝对位置编码器的 32 位当前值。

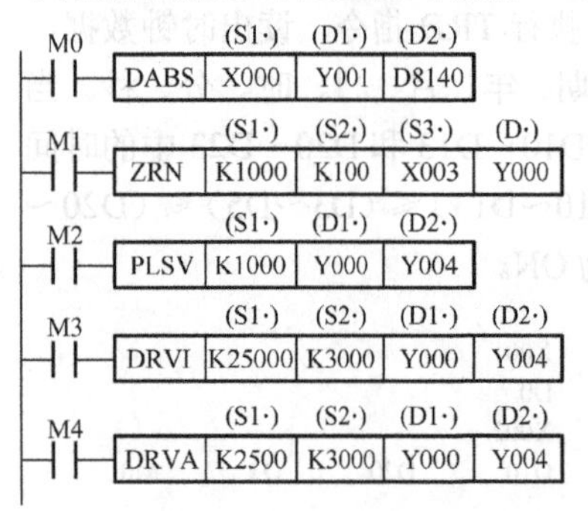

图 4-122　定位控制指令的应用

原点回归指令（ZRN）用于在开机或初始设置时使机器返回原点。图 4-122 中 ZRN 指令设定的原点回归速度为 1000Hz，爬行速度为 100Hz，近点信号由 X000 输入，脉冲从 Y000 输出。（D.）只能指定晶体管输出方式的 Y000 或 Y001（下同）。

可变速脉冲输出指令 PLSV（FNC 157）用于输出脉冲，脉冲的输出频率可以在运行过程中修改。图 4-122 中，输出脉冲的频率为 1000Hz，脉冲从 Y000 输出，旋转方向用 Y002 控制，旋转速度用 Y004 控制，Y002 为 ON 时为正转，Y002 为 OFF 时为反转。

相对位置控制指令（DRVI）用于增量式定位控制。图 4-122 中，输出脉冲数为 25000，输出脉冲频率为 3000Hz，脉冲从 Y000 输出，旋转方向用 Y002 控制，Y002 为 ON 时为正转，Y002 为 OFF 时为反转。

绝对位置控制指令（DRVA）是使用零位和绝对位置测量的定位指令。图 4-122 中，绝对目标位置为 25000，输出脉冲频率为 3000Hz，脉冲从 Y000 输出，旋转方向用 Y002 控制，Y002 为 ON 时为正转，Y002 为 OFF 时为反转。

习题4

一、填空题

1．应用指令中的（S·）表示________，（D ·）表示________。右边的“·”表示的是可以使用________功能。

2．D4和D5组成的32位整数（D4，D5）中，________为高16位数据，________为低16位数据。

3．K4X0表示由________组成的位软元件组。

4．写出下列指令的英文指令符号。

比较指令，传送指令，区间比较指令，加法指令，成批复位指令，减法指令，加一指令，减一指令，位右移指令，位左移指令。

5．BIN是________的简称；HEX是________的简称。

6．BCD码00110101对应的十进制数是________。

7．每一位BCD码用________位二进制数来表示，其取值范围为二进制数的________。

8．二进制数01000101对应的十六进制数是________，对应的十进制数是________，它的补码是________。

9．16位二进制数的乘法运算指令MUL的目标操作数有________位。

10．子程序和中断程序应放在________指令之后，子程序用________指令结束，中断程序用________指令结束；子程序最多可以嵌套________层。

11．同一个位软元件的线圈可以在跳转条件的两个跳转区内分别出现________次。

12．X002上升沿中断的中断指针为________。

13．定时器中断指针I680的中断周期为________ms。

14．M8055为1时，禁止执行________产生的中断。

15．交替输出指令ALT输出信号的周期是________，输入信号的周期是________。

16．-11的补码是________。

二、简答题

1．四则运算指令有哪些？

2．请简单介绍子程序的优点。

3．时钟运算指令的作用有哪些？

三、程序应用题

1．用触点比较指令编写程序，在D2中的值不等于300且D3中的值大于-100时，令M1为1。

2．用区间比较指令编写程序，在D4中的值小于100且D4中的值大于2000时，会Y005为ON。

3．编写程序，分别用多点传送指令FMOV和批量复位指令ZRST将D10～D59清零。

4．用X000控制接在Y000～Y013上的12个彩灯每秒右移一位，用MOV指令将彩灯的初始值设置为十六进制数HF0，设计出梯形图。

5．D10中由A/D转换得到的数值0～4000正比于温度值0～1200℃。在X000的上升沿，将D10中的数据转换为对应的温度值存放在D20中，设计出梯形图。

6．整数格式的圆的半径存放在D6中，用浮点数运算指令求圆的周长，将运算结果转换为32位整数，用D8，D9保存，设计出程序。

7．使用条件跳转指令控制一个与Y000连接的信号灯HL的显示。要求如下。

① 能够实现自动控制与手动控制的切换，切换按钮与X000连接，若X000为OFF，则为手动控制；若X000为NO，则为自动控制。

② 手动控制时，能用一个与X001连接的按钮实现HL的亮、灭控制。

③ 自动控制时，HL能每隔一秒闪烁一次。

8．写出图1所示的梯形图对应的指令表

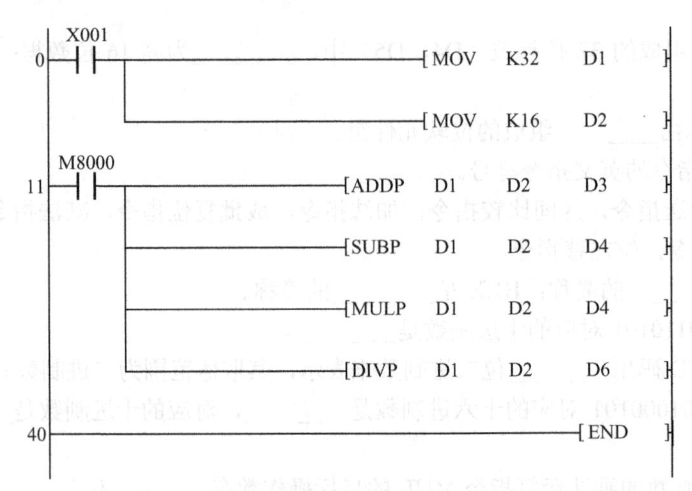

图1　习题8图

9．写出图2所示的指令表对应的梯形图。

0	LD	X002			
1	ZCP	K200	K400	D5	M3
10	LD	M3			
11	OUT	Y001			
12	LD	M4			
13	OUT	Y002			
14	LD	M5			
15	OUT	Y003			
16	END				

图2　习题9图

10．进行啤酒装箱程序设计，一个箱子最多能装12瓶啤酒，设定每5秒放一瓶啤酒到箱子里面，按下启动按钮后开始装箱，箱子装满时，停止装箱。

11．设计实现员工宿舍热水、路灯、起床闹铃的控制，具体控制要求如下。

① 早上7: 00，起床闹铃响（Y000），每秒响一次，响10次后自动停止，中午14: 00，起床闹铃响（Y000），每秒响一次，响10次后自动停止。

② 18: 00～22: 00，启动热水供应系统（Y001）。

③ 晚上19: 30，开启宿舍路灯（Y002）。

④ 早上6: 30，关闭宿舍路灯（Y002）。

第 5 章　触摸屏

5.1　EasyBuilder8000 软件

威纶通组态软件 EasyBuilder8000（简称 EB8000）是一款专为威纶通触摸屏设计的配套工具。它支持三角函数、反三角函数、开平方、开三次方等运算方式，适用于多种机型，还支持视频播放功能，有助于提升工作人员的编程效率。

安装 EB8000 软件时，首先下载安装包，双击安装包中的“setup.exe”文件，然后按照安装向导一步一步完成安装即可。

5.2　触摸屏工程的建立

5.2.1　新建文件

新建文件需要设置工程环境，如触摸屏的型号、PLC 的型号、接口类型等，具体操作步骤如下。

打开安装好的软件，单击“EasyBuilder8000”按钮，如图 5-1 所示。

图 5-1　单击“EasyBuilder8000”按钮

选择“文件”→“新建文件”选项，选择触摸屏的型号（本书以威纶通 TK6070iQ 触摸屏为例进行介绍），选择完成后单击“确定”按钮，如图 5-2 所示。

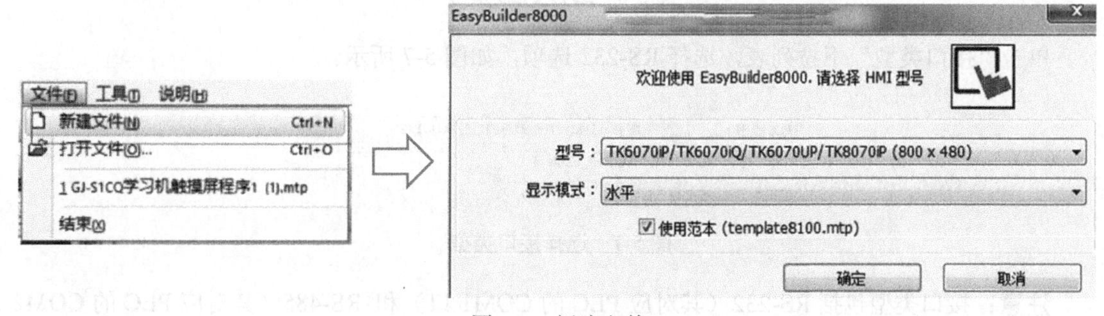

图 5-2　新建文件

完成型号选择后，弹出“系统参数设置”对话框，单击“新增”按钮添加 PLC 设备，如图 5-3 所示。

弹出“设备属性”对话框，选择 PLC 类型和接口类型，如图 5-4 所示。

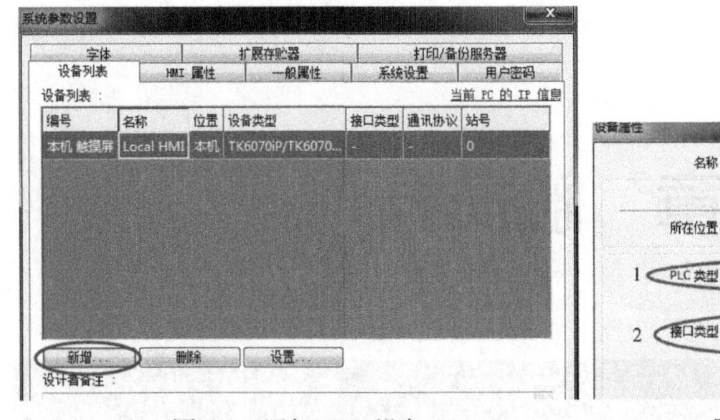

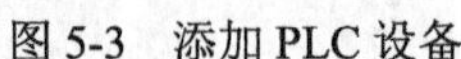

图 5-3　添加 PLC 设备

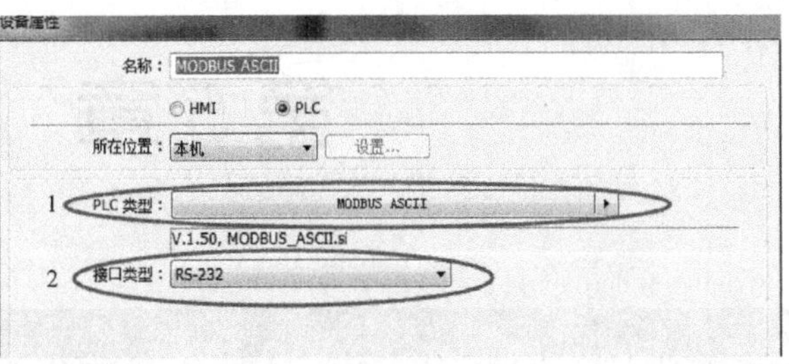

图 5-4　选择 PLC 类型和接口类型

选择 PLC 类型时，在“PLC 类型”下拉列表中选中“Mitsubishi Electric Corporation”（三菱）选项，如图 5-5 所示。

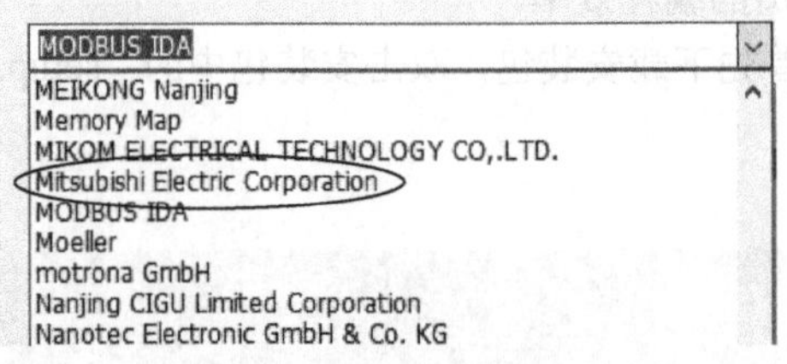

图 5-5　选择 PLC 类型

选择 PLC 型号，如图 5-6 所示。

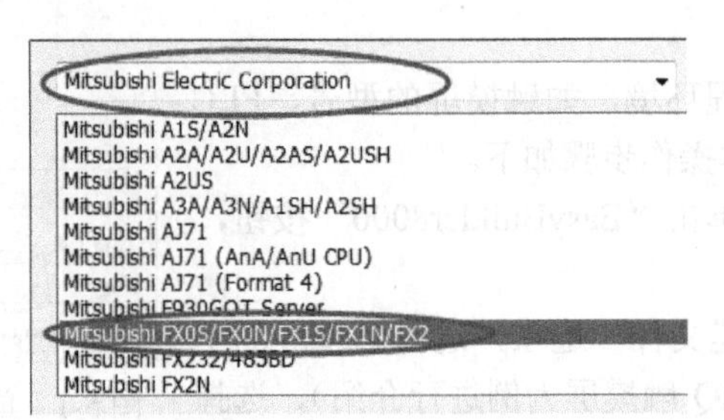

*本书介绍的是触摸屏与 FX1S 系列 PLC 的使用，所以选择“Mitsubishi FX0S/FX0N/FX1S/FX1N/FX2”选项。

图 5-6　选择 PLC 型号

单击“接口类型”下拉列表，选择 RS-232 选项，如图 5-7 所示。

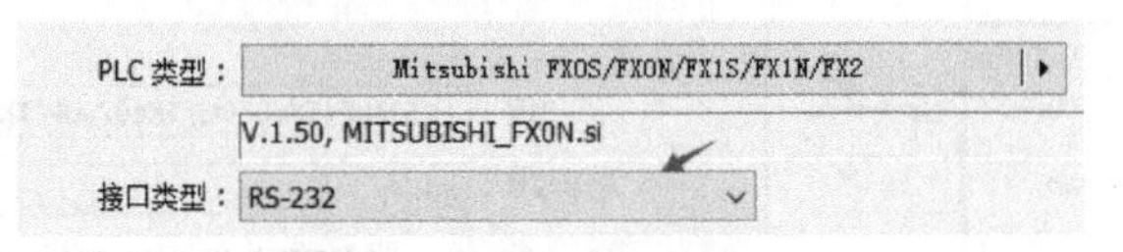

图 5-7　选择接口类型

注意：接口类型包括 RS-232（其对应 PLC 的 COM1 口）和 RS-485（其对应 PLC 的 COM2 口）等，触摸屏的接口要与 PLC 的接线端口一致，且线缆也有 RS-232 和 RS-485 之分，所以在选择接口类型的同时也要选择好对应的线缆，否则 PLC 不能与触摸屏通信。

参数设置完成后，单击“确定”按钮，如图 5-8 所示。

图 5-8 新建完成

新建完成后，进入触摸屏编辑界面，如图 5-9 所示。

图 5-9 触摸屏编辑界面

5.2.2 触摸屏编辑界面程序设计入门

1. 触摸屏编辑界面的作用

① 过程可视化：将设备工作状态显示在触摸屏上，显示内容包括指示灯、按钮、文字、图形等，界面可根据过程变化动态更新。

② 操作员对过程的控制：操作员可以通过触摸屏编辑界面来控制过程。例如，操作员可以通过数据、文字的输入操作，预置控件的参数或者启动电动机。

③ 显示报警：过程的临界状态会自动触发报警，例如，当超出额定值时显示报警信息。

④ 归档过程值：触摸屏系统可以连续、顺序地记录过程值，并检索以前的生产数据，打印、输出生产数据。

⑤ 过程和设备的参数管理：触摸屏系统可以将过程和设备的参数存储在配方中。例如，可以一次性将这些参数从触摸屏设备下载到 PLC 中，以便改变产品版本进行生产。

2. 触摸屏编辑界面程序设计

触摸屏编辑界面程序设计的步骤如下。

① 基本元件选择。

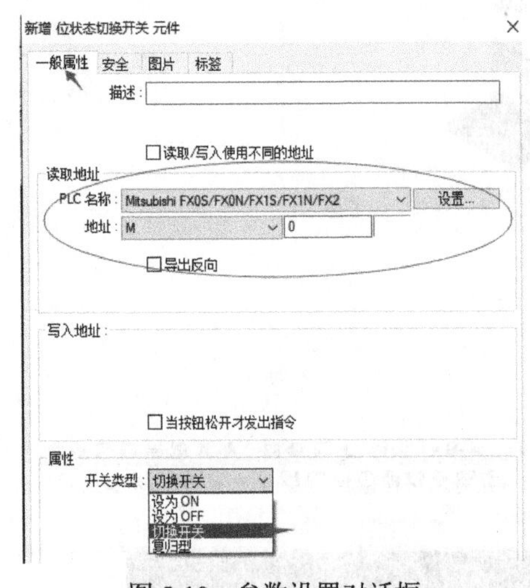

图 5-10 参数设置对话框

② 参数设置。

③ 触摸屏与外部硬件关联。

【例 5-1】 在触摸屏编辑界面上添加一个开关和一个指示灯，并与 PLC 程序关联，实现用开关控制指示灯，并把开关和指示灯的状态在触摸屏上显示出来。

按照工程设计要求，设置过程如下。

设置一个开关按钮。单击工具栏中的“位状态切换开关”按钮后，弹出如图 5-10 所示的对话框，在“PLC 名称”下拉列表中选择“Mitsubishi FX0S/FX0N/FX1S/FX1N/FX2”选项，在“地址”下拉列表中选择 M 选项，在后面的文本框中输入“0”(将地址设置为“M0”)，将开关类型设置为“切换开关”。

按照图 5-10 设定相关的参数后，单击“确定”按钮，在触摸屏编辑界面上合适的位置处单击鼠标左键创建开关按钮，如图 5-11 所示。

指示灯的设置：单击工具栏的“位状态切换指示灯”按钮后，弹出参数设置对话框，在 PLC 名称下拉列表中选择“Mitsubishi FX0S/FX0N/FX1S/FX1N/FX2”选项，在“地址”下拉列表中选择 Y 选项，在后面的文本框中输入“0”(将地址设置为“Y0”)，其他设置可参考图 5-12。

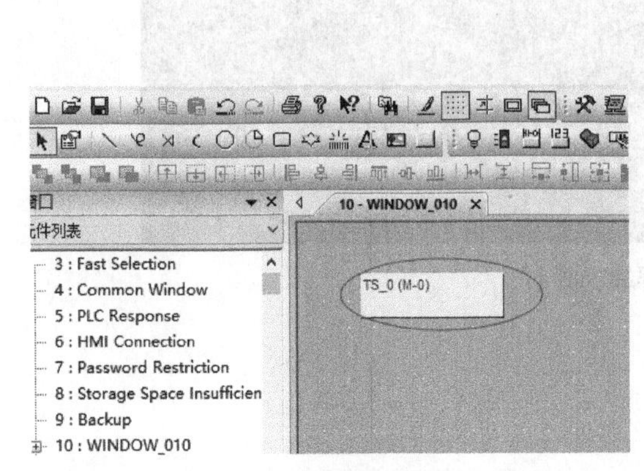

图 5-11 创建开关按钮

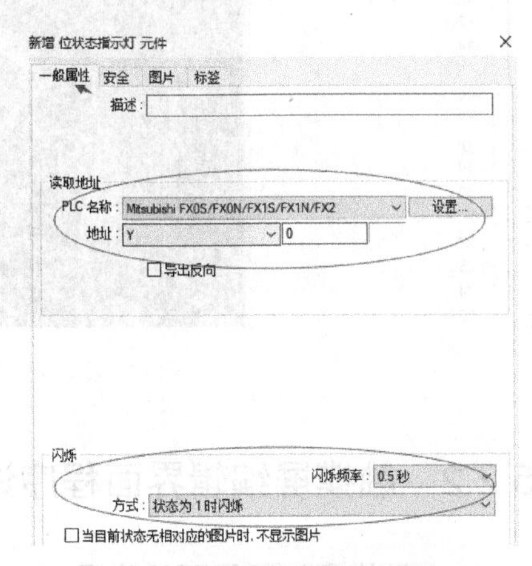

图 5-12 参数设置对话框

完成“一般属性”的设置后，单击“图片”选项卡，单击“图库”，选择所需要的图片，单击“确认”按钮即可，这样可使界面更加形象、美观，如图 5-13 所示。

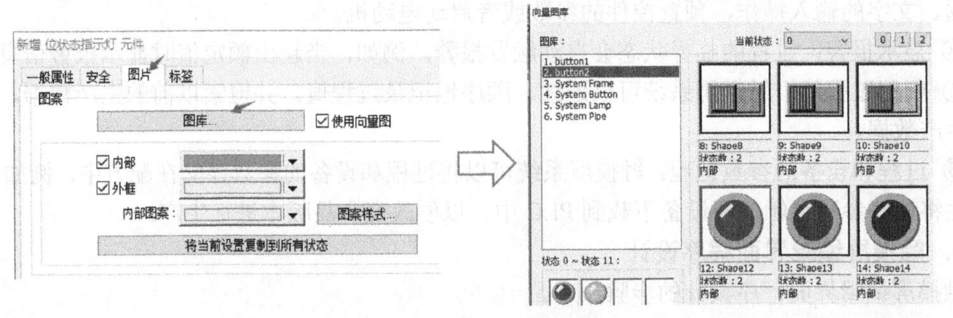

图 5-13 指示灯图片设置

单击工具栏中的“文字”按钮，在触摸屏编辑界面上单击鼠标左键，通过键盘输入文字注释，如图 5-14 所示。

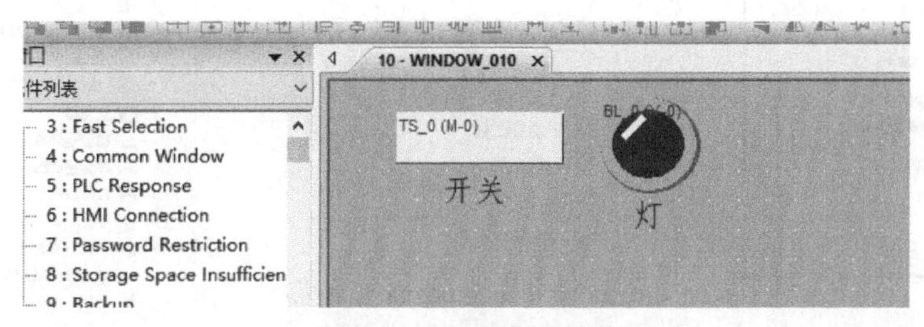

图 5-14　文字注释设置

触摸屏程序编辑完成后，单击“保存”按钮，选择保存路径，保存完成后，触摸屏程序编写完成。

5.2.3　触摸屏与 PLC 的关联

将触摸屏与 PLC 关联能够实现功能扩展，提升 PLC 的灵活性，此外，将触摸屏和 PLC 结合使用，可以节省按钮、转换开关、中间继电器、时间继电器等硬元件，还可以通过组态软件将整个系统的现场数据集显示在触摸屏上，方便观察和记录。

触摸屏和 PLC 的关联设置步骤如下。

完成【例 5-1】程序的编写后，在 GX Developer 软件中编写对应的 PLC 梯形图，该程序的功能为通过辅助继电器 M0 控制 Y000 的输出，程序编写完成后，将其下载到 PLC 中，梯形图如图 5-15 所示。

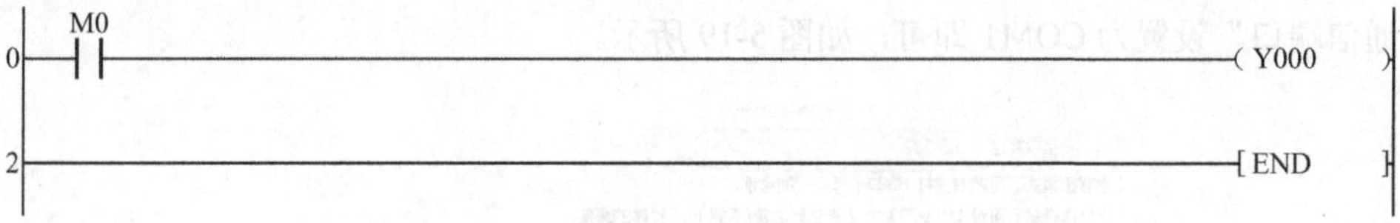

```
      M0
0 ──┤ ├──────────────────────────────( Y000 )

2 ───────────────────────────────────[ END  ]
```

图 5-15　梯形图

检查触摸屏和 PLC 通信线的连接，当通信线为 RS-232 通信线时，把它接到 PLC 的 COM1 口，当通信线为 RS-485 通信线时，把它接到 PLC 的 COM2 口，如图 5-16 所示（本实验用的通信线是 RS-232 通信线）。

图 5-16　触摸屏与 PLC 的接线实物图

查看 PLC 通信线与计算机连接的端口。以鼠标右键单击“此电脑”图标，在弹出的快捷菜单中选择“属性”选项，选择“设备控制管理器”选项，查看 CH340 与计算机连接的 COM 口，这里选用的是 COM1 口（COM 口是可以修改的），如图 5-17 所示。

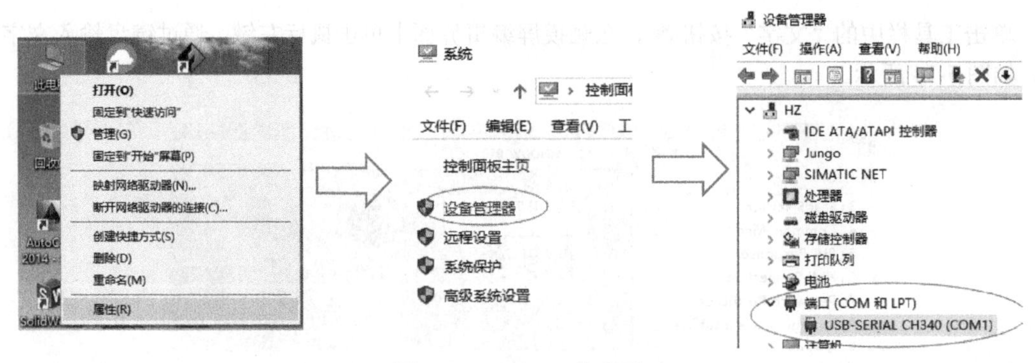

图 5-17　COM 口的查看

相应地，在 EB8000 软件中修改 COM 口。打开在 5.2.2 节中设置完成的触摸屏编辑界面，选择“编辑”→“系统参数设置”选项，在设备列表中双击“本机 PLC1”行，如图 5-18 所示。

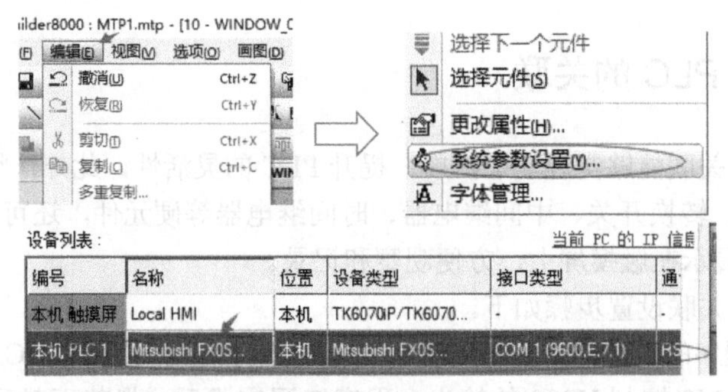

图 5-18　EB8000 中 COM 口的查询

在弹出的对话框中，将 “接口类型”设置为 RS-232，单击“设置”按钮，在弹出的对话框中把“通信端口”设置为 COM1 即可，如图 5-19 所示。

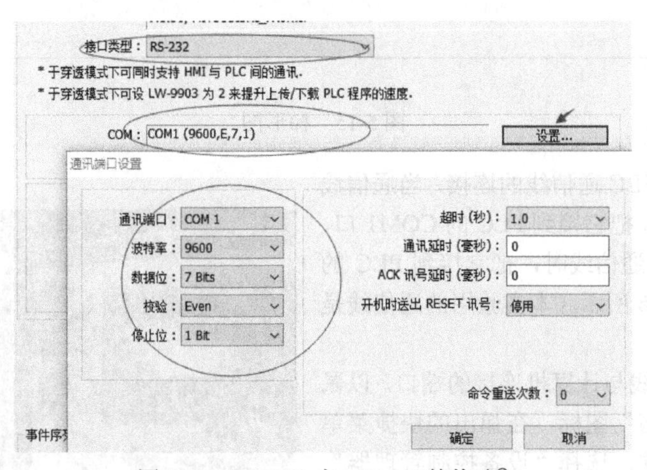

图 5-19　EB8000 中 COM 口的修改[①]

对编辑完成的触摸屏程序进行编译。在 EB8000 软件中选择“工具”→“编译”选项，然后单击“编译”按钮（把“建立字体文件”复选框勾选上），编译完成后，单击“关闭”按钮即可，如图 5-20 所示。

① 软件截图中，“通讯”的正确写法应为“通信”。

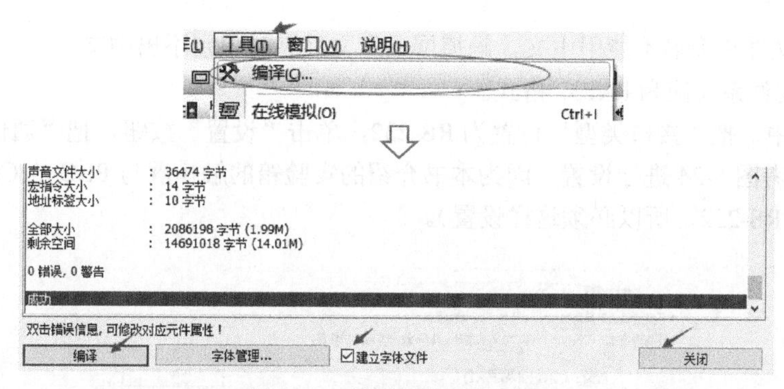

图 5-20　触摸屏程序的编译

对编译完成的触摸屏程序进行在线模拟。在 EB8000 软件中选择“工具”→“在线模拟”选项，如图 5-21 所示。

如图 5-22 所示，当单击“开关”按钮时，指示灯亮；当再次单击“开关”按钮时，指示灯灭。

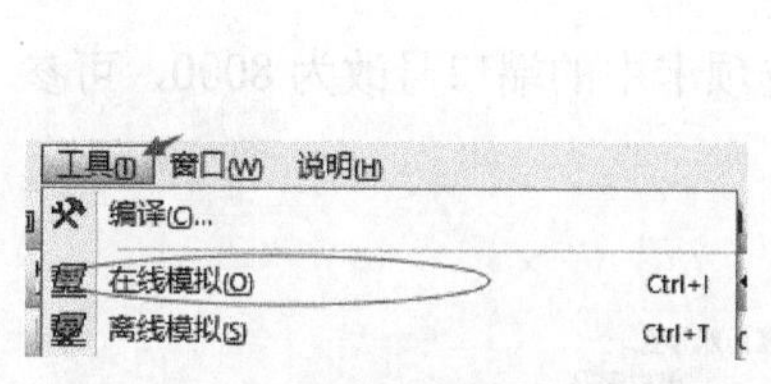

图 5-21　触摸屏程序的在线模拟

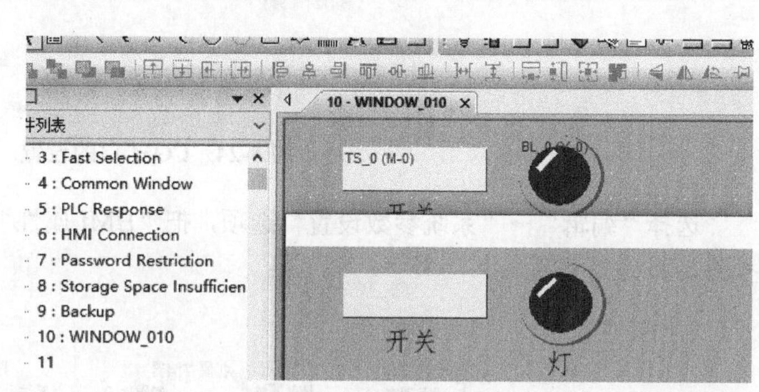

图 5-22　在线模拟操作

注意：① 在 PLC 上进行在线模拟时，如果监控对象为本地的 PLC（也就是接在本地计算机上的 PLC），则监控时间限制在 10 分钟内。

② 模拟可分为“离线模拟”与“在线模拟”两种。“离线模拟”不需接上 PLC，本地计算机会使用虚拟设备模拟 PLC 的行为，“在线模拟”则需接上 PLC，并正确设定与这些 PLC 的通信参数。

5.3　威纶通 TK6070iQ 通过 U 盘下载、上传程序步骤

5.3.1　威纶通 TK6070iQ 通过 U 盘下载程序

准备一个 U 盘，在 U 盘中创建一个新的文件夹，命名为“download”，如图 5-23 所示。

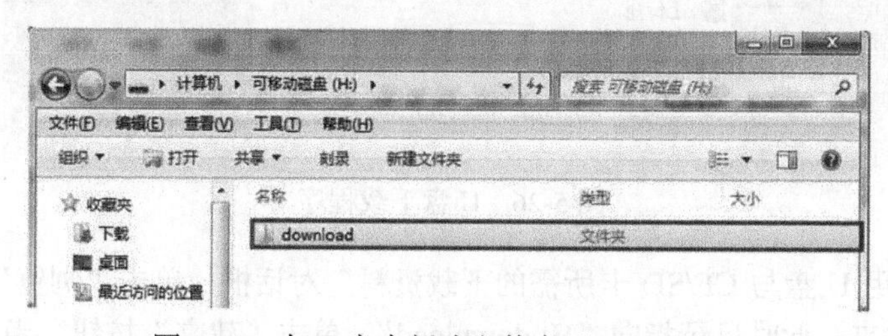

图 5-23　在 U 盘中新建文件夹“download”

注意：① 文件夹命名不能用中文，触摸屏显示文件夹时识别不出中文。

② U 盘的文件系统应为 FAT32 格式。

在 EB8000 中，把“接口类型”设置为 RS-232，单击“设置”按钮，把“通信端口”设置为 COM1 口。可参考图 5-24 进行设置（因为本书介绍的实验箱的触摸屏与 PLC 的 C0M1 口相连接，且通信线用的是 RS-232，所以必须这样设置）。

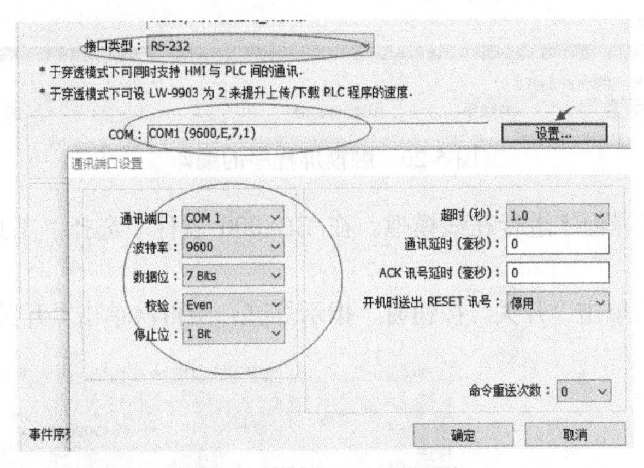

图 5-24　COM 口的设置

选择“编辑”→“系统参数设置”选项，把“HMI 属性”选项卡中的端口号改为 8000，可参考图 5-25 进行设置。

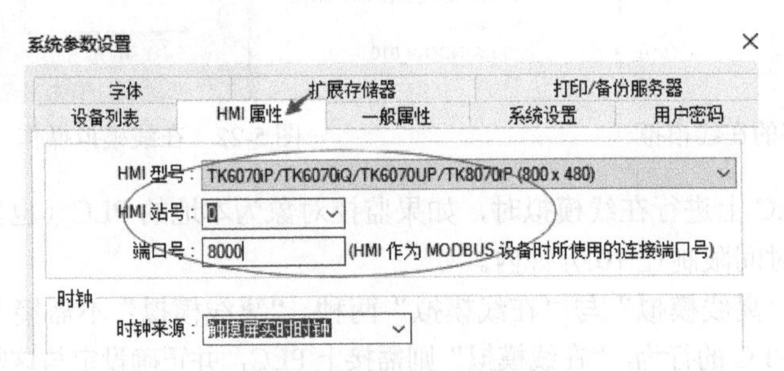

图 5-25　HMI 属性设置

对编辑完成的触摸屏程序进行编译。然后通过 U 盘下载程序：在菜单栏中选择“工具”→“建立使用 U 盘与 CF/SD 卡所需的下载资料”选项，如图 5-26 所示。

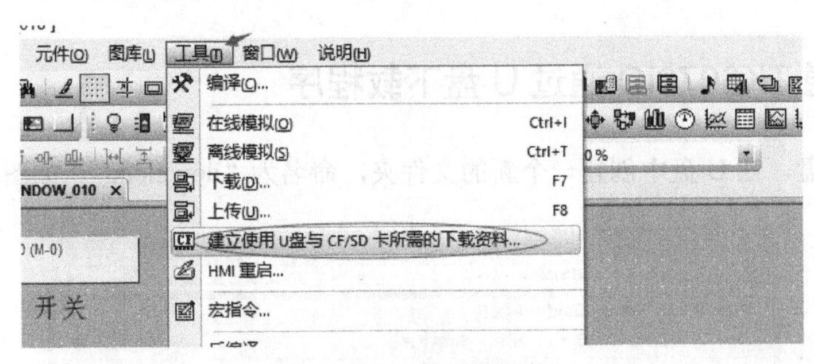

图 5-26　U 盘下载程序

弹出“建立使用 U 盘与 CF/SD 卡所需的下载资料”对话框，单击“浏览”按钮，找到 U 盘中的 download 文件夹，此时目录指向“H:\download”，单击“建立”按钮，当弹出“建立成功”

消息后，表示下载资料已创建完毕，如图 5-27 所示。

将 U 盘插到触摸屏上，等待几秒后，会弹出“Download/Upload”对话框，单击“Download”按钮，如图 5-28 所示。

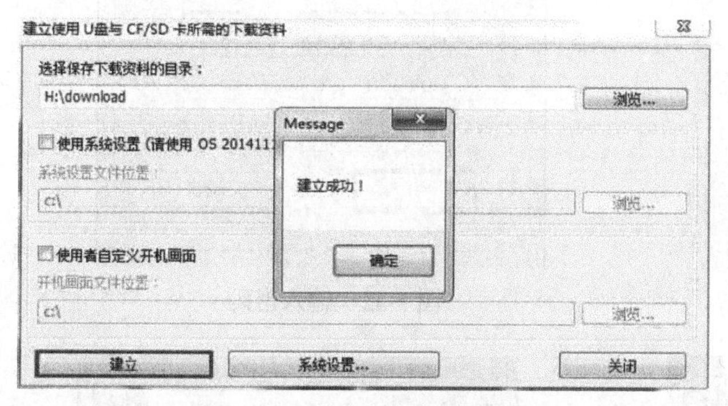

图 5-27　下载资料已创建完毕

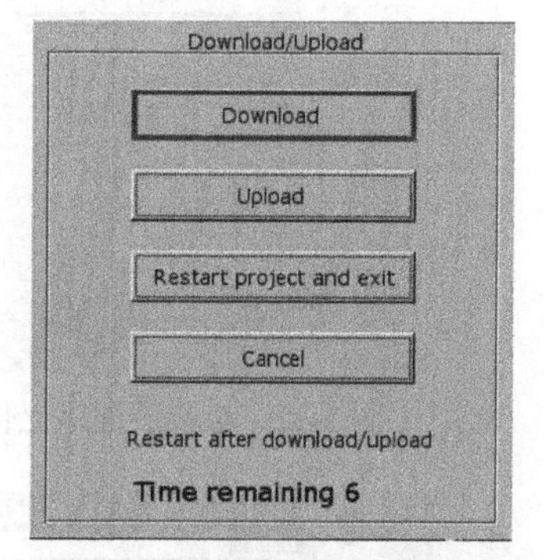

图 5-28　触摸屏程序下载设置

弹出“Download Settings”对话框，输入密码，初始密码为 111111，单击“OK”按钮，如图 5-29 所示。

弹出“Pick a Directory”对话框，选择 download 文件夹，单击“OK”按钮开始下载，如图 5-30 所示。

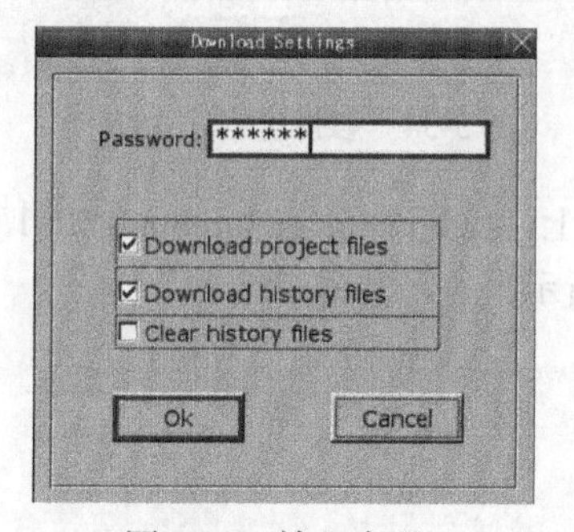

图 5-29　输入密码

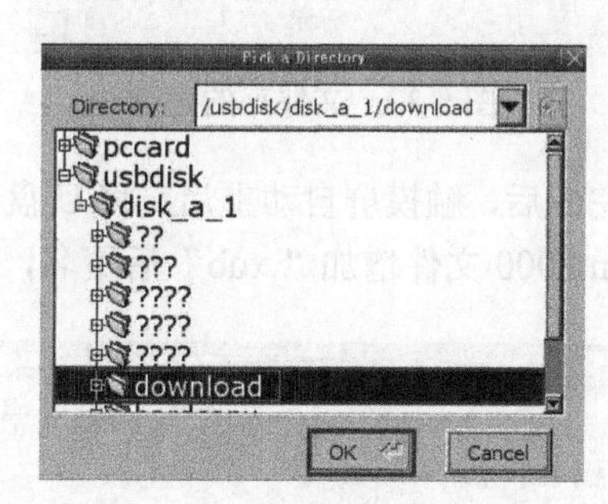

图 5-30　触摸屏程序下载

下载完成后，触摸屏自动重启，显示出下载的触摸屏界面。如果 PLC 中没有对应的程序或者触摸屏与 PLC 没关联上，那么会弹出错误提示。PLC 与触摸屏的程序要分别下载才能正常显示。

5.3.2　威纶通 TK6070iQ 通过 U 盘上传程序

将 U 盘插到触摸屏上，等待几秒后，弹出“Download/Upload”对话框，单击“Upload”按钮，如图 5-31 所示。

弹出“Upload Settings”对话框，输入密码，初始密码为 111111，参考图 5-32 进行设置，单击“OK”按钮。

弹出“Pick a Directory”对话框，参考图 5-33 进行设置，展开 usbdisk 文件夹，选中 usbdisk 下的 disk_a_1 文件夹；点选右上角“+”按钮，在弹出的对话框中，输入文件夹名 upload，单击“OK”按钮即可。

选择 upload 文件夹进行上传，单击“OK”按钮，如图 5-34 所示。

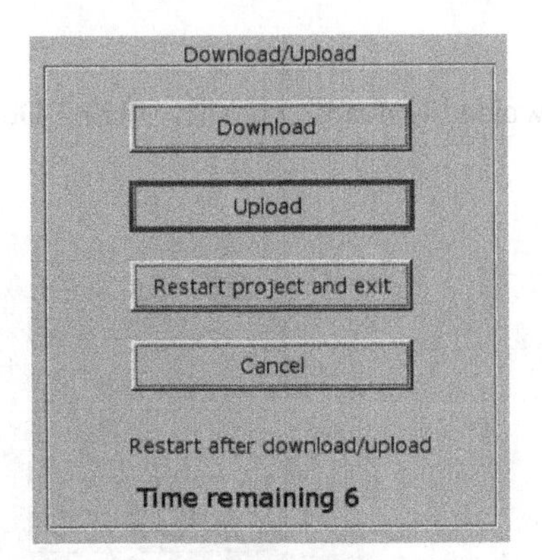

图 5-31 触摸屏程序上传设置

图 5-32 输入密码

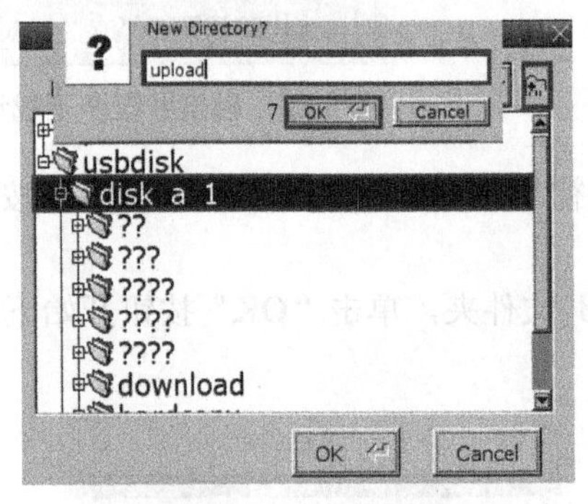

图 5-33 文件夹的建立

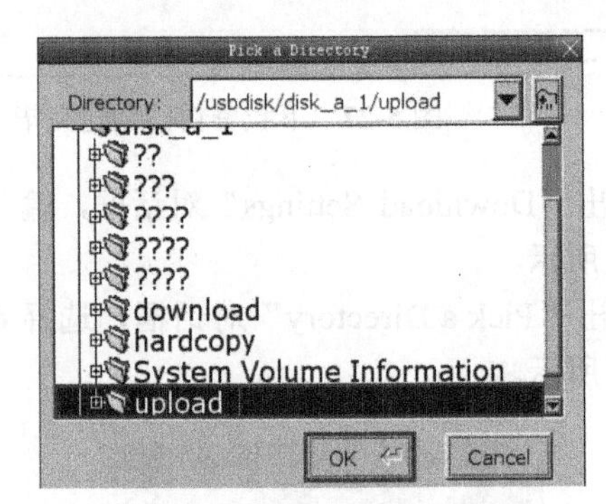

图 5-34 触摸屏程序上传

上传完成后，触摸屏自动重启。将U盘插到计算机上，找到“upload▼mt8000▼001”文件夹，对里面的mt8000文件增加“.xob”后缀名，如图5-35所示。

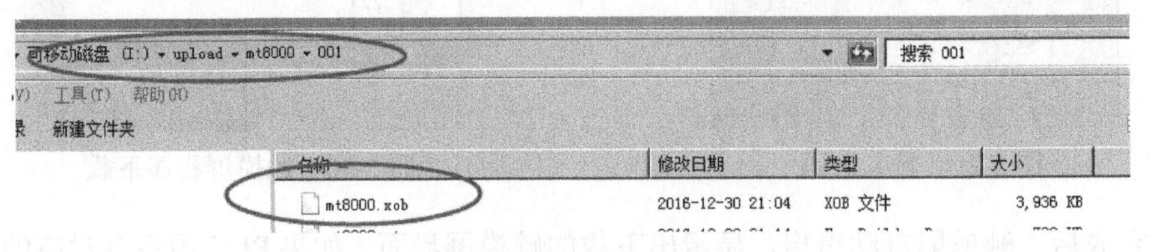

图 5-35 修改后缀名

打开EB8000软件，选择“工具”→“反编译”选项，弹出“反编译”对话框，单击“浏览”按钮，如图5-36所示。

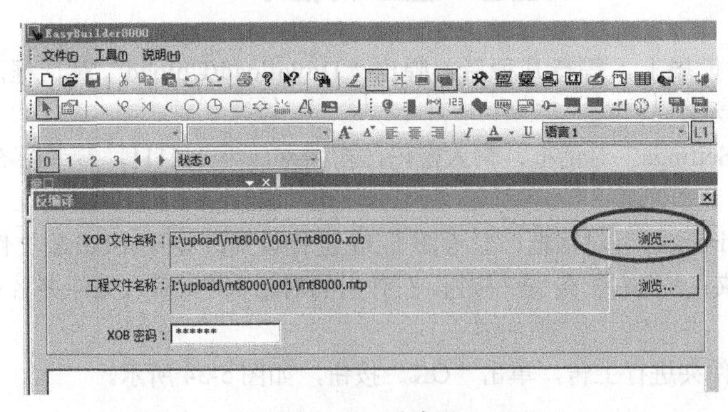

图 5-36 反编译

选择U盘中“upload\mt8000\001”目录下的mt8000.xob文件，单击“打开”按钮，如图5-37所示。

图5-37 打开mt8000.xob文件

回到“反编译”对话框，单击“反编译”按钮，如图5-38所示。

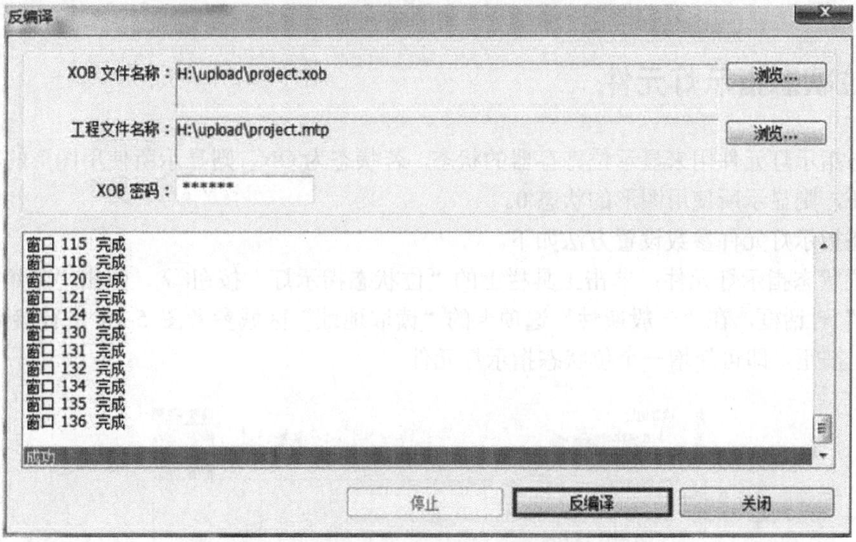

图5-38 程序反编译

如果反编译成功，在U盘中的“\upload\mt8000\001”目录下会生成一个mt8000.mtp文件，用EB8000软件将其打开即可。

打开反编译得到的mt8000.mtp文件后，如果出现“置换字体”对话框，就单击“确定”按钮置换字体，如图5-39所示。

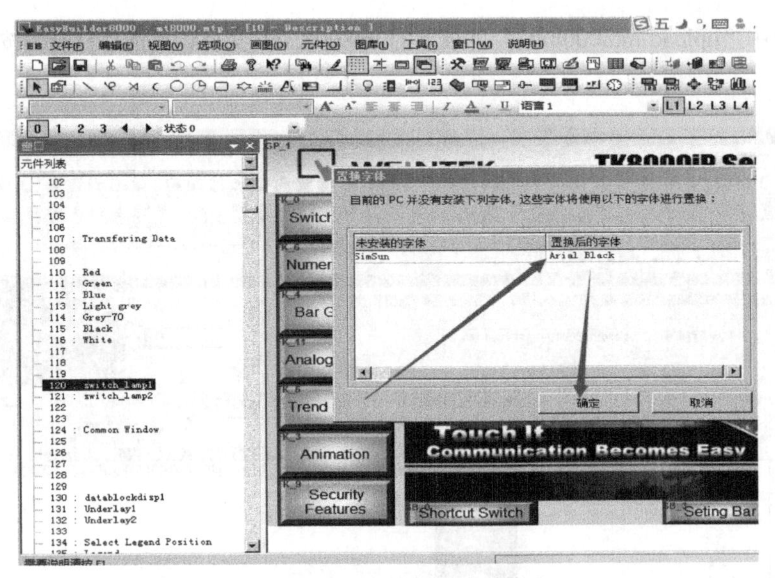

图 5-39　置换字体

5.4　基本元件的使用

常用的基本元件有位状态指示灯元件、多状态指示灯元件、位状态设置元件、多状态设置元件、位状态切换开关元件、多状态切换开关元件、滑动开关元件、数值元件、棒图元件、表针元件、动画元件、移动图形元件、项目选单元件、功能键元件、资料取样元件、趋势图元件、历史数据显示元件、事件登录元件、报警元件与报警显示元件、事件显示元件等。

5.4.1　位状态指示灯元件

位状态指示灯元件用来显示位寄存器的状态，若状态为 ON，则显示所使用图形的状态 1，若状态为 OFF，则显示所使用图形的状态 0。

位状态指示灯元件参数设置方法如下。

新增位状态指示灯元件：单击工具栏上的“位状态指示灯”按钮，弹出“新增 位状态指示灯 元件”对话框，在“一般属性”选项卡的“读取地址”区域参考图 5-40 进行参数设置，单击“确定”按钮，即可新增一个位状态指示灯元件。

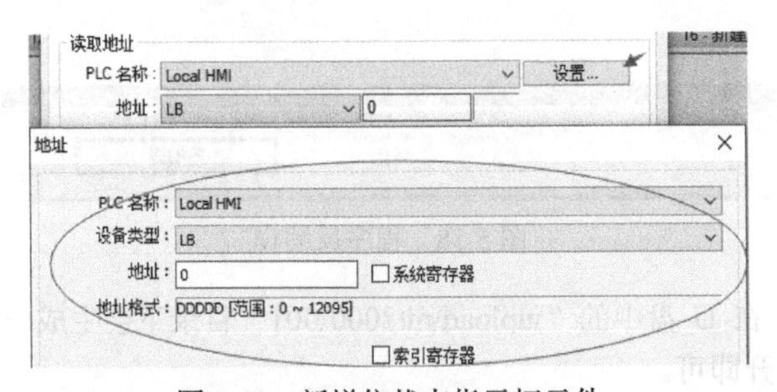

图 5-40　新增位状态指示灯元件

注意：在“读取地址”区域，如果 PLC 名称为“Local HMI”，那么表示对触摸屏的地址进行操作，如果 PLC 名称为“MITSUBISHI FX0S/FX0N/FX1S/FS1N/FX2”，那么表示对 PLC 的地址进行操作。

位状态指示灯闪烁方式的设定可参考图 5-41。

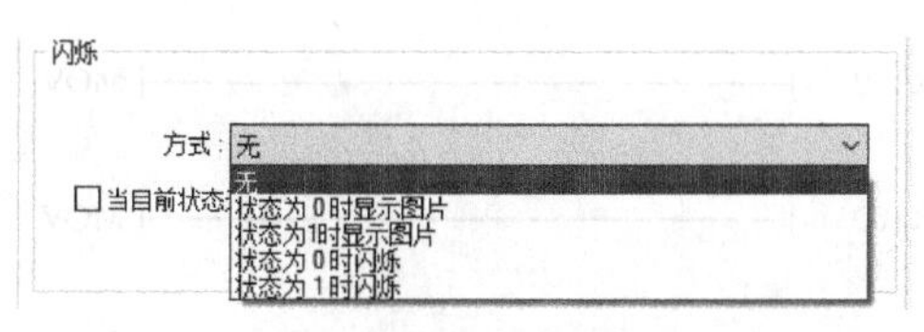

图 5-41　位状态指示灯闪烁方式的设定

5.4.2　多状态指示灯元件

多状态指示灯元件利用寄存器内的数据，显示元件相应的状态（EB8000 最多支持 256 个状态的显示）。

1．多状态指示灯元件参数设置

新增多状态指示灯元件：单击工具栏上的“多状态指示灯”按钮，弹出“新增　多状态指示灯　元件”对话框，在“一般属性”选项卡中正确设置各参数后，单击“确定”按钮，即可新增一个多状态指示灯元件，参数设置可参考图 5-42。

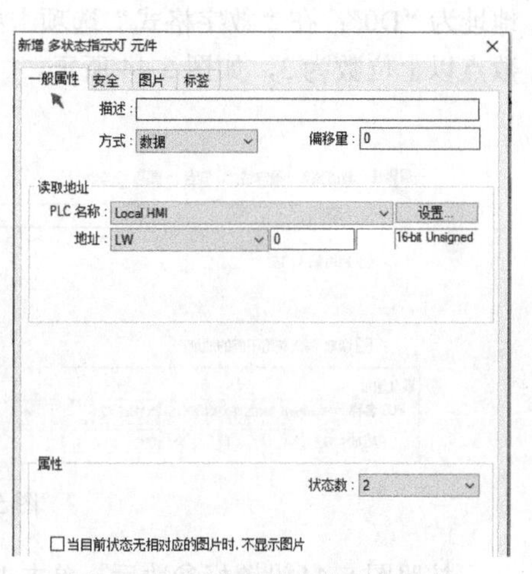

图 5-42　新增多状态指示灯元件

多状态指示灯元件提供以下三种显示方式。

“数据”显示方式：直接利用寄存器内的数据减去“偏移量”设定值，将运算结果作为元件目前的状态。

“LSB”显示方式：此方式首先会将寄存器内的数据先转换为二进制数，接着使用不为 0 的最低位决定元件目前的状态。以地址[LW200]内的数据为例，如表 5-1 所示。

表 5-1　“LSB”显示方式寄存器数据转换

十进制数	二进制数	显　示
0	0000	全部位皆为 0，此时显示状态 0
1	0001	不为 0 的最低位为位 0，此时显示状态 1
2	0010	不为 0 的最低位为位 1，此时显示状态 2
3	0011	不为 0 的最低位为位 0，此时显示状态 1
4	0100	不为 0 的最低位为位 2，此时显示状态 3
7	0111	不为 0 的最低位为位 0，此时显示状态 1
8	1000	不为 0 的最低位为位 3，此时显示状态 4

“周期转换状态”显示方式：元件的状态与寄存器无关，元件以设定的频率依次变换状态。

元件的状态数从 0 开始编号。例如，状态数为 8，则显示的状态号依次为 0,1,2,…,7。当要求显示的状态超过最大状态号时，EB8000 会显示最后一个状态号。

2．多状态指示灯元件应用

【例 5-2】　比较数据大小。

按照工程设计要求，设置一个数据寄存器，用于输入数据，设置一个指示灯，用于显示相应的状态。当输入的数据小于 100、等于 100、大于 100 时，指示灯显示出相应的状态。

进行 PLC 程序设计，梯形图如图 5-43 所示。

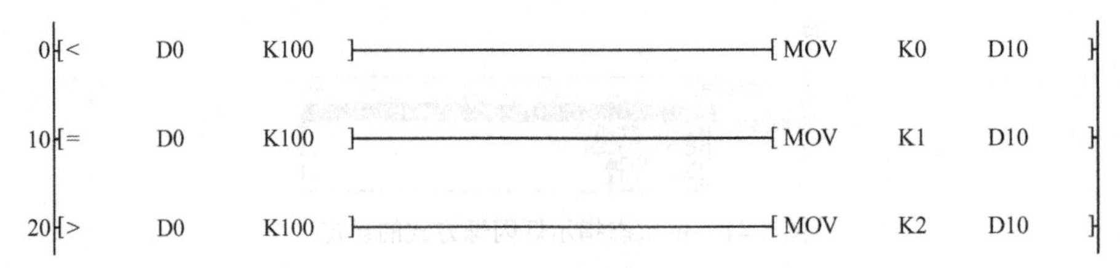

图 5-43　梯形图

新增数值元件：单击工具栏上的“数值”按钮，对添加的数值元件进行参数设置：在“一般属性”选项卡的读取地址区域中，设置 PLC 名称为“Mitsubishi FX0S/FX0N/FX1S/FX1N/FX2”，地址为“D0”；在“数字格式”选项卡中，设置资料格式（数据类型）为“16-bit Unsigned”，小数点以上位数为 3，如图 5-44 所示。

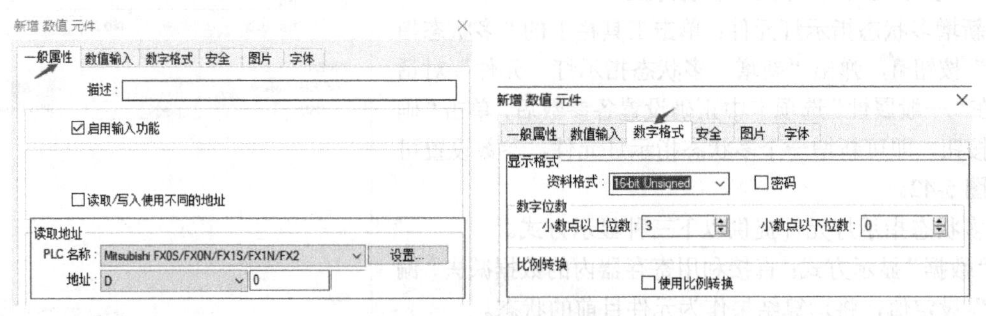

图 5-44　数值元件参数设置

按照图 5-44 设置好参数后，单击“确定”按钮，在触摸屏编辑界面上合适的位置处按下鼠标左键创建数值元件。

新增多状态指示灯元件，双击该元件，设置多状态指示灯元件属性，在“多状态指示灯元件属性”对话框中，按照图 5-45 的内容进行参数设置，设置 PLC 名称为“Mitsubishi FX0S/FX0N/FX1S/FX1N/FX2”，设置地址为“D10”（设置的是 PLC 的地址）。

图 5-45　多状态指示灯元件参数设置

选择“图片”选项卡，单击“图库”按钮，为多状态指示灯添加图片，选择三种状态的图片，如图 5-46 所示。

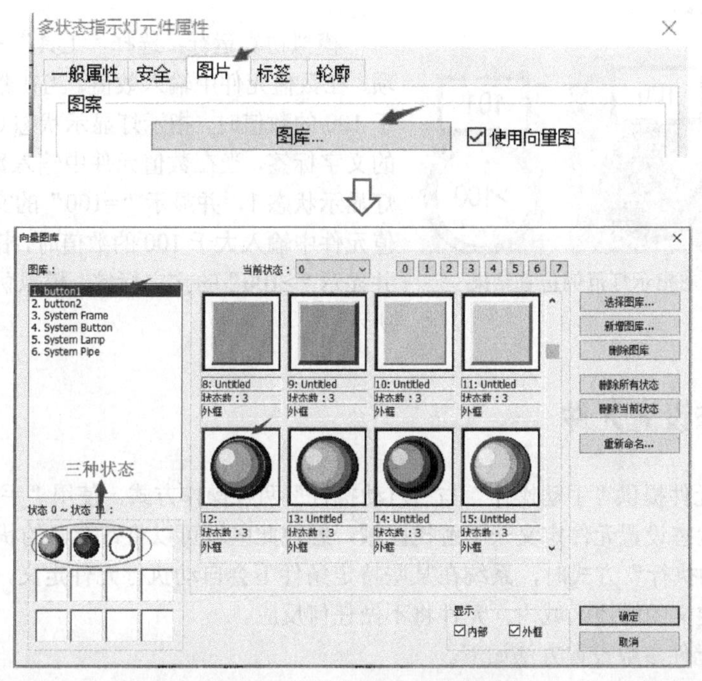

图 5-46　多状态指示灯图片选择

选择“标签”选项卡，勾选“使用文字标签”复选框，然后在该对话框的“内容”框内输入文字，如图 5-47 所示。

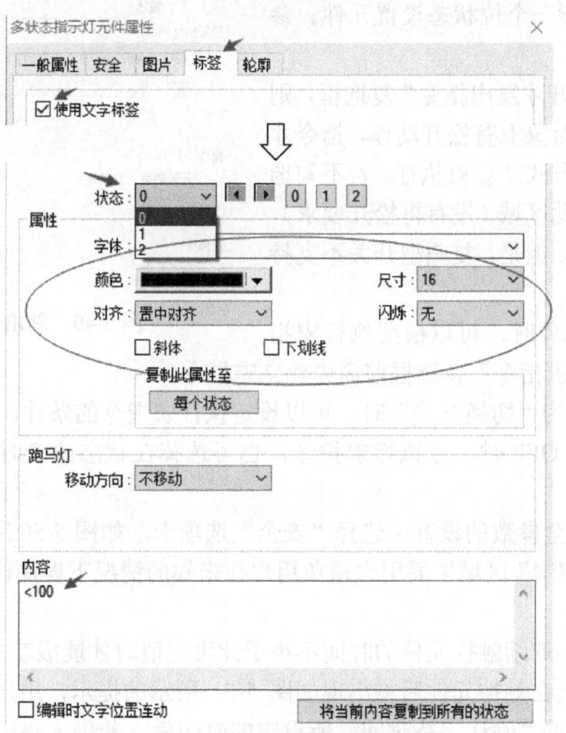

图 5-47　状态文字标签设置

分别在“状态”下拉列表中，对多状态指示灯各个状态的图片设置对应的文字标签，这里设置状态 0 的内容为“<100”，状态 1 的内容为“=100”，状态 2 的内容为“>100”。参数设置完成后，单击“确定”按钮。

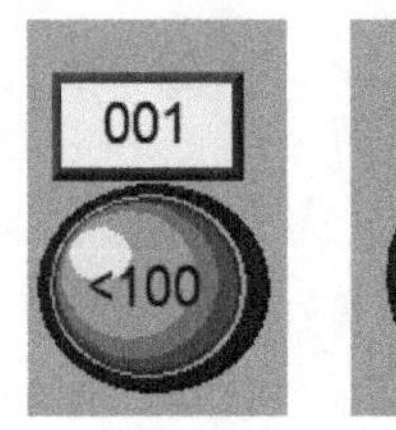

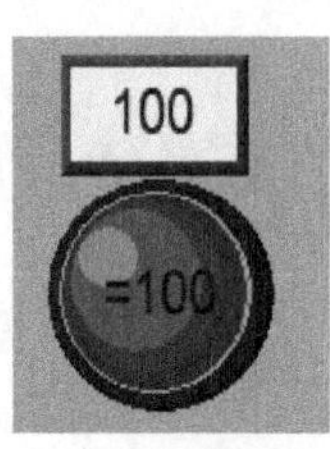

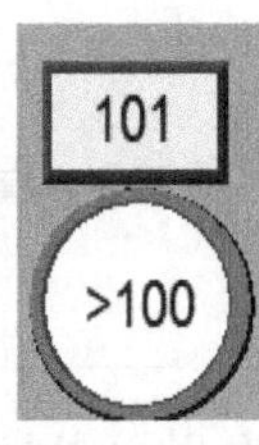

图 5-48　多状态指示灯范例仿真结果

模拟仿真运行：选择“工具”→“离线模拟”选项，在数值元件中输入数值，当在数值元件中输入小于 100 的数值时，指示灯显示状态 0，并显示“<100”的文字标签，当在数值元件中输入数值 100 时，指示灯显示状态 1，并显示“=100”的文字标签，当在数值元件中输入大于 100 的数值时，指示灯显示状态 2，并显示“>100”的文字标签，模拟仿真结果如图 5-48 所示。

5.4.3　位状态设置元件

位状态设置元件提供“手动操作”与“自动执行”两种操作方式。使用“手动操作”方式时，用户可以利用位状态设置元件定义一个触控区域，触控此区域可以将寄存器的状态设定为 ON 或 OFF。使用“自动执行”方式时，系统在某些特定条件下会自动执行元件定义，使用此种操作方式，在触控元件定义的触控区域内，元件将不做任何反应。

位状态设置元件参数设置方法如下。

新增位状态设置元件：单击工具栏上的“位状态设置”按钮，弹出“新增 位状态设置 元件”对话框，在“一般属性”选项卡设置参数后，单击“确认”按钮，即可新增一个位状态设置元件。参数设置如图 5-49 所示。

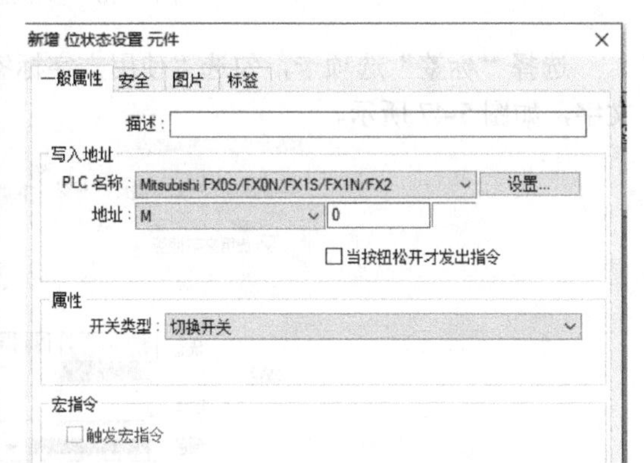

图 5-49　新增位状态设置元件

若勾选“当按钮松开才发出指令”复选框，则在选中对象后，必须在对象上有松开动作，指令才有效，元件定义的操作方式才会被执行。若不勾选该复选框，则只要单击此区域（没有再松开要求），将立刻执行元件的动作。但是，复归型开关不支持此项功能。

操作位状态设置元件时，可以搭配执行宏指令，但是，勾选“触发宏指令”复选框前需先建立宏指令。

当元件的开关类型为“切换开关”时，可以设定执行宏指令的条件，可以选择在状态由 OFF 变为 ON 或由 ON 变为 OFF 时，才执行宏指令，也可选择在状态改变时（ON<->OFF）执行宏指令。

位状态设置元件安全参数的设置：选择“安全”选项卡，如图 5-50 所示。

安全控制：“安全控制”区域主要用来避免用户在未知的情况下误操作元件，目前提供两种保护方式。

① 最少按键时间：连续触控元件的时间不小于此设定值时才能成功操作元件。

② 操作前先确认：在触控元件后将出现如图 5-51 所示的提示，用户可以依照实际需要，确认是否执行此操作。超过“确认等待时间”所设定的时间后，若仍未决定是否执行此操作，则对话框会自动消失且取消执行此操作。

提示文字定义在“系统信息”中，用户可以利用“系统信息”对话框更改提示文字的内容。单击工具栏上的“系统信息”按钮后，会弹出“系统信息”对话框，如图 5-52 所示，其中“信息”框中的内容作为提示文字。

生效/失效：元件是否允许被操作，取决于“生效/失效”状态。“生效/失效”地址必须是 Bit 地址形式，地址的内容由图 5-50 所示的对话框中的参数来决定。

例如，假使某个位状态设置元件使用“生效/失效”功能，并且它的“生效/失效”地址为 LB0，则只有在 LB0 状态为 ON 时，才允许操作此元件。

按键声音：对每个元件，可以分别设定是否使用蜂鸣器发出特定声音，EB8000 也提供系统保留寄存器 LB9019 作为蜂鸣器的总开关，当 LB9019 的状态为 OFF 时，蜂鸣器才能使用。重启时，EB8000 将保留前一次对蜂鸣器的设定状态。

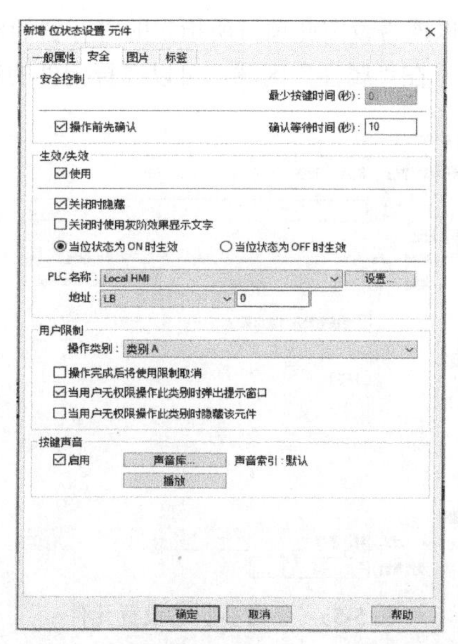

图 5-50　位状态设置元件安全参数的设置

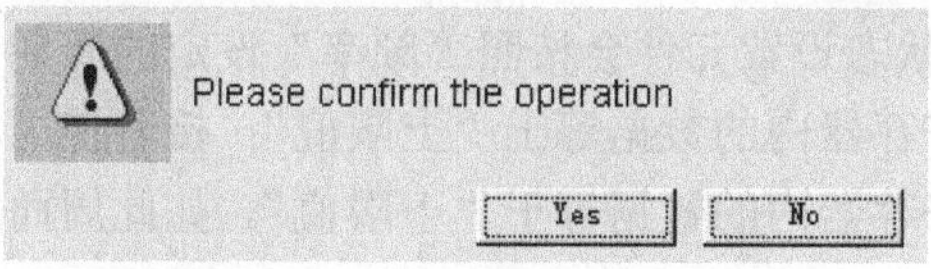

图 5-51　操作前先确认

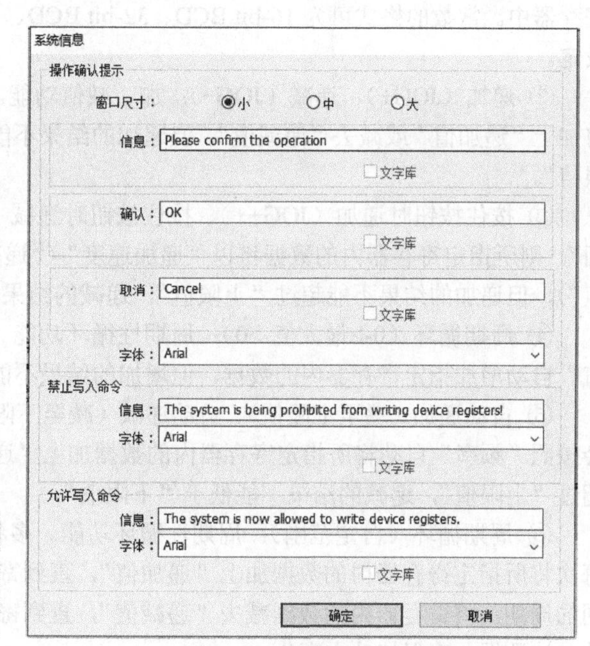

图 5-52　“系统信息”对话框

5.4.4　多状态设置元件

多状态设置元件也提供“手动操作”与“自动执行”两种操作方式。

1. 多状态设置元件参数设置

新增多状态设置元件：单击工具栏上的“多状态设置”按钮，弹出“新增 多状态设置 元件”对话框，在“一般属性”选项卡设置参数后，单击“确认”按钮，即可新增多状态设置元件。参数设置如图 5-53 所示。

在“通知”区域，若勾选“启用”复选框，则在使用“手动操作”方式时，在完成操作后，可以连带设定此项目所指定的寄存器的状态。

在“属性”区域，可以选择元件的动作方式，可以选择的方式如图5-54所示。

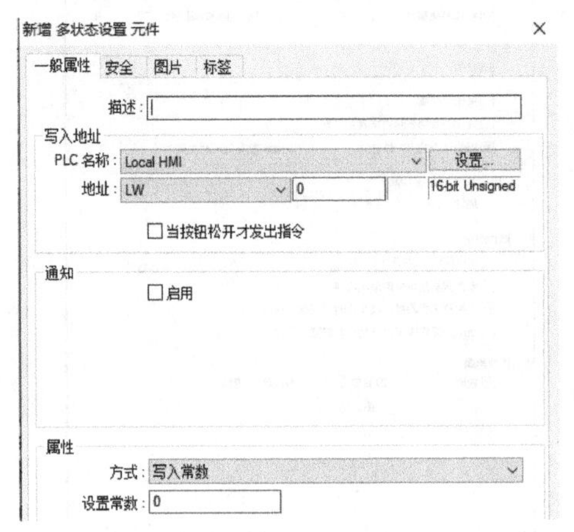

图5-53 新增多状态设置元件

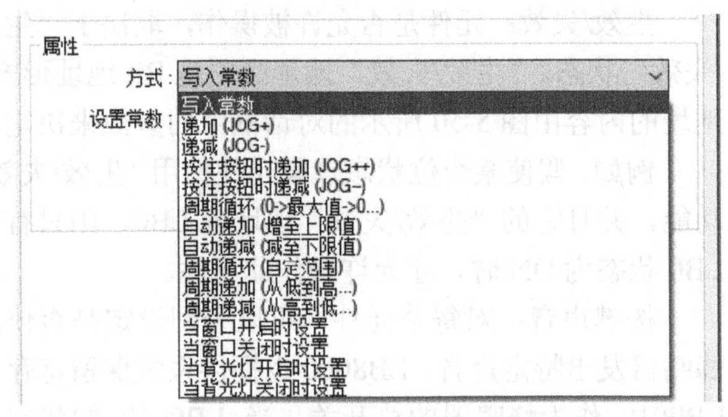

图5-54 动作方式的选择

① 写入常数：设置常数功能。每触控一次元件，“设置常数”框中的设定值将被写入指定的寄存器中。常数的格式可为16-bit BCD、32-bit BCD、…、32-bit Float等，在“写入地址”区域中设定。

② 递加（JOG+）、递减（JOG–）：加、减值功能。每触控一次元件，所指定寄存器内的数据将加上“递加值”或减去“递减值”，但递加的结果不能超过“上限值”，递减的结果不能低于“下限值”。

③ 按住按钮时递加（JOG++）、按住按钮时递减（JOG--）：若触控元件的时间超过“迟滞时间”，则所指定寄存器内的数据将以“递加速度”（“递减速度”）每次加上“递加值”（减去“递减值”），但递加的结果不能超过“上限值”，递减的结果不能低于“下限值”。

④ 周期循环（0->最大值->0）：周期性循环功能。多状态设置元件会按照“频率”与“递加值”自动增加指定寄存器内的数据，但增加的结果不能超过“上限值”。

⑤ 自动递加（增至上限值）、自动递减（减至下限值）：周期性递加减功能。多状态设置元件会按照“频率”自动将所指定寄存器内的数据加上“递加值”减去“递减值”，但递加的结果不能超过“上限值”，递减的结果不能低于“下限值”。

⑥ 周期循环（自定范围）：周期性循环功能。多状态设置元件会按照“频率”设定的周期，每次将所指定寄存器内的数据加上“递加值”，直到寄存器内的数据等于“上限值”；接着使用相同的周期，将寄存器内的数据减去“递减值”，直到寄存器内的数据等于“下限值”。如此周而复始，让数据一直保持动态变化。

⑦ 周期递加（从低到高）：步进功能。多状态设置元件会按照“频率”设定的周期，每次将所指定寄存器内的数据加上“递加值”，直到寄存器内的数据等于“最大值”，接着会将寄存器内的数据复归为“最小值”，并重复前面的动作，让数据一直保持动态变化。

⑧ 周期递减（从高到低）：步退功能，多状态设置元件会按照“频率”设定的周期，每次将所指定寄存器内的数据减去“递减值”，直到寄存器内的数据等于“最小值”，接着会将寄存器内的数据复归为“最大值”，并重复前面的动作，让数据一直保持动态变化。

⑨ 当窗口开启时设置：开启元件所在位置的窗口时，会将“设置常数”框中的设定值自动写至指定的寄存器中。

⑩ 当窗口关闭时设置：关闭元件所在位置的窗口时，会将“设置常数”框中的设定值自动写

至指定的寄存器中。

⑪ 当背光灯开启时设置：当背光灯处在关闭状态时，开启背光灯，会将“设置常数”框中的设定值自动写至指定的寄存器中。

⑫ 当背光灯关闭时设置：当背光灯处在开启状态时，关闭背光灯，会将“设置常数”框中的设定值自动写至指定的寄存器中。

2．多状态设置元件应用

【例 5-3】 实现车间产量界面设计，该界面能够显示产量及控制产量增减。

按照工程设计要求，设置一个生产产量控制按钮“白班产量”，当按下按钮时，设定产量值，该产量值能在数值元件上显示出来，再设置一个“产量清零”按钮、一个“+1”按钮和一个“-1”按钮，通过对这些按钮的操作，改变产量值。设置过程如下。

新增一个数值元件，该元件用来显示产量值。

参数设置：在“一般属性”选项卡“读取地址”区域中，设置 PLC 名称为“Local HMI”，地址为“LW0”（触摸屏地址），在“数字格式”选项卡中，设置资料格式为“16-bit Unsigned”，小数点以上位数为 3，小数点以下位数为 0，如图 5-55 所示。

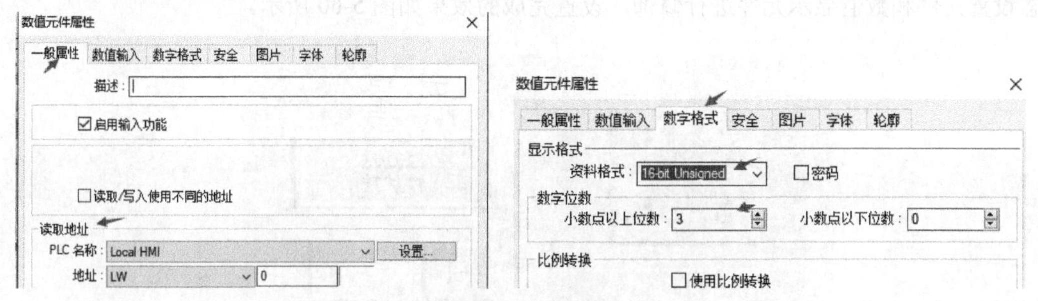

图 5-55 参数设置

分别添加“白班产量”“产量清零”“+1”“-1”按钮（多状态设置元件）。

单击工具栏上的“多状态设置”按钮，分别添加“白班产量”“产量清零”“+1”“-1”按钮，设置各按钮的写入地址，设置 PLC 名称为“Local HMI”，地址为“LW0”，“产量清零”按钮的动作方式为“写入常数”，设置常数为 0，“白班产量”按钮的动作方式为“写入常数”，设置常数为 66，“+1”按钮的动作方式为“递加（JOG+）”，递加值为 1，上限值为 100，“-1”按钮的动作方式为“递加（JOG-）”，递减值为 1，上限值为 0，如图 5-56～图 5-59 所示。

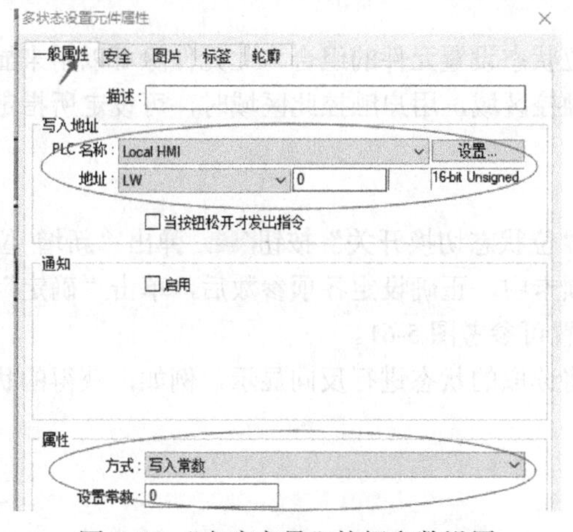

图 5-56 “白班产量”按钮参数设置

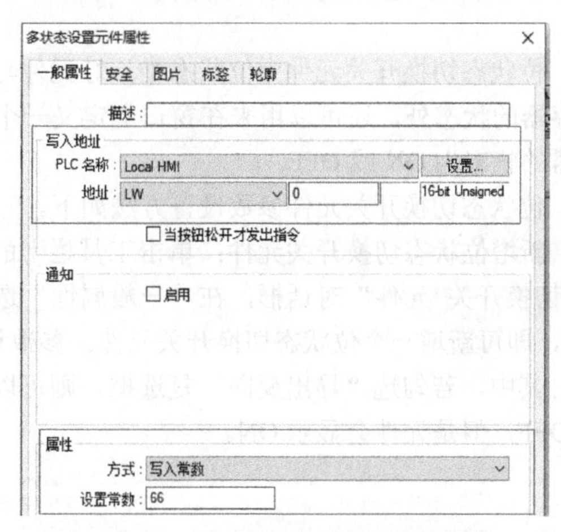

图 5-57 “产量清零”按钮参数设置

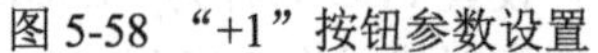

图5-58 “+1”按钮参数设置

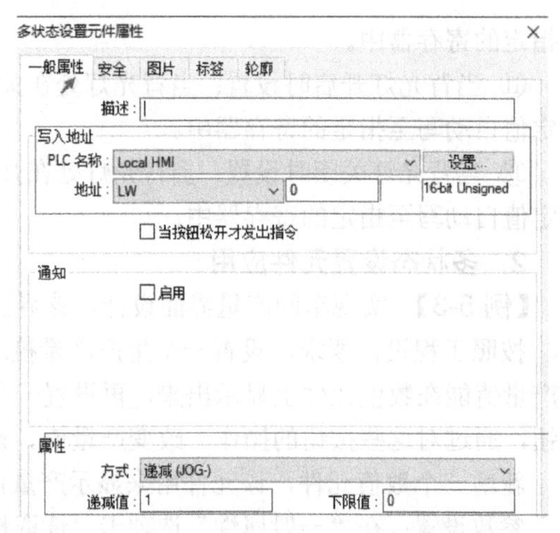

图5-59 “-1”按钮参数设置

参数设置完成后，在“多状态设置元件属性”对话框“图片”选项卡中选择图片，分别对多状态设置元件和数值显示元件进行修饰，设置完成的效果如图5-60所示。

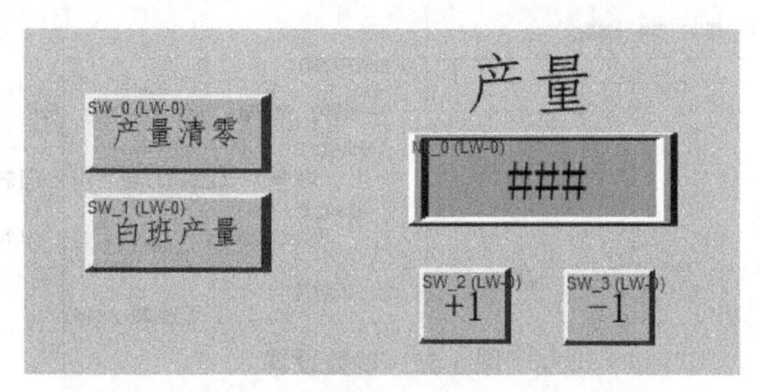

图5-60 设置完成的效果图

模拟仿真运行：选择“工具”→“离线模拟”选项，在离线模拟运行时，当按下“白班产量”按钮时，数值元件将会显示数值“66”，这时按下“+1”或“-1”按钮，数值元件将会在数值为“66”的基础上进行自增一或自减一，单击“产量清零”按钮时，数值元件将会显示数值“0”。

5.4.5 位状态切换开关元件

位状态切换开关元件为位状态指示灯元件与位状态设置元件的组合。此元件除可以用来显示寄存器的状态外，还可以用来在窗口上定义一个触控区域，用户触控此区域时，可设定所指定寄存器的状态为ON或OFF。

位状态切换开关元件参数设置方法如下。

新增位状态切换开关元件：单击工具栏上的“位状态切换开关”按钮，弹出“新增 位状态切换开关 元件”对话框，在“一般属性”选项卡中，正确设定各项参数后，单击“确定”按钮，即可新增一个位状态切换开关元件。参数设置可参考图5-61。

其中，若勾选“导出反向”复选框，则可以将读取的状态进行反向显示，例如，获得的状态为OFF，但是元件会显示ON。

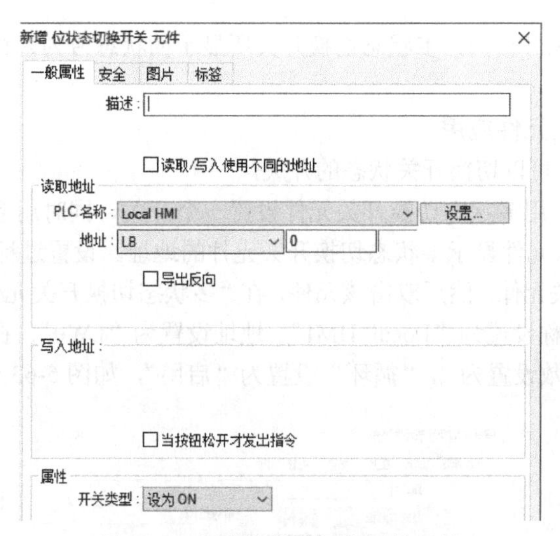

图 5-61　新增位状态切换开关元件

5.4.6　多状态切换开关元件

多状态切换开关元件为多状态指示灯元件与多状态设置元件的组合。此元件除可以利用寄存器内的数据显示不同的状态外，还可以用来在窗口上定义一个触控区域，用户触控此区域时，可以设定所指定寄存器内的数据。

1．多状态切换开关元件参数设置

新增多状态切换开关元件：单击工具栏上的“多状态切换开关”按钮，弹出“新增 多状态切换开关 元件”对话框，在“一般属性”选项卡中正确设定各参数后，单击“确定”按钮，即可新增一个多状态切换开关元件，参数设置可参考图 5-62。

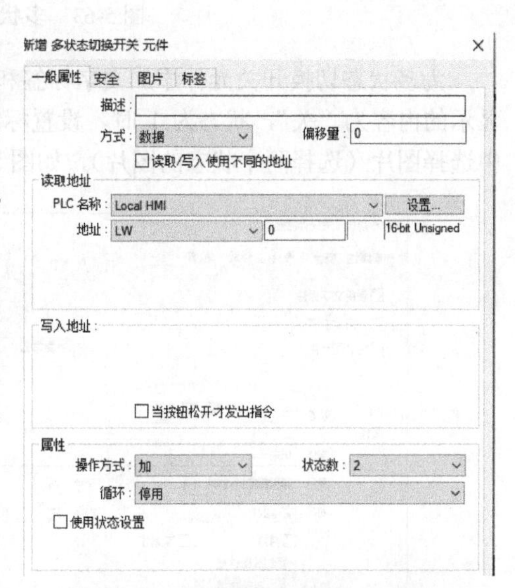

图 5-62　新增多状态切换开关元件

其中，“方式”下拉列表中包括“数据”与“LSB”两种显示方式，见多状态指示灯元件的说明。

在属性区域可以选择元件的操作方式。可选择“加”或“减”操作方式，当读/写地址相同，并选择“数据”显示方式时，寄存器内数据的最小值将等于“偏移量”，此时的状态为 0；数据的最大值为（状态数-1）+ 偏移量，此时所显示的状态为“状态数”-1。

① 加：每触控一次元件，“写入地址”所指定的寄存器内的数据加 1，当选择“数据”显示方式时，如果加的结果大于等于“状态数+偏移量”，且“循环”选择“启用”，则寄存器内的数据会被复归为“偏移量”，并显示状态 0；否则寄存器内的数据将维持在（状态数-1）+偏移量，并显示状态值（状态数-1）。

② 减：每触控一次元件，将对“写入地址”所指定寄存器内的数据减 1，当选择“数据”显示方式时，如果减的结果小于“偏移量”，且“循环”选择“启用”，则寄存器内的数据会被改变为（状态数-1）+偏移量，并显示状态值（状态数-1），否则寄存器内的数据将维持为“偏移量”，并显示状态 0。

注意：与多状态指示灯相同，多状态切换开关所显示的状态皆为寄存器内的数据减去“偏移量”。

2．多状态切换开关元件应用

【例 5-4】 设计一个可以切换开关状态的开关。

按照工程设计要求，用多状态切换开关元件设置一个开关，同时用多状态指示灯元件查看开关的状态，并用一个数值元件显示多状态切换开关元件的地址。设置过程如下。

新增多状态切换开关元件，然后双击该元件，在“多状态切换开关元件属性”对话框中将“读取地址”区域的 PLC 名称设置为“Local HMI”，地址设置为“LW0”，在“属性”区域，将操作方式设置为“加”，状态数设置为 2，“循环”设置为“启用”，如图 5-63 所示。

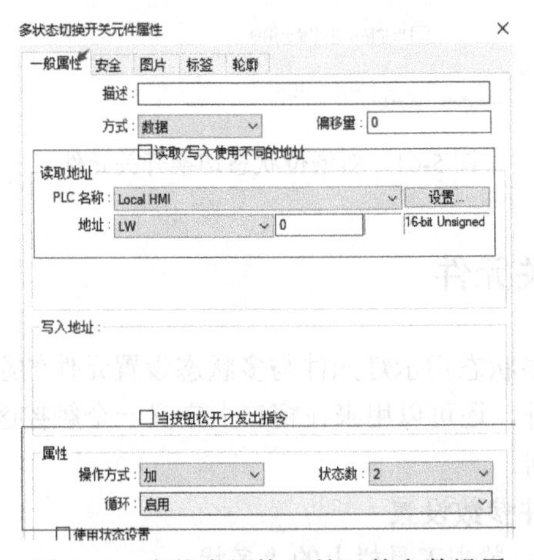

图 5-63　多状态切换开关元件参数设置

为多状态切换开关元件添加文字标签和图片：在“标签”选项卡中，状态为 0 时，设置标签显示的内容为“关”，状态为 1 时，设置标签显示的内容为“开”；在“图片”选项卡中，在图库中选择图片（选择两个状态的图片），如图 5-64 所示。

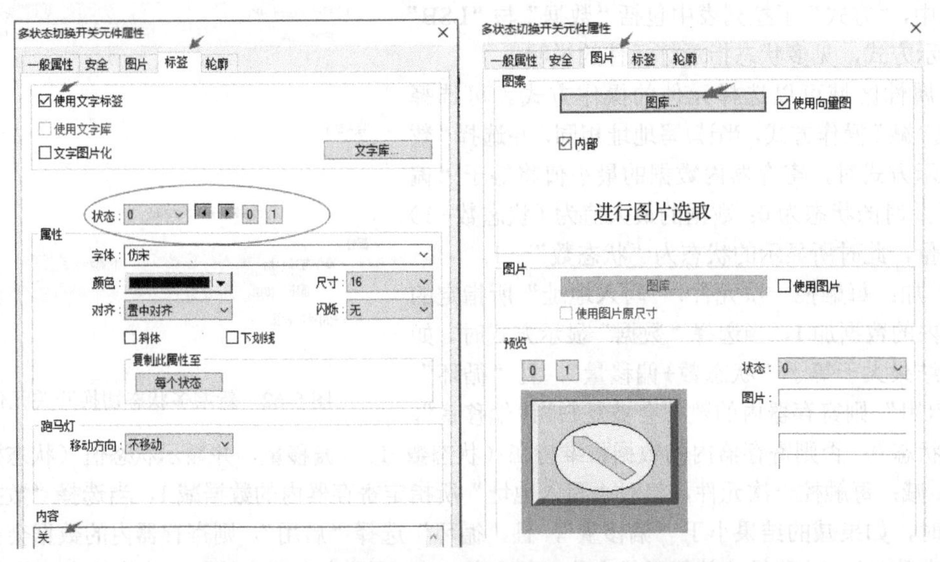

图 5-64　为多状态切换开关元件添加文字标签和图片

添加多状态指示灯元件，参数设置如下：设置“读取地址”区域的 PLC 名称为“Local HMI”，地址为“LW0”（与多状态切换开关的地址一样），在“标签”选项卡中，当状态为 0 时，设置标签显示内容为“开关断开”，当状态为 1 时，设置标签显示内容为“开关闭合”，在“图片”选项卡中，在图库中选择图片（选择两个状态的图片）。

添加数值元件，参数设置如下：在“读取地址”区域，设置 PLC 名称为“Local HMI”，地址为“LW0”，在“数字格式”选项卡中，设置资料格式为“16-bit Unsigned”，小数点以上位数为“2”。

模拟仿真运行：选择“工具”→“离线模拟”选项，初始状态时，多状态切换开关的标签显示“关”，多状态指示灯的标签显示“开关断开”，数值元件显示“0”，当单击多状态切换开关时，多状态切换开关切换状态，多状态切换开关的标签显示“开”，多状态指示灯的标签显示“开关闭合”，数值元件显示“01”，如图 5-65 所示。

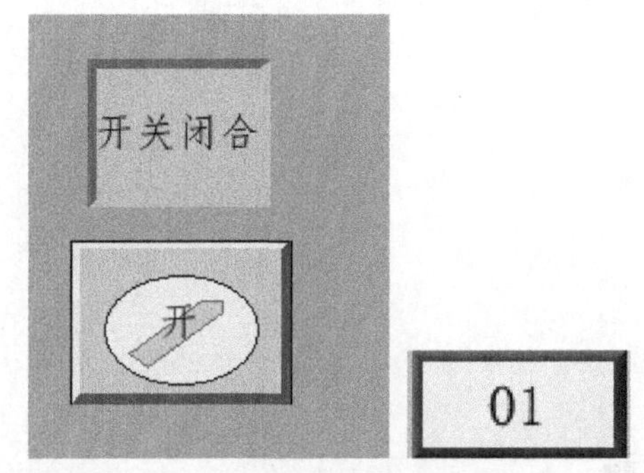

图 5-65　多状态切换开关离线模拟仿真结果

注意：多状态切换开关的用法与多状态指示灯的用法相同，如果开关有 10 种状态，当状态为 0 时，地址 LW0 存储的数值为“0”；当状态为 1 时，地址 LW0 存储的数值为“1”，以此类推。

5.4.7　滑动开关元件

滑动开关元件用于建立一个滑动块区域或滑动滑轨，以改变指定寄存器内的数值。

1. 滑动开关元件参数设置

新增滑动开关元件：单击工具栏上的“滑动开关”按钮，弹出“新增 滑动开关 元件”对话框，正确设定各参数后单击“确定”按钮，即可新增一个滑动开关元件，参数设置可参考图 5-66。

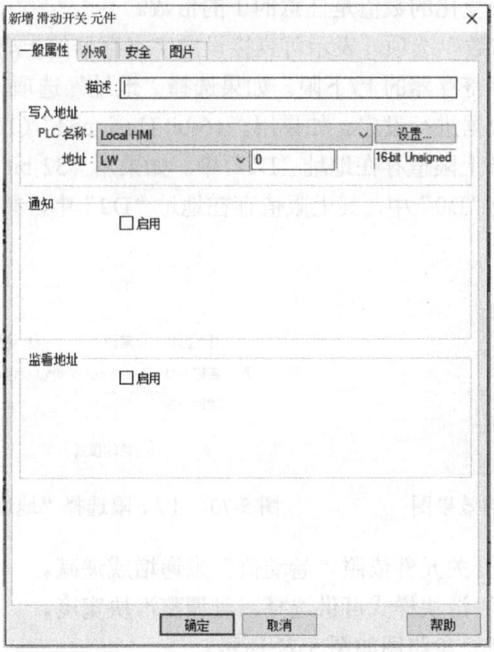

图 5-66　新增滑动开关元件

若勾选“通知”区域的“启用”复选框，则在完成动作之前/之后可以关联设定其他指定寄存器的状态，通过“设 ON”或“设 OFF”，可选择要设定的状态，如图 5-67 所示。用户也可在“一般属性”选项卡中设置监看地址。

滑动开关元件的外观设置可参考图 5-68。

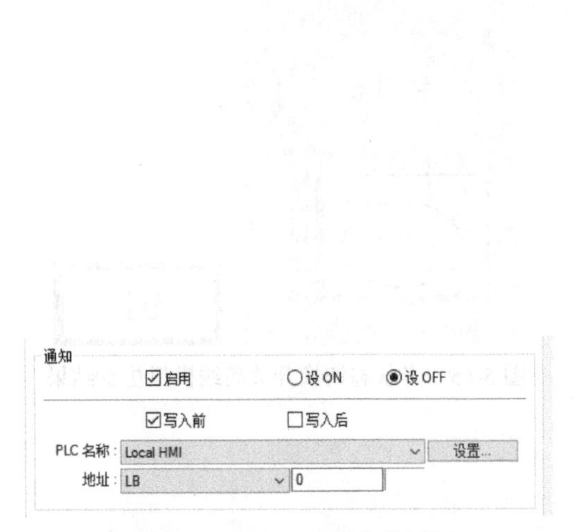

图 5-67 “通知”区域参数设置

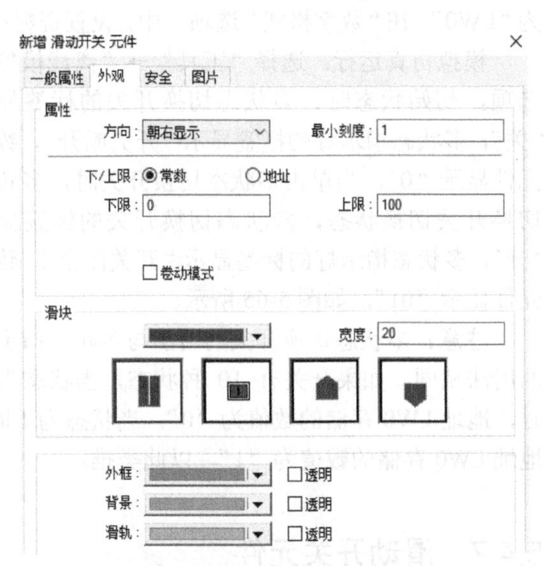

图 5-68 滑动开关元件的外观设置

① 方向：有朝上显示、朝下显示、朝左显示、朝右显示四种状态，如图 5-69 所示。

② 最小刻度：依照所填入的最小刻度值来显示，若 N 是最小刻度，当 N=10 时，数值显示的每一次显示都依据 10 的刻度来变化，变化的数值是任意的 10 的倍数；当 N=5 时，数值显示的每一次显示都依据 5 的刻度来变化，变化的数值是任意 5 的倍数；当 N=1 时，数值显示的每一次显示都依据 1 的刻度来变化，变化的数值是任意的 1 的倍数。

③ 下/上限：选择“常数”选项，表示可直接设定字寄存器的上/下限。选择“地址”选项，表示由指定的地址来控制字寄存器的上/下限。如果选择“地址”选项，则其上/下限由 PLC 改变控制地址数据寄存器中的数据进行设定。如果用“16-bit Unsigned”（16 位数据）资料格式，其下限值存在地址“D0”中，其上限值存在地址“D1”中。如果用“32-bit Unsigned”（32 位数据）资料格式，其下限值存在地址“D0”中，其上限值存在地址“D2”中，参数设置方法可参考图 5-70。

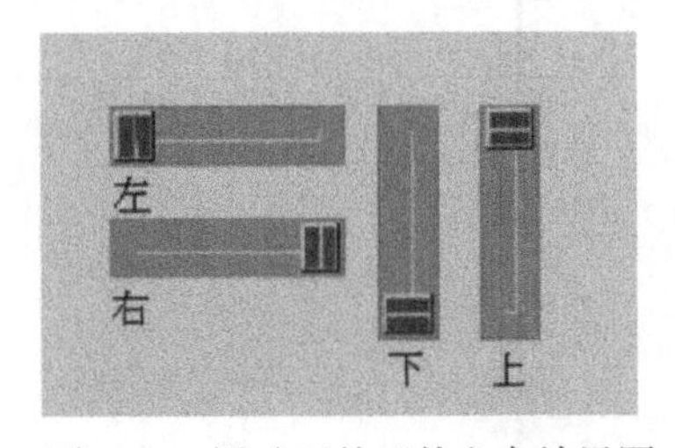

图 5-69 滑动开关元件方向效果图

图 5-70 上/下限选择“地址”选项时的参数设置方法

④ 卷动模式：使滑动开关元件依照“卷动值”来递增或递减。

⑤ 滑块区域：共有 4 种滑块样式可供选择，可调整滑块宽度。

滑块、外框、背景、滑轨参照图如图 5-71 所示。

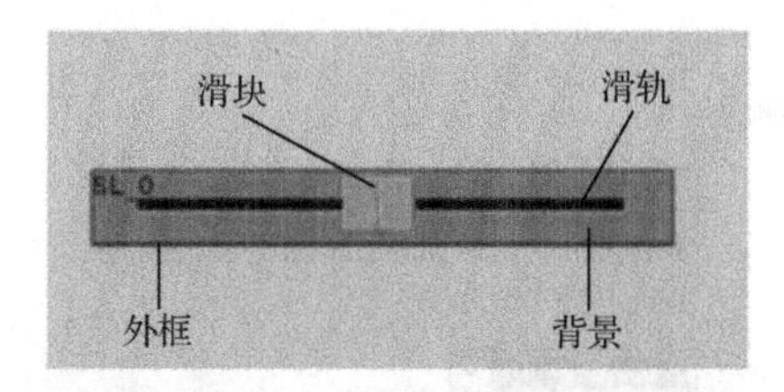

图 5-71 滑块、外框、背景、滑轨参照图

2. 滑动开关元件应用

【例 5-5】 设置一个调温器，通过调节滑动开关改变温度，并用数值元件显示温度的数值。

按照工程设计要求，设置过程如下。

新增滑动开关元件，然后双击该元件，弹出“滑动开关元件属性”对话框，在“写入地址”区域，设置 PLC 名称为 “Local HMI”，地址为“LW0”，可参考图 5-72 进行参数设置。

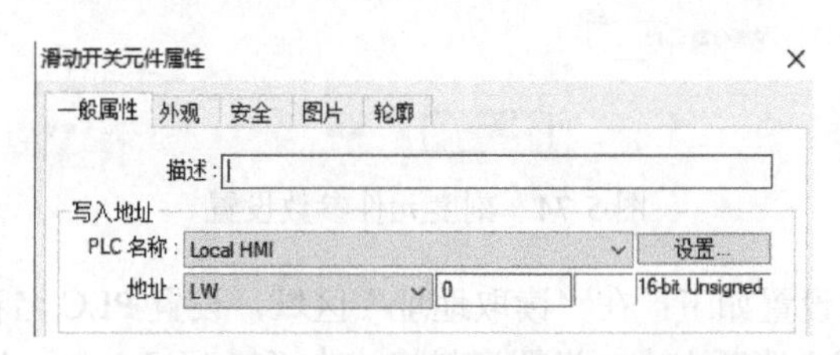

图 5-72 滑动开关元件的一般属性参数设置

在“外观”选项卡中，设置滑动开关的方向为“朝上显示”，最小刻度为 1；在“上/下限”处选择“常数”选项，将下限设置为 0，上限设置为 100；将滑块宽度设置为 20，参数设置方法可参考图 5-73。

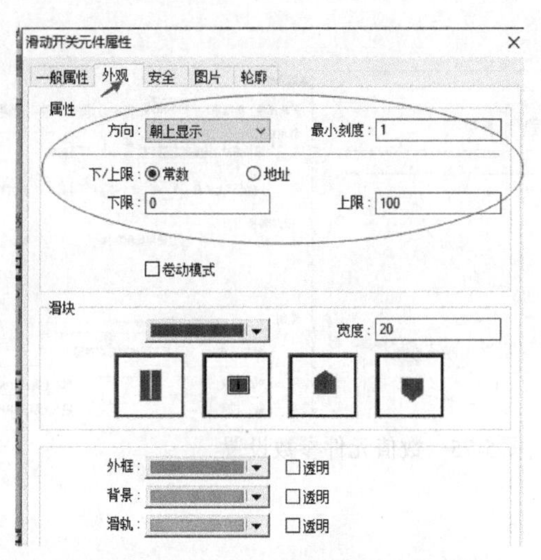

图 5-73 滑动开关元件的外观参数设置

在滑动开关上添加刻度元件：单击工具栏上的“刻度”按钮，这时光标变成“+”形状，单击触摸屏编辑界面，拖动鼠标得到刻度线，然后双击刻度线，弹出“刻度元件属性”对话框，对刻度线的参数进行修改。在“刻度”区域，样式选择“水平”选项，将内部分割设置为 10，设置好后把刻度线移到滑动开关的合适位置并在刻度线上用“文字”功能标上对应数字，参数设置方法可参考图 5-74。

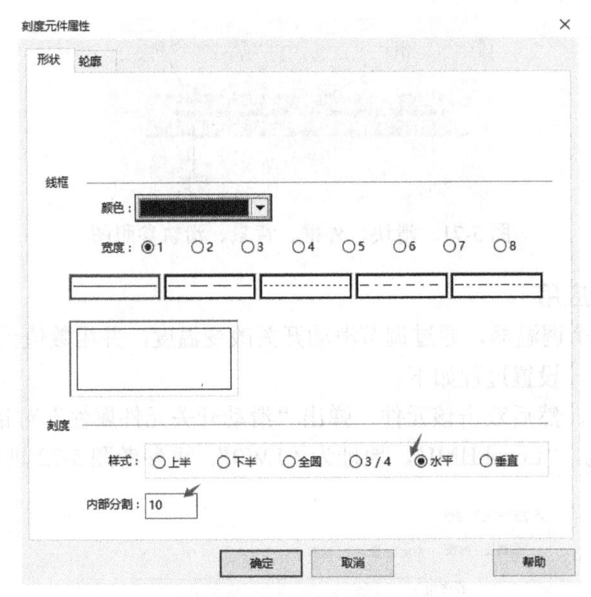

图5-74　刻度元件参数设置

添加数值元件，参数设置如下：在“读取地址”区域，设置PLC名称为“Local HMI”，地址为“LW0”，在“数字格式”选项卡中，设置资料格式为“16-bit Unsigned”，小数点以上位数为3，选择“输入常数”选项，设置输入下限为0，输入上限为100，可参考图5-75进行参数设置。

模拟仿真运行：选择“工具”→“离线模拟”选项，在进行模拟仿真时，当用鼠标移动滑动开关的滑块时，数值元件上会显示对应的数值，达到通过滑动开关调节温度的效果，效果如图5-76所示。

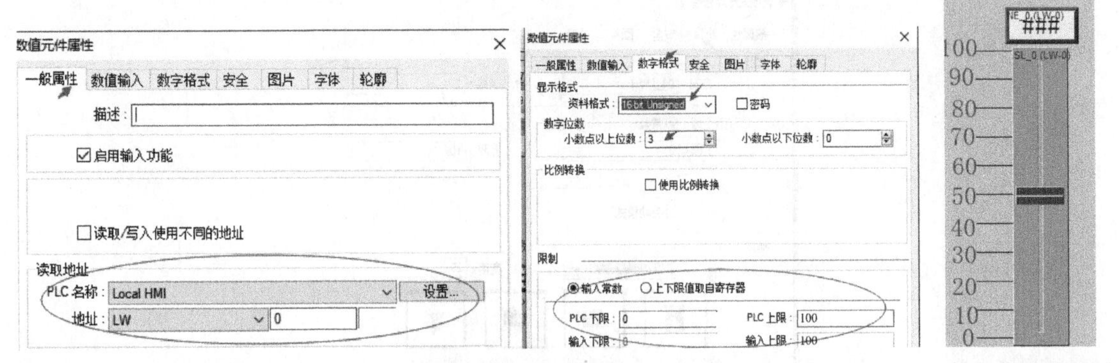

图5-75　数值元件参数设置　　　　图5-76　模拟仿真效果图

5.4.8　数值元件

数值元件可用于将从键盘上输入的数值存储在指定寄存器内并显示出来。

数值元件参数设置方法如下。

新增数值元件：单击工具栏上的“数值”按钮，弹出“新增 数值 元件”对话框，在“一般属性”选项卡中正确设定各参数后，单击“确定”按钮，即可新增一个数值元件，参数设置可参考图5-77。

在“数值输入”选项卡中，设置数值输入模式等，参数设置如图5-78所示。

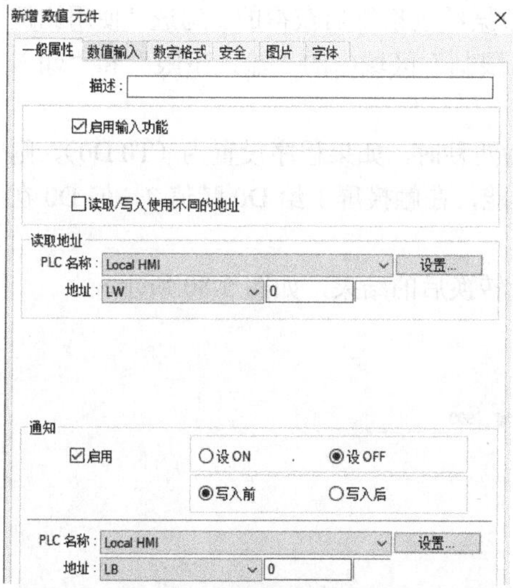

图 5-77　新增数值元件

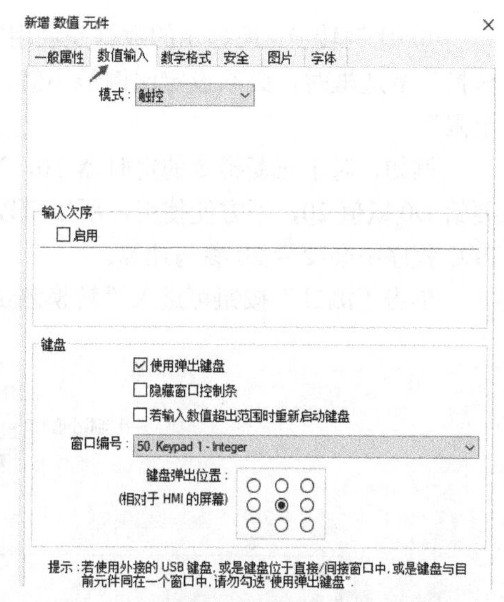

图 5-78　数值元件数值输入参数设置

若将“模式”设置为“触控”，则用户通过触控元件来启动输入程序。

若将“模式”设置为“位控制”，则用户通过控制指定位寄存器来启动及结束输入程序，在位地址被开启时启动输入，位地址被关闭时结束输入。但是若原先已有一个输入元件正在输入，此时就算位地址被开启，还要等前一个元件输入结束后才能进入输入程序。

在“键盘”区域中，勾选“使用弹出键盘”复选框，可指定键盘及键盘弹出的位置，当启动输入时，系统将在指定位置弹出键盘，并于结束输入时关闭键盘。

若不勾选“使用弹出键盘”复选框，则启动输入时系统将不会弹出键盘，用户必须用下列方式进行输入：

① 自行设定键盘；

② 使用外接键盘。

注意：当将模式设定为“位控制”时，系统将自动不勾选“键盘”区域中的“使用弹出键盘”复选框。

数值元件的“数字格式”选项卡如图 5-79 所示。

① 资料格式：可选 16-bit BCD、32-bit BCD、16-bit Hex、32-bit Hex、16-bit Binary、32-bit Binary、16-bit Unsigned、32-bit Unsigned、16-bit Signed、32-bit Signed、32-bit Float。

② 密码：若勾选“密码”复选框，则输入的数值在数值元件中只显示“*****”，并取消范围颜色警示功能。

③ 小数点以上位数：小数点前的显示位数。

④ 小数点以下位数：小数点后的显示位数。

注意：当资料格式选择“16-bit/32-bit Unsigned（无符号整型）”时，若输入的数据为负数，则在显示框中将出现“***”。在 PLC 中把 314 赋值给 D0，在触摸屏中用 D0 存储该数值并将小数点以下位数设置成 2（保留两位小数），则触摸屏显示的数据为 3.14。

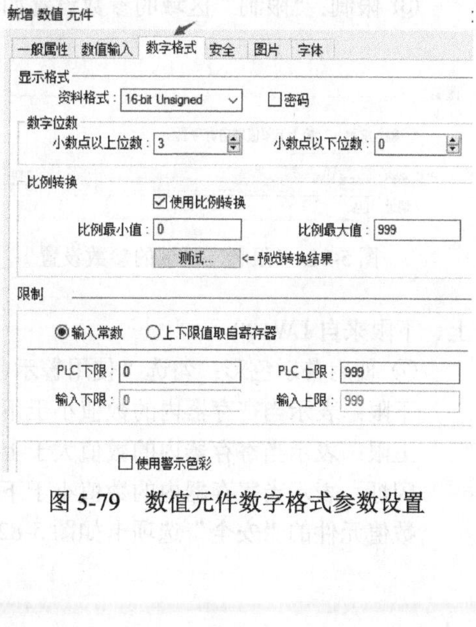

图 5-79　数值元件数字格式参数设置

⑤ 比例转换：所显示的数据是利用寄存器中的原始数据经过换算后获得的。勾选“使用比例转换”复选框时，必须设定比例最小值，比例最大值与“限制”区域中的“输入下限”和“输入上限”。

例如，对于三菱指令的定时器 T0，当要设置的时间为两秒时，如果程序设置为（T0 D0），则要给 D0 赋值 20，不方便使用，所以可以应用比例转换功能，在触摸屏上给 D0 赋值 2，但 D0 在 PLC 程序中会变为 20 参与计算。

单击“测试”按钮可进入“转换测试”对话框来查看转换后的结果，如图 5-80 所示。

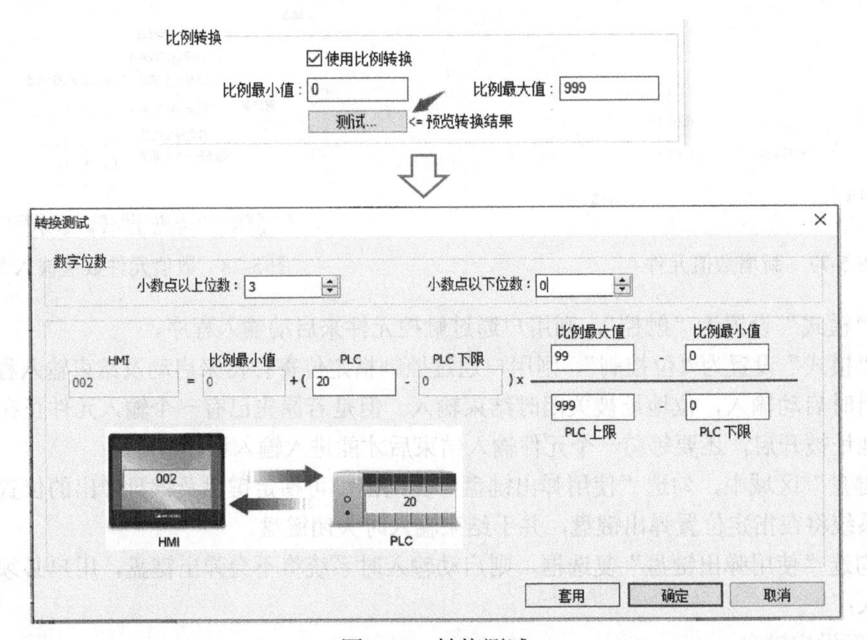

图 5-80 转换测试

由图 5-80 的测试结果可知，如果要实现在触摸屏上给 D0 赋值 2，且 D0 在 PLC 程序中变为 20 参与计算，则应把比例最大值设置成 99，比例最小值设置成 0，PLC 上限设置成 999，PLC 下限设置成 0。

⑥ 限制：“限制”区域的参数设置如图 5-81 所示。

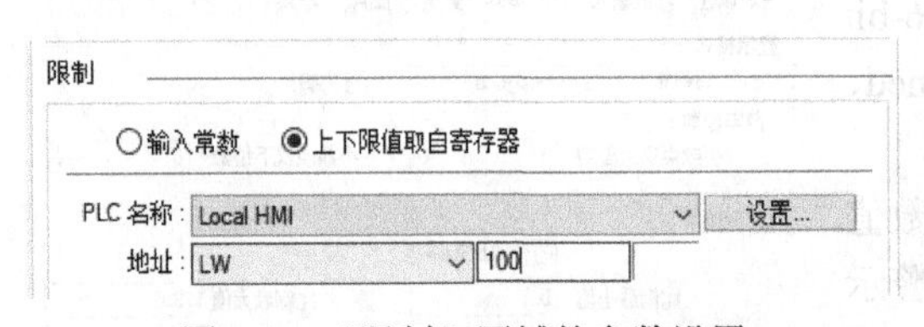

图 5-81 “限制”区域的参数设置

输入常数：输入数值的上、下限分别来自“输入下限”与“输入上限”框中的设定值。若输入值不在输入上、下限定义的范围内，将无法更改寄存器内的数值。

上下限值取自寄存器：输入数值的上、下限来自指定的寄存器。此时寄存器中的数据与元件所显示的数据类型有关。例如，图 5-81 中的输入上、下限来自 LW100。

⑦ 使用警示色彩：勾选“使用警示色彩”复选框，在弹出的对话框中：

下限：表示当寄存器内的数值小于下限时，元件会使用警示颜色显示数值。

上限：表示当寄存器内的数值大于上限时，元件会使用警示颜色显示数值。

闪烁：表示当寄存器内的数值小于下限或大于上限时，元件会使用闪烁的效果加以警示。

数值元件的“安全”选项卡如图 5-82 所示。

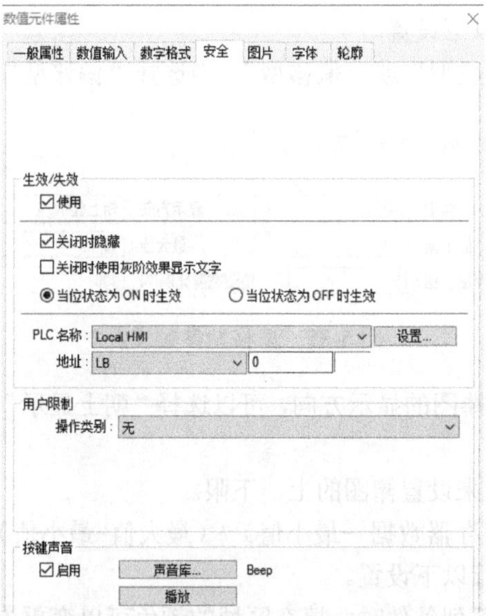

图 5-82　数值元件安全参数设置

5.4.9　棒图元件

棒图元件用于使用百分比与棒图的方式显示寄存器中的数据。

1．棒图元件参数设置

新增棒图元件：单击工具栏上的“棒图”按钮，弹出“新增 棒图 元件”对话框，在“一般属性”选项卡中正确设定各参数后，单击“确定”按钮，即可新增一个棒图元件，参数设置可参考图 5-83。

棒图元件的外观设置如图 5-84 所示。

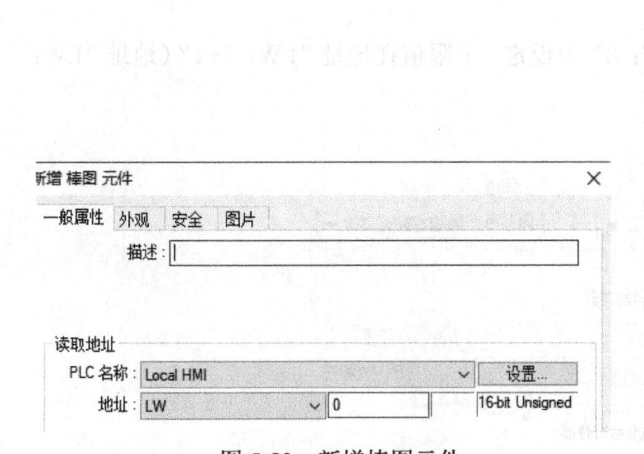

图 5-83　新增棒图元件

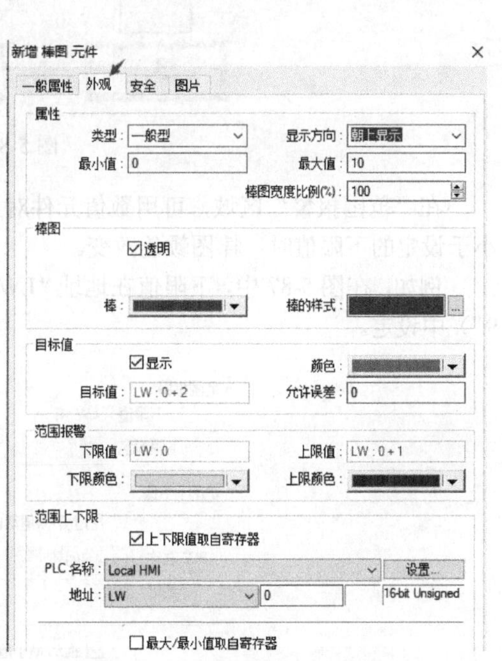

图 5-84　棒图元件的外观设置

在“属性”区域可进行以下设置。

① 类型：可以选择“一般型”或“偏移型”。当选择“偏移型”时，参数设置参考图5-85。

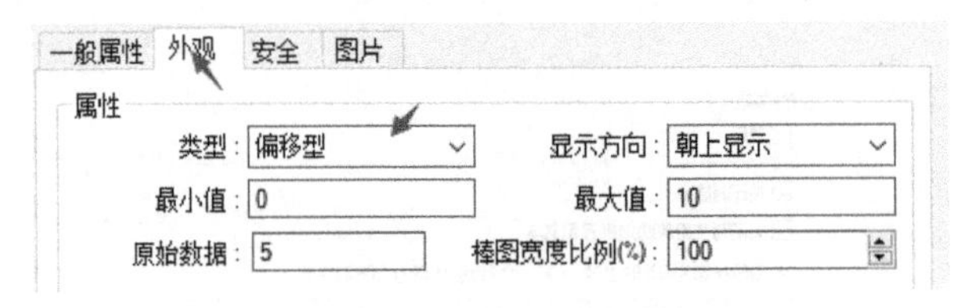

图5-85 偏移型参数设置

② 显示方向：用来设置棒图的显示方向，可以选择“朝上显示”“朝下显示”“朝右显示”“朝左显示”。

③ 最小值、最大值：用来设置棒图的上、下限。

④ 棒图宽度比例 =（寄存器数据 -最小值）/（最大值-最小值）×100%。

在“目标值”区域可进行以下设置。

当寄存器内的数据符合下列条件时，填充区域的颜色可以变更为在此区域内定义的颜色。

目标值-允许误差≤寄存器内的数据≤目标值+允许误差

参考图5-86，此时目标值为5，允许误差为1，则寄存器内的值在大于等于4且小于等于6（数值在4～6范围内）区域内时，颜色将改变为目标值颜色。

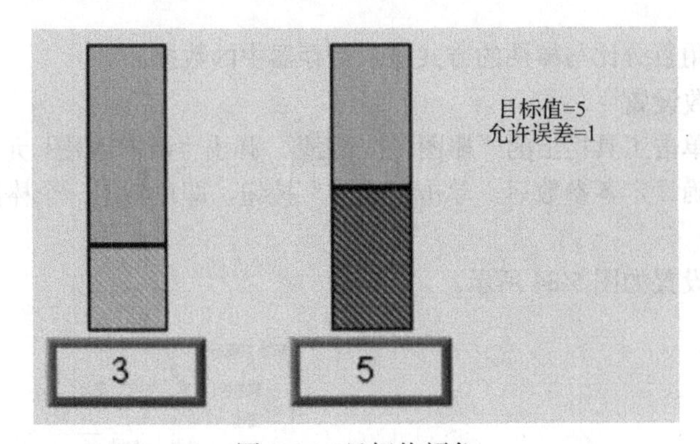

图5-86 目标值颜色

在“范围报警”区域，可用数值元件对上、下限进行设定，当显示数值大于设定的上限值或小于设定的下限值时，棒图颜色改变。

例如，在图5-87中，下限值在地址“LW：8”中设定，上限值在地址“LW：8+1”（地址“LW：9”）中设定。

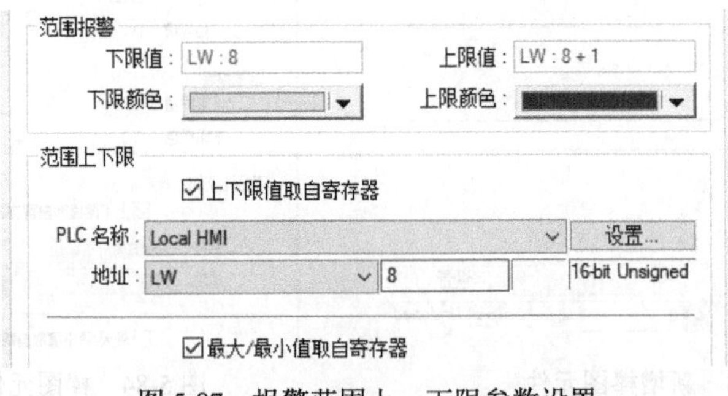

图5-87 报警范围上、下限参数设置

若地址使用其他表示方式，则可参考表 5-2 进行设置（其中“address”表示寄存器的地址，例如，寄存器为 LW100 时，“address”等于 100）。

表 5-2 报警范围读取地址设置表

数 据 类 型	下限值读取地址	上限值读取地址	目标值读取地址
16-bit BCD	address	address+1	address+2
32-bit BCD	address	address+2	address+4
16-bit Signed	address	address+1	address+2
32-bit Unsigned	address	address+2	address+4
32-bit Signed	address	address+2	address+4

2. 棒图元件应用

【例 5-6】 设计一个棒图。

按照工程设计要求，通过对数值元件进行操作改变棒图，使棒图的上、下限值，目标值可以通过对应的数值元件进行设置。设置过程如下。

新增棒图元件，然后双击该元件，在弹出的对话框的“一般属性”选项卡中，设置 PLC 名称为“Local HMI”，地址为“LW6”，如图 5-88 所示。

在“外观”选项卡中，将类型设置为“一般型”，将显示方向设置为“朝上显示”，勾选“范围上下限”区域中的“上下限值取自寄存器”复选框，将 PLC 名称设置为“Local HMI”，地址设置为“LW8”，设置完成后，“范围报警”区域中的下限值自动更新为“LW：8”，上限值自动更新为“LW：8+1”（LW9），“目标值”区域中的目标值自动更新为“LW：8+2”，将允许误差设置为“5”，“属性”区域中的最小值自动更新为“LW：8+3”，最大值自动更新为“LW：8+4”，如图 5-89 所示。

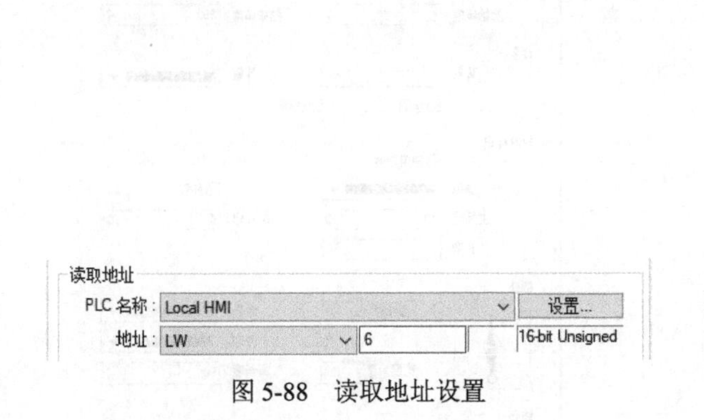

图 5-88 读取地址设置

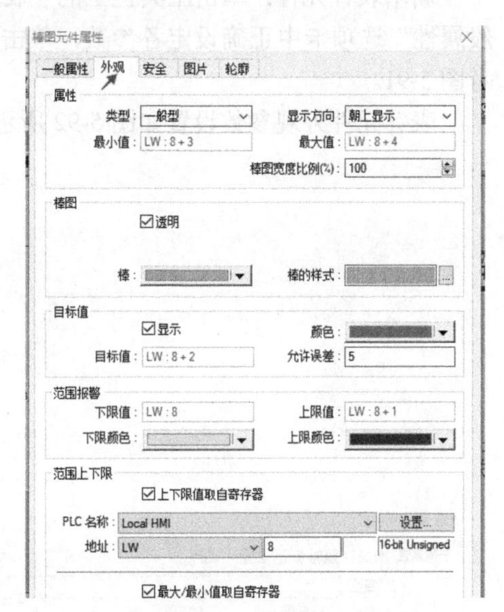

图 5-89 外观设置

分别添加改变棒图的上、下限值，上、下限报警值，目标值的数值元件，因为在棒图中选用“16-bit Unsigned”数据类型，所以所有的数值元件均选用 16-bit Unsigned 数据类型。

① 分别添加改变棒图的上、下限值的数值元件。参数设置：将改变上限值的数值元件的读取地址设置为“LW12”，改变下限值的数值元件的读取地址设置为“LW11”，小数点以上位数设置

为3。

② 分别添加改变棒图的上、下限报警值的数值元件。参数设置：将改变上限报警值的数值元件的读取地址设置为“LW9”，改变下限报警值的数值元件的读取地址设置为“LW8”，小数点以上位数设置为“3”。

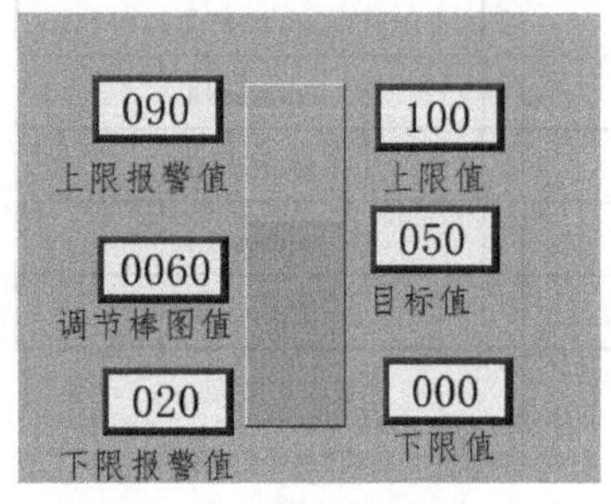

图 5-90　模拟仿真效果图

③ 添加改变棒图目标值的数值元件。参数设置：读取地址设置为“LW10”，小数点以上位数设置为3。

添加调节棒图值的数值元件。参数设置：读取地址设置为“LW6”，小数点以上位数设置为3。

在对应的数值元件下面用文字软元件添加对应的文字标签。

模拟仿真运行：选择“工具”→“离线模拟”选项，在进行离线模拟时，分别单击上/下限值、上/下限报警值、目标值和调节棒图值按钮，将上限值设置为“100”、下限值设置为“000”、上限报警值设置为“090”、下限报警值设置为“020”、目标值设置为“050”，如图5-90所示，当调节棒图值在“0045”到“0055”之间时，棒图颜色变为目标值的颜色，当调节棒图值低于“0020”时，棒图颜色变为下限报警值的颜色，当调节棒图值高于“0090”时，棒图颜色变为上限报警值的颜色。

5.4.10　表针元件

表针元件用于以仪表的方式指示目前寄存器中的数据。

1．表针元件参数设置

新增表针元件：单击工具栏上的“表针”按钮，弹出“新增 表针 元件”对话框，在“一般属性”选项卡中正确设定各参数，单击“确定”按钮，即可新增一个表针元件，参数设置可参考图5-91。

表针元件外观参数设置如图5-92所示。

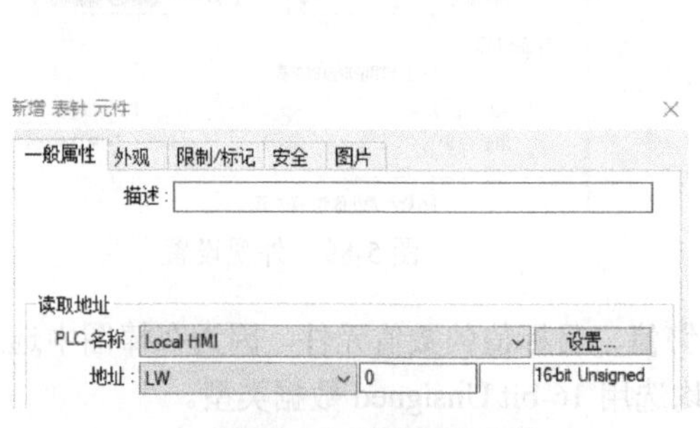

图 5-91　新增表针元件

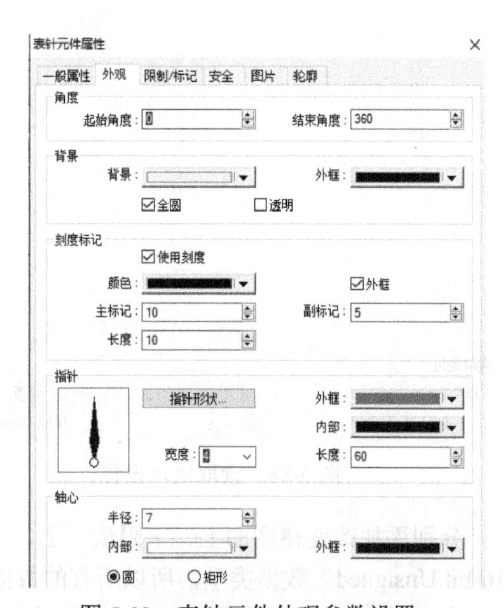

图 5-92　表针元件外观参数设置

表针元件各部分的名称如图5-93所示。

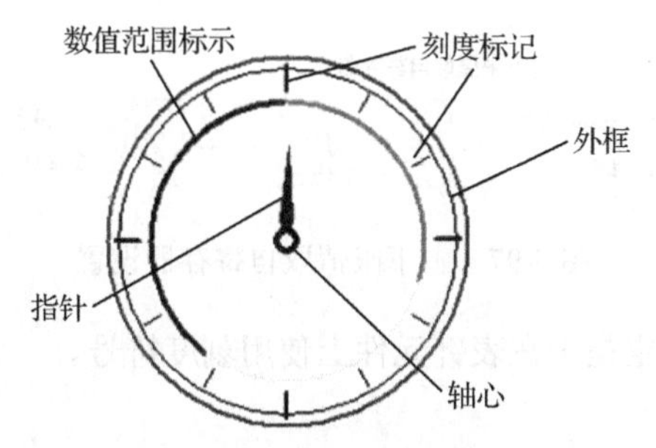

图 5-93　表针各部分的名称

图 5-92 中，“角度”区域用来设定元件的起始角度与结束角度（单位：度），设定范围均为 0～360。不同设定值对元件外观的影响如图 5-94 所示。

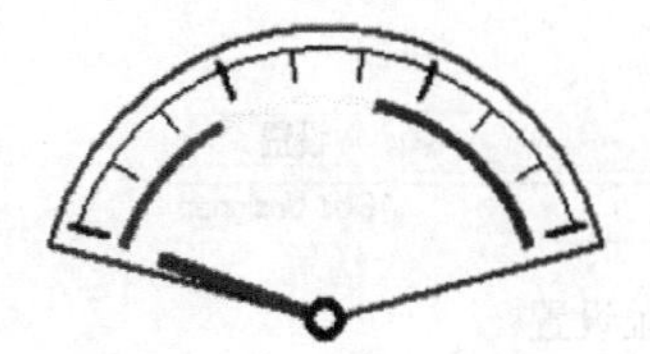

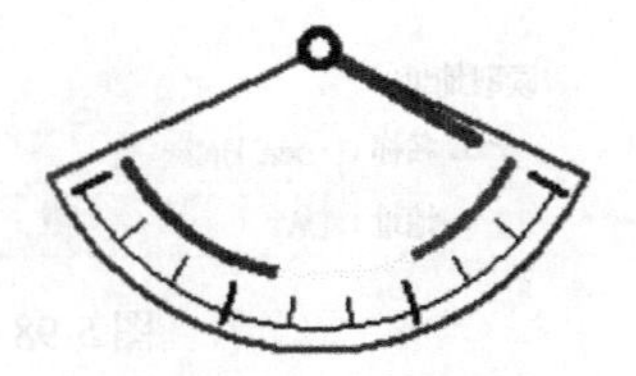

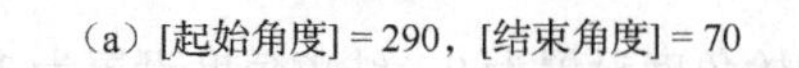

（a）[起始角度] = 290，[结束角度] = 70　　（b）[起始角度] = 120，[结束角度] = 240

图 5-94　角度设定参考图

“背景”区域用于设定元件的背景与外框的颜色。

若勾选“全圆”复选框，元件将显示为全圆，反之则只显示由“角度”区域定义的范围，如图 5-95 所示。

若勾选“透明”复选框，元件将不显示背景与外框的颜色。

“限制/标记”选项卡如图 5-96 所示。

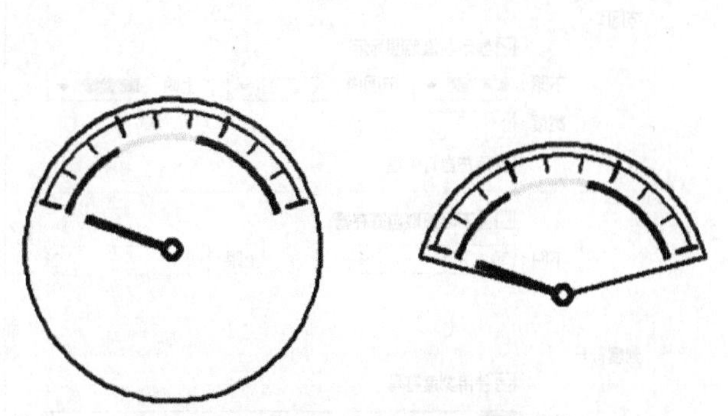

图 5-95　全圆与非全圆

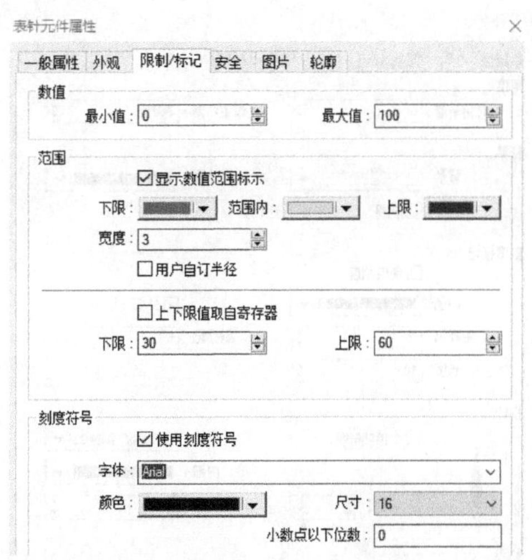

图 5-96　“限制/标记”选项卡

其中，“数值”区域用于设定元件要显示的数值范围。

若勾选“上下限值取自寄存器”复选框，则上下限值由寄存器中的数值决定，参数设置可参考图 5-97。

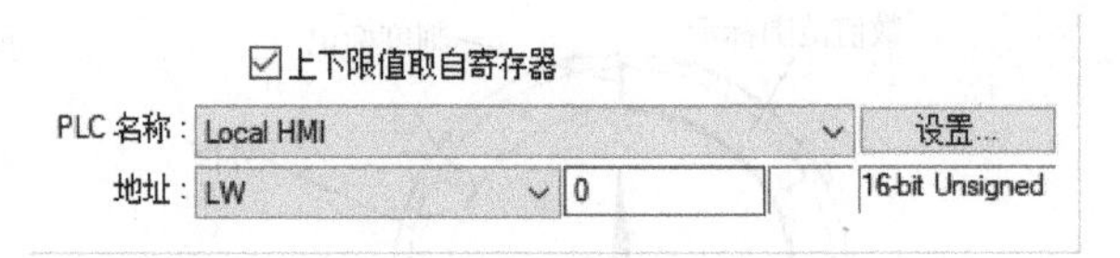

图 5-97　上下限值取自寄存器设置

“刻度符号”区域用于设定是否在表针元件上使用刻度符号。

2. 表针元件应用

【例 5-7】 设计表针显示窗口。

按照工程设计要求，添加一个数值元件和一个表针元件，根据数值元件中的数据，改变表针元件，使表针元件做出与数值元件相对应变化。设置过程如下。

新增表针元件，设置表针元件的参数，读取地址的设置如图 5-98 所示。

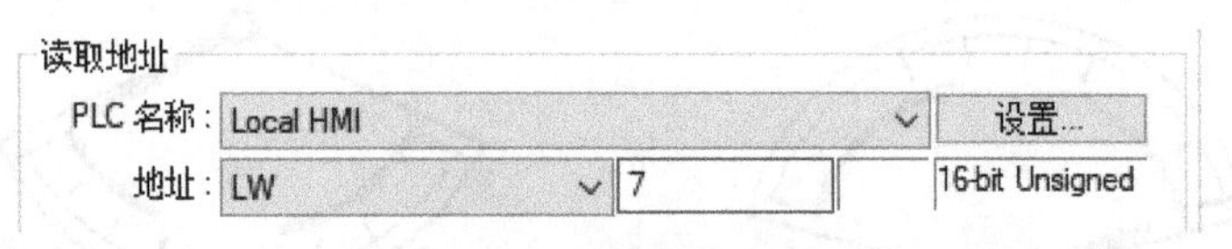

图 5-98　读取地址设置

在“外观”选项卡中，在“角度”区域，将起始角度设置为 0，结束角度设置为 360；在“背景”区域，勾选“全圆”复选框；在“刻度标记”区域，勾选“使用刻度”复选框，将主标记设置为 10，副标记设置为 5，长度设置为 10；在“指针”区域，将宽度设置为 4，长度设置为 60；在“轴心”区域，将半径设置为 7，单击“确定”按钮，完成外观参数设置，如图 5-99 所示。

在“限制/标志”选项卡中，在“数值”区域，将最小值设置为 0，最大值设置为 100；在“范围”区域，勾选“显示数值范围标示”复选框，将“宽度”设置为 3，“下限”设置为 30、“上限”设置为 60，如图 5-100 所示。

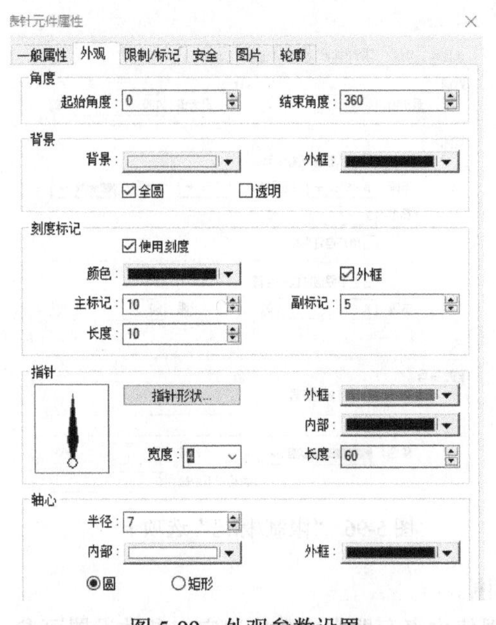

图 5-99　外观参数设置

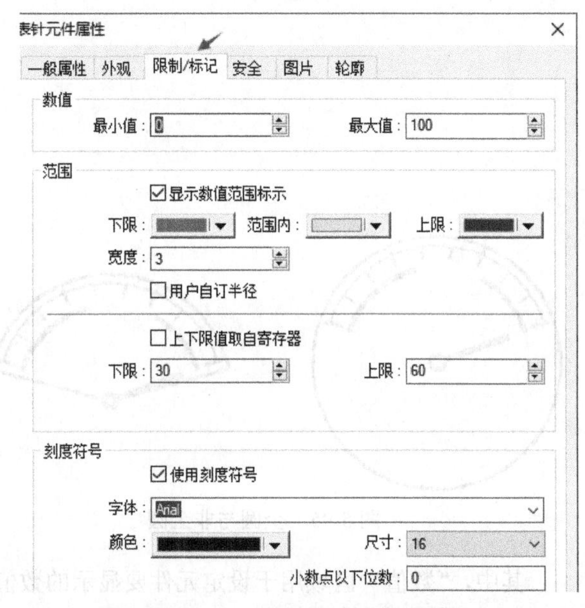

图 5-100　限制/标志参数设置

添加一个数值元件，其读取地址、显示格式、数字位数可参考图5-101进行设置。

模拟仿真运行：选择“工具”→“离线模拟”选项，在进行离线模拟时，当在数值元件上输入数值“080”时，表针转到表盘刻度为“80”的位置，如图5-102所示。

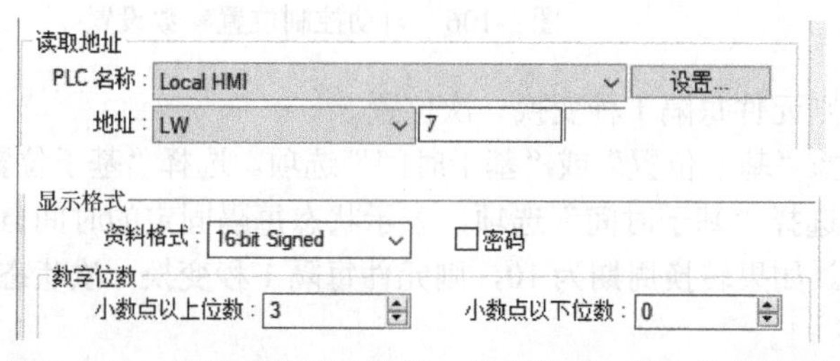

图5-101 数值元件读取地址、显示格式、数字位数设置

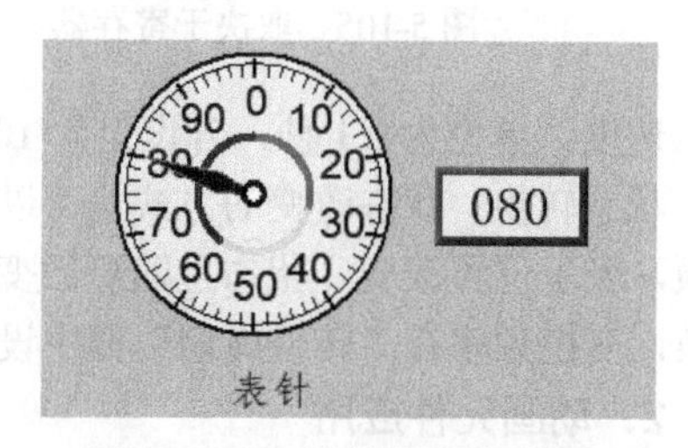

图5-102 模拟仿真效果图

5.4.11 动画元件

用户可以预先定义动画元件的移动轨迹，并通过更改寄存器内的数据，控制动画元件的状态与动画元件在移动轨迹上的位置。系统将使用两个连续寄存器内的数据来控制动画元件，第一个寄存器用来控制元件的状态，第二个寄存器用来控制元件的位置。

1. 动画元件参数设置

新增动画元件：单击工具栏上的“动画”按钮，光标变成“+”形状，在适当位置单击鼠标左键，就会在编辑界面上出现小圆圈（动画移动位置点），多个小圆圈的位置构成动画的移动轨迹，动画移动位置点的顺序取决于位置点添加的先后顺序，完成全部移动位置点的添加后，单击鼠标右键，即可完成动画移动轨迹的规划，如图5-103所示。

对动画元件的参数进行修改时，可以双击设置完的移动位置点，双击后会弹出“动画元件属性”对话框，在“一般属性”选项卡中可更改元件的移动速度等参数，如图5-104所示。

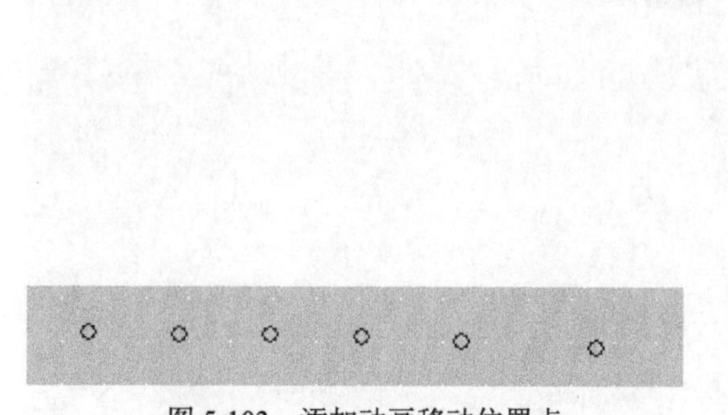

图5-103 添加动画移动位置点

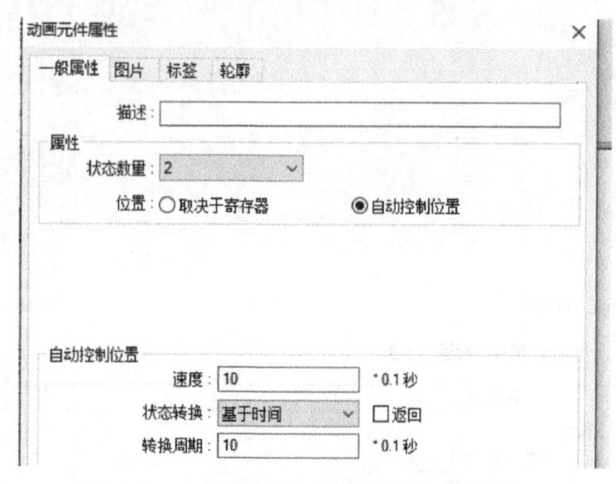

图5-104 “动画元件属性”对话框

在“位置”处，若选择“取决于寄存器”选项，则元件的状态与位置由寄存器中的数据决定，如图5-105所示。

例如，若寄存器地址为LW100，且资料格式使用“16-bit Unsigned”，则LW100中存放元件的状态，LW101中存放元件的位置。

若选择“自动控制位置”选项，则元件将自动改变状态与位置，“自动控制位置”区域用来设定状态与位置的改变方式，如图5-106所示。

图 5-105　取决于寄存器

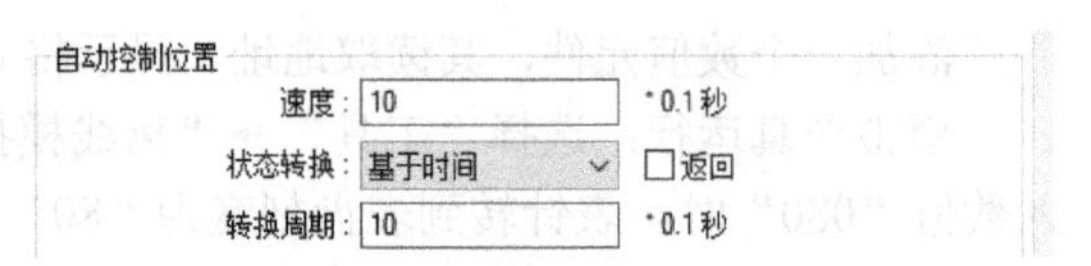

图 5-106　自动控制位置参数设置

速度：单位为 0.1 秒，若设定为 10，则元件每隔 1 秒变换一次位置。

状态转换：状态改变的方式，可以选择“基于位置”或“基于时间”选项。选择“基于位置”选项，表示位置改变，状态也随着改变。选择“基于时间”选项，表示状态每隔固定的时间自动变换，变换频率在“转换周期”框中设定。如果转换周期为 10，则元件每隔 1 秒变换一次状态。

2．动画元件应用

【例 5-8】 动画设计，要求可控制对象位置和状态的变化。

按照工程设计要求，添加两个数值元件和一个向量图（动画元件的一种），一个数值元件用于控制向量图移动的位置，另一个数值元件用于改变向量图的图片状态。设置过程如下。

单击工具栏上的“动画”按钮，在编辑界面的适当位置单击鼠标左键，设定动画的移动轨迹，定义完成全部的移动位置点后，单击鼠标右键完成移动轨迹的规划。

双击新增的动画元件的移动位置点，弹出“动画元件属性”对话框，在“一般属性”选项卡中，参考图 5-107 进行参数设置。

在“图片”选项卡中，选取向量图三个状态对应的图片；在“标签”选项卡中，给向量图三个状态添加对应的标签；在“轮廓”选项卡中，对向量图的尺寸进行设定。

添加一个控制向量图状态显示的数值元件，将其读取地址设置为“D0”，资料格式使用“16-bit Unsigned”，将小数点以上位数设置为 2。

添加一个控制向量图移动位置的数值元件，其读取地址设置为“D1”，资料格式使用“16-bit Unsigned”，将小数点以上位数设置为 2。

最后利用文字软元件添加文字介绍，设置完成的效果图如图 5-108 所示。

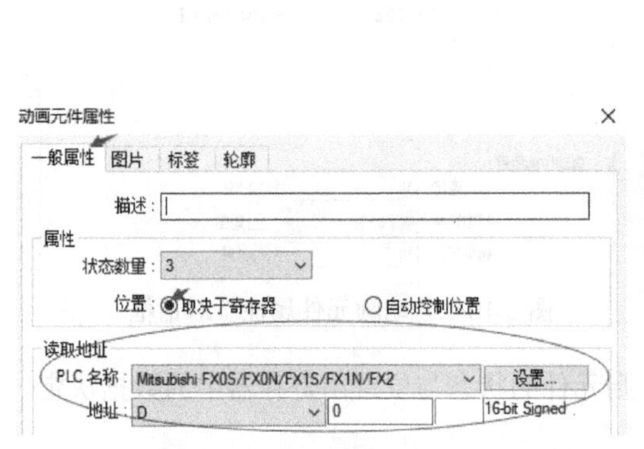

图 5-107　一般属性参数设置

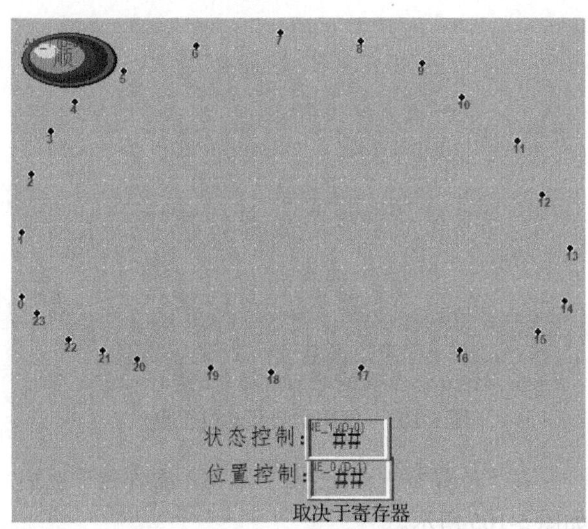

图 5-108　例 5-8 设置完成的效果图

模拟仿真运行：选择“工具”→“离线模拟”选项，在进行离线模拟时，在状态控制数值元件中输入 0、1、2 这三个数值来改变向量图的状态，在位置控制数值元件中输入相应的点的位置，向量图将移至对应的位置上。

【例 5-9】 动画设计，要求对象以设定的速度移动且状态实现周期性变化。

按照工程设计要求，添加一个向量图，设置过程如下。

动画元件的添加步骤与【例 5-8】相同，在“动画元件属性”对话框的“一般属性”选项卡中，选择“自动控制位置”选项，将速度设置为 10，状态转换设置为“基于时间”，转换周期设置为 10，如图 5-109 所示。

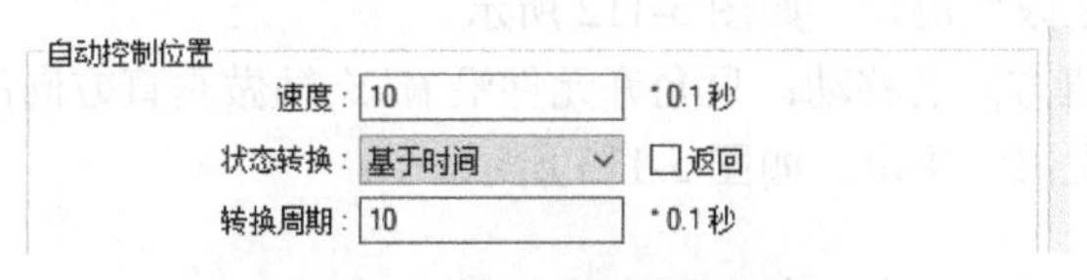

图 5-109　自动控制位置设置

在“图片”选项卡中，选取向量图三个状态对应的图片，在“标签”选项卡中，给向量图三个状态添加对应的标签，在“轮廓”选项卡中，对向量图的尺寸进行设定。

设置完成的效果图如图 5-110 所示。

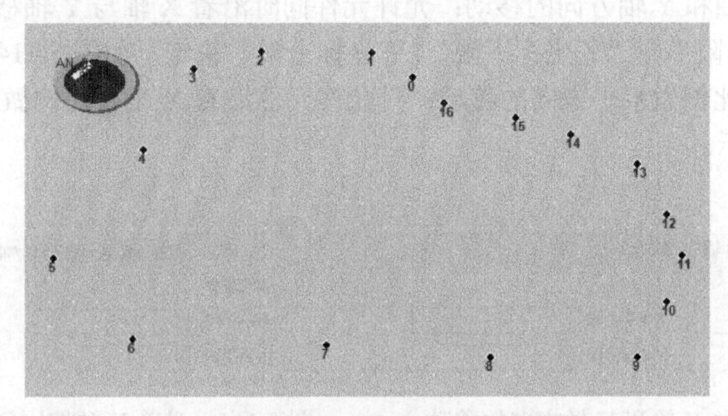

图 5-110　例 5-9 设置完成的效果图

模拟仿真运行：选择“工具”→“离线模拟”选项，在进行离线模拟时，向量图会沿着设定的点和移动速度进行循环移动。

5.4.12　移动图形元件

移动图形元件可定义元件的状态和移动距离，其利用三个连续寄存器内的数据来决定元件的状态与元件的移动距离。第一个寄存器控制元件的状态，第二个寄存器控制元件的水平移动距离，第三个寄存器控制元件的垂直移动距离。

1. 移动图形元件参数设置

新增移动图形元件：单击工具栏上的“移动图形”按钮，弹出“新增 移动图形 元件”对话框，在“一般属性”选项卡中正确设定各参数后，单击“确定”按钮，即可新增一个移动图形元件，如图 5-111 所示。

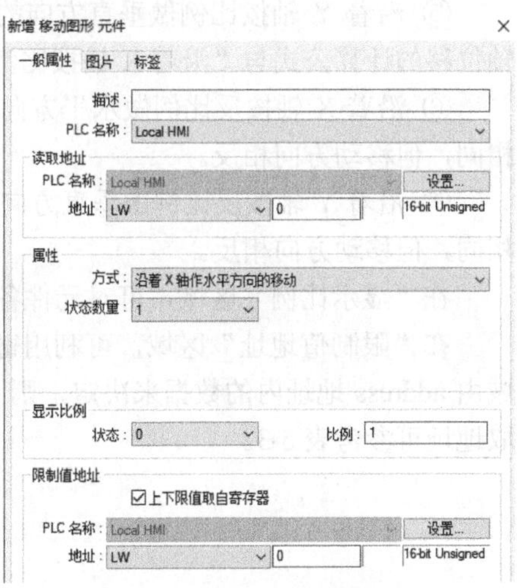

在“读取地址”区域，若地址为 LW100，资料格式为“16-bit Unsigned”，则 LW100 存放元件的状态，LW101 存放元件水平移动距离，LW102 存放元件垂直移动距离。

图 5-111　新增移动图形元件

例如，设置地址为LW100且元件的起始位置为（100，50），现在要移动元件至（160，180）且显示状态2的图形，则LW100内的数据应为2，LW101内的数据应为160−100＝60，LW102内的数据应为180−50＝130，即为LW101赋值60，为LW102赋值130。

在“属性”区域，选择元件的移动方式。

① 沿着X轴做水平方向的移动：只允许元件沿着X轴做水平方向的移动，移动范围由“X坐标下限”与“X坐标上限”决定，如图5-112所示。

② 沿着Y轴做垂直方向的移动：只允许元件沿着Y轴做垂直方向的移动，移动范围由“Y坐标下限”与“Y坐标上限”决定，如图5-113所示。

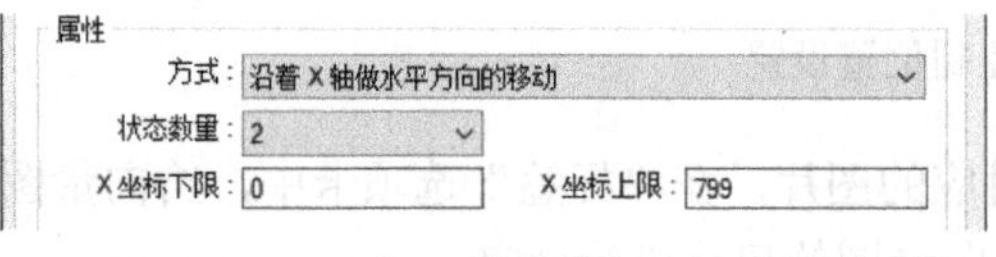

图5-112　沿着X轴做水平方向的移动

图5-113　沿着Y轴做水平方向的移动

③ 可同时做X轴和Y轴方向的移动：允许元件同时沿着X轴与Y轴移动，移动范围由“X坐标下限”“X坐标上限”与“Y坐标下限”“Y坐标上限”决定，如图5-114所示。

④ 沿着X轴按比例做水平方向的移动：只允许元件沿着X轴按比例做水平方向的移动，参数设置如图5-115所示。

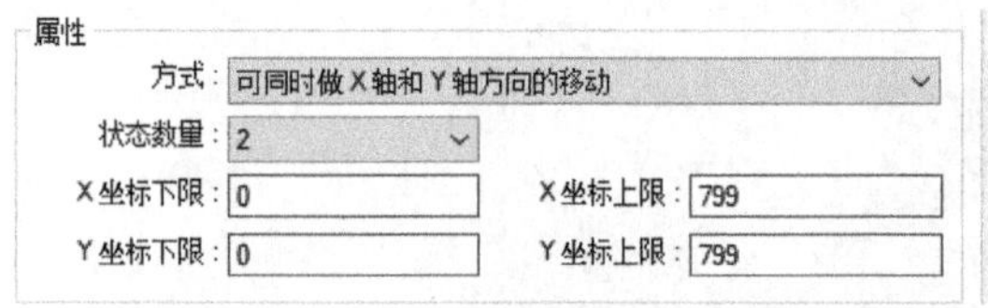

图5-114　可同时做X轴和Y轴方向的移动

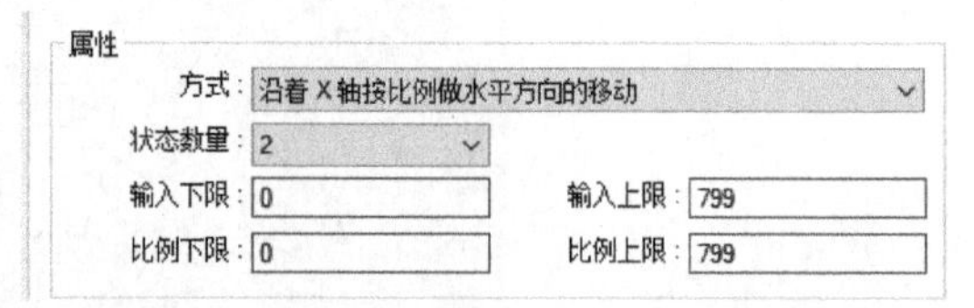

图5-115　沿着X轴按比例做水平方向的移动

假设寄存器中与X轴位移有关的数据为data，则X轴位移可以使用下面的公式计算：

X轴位移 =（data − 输入下限）×（比例上限−比例下限）/（输入上限 − 输入下限）

例如，若只允许元件在200～500范围内移动，但寄存器中数据的范围为1000～3000，此时可以将输入下限设定为1000，输入上限设定为3000，比例下限设定为200，比例上限设定为500，元件即会在要求的范围内移动。

⑤ 沿着Y轴按比例做垂直方向的移动：只允许元件沿着Y轴按比例做垂直方向的移动，Y轴位移的计算公式与“沿着X轴按比例做水平方向的移动”相同。

⑥ 沿着X轴按反比例做水平方向的移动：此方式与“沿着X轴按比例做水平方向的移动”相同，但移动方向相反。

⑦ 沿着Y轴按反比例做垂直方向的移动：此方式与“沿着Y轴按比例做垂直方向的移动”相同，但移动方向相反。

在“显示比例”区域，可对元件各个状态的图形分别设定缩放比例。

在“限制值地址”区域，可利用寄存器中的数据来决定元件的显示区域。假设元件的显示区域由address地址内的数据来决定，则X坐标下限、X坐标上限与Y坐标下限、Y坐标上限的读取地址可参考表5-3。

表 5-3　移动图形元件限制值地址设置表

数 据 类 型	X 坐标下限读取地址	X 坐标上限读取地址	Y 坐标下限读取地址	Y 坐标上限读取地址
16-bit BCD	address	address+1	address+2	address+3
32-bit BCD	address	address+2	address+4	address+6
16-bit Unsigned	address	address+1	address+2	address+3
16-bit Signed	address	address+1	address+2	address+3
32-bit Unsigned	address	address+2	address+4	address+6
32-bit Signed	address	address+2	address+4	address+6

2. 移动图形元件应用

【例 5-10】 控制对象的移动方向及移动距离并控制对象的状态。

按照工程设计要求，添加数值元件、多状态设置元件等，来改变移动图形的位置和状态。设置过程如下。

新增移动图形元件，然后双击该元件，弹出“移动图形元件属性”对话框，在“一般属性”选项卡中，按照图 5-116 进行参数设置。

参数设置完成后可以直接用鼠标对移动图形元件的尺寸和位置进行调整，也可以在“轮廓”选项卡中对移动图形元件的尺寸和位置进行修改，如图 5-117 所示。“位置”区域用于设置移动图形元件的初始位置，这里 X 为 0、Y 为 0，“尺寸”区域用于设置移动图形元件的宽度和高度，宽度为 50，高度为 50。

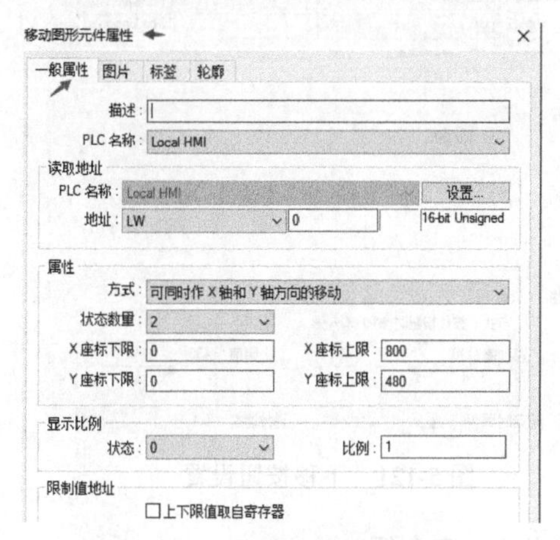

图 5-116　一般属性参数设置

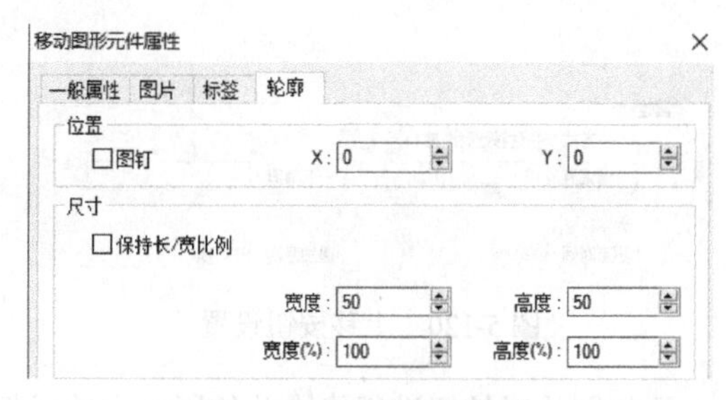

图 5-117　轮廓参数设置

添加一个改变移动图形状态的数值元件，将读取地址设置为“LW0”，资料格式使用“16-bit Unsigned”，小数点以上位数设置为 1。

添加一个控制移动图形 X 坐标的数值元件，将读取地址设置为“LW0”，资料格式使用“16-bit Unsigned”，小数点以上位数设置为 3。

添加一个控制移动图形 Y 坐标的数值元件，将读取地址设置为“LW0”，资料格式使用“16-bit Unsigned”，小数点以上位数设置为 3。

利用多状态设置元件按住按钮时递增、按住按钮时递减的功能设置 4 个按钮，实现通过单击按钮来控制 X、Y 坐标数值元件中数值的加减，从而实现控制移动图形上/下/左/右移动的效果。

① 左移、右移按钮的添加：将左移、右移按钮对应的多状态设置元件的写入地址都设置为

“LW1”；将左移按钮的动作方式设置为“按住按钮时递减（JOG--）”，将递减值设置为 10，下限值设置为 0；将右移按钮的动作方式设置为“按住按钮时递加（JOG++）”，将递加值设置为 10，上限值设置为 750，如图 5-118、图 5-119 所示。

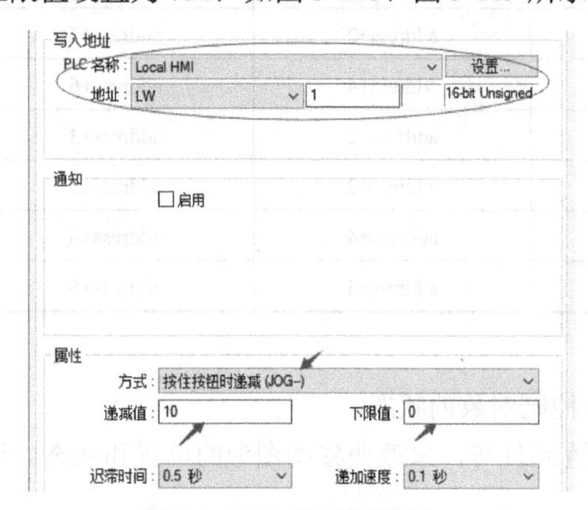

图 5-118　左移按钮设置

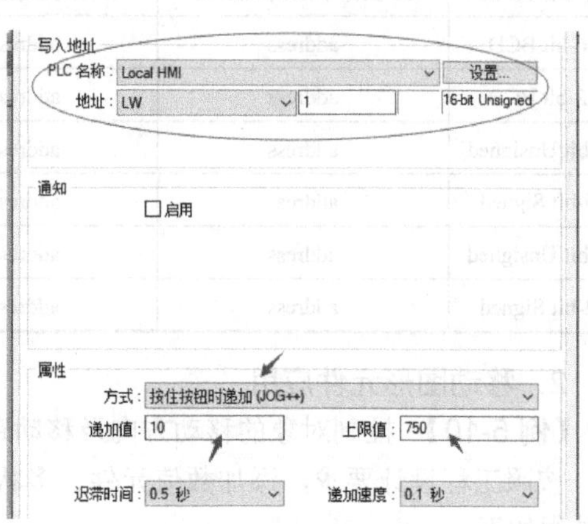

图 5-119　右移按钮设置

② 上移、下移按钮的添加：将上移、下移按钮对应的多状态设置元件的写入地址都设置为“LW2”；将上移按钮的动作方式设置为“按住按钮时递减（JOG--）”，将递减值设置为 10，下限值设置为 0；将下移按钮的动作方式设置为“按住按钮时递加（JOG++）”，将递加值设置为 10，上限值设置为 430，如图 5-120、图 5-121 所示。

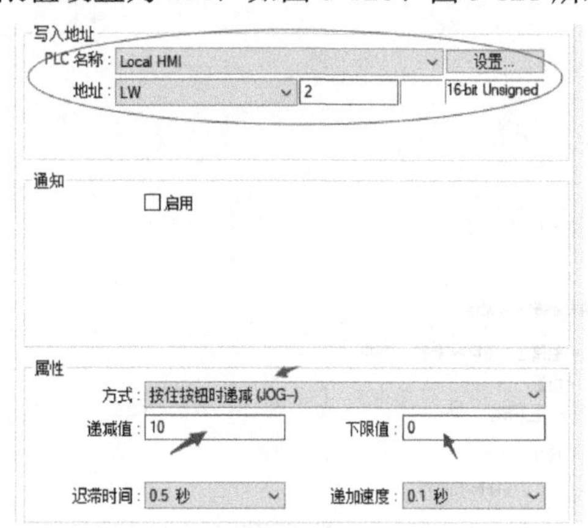

图 5-120　上移按钮设置

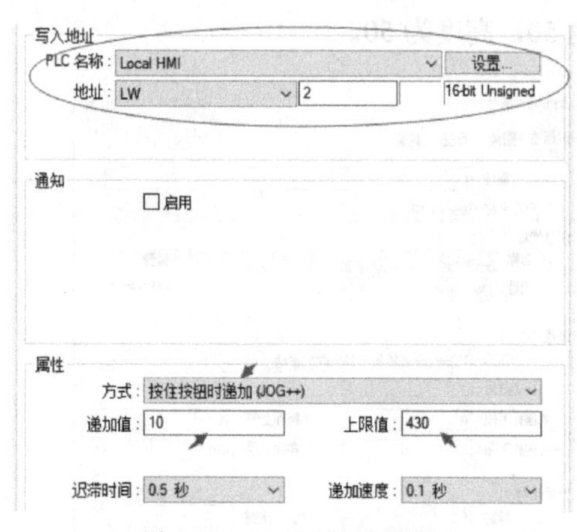

图 5-121　下移按钮设置

添加图片对按钮进行修饰并使用文字软元件添加对应的文字介绍。

模拟仿真运行：选择“工具”→“离线模拟”选项，弹出模拟仿真界面，开始时，移动图形在左上角的位置，在“改变状态”数值元件中输入 000 或者 001，能实现移动图形状态切换，在“X 轴”数值元件中输入 0～750 时，移动图形将在 X 方向上移动至相应的坐标位置，在“Y 轴”数值元件中输入 0～430 时，移动图形将在 Y 方向上移动至相应的坐标位置，也可以单击上/下/左/右按钮，对 X 轴、Y 轴两个数值元件的数值进行改变，实现移动图形的移动，模拟仿真效果图如图 5-122 所示。

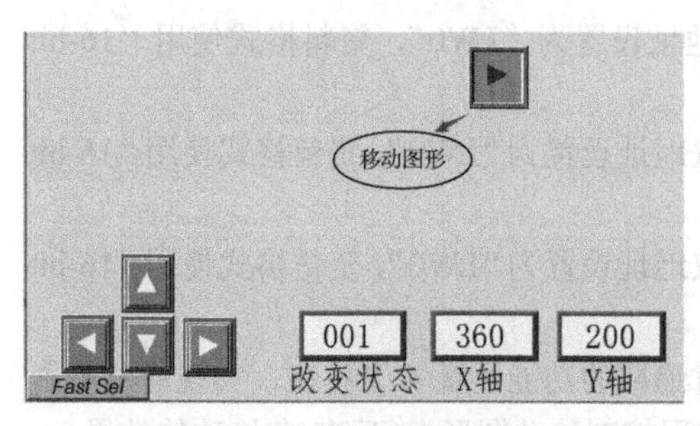

图 5-122　模拟仿真效果图

5.4.13 项目选单元件

项目选单元件用于将多个项目合并成一个列表，一旦用户选择了某个项目，相对应的项目数值将被写入字寄存器。

1. 项目选单元件参数设置

新增项目选单元件：单击工具栏上的“项目选单”按钮，弹出“新增 项目选单 元件”对话框，在“项目选单”选项卡中正确设定各参数后，单击“确定”按钮，即可新增一个项目选单元件，参数设置可参考图5-123。

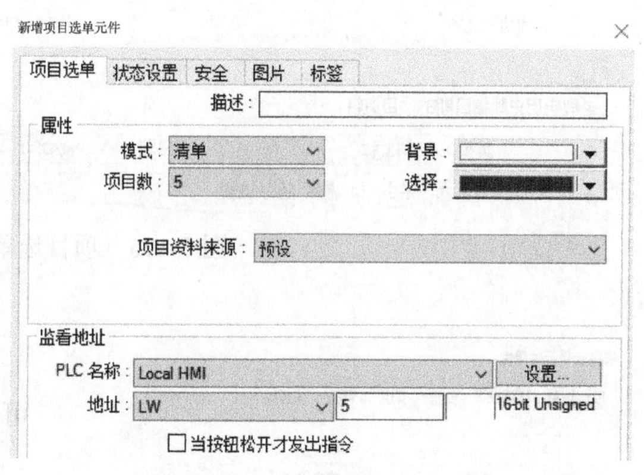

图5-123 新增项目选单元件

在“属性”区域，“模式”用于指定此元件的显示模式，分为“清单”和“下拉式选单”两种，如图5-124所示。“项目数”用于设定此元件的状态数，每个状态表示一个项目，并显示在列表上，此数值可被写入“控制地址”。“背景”用于指定元件的背景颜色。“选择”用于设定项目被选择时所标示的背景颜色。

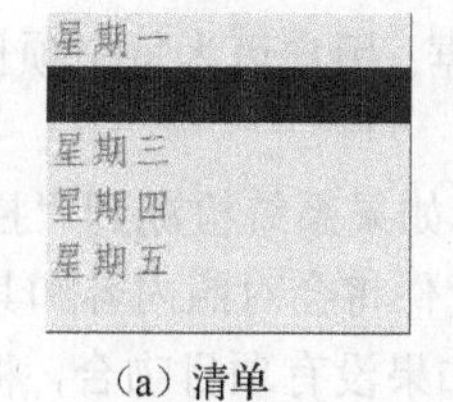

（a）清单　　（b）下拉式选单

图5-124 项目选单模式选择效果图

项目资料来源：可以选择“预设”“历史数据日期”“项目地址”三个选项，如图5-125所示。

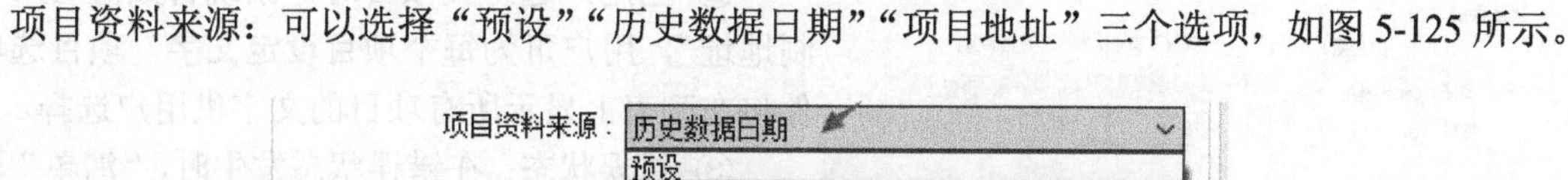

图5-125 项目选单项目资料来源设置

① 预设：用户在项目选单中添加所需要的选单内容。

② 历史数据日期。

项目选单元件能够搭配在历史模式下的显示元件使用，如趋势图元件及历史数据显示元件，用来显示上述元件的历史文件，显示方式如图5-126所示。

在“取自历史数据日期的项目资料”区域，在“类型”下拉列表中，若搭配历史事件显示元件使用，则选择“报警（事件）登录”选项，若搭配趋势图或历史数据显示元件使用，则选择“资料取样”选项。当在“类型”下拉列表中选择“资料取样”选项时，必须同时选择资料取样元件索引。

在“日期”下拉列表中，日期的显示格式有以下四种：MM/DD/YY、DD/MM/YY、DD.MM.YY、YY/MM/DD。

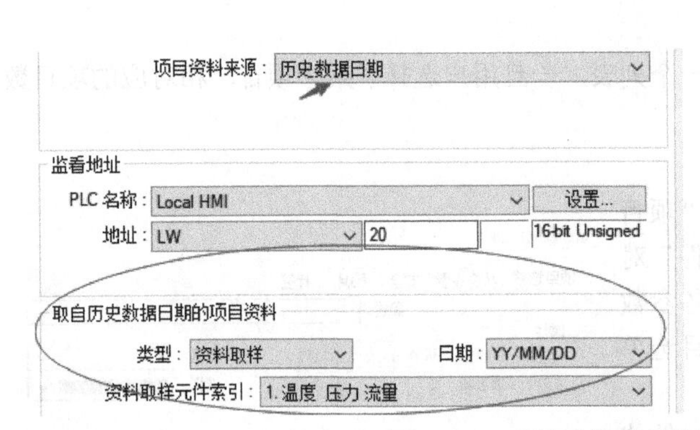

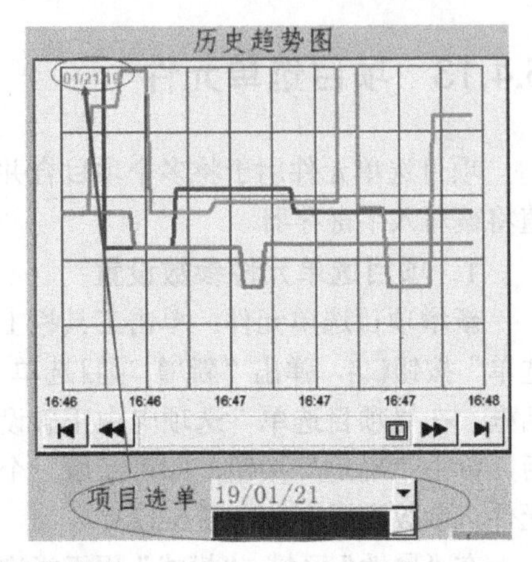

图 5-126　项目选单搭配趋势图元件使用

③ 项目地址：选单内容由设定的地址提供。

双击项目选单元件，在“状态设置”选项卡中，可显示所有项目、数据、项目资料，如图 5-127 所示。

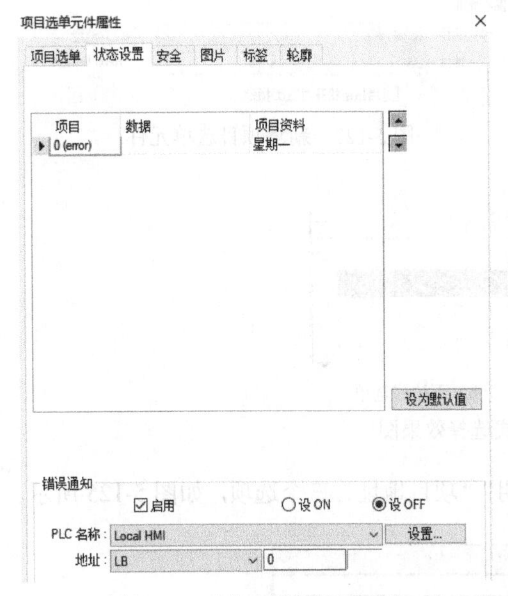

图 5-127　“状态设置”选项卡

项目：系统会列出目前所有使用的状态，每个状态表示一个项目并且会显示在列表上，此栏为只读栏。

数据：用户可为每个项目设定数值，但须遵守以下规范。

① 如果系统检测到“控制地址”的内容有任何改变，元件将会对照内容和其数值选择第一个吻合的项目，如果没有项目吻合，将跳至错误状态并触发错误通知位（如果有设定）。

② 当用户选择某项目时，系统将数值写入“控制地址”，用户可为每个项目设定文字，项目选单元件将在列表上显示所有项目的文字供用户选择。

③ 错误状态：在错误状态发生时，“清单”模式将移除“选择标示”来表示没有任何项目被选择，而“下拉式选单”模式则会显示错误状态的文字，错误状态的文字只能应用于下拉式选单模式。

在“错误通知”区域，若勾选“启用”复选框，则当发生错误时，系统将某个特定位设定为 ON/OFF，此寄存器的通知位可用于触发某个动作来修正错误。

2．项目选单元件应用

【例 5-11】 设计一个从星期一到星期五的选择列表。

按照工程设计要求，设置一个“下拉式选单”模式的项目选单，将项目选单的“项目资料来源”设置为“预设”，再添加一个数值元件，当在项目选单中选择某个项目，数值元件将显示出对应的数值，或者当在数值元件上输入合适的数值后，项目选单将跳出相应的项目。比如，在项目选单中选择“星期一”项目时，数值元件显示“1”，在数值元件中输入数值“1”时，项目选单显示“星期一”项目。设置过程如下。

新增项目选单元件，然后双击该元件，弹出“项目选单元件属性”对话框，参考图 5-128 进行参数设置。

在“状态设置”选项卡中，设置项目 0 项对应的数据为“1”，对应的项目资料为“星期一”以此类推，具体设置参考图 5-129。

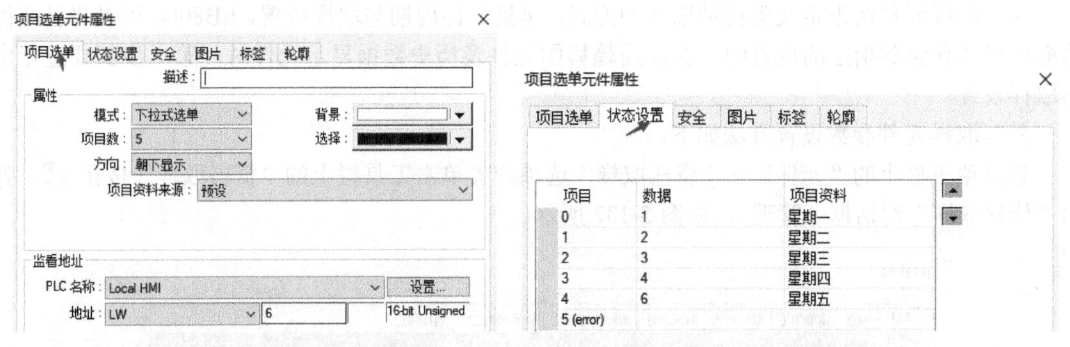

图 5-128　项目选单元件参数设置　　　　图 5-129　状态设置

添加数值元件：将读取地址设置为“LW6”，资料格式使用“16-bit Unsigned”，小数点以上位数为 2。添加图片对数值元件进行修饰并用文字软元件添加对应的文字介绍。

模拟仿真运行：选择“工具”→“离线模拟”选项，弹出模拟仿真对话框，展开项目选单，选择项目选单中的“星期四”选项时，数值元件显示“004”，模拟仿真效果如图 5-130 所示。

5.4.14　功能键元件

功能键元件提供窗口切换、调用其他窗口、关闭窗口等功能，也可用来设计键盘的按键。

功能键元件的参数设置方法如下。

新增功能键元件：单击工具栏上的“功能键”按钮，弹出“新增 功能键 元件”对话框，在“一般属性”选项卡中正确设定各参数后，单击“确定”按钮，即可新增一个功能键元件，参数设置可参考图 5-131。

功能键元件的应用将在 5.5 节窗口设置中进行介绍。

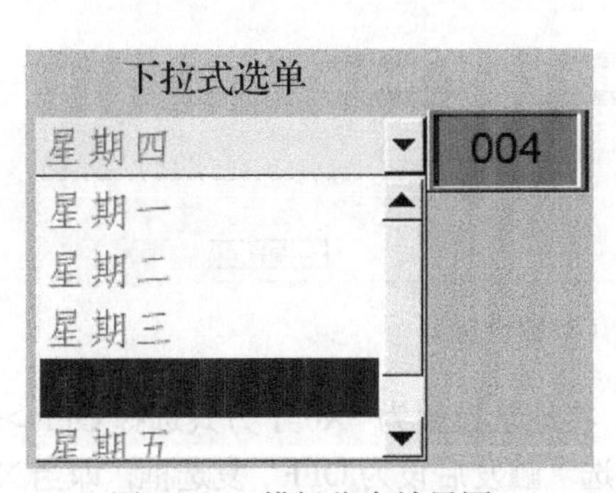

图 5-130　模拟仿真效果图

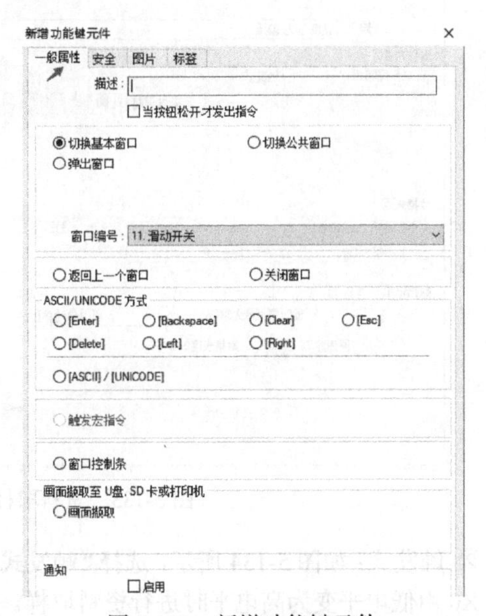

图 5-131　新增功能键元件

5.4.15 资料取样元件

资料取样元件用来定义资料被取样的方式，包括取样周期与取样位置，EB8000可以将已获得的取样资料存储到指定的位置中。在使用趋势图元件及历史数据显示元件时，第一步都要进行资料取样设置。

资料取样元件参数设置方法如下。

选择菜单栏上的“元件”→“资料取样”选项或者单击工具栏上的“资料取样”按钮，弹出“资料取样”对话框（管理），如图5-132所示。

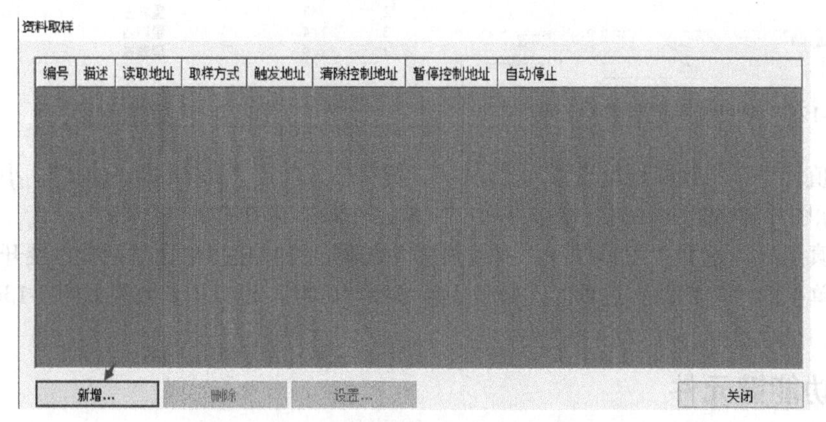

图5-132 “资料取样”对话框（管理）

单击“资料取样”对话框（管理）中的“新增”按钮，弹出“资料取样”对话框（与图5-132不同，用于参数设置），如图5-133所示。

在“取样方式”区域，提供两种资料取样方式，分别为周期式和触发式。

① 周期式：设定固定的时间频率进行资料取样，用户必须设定采样周期。

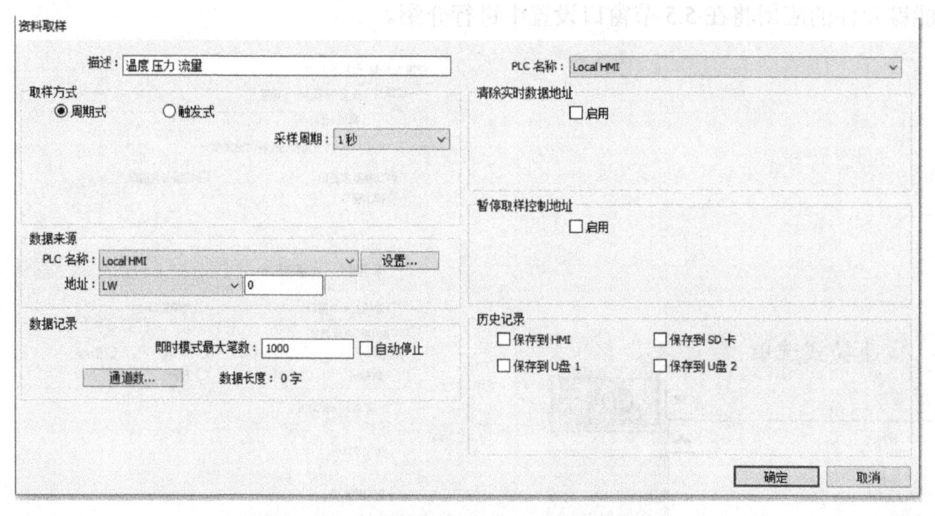

图5-133 资料取样对话框（参数设置）

② 触发式：如图5-134所示，选择“触发式”选项，将地址设置为“X0”，方式选择OFF->ON，即当X0由低电平变为高电平时进行资料取样。如果勾选“触发后设为OFF”复选框，即当X0变为高电平后不再取样。

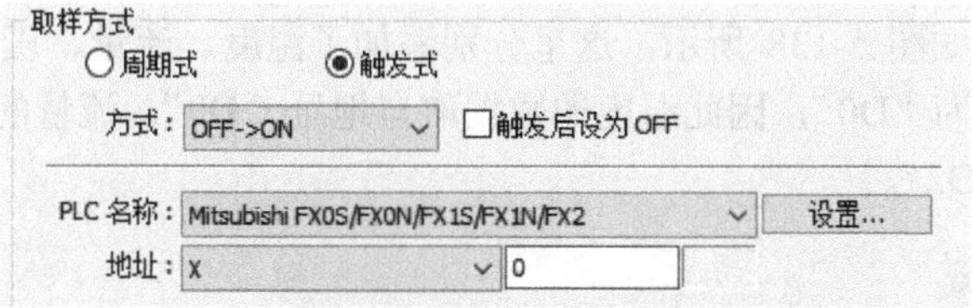

图 5-134　触发式

在“数据来源”区域，选择一个存储数据地址作为取样数据的来源，如图 5-135 所示，将地址设置为“D0”。

图 5-135　数据来源

在“数据记录”区域，“即时模式最大笔数”用于设置一个资料取样项目一天最多可以记录的取样资料笔数，最多为 86400 笔。若勾选“自动停止”复选框，当已经获得的取样资料数据等于“即时模式最大笔数”设定值时，将会停止取样动作。例如，“即时模式最大笔数”设定值为 10，若未勾选“自动停止”复选框，趋势图的即时模式会显示最新的 10 笔资料，资料取样则会删除旧资料并采集新资料。若勾选“自动停止”复选框，趋势图的即时模式会在显示第 10 笔资料后停止显示，资料取样到第 10 笔资料后停止记录。

单击“通道数”按钮，弹出“通道数”对话框（管理），如图 5-136 所示。

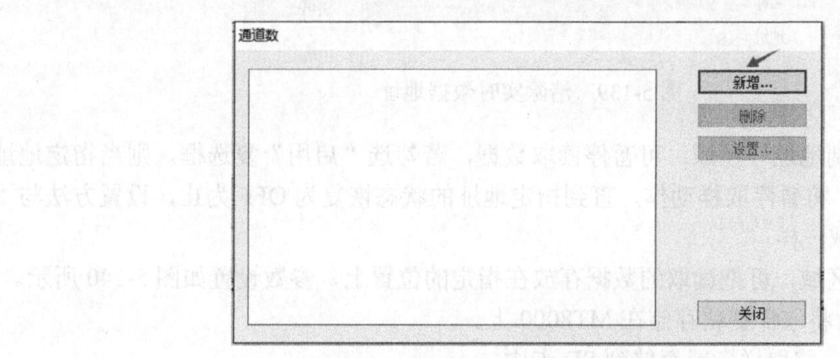

图 5-136 “通道数”对话框（管理）

单击“新增”按钮，弹出新的“通道数”对话框（参数设置），在“描述”框中填写该通道的名称，在“读取地址”区域设置资料类型，该类型应与“数据来源”区域指定的数据类型相对应，设置完成后，单击“确定”按钮，完成通道的新增，如图 5-137 所示。

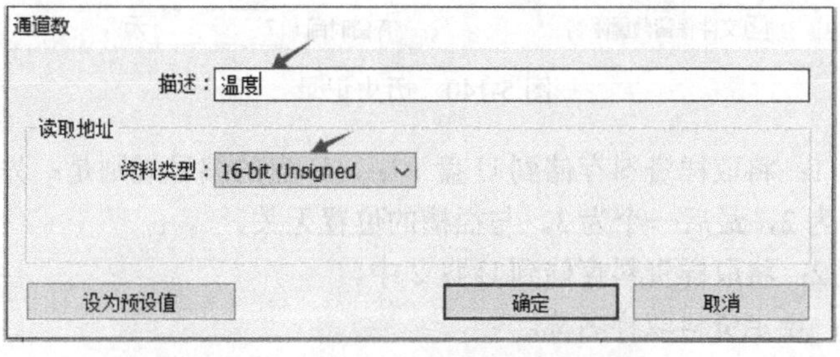

图 5-137 “通道数”对话框（参数设置）

设置完成的效果图如图 5-138 所示，这里分别添加了温度、流量、压力三个通道，由于“数据来源”区域中的地址为“D0”，因此温度的数据取自地址“D0”，流量的数据取自地址“D1”，压力的数据取自地址“D2”。

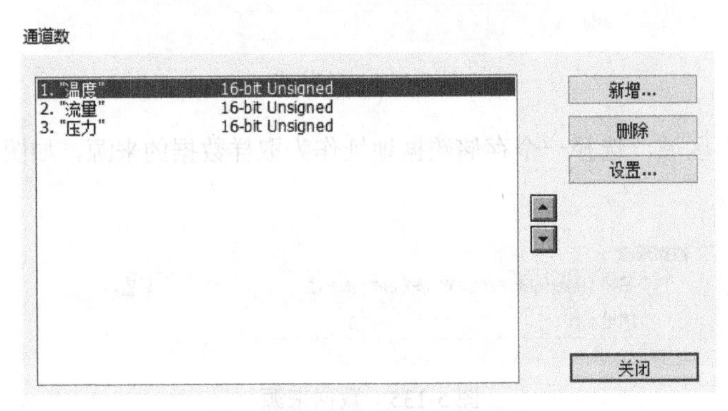

图 5-138　设置完成的效果图

在“清除实时数据地址”区域，可对读取的数据进行清除，对取样资料的清除可达到对显示的趋势图进行清屏的效果，但不影响已存入文件中的取样资料。一般用触摸屏的地址“Local HMI”设计开关量，如图 5-139 所示，用地址“LB20”设计一个位状态切换开关，当开关状态由 0 变成 1 时，数据清零。

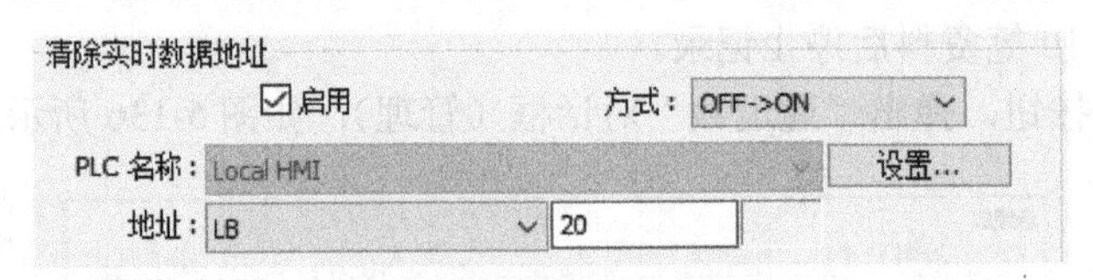

图 5-139　清除实时数据地址

在“暂停取样控制地址”区域，可暂停读取数据，若勾选“启用”复选框，则当指定地址的状态被设定为 ON 时，将暂停取样动作，直到指定地址的状态恢复为 OFF 为止，设置方法与“清除实时数据地址”区域一样。

在“历史记录”区域，可把读取的数据存放在指定的位置上，参数设置如图 5-140 所示。

① 保存到 HMI：将取样资料存储在 MT8000 上。

② 保存到 SD 卡：将取样资料存储到 SD 卡中。

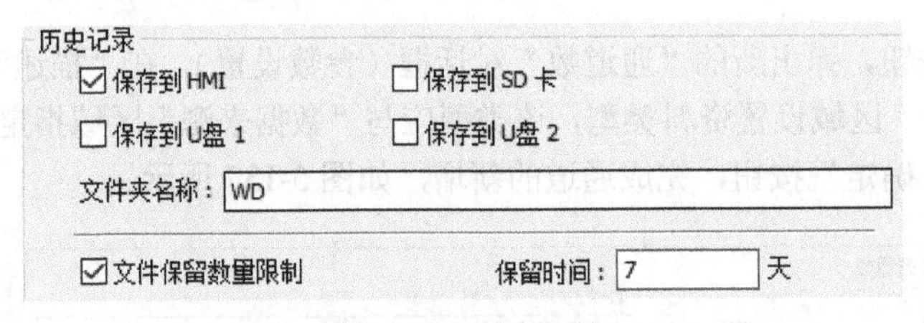

图 5-140　历史记录

③ 保存到 U 盘 1：将取样资料存储到 U 盘 1 中，U 盘的编号规则是：先插入 USB 插槽的 U 盘编号为 1，下一个为 2，最后一个为 3，与插槽的位置无关。

④ 保存到 U 盘 2：将取样资料存储到 U 盘 2 中。

⑤ 文件夹名称：设定资料取样名称。

⑥ 保留时间：用来决定资料取样记录文件被保留的时间。

注意：① 文件夹名称必须为英文。

② 取样资料的大小必须要达到4KB，才能被存储，如果小于4KB，可以使用LB-9034来强制存储。

③ 在执行离线模拟仿真后，不可再更改资料取样，如果需要改变，应先将“C：\EB8000\HMI_memory\datalog”内记录的历史数据显示文件删除。

5.4.16 趋势图元件

趋势图元件用于使用连续的线段描绘资料取样元件所记录的资料，在图表上呈现某事物或某信息数据的发展趋势图形。

趋势图元件参数设置方法如下。

新增趋势图元件：在完成“资料取样”设置后，单击工具栏上的“趋势图”按钮，弹出“新增 趋势图 元件”对话框。在“一般属性”选项卡正确设定各参数后，单击“确定”按钮，在编辑界面中将出现一个黑色边框，通过鼠标把边框移到合适的位置上，单击鼠标左键，这时黑色边框将变成一个趋势图，参数设置可参考图5-141，双击新增的趋势图可以对其参数进行修改。

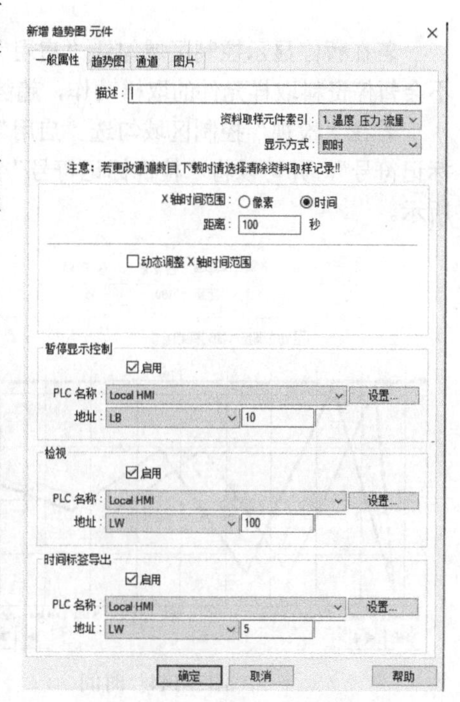

图5-141 新增趋势图元件

“资料取样元件索引”下拉列表用于选择绘图所需的数据来源。

“显示方式”下拉列表用于选择数据来源的形式，可以选择“即时”或“历史”选项。

即时：可显示来自资料取样元件从开机后到目前的取样资料，如需显示过去的资料，需选择“历史”方式，从历史资料中读取。

历史：历史资料来自资料取样元件使用日期分类并存储的取样资料。使用“历史”方式时，可以利用“资料取样元件索引”下拉列表选定要显示的历史资料，并利用“历史数据控制”区域选择不同日期的历史资料，如图5-142所示。

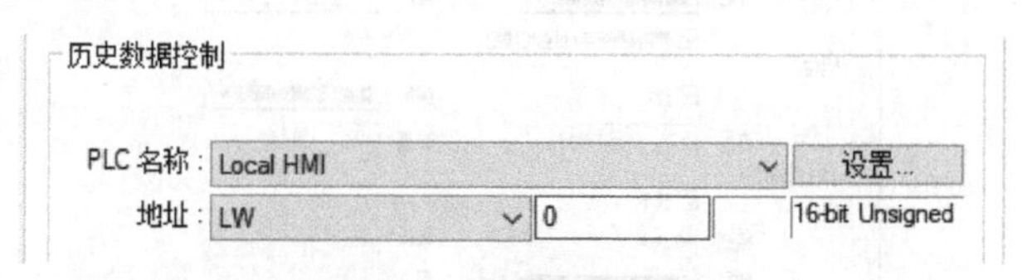

图5-142 历史数据控制区域

在X轴时间范围方面，提供了“像素”和“时间”两个选项。

像素：用来设定两取样绘点间的距离，距离值越大，图表越大，显示范围越小，设置效果如图5-143所示。

时间：用来设定X轴时间范围，若设置“距离”为100s，则趋势图曲线只显示100s的数据，设置效果如图5-144所示。

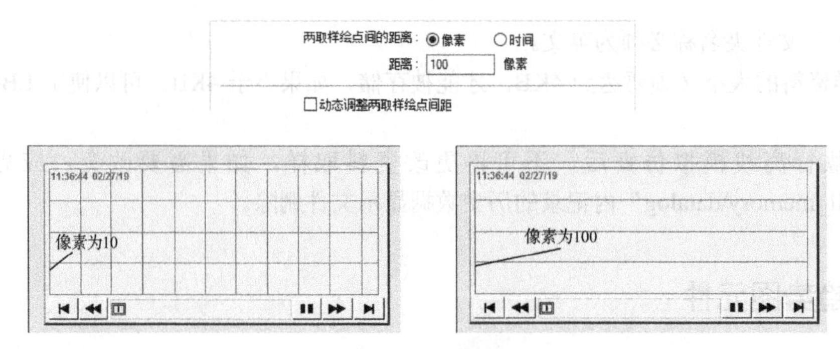

图 5-143 像素

若在暂停显示控制区域勾选“启用”复选框，则趋势图曲线停止显示，只暂停界面刷新，并不会暂停资料取样元件的取样动作，趋势图曲线数据依然在随着时间的变化实时更新。

若在“检视”控制区域勾选“启用”复选框，则可以让用户在触控趋势图元件时产生“检视标记符号”，并可以将“检视标记符号”所在位置的取样数据输出到指定的寄存器中，如图 5-145 所示。

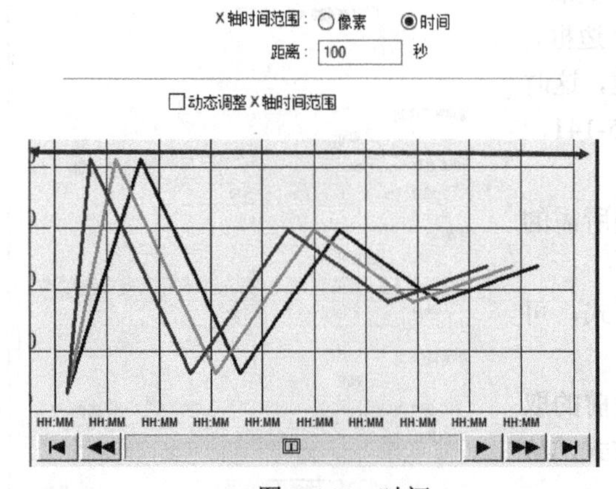

图 5-144 时间

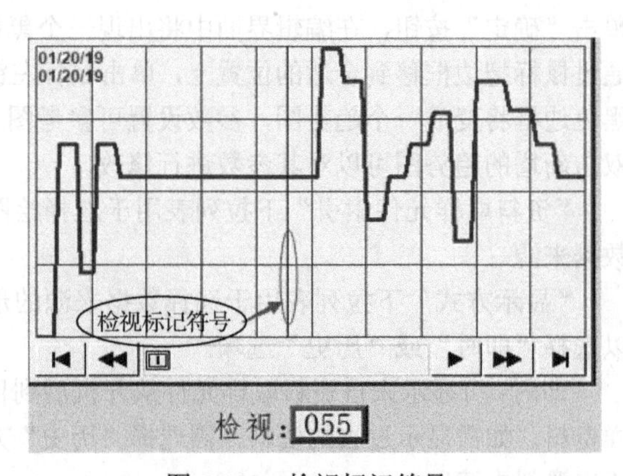

图 5-145 检视标记符号

“趋势图”选项卡参数设置如图 5-146 所示。

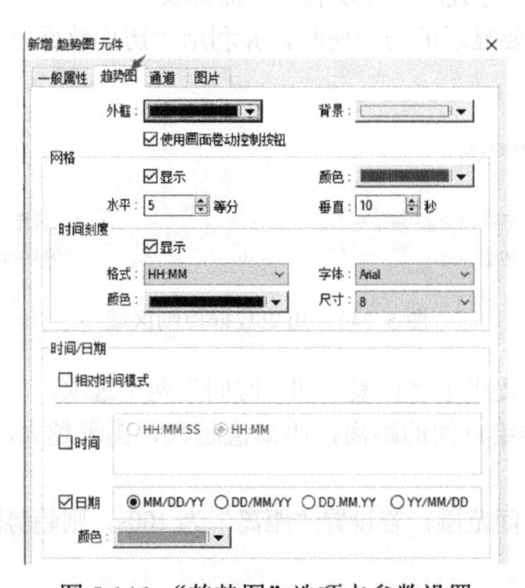

图 5-146 “趋势图”选项卡参数设置

其中，“使用画面卷动控制按钮”复选框用于启用/取消画面卷动控制按钮，勾选该复选框后，用户可以通过滑块滑动时间条，如图 5-147 所示。

图 5-147　使用画面卷动控制按钮

在“网格”区域，可设定网格线的数目与颜色。

图 5-148 所示为将“水平”设置为 5 等分、“垂直”设置为 10s 的显示效果。

在“时间刻度”区域，可选择是否显示坐标的时间刻度。

在“时间/日期”区域，可设定时间和日期的显示格式与颜色。

“通道”选项卡参数设置如图 5-149 所示。

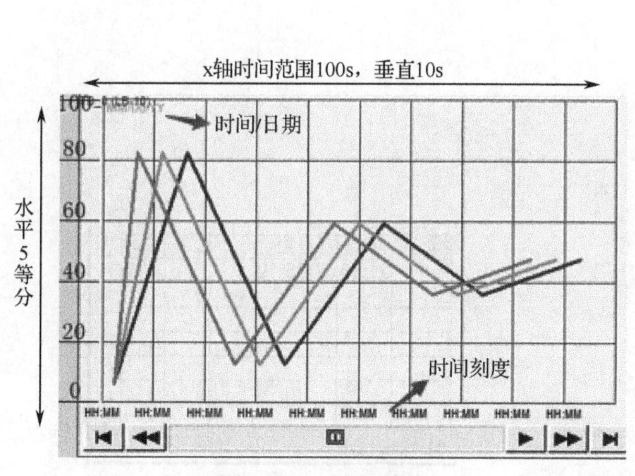

图 5-148　显示效果

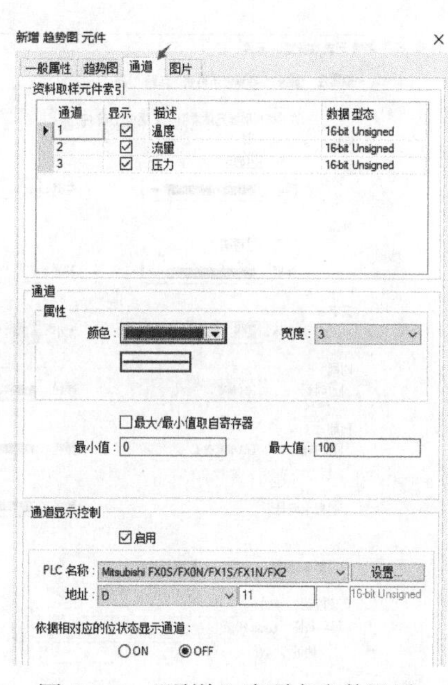

图 5-149　“通道”选项卡参数设置

其中，若勾选“最大/最小值取自寄存器”复选框，则输入数值的上、下限来自指定的寄存器，如图 5-150 所示。

在图 5-150 中，最小值地址在 LW0 中设定，最大值地址在 LW1 中设定。

在“通道显示控制”区域，可控制趋势曲线显示或不显示。

如图 5-151 所示，利用 PLC 的数字寄存器 D11 设置，当 D11 指定的数值元件存储的数据是“0”时，显示曲线，当 D11 指定的数值元件存储的数据是“1”时，不显示曲线（若“依据相对应的位状态显示通道被设置为 ON，则相反）。

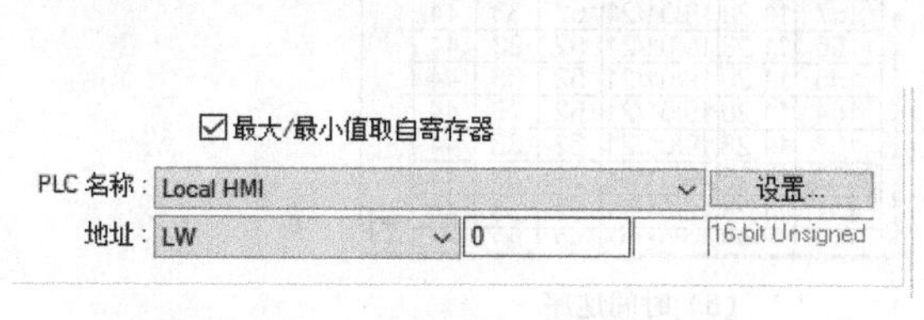

图 5-150　最大/最小值取自寄存器

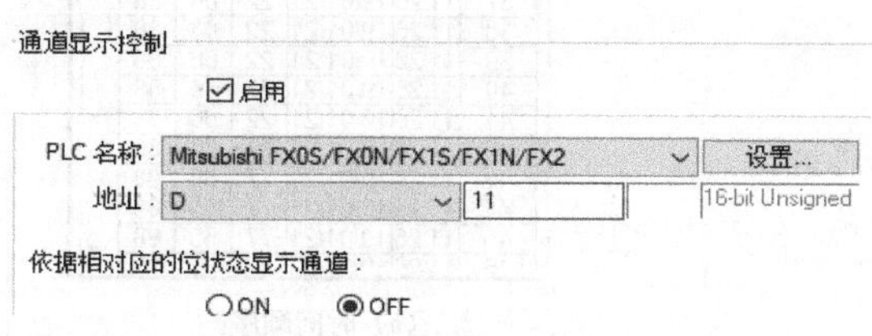

图 5-151　通道显示控制

5.4.17 历史数据显示元件

历史数据显示元件用来显示已经存储的取样资料数据，与趋势图元件不同的是，历史数据显示元件使用列表的方式直接显示这些数据的内容。

历史数据显示元件参数设置方法如下。

新增历史数据显示元件：在完成“资料取样”设置后，单击工具栏上的“历史数据显示”按钮▤，弹出“新增 历史数据显示 元件”对话框。在“一般属性”选项卡正确设定各参数，单击“确定”按钮，在编辑界面出现一个黑色边框，通过鼠标把边框移到合适的位置，单击鼠标左键，这时黑色边框将变成一个历史数据显示元件，参数设置可参考图5-152，双击新增的历史数据显示元件，可以对其参数进行修改。

在“网格”区域勾选“显示”复选框，显示网格效果如图5-153所示。

图5-152 新增历史数据显示元件

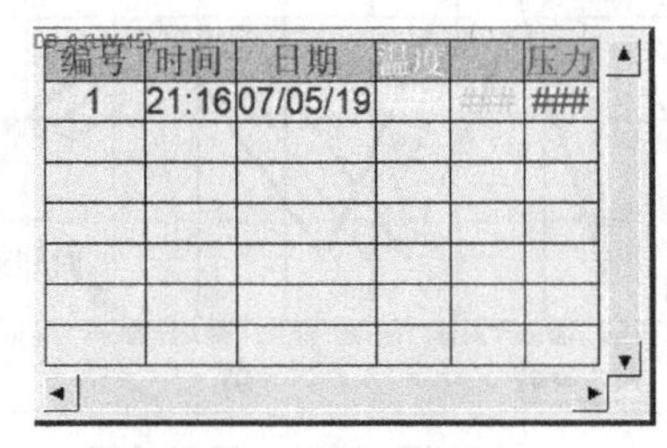

图5-153 显示网格效果

在“时间”区域和“日期”区域，可选择是否显示资料取样的时间与日期，并决定时间与日期的显示格式，选中“时间顺序”选项和“时间逆序”选项的效果如图5-154所示。

历史数据

编号	时间	日期	温度	流量	压力
31	11:26	19/01/21	22	55	22
32	11:26	19/01/21	22	55	22
33	11:26	19/01/21	22	55	22
34	11:26	19/01/21	22	66	22
35	11:26	19/01/21	22	66	22
36	11:26	19/01/21	22	66	22
37	11:26	19/01/21	22	66	88
38	11:26	19/01/21	22	66	88
39	11:26	19/01/21	22	66	88
40	11:26	19/01/21	22	66	88
41	11:26	19/01/21	22	66	88
42	11:26	19/01/21	77	66	88
43	11:26	19/01/21	77	66	88
44	11:26	19/01/21	77	55	88
45	11:26	19/01/21	77	55	88

（a）时间顺序

编号	时间	日期	温度	流量	压力
165	11:28	19/01/21	52	33	44
164	11:28	19/01/21	52	33	44
163	11:28	19/01/21	52	33	44
162	11:28	19/01/21	52	33	44
161	11:28	19/01/21	52	33	44
160	11:28	19/01/21	52	33	44
159	11:28	19/01/21	52	33	44
158	11:28	19/01/21	52	33	44
157	11:28	19/01/21	52	33	44
156	11:28	19/01/21	52	33	44
155	11:28	19/01/21	52	33	44
154	11:28	19/01/21	52	33	44
153	11:28	19/01/21	52	33	44
152	11:28	19/01/21	52	33	44
151	11:28	19/01/21	52	33	44

（b）时间逆序

图5-154 历史数据显示顺序设置

“数据显示格式”选项卡参数设置如图 5-155 所示。

由图 5-155 可知，目前使用的资料取样元件执行一次取样动作将读取三个数据（通道 0～通道 2），也可知各数据的资料格式（如通道 0 的资料格式为 16-bit Unsigned），这些皆定义在资料取样元件中，历史数据显示效果如图 5-156 所示。可以看出，目前设定显示通道 0、通道 1、通道 2 的数据，三个通道分别显示温度、流量、压力的历史数据。

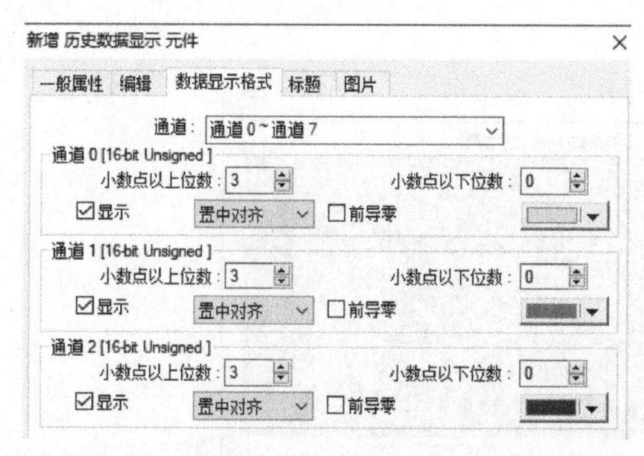

图 5-155 “数据显示格式”选项卡参数设置

编号	时间	日期	温度	流量	压力
165	11:28	19/01/21	52	33	44
164	11:28	19/01/21	52	33	44

图 5-156 历史数据显示效果

“标题”选项卡参数设置如图 5-157 所示。

图 5-157 “标题”选项卡参数设置

5.4.18 事件登录元件

事件登录元件用来定义事件的内容与触发事件的条件，EB8000 可以将已触发的事件（这时事件又称为报警）与这些事件的处理过程存储到指定的位置中，如触摸屏内部或外接存储设备中。

事件登录元件搭配报警条、报警显示与事件显示等元件使用时，可以使用户清楚了解事件从发生、等待处理到报警消失的整个过程。要使用这些元件，必须先定义事件的内容。

事件登录元件的参数设置方法如下。

选择菜单栏上的“元件”→“报警”→“事件登录”选项，弹出“事件登录”对话框，如图 5-158 所示。

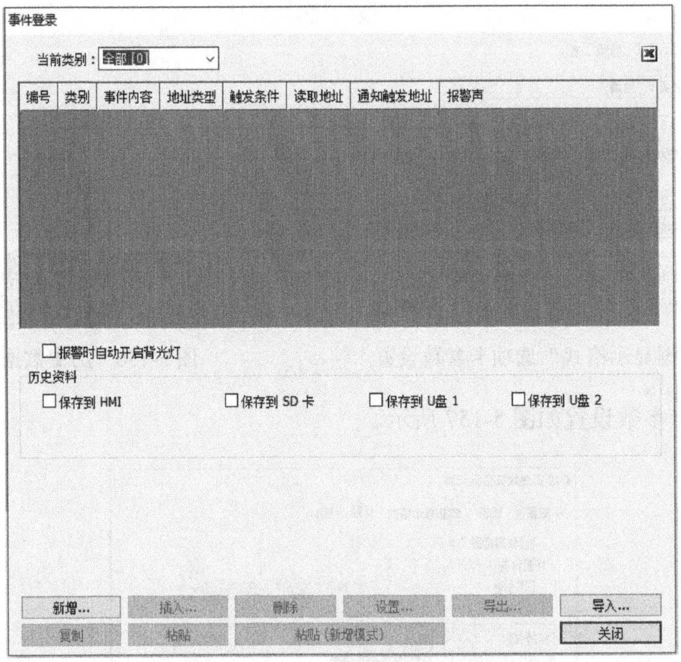

图 5-158 “事件登录”对话框

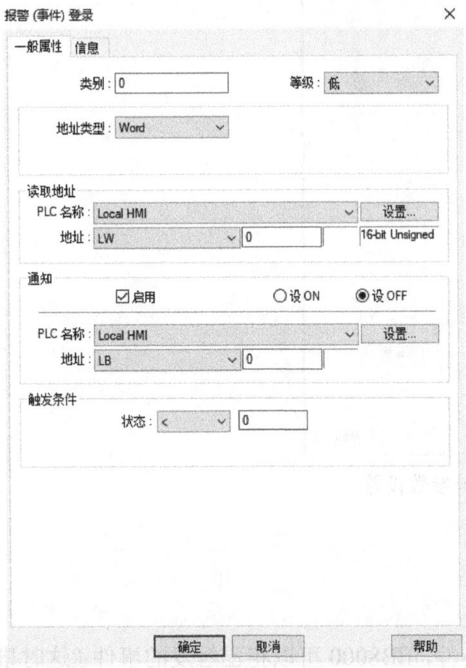

“当前类别”下拉列表用来选择目前所显示的事件类别。EB8000 提供事件分类功能，将事件分成 256 个类别，报警条、报警显示与事件显示元件可以限制所显示的事件类别。

单击“新增”按钮，弹出“报警（事件）登录”对话框，该对话框用于事件记录的新增，如图 5-159 所示。

图 5-159 “报警（事件）登录”对话框

图 5-159 中：

类别：事件的类别。

等级：事件的等级，依照重要程度可分为“低”“中”“高”“紧急”。当已发生事件的数目等于系统允许的最大数目时，等级较低的事件将从事件记录中被剔除。

地址类型：可分为“Bit”和“Word”。

在“读取地址”区域，系统利用读取地址所获得的数据来检查事件是否满足触发条件。

在“通知”区域，当事件触发时，若勾选了“启用”复选框，且选中“设 ON”选项，则系统将对此特定地址送出 ON 信号。

在“触发条件”区域，当事件的“地址类型”为“Bit”时，触发条件可选择ON或OFF，当选择的触发条件为ON时，当从“地址”中读取的数据由OFF变为ON时，事件将触发，并产生一个事件记录（报警记录）。当事件的“地址类型”为“Word”时，系统会使用从“地址”中读取的数据与触发条件做比较，判断事件是否触发。

比如，按图5-160所示的参数进行设置，当“地址”中的数据大于等于9（=10−1）且小于等于11（=10＋1）时，事件将触发，也就是事件触发的条件为“9≤‘地址’中的数据≤11，事件恢复正常的触发条件为“‘地址’中的数据<8”或“‘地址’中的数据>12”。

图5-160　触发条件设置1

如图5-161所示，当“地址”中的数据小于9（=10−1）或大于12（=10+2）时，事件将触发。也就是事件触发的条件为“‘地址类型’中的数据< 9”或“‘地址类型’中的数据>12”，事件恢复正常的触发条件为“8 ≤‘地址’中的数据≤ 12”。

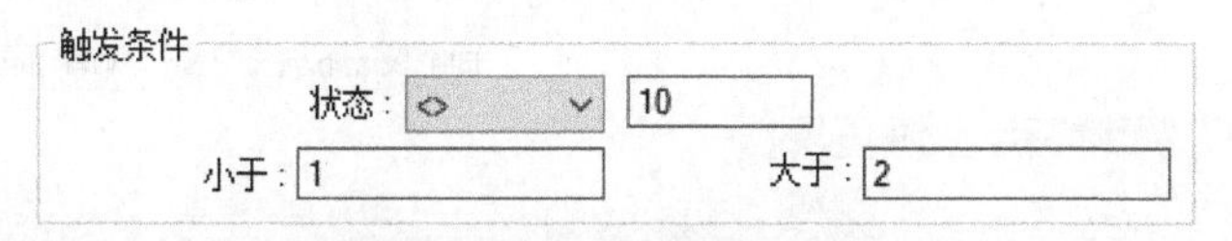

图5-161　触发条件设置2

“信息”选项卡参数设置如图5-162所示。

内容：填写报警项目的名称，如“水箱水管漏水”。

字体、颜色：设置事件触发时在报警条、报警显示与事件显示元件中显示文字的字体和颜色。

确认值：事件在事件显示元件中的显示记录被触控时，在确认报警后把设定的数值送到报警显示元件与事件显示元件的确认地址中。

5.4.19　报警条元件与报警显示元件

报警条元件与报警显示元件用来显示已被定义在事件登录元件中，且系统目前状态满足触发条件的事件信息，报警条元件与报警显示元件将利用事件触发的时间先后，依序显示这些报警事件。

报警条元件与报警显示元件参数设置方法如下。

报警条元件的添加：单击工具栏上的“报警条”按钮，弹出“新增 报警条 元件”对话框，在“报警”选项卡中正确设定各参数后，单击“确定”按钮，即可新增一个报警条元件，参数设置可参考图5-163。

显示的类别范围：触发事件的类别需符合此处设定的显示范围才会在报警条中显示（触发事件的类别在事件登录元件中设定），例如，当报警条元件的“显示的类别范围”被设定为“2到4”时，仅有在事件登录元件中类别为2、3、4的事件才会被显示在该报警条元件中。

移动速度：报警条元件中显示的文字的移动速度。

在“颜色”区域，可设定元件的外框及背景颜色。

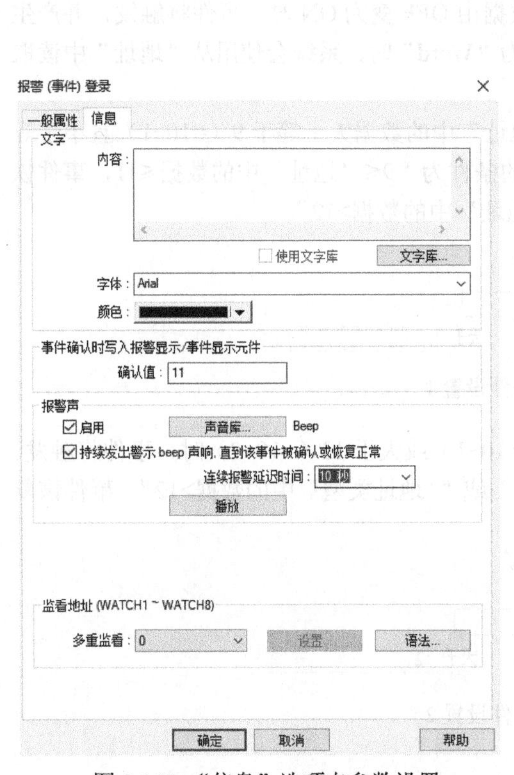

图 5-162 “信息”选项卡参数设置

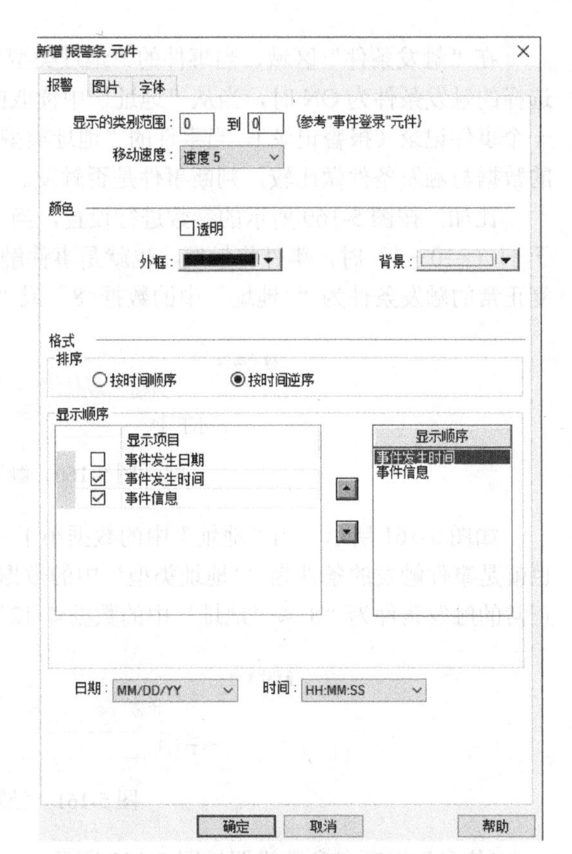

图 5-163 新增报警条元件

在“格式”区域，“排序”选项用于设定报警显示的顺序，可以选择“按时间顺序”或“按时间逆序”。

① 按时间顺序：较晚发生的报警排列在后（或在下）。

② 按时间逆序：较晚发生的报警排列在前（或在上）。

“显示顺序”区域用于自行定义所要显示的项目及排列方式。

日期（事件发生日期）：用于设置显示事件发生的日期格式，有以下 4 种：MM/DD/YY；DD/MM/YY；DD.MM.YY；YY/MM/DD。

时间（事件发生时间）：用于设置显示事件发生的时间格式，有以下 3 种：HH:MM:SS；HH:MM；DD:HH:MM。

报警显示元件的添加：单击工具栏上的“报警显示”按钮，弹出“新增 报警显示 元件”对话框，在“一般属性”选项卡正确设定各参数后，单击“确定”按钮，即可新增一个报警显示元件，如图 5-164 所示。

确认地址：启用确认功能后，在某个设定的事件发生报警时，确认值将被传送给该地址，确认值在事件登录元件中设置，报警显示元件搭配间接窗口、多状态指示灯元件，可以实现根据不同的事件弹出不同的提示，这些提示通常被用来详细说明事件的内容和解决方法。

“报警”选项卡参数设置如图 5-165 所示。

确认方式：可选择“单击”或“双击”两种方式，当事件发生时，用户可以设定确认报警的动作。

注意：报警显示元件可支持显示多行报警内容，但报警条元件不支持此项功能。

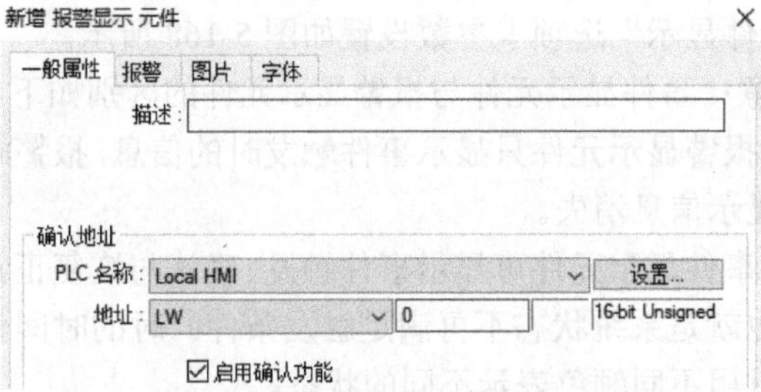

图 5-164　新增报警显示元件

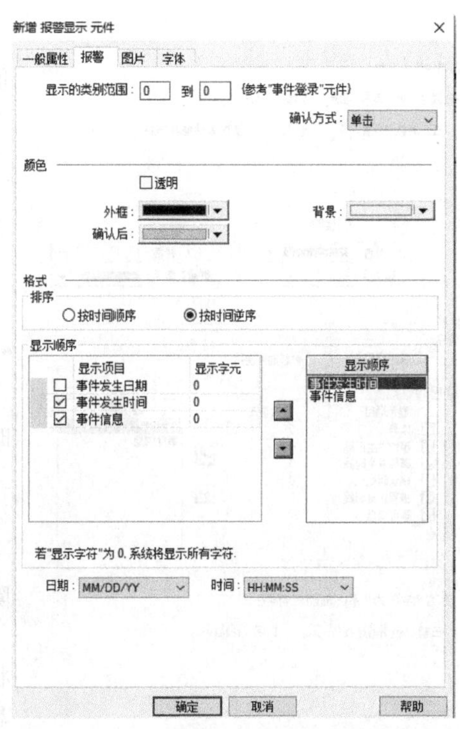

图 5-165　“报警”选项卡参数设置

5.4.20　事件显示元件

事件显示元件可以用来显示已被定义在事件登录元件中且满足触发条件的事件，事件显示元件将利用事件触发的时间先后顺序显示这些事件。

事件显示元件参数设置方法如下。

新增事件显示元件：单击工具栏上的“事件显示”按钮，弹出“新增 事件显示 元件”对话框，在“一般属性”选项卡正确设定各参数后，单击“确定”按钮，即可新增一个事件显示元件，参数设置可参考图 5-166。

方式：选择事件来源的形式，可以选择“即时”或“历史”。

① 即时：获取实时数据检测报警。

② 历史：显示事件的历史记录，每一天的事件记录被存储在不同的文件内，图 5-167 所示为“历史数据控制”区域的设置。

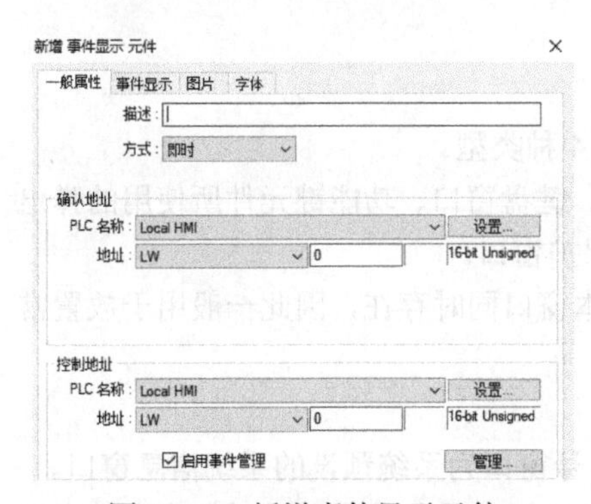

图 5-166　新增事件显示元件

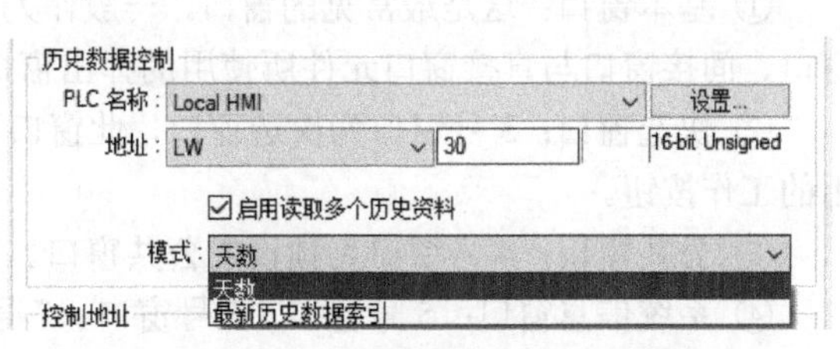

图 5-167　“历史数据控制”区域

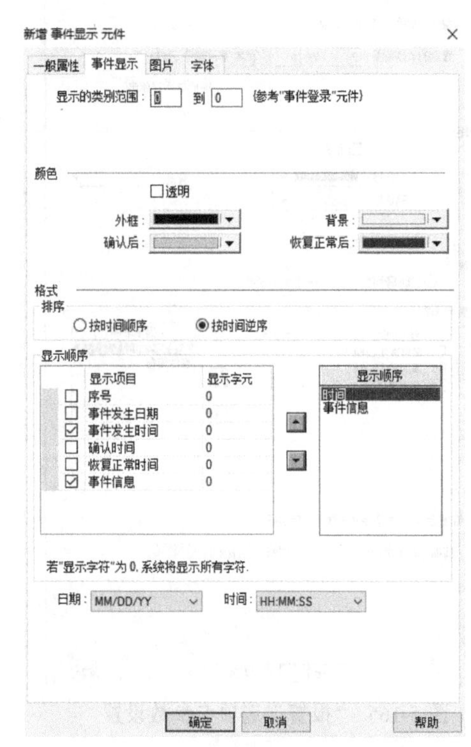

图 5-168 “事件显示”选项卡参数设置

确认地址：在某个设定的事件发生报警时，将确认值传送给该地址，确认值在事件登录元件中设置。

控制地址：单击“管理”按钮，弹出以下设置信息。假设控制地址为“LW30”，则：

① 设定LW30地址中的值为0：显示所有事件。

② 设定LW30地址中的值为1：隐藏“已确认”事件。

③ 设定LW30地址中的值为2：隐藏“已恢复”事件。

④ 设定LW30地址中的值为3：隐藏“已恢复”和“已确认”事件。

⑤ 设定LW30地址中的值为1：表示用户可以在“即时”方式下选择需要删除的事件。

“事件显示”选项卡参数设置如图5-168所示。

注意：事件显示元件与报警显示元件的区别如下。

① 报警显示元件只显示事件触发时的信息，报警解除后，显示信息消失。

② 事件显示元件可显示事件触发、确认与恢复正常状态（也就是系统状态不再满足触发条件）时的时间信息，可以用不同颜色表示不同的状态。

③ 报警解除后，事件显示元件仍可显示保存在触摸屏内存中（“即时”方式，断电消失）或Flash上（“历史”方式，断电保持）的信息。

④ 事件显示元件支持多行文字显示。

5.5 窗口设置

窗口是构成触摸屏界面的基本元素，也是一个重要的元素，有了窗口后，界面上的各元件、图形、文字等信息才可以显示在触摸屏上。EB8000提供了1997个窗口，而每个工程文件建立的窗口数量应不大于触摸屏所能存储窗口的容量。

本节主要介绍触摸屏窗口分类、触摸屏窗口的新增和删除、切换基本窗口、设置弹出窗口、设置公共窗口、设置快选窗口、设置直接窗口、添加间接窗口等操作。

5.5.1 触摸屏窗口分类

根据功能与使用方式的不同，EB8000将窗口分为以下4种类型。

① 基本窗口：这是最常见的窗口，一般作为背景窗口、键盘窗口、功能键元件所使用的弹出窗口、间接窗口与直接窗口元件所使用的弹出窗口、屏幕保护窗口。

② 快选窗口：3号窗口为快选窗口，此窗口可以与基本窗口同时存在，因此一般用于放置常用的工作按钮。

③ 公共窗口：4号窗口为预设的公共窗口。

④ 系统信息窗口：5号窗口、6号窗口、7号窗口与8号窗口为系统预设的系统信息窗口。

a. 5号窗口：“PLC Response”信息窗口，当无法接收到来自PLC的信号时，系统将自动弹出此窗口。

b. 6号窗口："HMI Connection"信息窗口，当无法连接到远程的HMI时，系统将自动弹出此窗口。

c. 7号窗口："Password Restriction"信息窗口，当用户的操作权限不足时，会依元件的设定内容，决定是否弹出此窗口作为警示。

d. 8号窗口："Storage Space Insufficient"信息窗口，当HMI内存、U盘或CF/SD卡上的可用空间不足以存储新的数据时，系统将自动弹出此窗口。

窗口元件列表如图5-169所示。

图5-169 窗口元件列表

注意：

① 最多可以同时打开16个弹出窗口。

② 同一个窗口只能同时打开一次。

③ 3～9号窗口为系统内部使用窗口，10～1999号窗口为用户可任意操作的窗口。

5.5.2 触摸屏窗口的新增和删除

1. 新增触摸屏窗口

在窗口元件列表上，用鼠标右键单击要建立的窗口，弹出快捷菜单，如图5-170所示。选择"新增"选项，弹出"窗口设置"对话框，如图5-171所示，完成各项设定，单击"确定"按钮后，即可建立新的窗口。

图5-170 快捷菜单

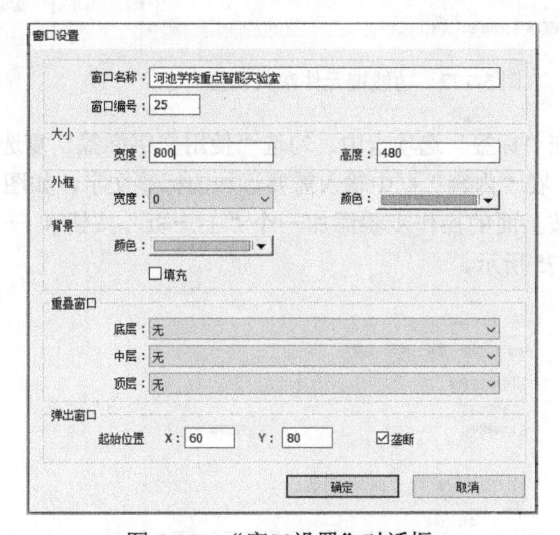

图5-171 "窗口设置"对话框

窗口名称：对窗口进行命名。

窗口编号：3～1999。

大小：用于设置窗口的宽度、高度（尺寸）。

外框：用于设定外框的宽度（范围为0～16，预设值为4）和颜色。

背景：用于设定窗口的背景颜色、是否填充背景颜色。

重叠窗口：每一个基本窗口最多可以选择其他三个基本窗口作为背景，从"底层"开始，到

“顶层”结束，这些背景窗口内的元件将在基本窗口中依序出现。

弹出窗口：X与Y用来设定基本窗口在屏幕弹出的坐标位置，坐标原点在屏幕的左上角。若勾选“垄断”复选框，当基本窗口作为弹出窗口出现时，在基本窗口未关闭前，将无法操作其他窗口。当基本窗口作为键盘窗口时，自动具有此项属性。

2．删除触摸屏窗口

在窗口元件列表上，用鼠标右键单击要删除的窗口，再在弹出的快捷菜单中，选择“删除”选项即可。

5.5.3 切换基本窗口

在窗口设置时，经常需要设置切换基本窗口的功能键。

【例5-12】 在窗口上设置“上一页”和“下一页”切换按钮。

按照工程设计要求，新增两个以上的基本窗口，在基本窗口上添加两个功能键元件，实现利用功能键元件切换基本窗口。设置过程如下。

在工具栏上单击“功能键”按钮，在弹出的对话框中进行参数设置，如图5-172所示。

在“图片”选项卡中，单击“图库”按钮，对功能键元件进行修饰，如图5-173所示。

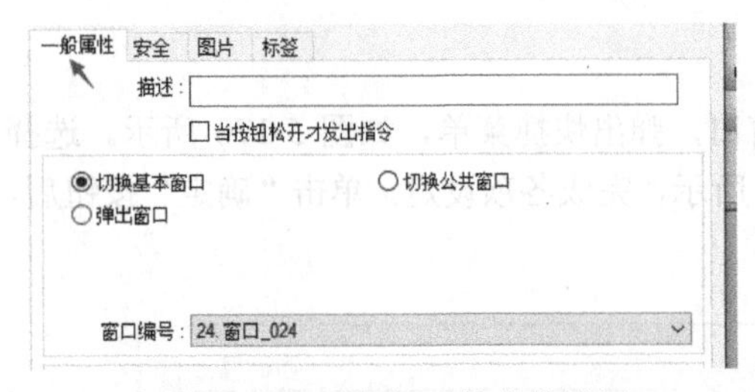

图5-172 功能键元件参数设置

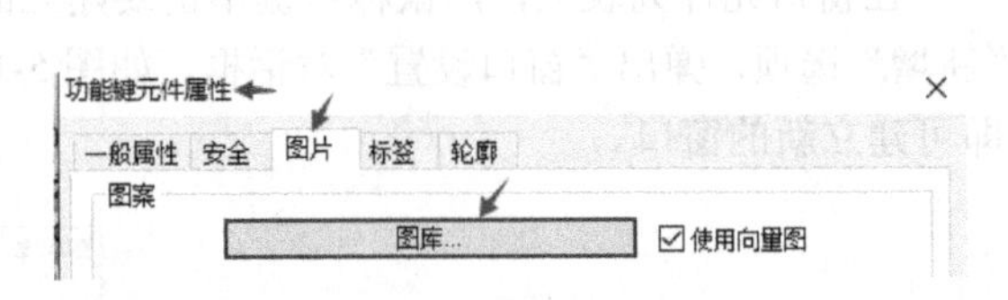

图5-173 “图片”选项卡

在“标签”选项卡中，勾选“使用文字标签”复选框，在“属性”区域设置字体、颜色、尺寸等，在“内容”框中输入需要添加的标签文字，如图5-174所示。

按上面的操作步骤添加一个“上一页”按钮和一个“下一页”按钮，设置完成的效果图如图5-175所示。

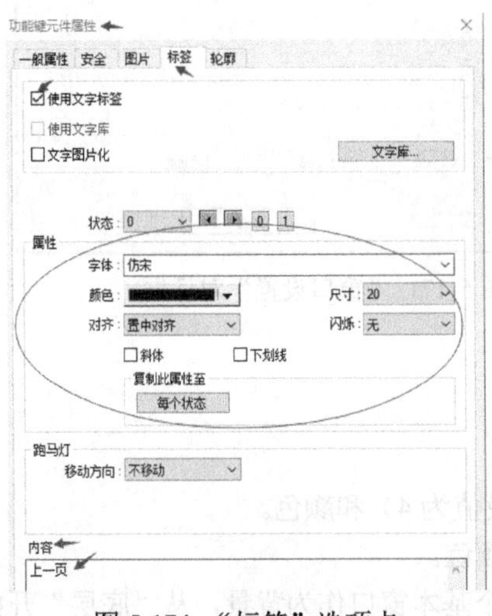

图5-174 “标签”选项卡

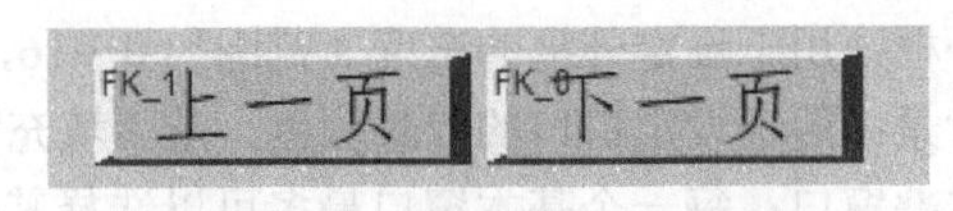

图5-175 设置完成的效果图

注意：在触摸屏上，直接/间接打开一个窗口后，不能再用功能键进入该窗口。

5.5.4　设置弹出窗口

弹出窗口是常见的窗口，具有操作直观、快捷的特点。

【例 5-13】 设计弹出窗口。

按照工程设计要求，新增两个以上的基本窗口，在其中一个基本窗口上利用功能键元件设置一个“弹出窗口”按钮，在另一个基本窗口（作为弹出窗口）上利用功能键元件设置一个“关闭窗口”按钮。设置过程如下。

新建一个基本窗口作为弹出窗口，在工具栏上单击“矩形”按钮，在新建的基本窗口的适当位置上绘制大小合适的矩形框，如图 5-176 所示。

图 5-176　矩形框

注意：矩形框起参照作用，其目的是方便查找尺寸和位置参数，后期可按照矩形框的实际尺寸和位置参数设置弹出窗口的尺寸和位置。

矩形框绘制完成后，双击矩形框，弹出“矩形框元件属性”对话框。在“轮廓”选项卡中可以查看和修改矩形框的位置和尺寸参数，如图 5-177 所示。

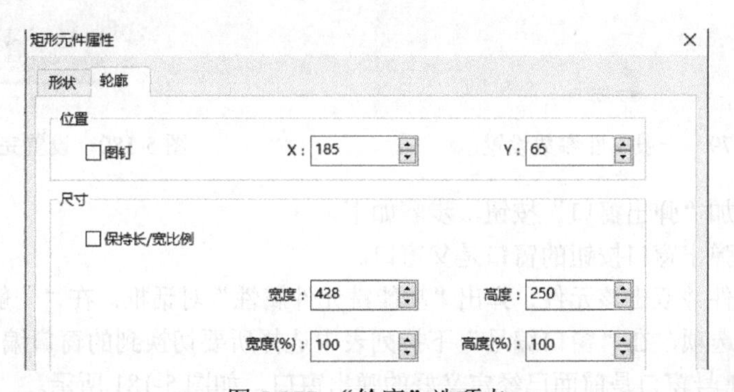

图 5-177　“轮廓”选项卡

对作为弹出窗口使用的基本窗口按照矩形框的位置、尺寸参数进行对应的修改，操作步骤如下。

在作为弹出窗口使用的基本窗口的“窗口设置”对话框中，把窗口名称设置为“弹出窗口”，在“大小”区域中，宽度和高度依照矩形框的宽度和高度进行设置，这里设置宽度为 428，高度为 250，在“弹出窗口”区域，将起始位置 X 设置为 185，Y 设置为 65，其他选项按具体需求进行设置，设置完成后，把矩形框删除，这里把 11 号窗口设置为弹出窗口，如图 5-178 所示。

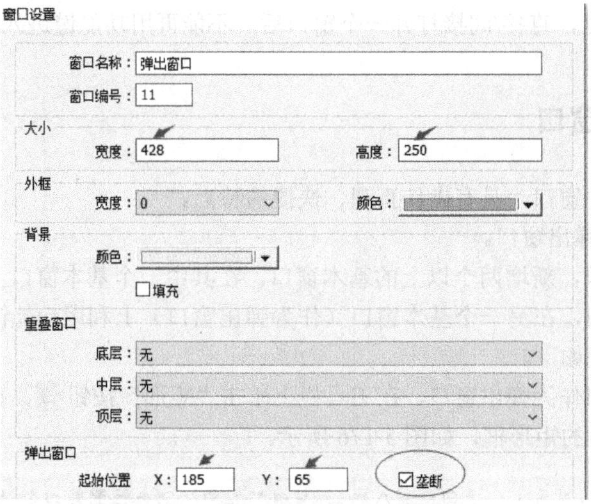

图 5-178　弹出窗口的参数设置

注意：当对窗口的尺寸进行修改时，要先把窗口中的元件移到窗口左上角，因为若元件的位置超出窗口的边界，则修改失败。

在设置完成的弹出窗口中添加“关闭窗口”按钮，步骤如下。

新增功能键元件并双击该元件，弹出“功能键元件属性”对话框。在“一般属性”选项卡中选择“关闭窗口”选项即可，如图 5-179 所示。

通过“图片”“标签”选项卡对“关闭窗口”按钮添加图片和文字标签，设置完成的效果图如图 5-180 所示。

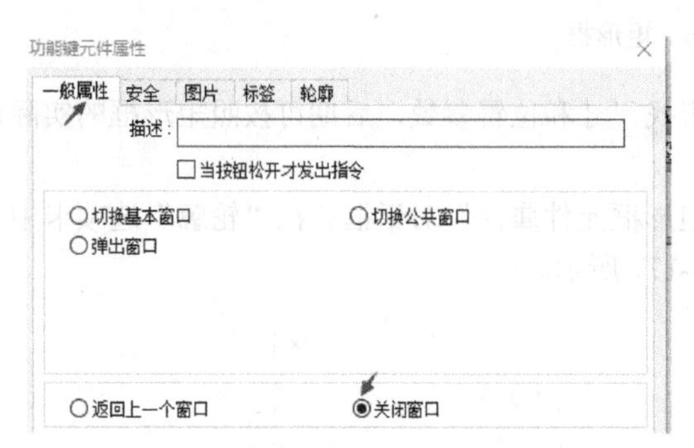

图 5-179　一般属性参数设置

图 5-180　设置完成的效果图

在父窗口中添加“弹出窗口”按钮，步骤如下。

父窗口：设置弹出窗口按钮的窗口是父窗口。

新增功能键元件并双击该元件，弹出“功能键元件属性”对话框。在“一般属性”选项卡中，选择“弹出窗口”选项，在“窗口编号”下拉列表中选择所要切换到的窗口编号，这里设定为切换到 11 号窗口，11 号窗口是前面已经定义好的弹出窗口，如图 5-181 所示。

在图 5-181 中，若勾选“当父窗口被关闭时结束弹出窗口”复选框，则父窗口关闭时弹出窗口也关闭。

“类型”下拉列表中提供了两种类型，分别是“显示窗口控制条”和“隐藏窗口控制条”，当选择“显示窗口控制条”选项时，弹出窗口可以移动，反之不可以移动。

通过“图片”“标签”选项卡对“弹出窗口”按钮添加图片和文字标签，设置完成的效果图如图 5-182 所示。

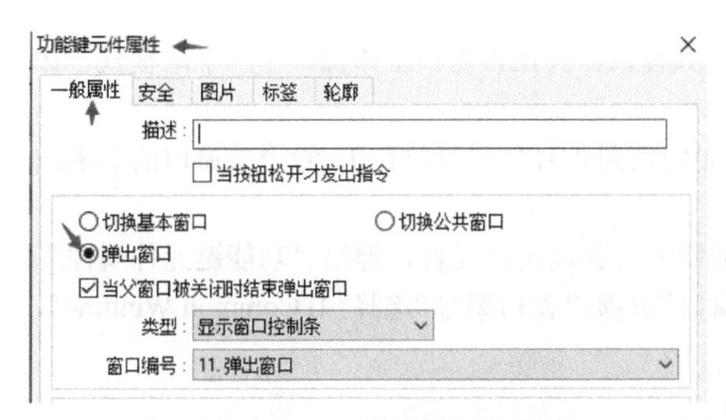

图 5-181 一般属性参数设置

图 5-182 设置完成的效果图

模拟仿真运行：选择“工具”→“离线模拟”选项，弹出模拟仿真对话框，当按下“弹出窗口”按钮时，弹出窗口打开，如果将弹出窗口设置为垄断模式，那么只能对弹出窗口的内容进行设置，其他窗口均无响应；单击弹出窗口上的“关闭窗口”按钮时，弹出窗口关闭，返回父窗口。

5.5.5 设置公共窗口

公共窗口的内容将在每个窗口中显示，默认情况下公共窗口是空的。

【例 5-14】 设计公共窗口。

按照工程设计要求，对系统自带的公共窗口进行设计和使用。创建两个公共窗口，利用功能键元件在基本窗口上分别添加切换到这两个公共窗口的切换按钮。设置过程如下。

对系统自带的公共窗口进行设计：在窗口元件列表中，双击 4 号窗口，该窗口为系统预设的公共窗口，如图 5-183 所示。

在公共窗口上添加图片、文字标签或功能键元件。如图 5-184 所示，在公共窗口上添加了一个“自动模式”按钮（该按钮无实际作用）。

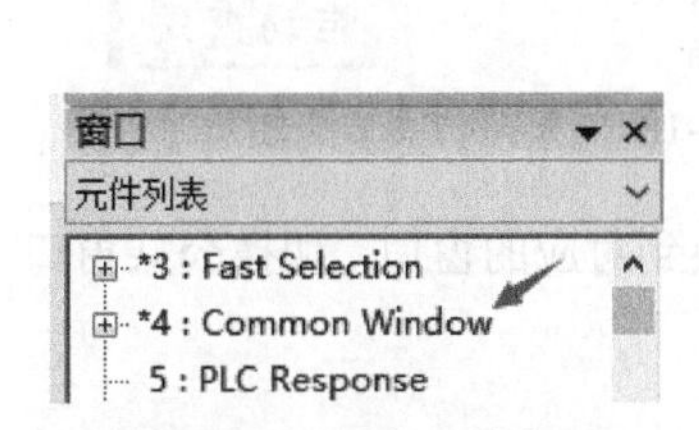

图 5-183 双击 4 号窗口

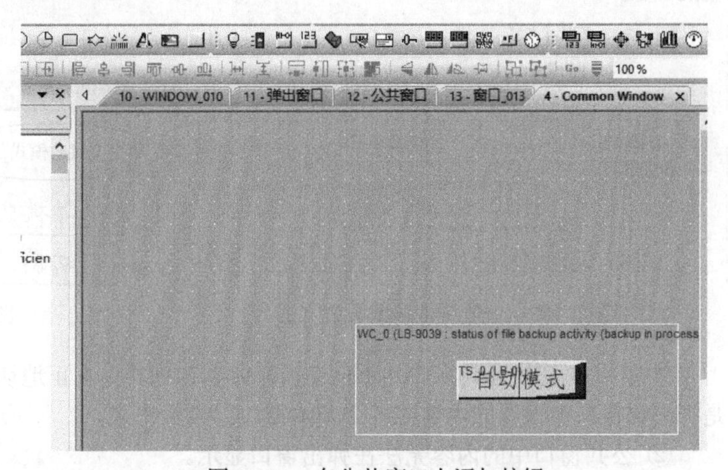

图 5-184 在公共窗口上添加按钮

注意：在公共窗口上添加图片、文字标签或功能键元件后，在工具栏上单击“显示公共窗口”按钮后，每个正在编辑的窗口上都会显示在公共窗口上添加的图片、文字标签或功能键元件。

这样，在编辑其他窗口时，用户可以更清楚地看到公共窗口上的内容和添加在公共窗口上的元件的位置，避免使其与其他元件重合，导致在运行时产生误操作。

新增一个基本窗口作为公共窗口使用并在该窗口上添加图片或功能键元件。

如图 5-185 所示，新增一个 12 号窗口作为公共窗口，并在该窗口上添加一个“手动模式”按钮（该按钮无实际作用）。

利用功能键元件在 10 号基本窗口中分别添加切换到 4 号公共窗口和 12 号公共窗口的切换按钮，操作步骤如下。

切换到 4 号公共窗口按钮的添加：新增功能键元件并双击该元件，弹出“功能键元件属性”对话框。在“一般属性”选项卡中选择“切换公共窗口”选项，“窗口编号”选择“4: Common Window”，可参考图 5-186 进行参数设置。

图 5-185　在新增的 12 号窗口中添加按钮

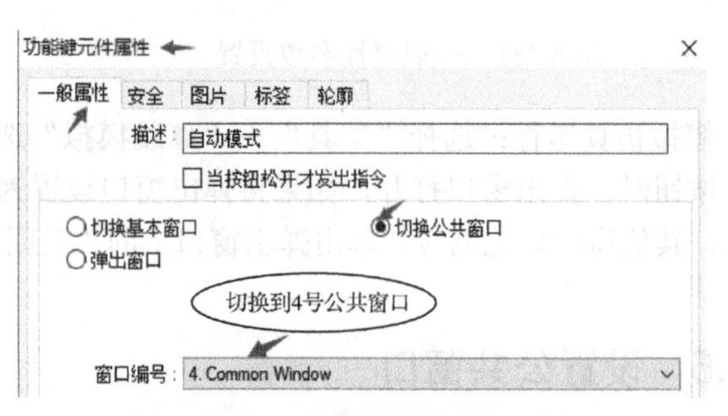

图 5-186　一般属性参数设置（1）

切换到 12 号公共窗口按钮的添加：操作步骤和切换到 4 号公共窗口按钮的添加相同，可参考图 5-187 进行参数设置。

模拟仿真运行：选择“工具”→“离线模拟”选项，弹出模拟仿真对话框，当单击“自动模式”按钮时，在该窗口中弹出在 4 号公共窗口中设置的内容，同理，当单击“手动模式”按钮时，在该窗口中弹出在 12 号公共窗口中设置的内容，同时在 4 号公共窗口中设置的内容消失，如图 5-188 所示。

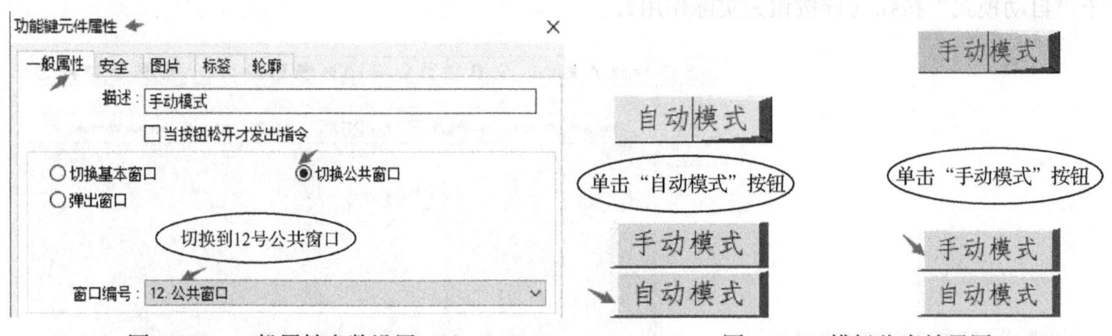

图 5-187　一般属性参数设置（2）　　　　图 5-188　模拟仿真效果图

注意：① 切换公共窗口并不像切换基本窗口一样，真正地切换到对应的窗口，切换公共窗口是把公共窗口上设置的内容在各个基本窗口上显示出来。

② 公共窗口中的内容无法在弹出窗口显示。

5.5.6　设置快选窗口

快选窗口的功能就像 Windows 10 系统桌面左下角的“开始”按钮一样。用户可以把一些常用的操作放在快选窗口中。

【例 5-15】 快选窗口的创建和使用。

按照工程设计要求，设置过程如下。

对系统自带的快选窗口进行设计：在窗口元件列表中，双击 3 号窗口，该窗口为系统预设的快选窗口，如图 5-189 所示。

注意：有些按钮无法在快选窗口上直接创建，要把无法在快选窗口上直接创建的按钮放在快选窗口上时，可以先在基本窗口上创建按钮，然后把创建完成的按钮复制或者剪切到快选窗口上。

快选窗口的名称、大小和背景参数设置：在快选窗口的"窗口设置"对话框中，设置快选窗口的名称、大小和背景等，可参考图 5-190 进行设置。

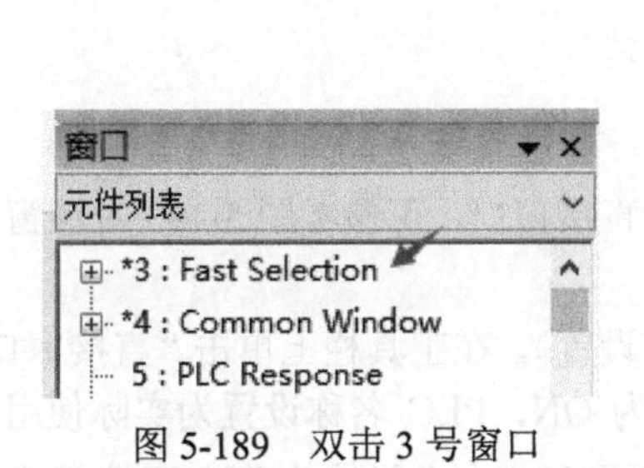

图 5-189　双击 3 号窗口

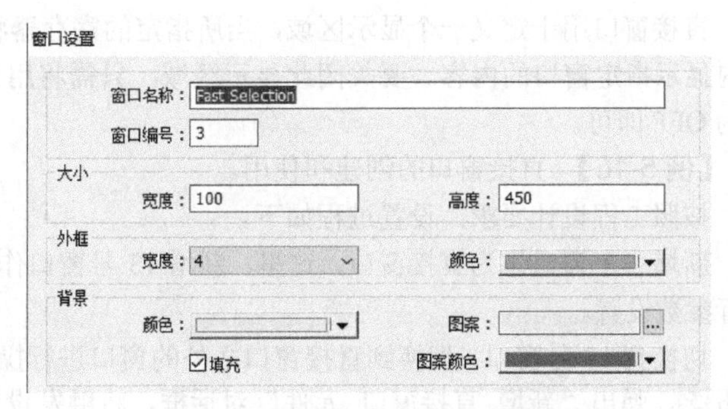

图 5-190　"窗口设置"对话框

"快选窗口"按钮设置：选择"编辑"→"系统参数设置"选项，在"一般属性"选项卡中，在"快选窗口按键设置"区域的"属性"下拉列表中选择"启用"选项，"位置"下拉列表中选择"左"选项，按钮即显示在界面的左下角，如图 5-191 所示。

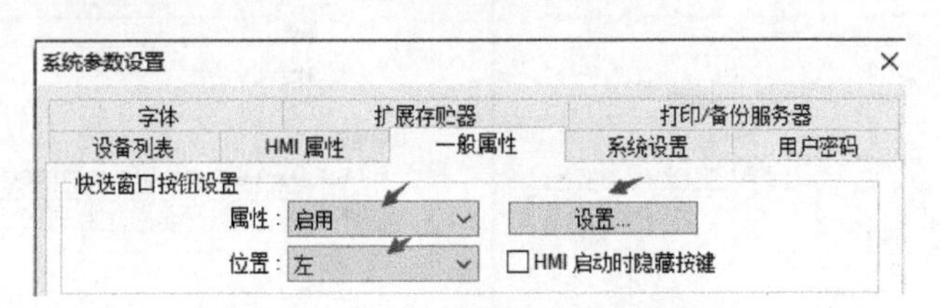

图 5-191　"快选窗口"按钮设置

单击"设置"按钮，弹出对话框。在该对话框中可以设置"快选窗口"按钮的图片、标签、尺寸，设置完成的效果图如图 5-192 所示。

图 5-192　设置完成的效果图

注意：①“快选窗口”按钮的尺寸不能大于快选窗口的尺寸。

②“快选窗口”按钮只有在仿真或者将程序下载到触摸屏上时才显示，在编辑时不显示。

模拟仿真运行：选择“工具”→“离线模拟”选项，弹出模拟仿真对话框，在每个基本窗口的左下角都会显示“快选窗口”按钮。单击该按钮后，弹出快选窗口。

5.5.7 设置直接窗口

直接窗口用于定义一个显示区域，当所指定的寄存器状态由 OFF 变为 ON 时，将在此显示区域内显示指定窗口的内容。要关闭此显示区域，只需将用来触发显示区域的寄存器的状态由 ON 变为 OFF 即可。

【例 5-16】 直接窗口的创建和使用。

按照工程设计要求，设置过程如下。

新增一个窗口作为直接窗口，这里，新增 13 号窗口作为直接窗口，可参考图 5-193 对该窗口进行参数设置。

切换到 10 号窗口（切换到直接窗口之外的窗口进行操作设置），在工具栏上单击“直接窗口”按钮，弹出“新增 直接窗口 元件”对话框，将触发设置为 ON，PLC 名称设置为实际使用的 PLC，地址设置为“M10”，类型设置为“显示窗口控制条”，“窗口编号”设置为“13.直接窗口”，可参考图 5-194 进行参数设置。

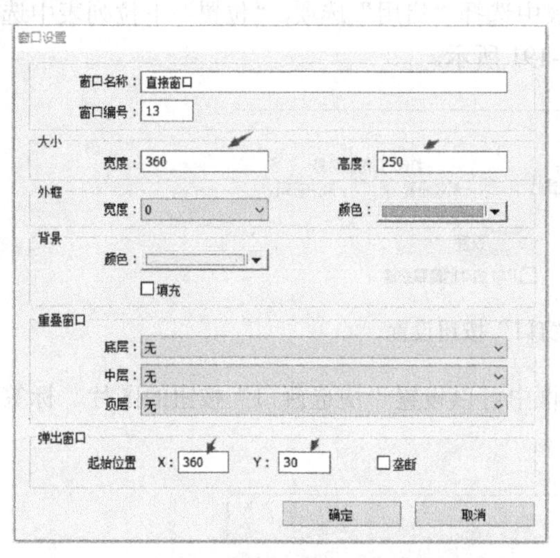

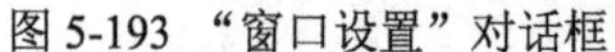
图 5-193 “窗口设置”对话框

图 5-194 新增直接窗口元件

“触发”的类型有两种，分别是 ON 和 OFF，当设置为 ON 时，该项设置对应的地址中的值为 1 时，直接窗口弹出；为 0 时，直接窗口关闭。当设置为 OFF 时，则相反。

例如，本例中，“触发”类型为 ON，则当地址“M10”中的值为 1 时，直接窗口弹出；当地址“M10”中的值为 0 时，直接窗口关闭。

一般属性参数设置完成后，单击“确定”按钮，在编辑界面中将出现一个黑色边框，通过鼠标把边框移到合适的位置，单击鼠标左键，这时黑色边框变成白色边框，双击白色边框，弹出“直接窗口元件属性”对话框，在“轮廓”选项卡中对直接窗口的显示位置和尺寸进行设置，如图 5-195 所示。

注意：白色边框的位置便是直接窗口弹出时的位置，所以初始位置和尺寸必须与 13 号窗口

（直接窗口）相对应，否则直接窗口中设置的内容可能显示不全。

添加“直接窗口打开按钮”，操作步骤如下。

把编辑界面切换到10号窗口（直接窗口之外的窗口），在窗口中添加一个位状态切换开关元件并双击该元件，弹出“位状态切换开关元件属性”对话框。在“一般属性”选项卡的“读取地址”区域设置元件的读取地址，该地址与直接窗口的读取地址相同，为“M10”，可参考图5-196进行参数设置。

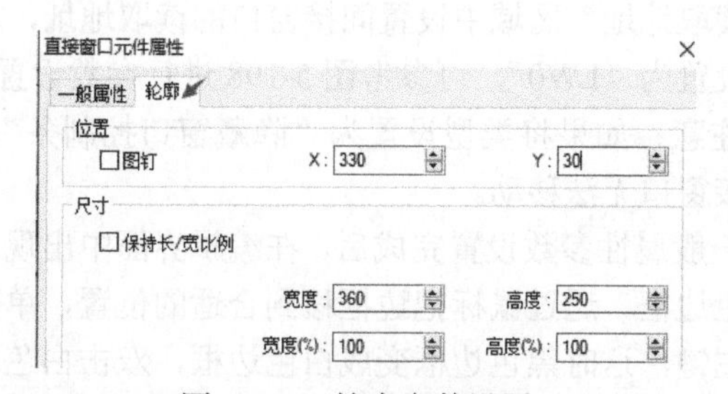

图5-195 轮廓参数设置

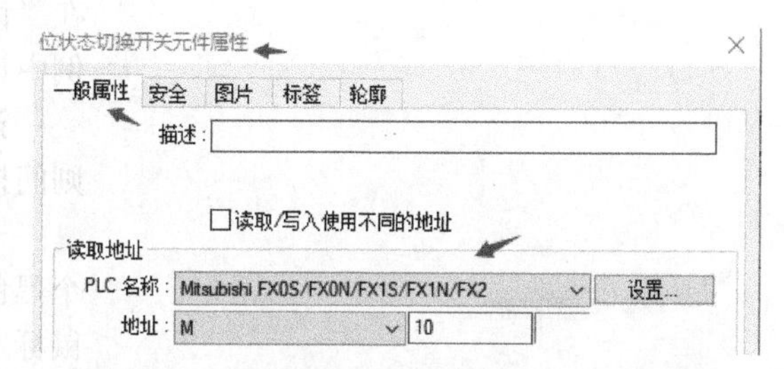

图5-196 “位状态切换开关元件属性”对话框

设置好直接窗口的位置和尺寸后，在该窗口中添加功能键元件、图片或者文字标签等，本例中添加了文字“河池学院智能重点实验室101团队”。

模拟仿真运行：选择“工具”→“离线模拟”选项，弹出模拟仿真对话框，单击“直接窗口打开按钮”，这时“直接窗口打开按钮”为ON状态，直接窗口在本界面弹出；再次单击“直接窗口打开按钮”，这时“直接窗口打开按钮”为OFF状态，直接窗口关闭，设置完成的效果图如图5-197所示。

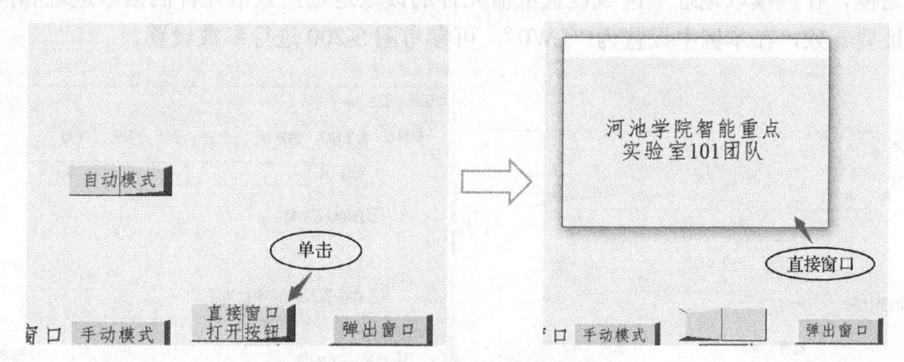

图5-197 模拟仿真效果图

注意：① 在触摸屏上不能在使用功能键元件/间接窗口的方式打开窗口后，再以直接窗口方式打开当前窗口。

② 在直接窗口（本例中的13号窗口）参数设置中，如果勾选了“垄断”复选框，那么当打开直接窗口后，只能对直接窗口进行操作，其他窗口无响应。

5.5.8 添加间接窗口

间接窗口元件起到翻页的作用，用于在窗口上定义一个显示区域，并在完成相关寄存器的设定后，当此寄存器内的数据与已存在的窗口编号相同时，将此显示区域显示出来。要关闭此窗口时，只需将寄存器的值设定为0即可。直接窗口与间接窗口的区别在于，直接窗口已经事先设定好显示区域的内容，系统运行时，将根据所指定寄存器的状态决定显示或关闭窗口。

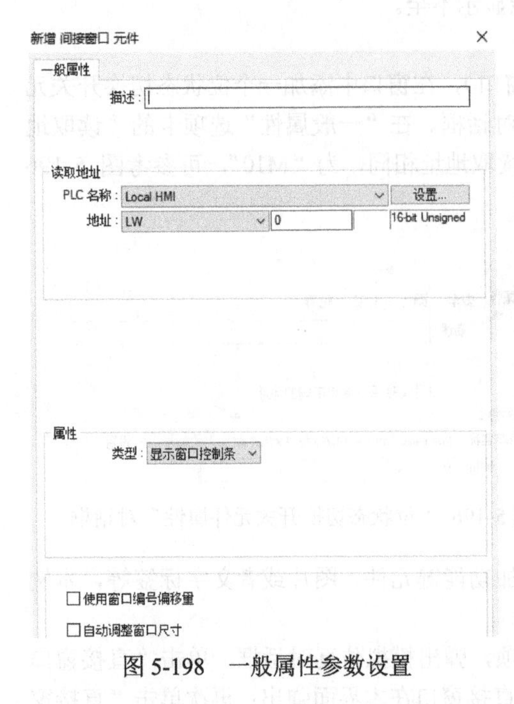

图 5-198　一般属性参数设置

【例 5-17】 间接窗口的创建和使用。

按照工程设计要求，设置过程如下。

对间接窗口的读取地址、弹出的位置和窗口的尺寸进行设置。

在任意的基本窗口中，单击工具栏上的“间接窗口”按钮，弹出“新增 间接窗口 元件”对话框，在“读取地址”区域中设置间接窗口的读取地址，本例中设置为“LW0”，可参考图 5-198 进行参数设置。

注意：如果将类型设置为“隐藏窗口控制条”，则间接窗口无法移动。

一般属性参数设置完成后，在编辑界面中出现一个黑色边框，通过鼠标把边框移到合适的位置，单击鼠标左键，这时黑色边框变成白色边框，双击白色边框，弹出“间接窗口元件属性”对话框，在“轮廓”选项卡中设置位置和尺寸，可参考图 5-199 进行参数设置。

注意：白色边框的位置便是间接窗口弹出的位置。

添加一个数值元件，供用户输入对应的数值以切换到对应的间接窗口。操作步骤如下。

切换到 10 号窗口（也可以是其他基本窗口），新增数值元件并双击该元件，弹出“数值元件属性”对话框，在“读取地址”区域设置数值元件的读取地址，数值元件的读取地址和间接窗口的读取地址要一致，在本例中设置为“LW0”，可参考图 5-200 进行参数设置。

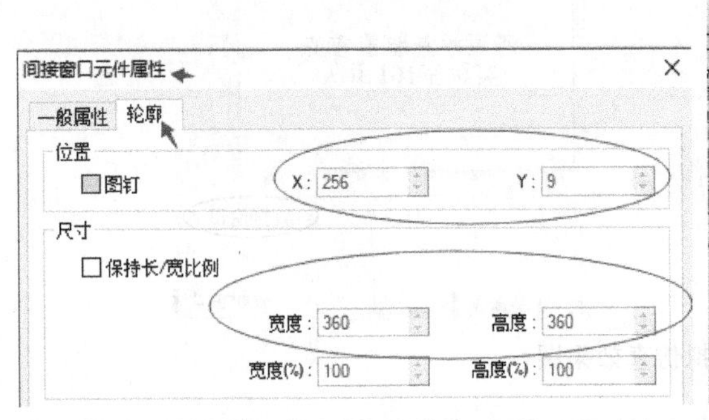

图 5-199　轮廓参数设置

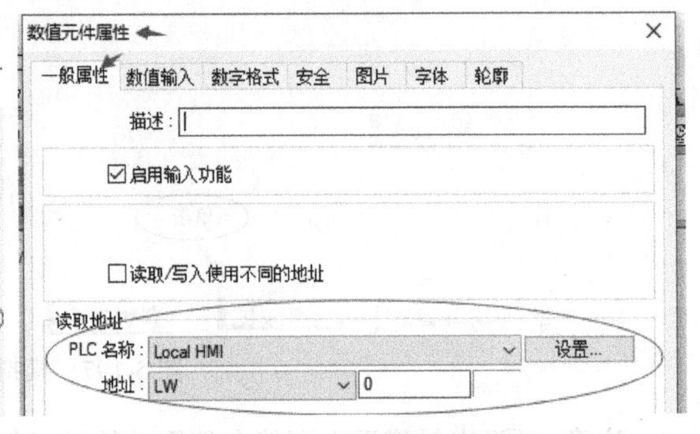

图 5-200　一般属性参数设置

模拟仿真运行：选择“工具”→“离线模拟”选项，在 10 号窗口添加的数值元件中输入窗口编号，对应间接窗口的内容将显示出来，如图 5-201 所示，当在数值元件中输入数值“14”时，在 10 号基本窗口上弹出 14 号窗口。

注意：① 在触摸屏上不能在使用功能键元件/直接窗口方式打开窗口后，再以间接窗口方式打开当前窗口。

② 间接窗口只能跳转到用户新增的窗口中，不能跳转到系统预设窗口中。

③ 在间接窗口参数设置中，如果勾选了“垄断”复选框，那么跳转后将无法对 10 号窗口添加的数值元件进行数值输入操作。

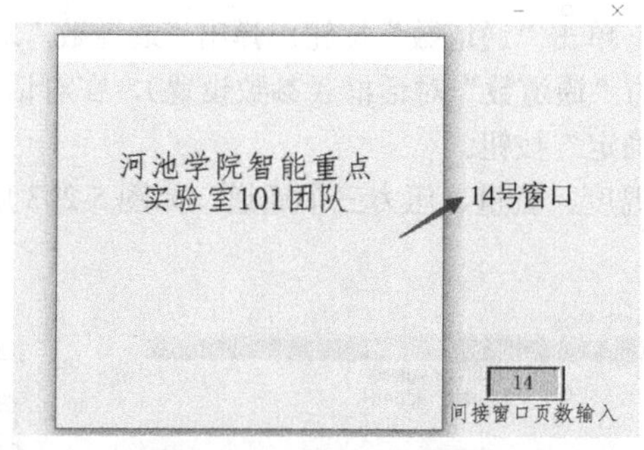

图 5-201　模拟仿真效果图

5.6　趋势图设置

趋势图也称为统计图或统计图表，是以统计图的方式来呈现某事物或某数据的发展趋势的图形。

5.6.1　资料取样设置及简单趋势图的创建和使用

使用趋势图元件及历史数据显示元件可以检视资料取样记录的内容。首先进行资料取样设置，资料取样元件用来定义资料取样的方式，包括取样周期与取样位置，EB8000 可以将已获得的取样资料存储到指定的位置中。

【例 5-18】 水管中水的温度、压力、流量的监控趋势图设计。

根据工程设计要求，设置一个趋势图来监控水管中水的温度、压力、流量的情况。添加三个数值元件，实现通过数值元件中数据的变化模拟水的温度、压力、流量的变化。

资料取样的设置步骤如下。

单击工具栏上的“资料取样”按钮，弹出“资料取样”对话框（管理）。

单击“资料取样”对话框（管理）中的“新增”按钮，弹出新的“资料取样”对话框（参数设置），在对话框中的“描述”框中输入“温度 压力 流量”，在“取样方式”区域选择“周期式”选项，将采样周期设置为 1 秒，在“数据来源”区域，将 PLC 名称设置为“Local HMI”，地址设置为“LW0”，可参考图 5-202 进行参数设置。

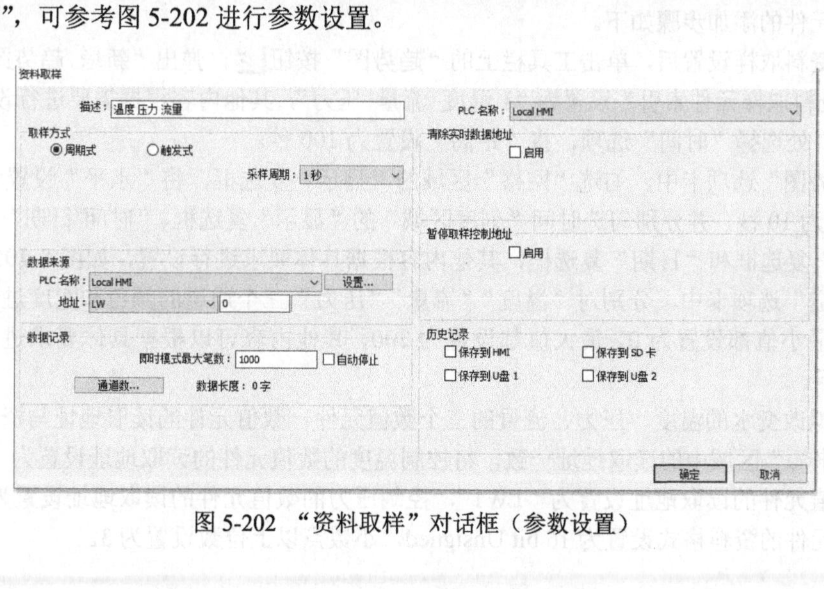

图 5-202　“资料取样”对话框（参数设置）

完成上面的参数设置后，单击“通道数”按钮。弹出“通道数”对话框（管理），单击对话框中的“新增”按钮，弹出新的“通道数”对话框（参数设置），在对话框的“描述”框中填写通道的名称，设置完成后单击“确定”按钮。

按照上述方法分别添加温度、流量、压力三个通道，如图 5-203 所示。

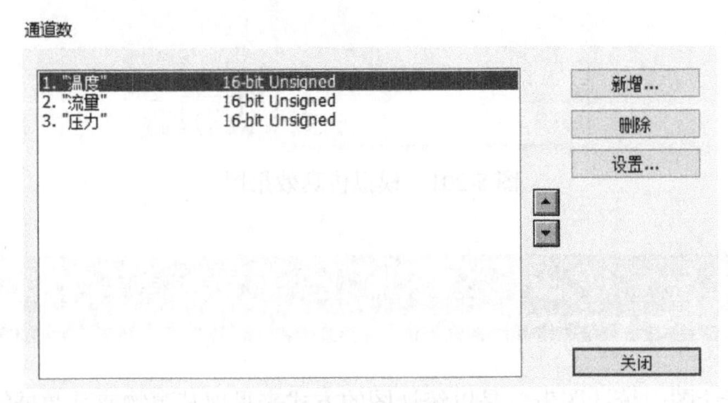

图 5-203　通道设置

资料取样设置完成，弹出如图 5-204 所示的“资料取样”对话框（管理），单击对话框中的“关闭”按钮便可以开始创建趋势图了。

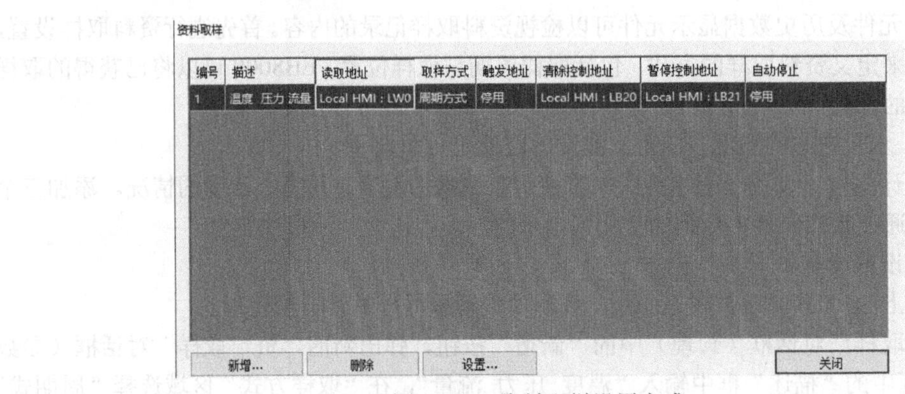

图 5-204　资料取样设置完成

趋势图元件的添加步骤如下。

在完成资料取样设置后，单击工具栏上的“趋势图”按钮，弹出“新增 趋势图 元件”对话框，将“资料取样元件索引”设置为“1.温度 流量 压力”，其他内容根据需要进行设置，在“X轴时间范围”处选择“时间”选项，将“距离”设置为 100 秒。

在“趋势图”选项卡中，勾选“网格”区域的“显示”复选框，将“水平”设置为 4 等分，“垂直”设置为 10 秒，并分别勾选时间“刻度区域”的“显示”复选框、“时间/日期”区域的“相对时间模式”复选框和“日期”复选框，其他内容根据具体要求进行设置，如图 5-205 所示。

在“通道”选项卡中，分别对“温度”“流量”“压力”三个通道的颜色和宽度进行设置，将三个通道的最小值都设置为 0，最大值都设置为 200，其他内容可以根据具体要求进行设置，如图 5-206 所示。

添加模拟改变水的温度、压力、流量的三个数值元件，数值元件的读取地址与资料取样元件中的“数据来源”区域中的读取地址一致，将控制温度的数值元件的读取地址设置为“LW0”，控制流量的数值元件的读取地址设置为“LW1”，控制压力的数值元件的读取地址设置为“LW2”，将三个数值元件的资料格式设置为 16 bit Unsigned，小数点以上位数设置为 3。

图 5-205　趋势图参数设置

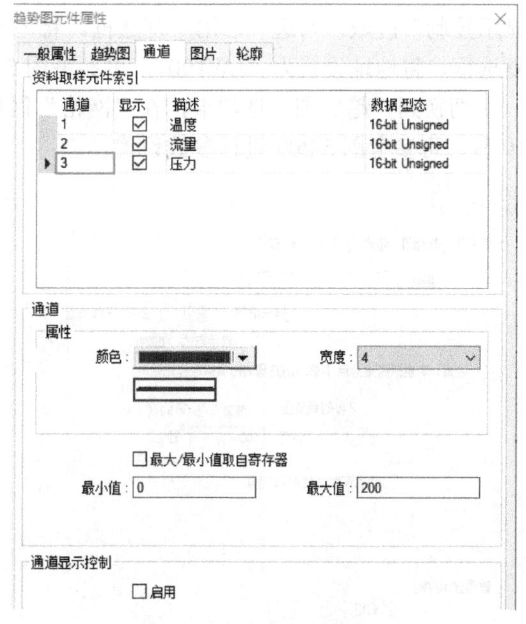

图 5-206　通道参数设置

添加图片对数值元件进行修饰，并用文字软元件添加对应的描述，设置完成的效果图如图 5-207 所示。

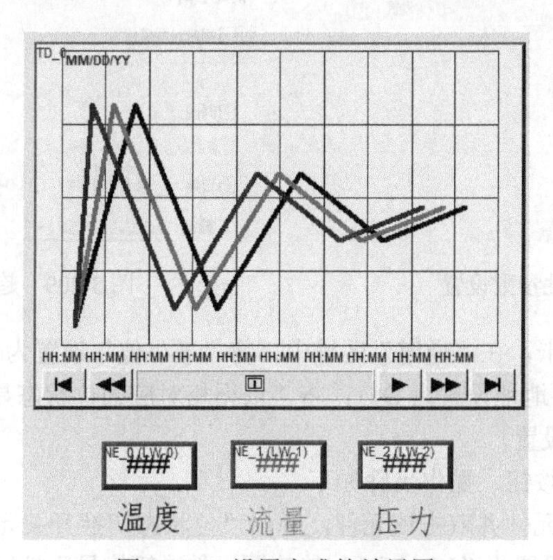

图 5-207　设置完成的效果图

模拟仿真运行：选择“工具”→“离线模拟”选项，弹出模拟仿真对话框，在温度、压力和流量对应的三个数值元件中输入数值后，趋势图曲线会有相应变化。

5.6.2　趋势图功能按钮的添加

前面介绍了趋势图的创建和趋势图的简单使用，下面将介绍趋势图的其他功能。

【例 5-19】 在【例 5-18】的基础上使用位状态开关元件分别添加“暂停趋势图”按钮、“暂停趋势图取样”按钮、“清除实时数据”按钮，控制各通道的显示功能和检视功能，设置步骤如下。

在【例 5-18】的基础上，双击已添加的趋势图，弹出“趋势图元件属性”对话框，在“暂停显示控制”区域，勾选“启用”复选框，将地址设置为“LB10”，在“检视”区域，勾选“启用”复选框，将地址设置为“LW100”，可参考图5-208进行参数设置。

切换到“趋势图”选项卡，在“网格”区域中，将“水平”设置为5等分，“垂直”设置为10秒，可参考图5-209进行参数设置。

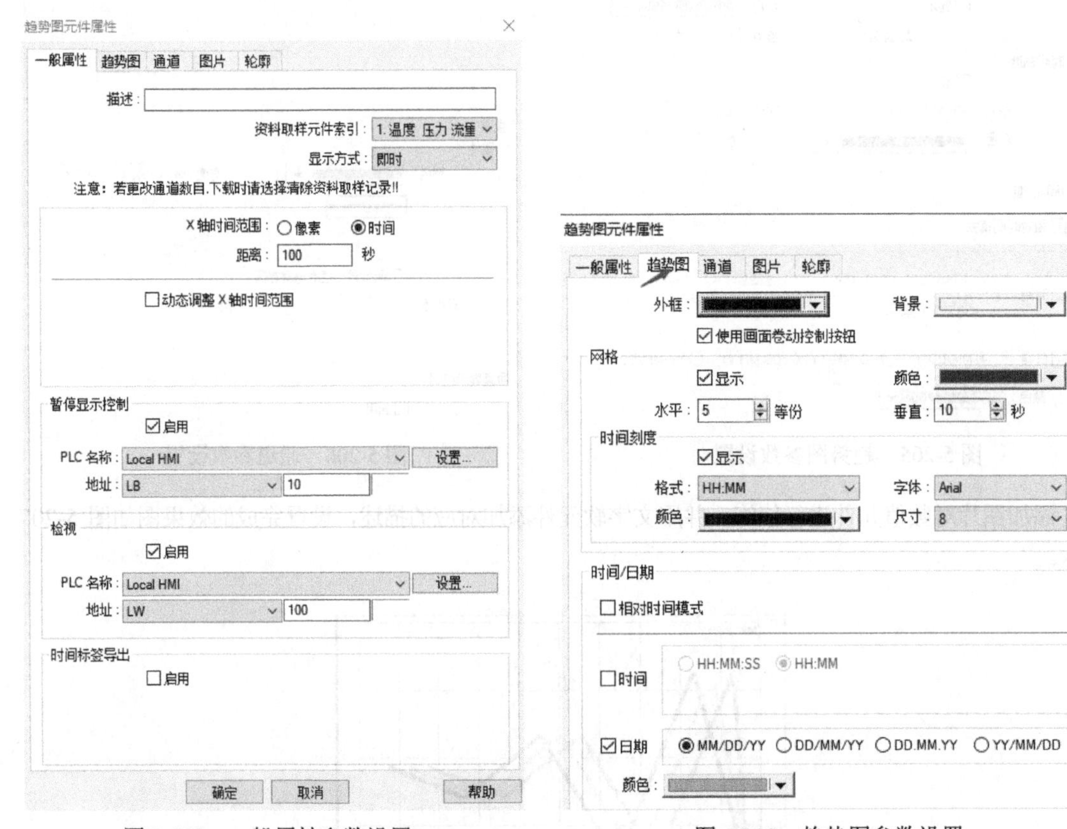

图5-208 一般属性参数设置　　　图5-209 趋势图参数设置

切换到“通道”选项卡，在“通道”区域中，将“最小值”设置为0，最大值设置为100，在“通道显示控制”区域，将地址设置为D11，将“依据相对应的位状态显示通道”选择为“OFF”，可参考图5-210进行参数设置。

添加“暂停趋势图”按钮，操作步骤如下。

新增位状态切换开关元件并双击该元件，弹出“位状态切换开关元件属性”对话框，在“读取地址”区域中，将地址设置为“LB10”(与趋势图元件“暂停显示控制”区域的读取地址一致)，在“属性”区域，将开关类型设置为“切换开关”，在“图片”和“标签”选项卡中添加按钮的图片和文字标签说明，可参考图5-211进行参数设置。

添加三个数值元件，在利用检视功能时，用来显示各通道在检视哪个时刻的数据。

单击工具栏上的“数值”按钮，将温度检视的数值元件的读取地址设置为“LW100”，将流量检视的数值元件的读取地址设置为“LW101”，将压力检视的数值元件的读取地址设置为“LW102”(读取地址与趋势图元件“检视”区域的读取地址一致)，三个数值元件的资料格式为16-bit Unsigned，小数点以上位数为3，小数点以下位数为0。

再添加一个数值元件，有于控制温度、流量和压力三个通道曲线的显示或者隐藏，读取地址与趋势图元件“通道”选项卡中“通道显示控制”区域的读取地址一致，设置为“D11”，资料格式设置为“16-bit Binary”。

趋势图元件属性

一般属性 趋势图 通道 图片 轮廓

资料取样元件索引

通道	显示	描述	数据型态
1	☑	温度	16-bit Unsigned
2	☑	流量	16-bit Unsigned
3	☑	压力	16-bit Unsigned

通道

属性

颜色： 宽度：3

☐最大/最小值取自寄存器

最小值：0 最大值：100

通道显示控制

☑启用

PLC 名称：Mitsubishi FX0S/FX0N/FX1S/FX1N/FX2 设置...

地址：D 11 16-bit Unsigned

依据相对应的位状态显示通道：

○ON ◉OFF

确定 取消 帮助

图 5-210 通道参数设置

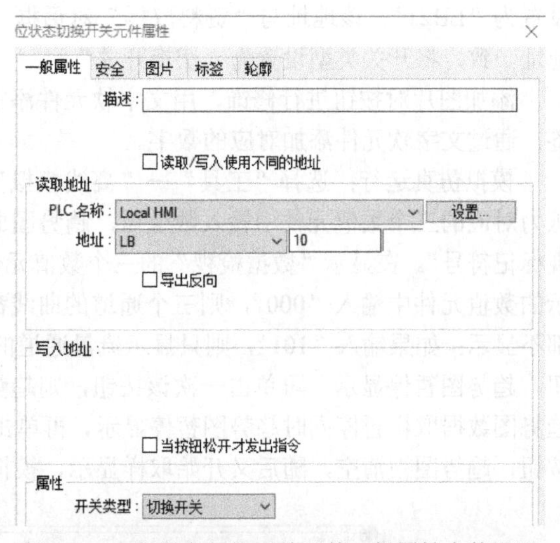

图 5-211 位状态切换开关元件一般属性参数设置

打开“资料取样”对话框进行参数设置，操作步骤如下。

双击已新增的“温度 压力 流量”资料取样元件进入“资料取样”对话框（参数设置）进行参数设置，勾选“清除实时数据地址”区域的“启用”复选框，将方式设置为“OFF->ON”，地址设置为“LB20”，勾选“暂停取样控制地址”区域的“启用”复选框，将方式设置为“ON”，地址设置为“LB21”，勾选“历史记录”区域的“保存到 HMI”复选框，将文件夹名称设置为“WD”（只能包括字母或者数字），勾选“文件保留数量限制”复选框，将保留时间设为“7”天，可参考图 5-212 进行参数设置。

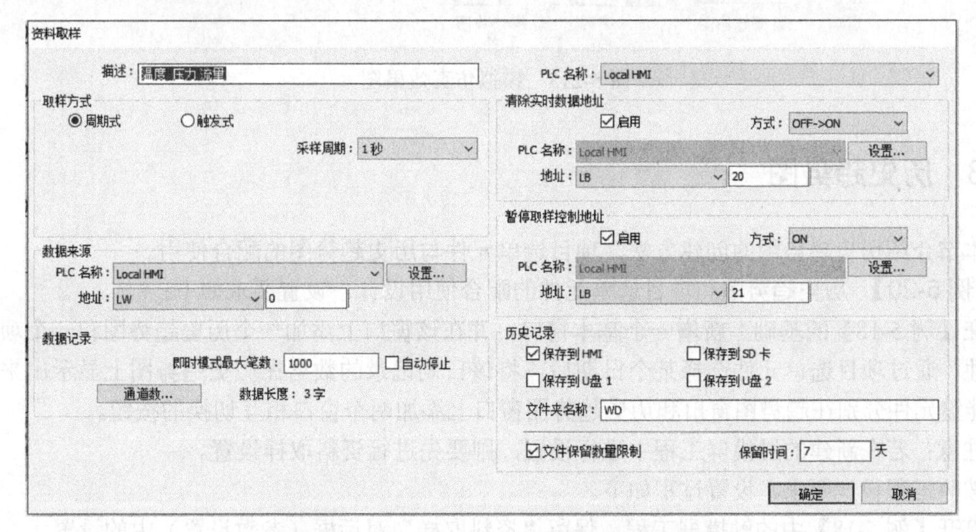

图 5-212 “资料取样”对话框（参数设置）

添加“清除实时数据”按钮，操作步骤如下。

单击工具栏上的“位状态切换开关”按钮，在弹出的对话框中的“读取地址”区域，将地址设置为“LB20”，该地址与“资料取样”对话框（参数设置）中的“清除实时数据地址”区域的地址一致，将开关类型设置为“复归型”。

添加“暂停趋势图取样”按钮，操作步骤如下。

单击工具栏上的“位状态切换开关”按钮，在弹出的对话框中的“读取地址”区域，将地址设置为“LB21”，该地址与“资料取样”对话框（参数设置）中的“暂停取样控制地址”区域的地址一致，将开关类型设置为“切换开关”。

添加图片对按钮进行修饰，用文字软元件添加对应描述，用刻度元件在趋势图上添加刻度标签，通过文字软元件添加对应的数字。

模拟仿真运行：选择“工具”→“离线模拟”选项，弹出模拟仿真对话框，在温度、流量和压力对应的三个数值元件中输入数值后，趋势图曲线将会有相应变化。单击趋势图，将出现“检视标记符号”。在显示“数据检视”的三个数值元件上，将显示对应点的当前数值，在控制通道显示的数值元件中输入“000”，则三个通道的曲线都将显示。如果输入“111”，则三个通道的曲线都不显示；如果输入“101”，则只显示流量通道的曲线（二进制数控制）。单击“暂停趋势图”按钮，趋势图暂停显示，再单击一次该按钮，则趋势图重新显示。单击“暂停趋势图取样”按钮，趋势图数据取样暂停同时趋势图暂停显示，再单击一次该按钮，取样继续。单击“清除实时数据”按钮，趋势图被清空，随后又开始取样显示，模拟仿真效果图如图 5-213 所示。

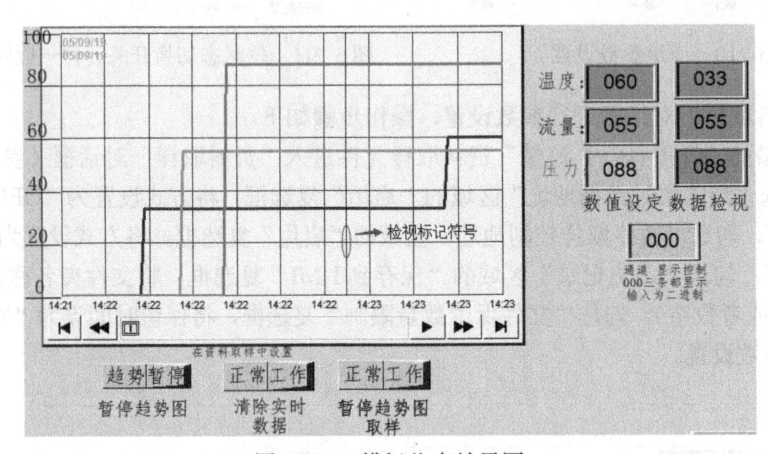

图 5-213　模拟仿真效果图

5.6.3　历史趋势图

本节介绍历史趋势图的创建方法、项目选单元件与历史趋势图的配合使用。

【例 5-20】 历史趋势图和项目选单元件的配合使用设计。设置要求如下：

在【例 5-18】的基础上新增一个基本窗口，并在该窗口上添加一个历史趋势图和一个项目选单元件，通过项目选单元件选择某个日期后，将该日期记录的数据在历史趋势图上显示出来，利用功能键元件分别在趋势图窗口和历史趋势图窗口上添加两个窗口相互切换的按钮。

注意：若在新建的触摸屏工程中进行设置，则要先进行资料取样设置。

按照工程设计要求，设置过程如下。

打开【例 5-18】中的触摸屏工程，保留“资料取样”对话框（参数设置）中的设置。

添加历史趋势图：新增一个基本窗口，在该基本窗口上添加一个趋势图，双击该元件，弹出“趋势图元件属性”对话框，在“一般属性”选项卡中，在“资料取样元件索引”下拉列表中选择“1.温度 流量 压力”选项，在“显示方式”下拉列表中选择“历史”选项。在“历史数据控制”区域中，将地址设置为“LW20”，可参考图 5-214 进行参数设置。

“趋势图”选项卡的参数设置可参考图 5-215。

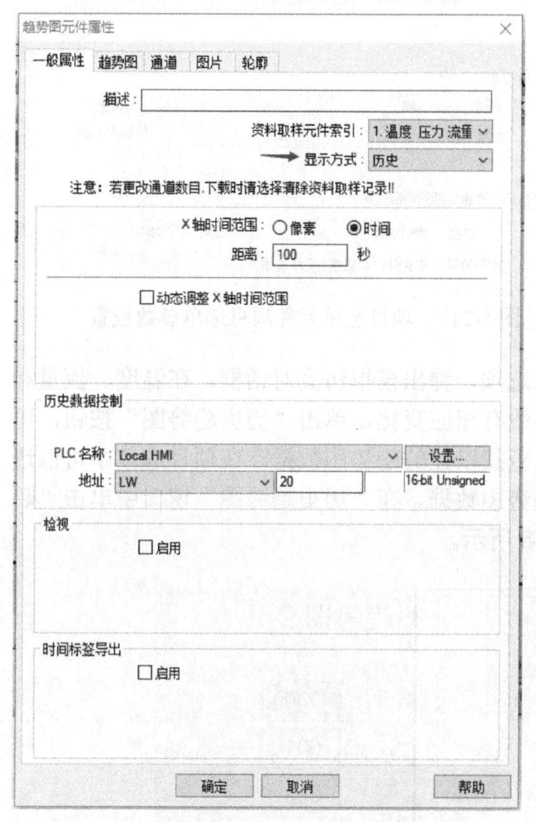

图 5-214 趋势图元件一般属性参数设置

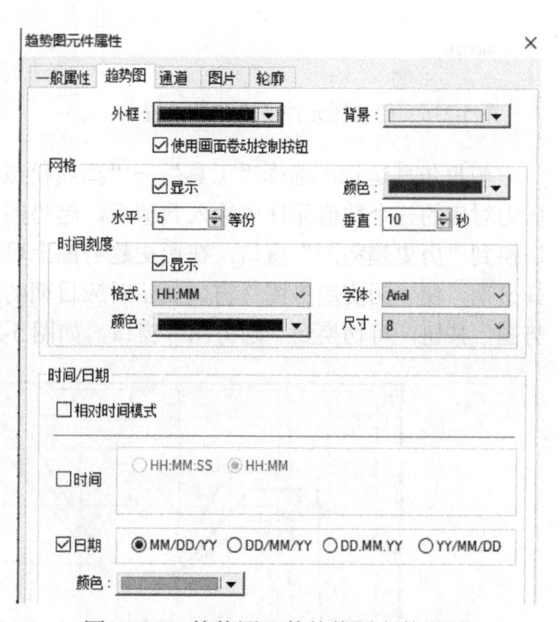

图 5-215 趋势图元件趋势图参数设置

“通道”选项卡的参数设置可参考图 5-216。

添加项目选单元件，双击该元件，弹出“项目选单元件属性”对话框，在“属性”区域中，将模式设置为“下拉式选单”，方向设置为“朝下显示”，项目资料来源设置为“历史数据日期”在“监看地址”区域中，将地址设置为与历史趋势图元件“一般属性”选项卡中的监看地址一致的地址，为“LW20”，在“取自历史数据日期的项目资料”区域中，将类型设置为“资料取样”，资料取样元件索引项设置为“1.温度 压力 流量”，可参考图 5-216 进行参数设置。

参数设置完成后，单击“确定”按钮，弹出一个黑色边框，用鼠标把黑色边框拖到合适的位置，单击鼠标左键，得到项目选单，用鼠标调整项目选单的尺寸。

实现用功能键元件切换基本窗口的功能：在“趋势图”窗口（基本窗口）上添加一个“历史趋势图”按钮，通过该按钮切换到“历史趋势图”窗口。在“历史趋势图”窗口（基本窗口）上添加一个“趋势图”按钮，通过该按钮切换到“趋势图”窗口。

添加图片对按钮进行修饰，并用文字软元件添加相应描述。

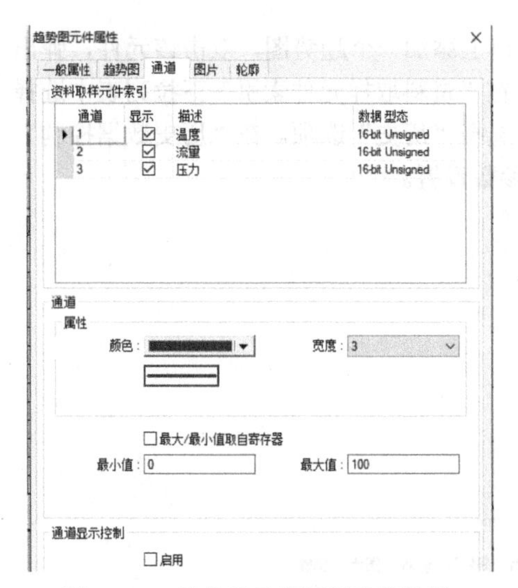

图 5-216 趋势图元件通道参数设置

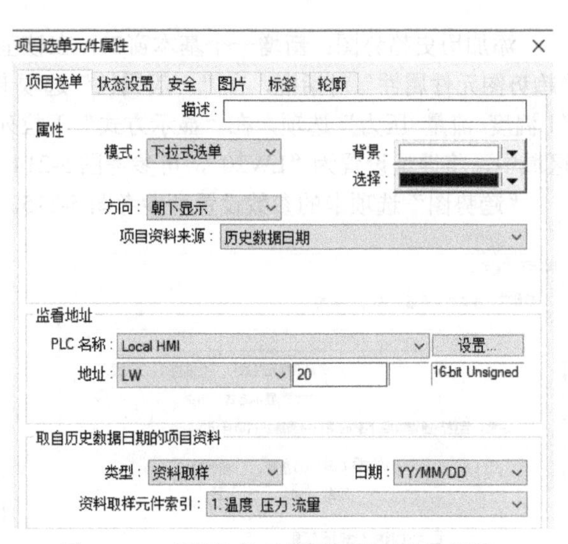

图 5-217 项目选单元件项目选单参数设置

模拟仿真运行：选择“工具”→“离线模拟”选项，弹出模拟仿真对话框。在温度、流量和压力对应的三个数值元件中输入数值后，趋势图曲线有相应变化，单击“历史趋势图”按钮，可切换到“历史趋势图”窗口，在历史趋势图上可以查找以往的趋势图数据。在项目选单中可以选择日期，使“历史趋势图”窗口显示对应日期的趋势图数据。在“历史趋势图”窗口中单击“趋势图”按钮，可切换到“趋势图”窗口，如图 5-218 所示。

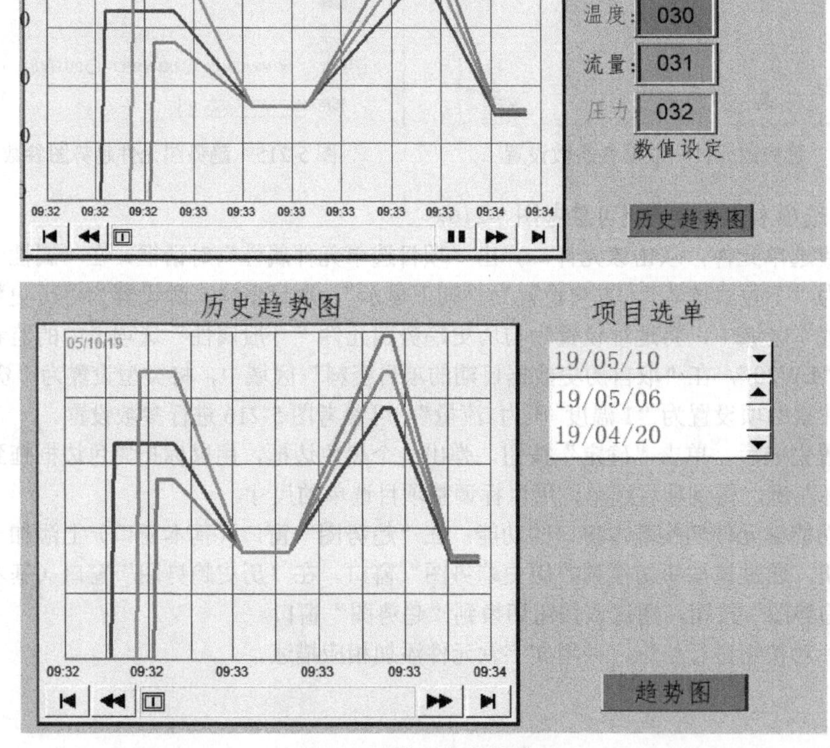

图 5-218 模拟仿真效果图

5.6.4　历史报表趋势图

本节介绍通过历史数据显示元件创建历史报表，并结合趋势图和项目选单元件生成历史报表趋势图。

【例 5-21】 历史报表配合趋势图的使用。设置要求如下：

在【例 5-20】的基础上新增一个基本窗口，并在该窗口上用历史数据显示元件添加历史报表，再添加一个项目选单元件，实现在项目选单元件中选择某个历史日期时，历史报表显示对应日期的历史数据，利用功能键元件实现基本窗口的切换。

注意：如果在新建的触摸屏工程中进行设置，则要先进行资料取样设置。

按照工程设计要求，设置过程如下。

打开【例 5-20】中的触摸屏工程，新增一个基本窗口，在新增的基本窗口上添加历史数据显示元件，双击该元件，弹出“历史数据显示元件属性”对话框，将资料取样元件索引设置为“1. 温度 压力 流量”，在“历史控制”区域，将地址设置为“LW20”（如果需要在操作项目选单时实现历史趋势图、历史报表同步显示对应日期的数据，则历史报表的历史控制地址与项目历史趋势图的历史控制地址要一致），可参考图 5-219 进行参数设置。

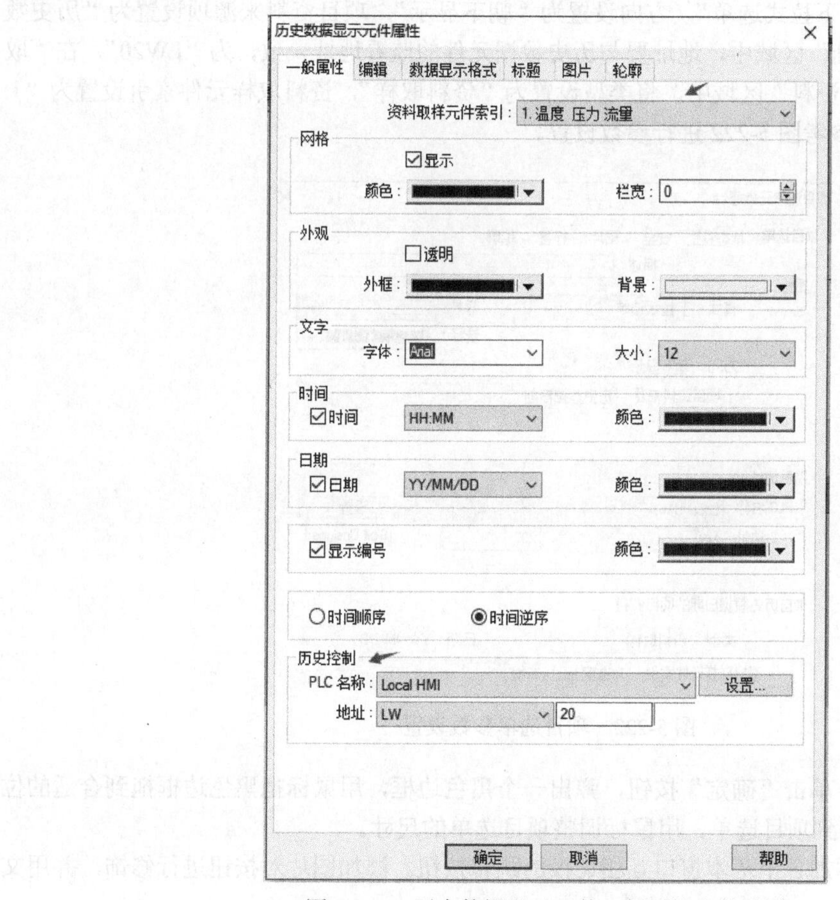

图 5-219　历史数据显示元件一般属性参数设置

“数据显示格式”选项卡的参数设置可参考图 5-220。

“标题”选项卡的参数设置可参考图 5-221。

历史数据显示元件属性

一般属性 编辑 数据显示格式 标题 图片 轮廓

通道：通道 0 ~ 通道 7

通道 0 [16-bit Unsigned]
小数点以上位数：3　小数点以下位数：0
☑显示　置中对齐　☐前导零

通道 1 [16-bit Unsigned]
小数点以上位数：3　小数点以下位数：0
☑显示　置中对齐　☐前导零

通道 2 [16-bit Unsigned]
小数点以上位数：3　小数点以下位数：0
☑显示　置中对齐　☐前导零

图 5-220　历史数据显示元件数据显示格式参数设置

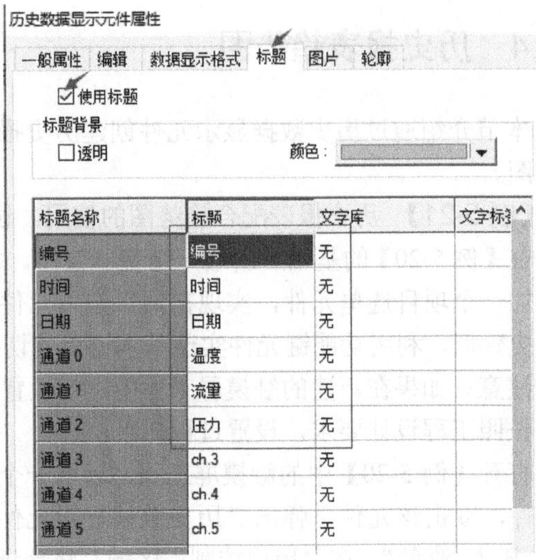

历史数据显示元件属性

一般属性 编辑 数据显示格式 标题 图片 轮廓

☑使用标题

标题背景

☐透明　颜色：

标题名称	标题	文字库	文字标签
编号	编号	无	
时间	时间	无	
日期	日期	无	
通道 0	温度	无	
通道 1	流量	无	
通道 2	压力	无	
通道 3	ch.3	无	
通道 4	ch.4	无	
通道 5	ch.5	无	

图 5-221　历史数据显示元件标题参数设置

添加项目选单元件，双击该元件，弹出“项目选单元件属性”对话框，在“项目选单”选项卡中，将模式设置为“下拉式选单”，方向设置为“朝下显示”，项目资料来源项设置为“历史数据日期”，在“监看地址”区域中，地址要与历史数据元件的监看地址一致，为“LW20”，在“取自历史数据日期的项目资料”区域中，将类型设置为“资料取样”，资料取样元件索引设置为“1. 温度 压力 流量”，可参考图 5-222 进行参数设置。

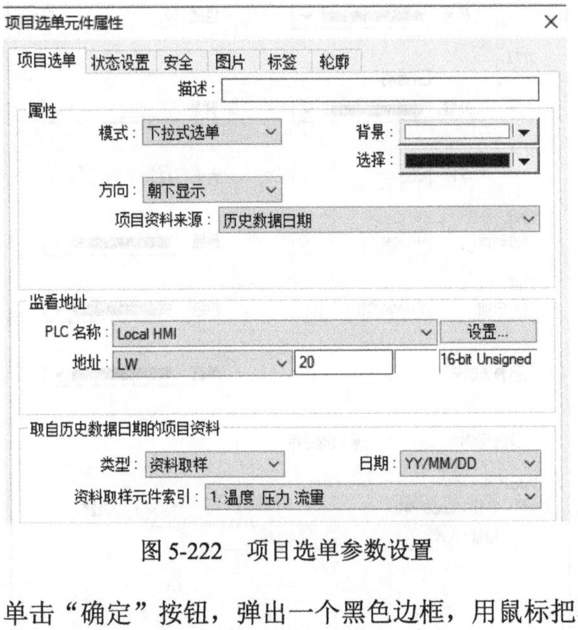

项目选单元件属性

项目选单 状态设置 安全 图片 标签 轮廓

描述：

属性

模式：下拉式选单　背景：

选择：

方向：朝下显示

项目资料来源：历史数据日期

监看地址

PLC 名称：Local HMI　设置...

地址：LW　20　16-bit Unsigned

取自历史数据日期的项目资料

类型：资料取样　日期：YY/MM/DD

资料取样元件索引：1. 温度 压力 流量

图 5-222　项目选单参数设置

参数设置完成后，单击“确定”按钮，弹出一个黑色边框，用鼠标把黑色边框拖到合适的位置，单击鼠标左键，得到项目选单，用鼠标调整项目选单的尺寸。

利用功能键元件添加各个基本窗口互相切换的跳转按钮。添加图片对按钮进行修饰，并用文字软元件添加相应描述。

模拟仿真运行：选择“工具”→“离线模拟”选项，弹出模拟仿真对话框。在温度、流量和压力对应的三个数值元件中输入数值后，趋势图曲线有相应变化。切换到“历史报表”窗口，在项目选单中可以选择日期，使历史报表上显示对应日期的数据，如图 5-223 所示。

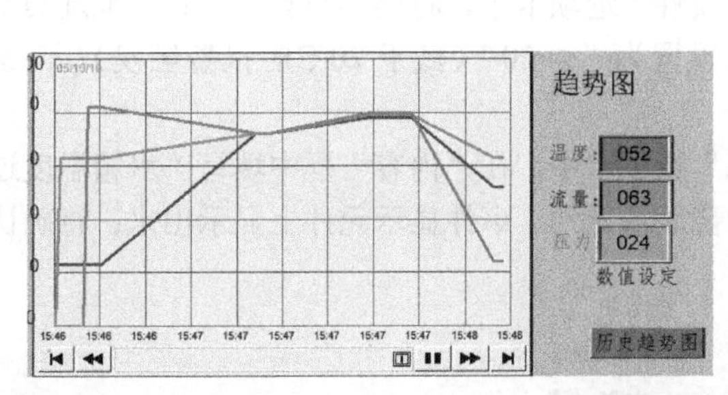

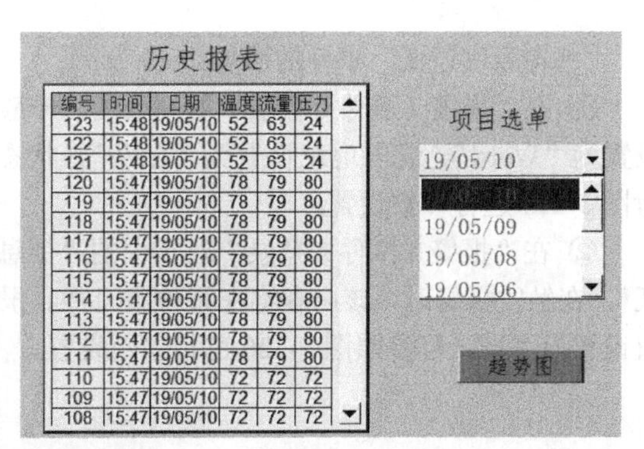

编号	时间	日期	温度	流量	压力
123	15:48	19/05/10	52	63	24
122	15:48	19/05/10	52	63	24
121	15:48	19/05/10	52	63	24
120	15:47	19/05/10	78	79	80
119	15:47	19/05/10	78	79	80
118	15:47	19/05/10	78	79	80
117	15:47	19/05/10	78	79	80
116	15:47	19/05/10	78	79	80
115	15:47	19/05/10	78	79	80
114	15:47	19/05/10	78	79	80
113	15:47	19/05/10	78	79	80
112	15:47	19/05/10	78	79	80
111	15:47	19/05/10	78	79	80
110	15:47	19/05/10	72	72	72
109	15:47	19/05/10	72	72	72
108	15:47	19/05/10	72	72	72

图 5-223　模拟仿真效果图

5.7　报警设置

进行报警设置的准备工作是在事件登录元件中设置好对应的参数，再添加报警条元件、报警显示元件、事件显示元件显示报警的内容。

【例 5-22】 实现水箱温度异常报警和水箱水管漏水报警功能。

按照工程设计要求，添加一个数值元件，用数值元件中的数值模拟水温的变化；添加一个位状态切换开关元件，模拟水管的状态，添加报警条元件、报警显示元件、事件显示元件，显示相关的报警信息并进行模拟仿真。设置过程如下。

单击菜单栏上的“元件”→“报警”→“事件登录”选项，弹出“事件登录”对话框（管理），勾选“保存到 HMI”复选框，如图 5-224 所示。

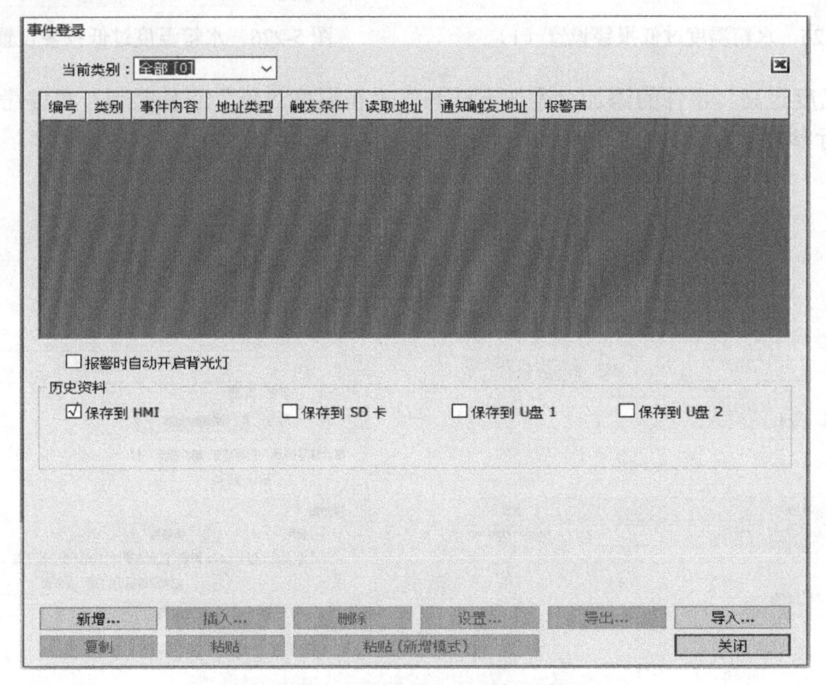

图 5-224　“事件登录”对话框（管理）

单击“新增”按钮，添加报警事件，分别添加“水箱温度过低”“水箱温度过高”“水箱水管漏水”事件，添加方法如下。

“水箱温度过低”事件的添加：

① 在“报警（事件）登录”对话框的“一般属性”选项卡中，将类别设置为“1”、地址类型设置为“Word”、读取地址设置为“LW0”，状态设置为“<=20”（低于20℃时报警触发），可参考图5-225进行参数设置。

② 在“报警（事件）登录”对话框的“信息”选项卡中，在“内容”框中填写“水箱温度过低”，在触发报警时，该内容将在报警条元件、报警显示元件、事件显示元件上显示出来；将确认值设置为“1”，可参照图5-226进行参数设置。

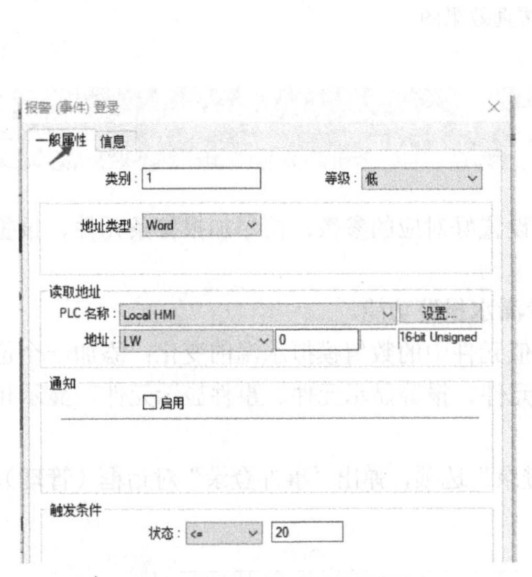

图5-225　水箱温度过低报警设置（1）

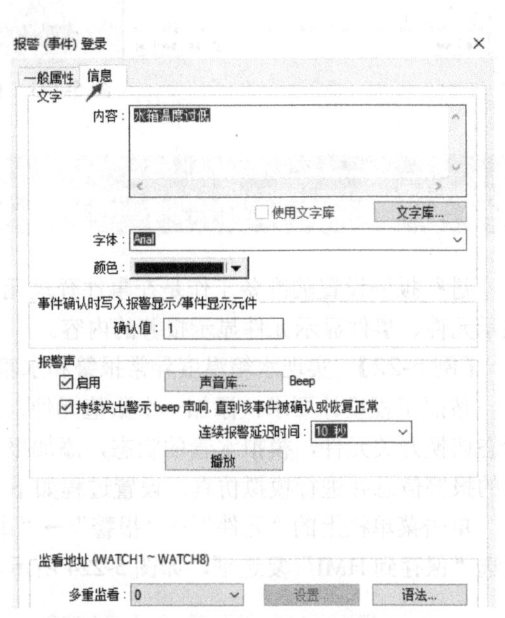

图5-226　水箱温度过低报警设置（2）

“水箱温度过高”事件的添加：添加方法与“水箱温度过低”事件类似，可参考图5-227和图5-228进行参数设置。

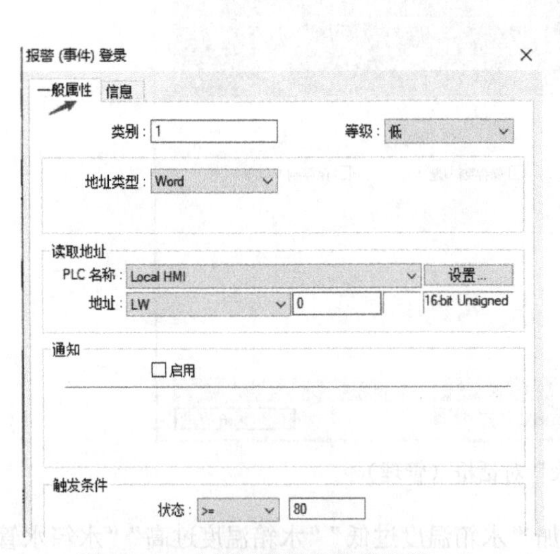

图5-227　水箱温度过高报警设置（1）

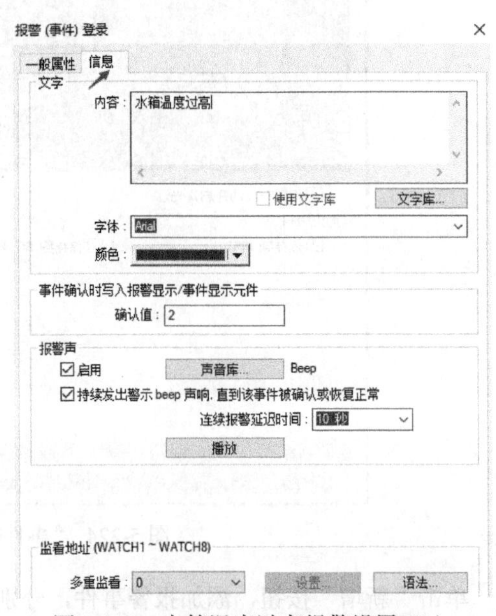

图5-228　水箱温度过高报警设置（2）

“水箱水管漏水”事件的添加：添加方法与“水箱温度过低”事件类似，可参考图 5-229 和图 5-230 进行参数设置。

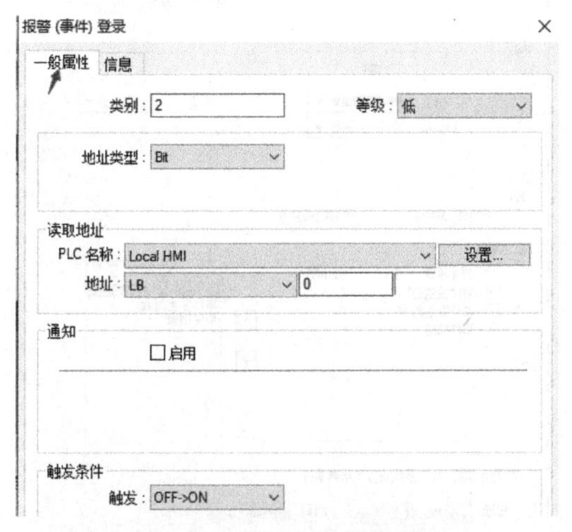

图 5-229　水箱水管漏水报警设置（1）

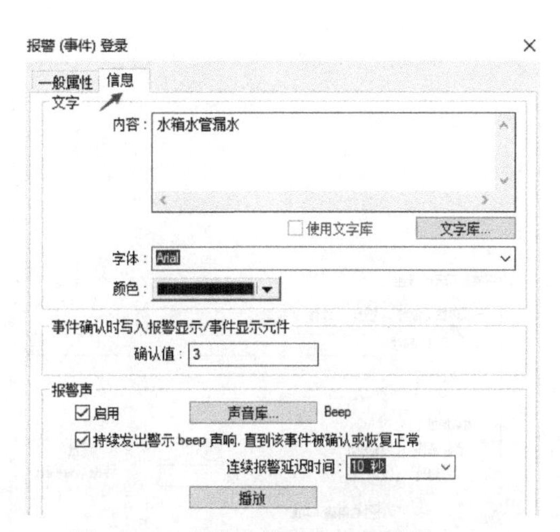

图 5-230　水箱水管漏水报警设置（2）

报警事件添加完成后，在“事件登录”对话框（管理）中将显示添加的报警事件信息，如图 5-231 所示。

添加报警条元件，双击该元件，弹出“报警条元件属性”对话框。将显示的类别范围设置为“1 到 2”，其他参数可参考图 5-232 进行设置。

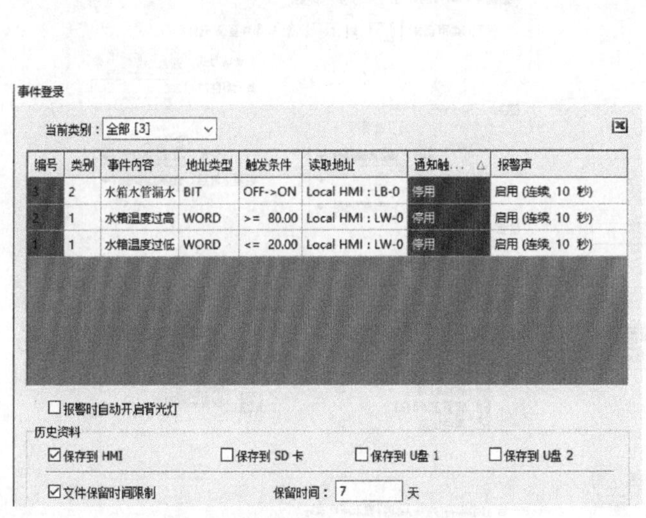

图 5-231　添加的报警事件信息

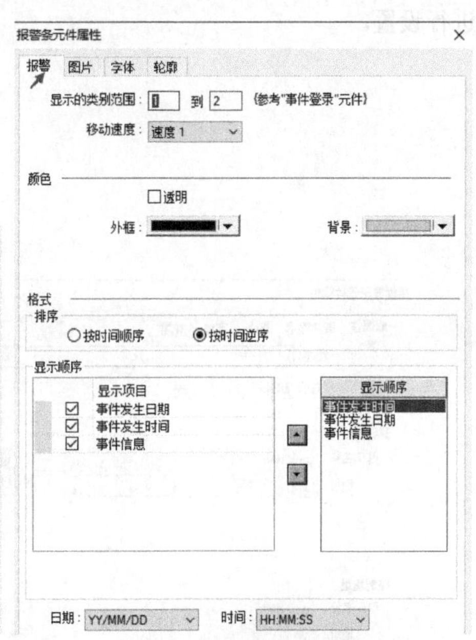

图 5-232　报警条元件属性

添加报警显示元件，双击该元件，弹出“报警显示元件属性”对话框，在“确认地址”区域将地址设置为“LW10”，可参考图 5-233 进行参数设置。

在“报警”选项卡中，将显示的类别范围设置为“1 到 2”，其他参数可参考图 5-234 进行设置。

报警显示元件属性
一般属性 报警 图片 字体 轮廓
描述：
确认地址
PLC 名称：Local HMI 设置...
地址：LW 10 16-bit Unsigned
☑启用确认功能

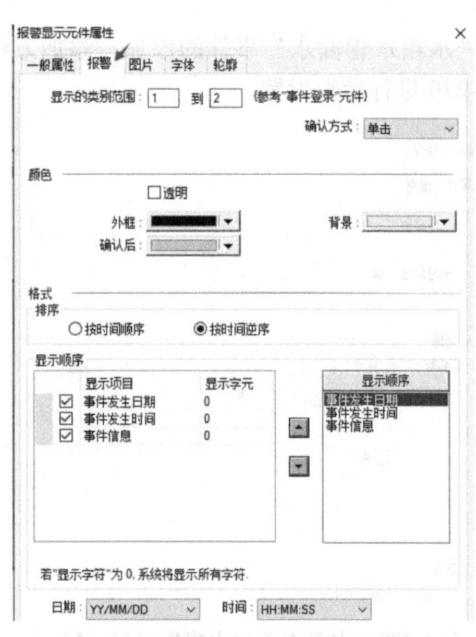

图 5-233 报警显示元件属性（1） 图 5-234 报警显示元件属性（2）

添加事件显示元件，双击该元件，弹出“事件显示元件属性”对话框。将方式设置为“即时”；在“确认地址”区域，将地址设置为“LW10”；在“控制地址”区域，将地址设置为“LW30”，可参考图 5-235 进行参数设置。

切换到“事件显示”选项卡，将显示的类别范围设置为“1 到 2”，其他参数可参考图 5-236 进行设置。

事件显示元件属性
一般属性 事件显示 图片 字体 轮廓
描述：
方式：即时
确认地址
PLC 名称：Local HMI 设置...
地址：LW 10 16-bit Unsigned
控制地址
PLC 名称：Local HMI 设置...
地址：LW 30 16-bit Unsigned
☑启用事件管理 管理...

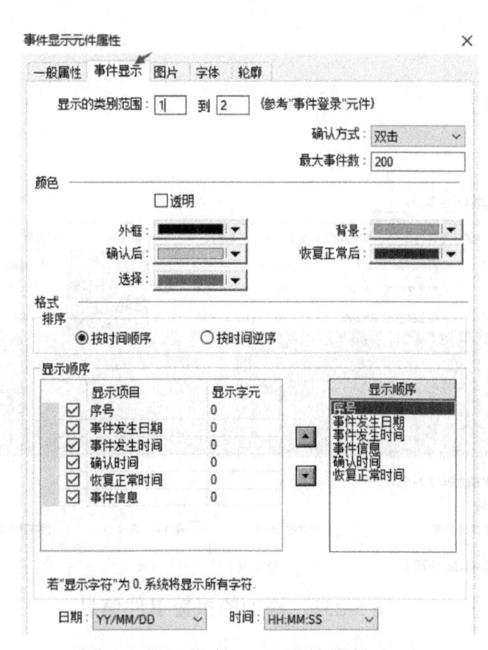

图 5-235 事件显示元件属性（1） 图 5-236 事件显示元件属性（2）

添加一个数值元件，数值元件中的数据用于模拟水温的变化，其读取地址与“报警（事件）登录”对话框（管理）中水箱温度过高/过低的读取地址一致，为“LW0”。

利用位状态切换开关元件添加模拟水箱水管漏水的按钮，其读取地址与“报警（事件）登录”对话框（管理）中水箱漏水的读取地址一致，为“LB0”。

利用多状态切换开关元件设置“隐藏已恢复报警”按钮，其写入地址与事件显示元件的“一般属性”选项卡中的控制地址一致，为“LW30”。在其“一般属性”选项卡中的“属性”区域，将方式设置为“写入常数”，设置常数设置为“2”，可参考图 5-237 进行参数设置。若地址 LW30 被赋值 2，则在事件显示元件中，已确定的报警事件将隐藏（设置常数为“2”，隐藏“已恢复”事件，这是规定的设置）。

利用多状态指示灯元件设置确认报警后的提示框，用于显示确认报警的最新报警事件。其读取地址要与报警显示元件、事件显示元件的读取地址一致，为“LW10”。在多状态指示灯元件的“标签”选项卡中，为每个状态添加相对应的状态标签，如图 5-238 所示，在状态 1 的“内容”框中填写“水箱温度过低（已确认）”，所以当地址 LW10 被赋值（确认值）1 时，该元件显示“水箱温度过低”，确认值在事件登录元件中设置。

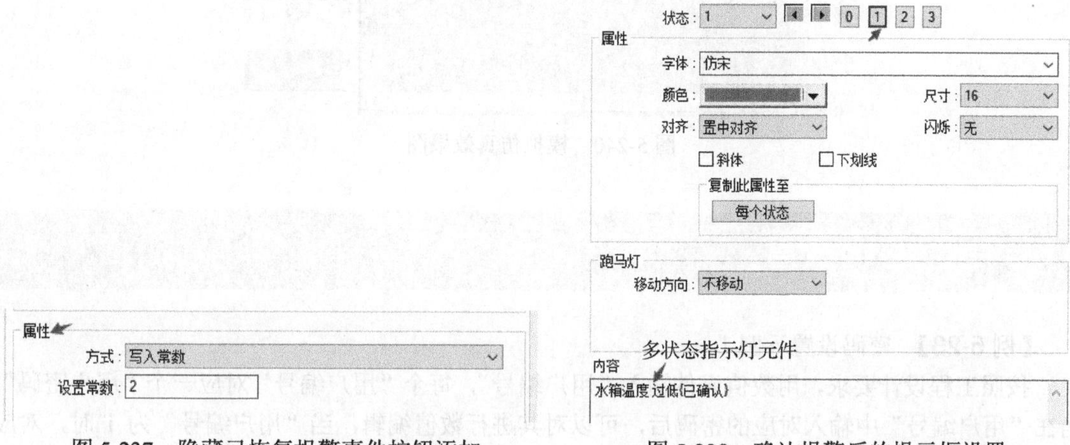

图 5-237　隐藏已恢复报警事件按钮添加　　　图 5-238　确认报警后的提示框设置

添加图片对按钮进行修饰，并用文字软元件添加相应的描述，设置完成的效果图如图 5-239 所示。

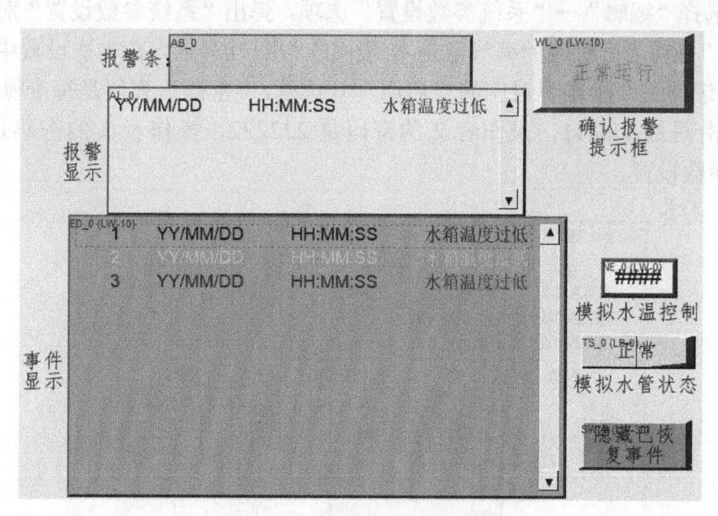

图 5-239　设置完成的效果图

模拟仿真运行：选择“工具”→“离线模拟”选项，弹出模拟仿真对话框。在“模拟水温控制”数值元件中输入数值，模拟水温的改变。单击“水管漏水”/“正常”的切换按钮可模拟水箱水管漏水和正常状态的切换；当发生报警时，双击“事件显示”框中的报警项目来确认报警，确认后，该报警将在“确认报警提示框”中显示；“事件显示”框中的报警项目恢复正常时，单击恢复正常的报警项目，再单击“隐藏已恢复事件”按钮，则选中的报警项目将被隐藏，模拟仿真效果图如图5-240所示。

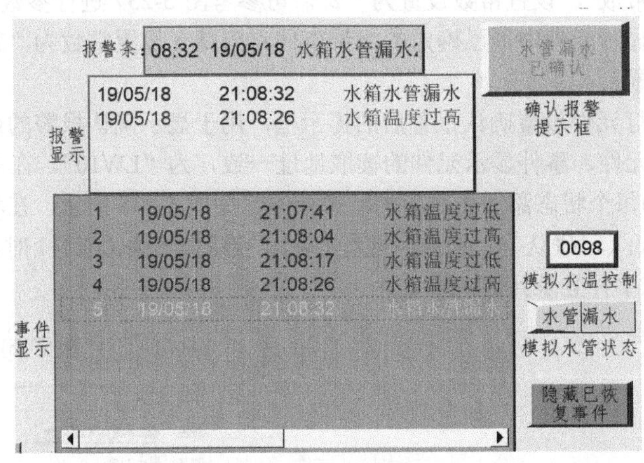

图5-240 模拟仿真效果图

5.8 用户密码设置

【例5-23】 密码设置示例1。

按照工程设计要求，用数值元件输入“用户编号”，每个“用户编号”对应一个“用户密码”，当在“用户编号”中输入对应的密码后，可以对其进行数值编辑，当“用户编号”为1时，对应“类别A”的数值元件，当“用户编号”为2时，对应“类别B”的数值元件，当“用户编号”为3时，对应“类别C”的数值元件。设置过程如下。

在菜单栏上选择“编辑”→“系统参数设置”选项，弹出“系统参数设置”对话框，单击“用户密码”选项卡，“操作者”对应的编号便是本例中的“用户编号”，在本次设置中，用到3个“用户编号”，所以勾选前三个操作者对应的“启用”复选框，“密码”列便是每个操作者所对应的密码，操作者1的密码是111111，操作者2的密码是222222，操作者3的密码是333333，可参考图5-241进行参数设置。

图5-241 “系统参数设置”对话框

分别添加“类别 A”“类别 B”“类别 C”对应的数值元件并标好注释，参数设置如下。

“类别 A”：添加数值元件，在“数值元件属性”对话框的“一般属性”选项卡中，勾选“启用输入功能”复选框，将读取地址设置为“LW0”。在“安全”选项卡中，在“用户限制”区域中，将操作类别设置为“类别 A”，勾选“操作完成后将使用权限取消”复选框，可参考图 5-242 进行参数设置。

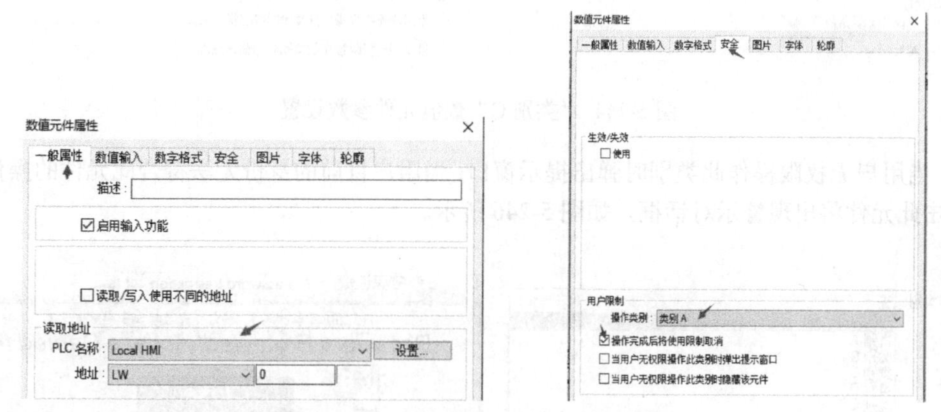

图 5-242 “类别 A”数值元件参数设置

“类别 B”：添加数值元件，在“数值元件属性”对话框中“一般属性”选项卡中，勾选“启用输入功能”复选框；将读取地址设置为“LW10”。在“安全”选项卡中，在“用户限制”区域中，将操作类别设置为“类别 B”；勾选“当用户无权操作此类别时弹出提示窗口”复选框，可参考图 5-243 进行参数设置。

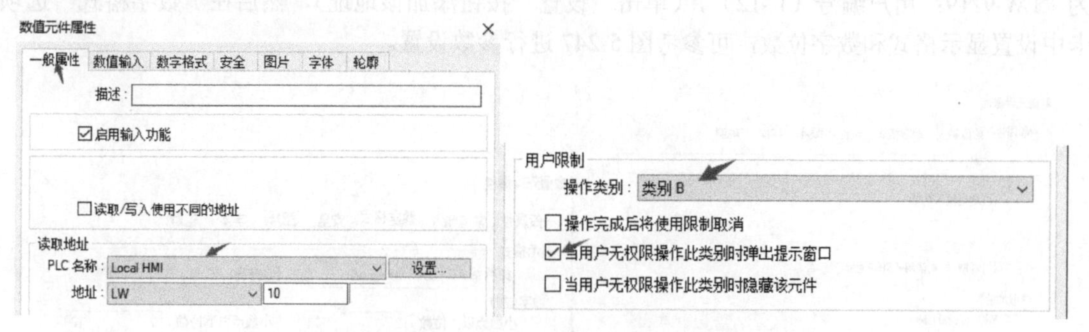

图 5-243 “类别 B”数值元件参数设置

“类别 C”：添加数值元件，在“数值元件属性”对话框的“一般属性”选项卡中，勾选“启用输入功能”复选框，将读取地址设置为“LW20”。在“安全”选项卡中，在“用户限制”区域中，将操作类别设置为“类别 C”；勾选“当用户无权操作此类别时隐藏此元件”复选框，可参考图 5-244 进行参数设置。

补充内容：

① 操作类别：用户在成功输入密码后，EB8000 会依照用户的设定内容决定用户可以操作的元件类别。在工程文件中，元件的类别被分为“无”与“类别 A”至“类别 F”，共 7 种，如图 5-245 所示。类别为“无”的元件，开放给所有用户使用。

② 操作完成后将使用限制取消：当用户目前的身份符合此元件的操作条件后，将永远停止对此元件的操作类别限制查询；也就是说，即使用户的身份改变了，也不会影响对此元件的操作。

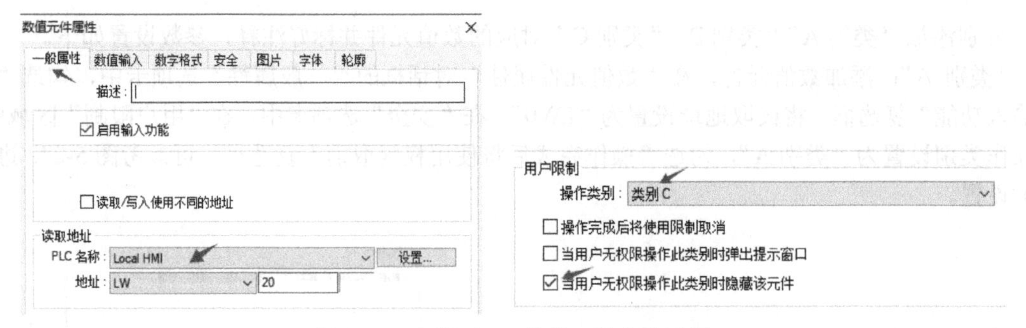

图 5-244 “类别 C”数值元件参数设置

③ 当用户无权限操作此类别时弹出提示窗口：当用户目前的身份无法符合此元件的操作条件时，单击此元件将出现警示对话框，如图 5-246 所示。

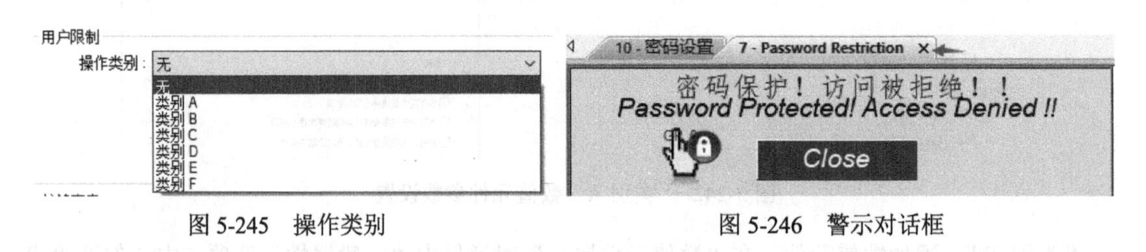

图 5-245 操作类别　　　　图 5-246 警示对话框

④ 当用户无权限操作此类别时隐藏该元件：当用户目前的身份无法符合此元件的操作条件时，隐藏此元件。

添加输入“用户编号”的数值元件并标好注释，参数设置如下。将数值元件的读取地址设置为“LW-9219：用户编号（1~12）”，（单击“设置”按钮添加该地址），然后在“数字格式”选项卡中设置显示格式和数字位数，可参考图 5-247 进行参数设置。

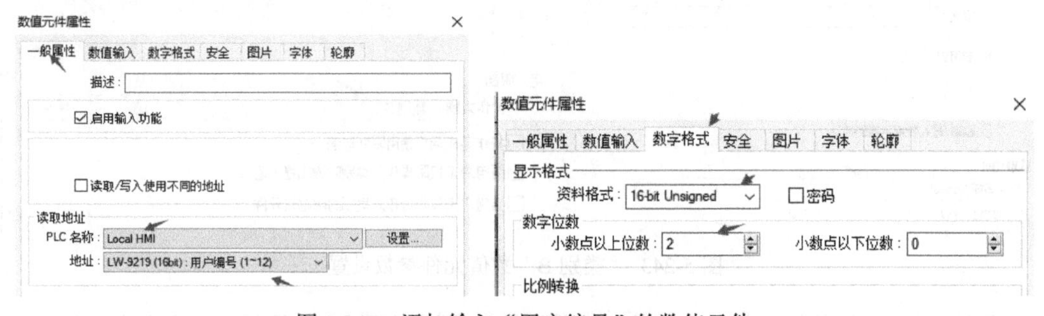

图 5-247 添加输入“用户编号”的数值元件

添加输入“用户密码”的数值元件并标好注释，参数设置如下。将数值元件的读取地址设置为“LW-9220（32bit）：密码”（单击“设置”按钮添加该地址），然后在“数字格式”选项卡中设置显示格式和数字位数，可参考图 5-248 进行参数设置。

添加“密码清除”按钮：添加位状态切换开关元件，双击该元件，弹出“位状态切换开关元件属性”对话框，将读取地址设置为“LB-9050：用户注销”，开关类型设置为“复归型”，可参考图 5-249 进行参数设置。

设置完成的效果图如图 5-250 所示。

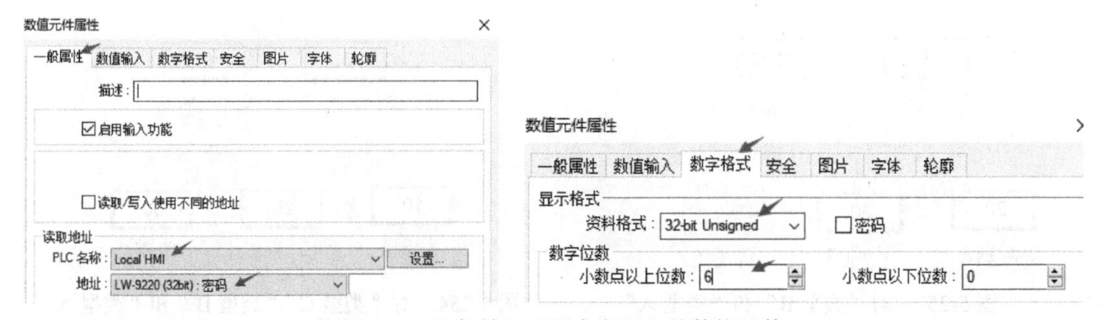

图 5-248　添加输入“用户密码”的数值元件

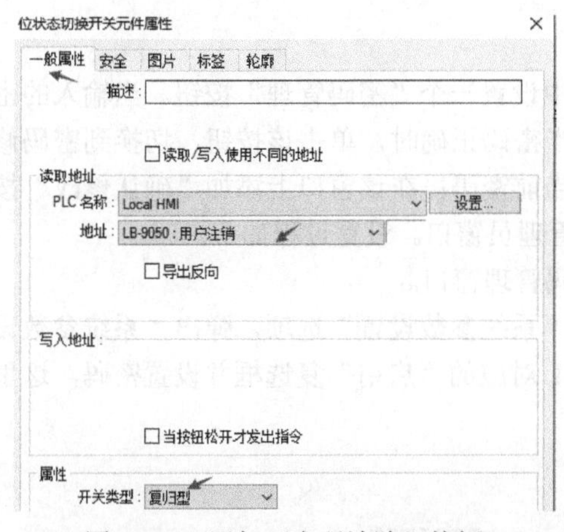

图 5-249　添加“密码清除”按钮

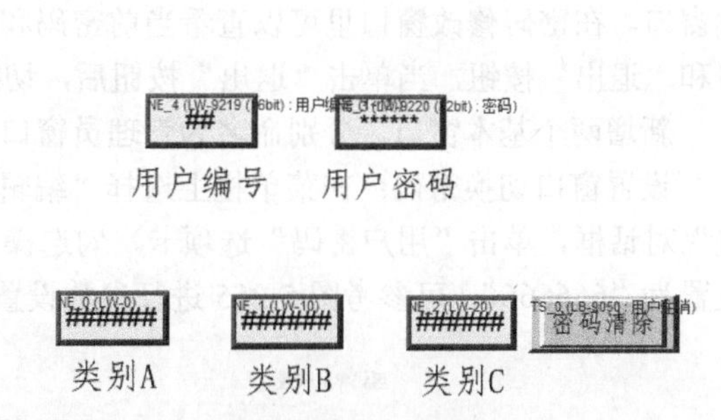

图 5-250　设置完成的效果图

模拟仿真运行：选择“工具”→“离线模拟”选项，弹出模拟仿真对话框。当在“用户编号”数值元件中输入 1 并在“用户密码”数值元件中输入对应的密码后，可以对“类别 A”数值元件进行数值编辑，如图 5-251 所示。

这时单击“类别 B”数值元件会出现如图 5-252 所示的对话框。

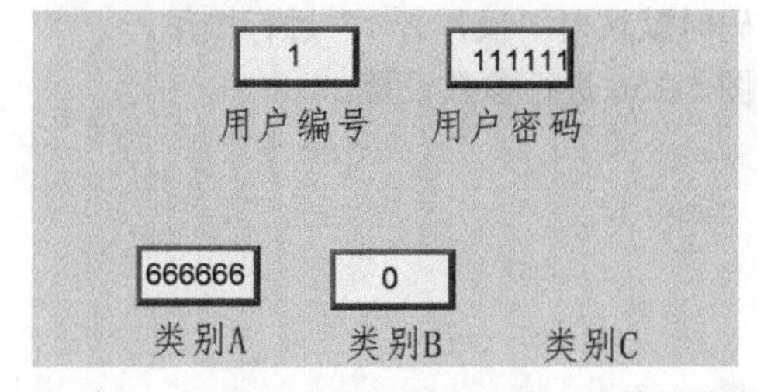

图 5-251　对“类型 A”数值元件进行数值编辑

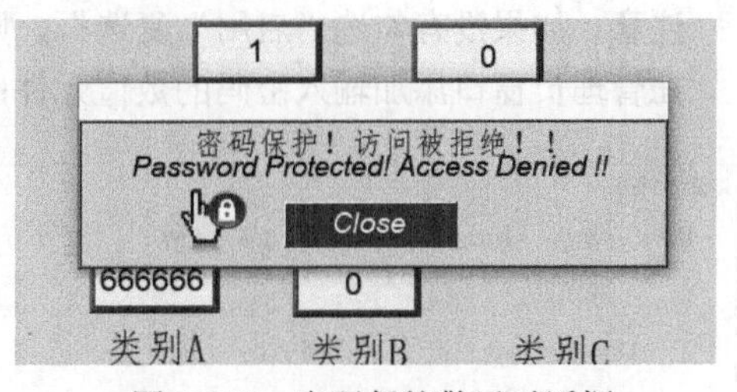

图 5-252　密码保护警示对话框

当在“用户编号”数值元件中输入 2 并在“用户密码”数值元件中输入对应的密码后，可以对“类别 B”和“类别 A”数值元件进行数值编辑，如图 5-253 所示。

当在“用户编号”数值元件中输入 3 并在“用户密码”数值元件中输入对应的密码后，同时可以对“类别 C”“类别 B”和“类别 A”数值元件进行数值编辑，如图 5-254 所示。

当单击“密码清除”按钮后，恢复最初状态，对“类别 C”“类别 B”数值元件进行操作时需要重新输入密码，对“类别 A”数值元件进行操作时不需要再次输入密码。

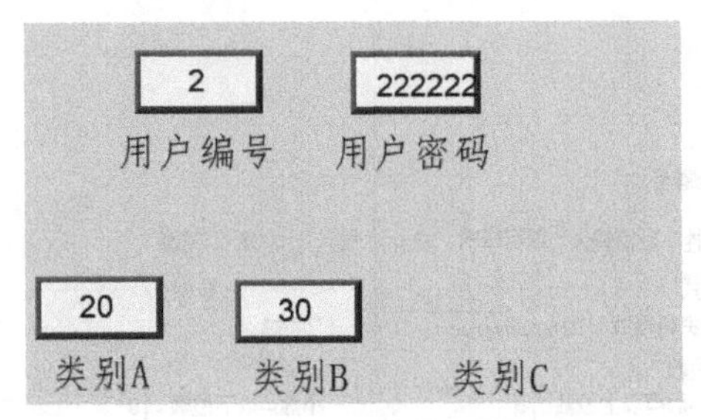

图5-253 对“类型B”和“类型A”数值元件进行数值编辑

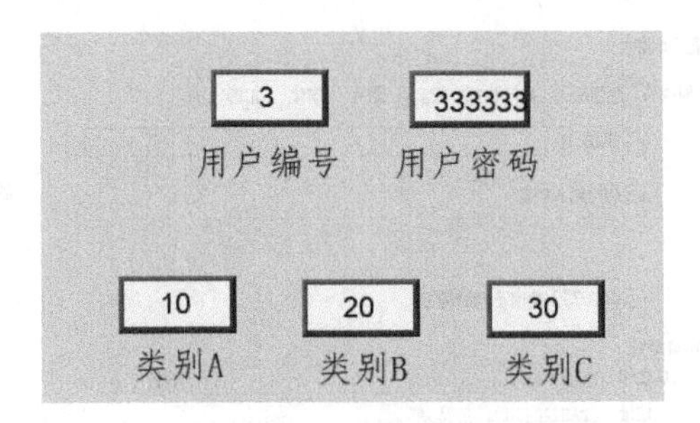

图5-254 对“类型C”“类型B”和“类型A”数值元件进行数值编辑

【例5-24】 密码设置示例2。

按照工程设计要求，用功能键元件在管理员窗口中设置一个“密码管理”按钮。当输入的密码错误时，单击该按钮，弹出密码错误提示对话框；当密码正确时，单击该按钮，切换到密码修改窗口。在密码修改窗口里可以查看当前密码和修改当前密码；在该窗口上添加“确认修改”按钮和“退出”按钮，当单击“退出”按钮后，切换到管理员窗口。设置过程如下。

新增两个基本窗口，分别命名为管理员窗口和密码管理窗口。

设置窗口切换密码：在菜单栏上选择“编辑”→“系统参数设置”选项，弹出“系统参数设置”对话框，单击“用户密码”选项卡，勾选操作者1对应的“启用”复选框并设置密码，这里设置为“666666”，可参考图5-255进行参数设置。

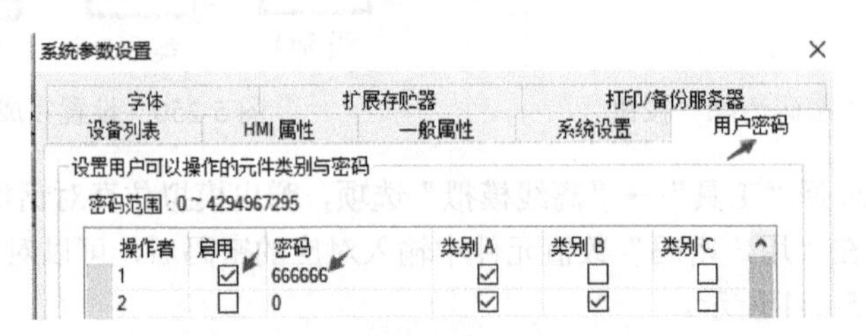

图5-255 “系统参数设置”对话框

注意：如果没有勾选“启用”复选框，则输入密码时默认对“操作者1”进行操作。

在管理员窗口添加输入密码的数值元件：可参考图5-256进行参数设置。

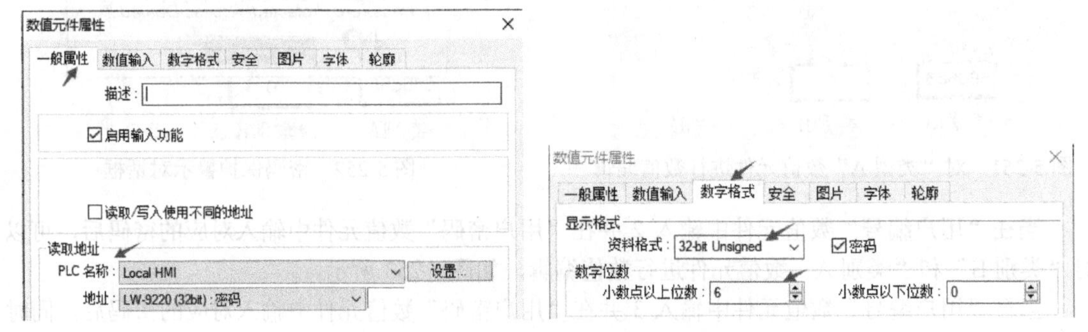

图5-256 输入密码的数值元件参数设置

用功能键元件在管理员窗口添加“密码管理”按钮，用于切换窗口。

可参考图5-257进行功能键元件参数设置。

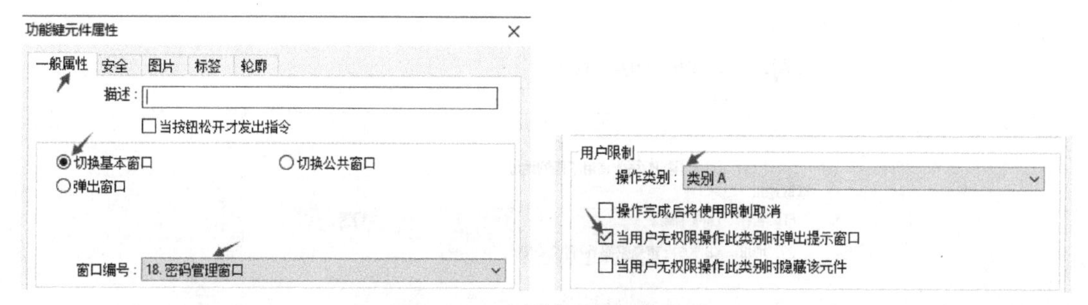

图 5-257　功能键元件参数设置

利用文字软元件在 7 号系统窗口中设置当输入的密码错误时弹出的提示内容，并添加“确定”按钮，密码错误提示内容和“确定”按钮设置可参考图 5-258。

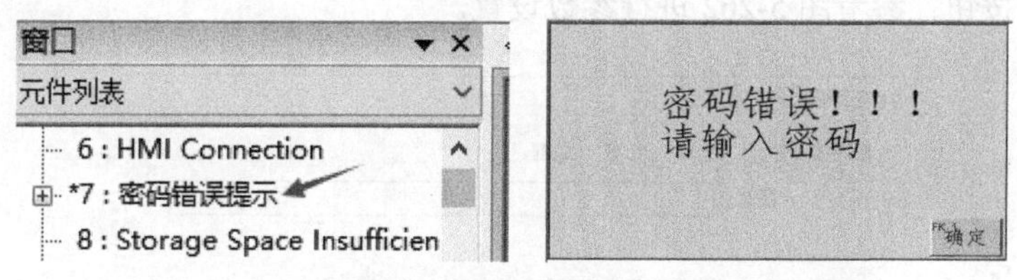

图 5-258　密码错误提示内容和“确定”按钮设置

用数值元件在密码管理窗口中添加当前密码显示框和修改密码输入框。

当前密码显示框数值元件参数设置可参考图 5-259。

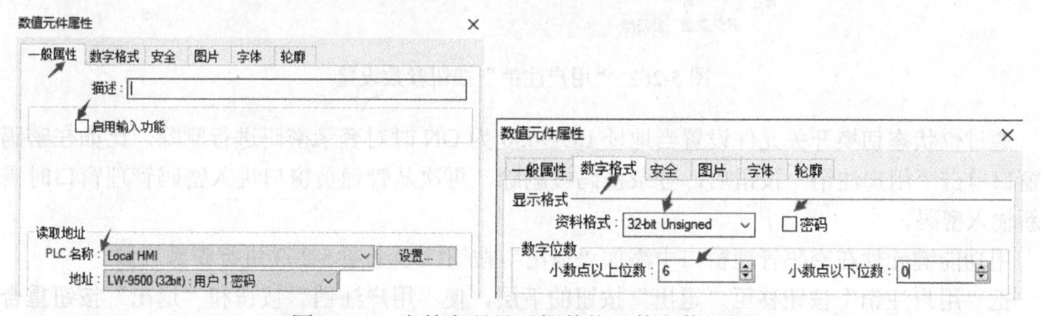

图 5-259　当前密码显示框数值元件参数设置

修改密码输入框数值元件参数设置可参考图 5-260。

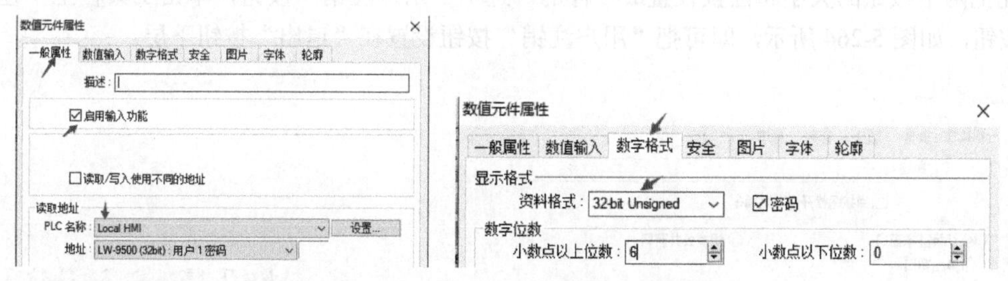

图 5-260　更改密码输入框数值元件参数设置

用位状态切换开关元件在密码管理窗口添加“确认修改”按钮和“用户注销”按钮。

“确认修改”按钮：参考图 5-261 进行参数设置。

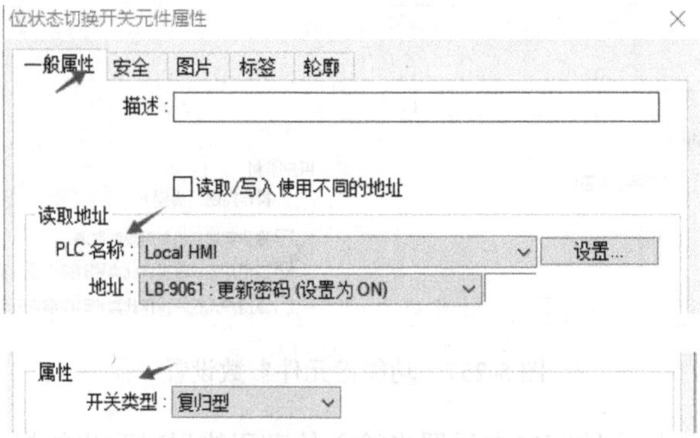

位状态切换开关元件属性
一般属性
安全
图片
标签
轮廓
描述：
读取/写入使用不同的地址
读取地址
PLC 名称：
Local HMI
设置...
地址：
LB-9061：更新密码（设置为ON）
属性
开关类型：
复归型

图 5-261 “确认修改”按钮参数设置

“用户注销”按钮：参考图 5-262 进行参数设置。

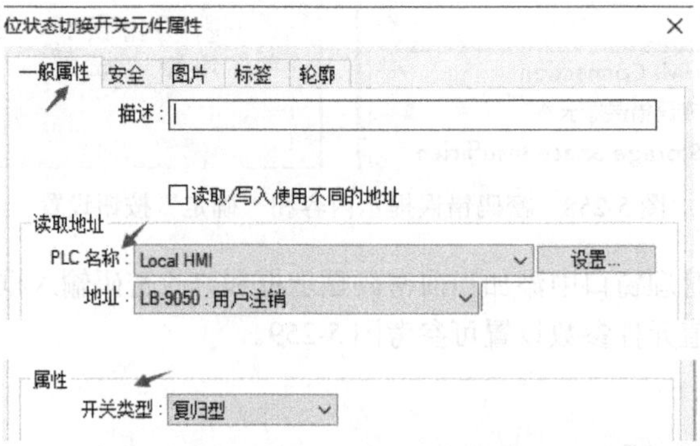

位状态切换开关元件属性
一般属性
安全
图片
标签
轮廓
描述：
读取/写入使用不同的地址
读取地址
PLC 名称：
Local HMI
设置...
地址：
LB-9050：用户注销
属性
开关类型：
复归型

图 5-262 “用户注销”按钮参数设置

通过位状态切换开关元件设置当地址 LB-9050 为 ON 时对登录密码进行删除，比如在密码管理窗口单击“用户注销”按钮后，登录密码被删除，再次从管理员窗口进入密码管理窗口时需要重新输入密码。

用功能键元件在密码管理窗口中添加“退出”按钮：参考图 5-263 进行参数设置。

把“用户注销”按钮移至“退出”按钮的下层，使“用户注销”按钮和“退出”按钮重合，（使“用户注销”按钮和“退出”按钮重合是为了在单击“退出”按钮退出密码管理窗口的同时注销用户，清除用户的登录密码），操作步骤如下。

先把两个按钮的大小和位置设置成一样的，选中“用户注销”按钮，单击工具栏上“往下一层”按钮，如图 5-264 所示，即可把“用户注销”按钮设置在“退出”按钮下层。

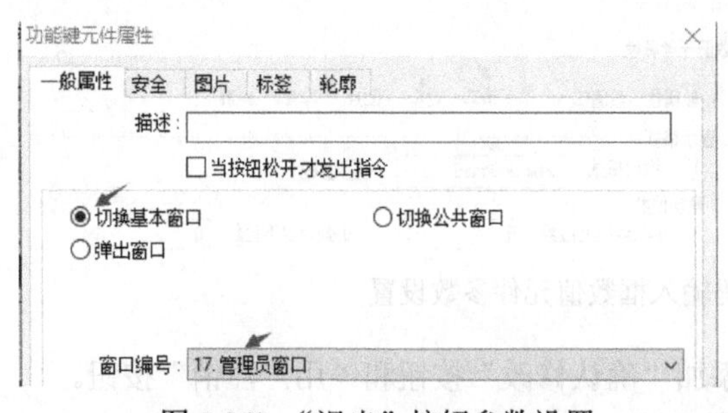

功能键元件属性
一般属性
安全
图片
标签
轮廓
描述：
当按钮松开才发出指令
切换基本窗口
切换公共窗口
弹出窗口
窗口编号：
17. 管理员窗口

图 5-263 “退出”按钮参数设置

窗口
往下一层

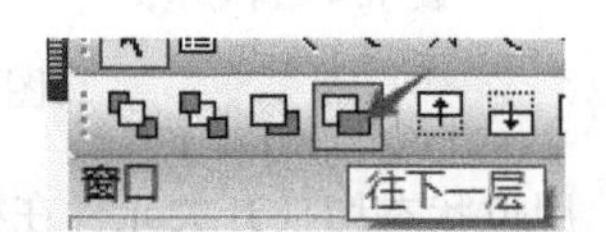

图 5-264 图片移层设置

用文字软元件在密码管理窗口和管理员窗口中添加文字描述，参考图 5-265。

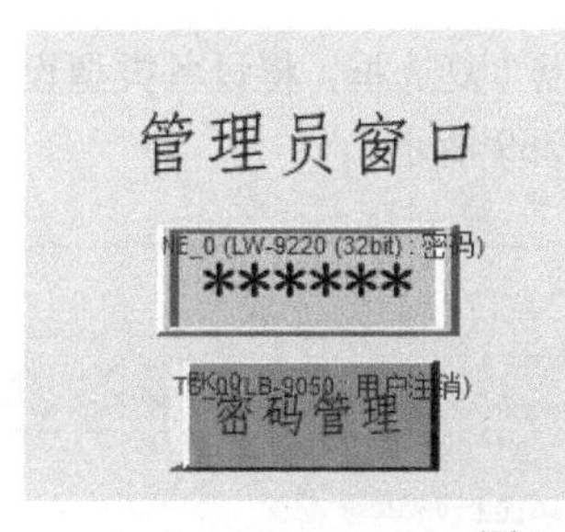

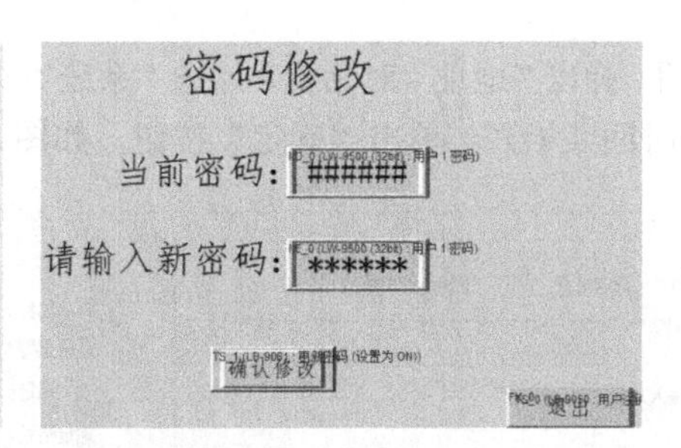

图 5-265 添加文字描述

模拟仿真运行：选择“工具”→“离线模拟”选项，弹出模拟仿真对话框。切换到管理员窗口，单击密码输入框后弹出数字键盘，在数字键盘上输入密码，如图 5-266 所示。

密码输入完成后，单击“密码管理”按钮，当密码错误时，弹出如图 5-267 所示的提示。

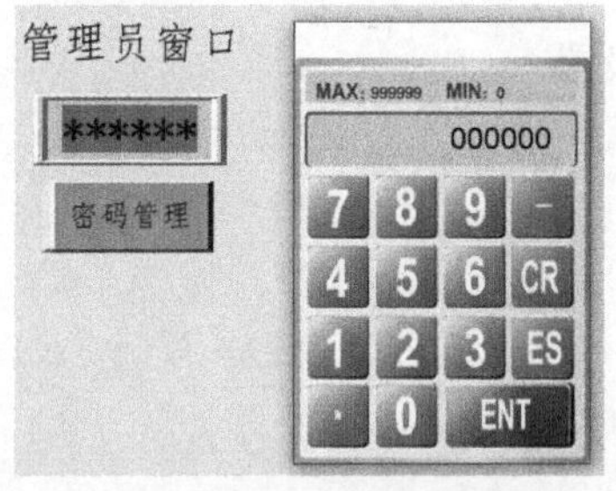

图 5-266 输入密码

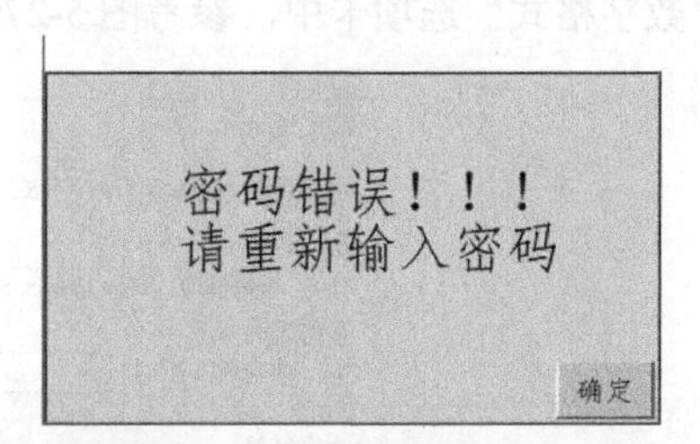

图 5-267 密码输入错误提示

当密码正确时，切换到密码管理窗口，如图 5-268 所示。

图 5-268 密码管理窗口

单击“请输入新密码”后面的框，弹出数字键盘，输入新密码，单击“确认修改”按钮，修改密码完成，单击“退出”按钮，返回管理员窗口。

5.9 系统时间和地址标签库

1. 系统时间

系统时间的设置步骤如下。

分别添加显示年、月、日、时、分、秒的数值元件，以添加显示“年”的数值元件为例，设置步骤如下。

单击工具栏上的“数值”按钮，弹出“新增 数值 元件”对话框，在“读取地址”区域，单击“设置”按钮，弹出“地址”对话框，勾选“系统寄存器”复选框，将设备类型设置为“LW-9022（16bit）：本地时间（年）”，单击“确定”按钮，如图 5-269 所示。

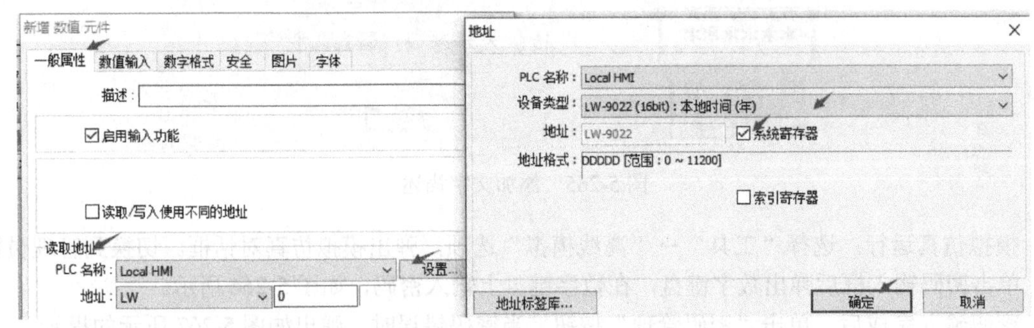

图 5-269　显示“年”的数值元件“一般属性”参数设置

在“数字格式”选项卡中，参考图 5-270 进行参数设置。

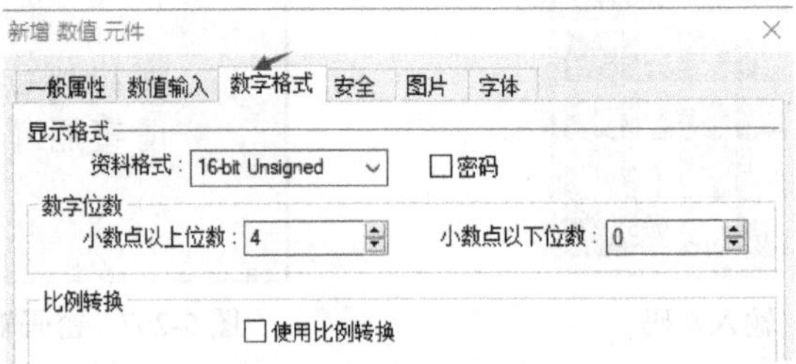

图 5-270　显示“年”的数值元件“数字格式”参数设置

在“图片”选项卡中添加图片，对数值元件的外观进行修饰，单击“确定”按钮完成显示“年”的数值元件的添加。

按以上步骤分别添加显示月、日、时、分、秒的数值元件，读取地址如图 5-271 所示。

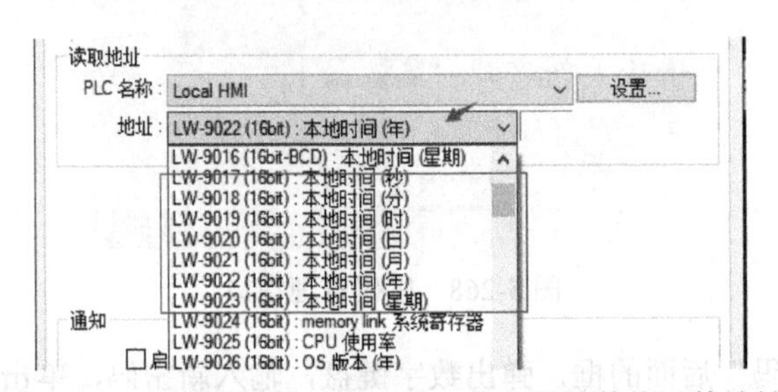

图 5-271　系统时间月、日、时、分、秒的数值元件地址

通过文字软元件添加文字“年”“月”“日”“时”“分”“秒”，设置完成的效果图如图 5-272 所示。

模拟仿真运行：选择“工具”→“离线模拟”选项，弹出模拟仿真对话框，模拟仿真效果图如图 5-273 所示。

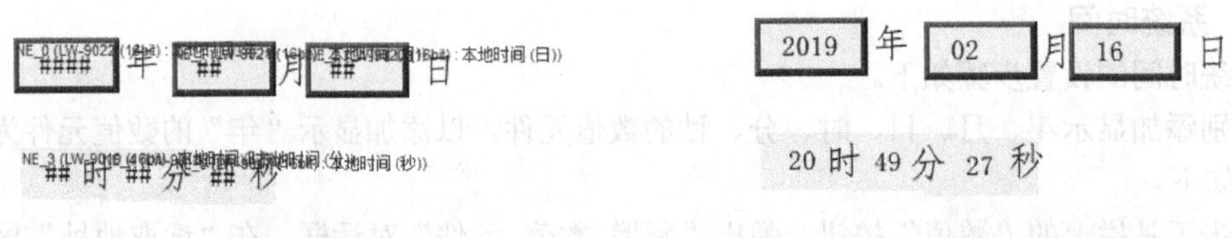

图 5-272　设置完成的效果图　　　　图 5-273　模拟仿真效果图

2．地址标签库

地址标签库的建立方法如下。

① 方法一：打开 Excel 软件，直接在 Excel 表格的 A、B、C、D 列中分别输入地址名称、PLC 类型、地址、地址编号，输入完成后并保存，如图 5-274 所示。

	A	B	C	D
1	启动按钮	Mitsubishi FX0S/FX0N/FX1S/FX1N/FX2	X	0
2	停止按钮	Mitsubishi FX0S/FX0N/FX1S/FX1N/FX2	X	1
3	正转按钮	Mitsubishi FX0S/FX0N/FX1S/FX1N/FX2	X	2
4	反转按钮	Mitsubishi FX0S/FX0N/FX1S/FX1N/FX2	X	3
5	电机正转	Mitsubishi FX0S/FX0N/FX1S/FX1N/FX2	Y	0
6	电机反转	Mitsubishi FX0S/FX0N/FX1S/FX1N/FX2	Y	1
7	电机转速	Mitsubishi FX0S/FX0N/FX1S/FX1N/FX2	D	0

图 5-274　输入地址

② 方法二：直接从 PLC 编程元件中导出地址标签到 Excel 中。

注意：GX Developer 编程软件无法直接导出程序的地址标签，只能把注释复制出来，其他的内容需要在 Excel 中手动输入。

从 GX Developer 编程软件中复制注释的方法如下：在 GX Developer 软件中打开 PLC 程序，选择左边窗格中的"软元件注释"选项，双击"COMMENT"选项，弹出软元件名窗格，便可对注释进行复制（只能复制注释列的内容），如图 5-275 所示。

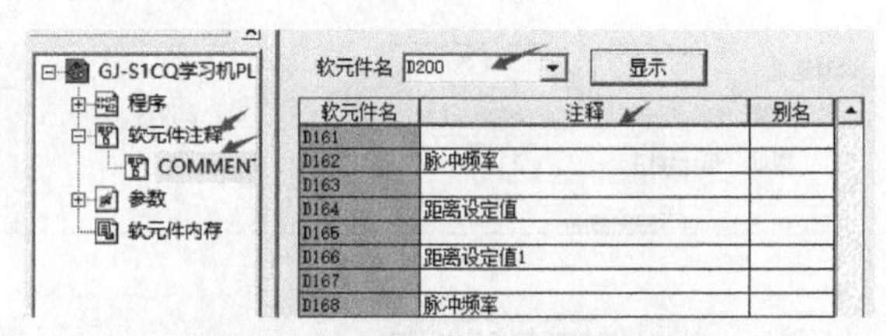

图 5-275　软元件名和注释的查看

将地址标签库导入触摸屏程序的方法如下。

① 选择菜单栏中的"图库"→"地址标签库"选项，弹出"地址标签库"对话框，在"地址标签库"对话框中，选择"用户定义标签"选项，单击"导入自 Excel"按钮，如图 5-276 所示。

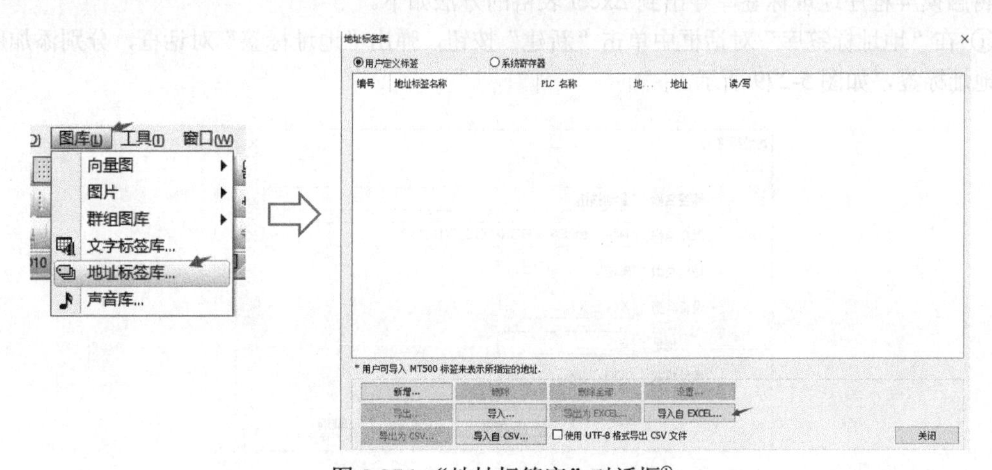

图 5-276 "地址标签库"对话框[①]

① 软件截图中，EXCEL 的正确写法应为 Excel。

② 找到已经编写完成的地址标签表格进行导入，导入完成后，单击“确定”按钮即可，如图 5-277 所示。

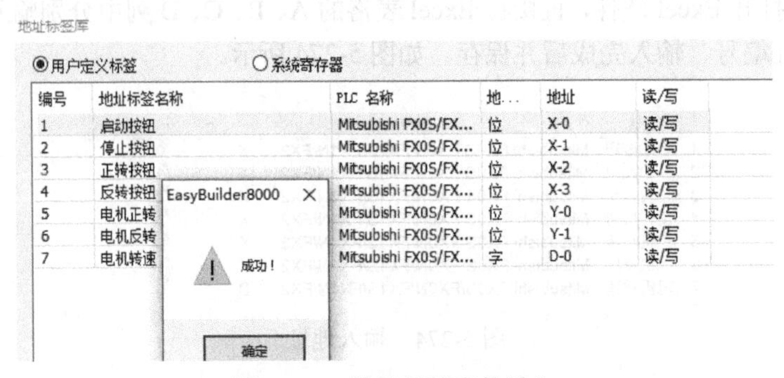

图 5-277　地址标签库的导入

③ 在 EB8000 中应用导入的地址标签库，步骤如下。

用位状态切换开关元件添加一个“停止按钮”，在“位状态切换开关元件属性”对话框中的“读取地址”区域中，单击“设置”按钮，弹出“地址”对话框。将“PLC 名称”设置为“Mitsubishi FX0S/FX0N/FX1S/FX1N/FX2”，勾选“用户定义标签”复选框；将设备类型设置为“停止按钮”，可参考图 5-278 进行设置。

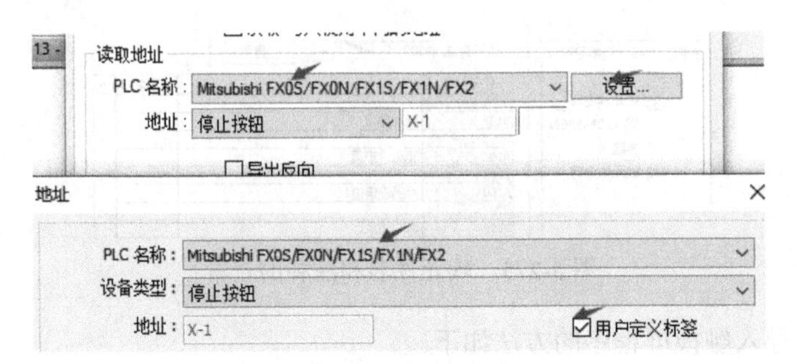

图 5-278　地址标签库的应用

将触摸屏程序地址标签库导出到 Excel 表格的方法如下。

① 在“地址标签库”对话框中单击“新建”按钮，弹出“地址标签”对话框，分别添加所用到的地址标签，如图 5-279 所示。

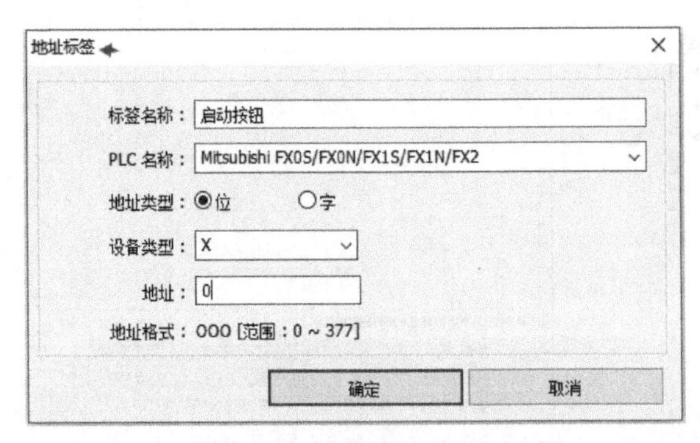

图 5-279　添加地址标签

② 地址标签添加完成后，“地址标签库”对话框如图 5-280 所示。

③ 单击“导出为 Excel”按钮，选择表格的保存位置即可。

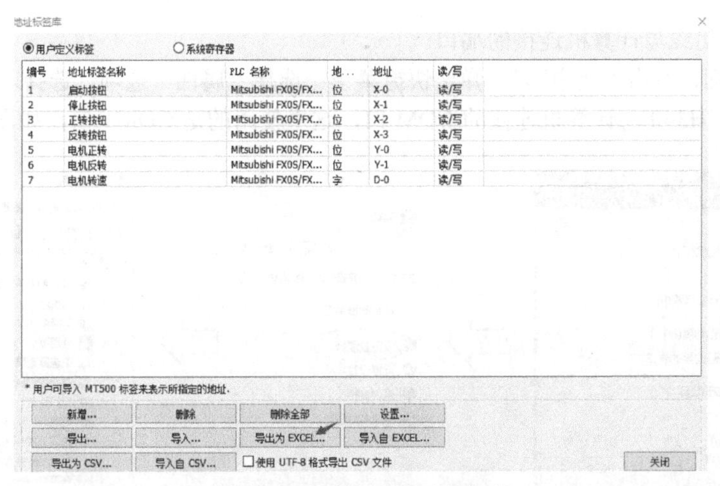

图 5-280　地址标签添加完成

5.10　常见问题

问题一：离线模拟仿真时某些元件不显示，有时弹出警告，如图 5-281 所示。

解决方法如下。

选择菜单栏上的“编辑”→“系统参数设置”选项，弹出“系统参数设置”对话框。选择“HMI 属性”选项卡；在“端口号”框中把“8000”改为“8001”“8002”“8003”……如图 5-282 所示。每改变一次，都重新编译并进行离线模拟（如果问题还没解决，就重启计算机，再按以上步骤操作）。

The HMI system is being prohibited from accessing local devices. Please check if the HMI port no.(8000) is occupied.

图 5-281　元件不显示

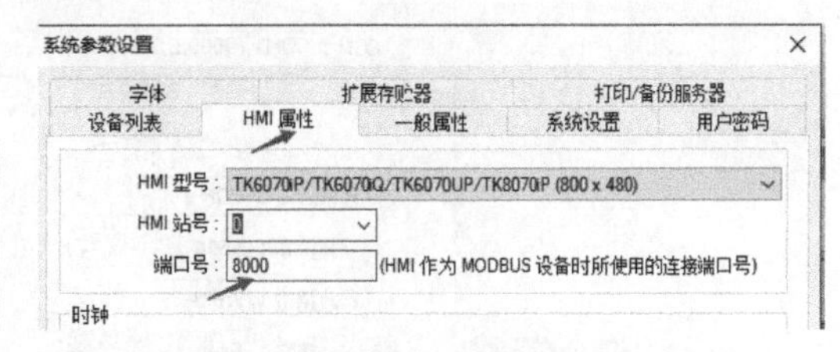

图 5-282　改变端口号

问题二：在线模拟仿真时弹出“PLC no response”错误提示，如图 5-283 所示。

解决方法如下。

检查触摸屏、计算机和 PLC 通信线的连接，如图 5-284 所示（图中触摸屏与 PLC 的 COM1 口连接，计算机与 PLC 的 COM2 口连接）。

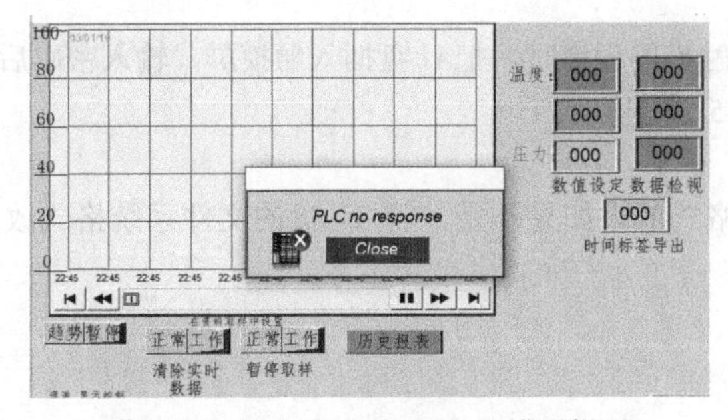

图 5-283　“PLC no response”错误提示

图 5-284　PLC 与触摸屏通信线的连接

查看PLC通信线与计算机连接的端口。

在计算机桌面，右击“此电脑”，弹出快捷菜单，选择“属性”选项，选择左侧的“设备管理器”选项，查看CH340与计算机连接的COM口，这里使用的是COM1口，如图5-285所示。

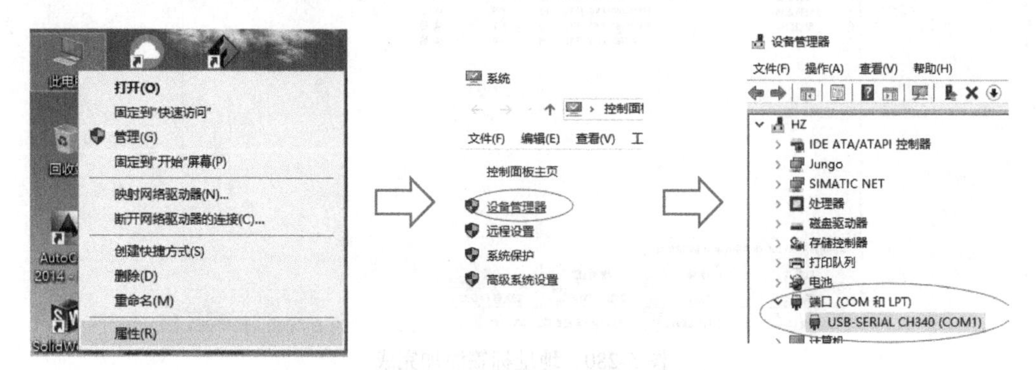

图5-285 查看PLC通信线与计算机连接的端口

参考上面的端口信息，可知计算机和PLC连接的端口是COM1口，所以在EB8000软件中把COM口改为对应COM 1口。

选择菜单栏上的“编辑”→“系统参数设置”选项，双击“本机PLC选项栏”，弹出“设备属性”对话框，将“接口类型”设置为“RS-232”，单击“设置”按钮，把“通信端口”设置为COM1，如图5-286所示。

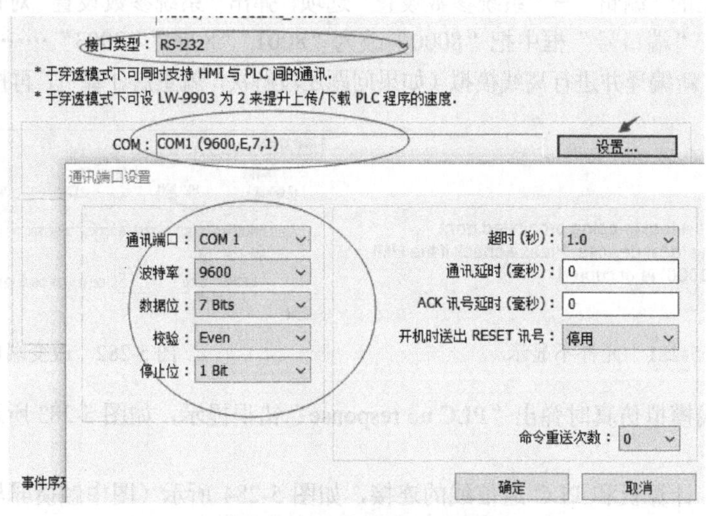

图5-286 设备属性对话框①

对编辑完成的触摸屏程序进行编译。

问题三：威纶通TK6070iQ通过U盘下载触摸屏程序时，把U盘插入触摸屏，输入密码后，展开“disk a 1”文件夹，没有内容显示，如图5-287所示。

解决方法如下。

查看U盘的文件系统是否为“FAT32”格式的，如果不是，将U盘的文件系统格式改为“FAT32”格式。

① 软件截图中，“通讯”的正确写法应为“通信”，“讯号”的正确写法应为“信号”。

查看U盘文件系统格式的方法：在计算机中找到U盘，右击，弹出快捷菜单，单击“属性”选项，可查看U盘属性，如图5-288所示。

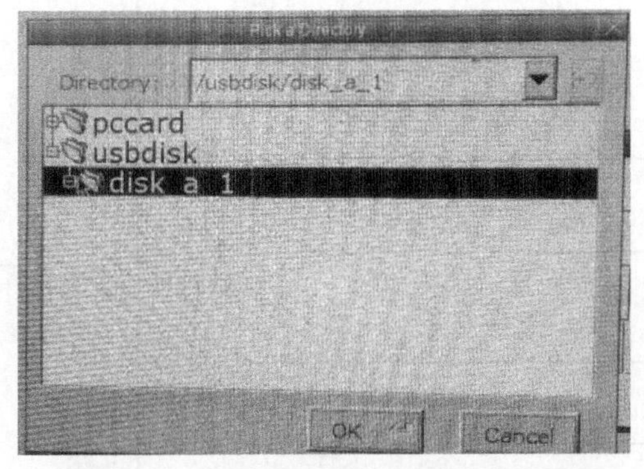

图5-287 触摸屏程序文件夹对话框

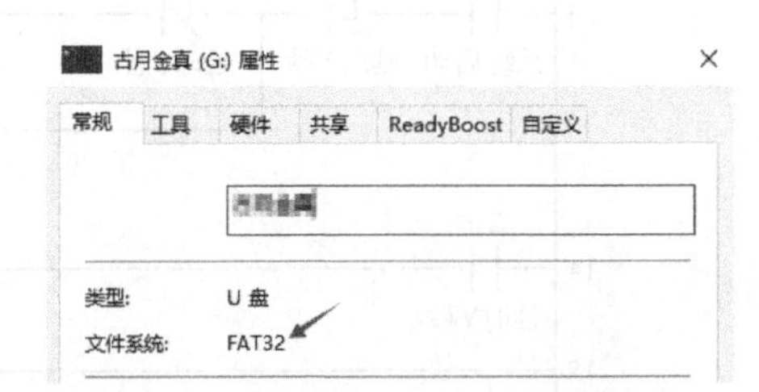

图5-288 查看U盘文件系统格式

问题四：把U盘插入触摸屏，输入密码后，展开“disk a 1”文件夹，中文命名的文件夹显示为“？？？…”。

解决方法如下。

触摸屏无法识别中文文件夹名称，把触摸屏程序的文件夹重命名为由英文字母或者数字组成的名称。

习题5

一、填空题

1. 触摸屏新建工程需要设置________，如触摸屏型号、PLC型号、接口类型等。
2. 位状态设置元件提供________与________两种操作方式。
3. 位状态切换开关元件为________元件与________元件的组合。
4. ________元件使用仪表的方式，指示目前寄存器中的数据。
5. ________元件提供窗口切换、调用其他窗口、关闭窗口等功能，也可用来设计键盘的按键。
6. ________使用连续的线段描绘资料取样元件所记录的资料，在图表上呈现某事物或某信息数据的发展趋势的图形。
7. 添加趋势图元件及历史数据显示元件的前提是进行________工作。
8. ________是用来定义事件的内容与触发这些事件的条件。

二、简答题

1. 触摸屏的作用有哪些？
2. 什么是窗口？在触摸屏程序设计中，窗口的作用有哪些？

三、设计题

图1是使用PLC定时器设计的一个时间可调的闪烁电路程序，根据PLC程序设计对应的触摸屏控制界面，要求在触摸屏控制界面上有“启动按钮”“停止按钮”“闪烁灯”和两个调节闪烁时间的数值元件。

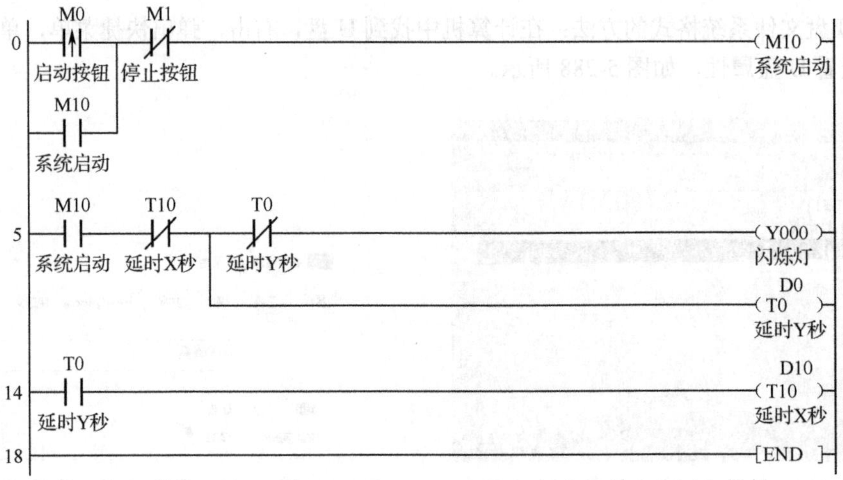

0 M0 启动按钮 M1 停止按钮 (M10) 系统启动

M10 系统启动

5 M10 系统启动 T10 延时X秒 T0 延时Y秒 (Y000) 闪烁灯

D0 (T0) 延时Y秒

14 T0 延时Y秒 D10 (T10) 延时X秒

18 [END]

图1 设计题图

第6章　FX系列PLC程序设计方法及其应用

本章主要介绍实际应用中的三种程序设计方法，即梯形图的经验设计法、继电器电路转换法、顺序功能图设计法。

6.1　梯形图的经验设计法

梯形图的经验设计法使用设计继电器电路图的方法来设计比较简单的开关量控制系统的梯形图，即在一些典型电路的基础上，根据被控对象对控制系统的具体要求，不断地修改和完善梯形图。采用这种方法，有时需要反复地调试和修改梯形图，增加一些触点或中间软元件，直至得到一个较为满意的结果。

梯形图的经验设计法适用于比较简单的控制系统，没有固定的模式，一般根据控制要求，凭借平时积累的经验，利用一些典型的基本控制来完成程序设计。在编程时，最常使用“启-保-停”思路，即根据控制要求，找到控制输出所需要的启动、保持和停止条件，再通过“与”“或”“非”等逻辑关系把这些条件连接起来进行输出控制。

这种设计方法没有普遍的规律可以遵循，具有很强的试探性和随意性，最后的结果也不是唯一的，设计所用的时间、设计的质量和设计者的经验有很大的关系。

梯形图的经验设计法是目前常用一种程序设计方法。该方法的核心是输出线圈，因为PLC的动作就是从线圈输出的。应用梯形图的经验设计法的基本步骤如下。

① 分解控制功能，画输出线圈梯级。根据控制系统的工作过程和工艺要求，将要编写的梯形图程序分解成独立的子梯形图程序。以输出线圈为核心画出输出位样级图，并画出该线圈的通电条件、断电条件和自锁条件。在画图过程中，注意程序的启动、停止、连续运行分支、选择性分支和并发分支。

② 建立辅助位梯级。若不能直接使用输入条件逻辑组合作为输出线圈的通电和断电条件，则需要使用工作位、定时器或计数器及指令的执行结果作为条件，建立输出线圈的通电和断电条件。

③ 画出互锁条件和保护条件。互锁条件是避免发生互相冲突动作的条件，保护条件可以在系统出现异常时，使输出线圈动作，保护控制系统和生产过程。

④ 检查所画的图纸，补充遗漏的功能或条件，若发现错误也可及时更正。

在设计梯形图程序时，要注意先画基本梯形图，当基本梯形图的功能能够满足要求后，再增加其他功能。在使用输入条件时，注意输入条件是电平、脉冲还是边沿。调试时要将梯形图分解成小功能块进行调试，小功能块调试完成后，再调试全部功能，即采用功能模块化调试的方法。

在画梯形图时，必须遵循以下规则。

① 三菱PLC梯形图程序必须符合顺序执行的原则，即从左到右、从上到下执行。

② 三菱 PLC 梯形图每一行都从左母线开始，线圈在最右边。在继电器控制原理图中，继电器的触点可以放在线圈的右边，但在梯形图中，触点不允许放在线圈的右边。

③ 三菱 PLC 线圈不能直接与左母线相连，也就是说，线圈输出（作为逻辑结果）必须有条件。必要时可以使用一个内部继电器的动断触点或内部特殊继电器来实现。

④ 若三菱 PLC 同一编号的线圈在一个程序中使用了两次以上，则该程序称为双线圈输出程序。双线圈输出程序容易引起误操作，这时前面的输出无效，最后的输出才有效。但该输出线圈对应触点的动作，要根据该逻辑运算之前的输出状态来判断。一般借助于辅助继电器来避免双线圈输出问题。

⑤ 三菱 PLC 梯形图对触点串、并联的次数没有限制。

⑥ 三菱 PLC 梯形图中，外部输入/输出继电器、内部继电器、定时器、计数器等软元件的触点可重复使用，没有必要采用复杂程序结构来减少触点的使用次数。

⑦ 三菱 PLC 梯形图中，两个或两个以上的线圈可以并联输出。

【例 6-1】 自动装货与卸货小车程序设计。

小车控制系统示意图如图 6-1（a）所示。SQ1 和 SQ2 分别是右、左限位开关。假设小车的起始位置在右限位开关 SQ1 和左限位开关 SQ2 之间，SQ1 和 SQ2 断电。按下“右行”启动按钮，小车开始向右行驶，碰到右限位开关 SQ1 后，右限位开关 SQ1 通电，小车停止运行，开始装货。30s 之后，小车停止装货并开始向左行驶。此时，右限位开关 SQ1 检测不到小车，自动断电。当小车向左行驶，碰到左限位开关 SQ2 后，左限位开关 SQ2 通电，小车停止运行，开始卸货。30s 之后，小车停止卸货并开始向右行驶。此时，左限位开关 SQ2 检测不到小车，自动断电。小车不停地循环工作，直到停止按钮被按下。

根据工程控制要求，小车控制系统中，有右行启动按钮 SB1、左行启动按钮 SB2、停止按钮 SB3。右行启动按钮 SB1 连接 PLC 输入端 X000、左行启动按钮 SB2 连接 PLC 输入端 X001、停止按钮 SB3 连接 PLC 输入端 X002。右限位开关连接 PLC 输入端 X003、左限位开关连接 PLC 输入端 X004。小车右行由 Y000 驱动、小车左行由 Y001 驱动。小车控制系统 PLC 接线图如图 6-1（b）所示。

工程项目分析：左、右限位开关用于检测小车的位置，装货与卸货的时间作为小车向左行驶和向右行驶的条件。

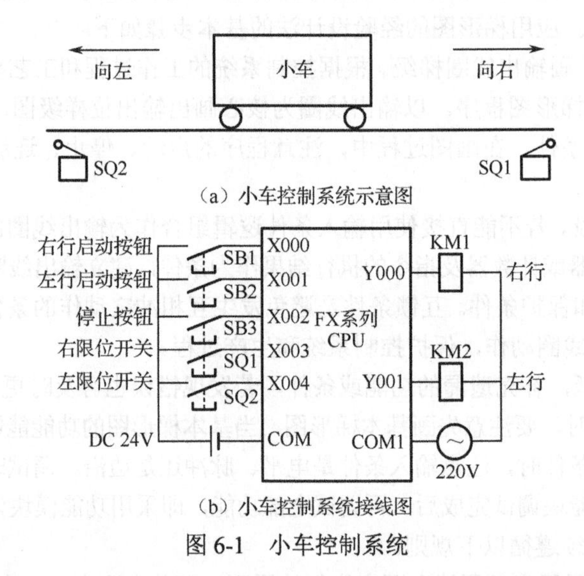

图 6-1 小车控制系统

1. PLC 程序设计

（1）I/O 点地址分配

小车控制系统 I/O 点地址分配如表 6-1 所示。

表 6-1 I/O 点地址分配表

输入（I）信号			输出（O）信号		
名 称	代 号	输入点编号	名 称	代 号	输出点编号
右行启动按钮	SB1	X000	小车右行	KM1	Y000
左行启动按钮	SB2	X001	小车左行	KM2	Y001
停止按钮	SB3	X002			
右限位开关	SQ1	X003			
左限位开关	SQ2	X004			

（2）小车控制系统程序设计

根据小车控制过程进行 PLC 程序设计，梯形图如图 6-2 所示。

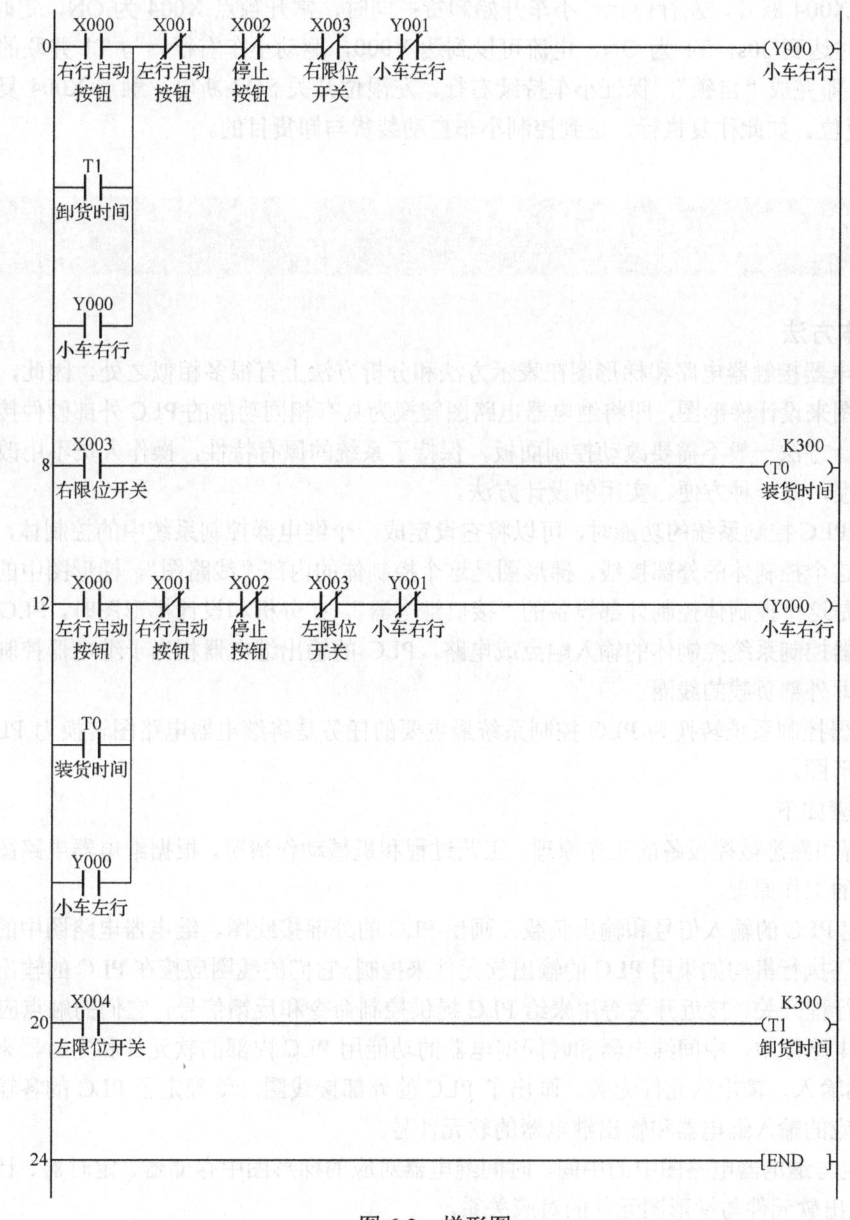

图 6-2 梯形图

2．程序说明

小车起始位置在左限位开关SQ1和右限位开关SQ2之间，SQ1和SQ2断电。按下右行启动按钮SB1，梯形图中的常开触点X000为ON，能流能够到达Y000，驱动小车开始右行。此时，与X000并联的常开触点Y000闭合，即完成“自锁”，保证小车持续右行。梯形图上，小车左行控制支路上串联的常闭触点X000、Y000，起到“互锁”作用，保证小车右行时，不能控制向左操作。小车右行，碰到右限位开关SQ1时，SQ1通电，梯形图右行控制支路上串联的常闭触点X003断开，右行停止，小车开始装货；同时，常开触点X003为ON，定时器T0开始计时，计时达到30s，T0为ON，能流可以到达Y001，驱动小车左行。与T0并联的常开触点Y001闭合，即完成“自锁”，保证小车持续左行。右限位开关SQ1断电，触点X003复位，从而计时器T0复位。梯形图上，小车右行控制支路上串联的常闭触点X001、Y001，起到“互锁”作用，保证小车左行时，不能控制向右操作。小车左行，碰到左限位开关SQ2时，SQ2通电，梯形图左行控制支路上串联的常闭触点X004断开，左行停止，小车开始卸货；同时，常开触点X004为ON，定时器T1开始计时，计时达到30s，T1为ON，电流可以到达Y000，驱动小车右行。与T1并联的常开触点Y000闭合，即完成“自锁”，保证小车持续右行。左限位开关SQ2断电，触点X004复位，从而计时器T1复位。如此往复执行，达到控制小车自动装货与卸货目的。

6.2 继电器电路转换法

1．基本方法

由于继电器接触器电路和梯形图在表示方法和分析方法上有很多相似之处，因此，可以根据继电器电路图来设计梯形图，即将继电器电路图转换为具有相同功能的PLC外部硬件接线图和梯形图。此设计方法一般不需要改动控制面板，保持了系统的原有特性，操作人员不用改变长期形成的操作习惯，是一种方便、实用的设计方法。

在分析PLC控制系统的功能时，可以将它设定成一个继电器控制系统中的控制体，其外部接线图描述了这个控制体的外部接线，梯形图是这个控制体的内部“线路图”，梯形图中的输入点和输出继电器是这个控制体控制外部设备的“接口继电器”。在分析和设计梯形图时，PLC的输入点相当于继电器控制系统控制体的输入触点或电路，PLC的输出继电器相当于继电器控制系统控制体的输出，即外部负载的线圈。

将继电器控制系统转换为PLC控制系统最重要的任务是将继电器电路图转换为PLC的外部接线图和梯形图。

具体步骤如下。

① 了解和熟悉被控设备的工作原理、工艺过程和机械动作情况，根据继电器电路图分析和掌握控制系统的工作原理。

② 确定PLC的输入信号和输出负载，画出PLC的外部接线图。继电器电路图中的交流接触器和电磁阀等执行机构如果用PLC的输出软元件来控制，它们的线圈应接在PLC的输出端。按钮、操作开关、行程开关、接近开关等用来给PLC提供控制命令和反馈信号，它们的触点应接在PLC的输入端。电路图中，中间继电器和时间继电器的功能用PLC内部的软元件和定时器来完成，它们与PLC的输入、输出软元件无关。画出了PLC的外部接线图，就确定了PLC的各输入信号和输出负载对应的输入继电器和输出继电器的软元件号。

③ 确定与继电器电路图中的中间、时间继电器对应的梯形图中存储器、定时器、计时器的地址，输入/输出软元件与梯形图元件的对应关系。

④ 根据上述的对应关系画出梯形图。

2. 注意事项

在将继电器电路图转换为梯形图时，应注意以下问题。

① 为了节约硬件成本，继电器电路设计的基本原则是尽量少用元件和触点。而在编程时多用一些梯形图中的辅助软元件（如 M、T、C 等）和触点，不会增加硬件成本，对系统的运行速度影响很小。

② 根据在 PLC 外部接线图中确定的外部元件与梯形图中的软元件之间的对应关系，适当地分离继电器电路图中的某些电路。

③ 在 PLC 程序设计过程中，要适当设置中间单元。例如，在梯形图中，若多个线圈都受某一触点串并联电路的控制，则为了简化电路，应在梯形图中设置由该电路控制的辅助继电器。

④ 在时间继电器中，除了有延时动作的触点，还有在线圈通电瞬间接通的瞬动触点。在梯形图中，可以在定时器的线圈两端并联存储器的线圈，它的触点相当于定时器的瞬动触点。

⑤ 设立外部互锁电路，由于软件动作需要时间，即使梯形图已经完成互锁，也要在 PLC 外部设置硬件互锁电路。

⑥ PLC 双向晶闸管输出模块一般只能驱动额定电压为 AC 220V 的负载，系统交流接触器应使用能承受 220V 电压的线圈。

6.3 顺序功能图设计法

用梯形图的经验设计法设计梯形图时，没有一套固定的方法和步骤可以遵循，在设计复杂系统的梯形图时，由于需要考虑的因素很多，分析起来非常困难，所以使用该方法很容易遗漏一些应该考虑的问题，且很难阅读，给系统的修改和改进带来了很大的困难。

顺序功能图是描述控制系统控制过程、功能和特性的一种图形，也是一种通用的技术语言，可供不同专业的人员进行技术交流，它不涉及所描述的控制功能的具体技术。

顺序功能图主要由步、动作（或命令）、有向连线、转换条件等要素组成，如图 6-3 所示。

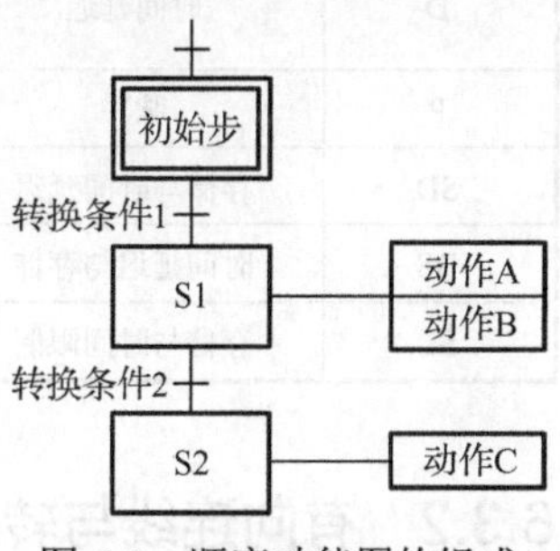

图 6-3　顺序功能图的组成

6.3.1 步与动作

1. 步

顺序功能图将系统的一个工作周期划分成若干顺序相连的阶段，这些阶段称为步，用软元件（如辅助继电器 M 和状态 S）代表各步。步是根据输出量的状态变化来划分的，在任何一步之内，各输出量的 ON/OFF 状态不变，但是相邻两步输出量总的状态是不同的，步的这种划分方法使各步的软元件的状态与各输出量的状态之间有着极为简单的逻辑关系。

2. 初始步

对应于系统初始状态的步称为初始步，系统初始状态是等待启动命令的相对静止状态。初始步用双线方框表示，每一个顺序功能图中至少有一个初始步。

3. 活动步

当系统正处于某一步所在的阶段时，称该步为“活动步”。步处于活动状态时，相应的动作被执行；处于不活动状态时，相应的非存储型动作被停止。

4．与步对应的动作

可以将一个控制系统划分为被控系统和施控系统。例如，在数控车床系统中，数控装置是施控系统，车床是被控系统。对于被控系统，在某一步要完成某些“动作”；对于施控系统，在某一步则要向被控系统发出某些“命令”。为了叙述方便，下面将命令或动作统称为动作，并用矩形框中的文字或符号表示，该矩形框应与对应步的符号相连。

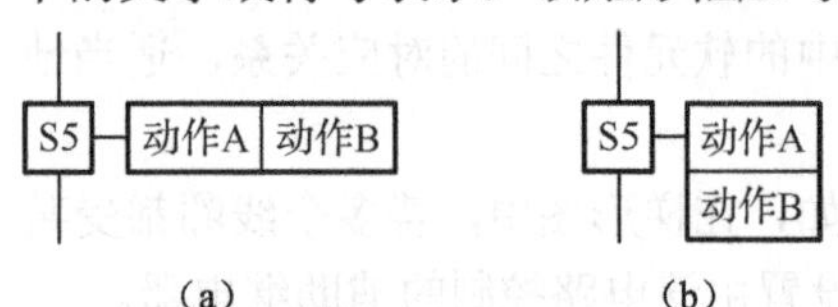

图 6-4　多个动作的表示方法

如果某一步有多个动作，可以用图 6-4 中的两种画法来表示，其动作不隐含任何顺序。说明动作的语句应清楚表明该动作是存储型的还是非存储型的。

动作的修饰词见表 6-2。使用动作的修饰词可以在一步中完成不同的动作。动作的修饰词允许在不增加逻辑的情况下控制动作。例如，可以使用修饰词 L 来限制配料阀打开的时间。

表 6-2　动作的修饰词

修 饰 词	意 义	说 明
N	非存储型	当步变为不活动步时，动作停止
S	置位（存储型）	当步变为不活动步时，动作继续，直到动作复位
R	复位（存储型）	被修饰词 S、SD、SL 或 DS 启动的动作停止
L	时间限制	步变为活动步时，动作启动，直到变为不活动步或设定时间到
D	时间延迟	步变为活动步时，延迟定时器被启动，如果延迟之后步仍然是活动的，则动作启动/继续，直到步变为不活动步
P	脉冲	当步变为活动步时，动作启动且只执行一次
SD	存储与时间延迟	在时间延迟之后，动作启动，直到动作复位
DS	时间延迟与存储	在延迟之后如果步仍然是活动的，动作启动，直到动作复位
SL	存储与时间限制	步变为活动步时，动作启动，直到设定的时间到或动作复位

6.3.2　有向连线与转换条件

1．有向连线

在顺序功能图中，随着时间的推移和转换条件的实现，步的活动状态将会进展，这种进展按有向连线规定的线路和方向进行。在画顺序功能图时，将代表各步的方框按它们成为活动步的先后次序排列，并用有向连线将它们连接起来。步的活动状态进展的方向是从上到下或从左到右，在这两个方向，有向连线上的箭头可以省略。如果不是上述的方向，则应在有向连线上注明方向。

如果在画图时，有向连线必须中断（如在复杂的图中，或用几个图来表示一个顺序功能图时），应在有向连线中断之处表明下一步的标号和所在的页数，如步 M30、10 页等。

2．转换条件

两步之间的垂直短线表示转换，其线上的横线为编程元件触点，它表示从上一步转到下一步的条件，横线表示某元件的动合触点或动断触点，触点接通 PLC 时，才可执行下一步。转换条件可以是外部的输入信号，如按钮、指令开关、限位开关的接通/断开等，也可以是 PLC 内部产生的信号，如定时器、计数器常开触点的接通等，还可以是若干信号“与”“或”“非”的逻辑组合。

6.3.3 顺序功能图的基本结构

顺序功能图的基本结构可分为单序列、选择序列、并行序列、循环序列和复合序列5种。

1．单序列

单序列顺序功能图由一系列相继激活的步组成，每一步的后面只有一个转换，每一个转换的后面只有一个步，如图6-5（a）所示。在单序列顺序功能图中，有向连线没有分支与合并。

2．选择序列

选择序列顺序功能图的结构如图6-5（b）所示。图6-5（b）中的顺序功能图有两个分支，假设步20（S20）是活动步，且转换条件a为1，则下一个活动步为步21；假设步20是活动步，且转换条件b为1，则下一个活动步为步22。

选择序列顺序功能图的结束称为合并，几个选择序列合并到一个公共序列时，用与需要重新组合的序列相同数量的转换符号和水平连线来表示，转换符号只允许标在水平连线之上。假设步21是活动步，且转换条件c为1，则下一个活动步为步23；假设步22是活动步，且转换条件d为1，则下一个活动步为步23。

3．并行序列

当转换的实现致使几个序列同时被激活时，这些序列被称为并行序列。并行序列用来表示系统中几个同时工作的独立部分的工作情况，如图6-5（c）所示。

并行序列顺序功能图的开始称为分支。当步20是活动步，且转换条件a为1时，步21和步23这两步同时变为活动步，同时步20变为不活动步。为了强调转换的同步实现，水平连线用双线表示。步21和步23同时激活为活动步后，每个序列中活动步的进展将是独立的。

并行序列顺序功能图的结束称为合并，在表示同步的水平双线之下，只允许有一个转换符号。当直接连在水平双线上的所有前级步（步22和步24）都处于活动状态，且转换条件b为1时，才会发生从步22和步24到步25的进展，即步22和步24同时进展为不活动步，而步25变为活动步。

并行序列顺序功能图的每一个分支点最多允许8条支路，每条支路的步数不受限制。

4．循环序列

循环序列顺序功能图用于描述一个顺序过程的多次反复执行，如图6-5（d）所示，当步22为活动步，且满足转移条件a时，就回到步20开始新一轮的循环。

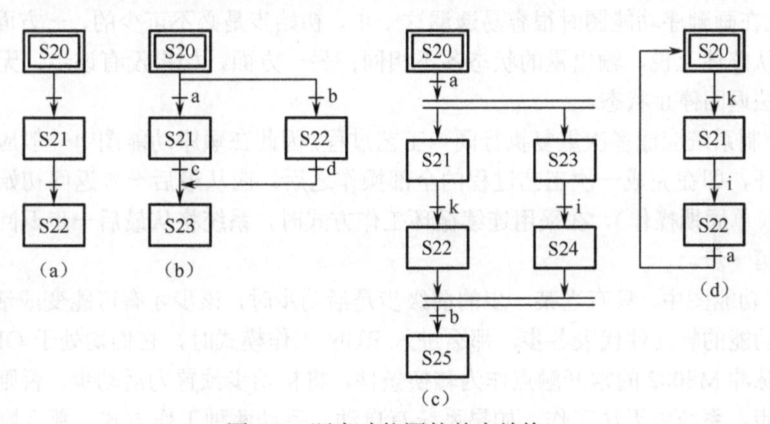

图6-5 顺序功能图的基本结构

5. 复合序列

复合序列就是一个集单序列、选择序列、并行序列和循环序列于一体的结构。

6.3.4 顺序功能图中转换实现的基本原则

1. 转换实现的条件

在顺序功能图中，步的活动状态的进展是由转换实现来完成的。转换实现必须同时满足以下两个条件。

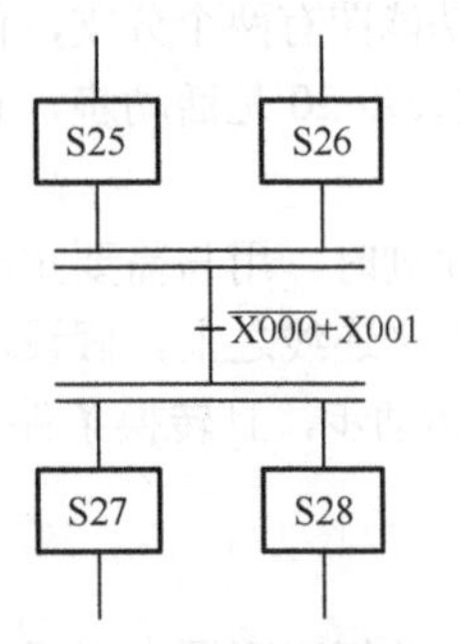

图 6-6　转换的同步实现

① 该转换所有的前级步都是活动步。

② 相应的转换条件得到满足。

如果转换的前级步或后续步不止一个，转换的实现称为同步实现，如图 6-6 所示。为了强调同步实现，有向连线的水平部分用双线表示。

转换实现的第一个条件是不能缺少的，如果取消了第一个条件，那么因为误操作或器件故障产生错误的转换条件时，不管当时处于哪一步，都会转换到该步的后续步，不但不能保证系统按顺序功能图规定的顺序工作，而且可能会造成重大事故。

2. 转换实现时应完成的操作

转换实现时应完成以下两个操作。

① 使所有由有向连线与相应转换符号相连的后续步都变为活动步。

② 使所有由有向连线与相应转换符号相连的前级步都变为不活动步。

在梯形图中，用软元件（如 M 和 S）来代表步，当某步为活动步时，该步对应的软元件为 ON 状态。当该步之后的转换条件满足时，转换条件对应的触点或电路接通，因此可以将该触点或电路与代表所有前级步的编程元件的动合触点串联，作为转换实现的两个条件同时满足时对应的电路。

3. 绘制顺序功能图时的注意事项

绘制顺序功能图时的注意事项如下。

① 两个步绝对不能直接相连，必须用一个转换将它们隔开。

② 两个转换也不能直接相连，必须用一个步将它们隔开。

③ 顺序功能图中的初始步一般对应于系统等待启动的初始状态，这一步可能没有输出，处于 ON 状态，因此在画顺序功能图时很容易遗漏这一步。初始步是必不可少的，一方面，该步与它的相邻步相比，从整体上说，输出量的状态各不相同；另一方面，如果没有该步，无法表示初始状态，系统也无法返回停止状态。

④ 自动控制系统应能多次重复执行同一工艺过程，因此在顺序功能图中一般应有由步和有向连线组成的闭环，即在完成一次工艺过程的全部操作之后，应从最后一步返回初始步，使系统停留在初始状态（单周期操作），在采用连续循环工作方式时，系统将从最后一步返回下一个工作周期开始运行的第一步。

⑤ 在顺序功能图中，只有当某一步的前级步是活动步时，该步才有可能变成活动步。如果用没有断电保持功能的软元件代表各步，那么进入 RUN 工作模式时，它们均处于 OFF 状态，此时必须用初始化脉冲 M8002 的常开触点作为转换条件，将初始步预置为活动步，否则因为顺序功能图中没有活动步，系统将无法工作。如果系统有自动、手动两种工作方式，那么顺序功能图是用来描述自动工作过程的，这时还应在系统由手动工作方式进入自动工作方式时，用一个适当的信号将初始步置为活动步。

4．顺序功能图设计法的本质

梯形图的经验设计法实际上是试图用输入量 X 直接控制输出量 Y 的方法，如果无法直接控制，或者为了实现记忆、自锁、互锁等功能，只能被动地增加一些辅助软元件和辅助触点。由于不同控制系统的输出量 Y 与输入量 X 之间的关系各不相同，以及它们对自锁、互锁的要求千变万化，因此不可能找出一种简单通用的设计方法。

顺序功能图设计法则用输入量 X 控制代表各步的软元件（如辅助继电器 M），再用它们控制输出量 Y。步是根据输出量 Y 的状态划分的，M 与 Y 之间具有很简单的“与”逻辑关系，输出电路的设计极为简单。任何复杂系统中代表步的辅助继电器的控制电路，其设计方法都是相同的，并且很容易掌握，所以顺序功能图设计法具有简单、规范、通用的优点。由于代表步的辅助继电器是依次变为 ON/OFF 状态的，实际上已经基本上解决了梯形图的经验设计法中的记忆、自锁等问题。

6.4　使用顺序功能图语言的编程方法

顺序功能图简称为 SFC。可以用 GX Developer 中的 SFC 语言来编程，用 GX Simulator 对用 SFC 语言编写的程序进行仿真。

6.4.1　单序列的编程方法

1．显示工具条上的 SFC 按钮

在 GX Developer 的菜单栏上选择“显示”→“工具条”选项，打开“工具条”对话框（如图 6-7 所示），单击“SFC”和“SFC 符号”左边的小圆圈，使之变为实心圆圈。

2．创建包含 SFC 程序的工程

单击工具条的“新建工程”按钮 □，打开“创建新工程”对话框（如图 6-8 所示）。设置 PLC 系列和 PLC 类型。在“程序类型”区域选择 SFC 选项。在“工程名设定”区域，勾选“设置工程名”复选框，设置保存工程的路径，工程名为“小车的装卸货 SFC”（该工程的控制要求见【例 6-1】）。该工程的顺序功能图如图 6-9 所示。

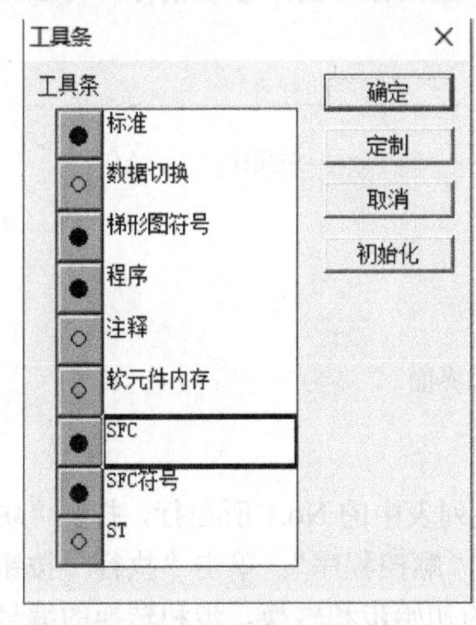

图 6-7 “工具条”对话框

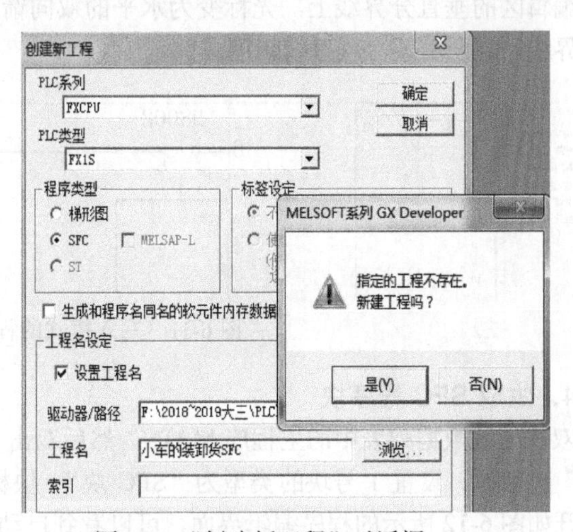

图 6-8 “创建新工程”对话框

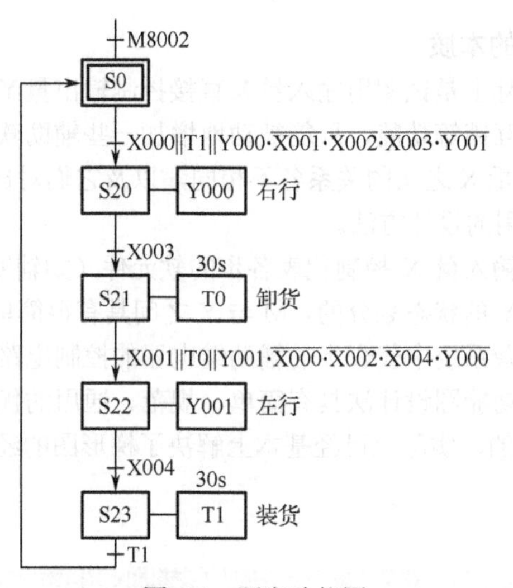

图 6-9　顺序功能图

3．生成和编辑梯形图程序块

双击工程数据列表中的主程序 MAIN，然后双击右边块列表中的 No.0 所在行，打开“块信息设置”对话框，设置 0 号块的类型为“梯形图块”，块标题为“初始程序”，如图 6-10 所示。

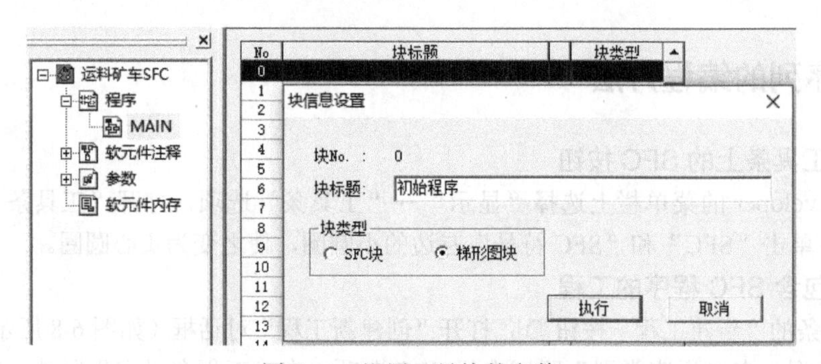

图 6-10　设置 0 号块的参数

单击“执行”按钮，打开如图 6-11 所示的写入模式的程序编辑界面。将光标放到梯形图和语句表编辑区的垂直分界线上，光标变为水平的双向箭头。按住鼠标左键，移动鼠标，可以移动垂直分界线，甚至将某个程序编辑区关闭。

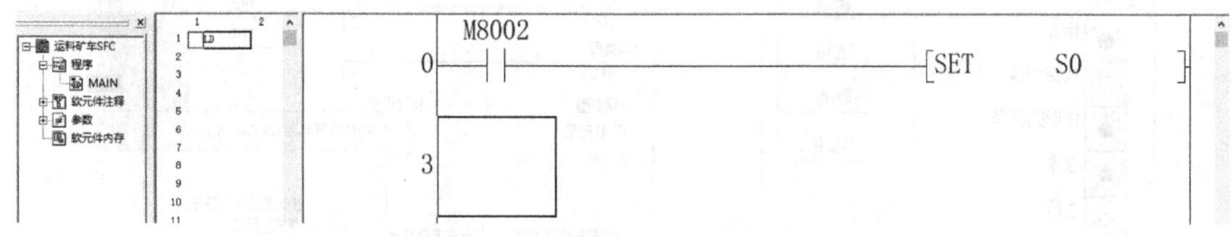

图 6-11　写入模式的程序编辑界面

4．生成 SFC 程序块

双击工程数据列表中的主程序 MAIN，然后双击右边块列表中的 No.1 所在行，打开“块信息设置”对话框，设置 1 号块的类型为“SFC 块”，块标题为“顺控程序”。单击“执行”按钮，自动打开如图 6-12 所示的程序编辑界面，可以看到自动生成的初始步和转换。步和转换的编号均为“？0”。

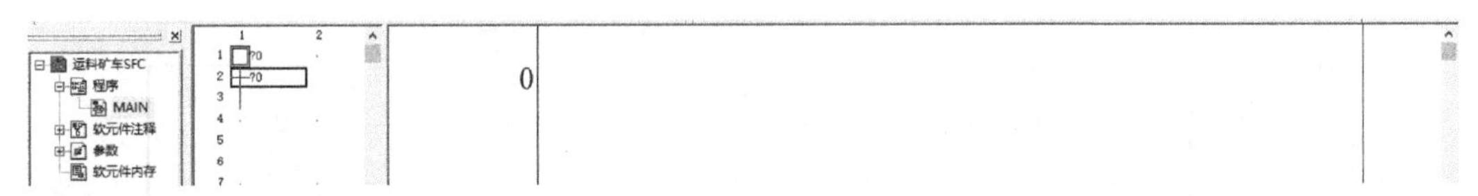

图 6-12　程序编辑界面

5．编辑转换条件

选中程序编辑界面中第 2 行的转换，在右边的程序编辑区域输入转换条件。首先输入两个常开触点组成的串联电路，双击 X003 常开触点右边光标所在处，在出现的“梯形图输入”对话框中输入“TRAN”（转换的缩写）。

单击“确定”按钮后，再单击工具条上的“程序变换/编译”按钮（或者按快捷键 F4），对输入的转换条件进行编译，编译成功后，才能进行后续的操作。图 6-13 是编译成功后的转换条件，编译成功后图 6-12 中转换的编号由“？0”变为“0”。

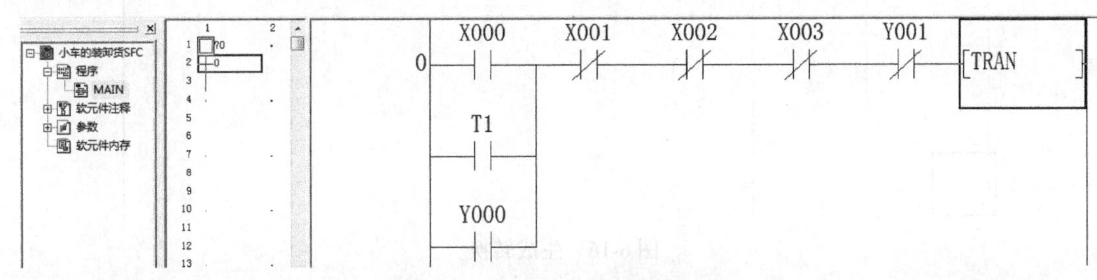

图 6-13　编译成功后的转换条件

6．生成步

双击程序编辑界面的第 4 行第 1 列（如图 6-14 所示），生成一个新步。打开“SFC 符号输入”对话框，将步（STEP）的编号改为 20，将注释设置为“右行步”，单击“确定”按钮，结束操作。

图 6-14　生成步

7．编辑动作

在菜单栏上选择“显示”→“注解显示”选项，显示该步的注解与注释内容，再次在菜单栏上选择“工具”→“选项”选项，勾选输入注释区域的“指令写入时，继续执行”复选框，在编写 Y000 线圈程序后，可以接着编辑注释内容。之后用鼠标选中步“？20”，在菜单栏上选择“显示”→“步/转移注释显示”选项，在步的右下角出现步的注释。单击右边的程序编辑区域，单击工具条上的“注解项编辑”按钮，双击编写完的 Y000 线圈程序，输入注释内容。编译程序，步的编号由“？20”变为“20”，如图 6-15 所示。

8．生成转换

在图 6-16 中光标所在的位置双击，出现“SFC 符号输入”对话框。采用默认的转换编号（1 号转换），单击“确认”按钮，生成的转换的编号为“？1”。选中刚生成的转换，在右边的程序编辑区域输入转换条件 T10 和结束该转换的“TRAN”，编译程序后，转换的编号变为“1”。

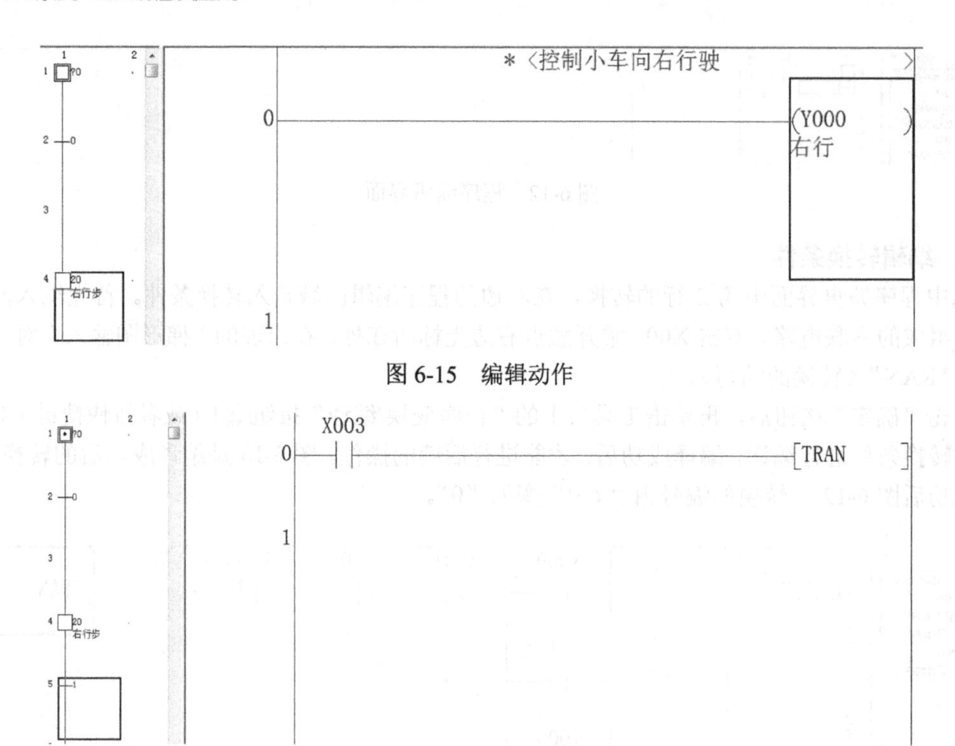

图 6-15　编辑动作

图 6-16　生成转换

9．生成跳转

按图 6-9 的要求，用上述的方法生成其余各步和转换，以及各步的动作和各转换的转换条件。在图 6-17 所示的光标位置处，单击工具条上的“跳转”按钮，出现“SFC 符号输入”对话框，输入跳转（JUMP）的目标步（初始步）的编号 0，单击“确定”按钮，在 4 号转换下面出现跳转到第 0 步的跳转符号（如图 6-18 所示）。初始步的中间出现一个“ •”号，表示它是跳转目标步。

SFC 程序输入结束后，单击“程序批量变换/编译”按钮，编译后，才能下载和运行 SFC 程序。

10．SFC 程序的监控

单击工具条上的“梯形图逻辑测试启动/停止”按钮，仿真软件 GX Simulator 自动打开，用户程序自动写入，SFC 程序进入监控状态。单击“软元件测试”按钮，弹出“软元件测试”对话框，如图 6-19 所示，为了满足转换条件 0，需模拟按下右行启动按钮 X000。

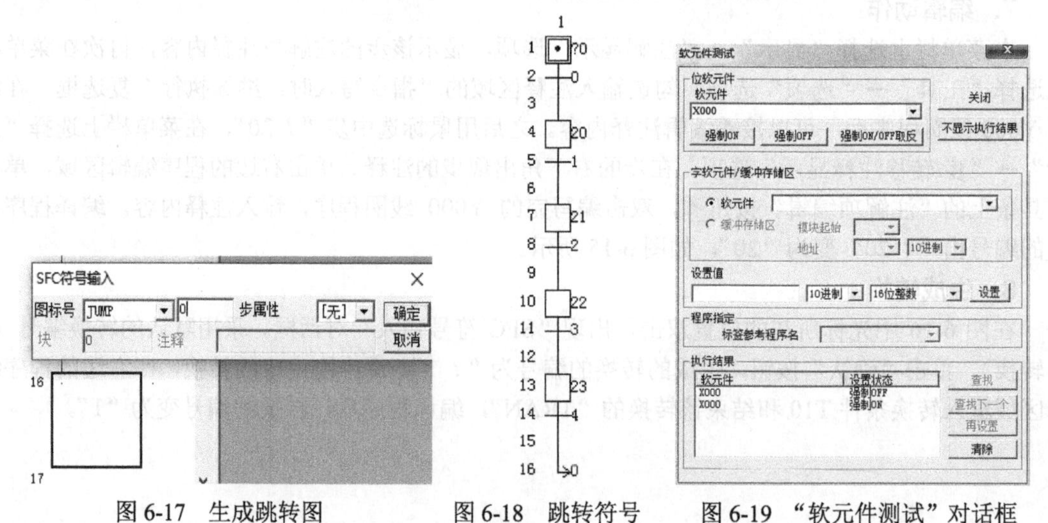

图 6-17　生成跳转图　　图 6-18　跳转符号　　图 6-19 “软元件测试”对话框

单击工具条上的“自动滚屏”按钮，实心矩形光标将自动选中和显示当前的活动步（如图 6-20 所示），被选中的活动步的方框为黄色，右边程序编辑区域将显示活动步的动作。

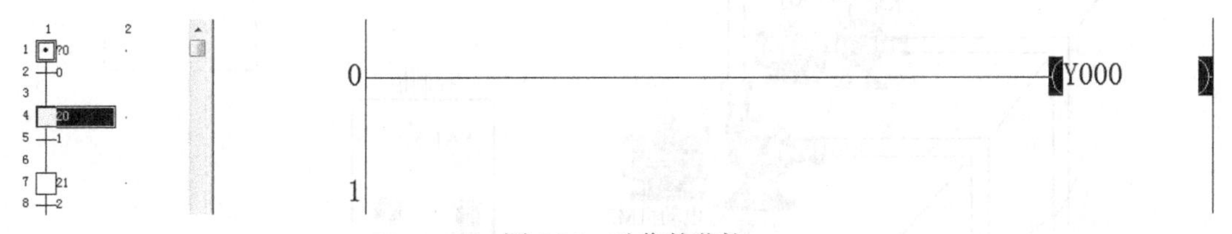

图 6-20　动作的监控

由上述操作可以知道，刚进入 RUN 模式时，初始步 0 的状态为 ON（如图 6-21 所示），选中第 2 行的 0 号转换，通过右边的梯形图，可以监视 0 号转换的转换条件的状态。此时未选中的活动步 20 的方框为深蓝色。

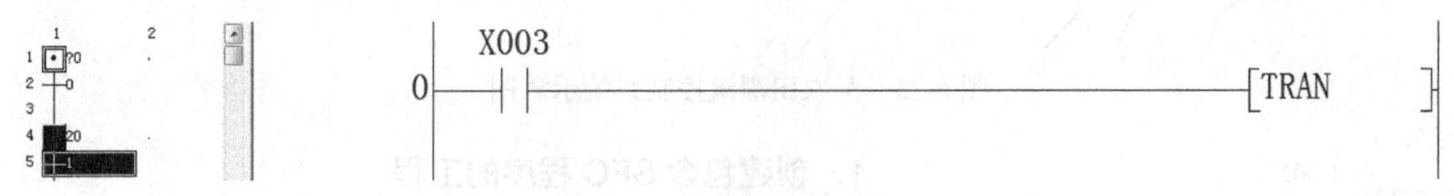

图 6-21　转换条件的监控

单击“软元件测试”按钮继续下一步的监控，模拟小车到达装货地点，即右限位开关 X003 通电，此时步 20 变为不活动步，步 20 的方框由深蓝色变为白色，下面的步 21 变为活动步；30s 的装货时间一到，程序的活动步自动跳转到步 22，即小车左行，此时小车离开装货地点，右限位开关 X003 断电；模拟小车到达卸货地点，即左限位开关 X004 通电，此时步 22 变为不活动步，步 22 的方框由深蓝色变为白色，下面的步 23 变为活动步；30s 的卸货时间一到，程序的活动步自动跳转到初始步 0，即小车右行，此时小车离开装货地点，左限位开关 X004 断电。至此，程序循环了一个周期，由此不难发现，上述的监控只需模拟 X003、X004 的得通电。

11．SFC 与梯形图的相互转换

之前的监视操作已经成功编译，若再修改程序，需单击工具条上的“程序批量变换/编译”按钮。用鼠标右键单击左边的工程数据列表中的“程序”，在快捷菜单中选择“改变程序类型”选项，在“改变程序类型”对话框中，选择“梯形图”选项，单击“确定”按钮，如图 6-22 所示，将程序类型转换为“梯形图”。双击工程数据列表中的主程序 MAIN，可打开转换后的梯形图程序。

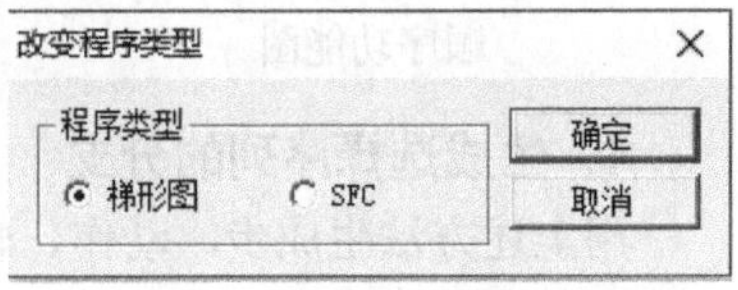

图 6-22　改变程序类型

6.4.2　包含选择序列的顺序功能图的画法

工程背景：在某农田灌溉控制系统（示意图见图 6-23）中，两台三相异步电动机 M1、M2 分别驱动两个水泵工作，工作方式可以采用双机或单机供水。两台电动机 M1、M2 采用全压启动，两台电动机的工作过程如下。

① 给水方式选择开关 SA1 置双机供水方式（X000 置 1）。按下启动按钮 SB2，电动机 M1、M2 等待 10s 后启动并运行，驱动两个水泵工作；按下停止按钮 SB3，两台电动机同时停止，水泵停止工作。

② 给水方式选择开关 SA1 置单机供水方式（X001 置 1）。按下启动按钮 SB2，电动机 M1 等待 10s 后启动并带动水泵运行；按下停止按钮 SB3，电动机 M1 停止，水泵停止工作。

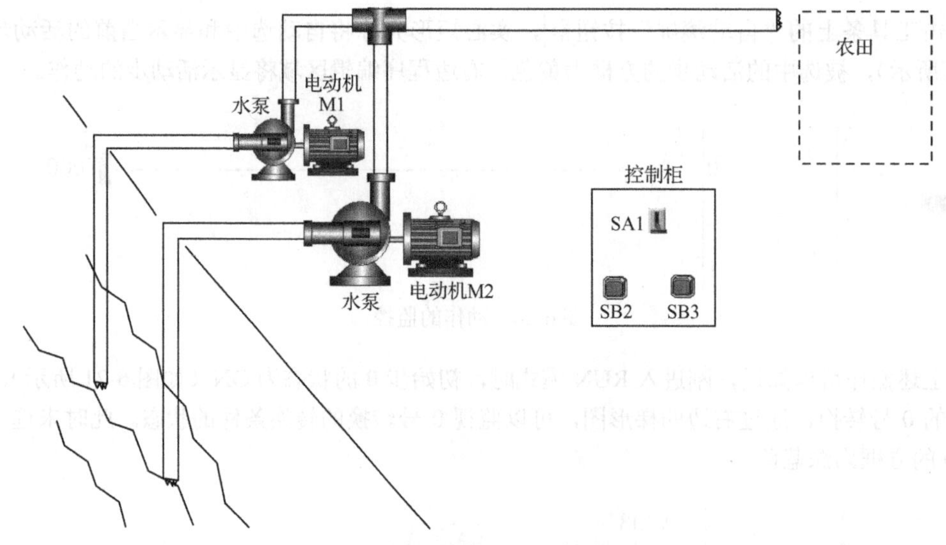

图 6-23　某农田灌溉控制系统示意图

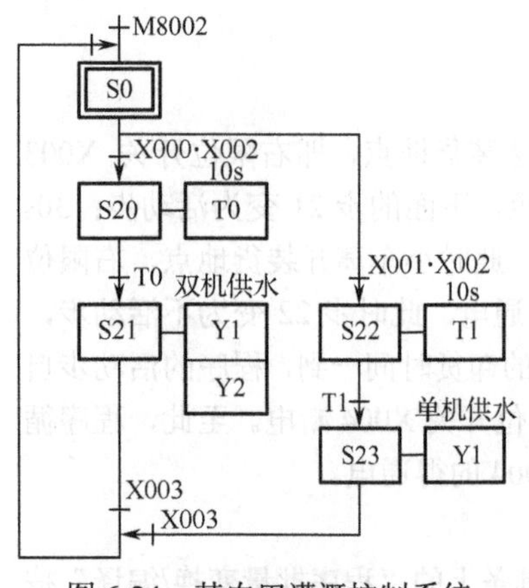

图 6-24　某农田灌溉控制系统顺序功能图

1. 创建包含 SFC 程序的工程

单击工具条上的“新建工程”按钮，打开“创建新工程”对话框，设置 PLC 系列和 PLC 类型，在“程序类型”区域选择 SFC 选项，勾选“设置工程名”复选框，设置工程名为“农田灌溉 SFC”。工程的顺序功能图如图 6-24 所示。

2. 生成初始程序

双击工程数据列表中的主程序 MAIN，然后双击右边块列表中的 No.0 所在行，打开“块信息设置”对话框，生成与工程“小车的装卸货 SFC”相同类型的“梯形图块”初始程序。

3. 生成 SFC 程序块

双击工程数据列表中的主程序 MAIN，然后双击右边块列表中的 No.1 所在行，打开“块信息设置”对话框，设置 1 号块的类型为“SFC 块”，块标题为“顺控程序”。

4. 生成选择序列的分支

用上述方法生成步、动作、转换和转换条件。在生成初始步 0 后的转换序列的分支时，首先生成步 0 下面的转换 0，然后选中该转换（见图 6-25），单击工具条上的“选择分支”按钮F6，单击出现的“SFC 符号输入”对话框中的“确定”按钮，生成选择序列的分支。双击图 6-26 光标所在处，生成 1 号转换，随后根据图 6-24，依次生成相应步的动作与转换条件。

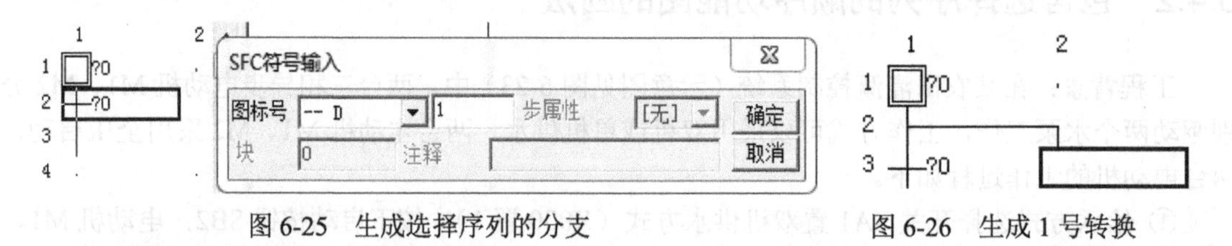

图 6-25　生成选择序列的分支　　　　图 6-26　生成 1 号转换

5. 生成选择序列的合并

选择序列的合并可以用跳转实现。在 4 号和 5 号转换下面都将生成一个返回初始步 0 的跳转，跳转目标号为 0，编写完成的包含选择序列的顺序功能图（程序）如图 6-27 所示。

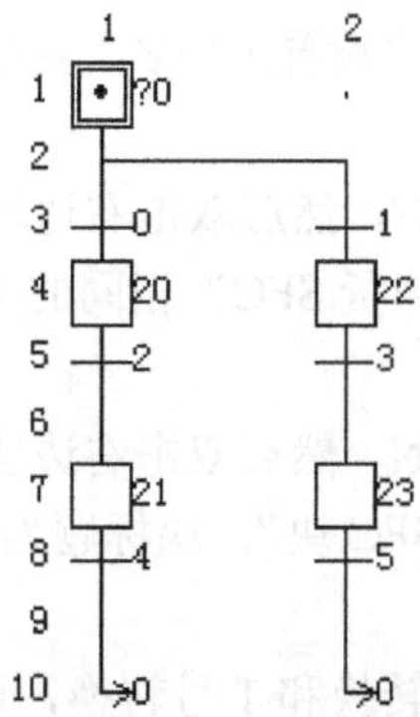

图 6-27　编写完成的包含选择序列的顺序功能图（程序）

6.4.3　包含并行序列的顺序功能图的画法

工程背景：某工厂有一混合液体搅拌机系统，示意图如图 6-28 所示。其工作流程如下：按下启动按钮，等待 5s，阀门 1 和阀门 2 同时打开，两种液体随即流入箱内，当液位达到液位传感器 S1 的高度时，S1 发出信号，阀门 3 打开的同时阀门 1 关闭，当液位达到液位传感器 S2 的高度时，S2 发出信号，阀门 2 关闭，等待 5s 后，阀门 3 关闭，同时搅拌机启动，1 分钟后，搅拌机停止工作，阀门 4 打开，当 S1 不再发出信号（液位低于液位传感器 S1 的高度）时，等待 10s，阀门 4 关闭。编写完成的包含并行序列的顺序功能图如图 6-29 所示，下面介绍它的设计过程。

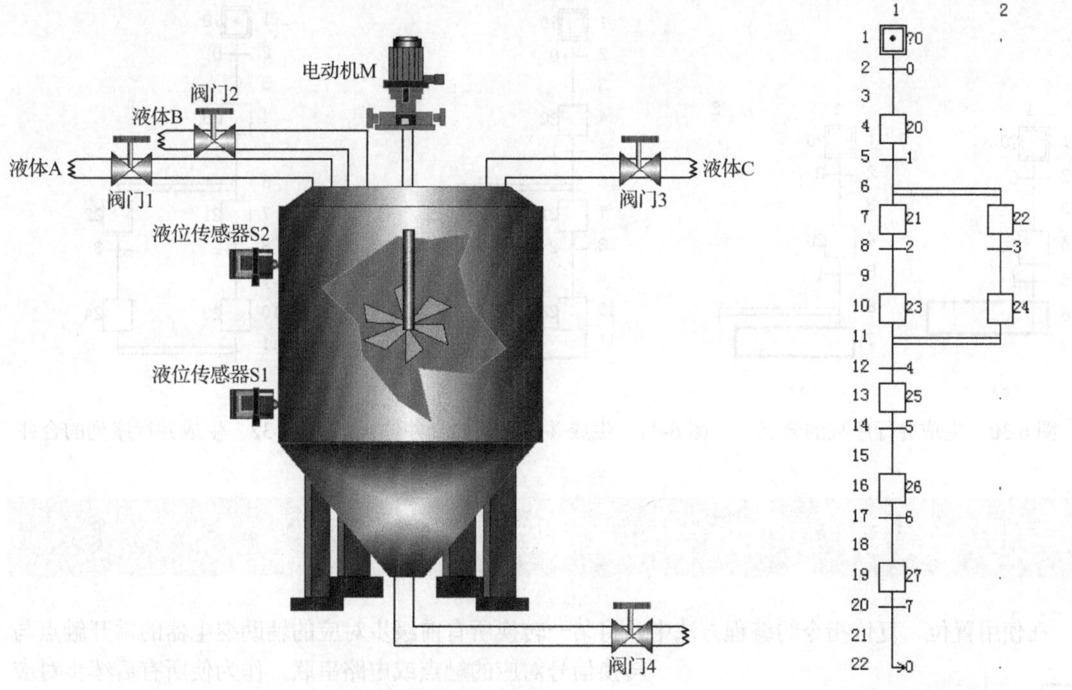

图 6-28　混合液体搅拌机系统示意图

图 6-29　编写完成的包含并行序列的顺序功能图

1. 创建包含 SFC 程序的工程

单击工具条上的“新建工程”按钮，打开“创建新工程”对话框。设置 PLC 系列和 PLC 类型，在“程序类型”区域选择 SFC 选项。勾选“设置工程名”复选框，将工程名设置为“混合液体 SFC”。

2．生成初始程序

双击工具数据列表中的主程序 MAIN，然后双击右边块列表中的 No.0 所在行，打开“块信息设置”对话框，生成与工程“小车的装卸货 SFC”相同的类型为“梯形图块”初始程序。

3．生成 SFC 程序块

双击工程数据列表中的主程序 MAIN，然后双击右边块列表中的 No.1 所在行，打开“块信息设置”对话框，设置 1 号块的类型为“SFC 块”，块标题为“顺控程序”。

4．生成并行序列的分支

用上述方法生成步 0 和步 20、0 号转换和 1 号转换，以及它们的动作和转换条件。将光标放在 1 号转换下面［见图 6-30（a)］，单击工具条上的“并行分支”按钮，然后单击弹出的“SFC 符号输入”对话框中的“确定”按钮，生成并行序列的分支［见图 6-30（b)］。也可以单击工具条上的“并行分支写入”按钮，从第 6 行开始按住鼠标左键，拖动光标到第 2 列放开，生成并行序列的分支。

双击图 6-30（b）中的光标所在处，生成并行序列的合并位置——步 21（见图 6-31）。用同样的方法生成步 22。生成并行序列中所有的步和转换后，将光标放在步 23 的下面，单击工具条上的“并行合并”按钮，然后单击出现的“SFC 符号输入”对话框中的“确定”按钮，生成并行序列的合并，即可将步 23 和步 24 连接到一起（见图 6-32）。也可以单击工具条上的“并行序列合并画线写入”按钮，从第 11 行开始按住鼠标左键，拖动光标到第 2 列放开，生成并行序列的合并。接着完成如图 6-29 所示的所有步和转换。

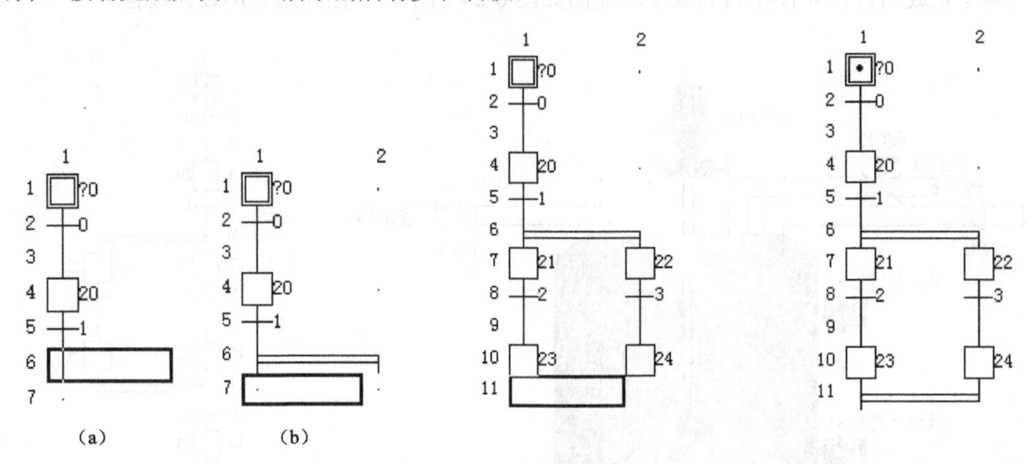

图 6-30　生成并行序列的分支　　图 6-31　生成并行序列的合并位置　　图 6-32　生成并行序列的合并

6.5　使用置位、复位指令的编程方法

在使用置位、复位指令的编程方法中，将某一转换所有前级步对应的辅助继电器的常开触点与转换信号对应的触点或电路串联，作为使所有后续步对应的辅助继电器置位和使所有前级步对应的辅助继电器复位的条件，如图 6-33 所示，这种编程方法又称为以转换为中心的编程方法。对简单顺序控制系统，也可直接对输出继电器置位或复位。该方法顺序转换关系明确，编程易理解，一般用于在自动控制系统中手动控制程序。

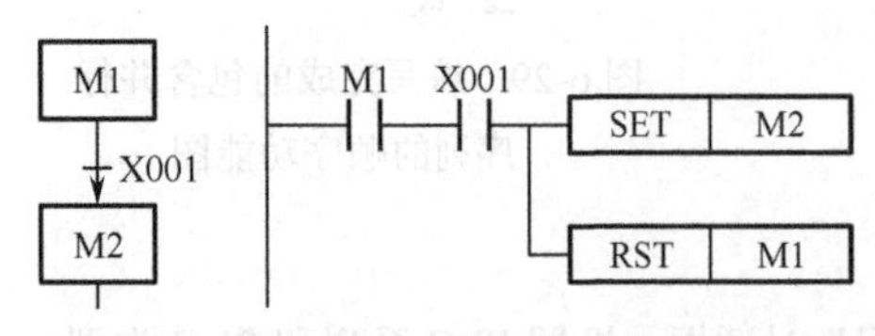

图 6-33　使用置位、复位指令的编程方法

6.5.1 单序列的编程方法

如图6-33所示，站在图中X001对应的转换立场上，M1是该转换的前级步，M2是该转换的后续步。实现该转换需要同时满足两个条件，即该转换的前级步是活动步（M1为ON）和满足转换条件（X001为ON）。在梯形图中，可以用M1和X001的常开触点组成的串联电路来表示上述条件，该电路就是启保停电路的启动电路。该电路接通时，两个条件同时满足，此时应完成两个操作，即将该转换的后续步变为活动步（用SET M2指令将M2置位），以及将该转换的前级步变为不活动步（用RST M1指令将M1复位），这种编程方法形象直观地体现了转换实现的基本规则。

1. 控制要求

【例6-2】 深孔钻床控制系统。

细长孔钻削到一定深度时，其生成的金属屑不能在短时间内排出，堵塞的金属屑可能导致钻头折断。解决这个问题的方法一般是，采用分级进给法来加工细长孔，即钻削到一定深度后，令刀具退出工件，先排出孔中的金属屑。当钻头快速进给（快进）至接近上次加工结束处时（3～5mm），由快进转为工进，这样反复多次，直到加工结束。

设加工过程中钻头会退出一次，钻头在初始位置时，按下启动按钮X000，钻头从X001处开始工进，钻到限位开关X002处时，钻头快速退出（快退），回到X001处时，改为快进，又在X003处改为工进，钻到X004处时，快退，返回X001处，松开夹紧装置，加工过程结束。图6-34（a）是控制过程示意图，X001～X004是控制加工过程的限位开关，图6-34（b）是顺序功能图，图6-35是深孔钻床控制系统置位、复位指令梯形图。

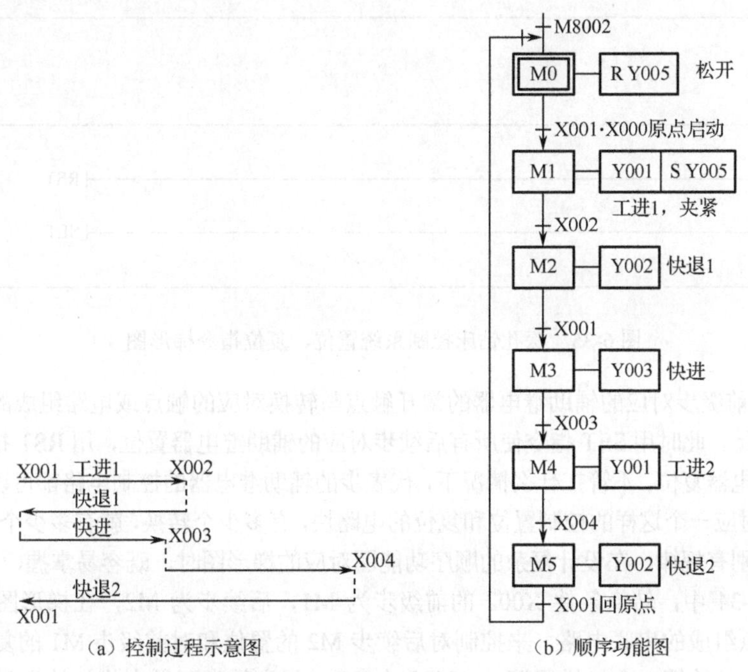

图6-34 深孔钻床控制系统控制过程示意图和顺序功能图

2. 步的控制程序的设计方法

在顺序功能图中，如果某一转换所有的前级步都是活动步，并且满足相应的转换条件，则转换实现。即该转换所有的后续步都变为活动步，该转换所有的前级步都变为不活动步。

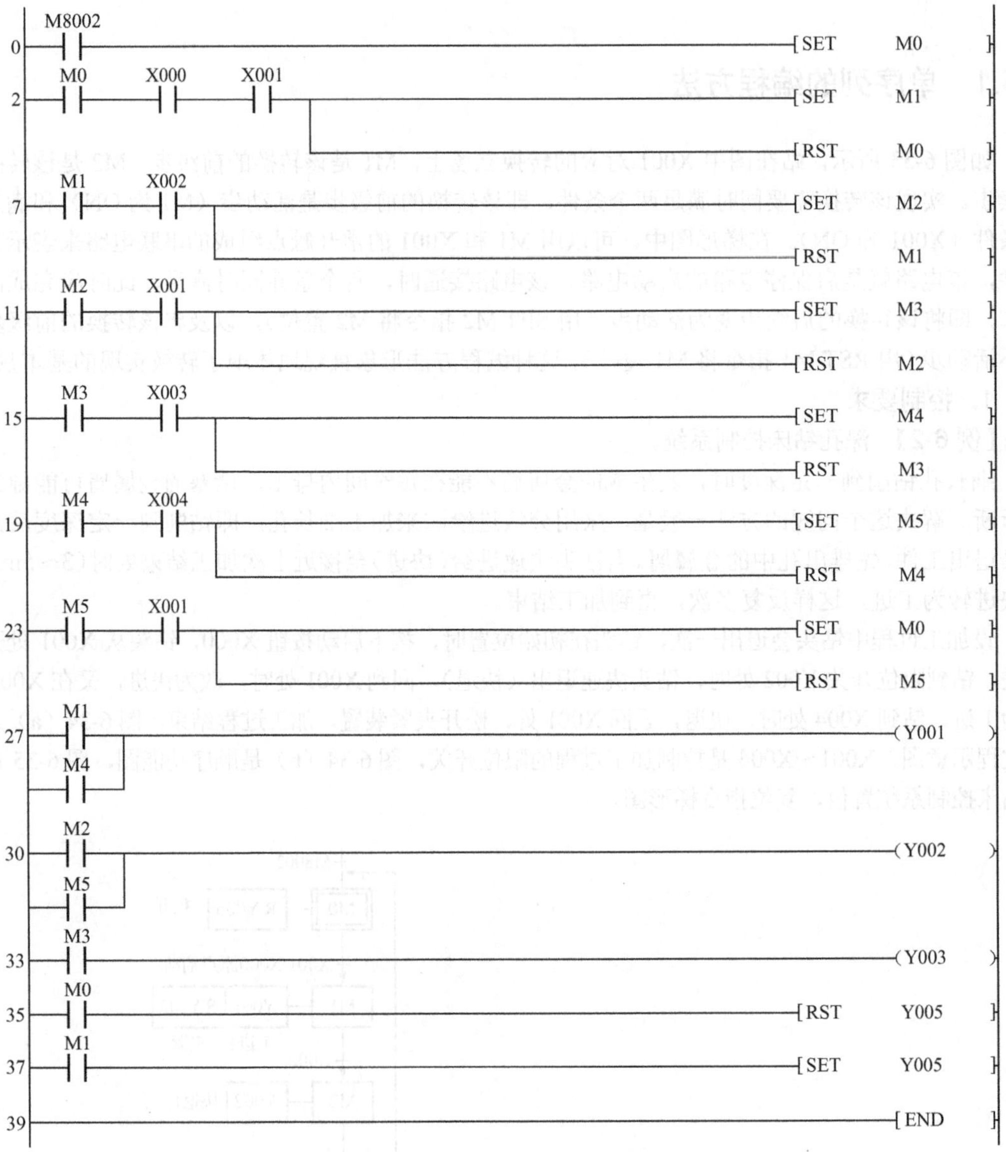

```
0   M8002                         [SET  M0   ]
2   M0   X000   X001              [SET  M1   ]
                                  [RST  M0   ]
7   M1   X002                     [SET  M2   ]
                                  [RST  M1   ]
11  M2   X001                     [SET  M3   ]
                                  [RST  M2   ]
15  M3   X003                     [SET  M4   ]
                                  [RST  M3   ]
19  M4   X004                     [SET  M5   ]
                                  [RST  M4   ]
23  M5   X001                     [SET  M0   ]
                                  [RST  M5   ]
27  M1                            (Y001      )
    M4
30  M2                            (Y002      )
    M5
33  M3                            (Y003      )
35  M0                            [RST  Y005 ]
37  M1                            [SET  Y005 ]
39                                [END       ]
```

图 6-35　深孔钻床控制系统置位、复位指令梯形图

该转换所有前级步对应的辅助继电器的常开触点与转换对应的触点或电路组成的串联电路接通时，转换条件满足。此时用 SET 指令使所有后续步对应的辅助继电器置位，用 RST 指令使所有前级步对应的辅助继电器复位。不管在什么情况下，代表步的辅助继电器的控制电路都可以用这一原则来设计，每个转换对应一个这样的控制置位和复位的电路块，有多少个转换，就有多少个这样的电路块。这种设计方法特别有规律，在设计复杂的顺序功能图对应的梯形图时，既容易掌握，又不容易出错。

例如，图 6-34 中，转换条件 X002 的前级步为 M1，后续步为 M2，在梯形图中，用 M1 和 X002 的常开触点组成的串联电路，来控制对后续步 M2 的置位和对前级步 M1 的复位。

在 PLC 上电时的第一个扫描周期，M8002 为 ON，用它的常开触点将初始步 M0 置位为 ON，为转换到步 M1 做好准备。

3．输出电路的设计方法

由于步是根据输出量的状态变化来划分的，它们之间的关系极为简单，可以分为两种情况进行处理。

① 某一输出继电器仅在某一步中为 ON。如在图 6-34 中，M1 被置位后，辅助继电器 M1 与限位开关 X002 组成串联块。

② 某一输出继电器在几步中都应为 ON，应将代表各相关的辅助继电器的常开触点并联，驱动该输出继电器的线圈。

使用这种编程方法时，不能将输出继电器的线圈与 SET 和 RST 指令并联，这是因为前级步和转换条件对应的串联电路接通的时间是相当短的，只有一个扫描周期。转换条件得到满足后，前级步马上被复位，在下一个扫描周期控制置位、复位的串联电路断开，而输出继电器的线圈至少应该在某一步对应的全部时间内接通。所以应根据顺序功能图，用代表步的辅助继电器的常开触点或它们的并联电路来驱动输出继电器的线圈。

6.5.2　选择序列的编程方法

【例 6-3】 数控机床选择加工控制系统设计。系统工作时，可以选择加工圆形还是正方形工件。

图 6-36 是数控机床选择加工控制系统顺序功能图，步 0（将工件放入机床）之后有一个选择序列的分支，当步 0 是活动步，且转换条件 X000（选择加工圆形工件按钮）为 ON 时，将执行左边的圆形加工序列，如果转换条件 X003（选择加工正方形工件按钮）为 ON，将执行右边的正方形加工序列。步 22 之前有一个由两条支路组成的选择序列的合并，当步 21 为活动步，转换条件 X001（圆形工件加工完毕）为 ON 时，或者步 23 为活动步，转换条件 X004（正方形工件加工完毕）为 ON 时，都将使步 22（将圆形或正方形的工件送出机床）变为活动步，同时系统程序使原来的活动步变为不活动步。使用置位、复位指令的编程方法编写的梯形图如图 6-37 所示。

M8002
S0
Y000
X000
X003
S21
Y001
S23
Y003
X001
X004
S22
Y002
X002

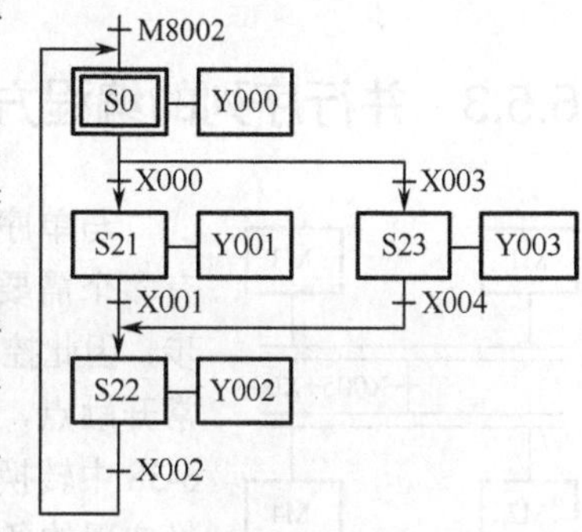

图 6-36　数控机床选择加工控制系统顺序功能图

0
M8002
SET M0
2
M0
X000
SET M1
RST M0
6
M0
X003
SET M3
RST M1
10
M1
X001
SET M2
RST M1
14
M3
X004
SET M2
RST M3

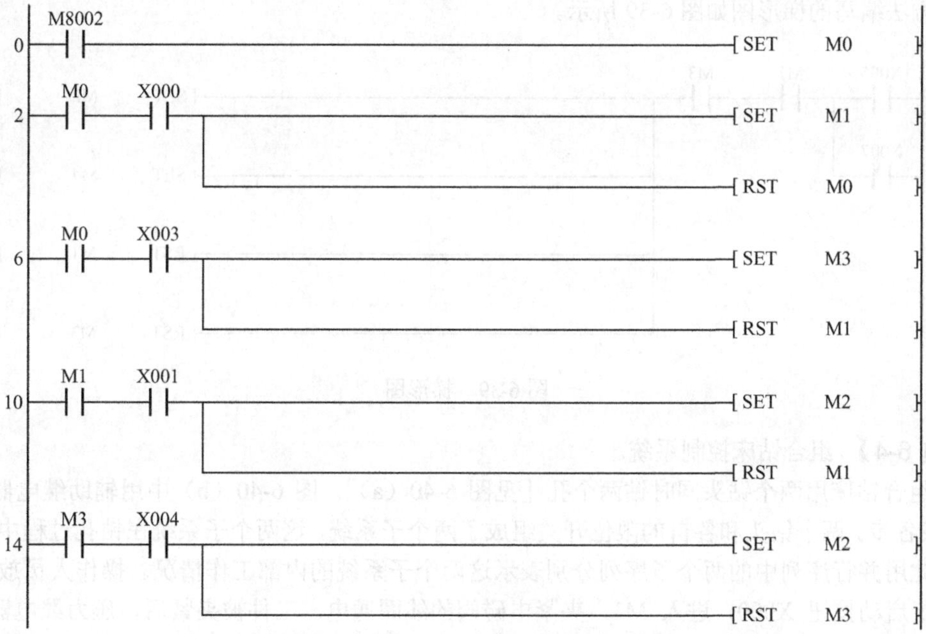

图 6-37　数控机床选择加工控制系统置位、复位指令梯形图

```
18 ─┤├ M2 ─┤├ X002 ─┬─[SET  M0]
                    └─[RST  M2]
22 ─┤├ M0 ─────────────( Y000 )
24 ─┤├ M1 ─────────────( Y001 )
26 ─┤├ M2 ─────────────( Y002 )
28 ─┤├ M3 ─────────────( Y003 )
30 ────────────────────[END]
```

图 6-37　数控机床选择加工控制系统置位、复位指令梯形图（续）

6.5.3　并行序列的编程方法

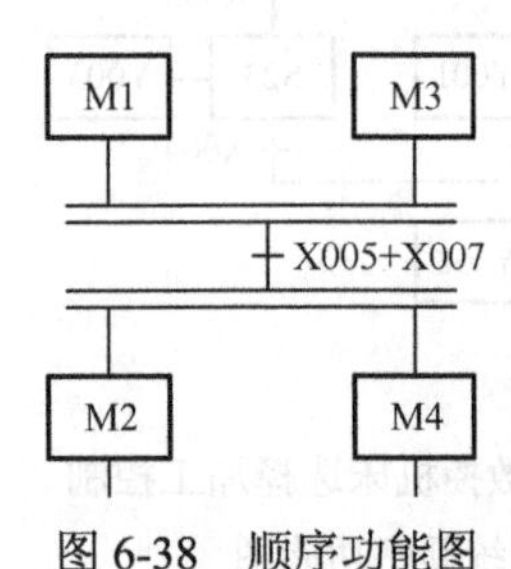

图 6-38　顺序功能图

与单序列和选择序列相比，并行序列分支处的转换有多个后续步，因此有多个需要置位的代表步的编程元件。并行序列合并处的转换有多个前级步，因此控制置位、复位的串联电路中应包含所有前级步对应的编程元件的常开触点，需要复位的前级步对应的编程元件也不止一个（见图 6-38）。图 6-38 中转换的上面是并行序列的合并，转换的下面是并行序列的分支，该转换实现的条件是所有的前级步（M1 和 M3）都是活动步且满足转换条件 X005 和 X007。由此可知，应将 X005、X007、M1、M3 的常开触点组成的串并联电路作为使 M2、M4 置位和使 M1、M3 复位的条件。使用置位、复位指令的编程方法编写的梯形图如图 6-39 所示。

```
0 ─┬─┤├ X005 ─┬─┤├ M1 ─┤├ M3 ─┬─[SET  M2]
   └─┤├ X007 ─┘                ├─[SET  M4]
                               ├─[RST  M1]
                               └─[RST  M3]
```

图 6-39　梯形图

【例 6-4】　组合钻床控制系统。

某组合钻床用两个钻头同时钻两个孔［见图 6-40（a）］，图 6-40（b）中用辅助继电器 M0～M8 代表各步。两个钻头和各自的限位开关组成了两个子系统，这两个子系统在钻孔过程中并行工作，因此用并行序列中的两个子序列分别表示这两个子系统的内部工作情况。操作人员放好工件后，按下启动按钮 X000，进入 M1，夹紧电磁阀的线圈通电。工件被夹紧后，压力继电器 X001 的常开触点接通，使 M1 变为不活动步，M2 和 M5 同时变为活动步，大、小钻头同时向下进给，此后大、小钻头的运动不是同步的。某个钻头进给到下限位开关设置的深度时，改为向上运动，碰到上限位开关时，停止运动，进入等待步 M4 或 M7。对于图 6-40（b）所示的并行序列顺序功能图，使用置位、复位指令的编程方法编写的梯形图如图 6-41 所示。

大钻头
小钻头
X003
X002
Y002
Y001
Y004
Y003
X005
X004
工件
M8002
M0
X000启动
M1
Y000
X001已夹紧
M2
Y001
M5
Y003
X002已钻完
X004已钻完
M3
Y002
M6
Y004
X003上升到位
X005上升到位
M4
M7
=1
M8
Y005
X007已松开

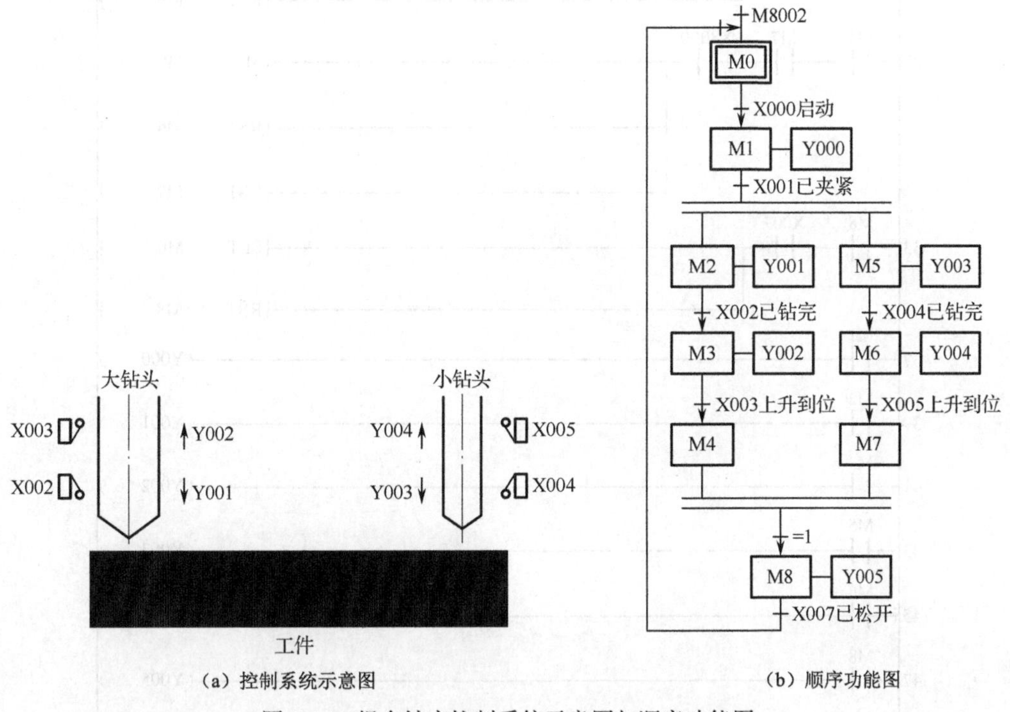

（a）控制系统示意图　　（b）顺序功能图

图 6-40　组合钻床控制系统示意图与顺序功能图

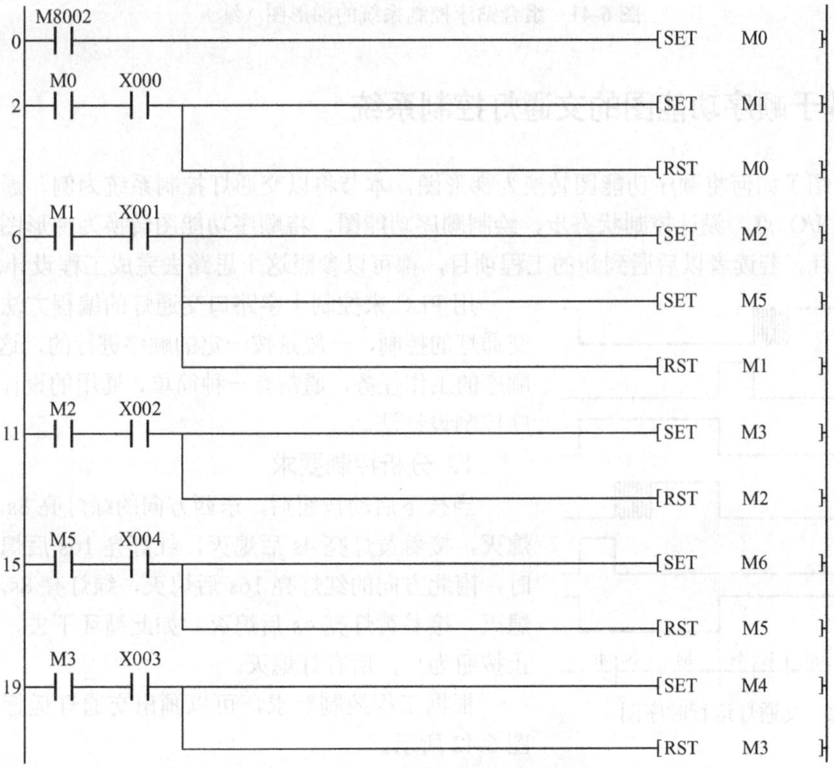

0 M8002 SET M0
2 M0 X000 SET M1
RST M0
6 M1 X001 SET M2
SET M5
RST M1
11 M2 X002 SET M3
RST M2
15 M5 X004 SET M6
RST M5
19 M3 X003 SET M4
RST M3

图 6-41　组合钻床控制系统的梯形图

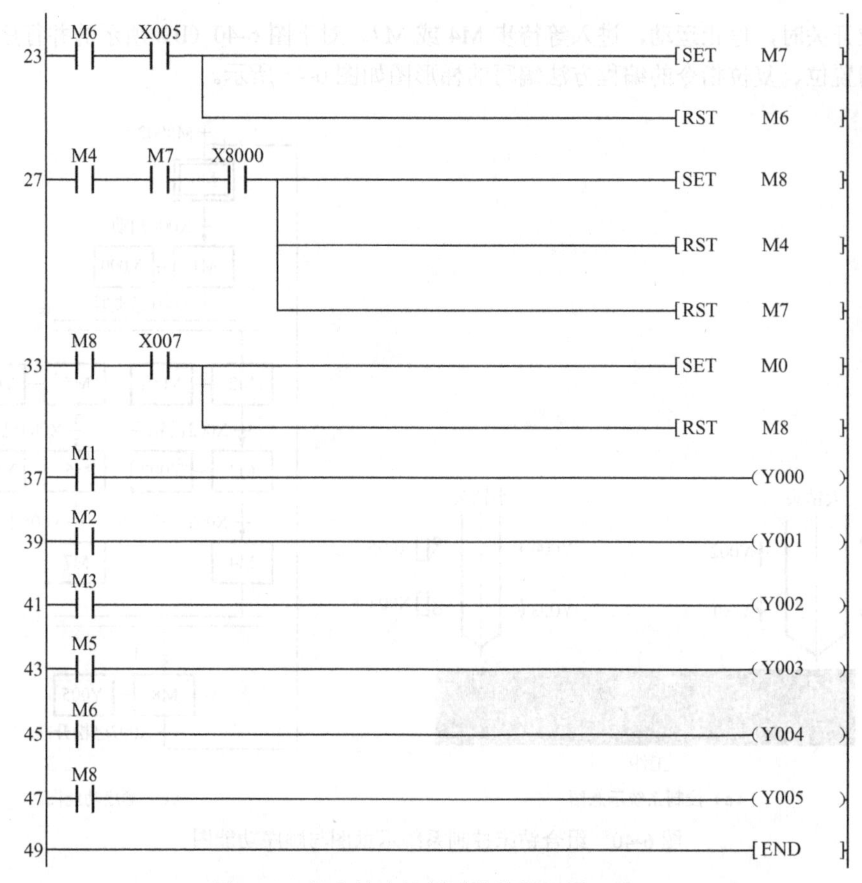

图 6-41　组合钻床控制系统的梯形图（续）

6.5.4　基于顺序功能图的交通灯控制系统

前面介绍了如何将顺序功能图转换为梯形图，本节将以交通灯控制系统为例，通过分析控制要求，分配 I/O 点，设计控制状态步，绘制顺序功能图，将顺序功能图转换为梯形图等步骤完成一个工程项目。若读者以后遇到新的工程项目，都可以参照这个思路去完成工程设计。

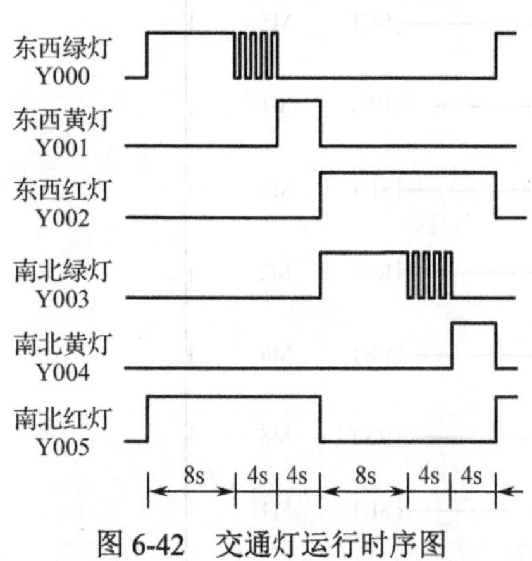

图 6-42　交通灯运行时序图

用 PLC 来控制十字路口交通灯的编程方法很多。对于交通灯的控制，一般是按一定的顺序进行的，这种符合一定顺序的工作任务，通常有一种简单、通用的设计方法——顺序控制设计法。

1．分析控制要求

当按下启动按钮后，东西方向的绿灯亮 8s，闪烁 4s 后熄灭，接着黄灯亮 4s 后熄灭，红灯亮 16s 后熄灭；与此同时，南北方向的红灯亮 16s 后熄灭，绿灯亮 8s，闪烁 4s 后熄灭，接着黄灯亮 4s 后熄灭。如此循环下去，直到按下停止按钮为止，所有灯熄灭。

根据工程控制要求，可以画出交通灯运行时序图，如图 6-42 所示。

2. 分配 I/O

根据交通灯控制要求，确定系统需要 2 个输入点和 6 个输出点，I/O 分配如表 6-3 所示。

表 6-3　I/O 分配表

输入（I）点			输出（O）点		
名　称	代　号	输入点编号	名　称	代　号	输出点编号
启动按钮	SB1	X000	东西绿灯	HL1	Y000
停止按钮	SB2	X001	东西黄灯	HL2	Y001
			东西红灯	HL3	Y002
			南北绿灯	HL4	Y003
			南北黄灯	HL5	Y004
			南北红灯	HL6	Y005

3. 设计控制状态步

根据交通灯控制要求，分别列出交通灯东西方向与南北方向的控制状态步，分别见表 6-4、表 6-5。

表 6-4　交通灯东西方向控制状态步

东西方向	状态 1	状态 2	状态 3	状态 4
交通灯状态	绿灯亮	绿灯熄灭	黄灯亮	红灯亮
步	S21	S22	S23	S24

表 6-5　交通灯南北方向控制状态步

东西方向	状态 1	状态 2	状态 3	状态 4
交通灯状态	红灯亮	绿灯亮	绿灯闪烁	黄灯亮
步	S25	S26	S27	S28

4. 绘制顺序功能图

从状态步可以看到，东西和南北两个方向的交通灯是在满足配合关系的前提下独立并行工作的，可以分别作为一个分支，可以采用单序列结构和并行序列的编程方法，绘制出如图 6-43 所示的交通灯控制系统顺序功能图。因为东西绿灯（Y000）和南北绿灯（Y003）有 4s 的闪烁时间，所以写顺序控制程序时，要加一个 M8000（PLC 一直运行）与 M8013 辅助继电器（1s 的周期振荡时钟脉冲输出）的条件，来达到东西绿灯（Y000）和南北绿灯（Y003）闪烁的效果，不能省去 M8000 的原因是，M8013 不能直接接左边的母线。由此步 21、步 22 与步 26、步 27 中都出现了两次 Y000 和 Y003，但是因为是顺序控制，对 T0 转换条件来说，步 21 是前级步，步 22 是后续步，所以当 T0 条件满足后，步 21 由活动步变为不活动步，步 22 由不活动步变为活动步，因此不会出现双线圈问题。

（1）工程的建立

单击工具条上的“新建工程”按钮，打开“创建新工程”对话框。设置 PLC 系列和 PLC 类型，在“程序类型”区域选择 SFC 选项。勾选“设置工程名”复选框，设置工程名为“交通灯 SFC”。

（2）初始程序的建立

双击工程数据列表中的主程序 MAIN，然后双击右边块列表中的 No.0 所在行，打开“块信息设置”对话框，生成类型为“梯形图块”的初始程序，如图 6-44 所示。

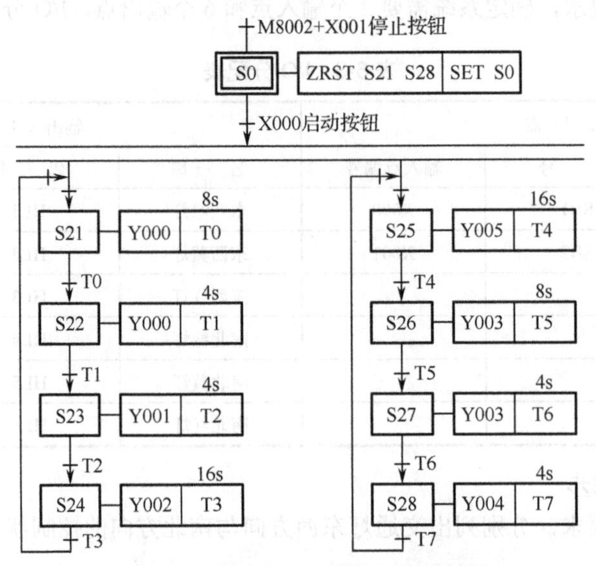

图 6-43　交通灯控制系统顺序功能图

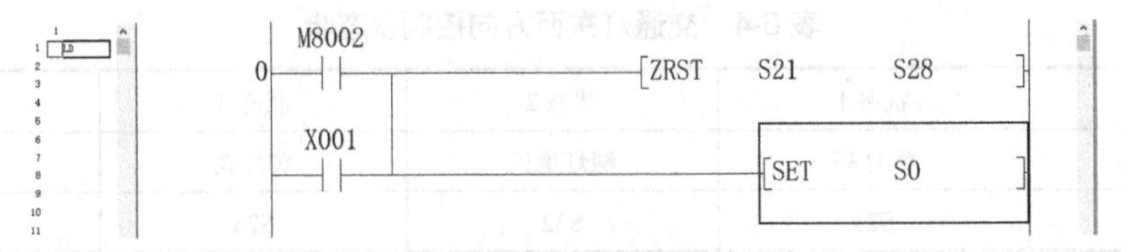

图 6-44　初始程序的建立

（3）顺序功能图的输入

双击工程数据列表中的主程序 MAIN，然后双击后边块列表中的 No.1 所在行，打开“块信息设置”对话框，设置 1 号块的类型为“SFC 块”，块标题为“交通灯控制”。单击“执行”按钮进入顺序功能图的编程界面，从顺序功能图的第 4 行开始，运用快捷工具或快捷键完成步符号、转移符号和跳转符号的输入，完成的顺序功能图如图 6-45 所示。

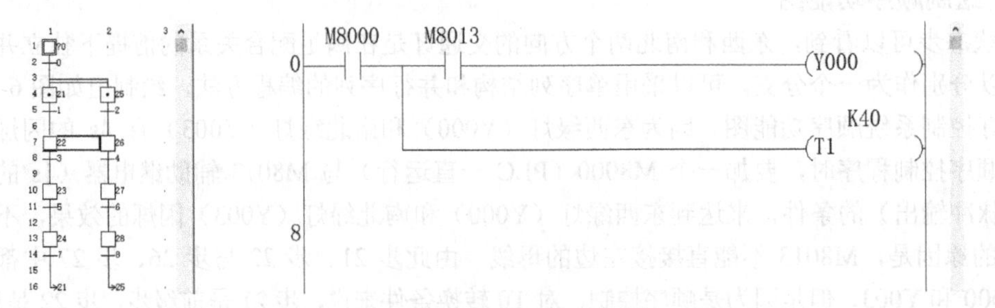

图 6-45　完成的顺序功能图

5．将顺序功能图转换为梯形图

当顺序功能图对应的梯形图输入完毕后，单击工具条中的“程序批量变换/编译”按钮 进行程序变换和编译。选择左侧工程数据列表中的主程序 MAIN，右击该程序，选择快捷菜单中的“改变程序类型”选项，在弹出的对话框中单击“确定”按钮，再双击主程序 MAIN，即出现由顺序功能图转换成的梯形图（见图 6-46）。

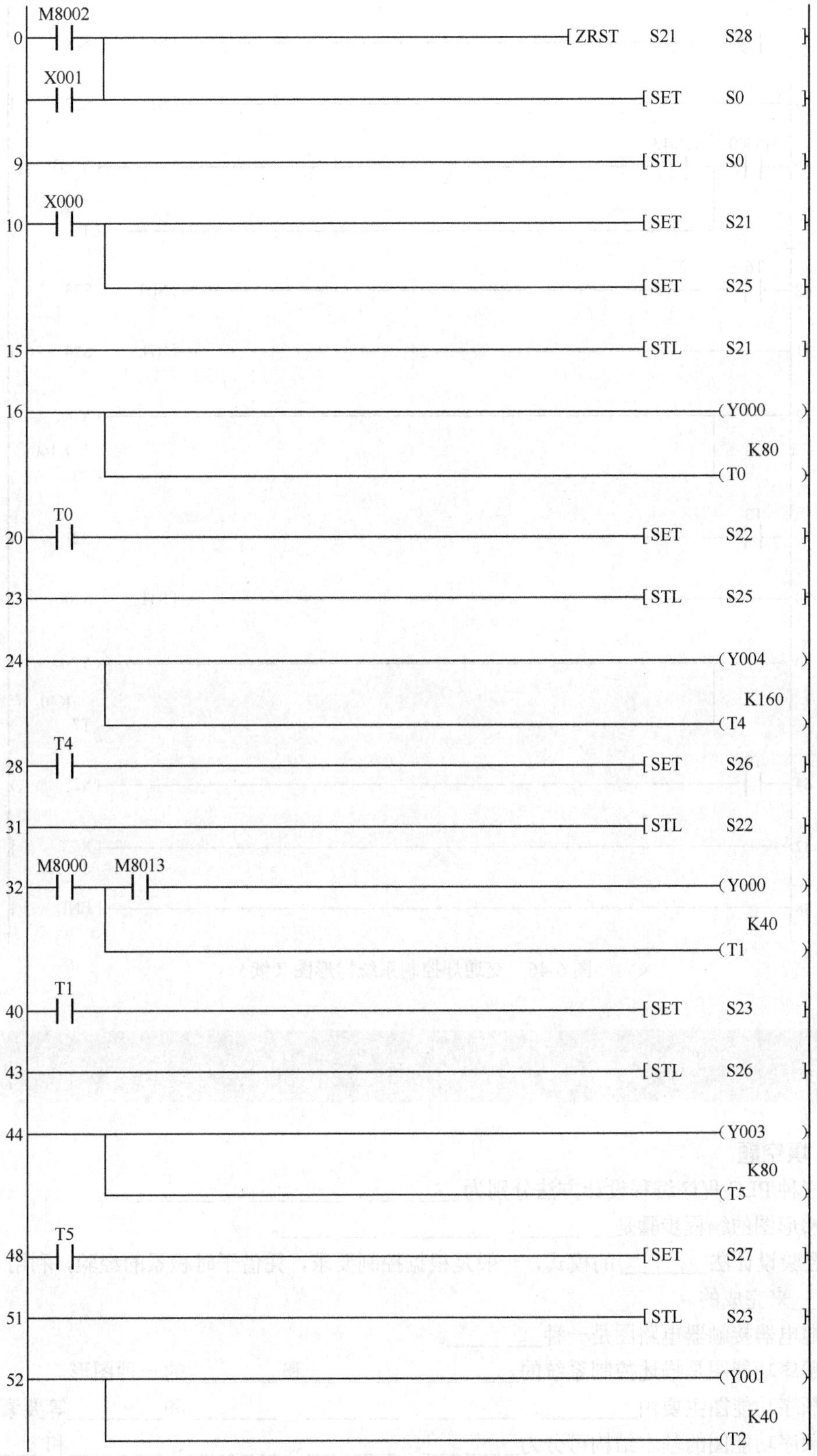

```
0    M8002 ─┬──────────────────[ZRST  S21  S28]
     X001 ──┘──────────────────[SET   S0]
9    ──────────────────────────[STL   S0]
10   X000 ──┬──────────────────[SET   S21]
            └──────────────────[SET   S25]
15   ──────────────────────────[STL   S21]
16   ───────┬──────────────────(Y000)
            │                   K80
            └──────────────────(T0)
20   T0 ───────────────────────[SET   S22]
23   ──────────────────────────[STL   S25]
24   ───────┬──────────────────(Y004)
            │                   K160
            └──────────────────(T4)
28   T4 ───────────────────────[SET   S26]
31   ──────────────────────────[STL   S22]
32   M8000 ─┬── M8013 ─────────(Y000)
            │                   K40
            └──────────────────(T1)
40   T1 ───────────────────────[SET   S23]
43   ──────────────────────────[STL   S26]
44   ───────┬──────────────────(Y003)
            │                   K80
            └──────────────────(T5)
48   T5 ───────────────────────[SET   S27]
51   ──────────────────────────[STL   S23]
52   ───────┬──────────────────(Y001)
            │                   K40
            └──────────────────(T2)
```

图 6-46　交通灯控制系统梯形图

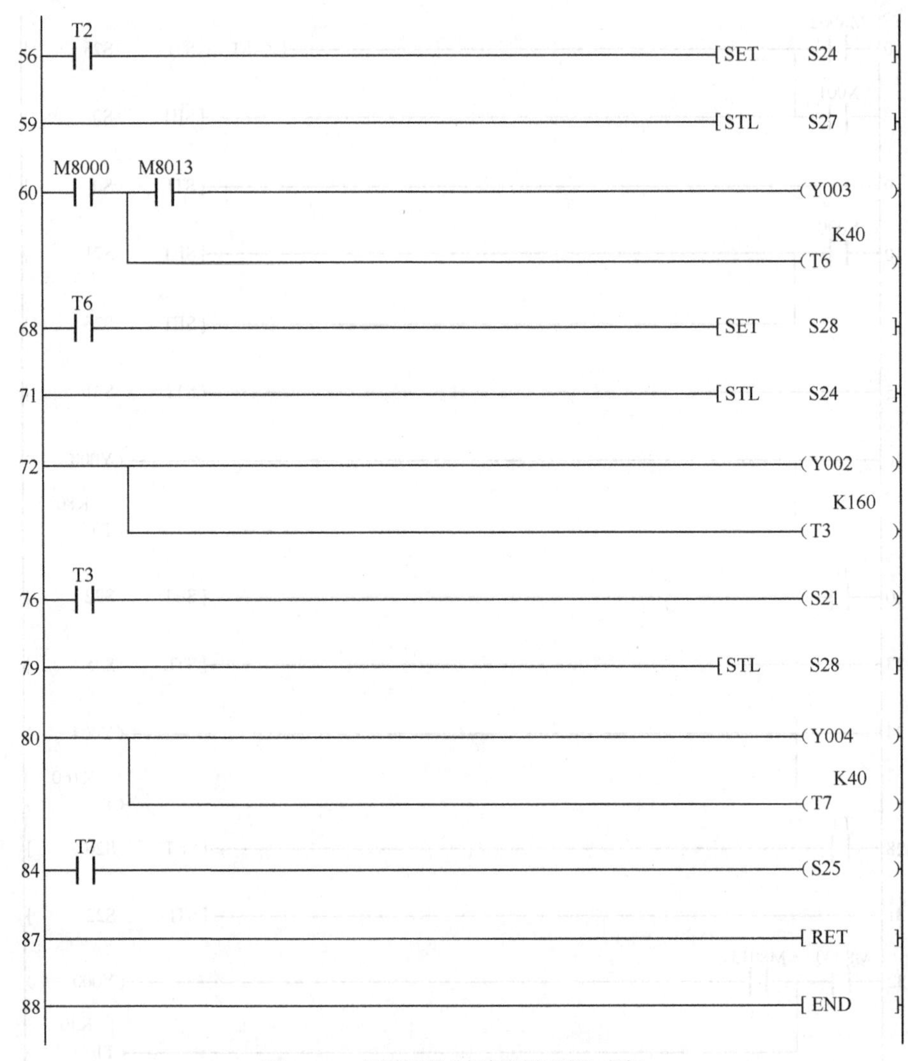

图6-46 交通灯控制系统梯形图（续）

习题6

一、填空题

1. 三种PLC程序编程设计方法分别为________、________、________。

2. 梯形图的编程步骤是________、________、________。

3. 经验设计法________的模式，一般是根据控制要求，凭借平时积累的经验，利用一些典型的________来完成的。

4. 继电器接触器电路图是一种________。

5. 顺序功能图是描述控制系统的________、________和________的一种图形。

6. 顺序功能图主要由________、________、________、________和________等要素组成。

7. 顺序功能图的基本结构可分为________、________、________、________和________。

8. 复合序列就是一个集________、________、________和________于一体的结构。

9. 初始步用________表示，每一个顺序功能图至少有________个初始步。

10．实现步与步之间的转换，要满足两个条件，即________、________。

二、简答题

1．简述画梯形图时必须遵循的规则。

2．简述将继电器电路图改为梯形图的步骤。

3．用经验设计法编程有什么缺点？

4．简述绘制顺序功能图时的注意事项。

三、程序设计题

1．用经验设计法设计满足如图1所示波形的梯形图。

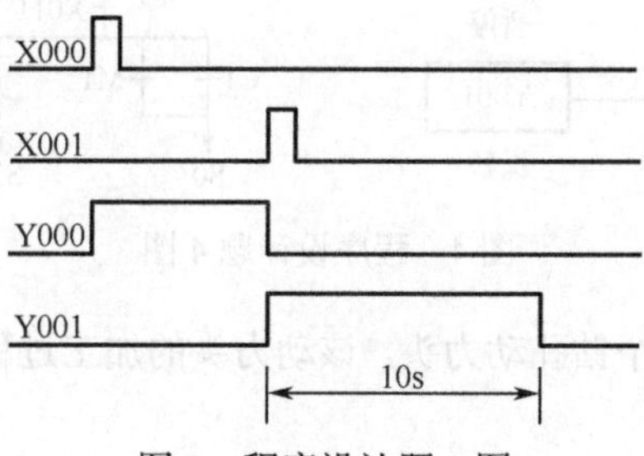

图1　程序设计题1图

2．按下按钮X000后，Y000变为ON并保持，T0定时7s后，用C0对X001输入的脉冲进行计数，计满4个脉冲后，Y000变为OFF（见图2），同时C0和T0复位，在PLC刚开始执行用户程序时，C0也复位，请设计出梯形图。

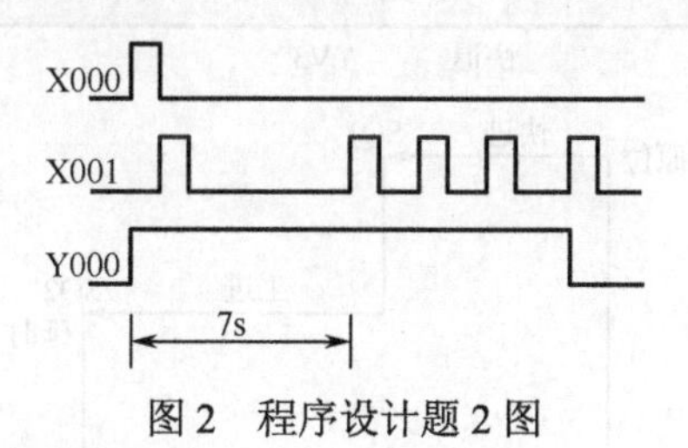

图2　程序设计题2图

3．画出图3所示电路的梯形图。

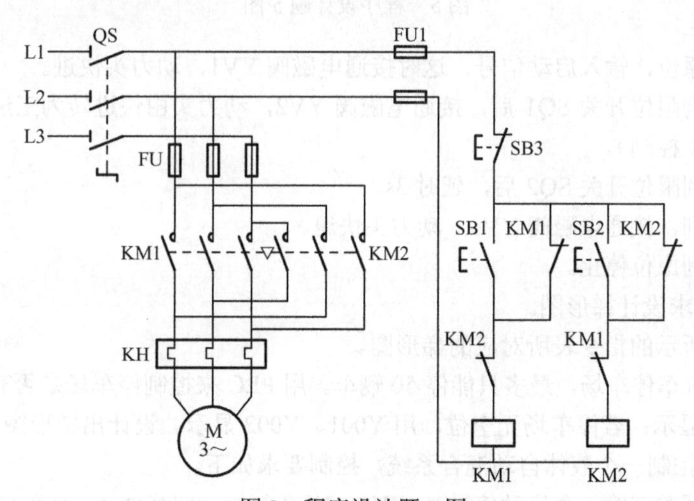

图3　程序设计题3图

4．根据图4所示的顺序功能图，用GX Developer编程软件编写梯形图程序。

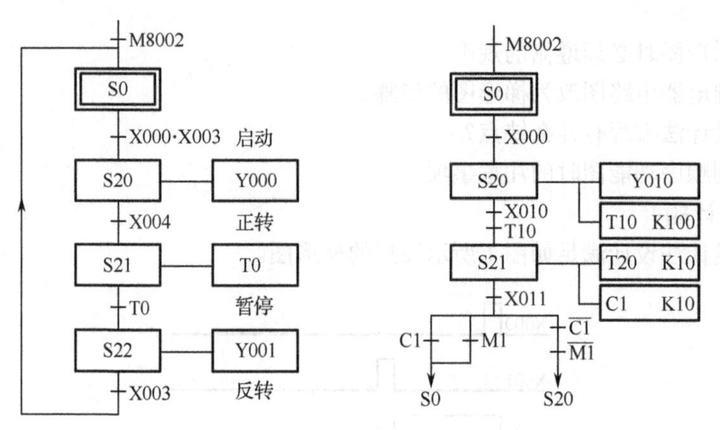

图4　程序设计题4图

5．某一加工自动线上有一个钻孔动力头，该动力头的加工过程示意图如图5所示，控制要求如下。

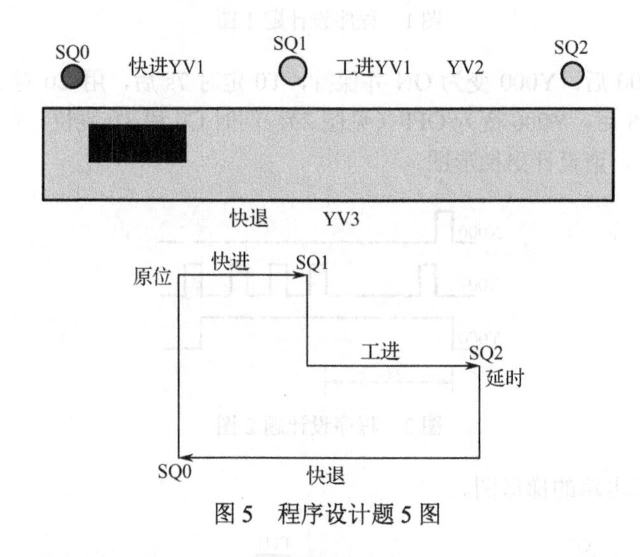

图5　程序设计题5图

① 动力头在原位，输入启动信号，这时接通电磁阀YV1，动力头快进。

② 动力头碰到限位开关SQ1后，接通电磁阀YV2，动力头由快进转为工进，同时动力头电动机转动（由KM1控制）。

③ 动力头碰到限位开关SQ2后，延时3s。

④ 延时时间到，接通电磁阀YV3，动力头快退。

⑤ 动力头回到原位停止。

请根据控制要求设计梯形图。

6．画出图6所示的指令表所对应的梯形图。

7．假设有一汽车停车场，最多只能停50辆车。用PLC来控制停车场是否有空位。若停车场有空位，用Y000显示；若停车场无空位，用Y001、Y002显示。设计出梯形图。

8．利用PLC控制一个液体自动混合系统，控制要求如下。

① 接通运行开关（给一个启动信号），YV1、YV2复位，即液体A、B的阀门关闭，YV3通电，混合液阀门打开。5s后，容器内的液体排空，YV3断电，关闭混合液阀门。

```
0    LD     X000
1    OR     X001
2    LDI    X002
3    ANI    X003
4    ORB
5    AND    X004
6    LDI    X005
7    LD     X006
8    AND    X007
9    ORB
10   ANB
11   LD     M100
12   AND    M101
13   ORB
14   AND    M102
15   OUT    Y001
16   END
```

图 6 程序设计题 6 图

② YV1 通电，液体 A 的阀门打开，液体 A 流入容器。

③ 当传感器 SL2 有输入信号时，即 A 液面到达 SL2 时，YV1 断电，关闭液体 A 的阀门，同时 YV2 通电，打开液体 B 的阀门。

9．利用 PLC 模拟三相异步电动机的△/Y 换接启动控制系统。KM0 模拟主回路总开关，KM1 模拟电动机做 Y 启动，KM2 模拟电动机做△启动，系统的控制要求如下。

① 按下启动按钮，KM0 通电，主回路总开关触点闭合。

② 1s 后，KM1 通电，电动机先做 Y 启动。

③ 6s 后，KM1 断电。

④ 延时 0.5s 后，KM2 通电，电动机换接为△连接运行。

⑤ 按下停止按钮，KM0、KM1、KM2 全部断电，电动机停止运行。

10．有一条生产线，用光电感应开关 X001 检测传送带上的产品，有产品通过时，X001 为 ON，如果连续 10s 内没有产品通过，则灯光报警；如果连续 20s 内没有产品通过，则在灯光报警的同时发出声音报警信号；用 X000 输入端的开关解除报警信号。请画出其梯形图，并写出其指令表程序。

第 7 章 FX 系列 PLC 的工程应用

7.1 FX 系列 PLC 在气缸控制工程中的应用

气动技术是现代化机械传动与控制的关键技术之一。气缸作为一种典型的气动元件在现代化机械中有着非常广泛的应用，气缸的应用领域包括印刷（张力控制）、半导体（点焊机、芯片研磨）、自动化控制、机器人等。

气压传动的工作原理是利用空压机把电动机或其他原动机输出的机械能转换为空气的压力能，然后在控制元件的作用下，通过执行元件把压力能转换为直线运动或回转运动形式的机械能，从而完成动作，并对外做功。

7.1.1 气缸的结构

气缸是气压传动系统的执行元件，它是将压缩气体的压力能转换为机械能的装置，它根据工作所需力的大小来确定活塞杆上的推力和拉力。

1. 气缸的结构

气缸由缸筒、端盖、活塞、活塞杆和密封件等组成，图 7-1 是气缸硬件连接实物图。

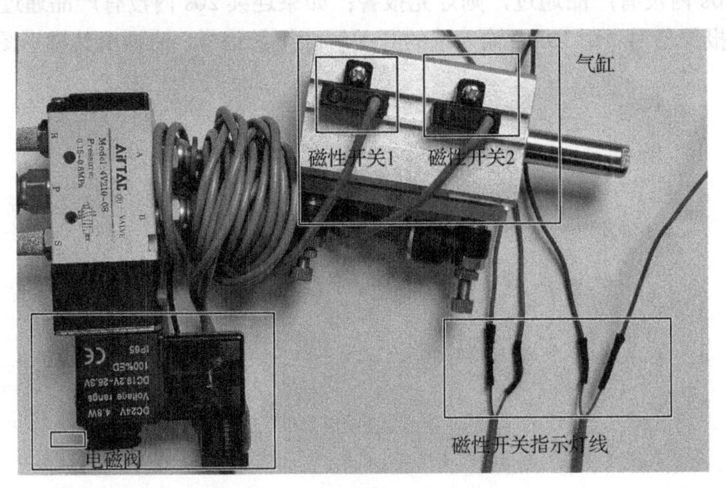

图 7-1 气缸硬件连接实物图

2. 磁性开关气缸的结构

磁性开关气缸的结构如图 7-2 所示，气缸活塞上装有永久磁环，缸筒外装有舌簧开关。舌簧开关内装有舌簧片、保护电路和动作指示灯等。当装有永久磁环的活塞运动到舌簧片附近时，舌簧片通过磁力线使其磁化，两个舌簧片相互吸引接触，开关接通。当装有永久磁环的活塞返回离开时，磁场减弱，两舌簧片相互弹开，开关断开。开关的接通或断开使电磁阀换向，从而实现气缸的往复运动。

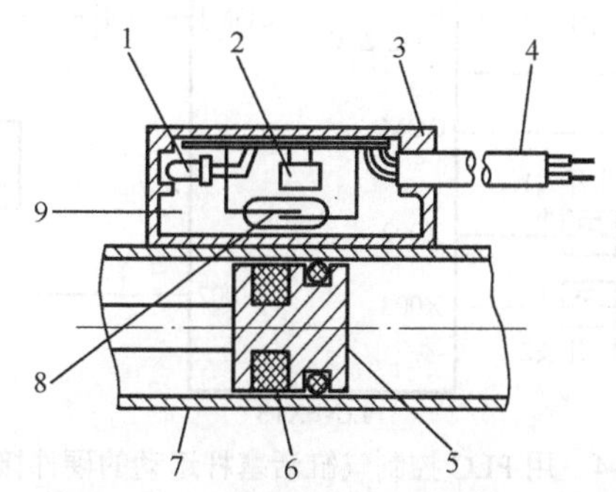

1—动作指示灯；2—保护电路；3—开关外壳；4—导线；
5—活塞；6—永久磁环；7—缸筒；8—舌簧片；9—舌簧开关

图 7-2　磁性开关气缸的结构

气缸一般都是通过电磁阀控制气流的，图 7-3 是空气电磁阀实物图，它是二位五通型的电磁阀。当电磁阀线圈通电时，活塞后部的进气口有压缩空气进入，活塞杆就会受气压作用而运动，当电磁阀线圈不通电时，活塞杆返回到气缸内部。气缸上面还有两个磁性开关，通过这两个磁性开关对应的指示灯可以了解活塞杆的运动行程。在使用的时候，压缩空气由空气压缩机提供。

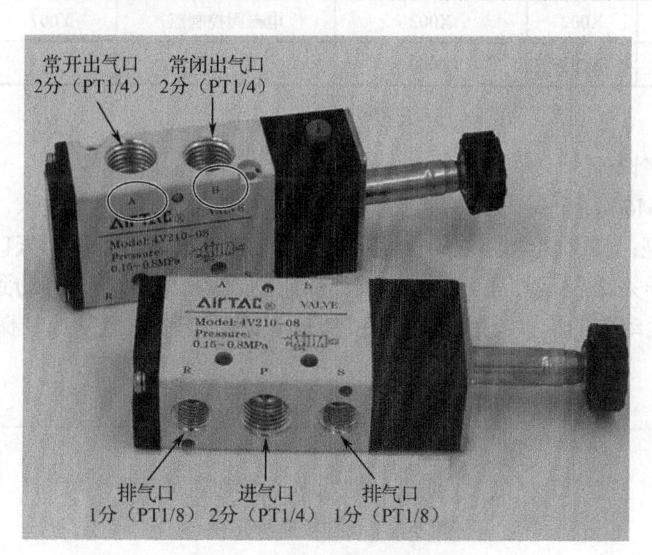

图 7-3　空气电磁阀实物图

7.1.2　基于 FX 系列 PLC 的气缸运动控制系统设计

工程背景：用 PLC 控制气缸活塞杆的运动。

工程设计要求：编写 PLC 程序，通过控制输出继电器 Y007 的输出，直观地看到气缸上面磁性开关指示灯的状态。在触摸屏上设计定位状态设置元件，控制辅助继电器 M60 监控输出继电器 Y007 的状态。

1. 硬件接线

用 PLC 控制气缸活塞杆运动的硬件接线图如图 7-4 所示。电磁阀的磁性开关 1 和磁性开关 2 分别接入 PLC 的输入端 X002 和 X003，电磁阀由 PLC 的输出端 Y007 驱动。

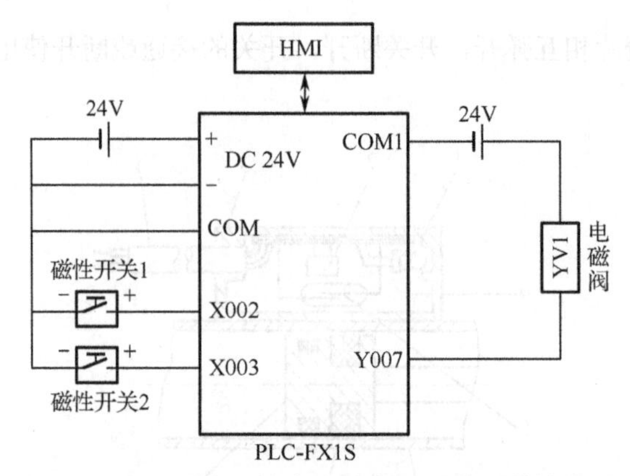

图 7-4 用 PLC 控制气缸活塞杆运动的硬件接线图

2. I/O 分配表

用 PLC 控制气缸活塞杆运动的 I/O 分配表如表 7-1 所示。

表 7-1 I/O 分配表

输入（I）点			输出（O）点		
名　称	代　号	输入点编号	名称	代　号	输出点编号
磁性开关 1	X002	X002	电磁阀控制点	Y007	Y007
磁性开关 2	X003	X003			

3. 程序设计

（1）梯形图程序设计

当辅助继电器 M60 闭合时，Y007 接通，活塞的进气口有压缩空气进入，活塞杆弹出，此时磁性开关 1 指示灯亮；辅助继电器 M60 断开时，Y007 也断开，活塞的出气口将空气排出，活塞杆收回，此时磁性开关 2 指示灯亮。磁性开关的作用主要是检测活塞杆运动到什么位置，然后用指示灯指示活塞杆运动到的位置，因此不用将它们写入梯形图中，气缸控制梯形图如图 7-5 所示

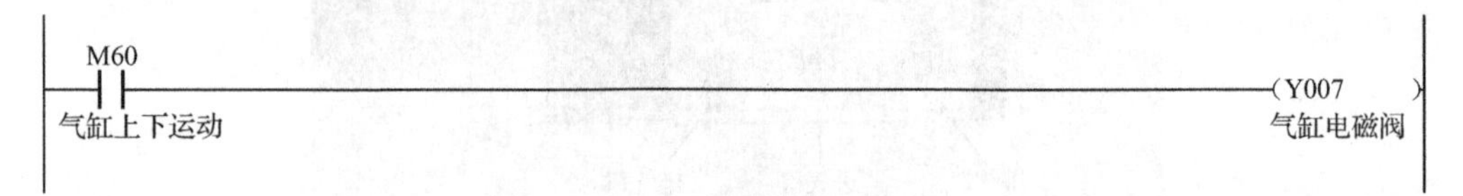

图 7-5 气缸控制梯形图

气缸

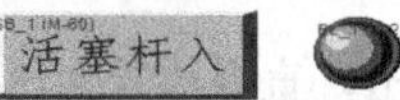

图 7-6 触摸屏界面

（2）触摸屏程序设计

触摸屏界面如图 7-6 所示，“活塞杆出”按钮和“活塞杆入”按钮都使用位状态设置元件实现。“活塞杆出”按钮右边的位状态指示灯元件的地址是 X003，“活塞杆入”按钮右边的位状态指示灯元件的地址是 X002。当按下“活塞杆出”按钮时，活塞杆弹出，磁性开关 1 指示灯亮，当按下“活塞杆入”按钮时，活塞杆收回，磁性开关 2 指示灯亮。

7.2　FX 系列 PLC 在水流量监控工程中的应用

水流量监控在工农业生产和人们生活中的应用很普遍，如工农业生产过程中的管道水流量、河水流量监控。此外，人们生活中使用的热水器、自动售水机等设备也涉及水流量监控。

7.2.1　水流量传感器及流量电磁阀介绍

水流量传感器和流量电磁阀硬件连接实物图如图 7-7 所示，该系统用于检测进水流量。当水通过水流转子组件时，磁性转子转动且其转速随着水流量的变化而变化，水流量传感器输出相应的脉冲信号，反馈给控制器，由控制器判断水流量的大小，从而进行调控。水流量传感器输出的脉冲数是：流 1L 水输出 450 个脉冲。

图 7-7　水流量传感器和流量电磁阀硬件连接实物图

水流量传感器的输出信号为脉冲信号，输出波形为方波，如图 7-8 所示。

水流量传感器的硬件引出接线如表 7-2 所示。

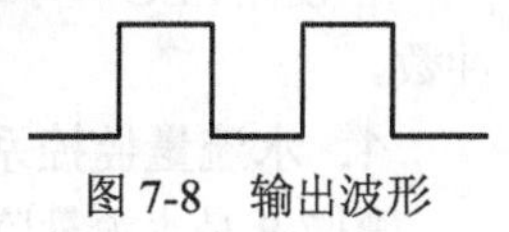

图 7-8　输出波形

表 7-2　硬件引出接线

类　型	符　号	说　明
红线	IN	正极
黄线	OUT	信号输出线
黑线	GND	负极

水流量传感器的技术参数如表 7-3 所示。

表 7-3　技术参数

适用范围		热水器，刷卡机，自动售水机，等流量计量等设备
基本参数	最低额定工作电压	DC 4.5V
	最大工作电流	15mA（DC 5V）
	工作电压范围	DC 3.5～24V
	负载能力	≤10mA（DC 5V）

续表

基本参数	使用温度范围	≤80℃
	使用湿度范围	35%RH～90%RH（无结霜状态）
	允许耐压	1.75Mpa 以下（水压）
	保存温度	-25～80℃
	保存湿度	25%RH～95%RH

使用水流量传感器时的注意事项如下。

① 严禁剧烈冲击及化学物质侵蚀。

② 严禁碰撞。

③ 介质温度不超过 120℃。

④ 按产品上的箭头方向安装。

由于水流量传感器是由水流带动的，在系统工作的时候，需要用到流量电磁阀去控制阀门开关。例如，当用户需要用水的时候，根据用户设定的容量打开阀门，容量到达设定值后，阀门自动关闭。因此，流量电磁阀一般与水流传感器连接在一起，如图 7-7 所示。

当流量电磁阀通电时，电磁线圈产生电磁力把关闭件从阀座上提起，阀门打开；当流量电磁阀断电时，电磁力消失，弹簧把关闭件压在阀座上，阀门关闭。

7.2.2 基于 FX 系列 PLC 的水流量监控系统设计

工程设计要求：用户通过触摸屏设定需要的流量值，流量值存放在数据继存器 D244 中，然后将流量值传给 PLC 进行处理。输出继电器 Y005 用于启动流量电磁阀，辅助继电器 M32 用于控制流量停止。用切换开关按钮控制输出继电器的状态，最后观察流量当前值是否达到流量设定值。

在设计 PLC 程序时，会用到一些公式，要将用户需要的流量值换算成水流量传感器返回的脉冲数。

1. 水流量监控系统的硬件设计

图 7-9 是水流量监控系统硬件接线图，水流量传感器的 OUT 端接入 PLC 的输入端 X001，流量电磁阀由 Y005 驱动，水流量传感器和流量电磁阀的工作电压都是 DC 24V。

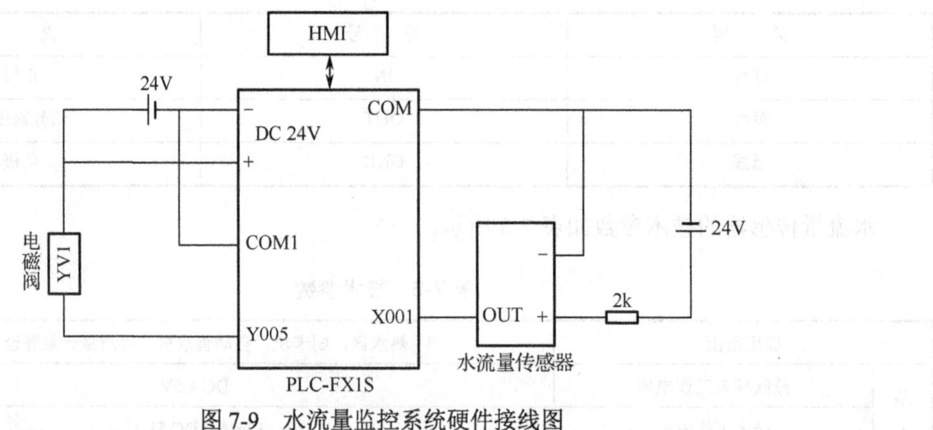

图 7-9 水流量监控系统硬件接线图

2. 将流量值（mL）转换为脉冲数

已知水流量传感器流 1L 水输出 450 个脉冲，即流 1mL 水输出 0.45 个脉冲。

假设用户设定的流量值（mL）用PLC的数据寄存器D244来存储，得到公式：

$$水流量脉冲数=\frac{[D244]\times 45}{100} \tag{7-1}$$

式（7-1）中的分母100是为了运算方便而设定的，[D244]表示数据寄存器D244中的值。

根据工程控制过程中水流量脉冲数与流量值的关系，可以用PLC进行程序设计。

在触摸屏上设计一个数值元件，读取D244数据寄存器中的数据，令用户所需的流量乘以0.45就等于水流量脉冲数，可以用得到的水流量脉冲数去控制流量电磁阀。将流量值转换为脉冲数的梯形图如图7-10所示。

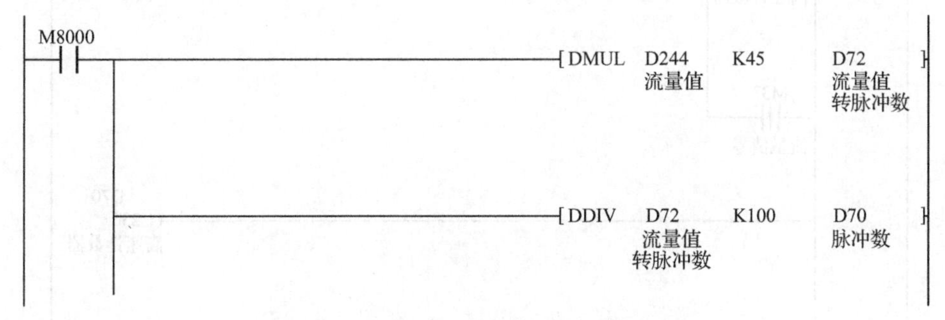

图7-10　将流量值转换为脉冲数的梯形图

3. 将脉冲数转换为流量值（mL）

假设输出的流量值用数据寄存器D240存储，得到以下公式。

$$[D240]=\frac{脉冲数(P)\times 100}{45} \tag{7-2}$$

式（7-2）中的脉冲数（P）是通过PLC获取的水流量传感器的脉冲数。P可以由PLC高速计数器C236计算。高速计数器C236对应PLC的输入端X001，通过高速计数器C236计算出的脉冲数就可以求出流量值，供用户查看。

将脉冲数转换为流量值（mL）的梯形图如图7-11所示。

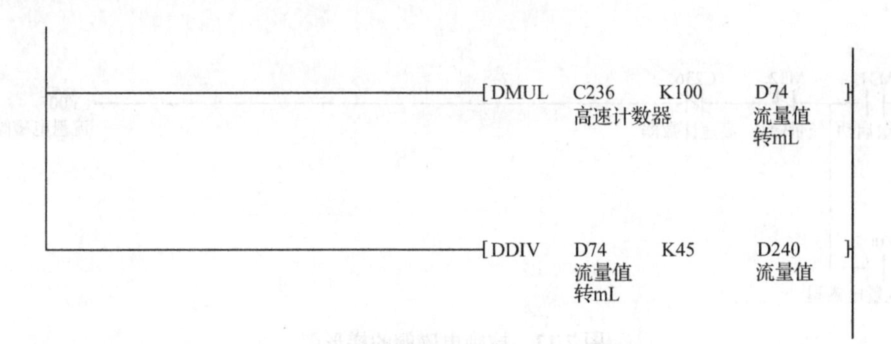

图7-11　将脉冲数转换为流量值的梯形图

4. PLC梯形图程序

程序的设计思路是通过脉冲数与流量值之间的关系，获取水流量传感器的脉冲数来控制流量值，通过将流量值换算成脉冲数去控制流量电磁阀。

把流量值换算成脉冲数后，将脉冲数与高速计数器C236中的预定值进行比较，达到预定值后，高速计数器C236会输出一个上升沿脉冲作用于流量电磁阀，关闭电磁阀的阀门，且停止计数，同时复位。数据换算梯形图如图7-12所示。

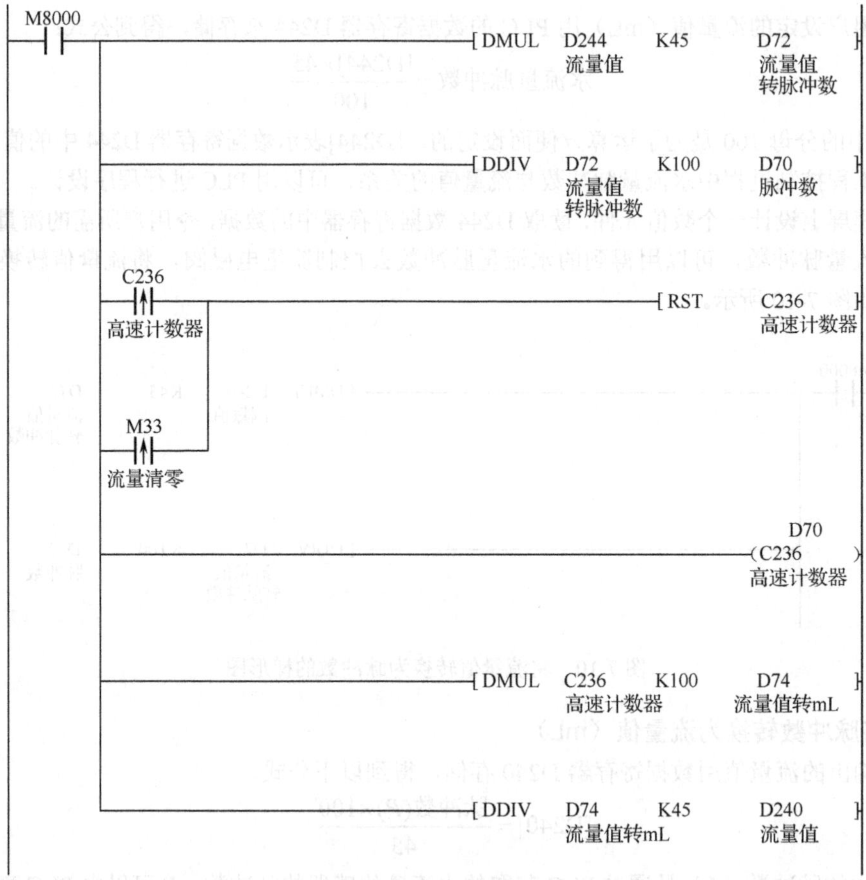

M8000
DMUL D244 流量值 K45 D72 流量值转脉冲数
DDIV D72 流量值转脉冲数 K100 D70 脉冲数
C236 高速计数器
RST C236 高速计数器
M33 流量清零
D70
C236 高速计数器
DMUL C236 高速计数器 K100 D74 流量值转mL
DDIV D74 流量值转mL K45 D240 流量值

图 7-12　数据换算梯形图

下面通过 PLC 控制流量电磁阀，控制电磁阀的梯形图如图 7-13 所示。通用辅助继电器 M31 作为启动按钮（写入地址），主要用于打开电磁阀（读取 PLC 的 Y005 地址），还需要对 Y005 进行自锁。

M31 流量启动
M32 流量停止
C236 高速计数器
Y005 流量电磁阀
Y005 流量电磁阀

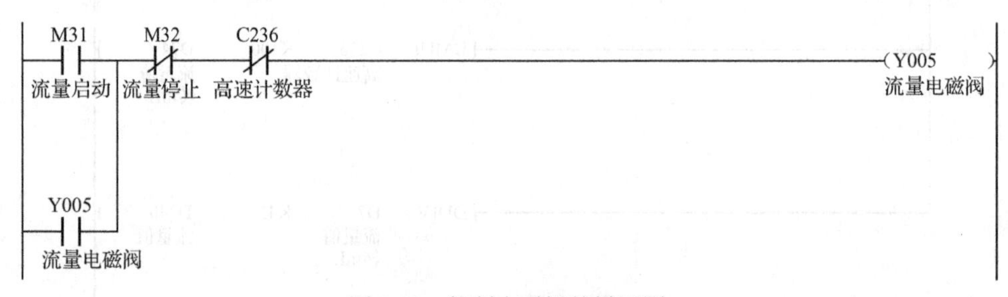

图 7-13　控制电磁阀的梯形图

为了保证工程应用安全，在一般的程序设计中，都要在程序中设置停止控件，本次使用辅助继电器 M32 作为停止按钮。

高速计数器 C236 计数的脉冲数达到用户设定的值时，会输出一个脉冲信号，停止驱动 Y005，切断流量电磁阀。

5．触摸屏程序设计

创建一个新工程，完成以下设置。

（1）数值元件

数值元件一般用于读取 PLC 数据寄存器中的数据。

① 流量当前值：用来显示当前的流量值。

流量当前值数值元件的读取地址必须与 PLC 程序中使用的数据寄存器地址一样，参数设置如图 7-14 所示。

② 流量设定值：用来显示用户所需的流量值（由用户设置）。

流量设定值数值元件参数设置如图 7-15 所示。

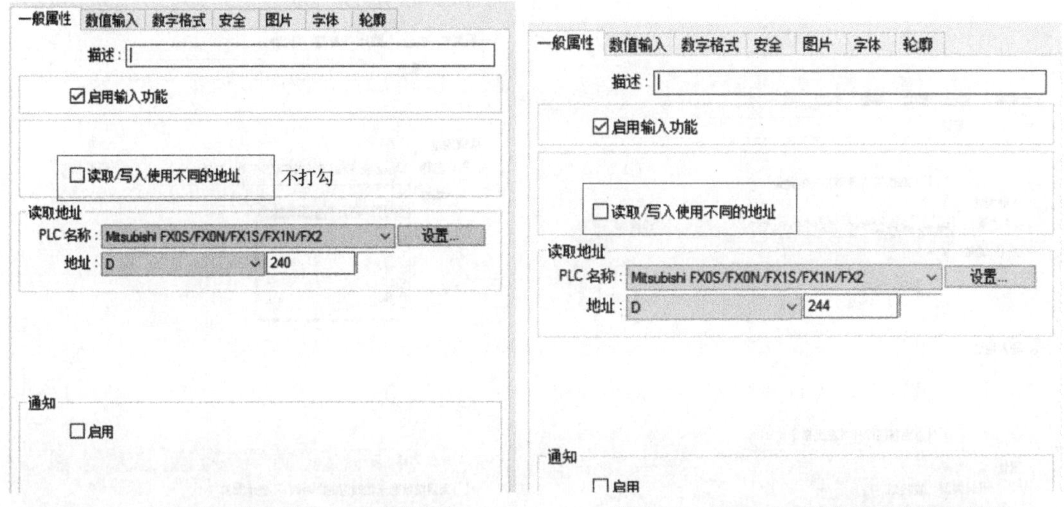

图 7-14　流量当前值数值元件参数设置　　　图 7-15　流量设定值数值元件参数设置

（2）位状态切换开关元件

①“启动”按钮：“启动”按钮参数设置如图 7-16 所示。

在“图片”选项卡中，可使用图片修饰按钮，具体设置参照图 7-17。

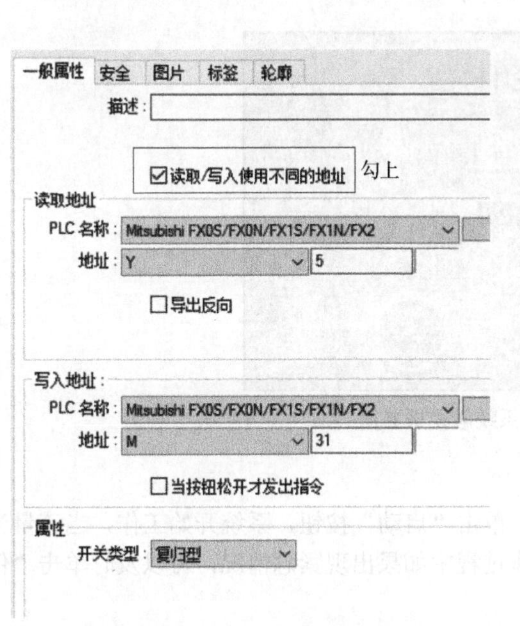

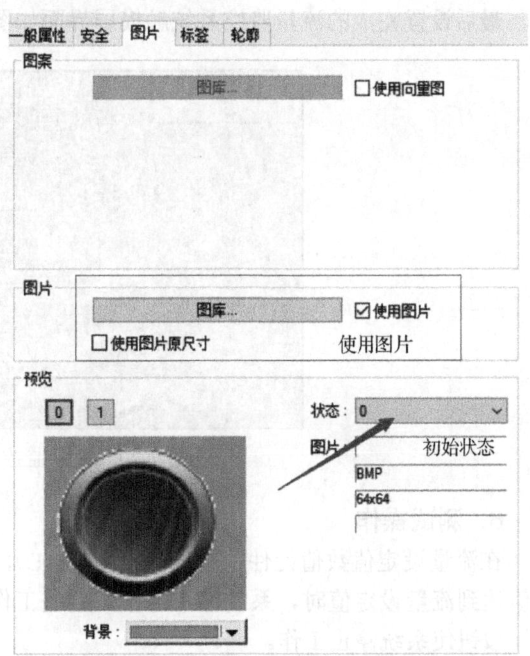

图 7-16 “启动”按钮参数设置　　　图 7-17 “图片”选项卡参数设置

②“停止”按钮：“停止”按钮参数设置与“启动”按钮类似，只是读取地址不一样（“停止”按钮的读取地址为M32）。

③“清零”按钮：“清零”按钮参数设置如图7-18所示。

④“上一页”按钮：用于与系统其他控制界面切换，这里不赘述。

（3）位状态指示灯元件

位状态指示灯元件用来检测输出继电器Y005的实时状态。

位状态指示灯元件参数设置如图7-19所示。

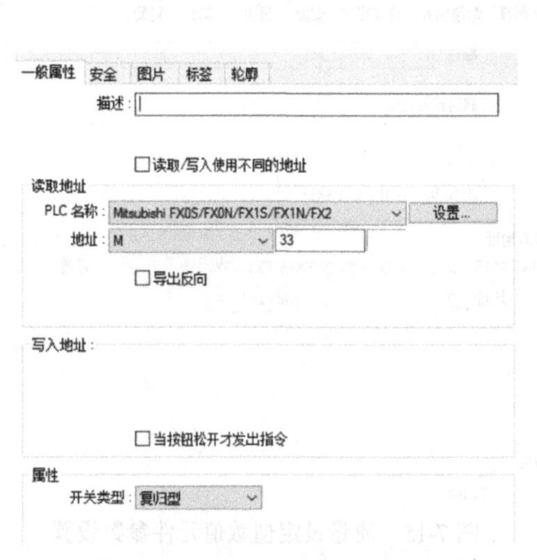

图7-18 “清零”按钮参数设置

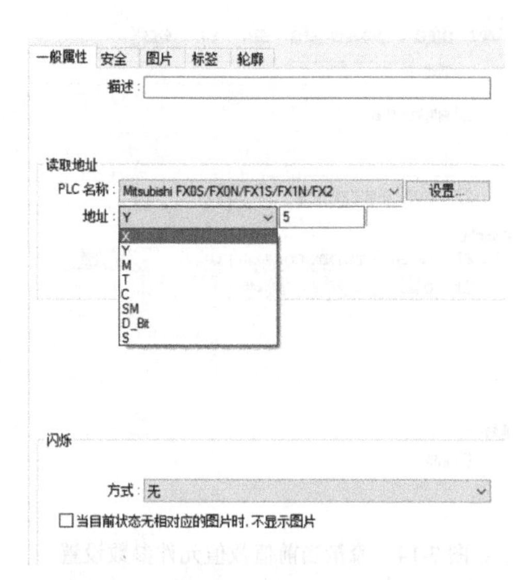

图7-19 位状态指示灯元件参数设置

（4）文字元件

文字元件用来标注控件意义，根据实际需要进行标注即可。

最后设置完成的流量监控系统触摸屏界面如图7-20所示。

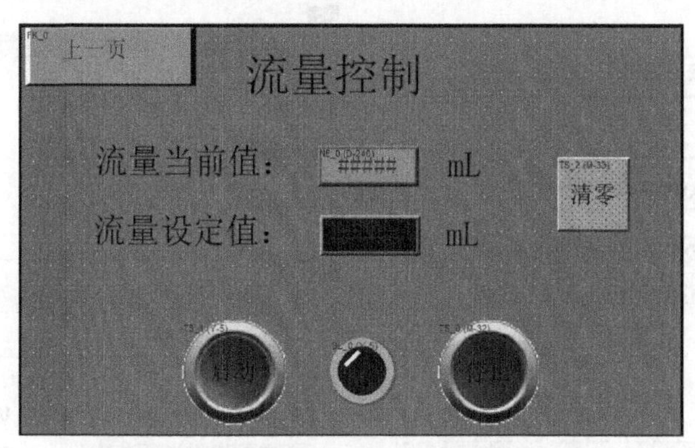

图7-20 流量监控系统触摸屏界面

6．测试操作

在流量设定值数值元件中输入流量值（mL），单击“启动”按钮，系统开始工作，当流量当前值达到流量设定值时，系统停止工作。系统工作过程中如果出现紧急情况，可以及时单击“停止”按钮使系统停止工作。

7.3　FX 系列 PLC 在称重工程中的应用

工程设计要求：设计称重系统，使实物的重量能通过触摸屏显示。

根据工程设计要求，可以应用称重传感器把重量（模拟量）转换成电压，称重传感器的输出电压通过重量变送器被转换为 DC 0～10V。重量变送器的输出电压通过模拟量输入模块 EX1S-20MRT4AD-2DA 被变换为数字量，数据被传送到 PLC 的数据寄存器 D8031 中，需要将数据寄存器 D8031 中的数据换算成实物的重量值，将结果存放到数据寄存器 D64 中；数据寄存器 D64 中存储的并不是实际的结果，还需要进行去皮处理，最终把结果显示在触摸屏上。

7.3.1　重量变送器

重量变送器用于将称重传感器提供的电量或非电量转换为标准的直流电流或直流电压信号，如 DC 0～10V 和 4～20mA。重量变送器分为电流输入型和电压输入型两种，电压输出型变送器具有恒压源的性质，PLC 模拟量输入模块电压输入端的输入阻抗很大。如果重量变送器距离 PLC 比较远，通过线路间的分布电容和分布电感感应的干扰信号电流在模块的输入阻抗上会产生较大的干扰电压，所以远程传送的电压输出型变送器输出的电压信号的抗干扰能力很差。电流输出型变送器具有恒流源的性质，恒流源的内阻很大。PLC 的模拟量输入模块输入电流时，输入阻抗比较小。由于干扰信号在模块的输入阻抗上产生的干扰电压很小，因此模拟量电流信号适合远程传送。

重量变送器分四线制和二线制两种，四线制变送器有 4 根线：两根电源线和两根信号线。二线制变送器只有两根外部接线，它们既是电源线，又是信号线。如图 7-21 所示，图中的二线制变送器输出 4～20mA 的电流，DC 24V 电源串接在回路中。图 7-22 是重量变送器将电流转换为数字量的曲线。二线制变送器的接线少，信号可以远程传送，在工业得到了广泛的应用。

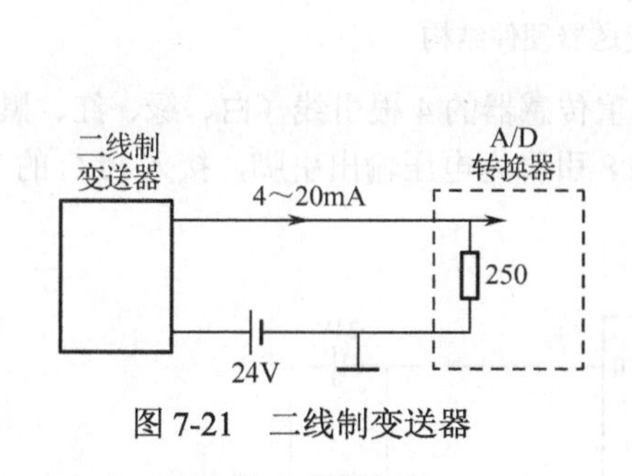

图 7-21　二线制变送器

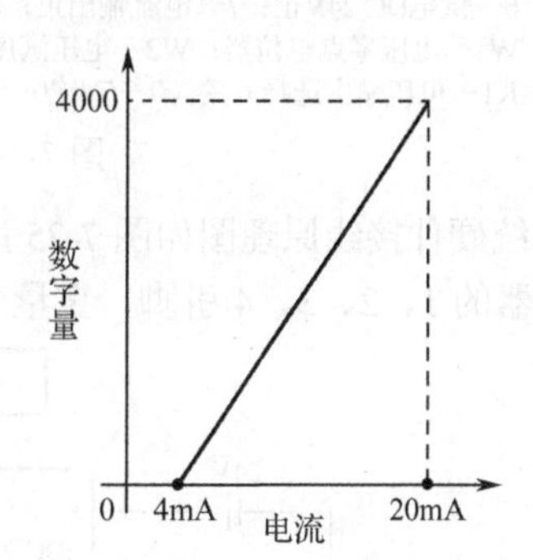

图 7-22　重量变送器将电流转换为数字量的曲线

7.3.2　称重传感器

称重模块的主要任务是高精度测量实物的实际重量，并准确计算带皮负荷及输送量。称重传感器通过感应物体重量产生传感器信号——电压，这里产生的电压是微弱的，经过重量变送器被放大到设定的 0～10V，然后传给 PLC，PLC 会将这个电压模拟量转换为数字量，再将数字量转换为模拟量输出给触摸屏。图 7-23 是称重传感器和重量变送器实物图。

图 7-23　称重传感器和重量变送器实物图

7.3.3　PLC 与称重模块的硬件接线

重量变送器硬件结构如图 7-24 所示。

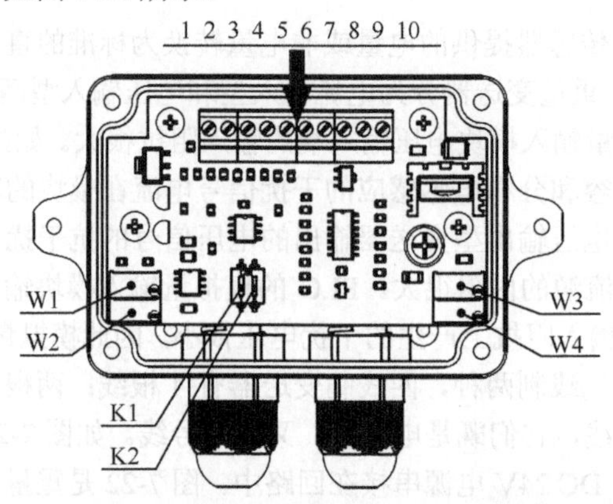

1—传感器激励正；2—传感器信号正；3—传感器信号负；4—传感器激励负；5—传感器屏蔽线；
6—供电DC 24V正；7—电流输出正；8—电压输出正；9—供电及输出公共端；10—屏蔽接线端；
W1—电压零点电位器；W2—电压满度电位器；W3—电流零点电位器；W4—电流满度电位器；
K1—电压输出选择开关（0～5V或0～10V）；K2—零点调节范围选择开关（精细或扩展）

图 7-24　重量变送器硬件结构

称重系统硬件接线原理图如图 7-25 所示，称重传感器的 4 根引线（白、绿、红、黑）分别接到重量变送器的 1、2、3、4 引脚，重量变送器的 8 引脚为电压输出引脚，接入 PLC 的 VA1 端。

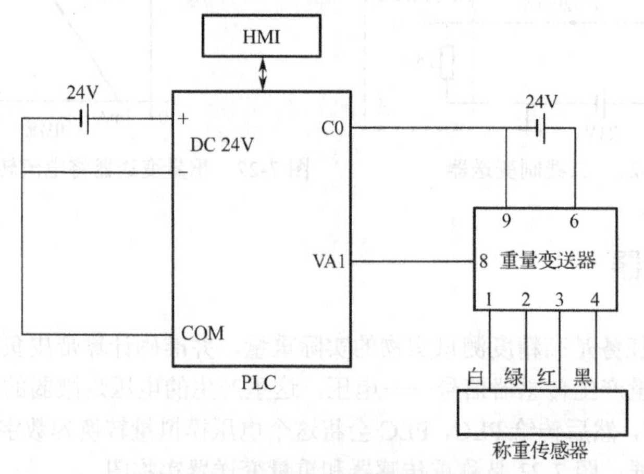

图 7-25　称重系统硬件接线原理图

7.3.4 PLC 程序设计

1. I/O 分配表

称重系统的I/O分配表如表7-4所示。

表7-4　I/O分配表

输入（I）点			输出（O）点		
名　称	代　号	输入点编号	名　称	代　号	输出点编号
模拟量输入	VA1	VA1	—	—	—

2. 硬件校准方法（以额定量程为10kg的称重传感器为例）

需要准备一台校准过的高精度万用表。安装好称重传感器，接重量变送器，再接通电源。在电源通电预热超过15分钟后再进行校准。

电压输出校准步骤：

① 根据需要拨动开关K1（见图7-24）：向上拨动输出0～10V，反之输出0～5V。

② 将万用表红表笔接重量变送器8引脚，黑表笔接9引脚。

③ 去掉称重传感器上的载荷，调整电压零点电位器 W1，使万用表读数接近 0V（读数不能是负数）。

④ 在称重传感器上放上10kg（也可以是其他重量）标准砝码，调整电压满度电位器W2，使万用表读数为所需的输出电压（5V或10V）。

⑤ 再次去掉称重传感器上的砝码，验证零点输出电压，如有偏差重复步骤④、⑤。

3. PLC 程序设计

本次实践操作需要用到模拟量输入模块 EX1S-20MRT4AD-2DA，模拟量输入模块EX1S-20MRT4AD-2DA的特性如表7-5所示。

表7-5　模拟量输入模块EX1S-20MRT4AD-2DA的特性

模拟量输入信号	DC 0～5V、0～10V DC 0～20mA、4～20mA
通道数量	4
综合精确度	0.5%
最大输入范围	DC 0～40mA　DC 15V
模拟量输入保护	瞬间抑制二极管
分辨率、转换时间	4096（12位）、10ms
模拟量输入寄存器	CH1：D8030～CH4：D8033

由表7-5可知，通道CH1～CH4对应的数据寄存器为D8030～D8033。

由于重量变送器的模拟量接PLC模拟量输入模块EX1S-20MRT4AD-2DA的VA1端，VA1对应的输出数据寄存器是D8031，因此需要对D8031中的模拟量进行换算。本设计应用的称重传感器的输入信号范围为 0～70kg，通过重量变送器变换，输出信号为 0～10V，模拟量输入模块EX1S-20MRT4AD-2DA将0～10V的电压转换为数字量0～4096（分辨率为12位）。

PLC对输入数据进行以下处理。

① 把数据寄存器D8031中的数据提取出来存放到数据寄存器D60中。

② 通过将已知的称重传感器输入信号范围为0～70kg，通过重量变送器变换，得到输出信号0～10V对应的数据量为0～4096，可知1kg对应的数字量为4095/70=58.5，0.01kg对应的数字量为0.585，将其乘以1000换算成整数，得：

$$实际重量值=数字量（[D8031]）\times 1000/585 \qquad (7-3)$$

根据公式（7-3）进行PLC程序设计，最终把实际值求出来，称重系统梯形图如图7-26所示。

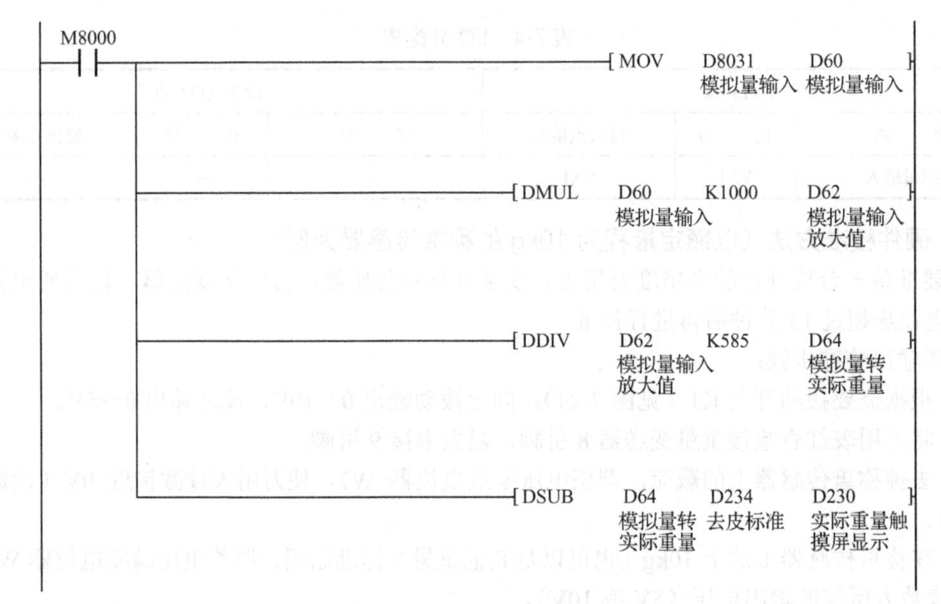

图7-26 称重系统梯形图

注意：存放在寄存器D64中的结果并不是实际的结果，需要进行去皮处理。

由梯形图可知，称重系统在PLC上电时就开始运行了，程序设计没有涉及启动、停止按钮控制，后期可以根据工程需要添加这部分内容。

7.3.5 触摸屏程序设计

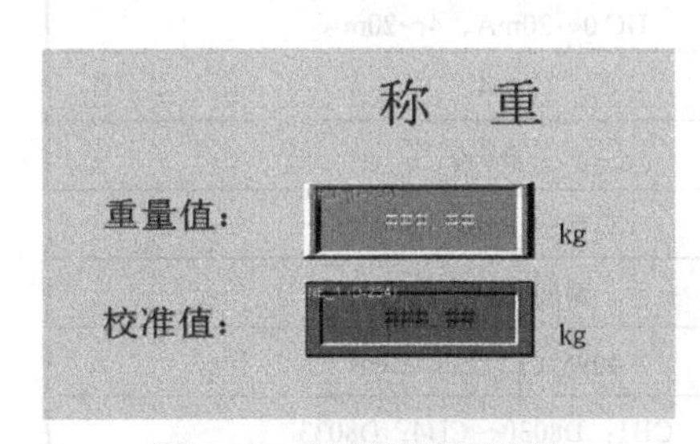

图7-27 触摸屏界面设计

根据工程设计要求，设计触摸屏界面，可以参考图7-27。触摸屏上主要显示物品的重量值（净重）和去皮后的校准值。这样，需要设计两个数值元件，其中显示重量值的数值元件对应的读取地址是D230，显示校准值的数值元件对应的读取地址是D234。

7.4 FX系列PLC在PID闭环控制工程中的应用

PLC是在数字量控制的基础上发展起来的工业控制装置，但是在许多工业控制系统中，其控制对象除了包括数字量，还有可能包括模拟量，如温度、流量、压力等。为了适应现代工业控制系统的需要，PLC 的功能不断增强，目前 PLC 已增加了许多模拟量的处理功能，具有较强的控制能力，完全可以胜任比较复杂的模拟控制。在工业生产中，一般用闭环控制方式来控制温度、压力、流量等连续变化的模拟量，最常见的控制方式就是 PID 控制（比例-积分-微分控制）。

7.4.1　模拟量处理流程

连续变化的物理量称为模拟量，PLC 用二进制格式来处理模拟量。模拟量输入模块用于将输入的模拟信号转换为 PLC 内部处理的数字信号，如 FX2N-8AD、FX2N-4AD-PT；模拟量输出模块用于将 PLC 输出的数字信号转换成电压信号或者电流信号，对执行机构进行调解与控制，如 FX2N-5A、FX2N-4DA/FX2NC-4DA。

模拟量处理流程如图 7-28 所示。若需将外界信号传送给 PLC，首先应通过传感器采集所需的外界信号，并将其转换为电信号，该电信号可能是离散的电信号，需通过变送器将它转换为标准的模拟电压或电流信号。模拟量输入模块接收到这些标准模拟信号后，通过 A/D 转换将其转换为与模拟量成比例的数字信号，存放在缓冲存储器 BFM 中。三菱 FX 系列 PLC 通过 FROM 指令，读取模拟量输入模块缓冲存储器中的数字信号，并将其传送到 PLC 指定的存储区中。

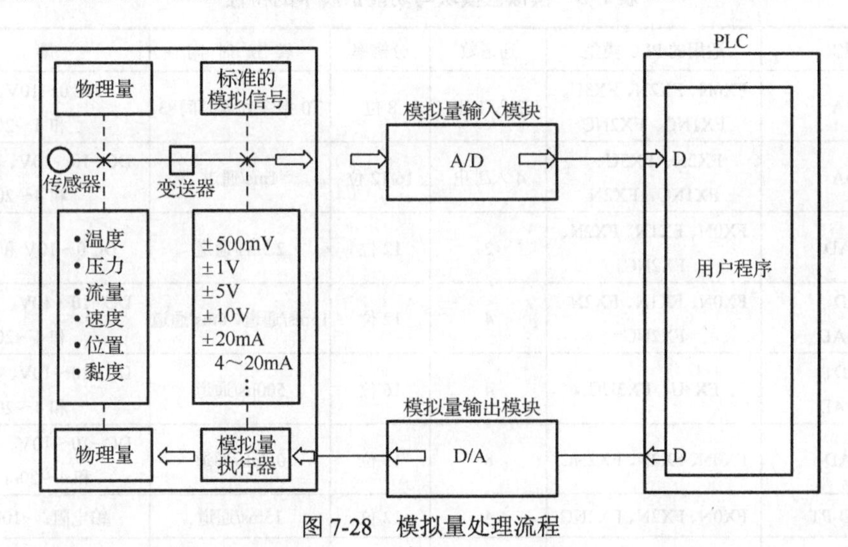

图 7-28　模拟量处理流程

若 FX 系列 PLC 需要控制外部相关设备，应首先通过 TO 指令将指定的数字信号传送到模拟量输出模块的缓冲存储器 BFM 中。这些数字信号在模拟量输出模块中经过 D/A 转换，被转换为与数字量成比例的标准模拟电压或电流信号。标准模拟电压或电流信号驱动相应的模拟量执行器动作，从而实现对 PLC 的模拟量的输出控制。

7.4.2　模拟量模块的性能指标

模拟量模块接收变送器提供的标准电流或电压信号，因此模拟量模块的选型与变送器有很大的关系，选型时应考虑以下问题。

（1）分辨率

PLC 模拟量模块的分辨率用转换后的二进制数的位数来表示，主要有 8 位和 12 位两种。8 位的模拟量模块的分辨率较低，可用在要求不高的场合。12 位二进制数对应的十进制数范围为 0～4095，精度较高。

（2）模拟量模块的转换时间

PLC 模拟量模块的转换时间一般都比较长，如模拟量输入模块 FX2N-2AD 的转换时间为 2.5ms/通道。

（3）模拟量模块的通道数

PLC 模拟量模块的通道数一般为 2 的整数次方，如 2、4、6、8、16 等，选型时除了要考虑实际需要的通道数外，还要考虑平均每个通道的价格。

（4）模拟量模块的量程

PLC 模拟量模块一般可以提供多种模拟量的量程供用户选择，模拟量输入、输出信号可以是电压或电流。

（5）模拟量模块是否有光电隔离

考虑到系统的安全性和抗干扰性，有的系统要求模拟量模块的外部模块电路与 PLC 内部的数字电路之间要有光电隔离，而模块各通道之间一般没有光电隔离。

目前常用的模拟量模块与功能扩展卡、特殊适配器的特性见表 7-6 和表 7-7。详细的特性和使用方法读者可以查阅相关手册学习。

表 7-6　模拟量模块与功能扩展卡的特性

名　称	适用的 PLC 类型	通道数	分辨率	转 换 时 间	量　程
FX0N-3A	FX0N、FX2N、FX3U、FX1NC、FX2NC	2 入/1 出	8 位	T0 指令处理时间×3	DC 0～10V、0～5V 和 4～20mA
FX2N-5A	FX2N、FX3U、FX1NC、FX2N	4 入/1 出	16/12 位	1ms/通道	DC −10～10V、−20～20mA 和 4～20mA
FX2N-2AD	FX0N、FX1N、FX2N、FX2NC	2	12 位	2.5ms/通道	DC 0～10V 和 4～20mA
FX2N-4AD、FX2NC-4AD	FX0N、FX1N、FX2N、FX2NC	4	12 位	15ms/通道、6ms/通道	DC −10～10V、−20～20mA 和 4～20mA
FX3U-4AD、FX3UC-4AD	FX3U、FX3UC	4	16 位	500μs/通道	DC −10～10V、−20～20mA 和 4～20mA
FX2N-8AD	FX0N、FX2N、FX2NC	8	15 位	0.5ms/通道	DC −10～10V、−20～20mA 和 4～20m 热电偶
FX2N-4AD-PT	FX0N、FX2N、FX2NC	4	12 位	15ms/通道	铂电阻：-100～600℃
FX2N-4AD-TC	FX0N、FX2N、FX2NC	4	12 位	240ms/通道	K 型：0～1200℃、J 型：-100～600℃热电偶
FX2N-2DA	FX0N、FX2N、FX2NC、	2	12 位	4ms/通道	DC 0～10V、DC 0～5V 和 4～20mA
FX2N-4DA、FX2NC-4DA	FX0N、FX2N、FX2NC	4	12 位	2.1ms/通道	DC 0～10V 和 4～20mA
FX2N-4DA	FX0N、FX2N、FX2NC	4	16 位	1ms/通道	DC −10～10V、0～20mA 和 4～20mA
FX1N-2AD-BD、FX1N-1DA-BD	FX1N、FX2N、FX1N	2/1	12 位	1 个扫描周期	DC 0～10V 和 4～20mA
FX3G-2AD-BD、FX3G-1DA-BD	FX3G	2/1	12 位	180μs/通道、60μs/通道	DC 0～10V 和 4～20mA

表 7-7　特殊适配器的特性

名　称	适用的 PLC 类型	通道数	分辨率	转 换 时 间	量　程
FX3U-4AD-ADP、FX3UC-4AD-ADP	FX3U、FX3UC	4	12	200μs/通道、250μs/通道	DC 0～10V 和 4～20mA
FX3U-3A-ADP	FX3U、FX3UC	2 入/1 出	12	90μs/通道或 50μs/通道	DC 0～10V 和 4～20mA
FX3U-4AD-PT-ADP	FX3U、FX3UC	4	12	200μs	铂电阻：-50～250℃
FX3U-4AD-PNK-ADP	FX3U、FX3UC	4	12	200μs	铂电阻：-50～250℃，镍电阻：-40～100℃
FX3U-4AD-PTW-ADP	FX3U、FX3UC	4	12	200μs	铂电阻：-100～600℃
FX3U-4AD-TC-ADP	FX3U、FX3UC	4	12	200μs	K 型：-100～1000℃，J 型：-100～600℃热电偶
FX3U-4DA-ADP	FX3U、FX3UC	4	12	200μs	DC 0～10V 和 4～20mA

7.4.3　模拟量输入模块

PLC 的基本单元只能处理数字量，而不能直接处理模拟量。如果要处理模拟量，就必须通过特殊功能模块（模拟量输入模块）将模拟量转换成数字量，再将其传送给 PLC 的基本单元进行处理。

普通模拟量输入模块的功能是将标准的电压信号（0～5V 或-10～10V）或电流信号（4～20mA 或-20～20mA）转换成相应的数字量，通过 FROM 指令读入 PLC 的寄存器中，然后进行相应的处理。普通模拟量输入模块主要包括二通道模拟量输入模块、四通道模拟量输入模块、八通道模拟量输入模块，下面介绍四通道模拟量输入模块。

1．四通道模拟量输入模块

四通道模拟量输入模块 FX1S-22MRT-4AD-2DA 侧面接线图如图 7-29 所示。模拟量输入 CH1 使用的端口为 C0 和 VA0，CH2 使用的端口为 C0 和 VA1，CH3 使用的端口为 C1 和 VA2，CH4 使用的端口为 C1 和 VA3。模拟量转换对应的数字量为 0～4095（12 位），由 CH1～CH4 输入的数字量分别存储于数据寄存器 D8030～D8033 中。

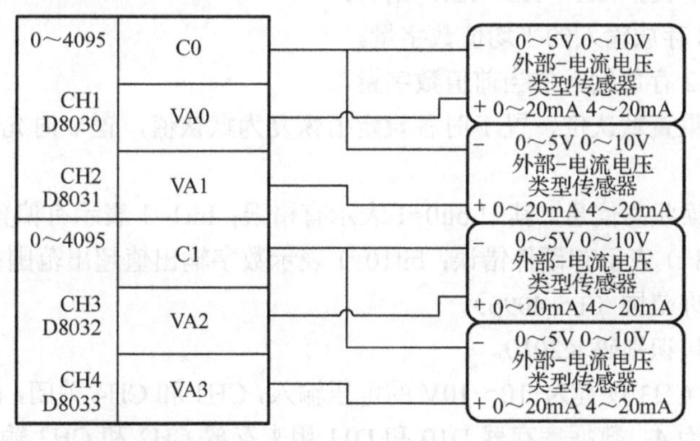

图 7-29　四通道模拟量输入模块 FX1S-22MRT-4AD-2DA 侧面接线图

2．模拟量输入模块输出数据的读出

有的 PLC 不会集成有特殊功能模块，在应用时需要特殊功能模块与 PLC 的 CPU 进行数据通

信，如果 PLC 已经连接有特殊功能模块，那么查看厂商提供的手册进行操作就可以了，厂商已分配好每个通道对应的寄存器。对于没有配置模拟量输入模块的 PLC，可以参照下面的过程进行设置。

（1）特殊功能模块的读、写指令

读指令格式如图 7-30 所示。

写指令格式如图 7-31 所示。

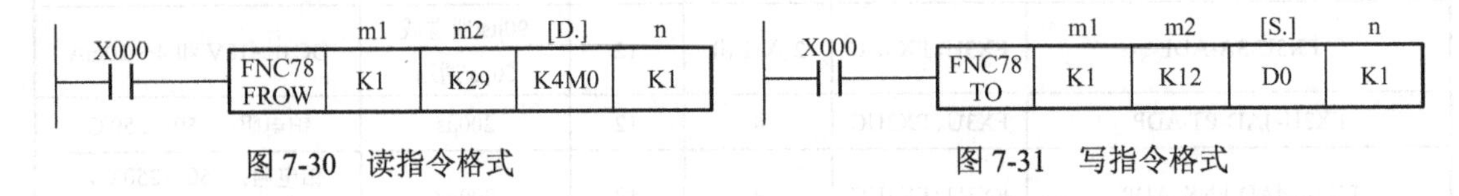

图 7-30　读指令格式　　　图 7-31　写指令格式

参数解析：

m1 为特殊功能模块的编号，m1 的取值范围为 0～7。

m2 为特殊功能模块中的缓冲寄存器（BFM）的编号，m2 的取值范围为 0～32767。

n 是待传送数据的位数，n 的取值范围为 1～32（32 位操作数）或 1～16（16 位操作数）。

（2）模拟量输入模块输出数据的读出

以四通道模拟量输入模块 FX1S-22MRT-4AD-2DA 为例，其缓冲寄存器功能如下。

BFM#0：输入方式设定，十六进制 4 位数表示各通道的初始化内容，从最低位开始依次控制通道 CH1～CH4，每一位的有效数字范围是 0～3。

0：输入为电压信号，信号范围为-10～10V；

1：输入为电流信号，信号范围为 4～20mA；

2：输入为电流信号，信号范围为 20～20mA；

3：通道关闭，不接收任何信号；

BFM#0 的默认值为 H0000，CH1～CH4 都以输入电压信号方式工作。

若 BFM#0 的值为 H3130，则四个通道对应的输入模式如下。

CH1：对应的是 0，所以输入为电压信号（-10～10V）。

CH2：对应的是 3，所以通道关闭。

CH3：对应的是 1，所以输入为电流信号（4～20mA）。

CH4：对应的是 3，所以通道关闭。

若设置 CH1、CH2 平均值滤波的周期数为 5。

使用写命令 TOP　K0　K1　K5　K2，则有：

BFM#5～BFM#8 存放输入的平均值数字量。

BFM#9～BFM#12 存放输入的当前值数字量。

BFM#20 为快速重置默认位，置 1 时各设定值恢复为默认值，置 0 时允许重新设定，其默认值为 H0000。

BFM#29 存放错误状态信息。其中 bit0=1 表示有错误；bit1=1 表示有偏置或增益错误，bit2=1 表示有电源故障，bit3=1 表示有硬件错误；bit10=1 表示数字输出值超出范围；bit11=1 表示平均值滤波的周期数超出允许范围（1～4096）。

BFM#30 存放模块识别码 K2010。

例如：将 CH2 和 CH3 设置为-10～10V 的电压输入，CH1 和 CH4 关闭，模拟量模块编号为 0，平均值滤波的周期数为 4，数据寄存器 D10 和 D11 用来存放 CH2 和 CH3 输出数字量的平均值。代码如下。

```
LD      M8002                          //首次扫描
TOP     K0   K0   H3003     K1         //设置 CH2 和 CH3
```

```
TOP     K0  K2   K4      K2      //设置 CH2、CH3 平均值滤波的周期数为 4
LDP     X1
FROM    K0  K29  K4M10   K1      //从模块运行状态从 BFM #29 读入 M10～M25
LDI     M10                      //检测模块运行有没有错误
ANI     M20                      //数字量未超出允许范围
FROM    K0  K5   D10     K2      //将 CH2、CH3 的平均采样值存到 D10 和 D11 中
```

7.4.4　将模拟量输入值转换为实际的物理量

A/D 转换模块将模拟量转换为数字量之后，需要通过这个数字量求出其所对应的物理量。下面通过例子来说明将模拟量输入值转换为实际的物理量的方法。

已知使用的温度变送器的温度检测范围是 0～100℃，输出电压范围是 0～10V，那么 PLC 模拟量输入模块通道的输入电压范围也要设置为 0～10V。因为模拟量输入模块的分辨率是 12 位，即 0～4095，为了方便计算，取它的满量程为 4090，得到 A/D 转换值与物理量的关系如图 7-32 所示，图中的 Z 代表输入电压此时的值，X 代表经过转换后所得到的数字量，Y 代表要求的物理量。Y 可以通过公式（7-4）求出，X 是经过转换后存储在 D8030 中的数字量，0 是指温度检测范围的 0℃，即物理量检测模块所能检测的最小值（在实际系统中有可能不为 0）。

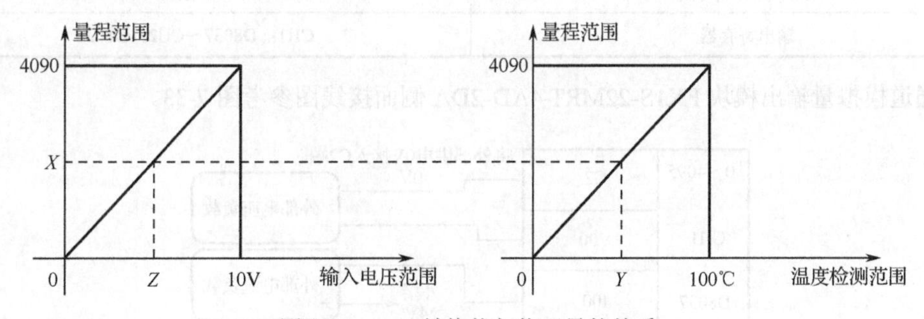

图 7-32　A/D 转换值与物理量的关系

那么可以根据图 7-32 得出直线方程：

$$Y = \frac{100}{4090}X + b \tag{7-4}$$

X：表示数字量（变送器的模拟量经过 A/D 转换后的数字量）。

Y：表示模拟量。

b：表示直线方程的截距。

【例 7-1】 压力变送器的量程为 0～10Mpa，输出信号为 DC 4～20mA，选择特殊功能模块的输入模块，量程为 4～20mA，转换后的数字量为 0～4000，设转换后得到的数字量为 N，试求以 kPa 为单位的压力值。

解： 0～10MPa（0～10000kPa）对应于转换后的数字 0～4000，得转换公式为

$$P=(10000\times N/4000)\text{kPa}=(2.5\times N)\text{kPa}$$

用定点数运算的计算公式为

$$P=(N\times 5/2)\text{kW}$$

注意，运算时先乘后除，否则可能会损失原始数据的精度。

7.4.5 模拟量输出模块

模拟量输出模块又称 D/A 模块，用于把 PLC 的 CPU 送往模拟量输出模块的数字量转换成外部设备可以接收的模拟量（电压或电流）。模拟量输出模块所接收的数字量一般为 12 位二进制数，数字量位数越多，分辨率就越高。

1. 二通道模拟量输出模块

以二通道模拟量输出模块 FX1S-22MRT-4AD-2DA 为例，其输出特性如表 7-8 所示。

表 7-8 模拟量输出模块 FX1S-22MRT-4AD-2DA 的输出特性

输出信号	DC 0～5V、0～10V DC 0～20mA、4～20mA
通道数量	2
综合精确度	0.5%
最大输出范围	10V 或 20mA
模拟量输出保护	瞬间抑制二极管
分辨率/转换时间	4096（12 位）、10ms
输出寄存器	CH1：D8037～CH2：D8038

二通道模拟量输出模块 FX1S-22MRT-4AD-2DA 侧面接线图参考图 7-33。

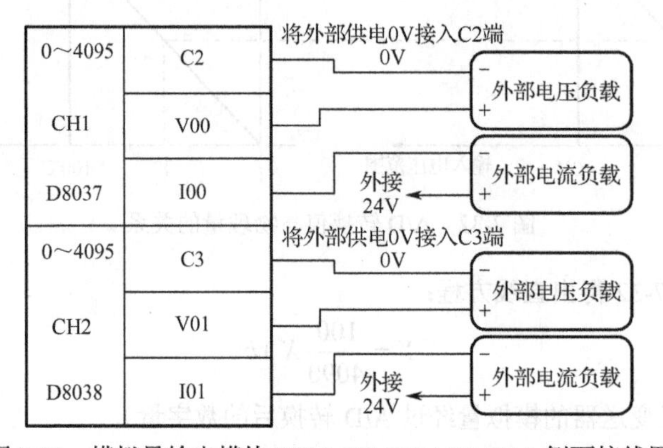

图 7-33 模拟量输出模块 FX1S-22MRT-4AD-2DA 侧面接线图

2. 模拟量输出模块的编程

FX1S-22MRT-4AD-2DA 只用了以下两个缓存寄存器（BFM）。

① BFM #16：低 8 位（b7～b0）用于写入输出数据的当前值，高 8 位保留。

② BFM #17：在 bit0、bit1 的下降沿时，CH2 和 CH1 的 D/A 转换开始；在 bit2 的下降沿时，D/A 转换的低 8 位数据被锁存。

假设 FX1S-22MRT-4AD-2DA 为 1 号模块，将要写入 CH1 的数据存放在数据寄存器 D10 中，在 X000 变为 ON 时，启动 CH1 的 D/A 转换，具体转换程序如下。

```
LD      X000
MOV         D10       K4M10              //将 D10 中的数字量传送到 M10-M25 中
TOP     K1        K16       K2M10     K1 //将 D10 的低 8 位写入 BFM#16 中
TOP     K1        K17       H0004     K1 //将 BFM#17 的 bit2 置 1
```

```
TOP      K1      K17      H0000    K1 //在 BFM#17 的 bit2 下降沿时，锁存低 8 位数据
TOP      K1      K16      K1M18    K1 //写入高 4 位数据
TOP      K1      K17      H0002    K1 //BFM#17 的 bit1 置 1
TOP      K1      K17      H000K1      //在 bit1 的下降沿，启动 CH1 的 D/A 转换
```

7.4.6　闭环控制中的基本概念

1. 模拟量闭环控制系统

在模拟量闭环控制系统中，被控量 $c(t)$ 被传感器和变送器转换为标准的直流电流或直流电压信号 pv(t)，模拟量输入模块中的 A/D 转换器将它们转换为多位二进制数过程变量 PV_n。SV_n 为设定值，误差 $EV_n = SV_n - PV_n$。模拟量输出模块的 D/A 转换器将 PID 控制器输出的数字量 MV_n 转换为模拟量 mv(t)，再去控制执行机构，具体控制流程参考图 7-34。

PID 程序的执行是周期性的，其间隔时间称为采样周期 T_s。

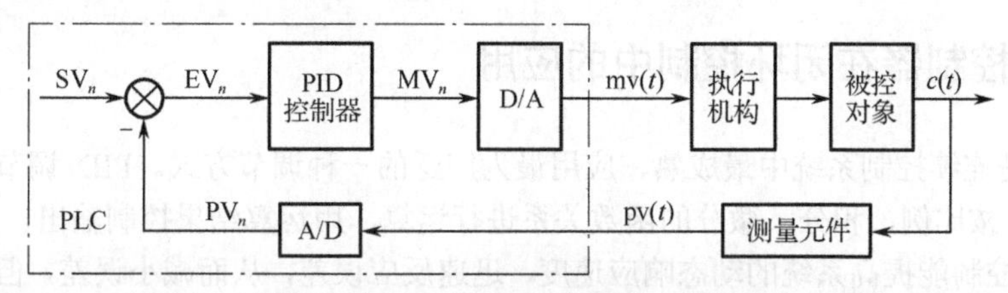

图 7-34　PLC 闭环控制系统方案图

2. 闭环控制的工作原理

闭环负反馈控制可以使测量值 PV_n 等于或跟随设定值。以加热炉温度闭环控制系统为例，假设实际温度值 $c(t)$低于给定的设定值，误差 EV_n 为正，PID 控制器的输出 MV_n 将增大，mv(t) 将增大，使执行机构（电动调节阀）的开度增大，进入加热炉的天然气流量增加，加热炉的温度升高，最终使实际温度值接近或等于设定值。

闭环控制具有自动减小和消除误差的功能，可以有效地抑制闭环中各种扰动量对被控量的影响。

3. 闭环控制反馈极性的确定

闭环控制时必须保证系统是负反馈的，如果系统被接成了正反馈的，其将会失控，被控量会向单一方向增大或减小，给系统的安全带来巨大威胁。在调试时，断开模拟量输出模块与执行机构之间的连接，在开环状态下运行 PID 控制程序。如果 PID 控制器中有积分环节，因为反馈被断开，模拟量输出模块的输出会向一个方向变化。这时接上执行机构，若能减小误差，则该系统为负反馈系统，反之，该系统为正反馈系统。

4. 闭环控制带来的问题

使用闭环控制系统，并不能保证得到良好的动静态性能，这主要是由系统中的滞后因素造成的。以洗澡水温度的人工调节为例，人们用皮肤检测水的温度，人的大脑就是闭环控制器。假设水的温度偏低，因为从阀门到出水口有一定的距离，往热水增大的方向调节阀门后，需要经过一定的时间，人们才能感觉到水的温度变化。

闭环控制系统中的滞后因素主要来源于被控对象。如果 PID 控制器的参数设定得不好，阶跃响应曲线变化很大，就会产生很大的超调量，导致系统不稳定。

5. PID 控制器的输入/输出关系

图 7-35 是模拟量闭环控制系统，sv(t) 是设定值，pv(t) 为测量值，$c(t)$ 为被控量，PID 控制

器的输入/输出关系如下：

$$\mathrm{mv}(t)=K_{\mathrm{P}}\left[\mathrm{ev}(t)+\frac{1}{T_{\mathrm{I}}}\int\mathrm{ev}(t)\mathrm{d}t+T_{\mathrm{D}}\frac{\mathrm{dev}(t)}{\mathrm{d}t}\right]+M \tag{7-5}$$

误差信号 $\mathrm{ev}(t)=\mathrm{sv}(t)-\mathrm{pv}(t)$，$\mathrm{mv}(t)$ 是 PID 控制器的输出值，K_{P} 是比例增益，T_{I} 和 T_{D} 分别是积分时间和微分时间。$K_{\mathrm{P}}\left[\mathrm{ev}(t)+\frac{1}{T_{\mathrm{I}}}\int\mathrm{ev}(t)\mathrm{d}t+T_{\mathrm{D}}\frac{\mathrm{dev}(t)}{\mathrm{d}t}\right]$ 中的三部分分别是 PID 控制器的比例（P）部分、积分（I）部分和微分（D）部分，可以根据需要调整这三部分，组成 P、PD、PI 控制器。

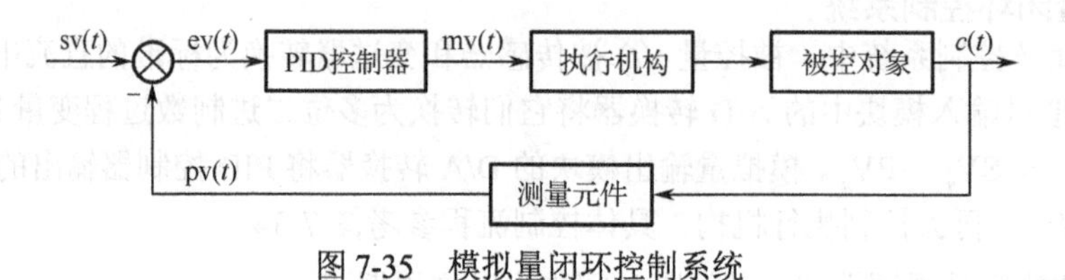

图 7-35　模拟量闭环控制系统

7.4.7　PID 控制器在闭环控制中的应用

PID 调节是连续控制系统中最成熟、应用最为广泛的一种调节方式。PID 调节的实质是根据输入的偏差值，按比例、积分、微分的函数关系进行运算，用运算结果控制输出。

比例（P）控制能提高系统的动态响应速度，迅速反应误差，从而减小误差，但比例控制不能消除稳态误差，比例增益的增大，会引起系统的不稳定；积分（I）控制的作用是消除稳态误差，因为只要系统存在误差，积分作用就会不断地积累，输出控制量以消除误差，直到误差为零，但积分作用太强会使系统超调量增大，甚至使系统出现振荡；微分（D）控制与误差的变化率有关，它可以减小超调量，避免振荡，使系统的稳定性提高，同时加快系统的动态响应速度，缩短调整时间，从而改善系统的动态性能。在实际应用中，根据被控对象的特性和控制要求，可以灵活地改变 PID 控制器的结构。

1．PID 控制器的优点

（1）不需要被控对象的数学模型

自动控制理论中的分析和设计方法基本上是建立在被控对象的线性定常数学模型上的。该模型忽略了实际系统中的非线性和时变因素，与实际系统有较大的差距。对于许多工业控制对象，根本就无法建立较为准确的数学模型，因此自动控制理论中的设计方法对大多数实际系统是无能为力的。对于这类系统，使用 PID 控制器可以得到比较满意的效果。

（2）结构简单，容易实现

PID 控制器的结构简单，程序设计简单，计算工作量较小，各参数相互独立，有明确的物理意义，参数调整方便，容易实现多回路控制、串级控制等复杂的控制。

（3）较强的灵活性和适应性

根据被控对象的具体情况，可以采用 PID 控制器的多种改进的控制方式，如 PI、PD、带死区的 PID、积分分离式 PID 和变速积分 PID 等，但比例控制一般是必不可少的。随着智能控制技术的发展，将 PID 控制器与神经网络控制等现代控制方法相结合，可以实现 PID 控制器的参数自调整，使 PID 控制器经久不衰。

（4）使用方便

由于 PID 控制器用途广泛、使用灵活，已有多种控制产品具有 PID 控制功能，使用时只需设定一些比较容易调整的参数即可，有的产品还具有参数自调整功能。

2. PID 控制方法

用 PLC 对模拟量进行 PID 控制时，可以采用以下几种方法。

（1）使用 PID 过程控制模块

过程控制模块包含 A/D 转换器和 D/A 转换器，PID 控制程序是 PLC 生产厂商设计的，被存放在模块中，用户在使用时只需设置一些参数，使用起来非常方便，使用一个模块可以控制几个甚至几十个闭环回路。但是这种模块的价格较高，一般在大中型控制系统中使用。

（2）使用 PID 指令

现在有很多 PLC 都有提供 PID 指令，如 FX 系列 PLC。它们实际上是用于 PID 控制的子程序，与模拟量输入/输出模块一起使用，可以得到类似于使用 PID 过程控制模块的效果，但是价格便宜很多。

（3）用自编程序实现 PID 闭环控制

有的 PLC 没有提供 PID 过程控制模块和 PID 指令，在这种情况下，需要用户自己编写 PID 控制程序。

（4）变频器的闭环控制

变频器内部一般都有一个 PI 控制器或 PID 控制器。对于恒压供水这类闭环控制系统，可以将反馈信号接到变频器的反馈信号输入端，用变频器内部的控制器实现闭环控制。PLC 可以通过通信或开关量信号给变频器提供频率给定的信号和启动、停止命令。

如果将反馈信号传送给 PLC 的模拟量输入模块，用 PLC 实现 PID 闭环控制，用 D/A 转换器输出的模拟信号作为变频器的频率给定信号，则会增加 PLC 的模拟量输入模块和模拟量输出模块，增加硬件成本。

3. FX 系列 PLC 的 PID 指令

图 7-36 中的模拟量反馈信号 pv(*t*) 被模拟量输入模块转换为数字量 PV，经过滤波和 PID 运算后，PID 控制器的输出量 MV 被送给模拟量输出模块，后者输出的模拟量 mv(*t*) 被送给执行机构。

图 7-37 是 PID 指令应用。PID 回路运算指令的源操作数 S1、S2、S3 和目标操作数 D 均为数据寄存器，S1 和 S2 分别用来存放给定值 SV 和本次采样的测量值（反馈量）PV，PID 指令占用起始软元件号为 S3 的连续的 25 个数据寄存器，用来存放控制参数的值，运算结果（PID 输出量）MV 用目标操作数 D 存放。

在开始执行 PID 指令之前，应使用 MOV 指令将各参数和设定值写入指令指定的数据寄存器中，如表 7-9 所示。如果使用有断电保护功能的数据寄存器，则不需要重复写入。如果目标操作数 D 有断电保持功能，则应使用初始化脉冲 M8002 的常开触点将它复位。

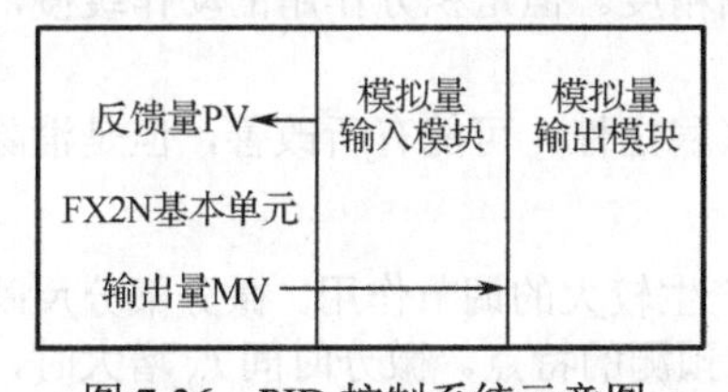

图 7-36　PID 控制系统示意图

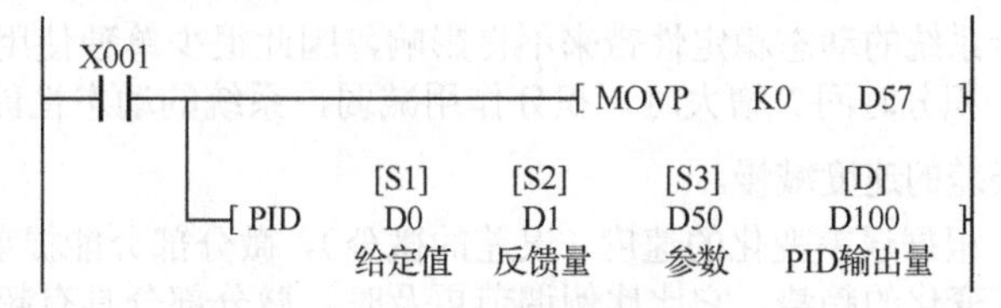

图 7-37　PID 指令应用

表 7-9　PID 指令的部分参数

符　号	地　址	意　义
T_s	[S3]	采样周期
ACT	[S3]+1	动作方向
a	[S3]+2	输入滤波常数
K_P	[S3]+3	比例增益

续表

符 号	地 址	意 义
K_I	[S3]+4	积分增益（$1/T_I$）
K_D	[S3]+5	微分增益（$1/T_D$）
T_D	[S3]+6	微分时间

4．PID 指令的参数

PID 指令的源操作数 S3 是由 25 个数据寄存器组成的参数区的首个软元件号。部分参数必须由用户在 PID 运算前用指令写入，部分参数留做内部运算用，还有部分参数是用于存放运算结果的。

[S3]+7～[S3]+19：这 13 个软元件用于 PID 的内部运算；

[S3]+20：存放过程量最大增量值（[S3]+1 的 bit1=1 时有效）；

[S3]+21：存放过程量最大减量值（[S3]+1 的 bit1=0 时有效）；

[S3]+22：存放输出增量报警设定值（[S3]+1 的 bit2=1，bit5=0 时有效）或输出上限设定值（[S3]+1 的 bit2=0，bit5=1 时有效）；

[S3]+23：存放输出减量报警设定值（[S3]+1 的 bit2=1，bit5=0 时有效）或输出下限设定值（[S3]+1 的 bit2=0，bit5=1 时有效）；

[S3]+24：存放报警输出，bit0 为输入增量增益，bit1 为输入减量增益，bit2 为输出增量增益，bit3 为输出减量增益。

PID 指令可以在定时器中断、子程序、步进梯形指令区和跳转指令中使用，但是在执行 PID 指令之前应使用脉冲执行指令 MOVP，将[S3]+7 清零，并根据需要为相应软元件设定相应的参数。

5．PID 控制器的参数调整方法

PID 控制器有 4 个主要的参数 T_s、K_P、T_I和T_D，无论哪一个参数，选择得不适合都会影响控制效果。在调整时，首先要把握 PID 参数和系统动态、静态性能之间的关系。

在 PID 的三种控制作用中，比例部分与误差部分信号在时间上是一致的，只要误差一出现，比例部分就能及时地产生与误差成正比的调节作用，具有及时调节的特点。比例增益 K_P 越大，比例调节作用越强，系统的稳态精度越高。但对于大多数系统来说，比例增益过大，会使系统振荡，稳定性降低。

PID 控制器中的积分作用与当前误差的大小和误差的历史情况都有关系，只要误差不为零。PID 控制器的输出就会因积分作用而不断变化，直到误差消失，系统处于稳定状态时，积分部分才不再变化，因此，积分部分可以消除稳态误差，提高控制精度。但是积分作用的动作缓慢，可能给系统的动态稳定性带来不良影响，因此很少单独使用。

积分时间 T_I 增大时，积分作用减弱，系统的动态性能（稳定性）可能有所改善，但是消除稳态误差的速度减慢。

根据误差变化的速度（误差的微分），微分部分能提前产生较大的调节作用，微分部分反映了系统变化的趋势，它比比例调节更及时，微分部分具有超前预测的特点。微分时间 T_D 增大时，超调量减小，动态性能得到改善，但是抑制高频干扰的能力下降。如果微分时间 T_D 过大，系统输出中可能出现频率过高的振荡分量。

设置 PID 参数的一些建议如下。

① 采样周期 T_s 等于 PLC 的扫描周期或扫描周期的整数倍。

② 输入滤波系数 a=50%。

③ T_I 为 T_D 的 4～10 倍，T_D =50%。

④ 对于反应快的系统，T_D 应设置得小一些，但是不要小于采样周期 T_s 。对于反应慢的系统，

T_D 应设置得大一些，可以设置 T_D 的初值为 $2T_s$。

为了使采样值能及时反映模拟量的变化，T_s 越小越好。但是 T_s 太小会增加CPU的运算工作量，相邻两次采样的差值几乎没什么变化，所以 T_s 也不能过小。表7-10给出了采样周期的经验数据。

表7-10　采样周期的经验数据

被控制量	流量	压力	温度	液位	成分
采样周期（s）	1～5	3～10	15～20	6～8	15～20

确定比例增益 K_P 时，首先去掉积分项和微分项，一般令 T_I=0、T_D=0，使PID控制变为纯比例控制。将输入设定为系统允许的最大值的60%～70%，由0逐渐增大比例增益 K_P，直至系统出现振荡；再反过来，逐渐减小比例增益 P，直至系统振荡消失，记录此时的比例增益 K_P，设定PID的比例增益 K_P 为当前值的60%～70%。比例增益 K_P 调试完成。

比例增益 K_P 确定后，设定一个较大的积分时间 T_I 的初值，然后逐渐减小 T_I，直至系统出现振荡，之后反过来，逐渐加大 T_I，直至系统振荡消失。记录此时的 T_I，设定PID的积分时间 T_I 为当前值的150%～180%。积分时间 T_I 调试完成。

微分时间 T_D 一般不用设定，为0即可。若要设定，与确定 K_P 和 T_I 的方法相同，取不振荡时的30%。

6. PID参数调整口诀

参数整定找最佳，从小到大顺序查。先是比例后积分，最后再把微分加。

曲线振荡很频繁，比例度盘要放大。曲线漂浮绕大弯，比例度盘往小扳。

曲线偏离恢复慢，积分时间往下降。曲线波动周期长，积分时间再加长。

曲线振荡频率快，先把微分降下来。动差大来波动慢，微分时间应加长。

理想曲线两个波，前高后低4比1。一看二调多分析，调节质量不会低。

7.4.8　基于FX系列PLC的PID闭环温控系统设计

工程设计要求：设计闭环温控系统，将温度变送器传到PLC中的温度模拟量转换成数据量，并用触摸屏显示。

工程设计要点：通过对温度进行PID控制，使温度能够在短时间内达到一个相对稳定的状态，先在触摸屏上设定一个温度值，然后调节比例、积分、微分参数的大小，查看触摸屏上温度值实际的趋势图，观察输入的比例、积分、微分参数对温度曲线的影响，不停地调节这三个参数的值，使温度能够稳定、快速地达到设定值，通过实践理解PID控制方式。

1. 闭环温控系统的硬件说明

闭环温控系统的PLC外部硬件主要有电加热器、温度变送器、温度传感器和固态继电器，如图7-38所示。

固态继电器是由微电子电路、分立电子器件、电力电子功率器件组成的无接触点开关。固态继电器的输入端输入微小的控制信号，能达到直接驱动大电流负载的目的。

2. 闭环温控系统的硬件接线图

闭环温控系统的硬件接线图如图7-39所示，系统主要由PLC、温度传感器、温度变送器、固态继电器、电加热器组成。温度传感器的输出接温度变送器，温度变送器的输出接PLC的模拟输入端；PLC的输出Y006接固态继电器的引脚4，固态继电器的引脚2接电加热器，电加热器和温度变送器都接DC 24V电源。

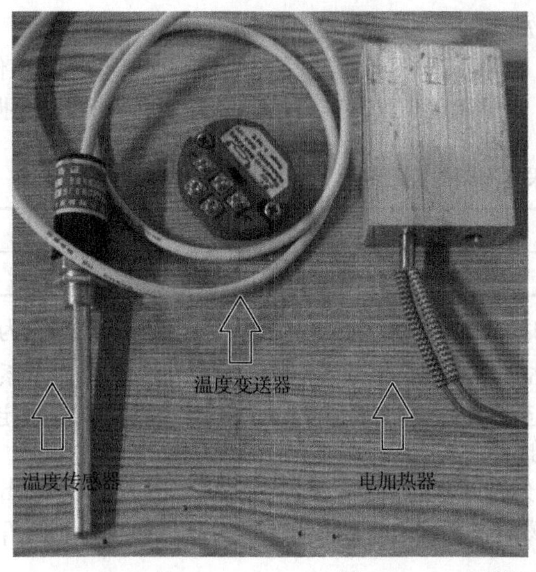

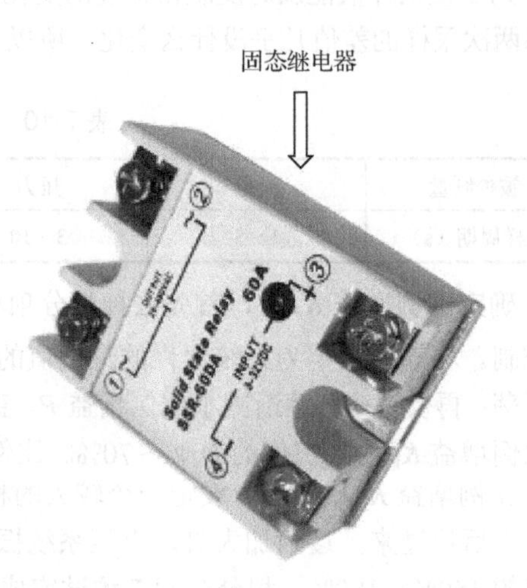

图 7-38　PLC 外部硬件实物图

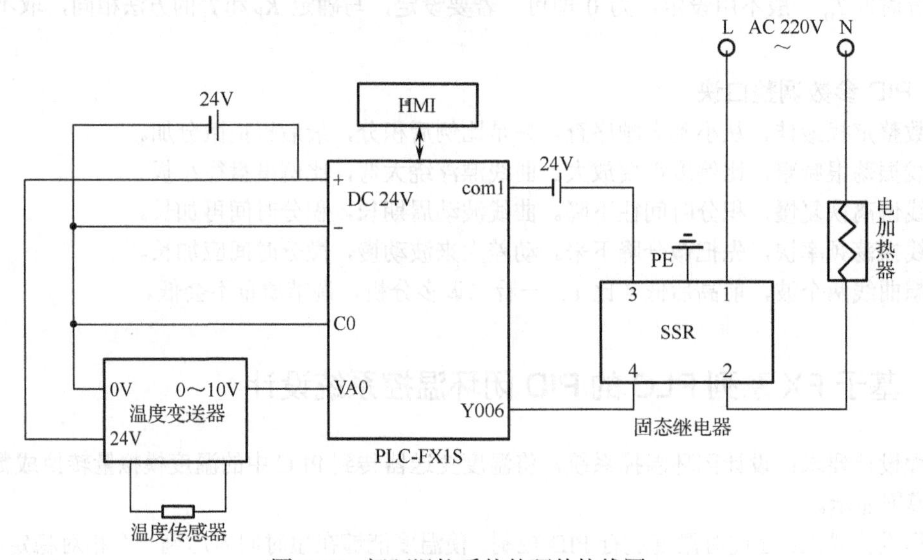

图 7-39　闭环温控系统的硬件接线图

温度传感器完成温度采集，把温度转换为电压输出。温度传感器输出电压比较小，需要用温度变送器将其转换为较大的电压；温度变送器的输出电压经过 PLC 进行 PID 处理。当 Y006 为 ON 时，固态继电器工作，驱动电加热器加热。

3. I/O 分配表

闭环温控系统中 PLC 的 I/O 分配表如表 7-11 所示。

表 7-11　I/O 分配表

输入（I）点			输出（O）点		
名　称	代　号	输入点编号	名　称	代　号	输出点编号
温度变送器模拟量输入	VA0	VA0	固态继电器通断点	Y006	Y006

4．闭环温控系统程序设计

（1）PLC 程序

根据闭环温控系统控制要求进行程序设计，梯形图如图 7-40 所示。

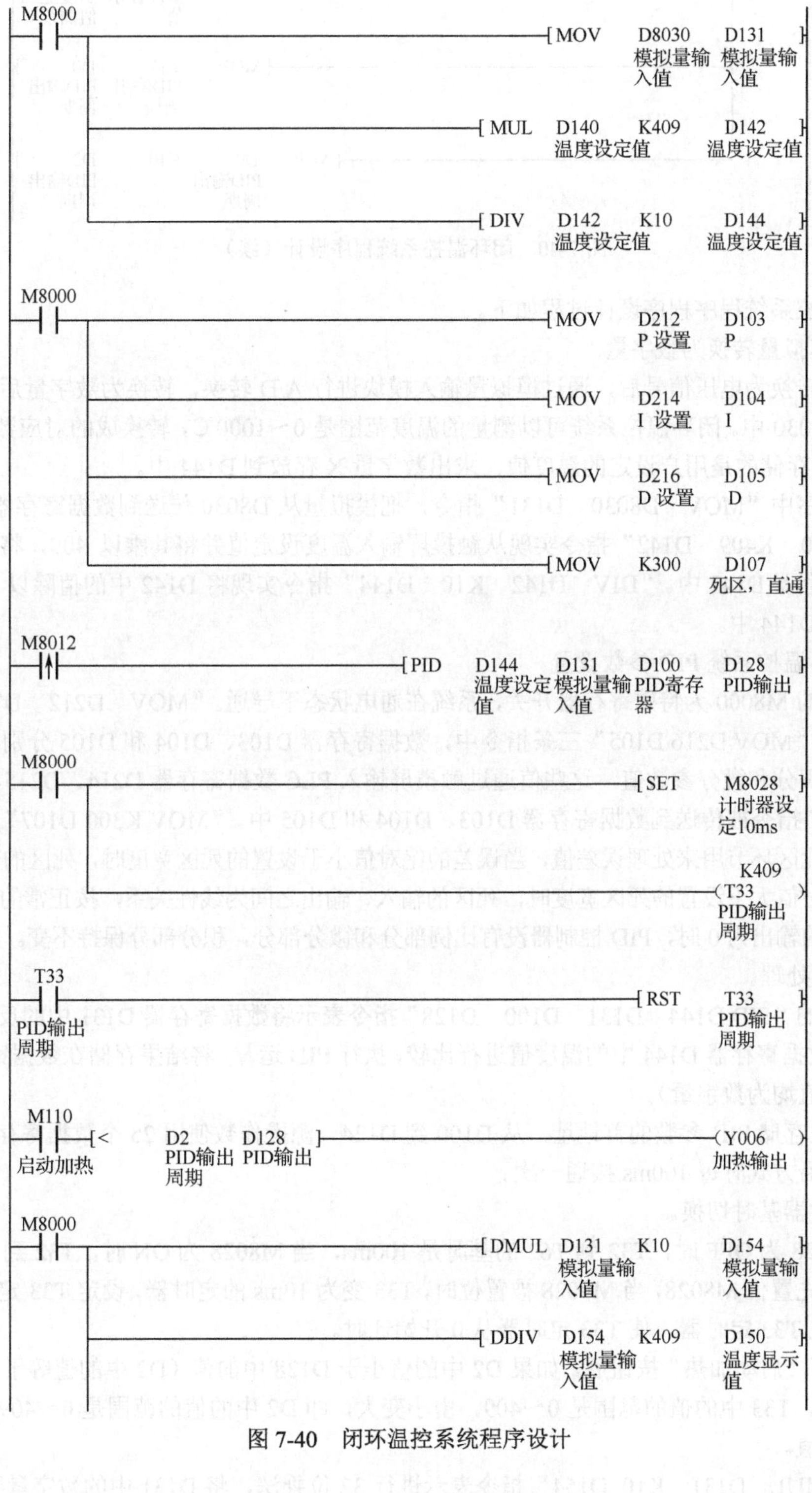

M8000 ──[MOV D8030 模拟量输入值 D131 模拟量输入值]

──[MUL D140 温度设定值 K409 D142 温度设定值]

──[DIV D142 温度设定值 K10 D144 温度设定值]

M8000 ──[MOV D212 P 设置 D103 P]

──[MOV D214 I 设置 D104 I]

──[MOV D216 D 设置 D105 D]

──[MOV K300 D107 死区，直通]

M8012 ──[PID D144 温度设定值 D131 模拟量输入值 D100 PID寄存器 D128 PID输出]

M8000 ──[SET M8028 计时器设定10ms]

──(T33 K409 PID输出周期)

T33 PID输出周期 ──[RST T33 PID输出周期]

M110 启动加热 ──[< D2 PID输出周期 D128 PID输出]──(Y006 加热输出)

M8000 ──[DMUL D131 模拟量输入值 K10 D154 模拟量输入值]

──[DDIV D154 模拟量输入值 K409 D150 温度显示值]

图 7-40　闭环温控系统程序设计

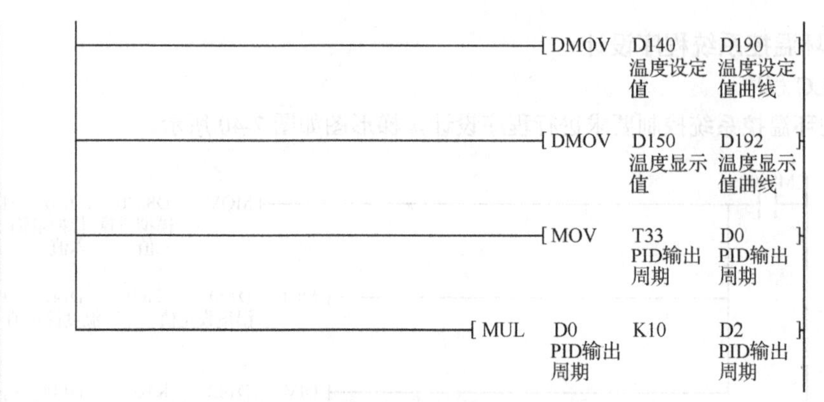

图 7-40 闭环温控系统程序设计（续）

闭环温控系统程序程序设计过程如下。

① 将模拟量转换为数字量。

温度被转换为电压信号后，通过模拟量输入模块进行 A/D 转换，转换为数字量后，存储在数据寄存器 D8030 中。闭环温控系统可以测量的温度范围是 0～1000℃，转换成的对应数字量为 0～4090，D140 存储的是用户设定的温度值，求出数字量 X 存放到 D144 中。

执行程序中“MOV D8030 D131”指令，把模拟量从 D8030 传送到数据寄存器 D131 中。“MUL D140 K409 D142”指令实现从触摸屏输入温度设定值并将其乘以 409，将运算结果存储至数据寄存器 D142 中。“DIV D142 K10 D144”指令实现将 D142 中的值除以 10，将运算结果存储至 D144 中。

② 闭环温控系统 PID 参数设置。

程序中的 M8000 为特殊寄存器开关，系统在通电状态下导通。“MOV D212 D103”“MOV D214 D104”“MOV D216 D105”三条指令中，数据寄存器 D103、D104 和 D105 分别存储 PID 参数的比例、积分和微分参数值，这些值通过触摸屏输入 PLC 数据寄存器 D214、D215、D216 中，并通过 MOV 指令被传送到数据寄存器 D103、D104 和 D105 中。“MOV K300 D107”指令为 PID 死区指令。死区环节用来处理误差值，当误差的绝对值小于设置的死区宽度时，死区的输出值为 0；当误差的绝对值大于设置的死区宽度时，死区的输入、输出之间为线性关系，按正常的 PID 规律控制。当死区的输出为 0 时，PID 控制器没有比例部分和微分部分，积分部分保持不变。

③ PID 处理。

程序中的“PID D144 D131 D100 D128”指令表示将数据寄存器 D131 中的反馈值（温度实际值）与数据寄存器 D144 中的温度值进行比较，执行 PID 运算，将结果存储在数据寄存器 D128 中（以上数值均为数字量）。

D100 是存储 PID 参数的首地址，从 D100 到 D124，源操作数使用 25 个数据寄存器。M8012 当采用上升沿方式时每 100ms 接通一次。

④ 定时器基时切换。

当 M8028 为 OFF 时，T32 到 T62 的基时是 100ms，当 M8028 为 ON 时，T32 到 T62 的基时是 10ms。首先置位 M8028，当 M8028 被置位时，T33 变为 10ms 的定时器，设定 T33 定时 4090ms。

⑤ 复位 T33 定时器，使 T33 定时器从 0 开始计时。

⑥ 按下“启动加热”按钮后，如果 D2 中的值小于 D128 中的值（D2 中的值等于 T33 中当前的值乘以 10，T33 中的值的范围是 0～409，由小变大，即 D2 中的值的范围是 0～4090。D128 存储 PID 输出值。

⑦“DMUL D131 K10 D154”指令表示进行 32 位乘法，将 D131 中的数字量乘以 10，将

运算结果存储在 D154 中，“DDIV D154 K409 D150”指令表示进行 32 位除法，将 D154 中的数字量除以 409，将运算结果存储在 D150 中。根据公式 y=100x • 4090 可知，以上两条指令完成了将数字量转换成物理量的过程。

⑧ 执行“DMOV D140 D190”指令，把温度设定值存放到数据寄存器 D190 与 D191 中。执行“DMOV D150 D192”指令把温度实际值存放到数据寄存器 D192 与 D193 中。

⑨“MOV T33 D0”“MUL D0 K10 D2”这两条指令的作用是用 T33 中的值乘以 10，将运算结果存放到 D2 中，用于与 PID 输出值比较，决定是否用电加热器进行加热。

（2）触摸屏程序

触摸屏功能：设定所要达到的温度值，查看当前温度实际值、温度实时记录曲线。

添加温度实际值、温度设定值、比例、积分、微分 5 个数值元件，设置它们的读取地址分别是 D150、D140、D212、D214、D216；设置小数点以上位数是 3，小数点以下位数是 0。

添加启动加热按钮，设置其读取地址是 M110，开关类型为 ON；使用文字标签，在“内容”框中添加文字“启动加热”；添加“停止加热”按钮，设置其读取地址是 M110，开关类型为 OFF；使用文字标签，在“内容”框中添加上文字“停止加热”。

添加一个位状态指示灯元件，设置其读取地址是 Y006，闪烁方式为“无”。

显示温度实时记录曲线的步骤如下。

第一步：取样。

在新增趋势图元件前，先对资料取样进行设置，参考图 7-41。单击工具栏上的“元件”→“资料取样”按钮，在出现的对话框中单击“新增”按钮，出现“资料取样”对话框，在“描述”框中输入“实际值”，将“取样方式”设置为“周期式”，“采样周期”设置为“0.1 秒”，“PLC 名称”设置为所使用的 PLC 类型，即 Mitsubishi FX0S/FX0N/FX1S/FX1N/FX2，“地址”设置为 D190（地址是趋势图上曲线的数据来源），单击“通道数”按钮，新增两个资料类型为“32-bit Unsigned”的通道，将“PLC 名称”设置为 Local HMI，勾选“清除实时数据地址”下“启用”复选框，将“方式”设置为 OFF-ON，“地址”设置为 LB0，勾选“暂停取样控制地址”下“启用”复选框，将“方式”设置为 ON，“地址”设置为 LB1。

第二步：创建趋势图。

单击“工具栏”上的“元件”→“趋势图”按钮，参数设置参考图 7-42，在“一般属性”选项卡的“描述”框中输入“实时记录”，将“资料取样元件索引”设置为“实际值”（建立的所需的资料取样元件的描述名称），“显示方式”设置为“即时”，“两取样绘点间的距离”设置为“时间”，“距离”设置为 180，勾选“暂停显示控制”下的“启用”复选框，将“PLC 名称”设置为 Local HMI，“地址”设置为 LB2，勾选“检视”下的“启动”复选框，将“PLC 名称”设置为 Local HMI，“地址”设置为 LW100。在“趋势图”选项卡中，勾选“网格”区域的“显示”复选框，设置“水平”为 6 等份，“垂直”为 5 秒，在“通道”属性中选中通道 1、通道 2，这两个通道是在之前的“资料取样”元件中设置的。“资料取样”元件的“数据来源”是 D190，这也是通道 1 的数据来源，因为数据是 32 位的，所以通道 1 的数据来源包括 D190、D191 中的内容，通道 2 的数据来源包括 D192、D193 中的内容。在写 PLC 程序时，将温度设定值放在 D190 中，温度实际值放在 D192 中，在程序运行时，即可在趋势图上看到这两个通道所代表内容的曲线。

设置完成的触摸屏界面如图 7-43 所示，测试前先设定好温度设定值，然后通过调节比例、积分、微分参数使温度实际值快速达到稳定。

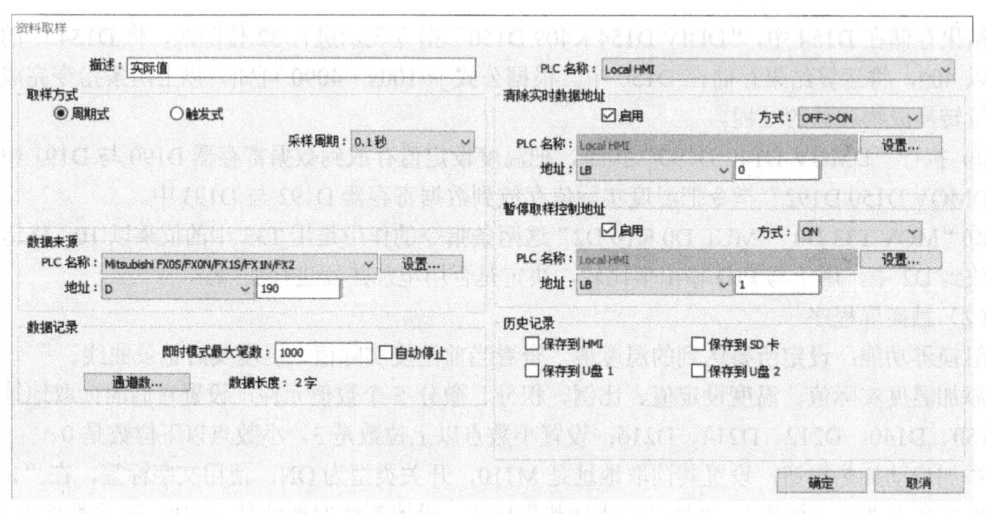

图 7-41　资料取样设置

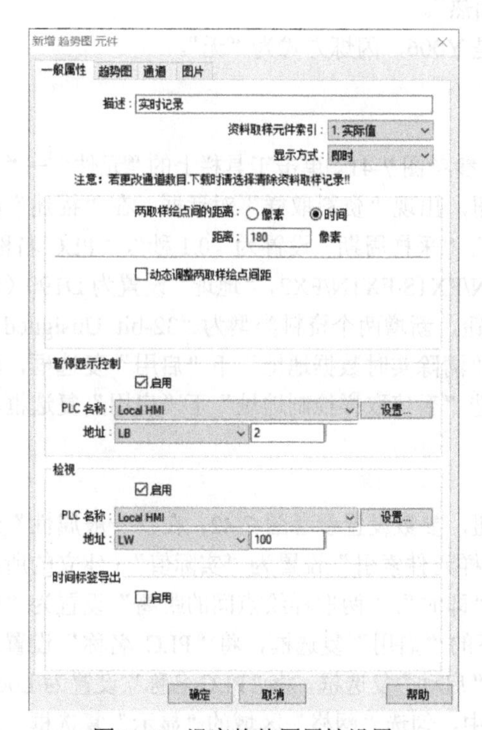

图 7-42　温度趋势图属性设置

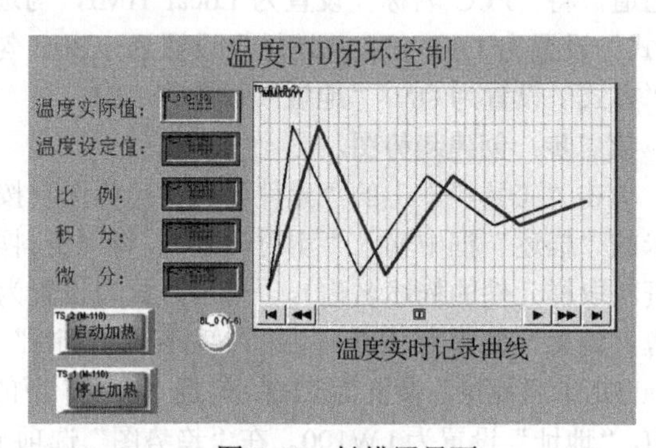

图 7-43　触摸屏界面

习题 7

一、简答题

1. 简述气压传动的定义，以及气缸的结构和工作原理。
2. 简述电磁阀的工作原理。
3. 简述模拟量的处理流程。
4. 用户购买功能模块时，需要参考模拟量模块的哪些性能指标？

5．在工程中使用 PID 控制的优点有哪些？

6．一般使用模拟量进行 PID 控制，实现 PID 控制的方法有哪几种？

二、计算题

某温度变送器的输入信号范围为-50～500℃，输出信号范围为 4～20mA，FX1S-4AD 模拟量输入模块的分辨率是 12 位（0～4095），设经过模拟量输入模块转换后得到的数字量为 N，求数字量 N 与温度值 T 的关系，并画出线性比例关系图。假设数字量为 2000，求当前的温度 T（温度单位为℃）。

三、程序设计题

对生产原料的混合操作是化工领域必不可少的工序之一，图 1 为某生产原料混合装置示意图，其用于将两种液体原料 A 和 B 按照一定比例进行充分混合。图中 SL1、SL2、SL3 为三个液位传感器，当液面达到相应传感器位置时，相应传感器送出 ON 信号，当液面低于相应传感器位置时，相应传感器送出 OFF 信号。A、B 两种液体原料的流入和混合原料 C 的送出分别由电磁阀 YV1、YV2、YV3 控制。M 为搅拌电动机。

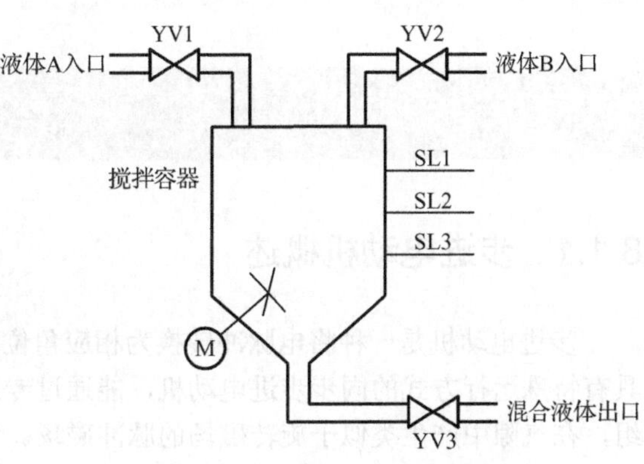

图 1　生产原料混合装置示意图

生产原料混合装置的工作步骤如下。

（1）在按下“启动”按钮后，电磁阀 YV1 导通，使控制液体原料 A 的阀门打开，液体原料 A 开始流入搅拌容器。

（2）当液面高达 SL2 位置时，液位传感器 SL2 触点接触，此时电磁阀 YV1 断电关闭，液体原料 A 的阀门关闭，电磁阀 YV2 通电，液体原料 B 的阀门打开，液体原料 B 流入容器。

（3）当液面高达 SL1 位置时，液位传感器 SL1 触点接触，此时电磁阀 YV2 断电关闭，液体原料 B 不再流入搅拌容器，同时搅拌电动机 M 开始搅拌。

（4）搅拌电动机搅拌 60s 后停止，这时认为液体 A、B 已经搅拌均匀。电磁阀 YV3 通电打开，混合原料 C 排出阀门打开，混合原料 C 开始排出。

（5）当液面下降到 SL3 位置时，液位传感器 SL3 触点断开，再经过 10s 后，搅拌容器排空，这时关闭混合原料阀门，为下一周期做准备。

根据以上操作步骤，设计出 PLC 程序。

第8章　步进电动机的PLC控制

8.1　步进电动机

8.1.1　步进电动机概述

步进电动机是一种将电脉冲转换为相应角位移或直线位移的执行机构。由电脉冲信号控制的具有特殊运行方式的同步步进电动机，能通过专用电源把电脉冲按一定顺序供给定子各相控制绕组，在气隙中产生类似于旋转磁场的脉冲磁场。每输入一个脉冲信号，电动机就移动一步。步进电动机（旋转式）控制示意图如图 8-1 所示。它把电脉冲信号转换为角位移或直线位移，其角位移量 θ 或直线位移量 S 与电脉冲数 K 成正比，其转速 n 或线速度 v 与脉冲频率 f 成正比，可以用曲线表示，如图 8-2（a）和图 8-2（b）所示。

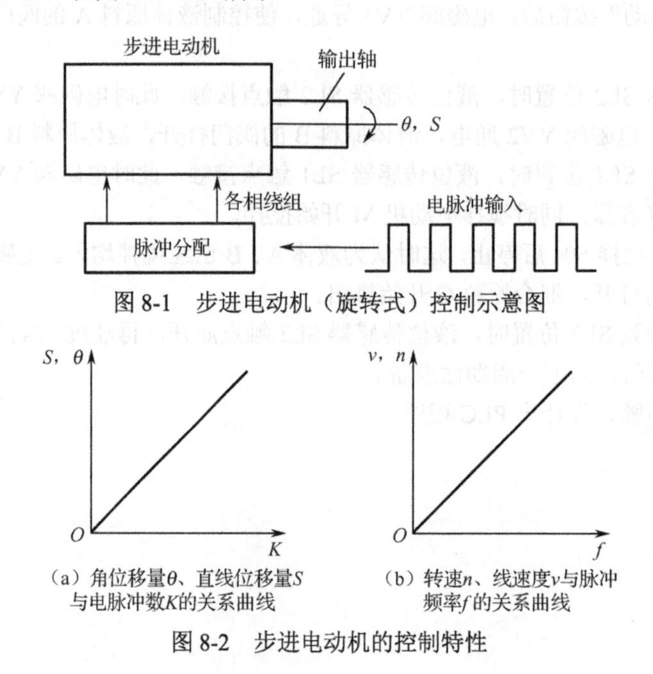

图 8-1　步进电动机（旋转式）控制示意图

（a）角位移量θ、直线位移量S与电脉冲数K的关系曲线

（b）转速n、线速度v与脉冲频率f的关系曲线

图 8-2　步进电动机的控制特性

在额定负载范围内，这些关系不因电源电压、负载大小、环境条件的波动而变化，因而很适合在开环系统中执行元件，降低控制系统成本。步进电动机调速范围大，动态性能好，能快速启动、制动、反转。当进行数字控制时，它不需要进行 D/A 转换，能直接把数字脉冲信号转换为角位移。由于步进电动机是根据组合电磁铁的理论设计的，力求定子各相绕组间没有互感，定、转子都采用凸极结构，而不考虑空间磁场谐波的有害影响，尽一切可能去增加定位转矩的幅值和定位精度，把转速控制和调节放在次要地位，因此其主要用在计算机中的磁盘驱动器、绘图仪、自

动记录仪及对调速性能和定位要求不是非常高的简易数控机床等设备中，进行位置控制。图 8-3 是目前使用较多的经济型数控机床工作示意图，图中只给出了机床工作台一个进给轴的控制。可见，步进电动机通过传动齿轮带动机床工作台运动，机床工作台的运动控制及位置精度全由步进电动机确定。目前，步进电动机的功率越来越大，功率大的步进电动机可以直接带动机床工作台运动，从而简化结构，提高系统精度。

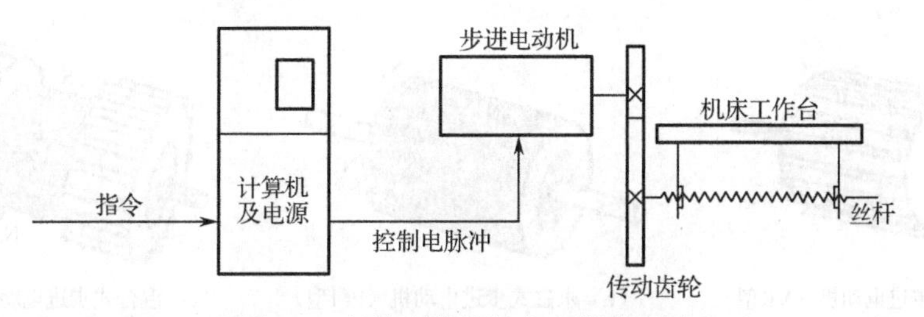

图 8-3　经济型数控机床工作示意图

从零件的加工过程看，相关设备对步进电动机的基本要求如下。

① 调速范围宽，尽量提高最高劳动生产率；

② 动态性能好，能迅速启动、正反转、停转；

③ 加工精度高，要求一个脉冲对应的位移量小，加工要精确、均匀，这就要求步进电动机步距精度高、不应丢步或越步；

④ 输出转矩大，可直接带动负载。

8.1.2　步进电动机的结构

步进电动机主要由定子和转子两部分构成，它们均由磁性材料构成。定子和转子的铁芯由硅钢片叠成，呈凸极结构，定子与转子磁极上均有小齿，且它们的齿数相等。图 8-4 是三相步进电动机结构图，其中定子有 6 个磁极，定子磁极上套有星形连接的三相控制绕组（每两个相对的磁极为一相，组成一相控制绕组），转子上没有绕组，转子上相邻两齿间的夹角称为齿距角。

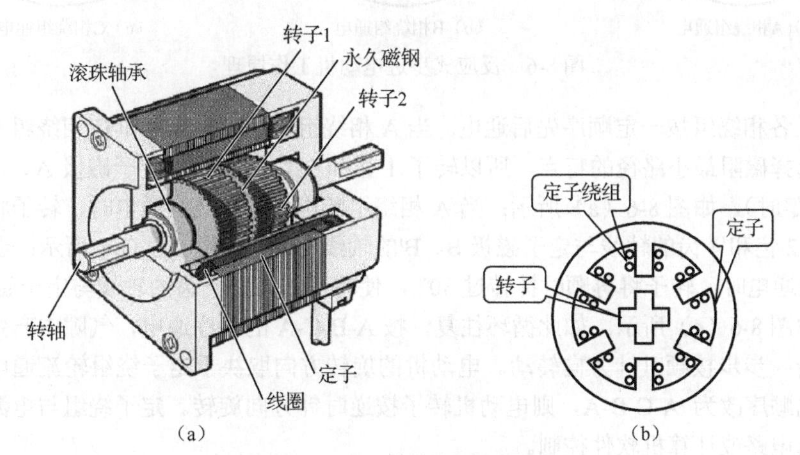

图 8-4　三相步进电动机结构图

步进电动机按结构可分为三种类型：反应式（VR 型）、永磁式（PM 型）和混合式（HB 型），它们分别如图 8-5（a）、图 8-5（b）与图 8-5（c）所示。通常反应式步进电动机的定子上有绕组，转子用软磁材料制成，其特点是结构简单、成本低、步距角小（可达 1.2°），但动态性能差、效率低、易发热、可靠性差。永磁式步进电动机的转子用永磁材料制成，转子的极数与定子的极数相同，它的特点是动态性能好、输出力矩大，但精度差，步距角大（一般为 7.5° 或 15°）。混合式步进电动机综合了反应式步进电动机和永磁式步进电动机的优点，其定子上有多相绕组、转子采用永磁材料制成，转子和定子上均有多个小齿以提高步距精度，其特点是动态性能好、输出力矩大、步距角小，但结构复杂、成本相对较高。

（a）反应式步进电动机（VR型）

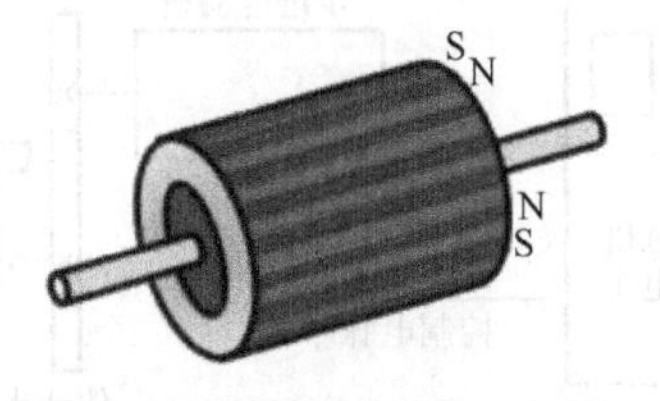

（b）永磁式步进电动机（PM型）

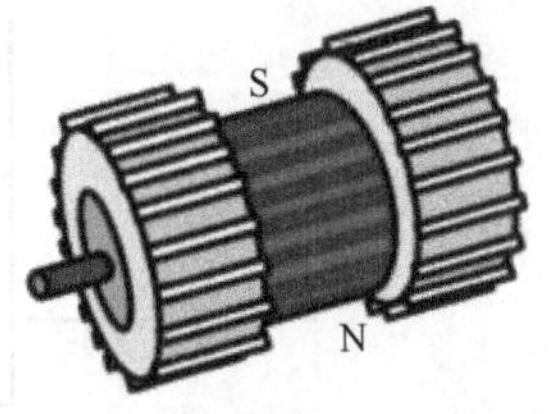

（c）混合式步进电动机（HB型）

图 8-5　步进电动机分类

8.2　步进电动机的工作过程

图 8-6 是反应式步进电动机的工作原理，其定子、转子铁芯均由硅钢片叠成。定子上有 6 个磁极，每两个相对的磁极组成一相控制绕组，所以定子共有三相绕组。转子上有 4 个均匀分布的齿，齿宽等于定子磁极的极靴宽度，转子上没有绕组。

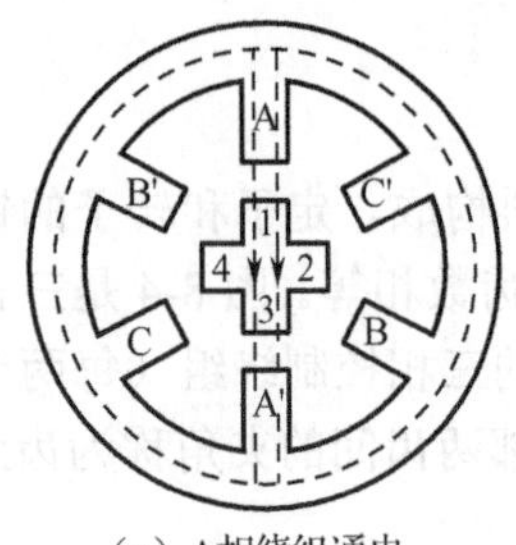

（a）A相绕组通电

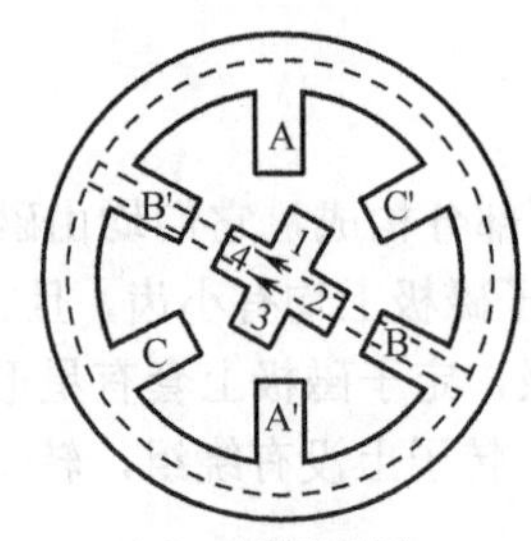

（b）B相绕组通电

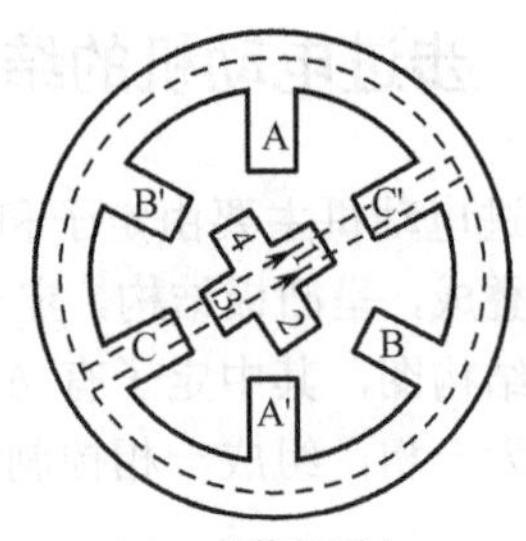

（c）C相绕组通电

图 8-6　反应式步进电动机工作原理

工作时，各相绕组按一定顺序先后通电。当 A 相绕组通电时，B 相和 C 相绕组都不通电，由于磁通具有选择磁阻最小路径的特点，所以转子 1 齿和 3 齿的轴线与定子磁极 A、A'的轴线对齐（负载转矩为零时），如图 8-6（a）所示；当 A 相绕组断电，B 相绕组通电时，转子将顺时针转过 30°，使转子 2 齿和 4 齿的轴线与定子磁极 B、B'的轴线对齐，如图 8-6（b）所示；当 B 相绕组断电，C 相绕组通电时，转子将再顺时针转过 30°，使转子 1 齿和 3 齿的轴线与定子磁极 C 和 C'的轴线对齐，如图 8-6（c）所示。如此循环往复，按 A-B-C-A 的顺序通电，气隙中产生脉冲式旋转磁场，转子会一步步按顺时针方向转动。电动机的旋转方向取决于定子绕组轮流通电的顺序，若电动机的通电顺序改为 A-C-B-A，则电动机转子按逆时针方向旋转。定子绕组与电源的通断电一般由数字逻辑电路或计算机软件控制。

通电过程中，定子绕组每改变一次通电方式，步进电动机就会走一步，称为一拍。上述通电方式也称为三相“单三拍”。其中“单”是指每次只有一相定子绕组通电；“三拍”是指每经过三次切换，定子绕组的通电状态循环一次，再下一拍通电时就重复第一拍的通电方式。采用这种工作方式的三相步进电动机每一拍转过的角度，即步距角 $\theta_s = 30^\circ$。

除了三相“单三拍”通电方式外，三相步进电动机还可工作在“单、双六拍”通电方式。这种方式的通电顺序为 A-AB-B-BC-C-CA-A 或 A-AC-C-CB-B-BA-A。按前一种顺序通电，即先接通 A 相绕组，接着使 A、B 两相绕组同时通电，然后断开 A 相绕组，使 B 相绕组单独通电，再使 B、C 两相绕组同时通电，而后使 C 相绕组单独通电，再使 C、A 两相绕组同时通电，并依次循环。在这种工作方式下，定子三相绕组需经过六次切换才能完成一个循环，故称为“六拍”，而“单、双六拍”则是指单相绕组交替接通的通电方式。

拍数不同，使这种通电方式的步距角也与单三拍方式不同。“单、双六拍”运行的三相步进电动机的运行情况如图 8-7 所示。当 A 相绕组通电时，和“单三拍”运行情况相同，转子 1 齿和 3 齿的轴线与定子磁极 A、A'的轴线对齐，如图 8-7（a）所示。当 A、B 两相绕组同时通电时，转子 2 齿和 4 齿又将在定子磁极 B 和 B'的吸引下，沿顺时针方向转动，直至转子 1 齿和 3 齿与定子磁极 A、A'之间的作用力，被转子 2 齿和 4 齿与定子磁极 B、B'之间的作用力所平衡为止，如图 8-7（b）所示。当断开 A 相绕组而使 B 相绕组单独通电时，转子将继续沿顺时针方向转过一个角度，使转子 2 齿和 4 齿的轴线和定子 B、B'的轴线对齐，如图 8-7（c）所示，转子转过的角度与相应“单三拍”运行时 B 相绕组通电时转过的角度相同。若继续按 BC-C-CA-A 的顺序通电，那么步进电动机按顺时针方向连续转动。如果将通电顺序改为 A-AC-C-CB-B-BA-A，那么电动机将按逆时针方向转动。在“单三拍”通电方式下，每经过一拍，转子转过的步距角 θ_s 为 30°。采用“单、双六拍”通电方式后，从 A 相绕组通电到 B 相绕组通电，中间还要经过 A、B 两相绕组同时通电这一状态，也就是说，要经过两拍，转子才能转过 30°。所以，在“单、双六拍”通电方式下，三相步进电动机的步距角 $\theta_s = \frac{30^\circ}{2}$。由此可见，同一个步进电动机，通电方式不同，运行时的步距角也是不同的，“单、双六拍”运行时的步距角要比“单三拍”运行时的步距角小一半。

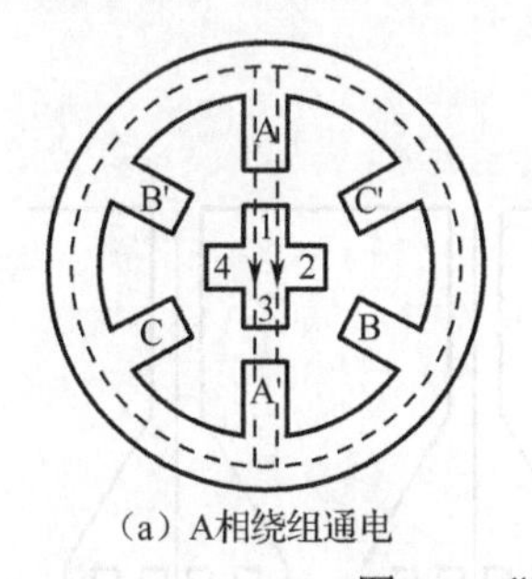

（a）A相绕组通电

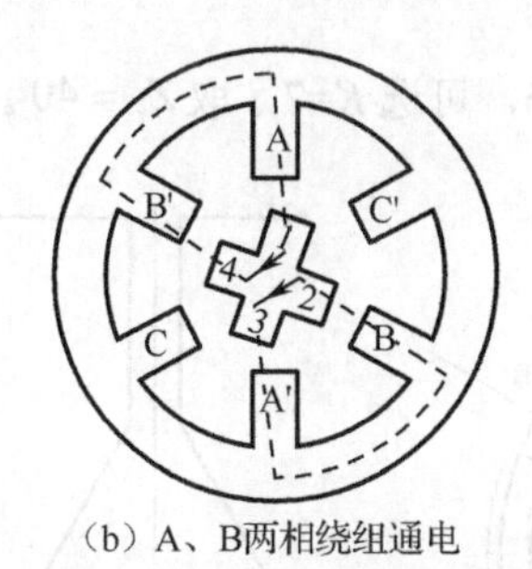

（b）A、B两相绕组通电

（c）B相绕组通电

图 8-7 “单、双六拍”运行的三相步进电动机的运行情况

在实际工作中，还常用按 AB-BC-CA-AB 或 AC-CB-BA-AC 通电顺序运行的“双三拍”通电方式。这种通电方式比“单三拍”好，因为“单三拍”通电方式在切换时，在一相绕组断电的同时，另一相绕组开始通电，容易造成失步，而且由于单相绕组通电吸引转子，也易使转子在平衡位置附近产生振荡。而在“双三拍”通电方式下，每个通电状态均为两相绕组同时通电，通电方式改变时，能保证其中一相电流不变（另一相切换），使运行可靠、稳定。以“双三拍”通电方式工作的步进电动机，通电方式改变时的转子位置，与以“单、双六拍”通电方式工作的步进电动机两相绕组同时通电时的情况相同。这样，“双三拍”通电方式下，电动机步距角也为 30°，与“单三拍”方式相同。

由于这种步进电动机的步距角较大，如果用于对精度要求很高的数控机床等控制系统中，会严重影响加工工件的精度。这种步进电动机只在分析原理时采用，实际使用的步进电动机都是小步距角的。图 8-8 是常见的一种小步距角的三相反应式步进电动机。

在图 8-8 中，三相反应式步进电动机定子上有 6 个磁极，磁极上有定子绕组，两个相对磁极由一相绕组控制，共有A、B、C三相绕组。转子圆周上均匀分布有为数众多的小齿，定子每个磁极的极靴上也均匀分布有若干小齿。根据步进电动机的工作要求，定、转子的齿宽、齿距必须相等，定、转子齿数要适当配合，即要求在一对磁极A、A'下，定子齿与转子齿一一对齐时，下一相（B相）所在一对磁极下的定子齿与转子齿错开一个齿距 t 的 m（相数）分之一，为 t/m；再下一相（C相）的一对磁极下，定子齿与转子齿错开 $2t/m$，以此类推。

转子齿数 $Z_r=40$，相数 m=3，每相绕组有两个磁极，采用三相“单三拍”通电方式。

每一齿距的空间角为 $\theta_z=\dfrac{360^\circ}{Z_r}=\dfrac{360^\circ}{40}=9^\circ$

每一极距的空间角为 $\theta_\tau=\dfrac{360^\circ}{2m}=\dfrac{360^\circ}{2\times3}=60^\circ$

每一极距所占的齿数为 $\dfrac{Z_r}{2m}=\dfrac{40}{2\times3}=6\dfrac{2}{3}$

由于每一极距所占的齿数不是整数，因此当A相绕组通电时，电动机产生沿A、A'磁极轴线方向的磁场，因为磁通要按磁阻最小的路径闭合，所以转子受到反应转矩的作用而转动，直到A、A'磁极下的定、转子齿对齐时，定子B、B'磁极的定子齿和转子齿必然错开 1/3 齿距，即错开3°，如图8-9所示。由此可见，当定子的相邻磁极为相邻相时，在某一磁极下，若定、转子齿对齐，则要求相邻磁极下的定、转子齿之间错开转子齿距的 $1/m$ 倍，即它们之间在空间位置上错开 $360^\circ/mZ_r$。由此可得出，这时转子齿数 Z_r 应符合以下条件，即

$$Z_r=2p(K\pm1/m) \tag{8-1}$$

式中：K——正整数；

$2p$——反应式步进电动机的定子磁极数；

m——定子相数。

例如，式（8-1）中，由于 $2p$=6，可选 K=7，取 $Z_r=40$。

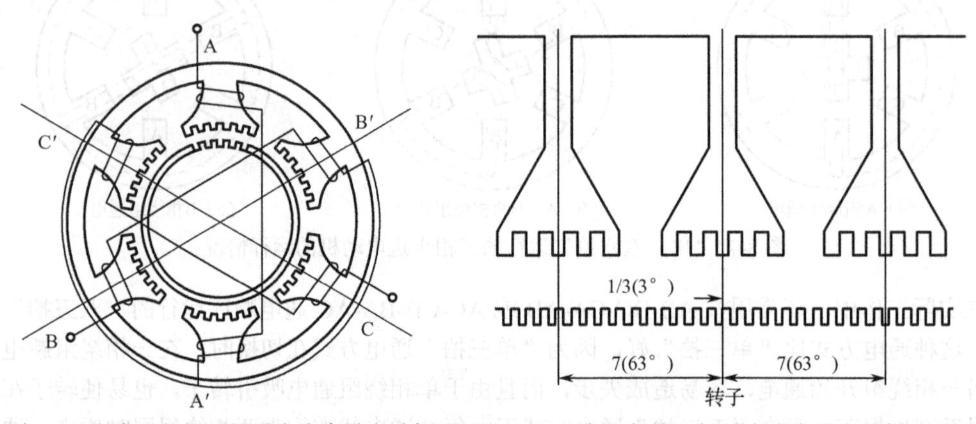

图8-8 小步距角的三相反应式步进电动机　图8-9 小步距角的三相反应式步进电动机展开图

从图8-9可见，若断开A相绕组而接通B相绕组，这时电动机中产生沿B、B'磁极轴线方向的磁场，在反应转矩的作用下，转子沿逆时针方向转过3°，使定子B、B'磁极下的定子齿和转子齿对齐。此时A、A'磁极和C、C'磁极下的定子齿又分别与转子齿相互错开 1/3 的齿距。这样，当定子绕组按A-B-C-A顺序循环通电时，转子就沿逆时针方向以每一拍走3°的规律转动。若改变通电顺序，即按A-C-B-A顺序循环通电，则转子沿顺时针以每一拍3°的规律转动。若按A-AB-B-BC-C-CA-A顺序循环通电，即按三相“单、双六拍”方式通电，则步距角为1.5°。

根据以上讨论可得出步进电动机的步距角公式，即步距角 θ_s 与转子的齿数 Z_r、定子绕组的相

数 m 和通电方式之间的关系

$$\theta_s = \frac{360^\circ}{mZ_rC} \tag{8-2}$$

式中，C 为状态系数，当采用“单三拍”或“双三拍”通电方式时，C=1，当采用“单、双六拍”通电方式时，C=2。

由式（8-2）可求得步进电动机的转速

$$n = \frac{60f}{mZ_rC} \tag{8-3}$$

式中，f 为步进电动机的脉冲频率，单位为拍/秒或脉冲数/秒。

以上讨论的步进电动机都是三相的。由式（8-2）可知，步进电动机的相数越多，步距角越小。又由式（8-3）可知，一定的脉冲频率下，相数越多，转速越小。但是相数越多，电源就越复杂，成本也越高。因此，目前的步进电动机一般最多做到六相。

8.3 步进电动机的特点与应用

步进电动机因其结构独特，能进行高精度开环控制，具有控制简单、使用寿命长、可靠性高等特点，适用于中小型机床和对速度精度要求不高的场合。

1. 高精度开环控制

步进电动机工作时，不将位置和速度信号反馈给控制系统。它的精度是由机械加工精度保证的，在容许负载下，步距角严格与控制脉冲数成比例关系。图 8-10 为一种步进电动机开环控制系统。当 PLC 发送一定数量的脉冲给步进电动机驱动器时，步进电动机驱动器在接收 PLC 发送的脉冲的同时也对步进电动机进行转动方向、转动频率的控制。

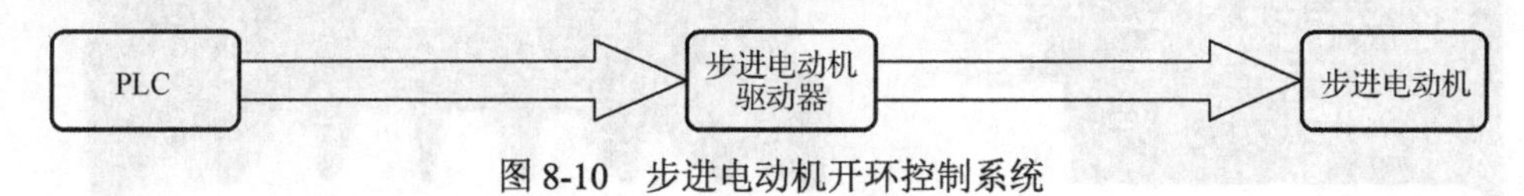

图 8-10　步进电动机开环控制系统

2. 控制简单

PLC 只需对步进电动机驱动器发出脉冲，就可以控制电动机，脉冲频率决定电动机的转速，脉冲个数决定电动机转过的角度。PLC 只要对步进电动机驱动器简单发送一个高低电平控制信号，电动机就可以实现正反转。电动机无须减速箱就可以工作在低速状态，实现平滑的无级调整控制。

3. 寿命长、可靠性高

步进电动机内部没有换相器件，电动机寿命取决于轴承和绝缘系统。

基于以上特点，步进电动机广泛应用于各类数字控制系统中，如打印机、雕刻机、检验分析仪器及医疗器械、通信设备、X-Y 平台和半导体、电子自动化生产检测设备、印刷设备、成像设备、阀门控制设备、舞台灯泡、监控设备等。

步进电动机的优点和缺点都非常突出，其缺点是噪声大、容易振动、效率不高、有时会“失步”。

8.4 步进电动机驱动器

8.4.1 步进电动机驱动器简介

1. 步进电动机驱动器 TB6600 简介

步进电动机驱动器由单极性直流电源供电。只要令步进电动机的各相绕组按合适的时序通电，就能使步进电动机转动。本节主要介绍型号为 TB6600 的步进电动机驱动器，如图 8-11 所示。这是一款专业的两相步进电动机驱动器，可以实现对步进电动机的正反转控制。如图 8-12 所示，其通过 1、2、3 这 3 位拨码开关、7 挡选择实现对步进电动机步距角的细分控制（1，2/A，2/B，4，8，16，32），通过 4、5、6 这 3 位拨码开关、8 挡选择实现对步进电动机输出电流的控制（0.5A，1A，1.5A，2A，2.5A，2.8A，3.0A，3.5A）。TB6600 电气参数如表 8-1 所示。

图 8-11 TB6600 实物图

图 8-12 细分开关实物图

表 8-1 TB6600 电气参数

输入电压	DC 9～40V
输入电流	5A
输出电流	0.5～4.0A
最大功耗	160W
步距角细分	1，2/A，2/B，4，8，16，32
温度	工作温度-10～45℃；存放温度-40～70℃
气体	禁止有可燃气体和导电灰尘
质量	0.2kg

2. 步进电动机驱动器 TB6600 的特点

TB6600 步进电动机驱动器接口采用高速光耦隔离接口，细分可调，半自动以减少发热量，具备大面积散热片从而不惧怕在高温环境使用，抗干扰能力强，具有输入电压防反接保护及过热、过流短路保护等功能，适合驱动 57、42 型两相、四相混合式步进电动机，能低振动、小噪声、高速地驱动电动机。

8.4.2 TB6600 接口和接线介绍

1．步进电动机驱动器 TB6600 接口介绍

（1）信号输入端

步进电动机驱动器 TB6600 信号输入端主要有正脉冲信号输入端（PUL+）、负脉冲信号输入端（PUL−）、正方向信号输入端（DIR+）、负方向信号输入端（DIR−）与使能信号输入端（EN+、EN−）。

（2）步进电动机绕组与 TB6600 的接线方式

步进电动机 A 相绕组 A+与步进电动机驱动器 TB6600 的 A+端相连，A 相绕组 A−与步进电动机驱动器 TB6600 的 A−端相连。步进电动机 B 相绕组 B+与步进电动机驱动器 TB6600 B+端相连，B 相绕组 B−与步进电动机驱动器 TB6600 B−端相连。步进电动机两相四线接线方式如图 8-13 所示。

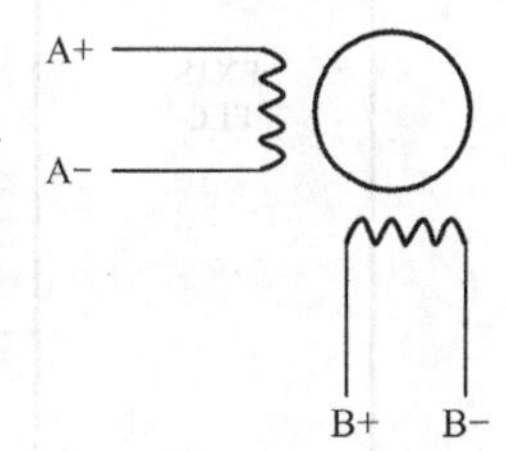

图 8-13　步进电动机两相四线接线方式

（3）电源连接

步进电动机驱动器 TB6600 的 VCC 端与直流电源正端相连，电压范围是 9～48V，GND 端与直流电源负端相连。

（4）状态指示

步进电动机驱动器 TB6600 上安装有电源指示灯与运行指示灯，电源指示灯和运行指示灯在驱动器上的位置如图 8-14 所示。

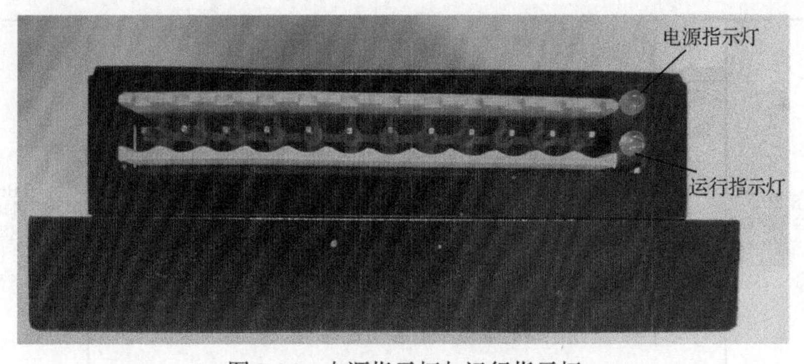

图 8-14　电源指示灯与运行指示灯

电源指示灯：也称故障指示灯。当步进电动机驱动器 TB6600 接通电源时，该指示灯常亮，当步进电动机驱动器 TB6600 断开电源时，该指示灯熄灭。若通电时该指示灯不亮，代表该设备出现故障。当故障被清除时，该指示灯常亮。解决设备故障的方法通常有：

① 检查电源接线是否出现错误或电压是否在适用范围之内；

② 检查过流保护，断电后检查接线是否正确；

③ 检查过温保护，冷却一段时间，待驱动器温度降下来之后再使用驱动器，或者为驱动器加装散热风扇。

运行指示灯：当 TB6600 步进电动机驱动器接收脉冲时，该指示灯闪烁，一旦停止接收脉冲，该指示灯常亮。

2. 步进电动机驱动器 TB6600 与 PLC 的接线方式

步进电动机驱动器 TB6600 的输入/输出有共阳极接法和共阴极接法两种接法。

共阳极接法：分别将 PUL+端、DIR+端、EN+端连接到电源上，如果此电源电压为+5V，则可直接接入，如果电源电压大于+5V，则需要在外部加上限流电阻 R，保证给驱动器内部光耦提供 8～15mA 的驱动电流。脉冲输入信号通过 PUL-端接入，方向信号通过 DIR-端接入，使能信号通过 EN-端接入。共阳极接法如图 8-15 所示。

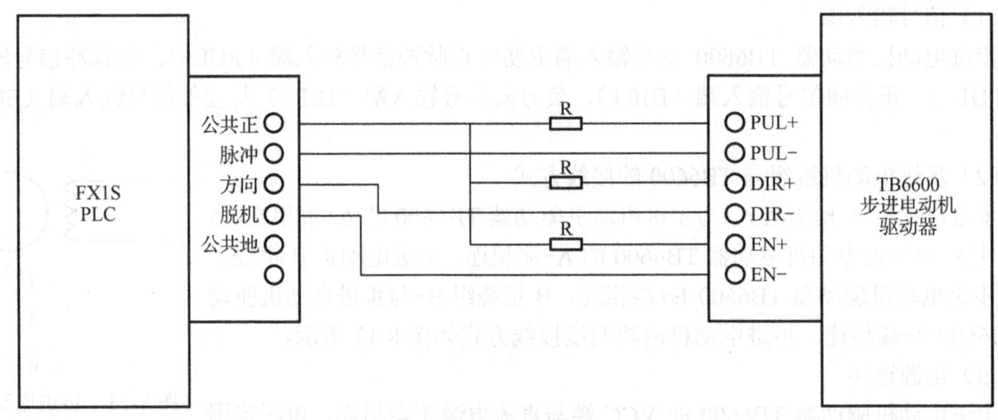

图 8-15 共阳极接法

共阴极接法：分别将 PUL-端、DIR-端、EN-端连接到地端。脉冲输入信号通过 PUL+端接入，方向信号通过 DIR+端接入，使能信号通过 EN+端接入。若需要限流电阻，限流电阻 R 的接法和取值与共阳极接法相同。共阴极接法如图 8-16 所示。

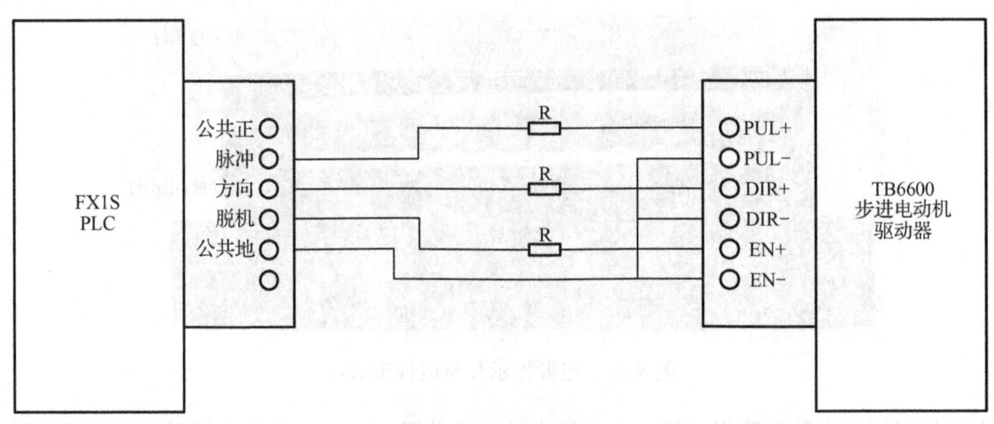

图 8-16 共阴极接法

3. 步进电动机驱动器 TB6600 的接线要求

目前，市面上广泛应用的步进电动机驱动器型号为 TB6600。在使用步进电动机驱动器 TB6600 的过程中应注意接线安全问题。为了防止驱动器受干扰，建议控制信号采用屏蔽电缆线连接，将屏蔽层与地线短接，同一机器内只允许同一点接地。脉冲和方向信号线与电动机和电源线不允许包在一起，最好间距 10cm 以上，否则电动机噪声容易干扰脉冲方向信号，使电动机定位不准确，系统工作不稳定。如果一个电源供多台驱动器使用，多台驱动器应采取并联方式连接。严禁带电拔插驱动器电源端子，因为通电的电动机停止时，仍有大电流流过线圈，带电拔插电源端子将产生巨大的瞬间感应电动势，烧坏步进电动机驱动器。严禁将导线头加锡后接入接线端，否则可能因接触电阻变大、过热而损坏端子。接线线头不能裸露在端子外，以防意外短路而损坏驱动器。

4．PLC、步进电动机驱动器和步进电动机的工作过程

步进电动机驱动器首先要外接 24～48V 直流电源，一端连接步进电动机，另一端输出控制信号，步进电动机接收外部信号的结构采用光电隔离结构。

如图 8-17 所示，当 Y0 导通时，电流从 PUL+端流进去，通过限流电阻，二极管，再经过 PUL−端，通过 COM 端回到电源的负端，这样就构成了一个回路，发光二极管导通，晶体管也会导通，产生一个高电平（如果截止，会产生一个低电平）。这样，如果 Y0 不断导通与截止，通过这个电路就可以把脉冲从外部设备送到驱动器中。环形分配器收到这个脉冲，对脉冲信号进行分配，控制步进电动机的绕组依次通电，所以步进电动机在旋转时必须要有脉冲，如果没有脉冲，那么步进电动机就会处于停止状态。方向信号与脱钩信号的传递原理同上。

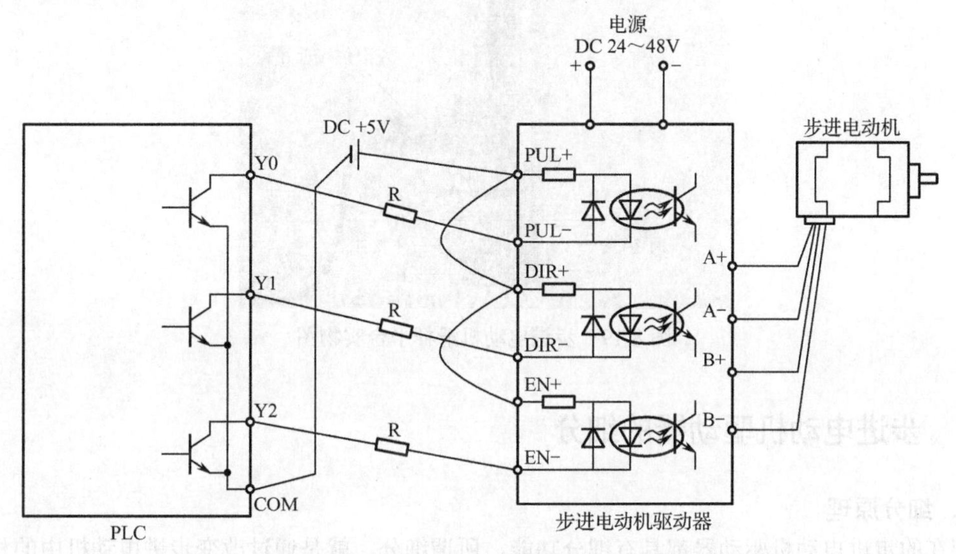

图 8-17　PLC、步进电动机驱动器和步进电动机的工作过程

8.4.3　步进电动机与步进电动机驱动器 TB6600 的接线

步进电动机电气接线图如图 8-18 所示，步进电动机滑杆平台实物图如图 8-19 所示。在图 8-18 中，1～6 端连接步进电动机引线，步进电动机引线 A+连接 1 端，与步进电动机驱动器 TB6600 的 A+端相连；步进电动机引线 A−连接 3 端，与步进电动机驱动器 TB6600 的 A−端相连；步进电动机引线 B+连接 4 端，与步进电动机驱动器 TB6600 的 B+端相连；步进电动机引线 B−连接 6 端，与步进电动机驱动器 TB6600 的 B−端相连；步进电动机 2 端和 5 端不接线。

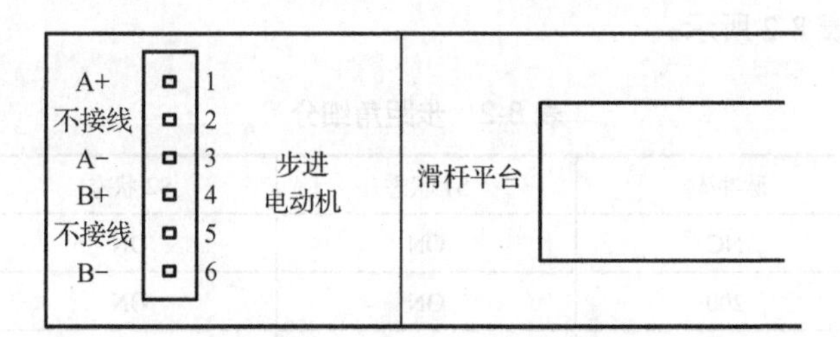

图 8-18　步进电动机电气接线图

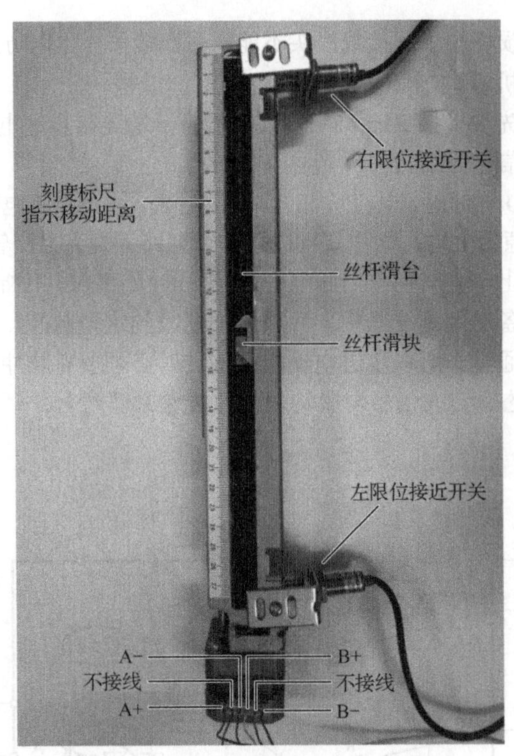

图 8-19　步进电动机滑杆平台实物图

8.4.4　步进电动机驱动器的细分

1．细分原理

现在的步进电动机驱动器都具有细分功能，所谓细分，就是通过改变步进电动机中的相电流的方法减小步距角。

2．细分数设定

细分数是用驱动器上的拨码开关来设定的，可根据驱动器外盒上细分选择表中的数据设定（注意：在断电的情况下设定）。细分后步进电动机步距角按公式（8-4）计算：

$$步距角=\frac{步进电动机固有步距角}{细分数} \tag{8-4}$$

如一台固有步距角为 1.8° 的步进电动机在 4 细分下的步距角为$1.8°\div 4 = 0.45°$。对于步进电动机来说，细分功能是由外部驱动电路对电动机相电流的精确控制产生的，与具体电动机无关。

TB6600 上的拨码开关 1、2、3 分别对应 S1、S2、S3。通过不同拨码开关的状态组合，可以得到不同的细分，如表 8-2 所示。

表 8-2　步距角细分

细　　分	脉冲/转	S1 状态	S2 状态	S3 状态
NC	NC	ON	ON	ON
1	200	ON	ON	ON
2/A	400	ON	OFF	ON
2/B	400	OFF	ON	ON

续表

细　分	脉冲/转	S1 状态	S2 状态	S3 状态
4	800	ON	OFF	OFF
8	1600	OFF	ON	OFF
16	3200	OFF	OFF	ON
32	6400	OFF	OFF	OFF

3．电流大小设定

TB6600 上的拨码开关 4、5、6 分别对应 S4、S5、S6。通过不同拨码开关的状态组合，可以输出不同的电流，如表 8-3 所示。

表 8-3　电流大小设定

电流（A）	S4 状态	S5 状态	S6 状态
0.5	ON	ON	ON
1.0	ON	OFF	ON
1.5	ON	ON	OFF
2.0	ON	OFF	OFF
2.5	OFF	ON	ON
2.8	OFF	OFF	ON
3.0	OFF	ON	OFF
3.5	OFF	OFF	OFF

4．设置细分时的注意事项

设置细分时要注意：

① 在一般情况下，细分数不能设置得过大，因为在控制脉冲频率不变的情况下，细分数越大，电动机的转速越慢，电动机的输出力矩越小。

② 驱动步进电动机的脉冲频率不能太大，一般不超过 2kHz，否则电动机输出的力矩会迅速减小。

8.4.5　步进电动机的脱机功能

1．力矩、扭矩的概念

在物理学里，作用力使物体绕着转动轴或支点转动的趋向，称为力矩。转动力矩又称为转矩。力矩能够使物体的旋转运动发生改变。简单地说，力矩是一种施加于如螺栓或飞轮一类物体上的扭转力。例如，用扳手的开口拧紧螺栓或螺帽，然后转动扳手，这个动作会产生力矩来使螺栓或螺帽转动。力矩的方向可以用右手定则判定，如图 8-20 所示。步进电动机力矩的大小和绕组数量、通电电流的大小有关。

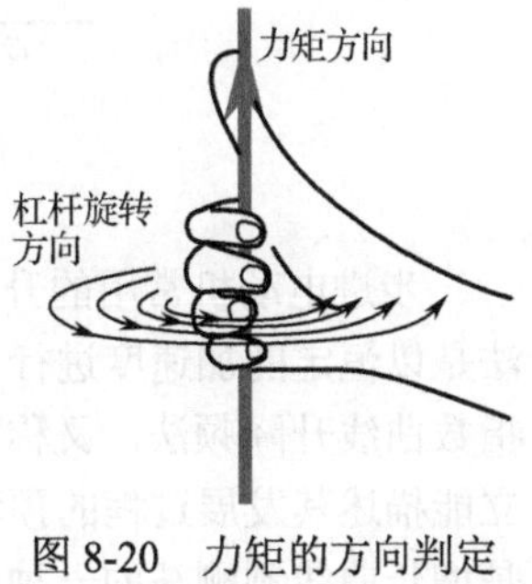

力矩方向

杠杆旋转方向

图 8-20　力矩的方向判定

2．脱机原理

脱机就是掉电，也就是步进电动机的转子不再有力矩输出。非脱机的步进电动机正常工作时，步进电动机中总有一相或几相绕组通有电流，此电流可以保持转子的角度。如果改变通电的相，角度就会改变；如果连续改变通电的相，那么电动机就会转动。但是，如果通电的相不改变，转子就会“锁定”，只有受到很大的外力才能转动。如果步进电动机脱机了，那么转子就处于一种自由状态，外力可以轻易地让它转动。

3．脱机功能

开启脱机功能后，步进电动机处于掉电状态，电动机转子处于自由（不锁定）状态，转子可以轻松转动，此时电动机不响应输入脉冲信号。关闭此功能后，电动机接收脉冲信号正常运转。

8.5 步进电动机的工程应用

8.5.1 步进电动机定位控制的原理与方案

1．步进电动机的加减速控制原理

步进电动机从一个位置向另一个位置移动时，要经历加速、恒速和减速过程。当步进电动机的运行频率低于其本身的启动频率时，可以用运行频率直接启动并以此频率运行，当需要停止时，可从运行频率开始下降。步进电动机的加减速运动曲线如图 8-21 所示。当步进电动机的运行频率 $f_b > f_a$（f_a 指有载启动时的启动频率）时，若直接用 f_b 启动会造成步进电动机“失步”甚至堵转。同样，在 f_b 频率下突然停止时，由于惯性作用，步进电动机会发生“过冲”，影响定位精度。如果非常缓慢地加减速，步进电动机虽然不会发生“失步”和“过冲”现象，但影响执行机构的工作效率。所以，步进电动机加减速，要在“不失步”和“不过冲”的前提下，用最快的速度（或最短的时间）完成。

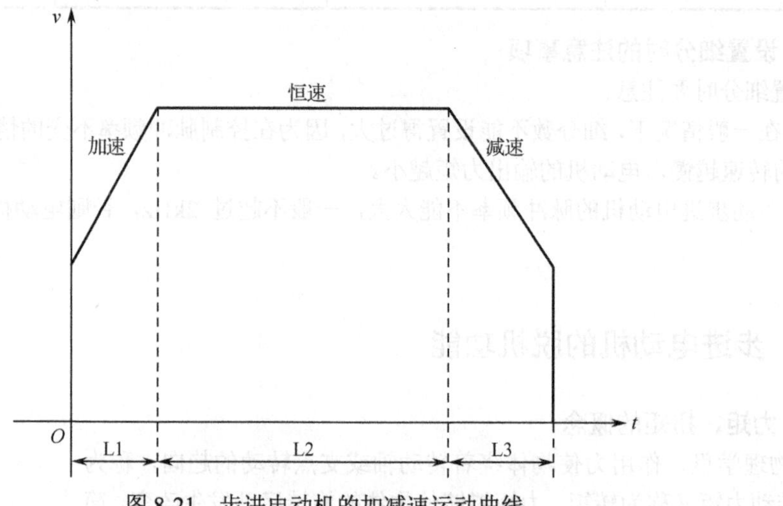

图 8-21　步进电动机的加减速运动曲线

步进电动机常用的升降频控制方法有两种：直线升降频法和指数曲线升降频法。直线升降频法是以恒定的加速度进行升降频的，它的特点是平稳性好，适用于速度变化较大的快速定位方式。指数曲线升降频法，又称简单外推法，是用指数函数曲线拟合预测对象的历史统计数据，从而建立能描述其发展过程的预测模型，然后用模型外推进行预测的方法，属于非线性趋势外推预测法，是增长曲线预测法的一种形式。其适用条件是预测对象的增长趋势近似于指数函数曲线，而且它在预测期限内不会出现突变。指数曲线升降频法具有较强的跟踪能力，但当速度变化较大时，该方法的平衡性较差。

2. 步进电动机的定位方案

要保证步进电动机控制系统的定位精度，脉冲当量不能过大，即步进电动机转一个步距角所移动的距离不能过长，而且步进电动机的加减速要缓慢，以防止发生“失步”或“过冲”现象。但这两个因素合在一起带来了一个突出问题：定位时间太长，执行机构的工作效率低。因此要获得较快的定位速度，同时又要保证定位精度，需要把整个定位过程划分为两个阶段：粗定位阶段和精定位阶段。在粗定位阶段，采用较大的脉冲当量，如 0.1mm/步或 1mm/步，甚至更高。在精定位阶段，为了保证定位精度，换用较小的脉冲当量，如 0.01mm/步。虽然脉冲当量变小，但由于精定位行程很短，并不会影响定位速度。

3. 步进电动机的定位计算

系统中的丝杆传动单位距离所用脉冲数可按公式（8-5）计算：

$$\text{丝杆传动单位距离所用脉冲数}=\frac{360^\circ\div\text{步距角}\times\text{细分数}}{\text{丝杆螺距}\times\text{传动比}} \tag{8-5}$$

式中，丝杆螺距就是前一螺纹与后一螺纹之间的距离，传动比就是电动机旋转一周的输入脉冲数与丝杆旋转一周的输入脉冲数之比。

8.5.2　步进电动机定位控制系统

工程设计要求：

① 启动后，可以实现步进电动机丝杆滑台滑块以一定的速度运行一定的距离，在触摸屏上可以设定步进电动机的运行速度和运行距离；

② 可以控制步进电动机的运行距离和方向；

③ 可以控制步进电动机的运行速度；

④ 当丝杆滑台滑块接近左、右限位开关的感应面时，不需要机械接触及施加任何压力，可使左、右限位开关动作，使丝杆滑台滑块停止运动。

1. 步进电动机定位控制系统设计

通过设置 DRVI 指令的源操作数 S1（输出脉冲数），控制步进电动机的运行距离和方向，设置 DRVI 指令的源操作数 S2（输出脉冲频率），控制步进电动机的运行速度。

根据步进电动机定位控制系统设计要求，需要实现：

① 设计 PLC 程序，与 EB8000 触摸屏结合，实现在触摸屏上控制步进电动机的正、反转与速度。

② 在触摸屏上设置“向左移动”按钮、“停止”按钮、“向右移动”按钮。实现当按下“向左移动”按钮时，步进电动机反转，步进电动机丝杆滑台滑块向左移动设定的距离；当按下“向右移动”按钮时，步进电动机正转，步进电动机丝杆滑台滑块向右移动设定的距离；当按下“停止”按钮时，步进电动机丝杆滑台滑块停止运动。

③ 丝杆滑台滑块的移动距离由左、右限位开关决定，运动过程由 PLC 程序控制。

2. PLC 的 I/O 分配

根据步进电动机定位控制系统的控制要求，系统需要两个输入点与两个输出点，I/O 分配表如表 8-4 所示。

表 8-4　I/O 分配表

输入（I）点			输出（O）点		
名　称	代　号	输入点继电器	名　称	代　号	输出继电器
左限位开关	X004	X004	脉冲输出控制	Y000	Y000
右限位开关	X005	X005	方向控制	Y002	Y002

3．步进电动机定位控制系统硬件接线

（1）步进电动机与PLC的接线

步进电动机定位控制系统采用的PLC为FX1S PLC，步进电动机与PLC连接，如图8-22所示。PLC输出端Y000产生脉冲信号，脉冲信号输入步进电动机驱动器的PUL−端，控制步进电动机的转速。PLC输出端Y002接步进电动机驱动器的DIR−端，控制步进电动机的转动方向。

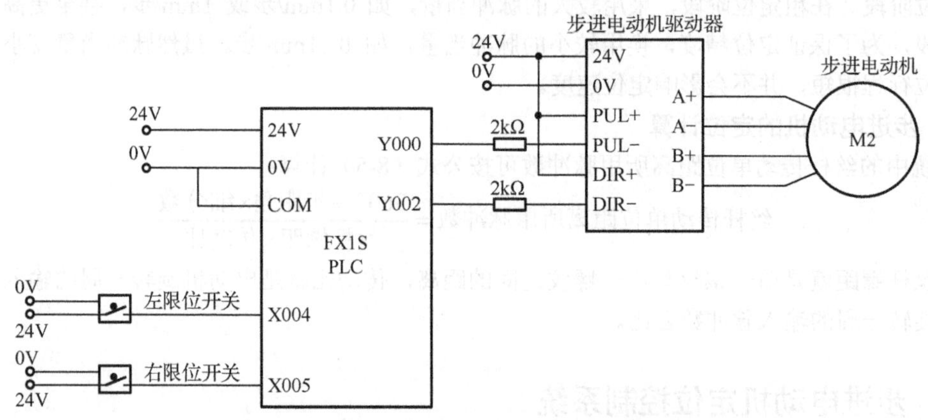

图8-22　步进电动机定位控制系统硬件接线图

（2）限位开关与PLC的接线

限位开关主要起保护作用，又称行程开关，可以安装在相对静止的物体上或者运动的物体上。

在系统中，由于丝杆滑台长度有限，为了防止运动中的丝杆由于惯性作用冲出滑台的可控制范围，在滑台左、右两边使用限位开关限制丝杆的运动。左限位开关接PLC的输入端X004，右限位开关接PLC的输入端X005。

4．PLC程序设计

在步进电动机定位控制系统中，采用PLC完成系统控制，梯形图程序如图8-23所示。

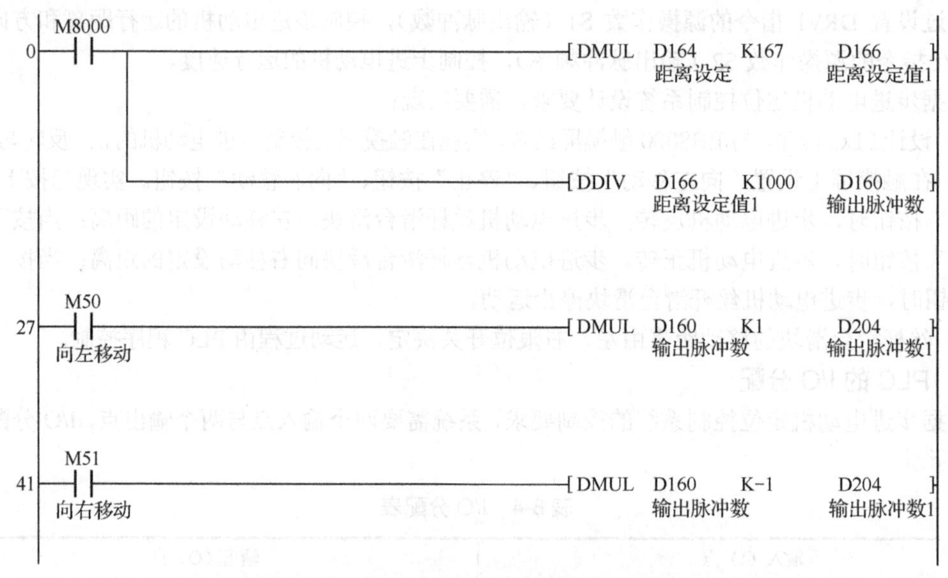

图8-23　步进电动机定位控制系统的梯形图程序

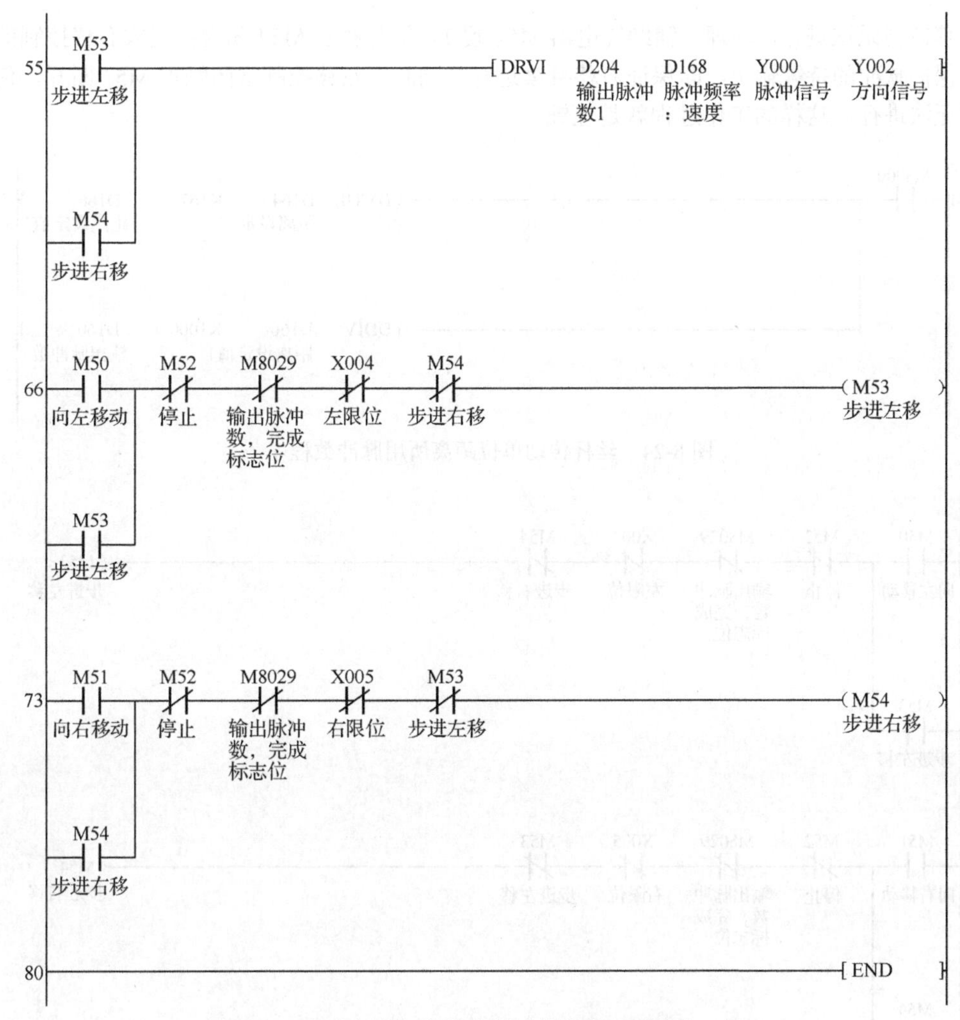

图 8-23　步进电动机定位控制系统的梯形图程序（续）

5．梯形图程序说明

（1）丝杆传动单位距离所用脉冲数程序设计

在步进电动机定位控制系统中，步进电动机的移动距离由 PLC 输出的脉冲数决定。在本系统中，步进电动机的步距角为 1.8°、驱动器细分为 1，丝杆螺距为 12mm，传动比为 1，根据公式（8-5）计算出的结果为 16.7，即需要 PLC 控制器输出的脉冲数为 16.7。在 PLC 控制系统中，由于 PLC 内部无法直接输出浮点型脉冲数，只能输出 16 位或 32 位整型脉冲数，因此本程序采用倍乘法，通过简单的数学逻辑运算达到浮点型脉冲输出的效果。丝杆传动单位距离所用脉冲数程序如图 8-24 所示。为了提高精度，将移动距离精确到小数点后三位，即 0.167。D164 中的值为设定的移动距离，通过 32 位乘法指令（DMUL）与 167 做乘法后，将运算结果存储到 D166 数据寄存器中，再通过 32 位除法指令（DDIV）与 1000 做除法后，将运算结果存储到 D160 中，D160 中的值为 PLC 内部控制器的输出脉冲数。

（2）自锁与互锁程序设计

在步进电动机定位控制系统中，步进电动机的左移控制过程和右移控制过程是相互独立、持续进行的，禁止有交叉控制的情况出现。这就需要完成步进电动机的左移控制、右移控制的自锁与互锁程序，如图 8-25 所示。程序中，辅助继电器 M53 置 1，常开触点 M53 闭合，完成左移控制的自锁功能，保持脉冲的持续输出，即保证左移持续进行。同时，右移控制常闭触点 M54 断开，使得右移控制无法进行。同理，辅助继电器M54置1，常开触点M54闭合，完成右移控制的自锁功能，保持脉冲的持续输出，即保证右移持续进行。同时，左移控制常闭触点M53断开，使得左移控制无法进行。这样的工作过程就是互锁。

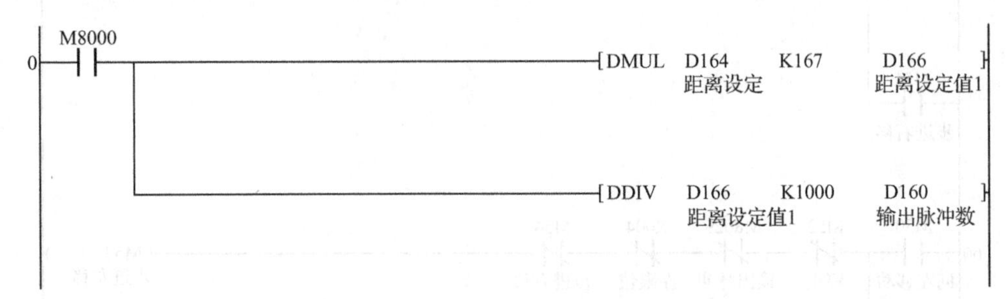

图8-24 丝杆传动单位距离所用脉冲数程序

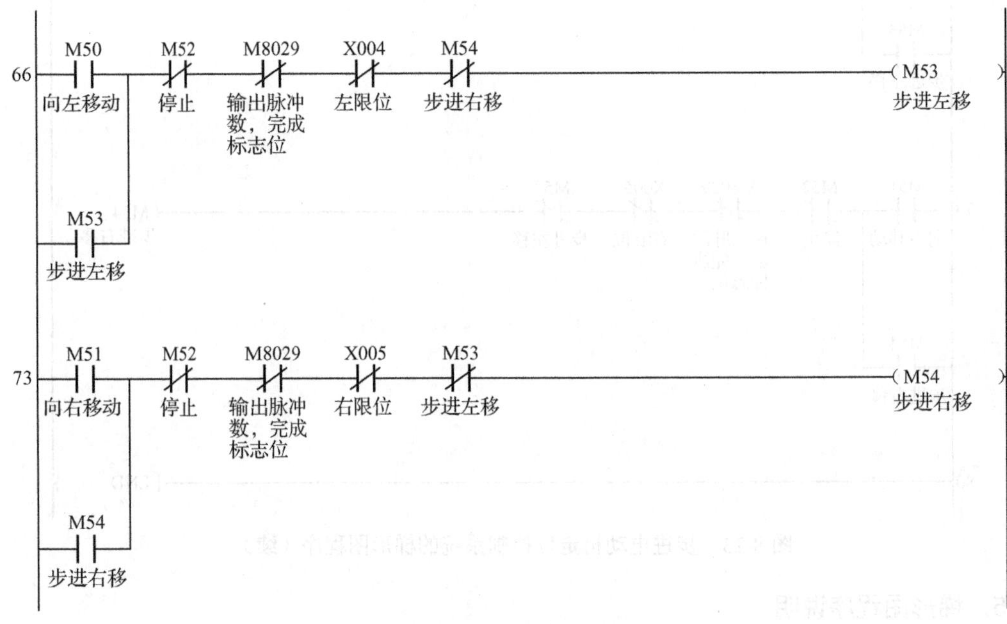

图8-25 自锁与互锁程序

（3）定位控制指令

由于步进电动机定位控制系统涉及定位，因此需要用到定位控制指令，常用的定位控制指令有相对位置指令DRVI和绝对位置指令DRVA。

① 相对位置指令DRVI。

相对位置指令DRVI的零点是不固定的，其以当前停止的位置作为起点，指定移动方向和移动量进行定位。

DRVI指令的格式如下。

（D）DRVI S1 S2 D1 D2

各操作数的意义如下。

S1：指定输出脉冲数（相对指定），反转时将这个脉冲数改为负值。采用16位操作数时，输出脉冲数的取值范围是-32768～32767；采用32位操作数时，输出脉冲数的取值范围是-999999～999999。

S2：指定输出脉冲频率，采用16位操作数时，输出脉冲频率的取值范围是10～32767（Hz）；

采用 32 位操作数时，输出脉冲频率的取值范围是 10～100000（Hz）。

D1：指定输出脉冲的输出编号（仅能指定 Y000 或 Y001），PLC 必须采用晶体管输出方式。

D2：指定方向的输出编号，仅能指定位软元件。根据[S1]的正负值，按照以下方式进行动作：

[+]→[D2]=ON

[−]→[D2]=OFF

② 绝对位置指令 DRVA。

绝对位置指令 DRVA 的零点是固定的，以固定原点作为基准指定位置（绝对地址，即起点），指定移动方向和移动量进行定位。

DRVA 指令的格式如下。

（D）DRVA S1　S2　D1　D2

各操作数的意义如下。

S1：目标位置（绝对指定）。采用 16 位操作数时，输出脉冲数的取值范围是−32768～32767；采用 32 位操作数时，输出脉冲数的取值范围是−999999～999999。

S2：指定输出脉冲频率。采用 16 位操作数时，输出脉冲频率的取值范围是 10～32767（Hz）；采用 32 位操作数时，输出脉冲频率的取值范围是 10～100000（Hz）。

D1：指定输出脉冲的输出编号（仅能指定 Y000 或 Y001），PLC 输出必须采用晶体管输出方式。

D2：指定方向的输出编号。根据[S1]和当前位置的差值，按照以下方式进行动作：

[+]→[D2]=ON

[−]→[D2]=OFF

（4）定位控制程序设计

在步进电动机定位控制系统中，定位控制是通过控制步进电动机转动实现的。

步进电动机的转动有正转与反转之分，输出脉冲又分为 PLC 内部输出脉冲与步进电动机驱动器输出脉冲。步进电动机驱动器的输出脉冲控制步进电动机的正反转，即控制丝杆滑块向左移动或向右移动。步进电动机驱动器输出脉冲控制程序如图 8-26 所示。D160 为系统内部 PLC 控制器输出脉冲数，通过 32 位乘法指令与 1（或−1）相乘后产生与自身相同（或相反）、可以控制步进电动机正（或反）转的脉冲数，存储到 D204 数据寄存器中，由 Y000 输出脉冲，再通过步进电动机驱动器输出脉冲信号，驱动步进电动机工作。

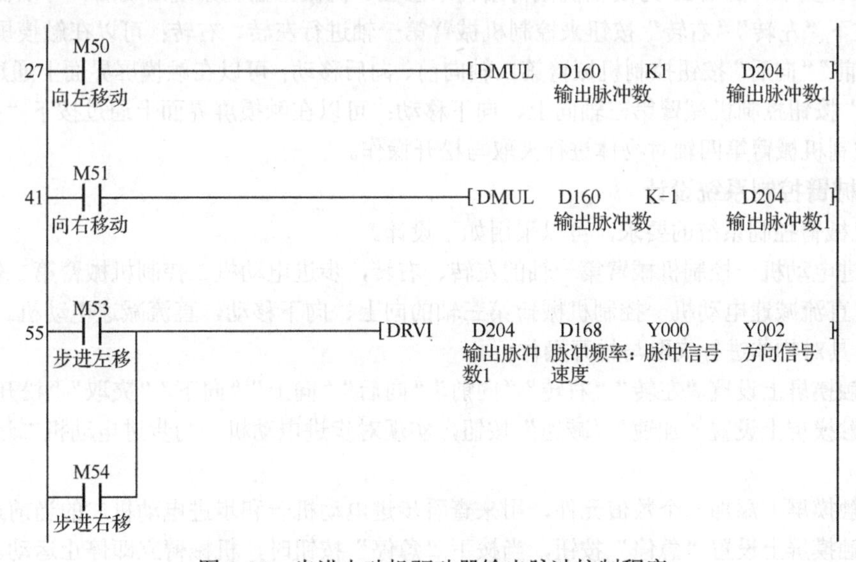

图 8-26　步进电动机驱动器输出脉冲控制程序

在步进电动机定位控制系统中，输出脉冲数存储在数据寄存器 D204 中；输出脉冲频率存储在数据寄存器 D168 中；由 Y000 输出脉冲信号，由 Y002 输出方向信号方向，根据数据寄存器 D204 中的值的正负，按照以下方式进行动作：

[+]→[Y002]=ON

[−]→[Y002]=OFF

6．触摸屏程序设计

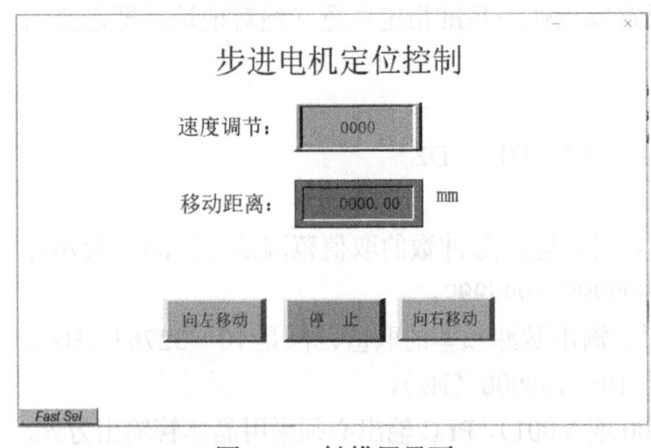

图 8-27　触摸屏界面

在步进电动机定位控制系统中，触摸屏界面如图 8-27 所示。在触摸屏上设置有控制步进电动机的“向左移动”“向右移动”和“停止”的按钮，以及进行速度调节和移动距离设置的数值元件。根据梯形图程序（见图 8-23）第 55 步可知，D168 数据寄存器中存储的值是 PLC 指定的脉冲频率。根据梯形图程序第 0 步可知，D164 数据寄存器中存储的值是丝杆滑块移动的距离。根据梯形图程序第 27 步到第 73 步可知，M50、M51、M52 分别控制步进电动机的向左移动、停止、向右移动。

在触摸屏界面中，可根据实际需要设置文字说明，可参照图 8-27，添加“文字”元件，设置“步进电动机定位控制”“速度调节：”“移动距离：”等文字说明。

改变速度调节与移动距离设置的数值元件中的数值，可控制步进电动机的移动速度与移动距离。

控制步进电动机向左移动、向右移动和停止需要应用位状态开关元件，可根据实际需要进行设置。

8.5.3 机械臂控制系统的工程应用

工程设计要求：图 8-28 为四轴机械臂结构示意图。机械臂控制系统启动后，可以在触摸屏界面上通过按下“左转”“右转”按钮来控制机械臂第一轴进行左转、右转；可以在触摸屏界面上通过按下“向前”“向后”按钮控制机械臂第二轴向前、向后移动；可以在触摸屏界面上通过按下“向上”“向下”按钮控制机械臂第三轴向上、向下移动；可以在触摸屏界面上通过按下“夹取”“放下”按钮控制机械臂第四轴对物体进行夹取与松开操作。

1．机械臂控制系统设计

根据机械臂控制系统的要求，可以采用如下设计。

① 步进电动机一控制机械臂第一轴的左转、右转，步进电动机二控制机械臂第二轴的向前、向后移动，直流减速电动机一控制机械臂第三轴的向上、向下移动，直流减速电动机二控制机械臂第四轴夹具对物体进行夹取与松开操作。

② 在触摸屏上设置“左转”“右转”“向前”“向后”“向上”“向下”“夹取”“松开”按钮。

③ 在触摸屏上设置“加速”“减速”按钮，实现对步进电动机一与步进电动机二运动速度的控制。

④ 在触摸屏上添加一个数值元件，用来查看步进电动机一和步进电动机二的当前速度。

⑤ 在触摸屏上设置“急停”按钮，当按下“急停”按钮时，机械臂立即停止运动。

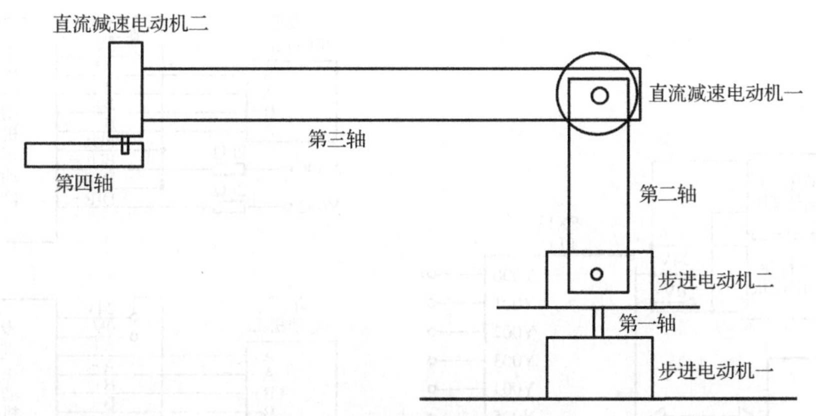

图8-28　四轴机械臂结构示意图

2．机械臂控制系统中PLC的I/O分配

根据机械臂控制系统要求，需要0个输入点与8个输出点，I/O分配表如表8-5所示（由于没有输入点，故表中不列出输入点）。

表8-5　I/O分配表

输出点		
名　称	代　号	输入继电器
步进电动机一脉冲输出	Y000	Y000
步进电动机一方向控制	Y002	Y002
步进电动机二脉冲输出	Y001	Y001
步进电动机二方向控制	Y003	Y003
直流减速电动机一正转	Y004	Y004
直流减速电动机一反转	Y005	Y005
直流减速电动机二正转	Y006	Y006
直流减速电动机二反转	Y007	Y007

3．机械臂控制系统的硬件连接

机械臂上应有两个一般步进电动机（型号42BYGH）和两个减速电动机（型号GA12-N20），由PLC和触摸屏控制，机械臂控制系统的硬件接线图如图8-29所示。步进电动机一与步进电动机驱动器一的接线方式采用共阳极接法，步进电动机二与步进电动机驱动器二的接线方式也采用共阳极接法。

4．机械臂控制系统PLC程序设计

机械臂控制系统PLC梯形图程序如图8-30所示。

在梯形图程序第0步到第21步中，在辅助继电器M1接通的瞬间，M11接通，机械臂第一轴的步进电动机一的Y000有脉冲输出，步进电动机一正转，机械臂第一轴左转。在辅助继电器M2接通的瞬间，M12接通，机械臂第一轴的步进电动机一的Y000有脉冲输出，Y002接通，步进电动机一反转，机械臂第一轴右转。数据寄存器D160中的值用于控制步进电动机一脉冲输出频率的大小。继电器开关M1与M2之间是互锁关系，当M1接通时，M2常闭触点接通，常开触点断开；当M2接通时，M1常闭触点接通，常开触点断开。继电器开关M11与M12之间是互锁关系，当M11接通时，M12常闭触点接通，常开触点断开；当M12接通时，M11常闭触点接通，常开触点断开。

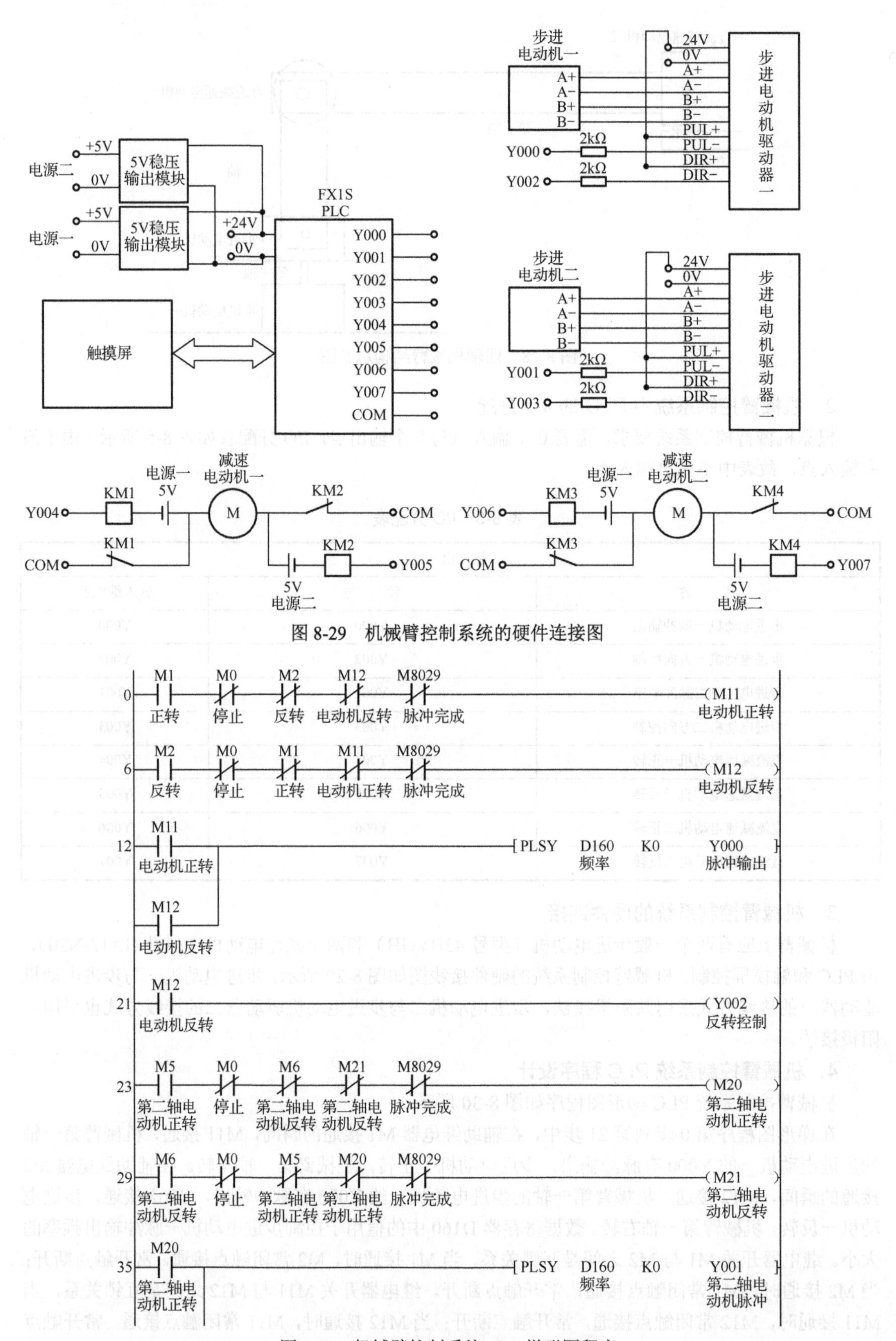

图8-29　机械臂控制系统的硬件连接图

图8-30　机械臂控制系统PLC梯形图程序

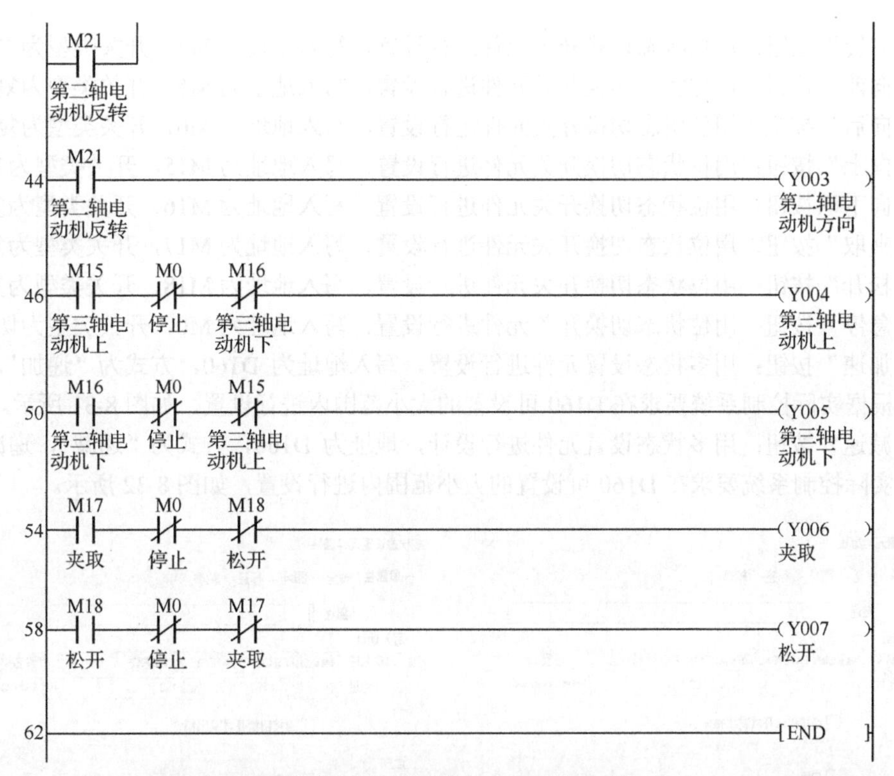

图 8-30　机械臂控制系统 PLC 梯形图程序（续）

在梯形图程序第 23 步到第 44 步中，在辅助继电器 M5 接通的瞬间，M20 接通，机械臂第二轴的步进电动机二的 Y001 有脉冲输出，步进电动机二正转，机械臂第二轴向前移动。在辅助继电器 M6 接通的瞬间，M21 接通，机械臂第二轴的步进电动机二的 Y001 有脉冲输出，Y003 接通，步进电动机二反转，机械臂第二轴向后移动。数据寄存器 D160 中的值用于控制步进电动机二脉冲输出频率的大小。继电器开关 M5 与 M6 是互锁关系，当 M5 接通时，M6 常闭触点接通，常开触点断开；当 M6 接通时，M5 常闭触点接通，常开触点断开。继电器开关 M20 与 M21 是互锁关系，当 M20 接通时，M21 常闭触点接通，常开触点断开；当 M21 接通时，M20 常闭触点接通，常开触点断开。

在梯形图程序第 46 步到第 50 步中，辅助继电器 M15 接通，Y004 通电接通，直流减速电动机一正转，机械臂第三轴向上运动。M16 接通，Y005 通电接通，直流减速电动机一反转，机械臂第三轴向下运动。继电器开关 M15 与 M16 是互锁关系，当 M15 接通时，M16 常闭触点接通，常开触点断开；当 M16 接通时，M15 常闭触点接通，常开触点断开。

在梯形图程序第 54 步到第 58 步中，辅助继电器 M17 接通，Y006 通电接通，直流减速电动机二正转，机械臂第四轴夹取物体。M18 接通，Y007 通电接通，直流减速电动机二反转，机械臂第四轴松开物体。继电器开关 M17 与 M18 是互锁关系，当 M17 接通时，M18 常闭触点接通，常开触点断开；当 M18 接通时，M17 常闭触点接通，常开触点断开。

5．触摸屏程序设计

触摸屏上设置有控制第一轴“左转”“右转”的按钮，控制第二轴“向前”“向后”的按钮，控制第三轴“向上”“向下”的按钮，控制第四轴“夹取”“松开”的按钮，控制移动速度“加速”“减速”的按钮，控制总开关“急停”的按钮。根据梯形图程序，触摸屏界面各个按钮的参数设置如下。

①“左转”按钮：用位状态切换开关元件进行设置，写入地址为 M1，开关类型为复归型。

②“右转”按钮：用位状态切换开关元件进行设置，写入地址为 M2，开关类型为复归型。

③“向前”按钮：用位状态切换开关元件进行设置，写入地址为 M5，开关类型为复归型。

④“向后”按钮：用位状态切换开关元件进行设置，写入地址为 M6，开关类型为复归型。

⑤“向上”按钮：用位状态切换开关元件进行设置，写入地址为 M15，开关类型为复归型。

⑥“向下”按钮：用位状态切换开关元件进行设置，写入地址为 M16，开关类型为复归型。

⑦“夹取”按钮：用位状态切换开关元件进行设置，写入地址为 M17，开关类型为复归型。

⑧“松开”按钮：用位状态切换开关元件进行设置，写入地址为 M18，开关类型为复归型。

⑨“急停”按钮：用位状态切换开关元件进行设置，写入地址为 M0，开关类型为切换型。

⑩“加速”按钮：用多状态设置元件进行设置，写入地址为 D160，方式为“递加”，递加值与上限值根据实际控制系统要求在 D160 可设置的大小范围内进行设置，如图 8-31 所示。

⑪“减速”按钮：用多状态设置元件进行设计，地址为 D160，方式为“递减”，递减值与下限值根据实际控制系统要求在 D160 可设置的大小范围内进行设置，如图 8-32 所示。

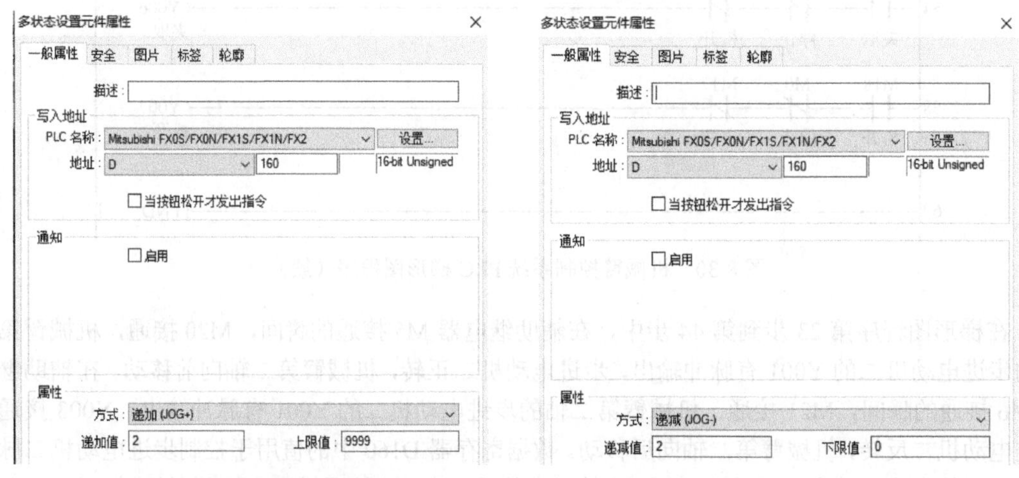

图 8-31 “加速”按钮参数设置　　图 8-32 “减速”按钮参数设置

速度显示框用数值元件进行设置，读取地址为 D160，资料格式为“32-bit Unsigned”，小数点以上位数为 4，小数点以下位数为 0，PLC 上限为 9999，PLC 下限为 0，如图 8-33 所示。

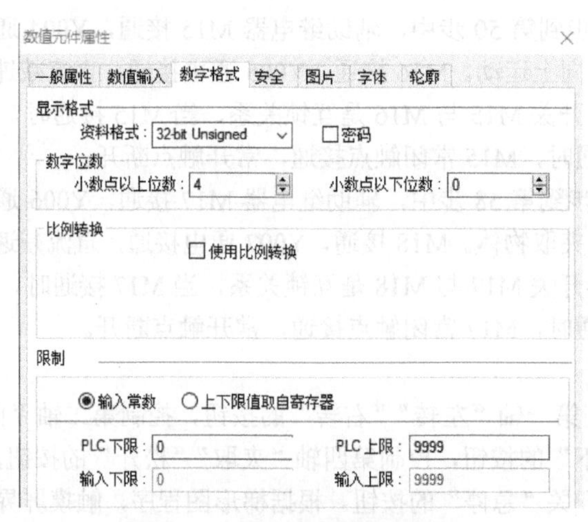

图 8-33 速度显示框参数设置

通过“文字”元件，在触摸屏界面上添加对应的文字说明。

设置完成的机械臂控制系统触摸屏界面如图 8-34 所示。

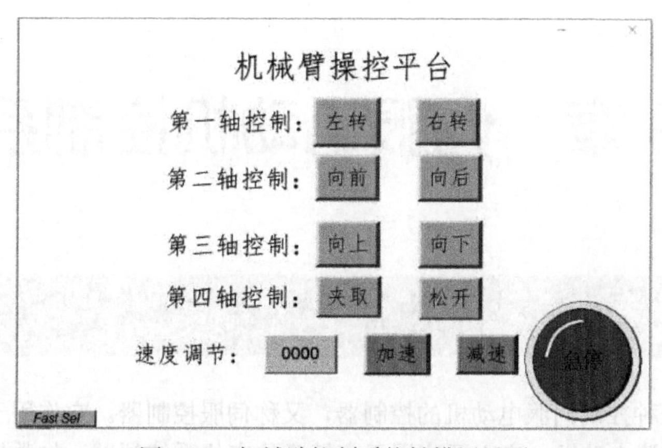

图 8-34　机械臂控制系统触摸屏界面

习题 8

1．简述步进电动机的概念。

2．步进电动机在结构上的分类有哪些？各类别有什么特点？

3．步进电动机步距角的含义是什么？一台步进电动机可以有两个步距角，例如，3°、1.5°，这是什么意思？

4．什么是步进电动机的“单三拍”“单、双六拍”和“双六拍”通电方式？

5．若有一台五相反应式步进电动机，其步距角为 1.5°/0.75° 试问转子齿数 Z_r 应为多少？

6．一台五相十拍步进电动机，转子齿数 Z_r=48，在一相绕组中测得通电电流频率为 600Hz。求：

（1）步进电动机的步距角；

（2）步进电动机的转速。

第 9 章　伺服电动机控制系统

9.1　伺服驱动器简介

伺服驱动器是一种控制伺服电动机的控制器，又称伺服控制器。它作用于伺服电动机，类似变频器作用于普通交流电动机，它主要应用于高精度的定位系统领域，如数控机床、印刷包装机械、自动化生产线等。它一般通过位置、速度和转矩这三种方式对伺服电动机进行控制，实现高精度的传动系统定位。

目前，市场上伺服驱动器的种类众多，但是工作原理相似。其中，型号为 ASDD-30A 的克瑞斯伺服驱动器是一款实用的伺服驱动器。本书所用的伺服驱动器就是克瑞斯 ASDD-30A 伺服驱动器。该伺服驱动器的前面板如图 9-1 所示，面板布局结构及其功能如下。

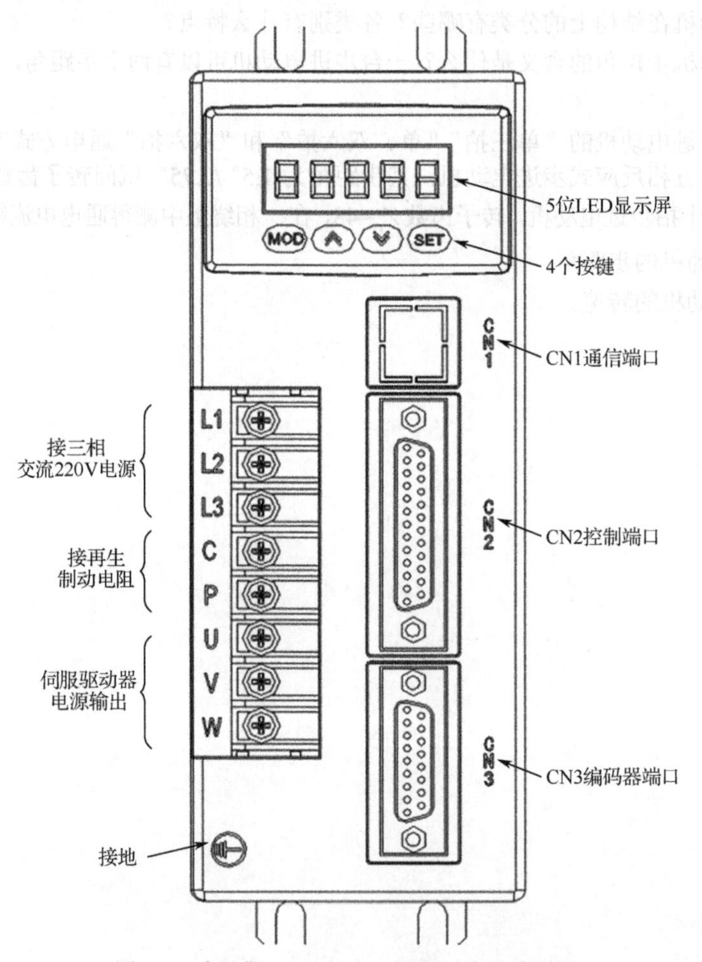

图 9-1　克瑞斯 ASDD-30A 伺服驱动器前面板

5 位 LED 显示屏：显示参数及功能模式。

4 个按键：MOD 是模式选择键，⩓ 和 ⩔ 分别是数字增大键、数字减小键，SET 是确定键。

CN1 通信端口：暂作为预留端口。

CN2 控制端口：连接上位机的端口。

CN3 编码器端口：连接编码器的端口。

L1、L2、L3 端口：接三相交流 220V 电源，无相序要求，但严禁将三相交流 380V 电源直接接入伺服驱动器，否则将损坏驱动器，甚至造成人身伤害。

C、P 端口：按照产品说明书中的推荐值接相应的电阻，再生制动电阻的作用是分担伺服驱动器内部的电容电压，防止电容过负荷。

U、V、W 端口：伺服驱动器电源输出端口，连接伺服电动机的对应端口，切不可接错，否则容易发生电动机失控现象。

9.2　伺服驱动器控制方式

伺服驱动器一般有三种控制方式：位置控制、速度控制、转矩控制。

1. 位置控制

由 PLC 输入的脉冲频率确定电动机转动速度的大小，由脉冲个数确定电动机转动的角度，也有些伺服驱动器通过通信的方式直接对电动机转动速度和角度进行赋值。因为位置控制方式能对转动速度和角度进行严格的控制，所以一般应用于定位装置中。

2. 速度控制

通过外部模拟量（电流或电压）输入或脉冲频率进行电动机转动速度的控制，可用于定位，但必须把伺服电动机的位置信号反馈给 PLC 以做运算处理。

3. 转矩控制

通过外部模拟量（电流或电压）输入或直接地址赋值的方式来设定电动机轴对外输出转矩的大小，主要应用在对材质的受力有严格要求的场合，如应用在绕线装置或拉光纤设备中。如果要求同时控制电动机的力矩与转动速度，则需要 PLC 提供两组模拟量。

9.3　伺服驱动器工作原理

9.3.1　伺服驱动器工作原理概述

伺服驱动器均采用数字信号处理器（DSP）作为控制核心，可以实现比较复杂的控制算法，实现数字化、网络化和智能化；功率器件普遍采用以智能功率模块（IPM）为核心的驱动电路，IPM 内部集成了驱动电路，同时具备过电压、过电流、过热、欠压等故障检测保护电路，在主回路中还有软启动电路，以减小启动过程对驱动器的冲击。

伺服驱动器工作原理如图 9-2 所示。其采用三环控制系统，也称为三个闭环负反馈 PID 调节系统。按脉冲信号传输方向，依次是位置环路调节器、速度环路调节器和电流环路调节器。各环路调节器的输出是下一个环路调节器的输入，其中电流环路调节器的输出被传送到 PWM 调节环节。各环路调节器的反馈信号都是通过编码器在伺服电动机转动时获取的，之后环路调节器根据输入量与反馈量的差值进行必要的 PID 计算，计算结果作为下一个环路调节器的给定量。最后，通过PWM方法来控制IGBT模块，输出一定的方波来模拟用正弦波控制伺服电动机的转动速度，满足所需的角度位置。

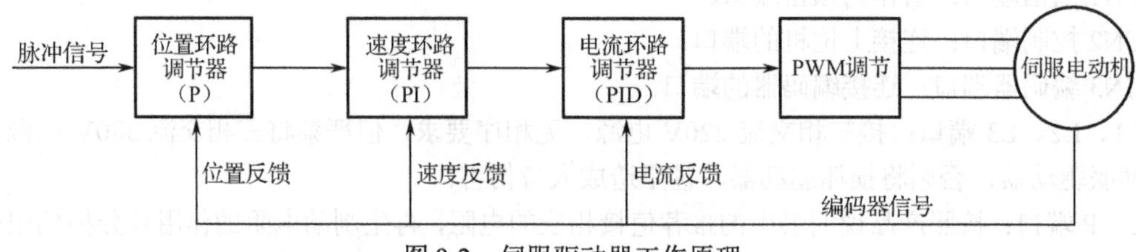

图9-2　伺服驱动器工作原理

9.3.2　PID调节对三环控制系统的影响

PID调节的实质是根据输入的偏差值，按比例、积分、微分的函数关系进行运算，运算结果用以控制输出。

伺服驱动器的电流环路调节器主要进行比例、积分、微分（PID）调节，其输出值为常数，一般在驱动器内部设定好，使用时不需要更改。速度环路调节器主要进行比例、积分调节（PI），比例调节增益，只有在速度增益和速度积分时间常数合适时，才能达到理想效果。位置环路调节器主要进行比例（P）调节，对此只需要设定位置环路调节器的比例增益即可。

位置环路调节器、速度环路调节器的参数调节要根据外部负载的机械传动连接方式、负载的运动方式、负载惯量、对速度/加速度要求及电动机本身的转子惯量和输出惯量等来进行。调节的方法是经验法，即在经验范围内将增益参数从小往大调，积分时间从大往小调，以不出现振动超调的稳态值为最佳值进行设定。

当根据经验法调节时，最好先调节速度环路调节器（此时将位置环路调节器的比例增益设定为经验值的最小值），速度环路调节器稳定后，再调节位置环路调节器增益，位置环路调节器的响应最好比速度环路调节器慢一点，避免出现速度振荡。

9.4　伺服驱动器技术规格

伺服驱动器技术规格说明如表9-1所示。

表9-1　伺服驱动器技术规格说明

输入电源		单相或三相交流220V
环境	温度	工作：0～55℃　存储：-20～80℃
	湿度	小于90%（无结露）
	振动	10～60Hz（非连续运行）
控制方式		IGBT PWM正弦波控制
控制模式		转矩模式、速度模式、位置模式
控制输入		伺服使能、报警复位、正转驱动禁止、反转驱动禁止、外部正转转矩限制、外部反转转矩限制、紧急停机、零速钳位、内部速度指令选择、内部转矩指令选择、控制模式切换、增益切换、电子齿轮分子选择、指令取反、位置偏差清除、脉冲输入禁止、比例控制、原点回归触发、原点回归参考点、内部位置选择、触发内部位置指令、暂停内部位置指令

续表

控制输出	报警检出、伺服准备好、紧急停止检出、定位完成、速度到达、到达预定转矩、零速检测、伺服电动机通电、电磁制动、原点回归完成、定位接近、转矩限制中、速度限制中、跟踪转矩指令到达
编码器反馈	2500p/r（旋转一圈输出 2500 个脉冲），15 线增量型，差分输出
通信方式	RS-232 或 RS-485
显示与操作	5 位 LED 显示屏、4 个按键
制动方式	通过内置/外接制动电阻进行能耗制动
冷却方式	风冷（热传导模具、高速强冷风扇）
功率范围	≤7.5kW

9.5　伺服电动机的安装

伺服电动机控制系统一般包括控制器（如 PLC）、伺服驱动器和伺服电动机三部分。伺服电动机控制系统只有在伺服驱动器工作环境适当和伺服电动机正常安装情况下才可能正常工作。

伺服电动机的安装按照安装方向可分为水平安装和垂直安装两种。为避免水、油等液体自电动机出线端流入电动机内部，在水平安装的时候，应该将电缆出口置于下方。在垂直安装的时候，若电动机轴上附有减速机，须注意并防止减速机内的油渍经由电动机轴渗入电动机内部。电动机轴的伸出量需充分，若伸出量不足，容易使电动机运行时产生振动。安装及拆卸电动机时，请勿用榔头敲击电动机，否则容易造成电动机轴及编码器损坏。

判断电动机的旋转方向：面对电动机的安装轴负载端面，电动机轴逆时针旋转（CCW）为正转，顺时针旋转（CW）为反转，如图 9-3 所示。

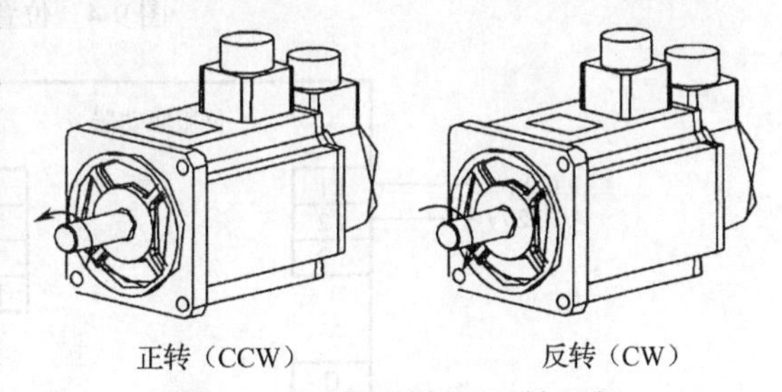

正转（CCW）　　反转（CW）

图 9-3　伺服电动机正反转方向

9.6　伺服电动机控制系统的接线

伺服电动机控制系统的接线方式有位置控制接线和速度/转矩控制接线两种。

1．位置控制接线

一个简单的位置定位系统，只需一组伺服使能信号（SigIn1、COM）、两组位置脉冲输入信号（PP−、PD−），接线图如图 9-4 所示。

2．速度/转矩控制接线

位置控制与速度/转矩控制接线方法的相同点在于，都需要一组伺服使能信号（SigIn1、COM），不同点在于位置控制需要的是位置脉冲输入信号（PP−、PD−），而速度/转矩控制需要的是模拟量输入信号（Vref、AGND），接线图如图 9-5 所示。

伺服电动机控制系统接线的注意事项如下。

① 接线材料依照电缆规格使用。

② 电缆长度：指令电缆在 3m 以内，编码器电缆在 20m 以内。

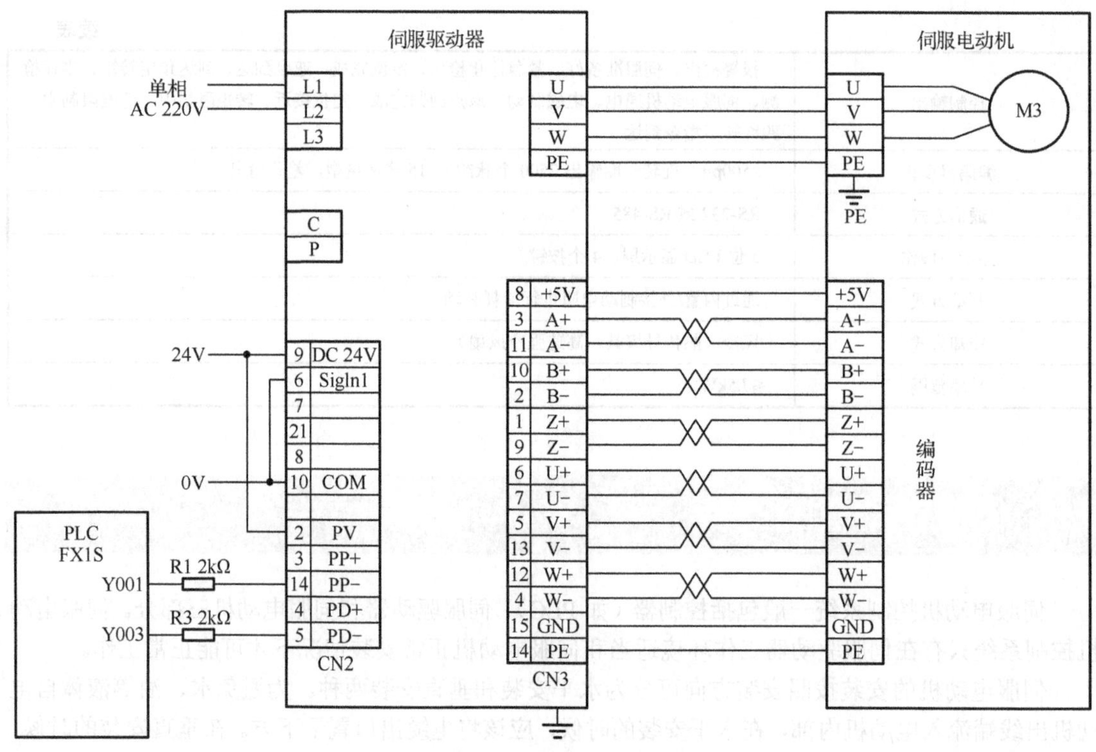

图 9-4　位置控制接线图

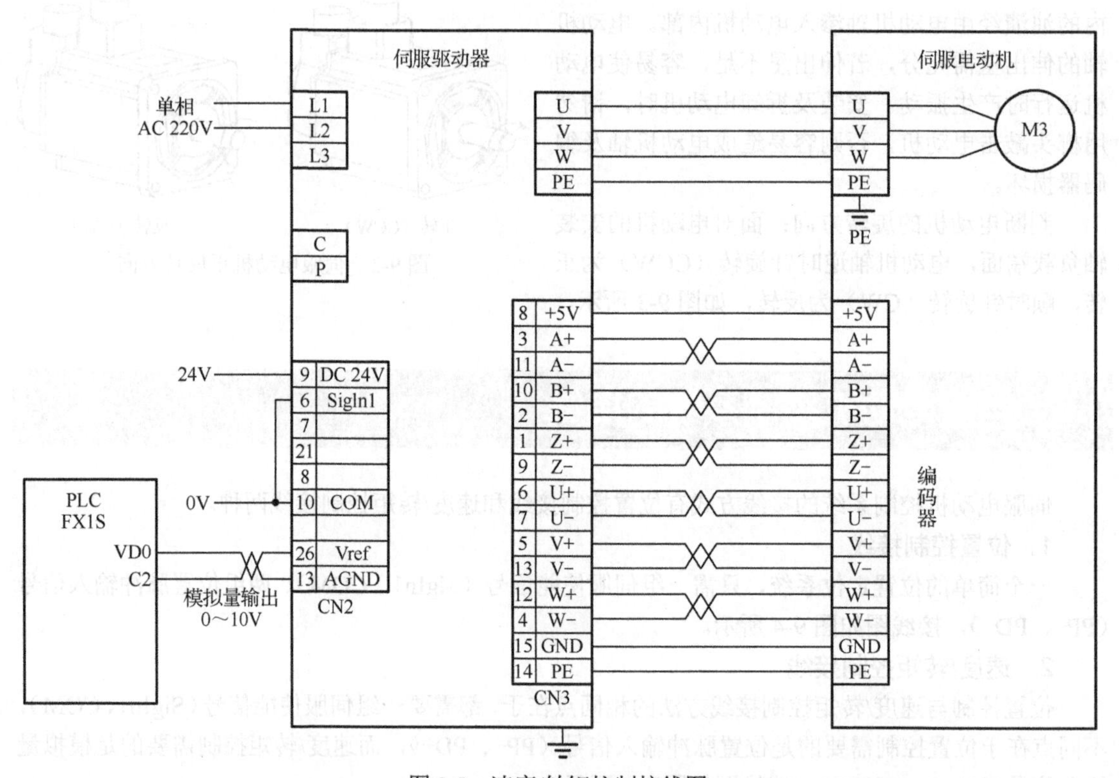

图 9-5　速度/转矩控制接线图

③ 220V 驱动器电源 L1、L2、L3 端请勿接到 380V 电源上。

④ 380V 驱动器电源 R、S、T 端请勿接到 220V 电源上，否则电动机运转将不正常。

⑤ 伺服驱动器输出端U、V、W的相序，必须和电动机相应端一一对应，若接错，电动机可能不转或发生“飞车”。不能用调换三相端子的方法来使电动机反转（与异步电动机完全不同）。

⑥ 必须可靠接地，且单点接地。

⑦ 输出信号的继电器，其吸收用的二极管的方向要连接正确，否则会造成故障，无法输出信号。

⑧ 为了防止噪声造成的错误动作，请在电源上加入绝缘变压器及噪声滤波器等装置，并将它们装在同一配线管内。

⑨ 应安装非熔断型断路器，使得在驱动器故障时，能及时切断外部电源。

220V 伺服电动机控制系统不同的端口对电缆的要求也不同，详情见表 9-2。

表 9-2　伺服电动机控制系统电缆规格说明

连 接 端	符　　号	电 缆 规 格
电源输出端口	U、V、W	0.75～2.5mm^2
电动机连接端口		0.75～2.5mm^2
接地端口		0.75～2.5mm^2
控制端口	CN2	≥0.12 mm^2（AWG26），含屏蔽线
编码器端口	CN3	≥0.12 mm^2（AWG26），含屏蔽线

编码器电缆必须使用双绞线，增强抗干扰能力。如果编码器电缆太长（>20m），会导致编码器供电不足，其电源和地线可采用多线连接或使用粗电线。

9.7　伺服驱动器端口

伺服电动机控制系统主要通过 CN2、CN3 端完成 PLC、伺服驱动器和伺服电动机之间的信息通信，参考 9.6 节中的图 9-4、图 9-5。

9.7.1　CN2 控制端口

CN2 控制端口与 PLC 控制信号连接，使用 2 排 25 针（引脚）的端口，对应信号如下。

① 4 个可编程输入（引脚编号：6、7、21、8）。

② 4 个可编程输出（引脚编号：11、23、12、24）。

③ 模拟量指令输入（引脚编号：25、13）。

④ 脉冲指令输入（引脚编号：2、3、14、4、5）。

⑤ 编码器信号输入（引脚编号：20、19、18、17、15、16、22、1）。

注意：CN2 控制端口的编码器信号输入指的是伺服电动机反馈到伺服驱动器中的编码器信号，其经过分频后通过线驱动器（AM26LS31）输出到 PLC 中，实现伺服驱动器与 PLC 的闭环控制。

1．CN2 控制端口引脚编号和定义

CN2 控制端口有 25 个引脚，详细编号见图 9-6。

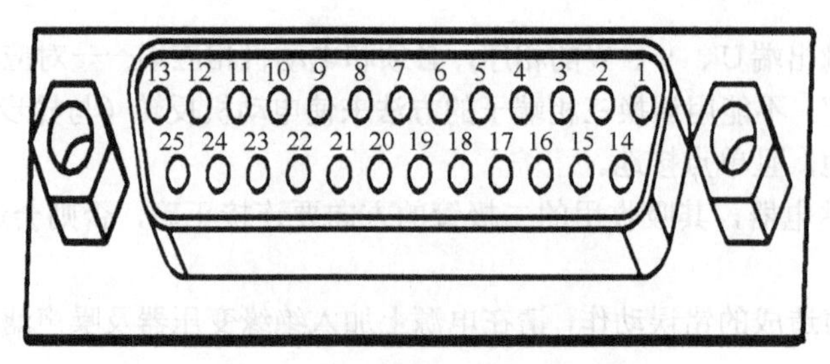

图9-6　CN2控制端口引脚编号

CN2控制端口25个引脚都有特定的功能，详情见表9-3。

表9-3　CN2控制端口25个引脚的说明

引　脚	编　号	信号名称	功　能
DC 12-24V COM	9 10	控制信号的电源与地	输入/输出控制信号的电源和地
SigIn1 SigIn2 SigIn3 SigIn4	6 7 21 8	输入指令信号	输入指令信号 SigIn1：伺服准备好 SigIn2：报警检出 SigIn3：位置偏差清除 SigIn4：脉冲输入禁止
SigOut1 SigOut2 SigOut3 SigOut4	11 23 12 24	输出指令信号	输出指令信号 SigOut1：伺服准备好 SigOut2：报警检出 SigOut3：定位完成 SigOut4：紧急停止检出
PV PP+ PP− PD+ PD−	2 2 14 4 5	指令脉冲输入信号	PV：接集电极开路输入电源 指令脉冲可以三种不同方式输入： （1）指令方向和脉冲输入； （2）顺时针/逆时针输入； （3）相位差90°的正交脉冲输入
PA+ PA− PB+ PB− PZ+ PZ− OZ GND	20 19 18 17 15 16 22 1	编码器输出信号	通过参数设定，A、B信号可分频输出或逻辑取反输出
Vref AGND	25 13	模拟量输入信号	模拟电压输入。采用速度或力矩控制时，用于接收速度或力矩指令，输入电压范围为-10～10V

2. CN2控制端口类型

（1）数字输入端口

数字输入端口电路可由开关、继电器、集电极开路三极管、光电耦合器等进行控制，电路类型分为开关输入方式电路（见图9-7）、集电极输入方式电路（见图9-8），其作用是把数字信号转换为可进行内部处理的标准信号。继电器需选择低电流继电器，以避免出现接触不良的现象。外部电压范围为DC 12～24V，最小可供电流为100mA。

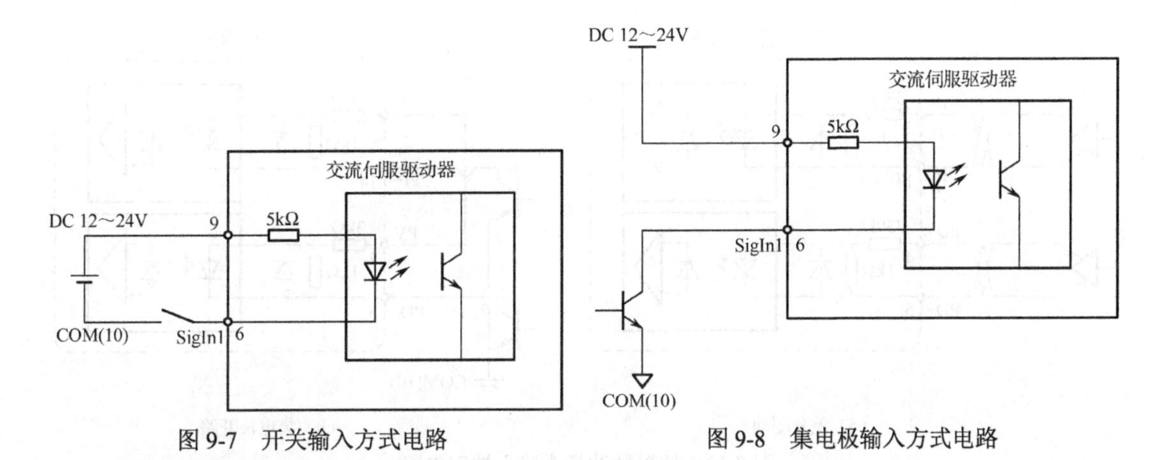

图 9-7　开关输入方式电路　　　　图 9-8　集电极输入方式电路

（2）数字输出端口

数字输出端口电路采用达林顿光电耦合器，可与继电器、光电耦合器连接，实现数字信号的隔离，如图 9-9、图 9-10 所示。

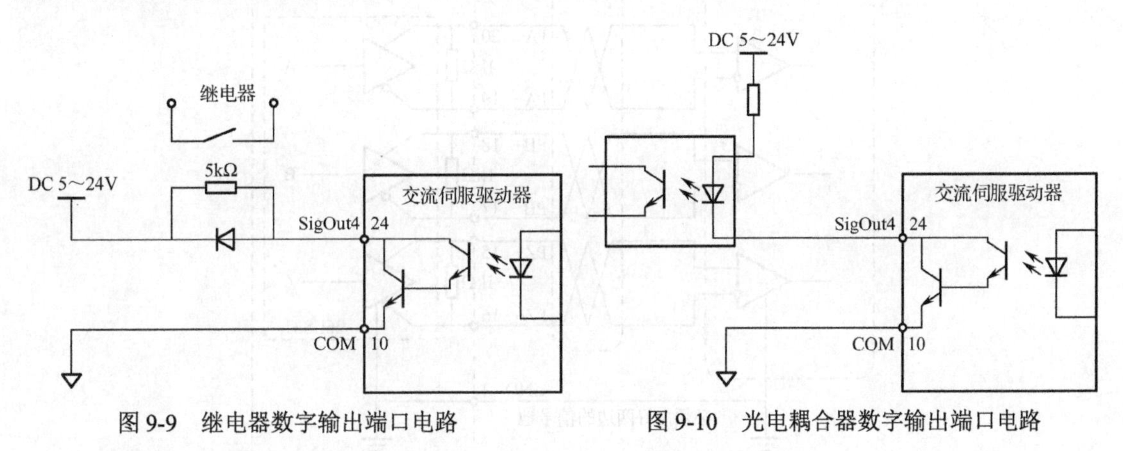

图 9-9　继电器数字输出端口电路　　图 9-10　光电耦合器数字输出端口电路

注意事项如下。

① 注意外部电源的极性，如果极性接反，可能导致伺服驱动器损坏。

② 若输出为集电极开路形式，则最大电流为 70mA，外部电源最大电压为 25V。如果超过限定要求，可能导致伺服驱动器损坏。

③ 如果负载是继电器等电感性负载，必须在负载两端反并联续流二极管。如果续流二极管接反，可能导致伺服驱动器损坏。

（3）位置脉冲指令输入端口

位置脉冲指令输入端口可使用集电极开路或者差分驱动两种接法，其中差分驱动接法不易受干扰，最大输入脉冲频率为 550kHz，集电极开路接法的最大输入脉冲频率为 200kHz。为了可靠地传递脉冲量信号，建议采用差分驱动接法。两种接法如图 9-11 所示。

注意事项如下。

① 采用集电极开路接法时，注意外部电源的极性，如果极性接反，可能导致伺服驱动器损坏。

② 采用集电极开路接法将降低动作频率。

（4）编码器信号差分驱动输出

伺服驱动器将伺服电动机编码器反馈的位置脉冲信号，经编码器分频后通过线驱动器（AM26LS31）输出到上位机控制器（PLC）的输入引脚中。接收编码器 A、B、Z 相信号可采用两种形式。

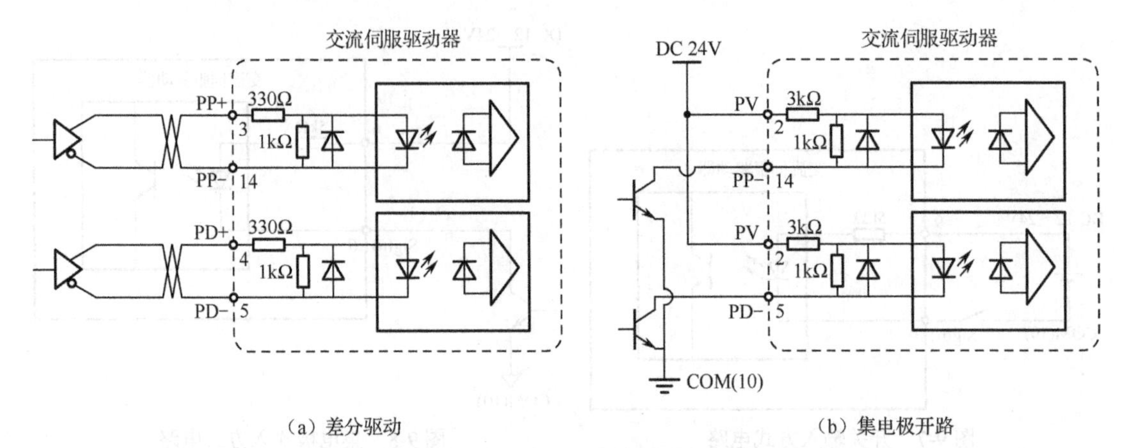

（a）差分驱动　　　（b）集电极开路

图 9-11　位置脉冲指令输入端口电路

PLC 采用长线接收器与驱动器相连的端口电路如图 9-12（a）所示。

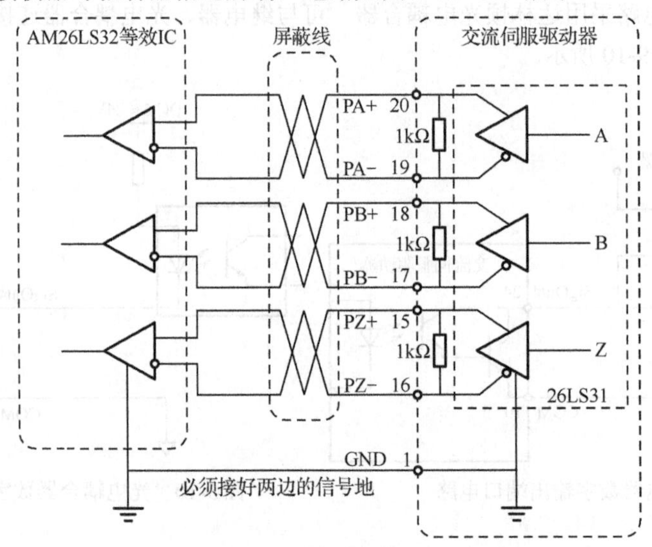

（a）PLC 采用长线接收器

（b）PLC 采用高速光耦合器

图 9-12　编码器信号差分驱动输出电路

PLC 可采用 AM26LS32 等效 IC 作为接收器，必须并联终端电阻，阻值范围为 220～470Ω。驱动器编码器的公共地（GND）必须与 PLC 的信号地相连。

PLC 采用高速光耦合器（如 6N137）接收编码器输出信号时，输入端需串联限流电阻，限流电阻 R1 的阻值约为 220Ω，具体端口电路如图 9-12（b）所示。

（5）编码器 Z 信号集电极开路输出端口

伺服驱动器将编码器 Z 信号通过三极管集电极开路形式输出到 PLC 中。由于 Z 信号脉宽较窄，PLC 采用高速光耦合器接收，编码器 Z 信号集电极开路输出电路如图 9-13 所示。

其中，VCC 最大为 30V，电路输出电流最大为 30mA。

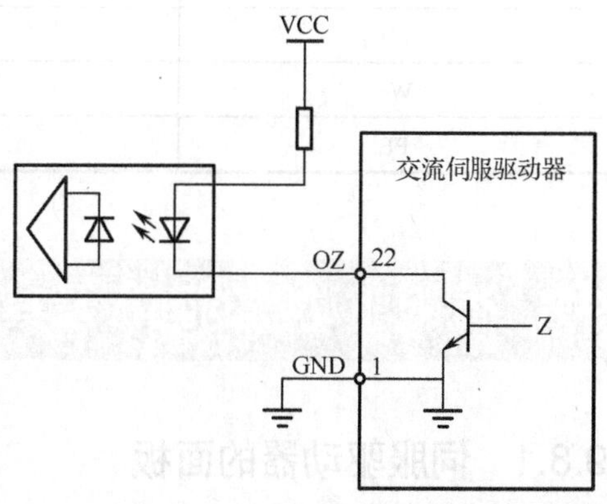

图 9-13　编码器 Z 信号集电极开路输出电路

9.7.2　CN3 编码器端口

CN3 编码器端口共有 15 个引脚，见图 9-14。

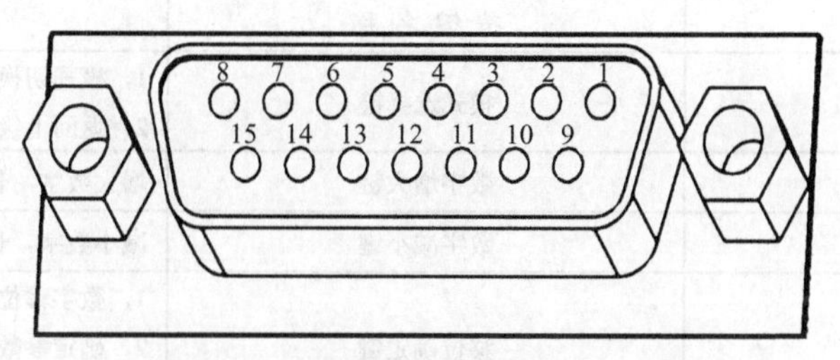

图 9-14　CN3 编码器端口的 15 个引脚

CN3 编码器端口 15 个引脚的说明见表 9-4。

表 9-4　CN3 编码器端口 15 个引脚的说明

引　脚	编　号	信 号 名 称
+5V	8	5V 电源
GND	15	电源公共地
A+	3	编码器 A 信号
A−	11	
B+	10	编码器 B 信号
B−	2	
Z+	1	编码器 Z 信号
Z−	9	
U+	6	编码器 U 信号
U−	7	
V+	5	编码器 V 信号
V−	13	

续表

引　脚	编　号	信 号 名 称
W+	12	编码器 W 信号
W-	4	
PE	14	屏蔽地

9.8 伺服驱动器的面板及其操作

9.8.1 伺服驱动器的面板

伺服驱动器面板由 5 位 LED 显示屏和 4 个按键（⩓、⩔、MOD、SET）组成，用来显示系统的各种状态和参数，4 个按键的具体介绍如表 9-5 所示。

表 9-5　面板按键说明

按　键	按 键 名 称	功　能
MOD	模式选择键	1，模式切换 2，返回上级目录
⩓	数字增大键	增大数字，长按具有重复效果
⩔	数字减小键	减小数字，长按具有重复效果
SET	移位确定键	1，数字移位 2，确定参数设定（需长按 1 秒钟） 3，结束参数设定（需长按 1 秒钟）

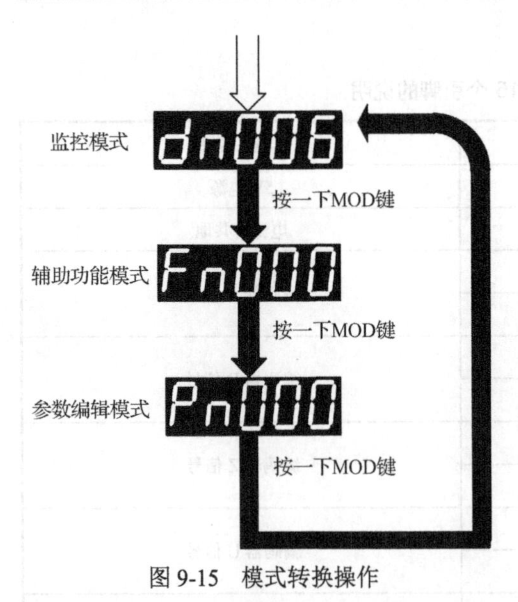

图 9-15　模式转换操作

注意：如果 LED 显示屏上的 5 个数字全部闪烁，表示报警。只有在清除报警后，伺服驱动器才能正常工作。

9.8.2 伺服驱动器的模式功能转换

伺服驱动器具有监控模式（dn）、辅助模式（Fn）和参数编辑模式（Pn）三种模式，三者之间的转换操作如图 9-15 所示。

9.8.3 伺服驱动器的监控模式操作

监控模式操作示例如图 9-16 所示，基于图 9-16 的操作，可查看 dn015 号监视参数，此时 SigOut1 引脚输出低电平，SigOut2、SigOut3、SigOut4 引脚输出高电平。

注意：SigOut 引脚功能可查看附录 B 获取。

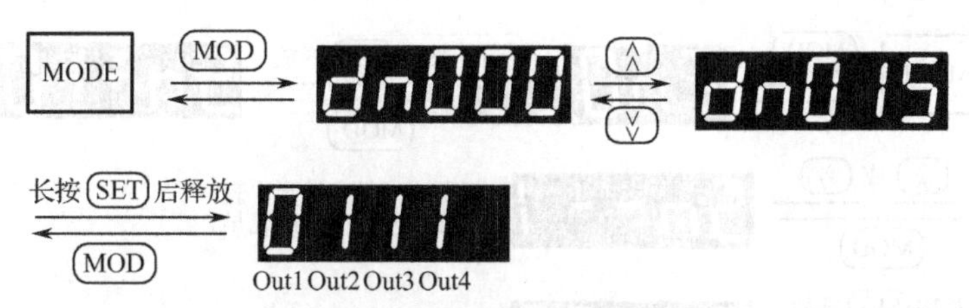

图 9-16　监控模式操作

9.8.4　伺服驱动器的辅助模式操作

伺服驱动器的辅助模式下有 13 种子模式，各子模式功能如表 9-6 所示。

表 9-6　辅助模式说明

编　号	说　明
Fn000	报警记录查询
Fn001	用户参数永久写入。若用户对 Pn000～Pn219 中的参数进行了设置，下次上电后，驱动器载入用户修改的参数时，必须执行本操作，将参数写入内部 EEPROM 芯片。执行操作后，需要 3 秒左右的时间将所有参数写入 EEPROM 中
Fn002	JOG（点动）试运行
Fn003	报警清除。对当前检出的报警进行清除
Fn004	参数初始化。根据 Pn000 的设置情况，将参数表中 Pn000～Pn219 参数恢复为出厂默认值
Fn005	位置偏差清零
Fn006	SigOut 引脚强制输出，强制状态仅在此操作下有效 0：SigOut 所有引脚取消强制状态 1：SigOut 所有引脚强制输出高电平 2：SigOut 所有引脚强制输出低电平
Fn007	模拟转矩指令电压校正
Fn008	模拟速度指令电压校正
Fn009	母线电压校正
Fn010	温度校正
Fn011	报警记录初始化
Fn012	编码器调零

1. Fn000：报警记录查询

伺服驱动器一旦发生错误，便不会运行，这时可通过辅助模式获取报警信息，以便查明问题。具体操作步骤如图 9-17 所示。

注意：获取报警信息后，可查看附录 D 排除报警。

2. Fn001：用户参数永久写入

用户参数永久写入的操作步骤如图 9-18 所示。

说明 1：若最后 LED 显示屏显示 Err，则驱动器内部可能正在执行写数据操作，需要等待几秒再尝试。

说明 2：必须等到写完成后再断电，否则驱动器重新上电后，可能导致存储芯片 EEPROM 中的内容被破坏（报警信息显示 AL-01）。

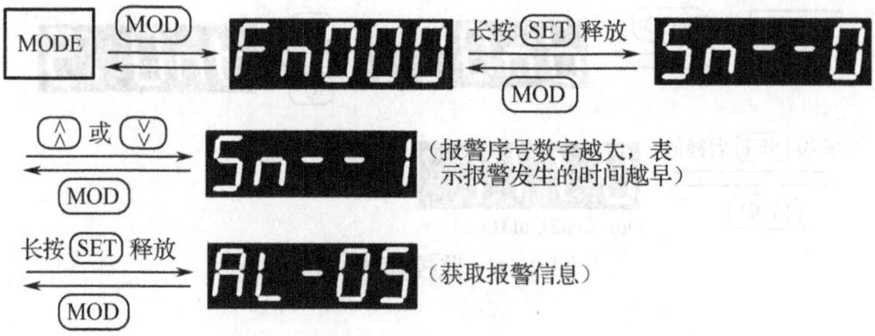

MODE
MOD
Fn000
长按SET释放
Sn--0
MOD
∧或∨
Sn--1
（报警序号数字越大，表示报警发生的时间越早）
MOD
长按SET释放
AL-05
（获取报警信息）
MOD

图 9-17 报警记录查询

MODE
MOD
Fn000
∧
∨
Fn001
长按SET释放
MOD
EEP
长按SET释放
MOD
开始写
Go
写完成
donE
写操作失败
Err

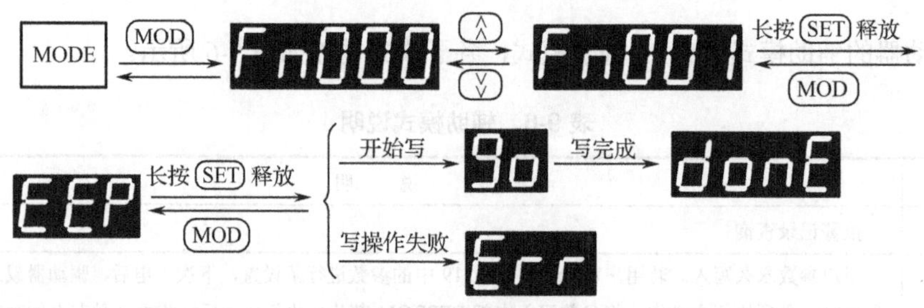

图 9-18 用户参数永久写入

3．Fn002：JOG试运行

进入Fn002后，长按SET键释放，可对JOG运行模式进行选择，包括点动模式（0）、调速模式（1）、退出调速模式（2）。

（1）0：点动模式

点动模式操作如图9-19所示。

MODE
MOD
Fn000
∧
∨
Fn002
长按SET释放
MODE
JoG_0
长按SET释放
MOD
JoG--
按住∧
JoG-P
（电动机逆时针旋转）
按住∧或∨
JoG-E
（电动机静止不通电，操作失败）
按住∨
JoG-n
（电动机顺时针旋转）

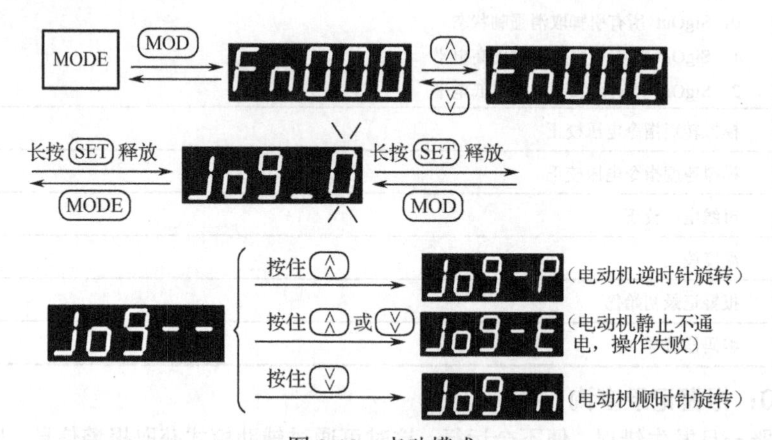

图 9-19 点动模式

进入点动模式后，按住∧或∨键可控制电动机正反转，松开按键，电动机停止，JOG运行速度说明见表9-7。

表 9-7 JOG运行速度说明

参 数	名 称	取 值 范 围	默 认 值	设 定 说 明
Pn177	JOG运行速度	0～5000（r/min）	200（r/min）	设定JOG运行速度
Pn178	JOG加速时间	5～1000（ms）	100（ms）	减少加速冲击
Pn179	JOG减速时间	5～1000（ms）	100（ms）	减少减速冲击

（2）1：调速模式

进入调速模式后，可以改变电动机的运行速度，操作步骤见图 9-20。

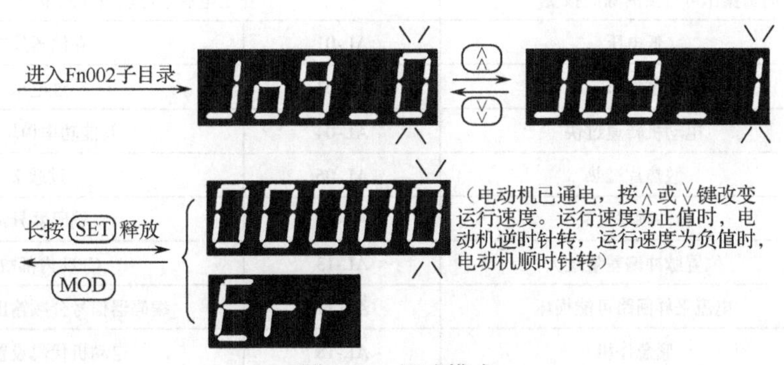

图 9-20　调速模式

在电动机运行过程中，可进行其他菜单操作。若要使电动机停止转动，需要进入退出调速模式。

（3）2：退出调速模式

修改电动机运行速度后，便可进入退出调速模式，操作步骤见图 9-21。

图 9-21　退出调速模式

说明：若 LED 显示屏上显示 Jog-E 或 Err，则可能的原因如下。

① 电动机已处于使能或旋转状态。在 JOG 试运行操作前，电动机须处于非工作状态，在 JOG 试运行时，伺服驱动器 CN2 控制端口不能接上位机控制线。

② 伺服驱动器发生报警，且报警未清除时，需要执行报警清除操作。由于在 JOG 试运行操作前，CN2 控制端口没有接上位机控制线，伺服驱动器接收到的编码器的反馈信号无法传送给上位机，所以显示报警信息 AL-99，不影响 JOG 的正常运行。

4．Fn003：报警清除

当解决报警相关问题后，需要对伺服驱动器内部的报警信息进行清除，操作步骤见图 9-22。

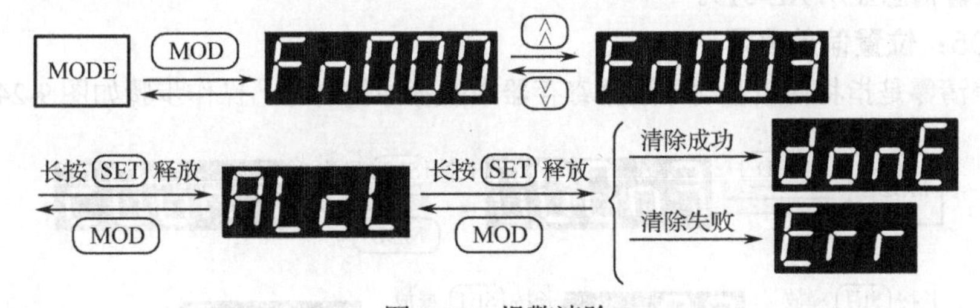

图 9-22　报警清除

说明：若在执行报警清除操作后，LED 显示屏仍显示 Err，则检出的报警只有在上电后才可清除，报警清除说明见表 9-8。

表 9-8　报警清除说明

通过报警清除操作可直接清除的报警		在上电后才可以清除的报警	
AL-02	低电压	AL-01	存储器异常
AL-05	过载 1	AL-03	过电压
AL-07	电动机转速过快	AL-04	智能功率模块异常
AL-08	散热片过热	AL-06	过载 2
AL-10	脉冲频率过高	AL-09	编码器异常
AL-11	位置脉冲偏差量过大	AL-13	CPU 内部故障
AL-12	电流采样回路可能损坏	AL-17	编码器信号分频输出设置异常
AL-14	紧急停机	AL-18	电动机代码设置不当
AL-15	驱动禁止异常	AL-20	功能端口重复设置
AL-16	制动平均功率过载	AL-21	存储器内容完全被破坏
AL-19	功率模块过热		

表 9-8 列出的报警内容相应的解决方法见附录 D。

5．Fn004：参数初始化

若伺服驱动器内部的参数设置混乱，可执行参数初始化操作，让其恢复到出厂设置状态，操作步骤如图 9-23 所示。

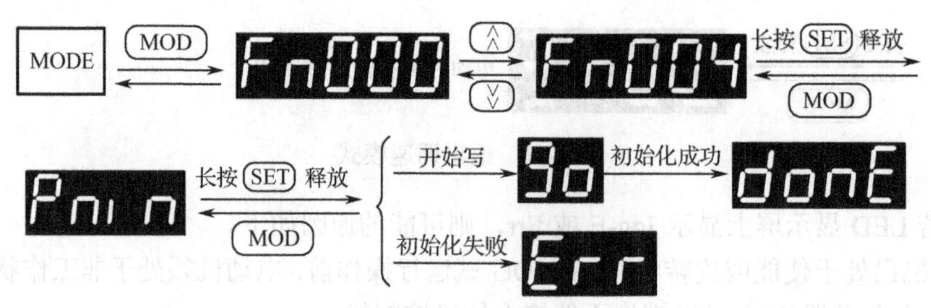

图 9-23　参数初始化

说明：若最后 LED 显示屏显示 Err，则可能的原因如下。

① 驱动器正在执行写操作。

② 参数 Pn000 没有开放参数初始化功能。

注意：必须等到写操作完成后再断电，否则重新开机后，可能导致存储芯片 EEPROM 中的内容被破坏（报警信息显示 AL-01）。

6．Fn005：位置偏差清零

位置偏差清零是指将伺服驱动器数据寄存器中的脉冲值清零，操作步骤如图 9-24 所示。

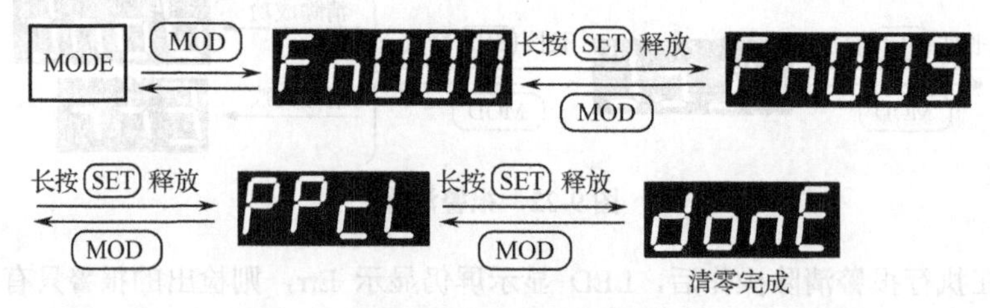

图 9-24　位置偏差清零

7. Fn006：SigOut 引脚强制输出

将伺服驱动器的 SigOut 引脚强制置位，操作步骤如图 9-25 所示。

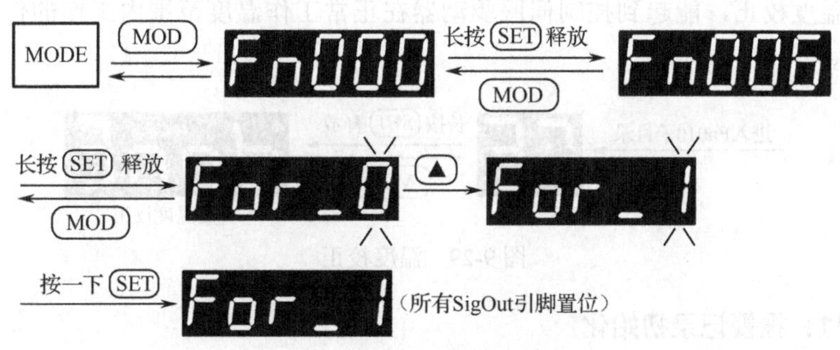

图 9-25　SigOut 引脚强制输出

8. Fn007：模拟转矩指令电压校正

伺服驱动器的控制模式为转矩控制时将用到该操作，操作步骤如图 9-26 所示。

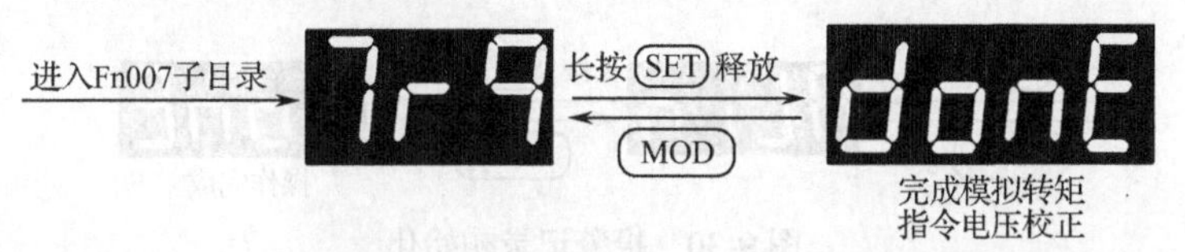

图 9-26　模拟转矩指令电压校正

说明：在进行校正操作前，先将 CN2 控制端口的模拟电压输入引脚 Vref（25 脚）接入参考零电压。

9. Fn008：模拟速度指令电压校正

伺服驱动器的控制模式为速度控制时将用到该操作，操作步骤如图 9.27 所示。

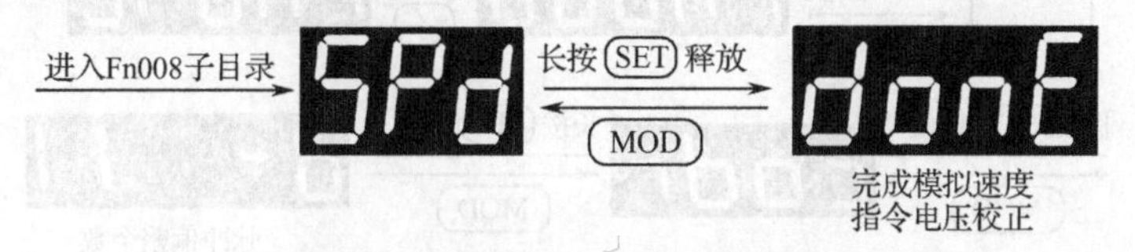

图 9-27　模拟速度指令电压校正

说明：在进行校正操作前，先将 CN2 控制端口的模拟电压输入引脚 Vref（25 脚）接入参考零电压。

10. Fn009：母线电压校正

用于防止因母线电压过大而损坏伺服驱动器，操作步骤如图 9-28 所示。

图 9-28　母线电压校正

说明：在进行校正时，必须接入控制电源和动力电源，并测量伺服驱动器输入的交流电压。

11．Fn010：温度校正

由于伺服驱动器内部有热保护功能，故温度过高时，热保护功能开启，同时伺服电动机断电。所以进行温度校正，能起到控制伺服驱动器在正常工作温度范围内工作的作用，操作步骤如图9-29所示。

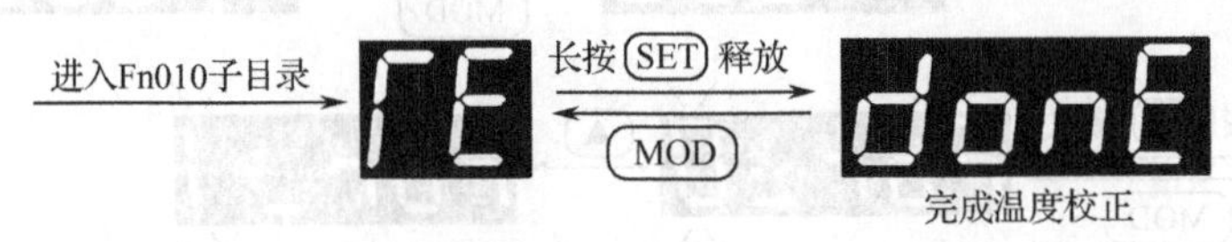

图9-29　温度校正

12．Fn011：报警记录初始化

对于新的伺服驱动器，需要进行报警记录初始化操作，操作步骤如图9-30所示。

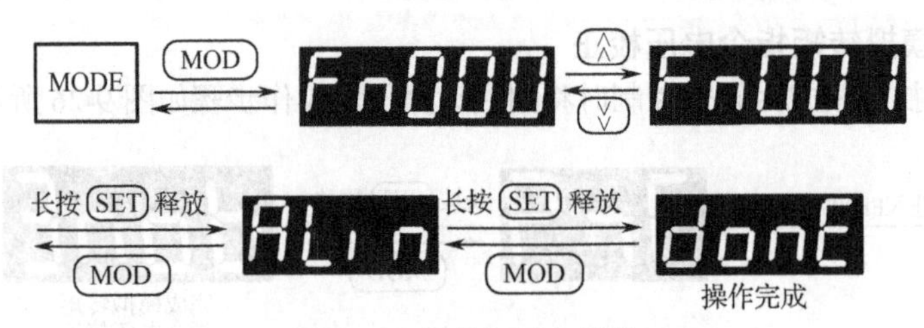

图9-30　报警记录初始化

13．Fn012：编码器调零

编码器在使用一段时间后，其计数或多或少都会存在误差，这时可进行编码器调零操作，操作步骤如图9-31所示。

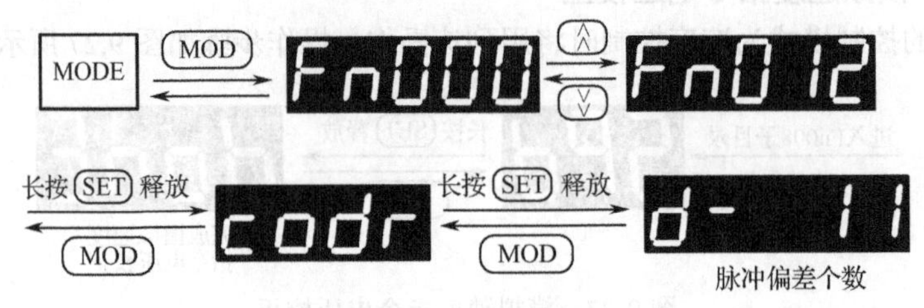

图9-31　编码器调零

在进行调零操作前，要确认编号Pn001的设置值与实际电动机型号一致，否则可能导致电动机电流过大，损坏电动机。本书使用的电动机型号是80st_m02430（更多型号信息可查看附录A），需要将Pn001值设置为4。调零时，不需要在内部或外部使能电动机，电动机将正转几圈，然后锁定零位。当显示的脉冲偏差个数小于10时，可视为电动机已对准零位。

说明：若电动机发热严重，须冷却一段时间。

9.8.5　伺服驱动器的参数编辑模式操作

伺服驱动器内部设置有各种参数（参考附录E），借助这些参数可以调整或设定驱动器的功能，下面给出两个示例和具体操作步骤。

示例一：选择Pn011参数，操作步骤如图9-32所示。

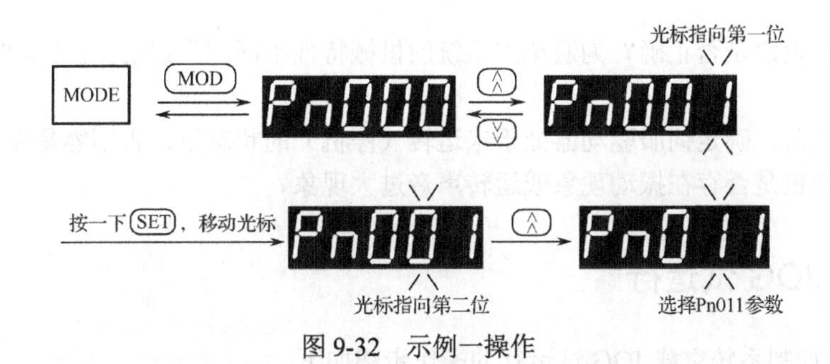

图 9-32　示例一操作

示例二：把 Pn025 参数的当前值由 100 改成 200，操作步骤如图 9-33 所示。

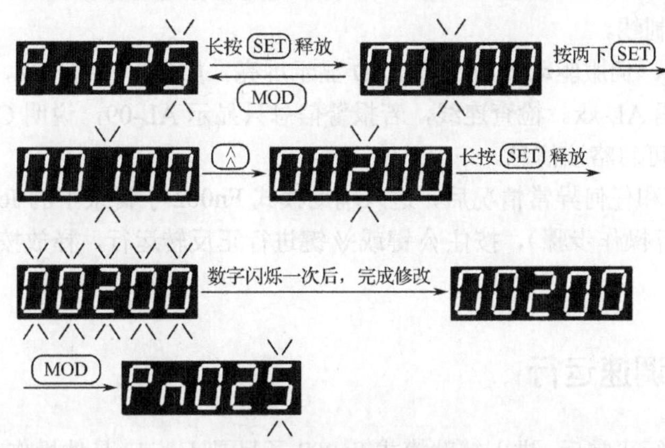

图 9-33　示例二操作

说明：

① Pn025 参数修改后，若没有进行保存操作（执行 Fn001 永久写入），下次上电后，Pn025 参数仍为 100。

② 参数编辑完成后，等待 5 秒后再断电。

9.9　伺服电动机控制系统的运行

9.9.1　空载调试

空载调试的主要目的是避免伺服驱动器与伺服电动机工作不正常，导致对伺服驱动器或者机械部件造成损害。注意，电动机轴心不能接任何负载，避免电动机旋转时负载飞脱，造成人员伤害或设备损坏。

在电动机空载调试前（未接入电源），先检查以下几项。

① 电源端接线是否正确？输入电压是否正确？

② 电源线、电动机线有无短路或接地？

③ 编码器接线是否正确？

④ 驱动单元和电动机是否已固定牢固？

⑤ 电动机轴是否未连接负载？

⑥ 驱动器内部是否存在异物？如导电性、可燃性物体等。

在空载调试时，应仔细检查以下事项。

① 电源指示灯与 LED 显示是否有异常？

② 各项参数设定是否正确？为避免因系统的机械特性不同产生误动作，不要对参数进行极端设定。

③ 参数设定时，确定伺服驱动器处于未运转（停机）的状态下，否则容易发生故障。

④ 伺服电动机是否存在振动现象或运转声音过大现象？

9.9.2 空载 JOG 试运行

伺服电动机控制系统空载 JOG 试运行的操作步骤如下。

① 伺服使能 OFF，即内部使能（Pn003=0）或外部接线控制使能处于 OFF 状态，要求 CN2 控制端口不接 PLC 控制线。

② 接通电路电源，伺服驱动器的 5 位 LED 显示屏亮，如果有报警出现，则 5 个数字会一直闪烁，且显示报警代码 AL-xx。检查连线，若报警信息只显示 AL-09，说明 CN2 控制端口没有连接 PLC 控制线，此时可忽略该信息。

③ 确认没有报警和任何异常情况后，进入辅助模式 Fn002 子目录下的 Jog_0（具体操作与参数设置见 Fn002 试运行操作步骤），按住 ⩓ 键或 ⩔ 键进行正反转运行，释放按键，电动机减速后，不再通电。

9.9.3 空载按键调速运行

在空载 JOG 试运行正常后，进入辅助模式 Fn002 子目录 Jog_1（具体操作与参数设置见 Fn002 试运行操作步骤）。进入 Jog_1 的下层目录后，LED 显示屏显示 0（单位：r/min）且电动机已通电，按 ⩓ 键或 ⩔ 键，输入电动机的运行速度，电动机将按此速度运行。

9.10 伺服电动机控制系统实例

9.10.1 位置控制

位置控制主要应用于需要精密定位的场合，位置控制结构图如图 9-34 所示。

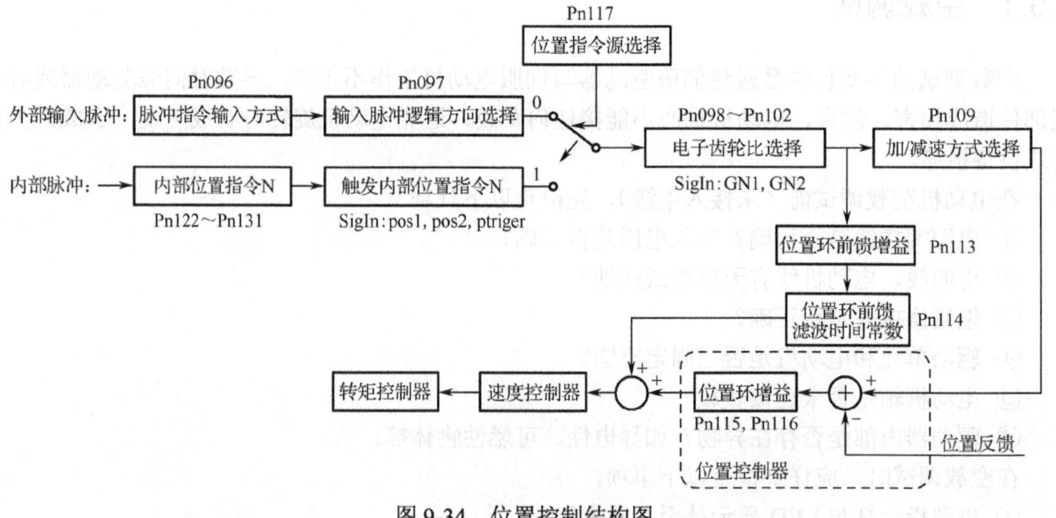

图 9-34 位置控制结构图

1. 脉冲指令输入方式和输入脉冲逻辑方向选择

伺服电动机控制系统的脉冲指令输入方式有 3 种：脉冲+方向、正转/反转脉冲、正交脉冲。由参数 Pn096 来选择相应的脉冲指令输入方式；参数 Pn097 可用于更改输入脉冲逻辑方向；参数 Pn096、Pn097 说明如表 9-9 所示。

表 9-9　参数 Pn096、Pn097 说明

编　号	名　称	取 值 范 围	默 认 值
Pn096	脉冲指令输入方式	0～2	0
Pn097	输入脉冲逻辑方向选择	0～1	0

3 种脉冲指令输入方式说明如表 9-10 所示。

表 9-10　3 种脉冲指令输入方式说明

Pn096	方　式	图　示
0	脉冲+方向	PP+ PP− PD+ PD− L H
1	正转/反转脉冲	PP+ PP− L PD+ PD− L
2	正交脉冲	PP+ PP− PD+ PD−

将 Pn097 设置为 0 时，输入正电压，电动机逆时针（ccw）旋转；将 Pn097 设置为 1 时，输入正电压，电动机顺时针（cw）旋转。

2. 位置指令源选择

用参数 Pn117 来设置位置指令源，参数说明如表 9-11 所示。

表 9-11　参数 Pn117 说明

编　号	名　称	取 值 范 围	默 认 值
Pn117	位置指令源选择	0～3	0

将 Pn117 设置为 0 时，外部脉冲输入；将 Pn117 设置为 1 时，内部位置指令输入（详见附录 F）；将 Pn117 设置为 2 时，指令源由 SigIn 确定。将 Pn117 设置为 3 时，运动控制指令输入。

3. 电子齿轮比选择

（1）电子齿轮比

在生活中，我们知道，山地车的前轮转速是不变的，后轮转速是可以改变的，行驶时对挡位的切换，实际上就是切换后轮的不同齿轮进行传动（设置齿轮比），从而使车轮得到不同的转速。而电子齿轮比就是用电路模仿实际的齿轮传动，是一种虚拟齿轮传动，且可以实现无级调速。所以伺服电动机的电子齿轮比就是伺服电动机接收到 PLC 发送的脉冲频率放大或缩小的倍数，通过参数 Pn098～Pn102 设置，参数说明如表 9-12 所示。

表 9-12　电子齿轮比说明

编　号	名　称	取 值 范 围	默 认 值
Pn098	电子齿轮比之分子 1	1～32767	1
Pn099	电子齿轮比之分子 2	1～32767	1
Pn100	电子齿轮比之分子 3	1～32767	1
Pn101	电子齿轮比之分子 4	1～32767	1
Pn102	电子齿轮比之分母	1～32767	1

电子齿轮比之分子 N 由输入引脚 SigIn 的 GN1、GN2 决定。分母是固定的，分子选择如表 9-13 所示。

表 9-13　电子齿轮比分子选择

GN1	GN2	电子齿轮比分子
OFF	OFF	分子 1
ON	OFF	分子 2
OFF	ON	分子 3
ON	ON	分子 4

（2）指令单位

指令单位是指负载移动距离或角度的最小单位，即精度。常用的指令单位有 0.01mm、0.001mm、0.1° 等。根据指令单位，可求负载轴旋转一圈的负载移动量。

（3）电子齿轮比计算

伺服电动机有两种运转方式，一种是无任何负载轴连接的运转方式，有：

电子齿轮比=电动机额定转速×编码器分辨率÷输入频率

另一种是与负载轴有连接的运转方式，如与滚珠丝杆、圆台转动轴有连接等，这时电动机轴旋转 m 圈，负载轴旋转 n 圈，两者的减速比为 m/n，则：

电子齿轮比=编码器单圈脉冲数÷指令单位× m/n

示例一：三菱 FX1S 系列 PLC 输入伺服电动机的频率为 100kHz，电动机尾部接的是增量式编码器，分辨率为 10000p/r，即电动机旋转一圈编码器计 10000 个脉冲，电动机额定转速为 3000r/min，空载运行，则：

电子齿轮比=3000÷6×10000÷100000=5

此时伺服驱动器的电子齿轮比参数为：Pn098=5，Pn102=1。将电子齿轮比设置为 5/1 后，可知原电动机旋转一圈需要 PLC 发送 10000 个脉冲，现电动机旋转一圈需要 PLC 发送 2000 个脉冲。

示例二：基于示例一，在电动机轴上安装滚珠丝杆，减速比为 1，指令单位为 0.001mm，滚珠丝杆节距为 6mm（两个相邻螺纹轮款线上对应点之间的距离），也就是滚珠丝杆旋转一圈的移动量，则：

指令单位=6mm÷0.001mm=6000

电子齿轮比=10000/6000=5/3

此时伺服驱动器的电子齿轮比参数为：Pn098=5，Pn102=3。

示例三：基于示例二，这时电动机轴上安装的是圆台转动轴，减速比为 100，即电动机轴旋转 100 圈，负载轴才旋转 1 圈，指令单位为 0.01°，则：

指令单位=360° ÷ 0.01° =3600

电子齿轮比=10000÷36000×100=250/9

此时伺服驱动器的电子齿轮比参数为：Pn098=250，Pn102=9。

若不采用外部端口使能电动机的方法，可设置参数 Pn003=1，即采用内部自动使能电动机的方法。

4. 加/减速方式选择

当伺服驱动器无加/减速功能、电子齿轮比设定得较大、系统负载惯量较大或指令频率较小时，脉冲频率变化不稳定，位置指令易丢失。加入平滑滤波器对运动指令脉冲进行平滑处理，实现加/减速功能，可解决上述问题，但会存在指令延迟现象。加/减速方式由参数 Pn109 设置，参数说明如表 9-14 所示。

表 9-14　Pn109 参数说明

编　号	名　称	取值范围	默认值
Pn109	加/减速方式选择	0～2	1

将 Pn109 设置为 0 时，表示不使用平滑滤波器；将 Pn109 设置为 1 时，表示使用一次平滑滤波器；将 Pn109 设置为 2 时，表示使用 S 形滤波器。滤波前后位置脉冲信号的频率变化如图 9-35 所示。

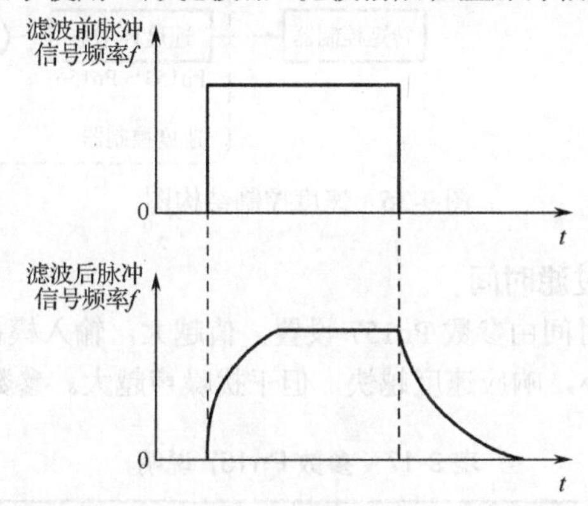

图 9-35　滤波前后位置脉冲信号频率变化

5. 位置环前馈增益和位置环前馈滤波时间常数

进行位置控制时，将位置环前馈直接加于速度上，可以减少位置的跟踪误差。如果位置环前馈增益过大，可能导致速度过冲。位置环前馈增益由参数 Pn113 设置，位置环前馈过滤时间常数由参数 Pn114 设置，参数说明如表 9-15 所示。

表 9-15　Pn113、Pn114 参数说明

编　号	名　称	取值范围	默认值	单　位
Pn113	位置环前馈增益	0～100	0	%
Pn114	位置环前馈过滤时间常数	1～50	5	ms

6. 位置环增益

在机械系统不产生振动或噪声的前提下，增加位置环比例增益，可加快系统的反应速度，缩短定位时间。位置环比例增益由参数 Pn115 和 Pn116 设置，参数说明如表 9-16 所示。

表 9-16　Pn115、Pn116 参数说明

编　号	名　称	取值范围	默认值	单　位
Pn115	位置环比例增益 1	5～2000	100	%
Pn116	位置环比例增益 2	5～2000	100	%

9.10.2 速度控制

在速度控制模式下，伺服驱动器相当于一个变频器，能够用模拟量对伺服电动机的运行速度进行控制，其控制结构图如图9-36所示。

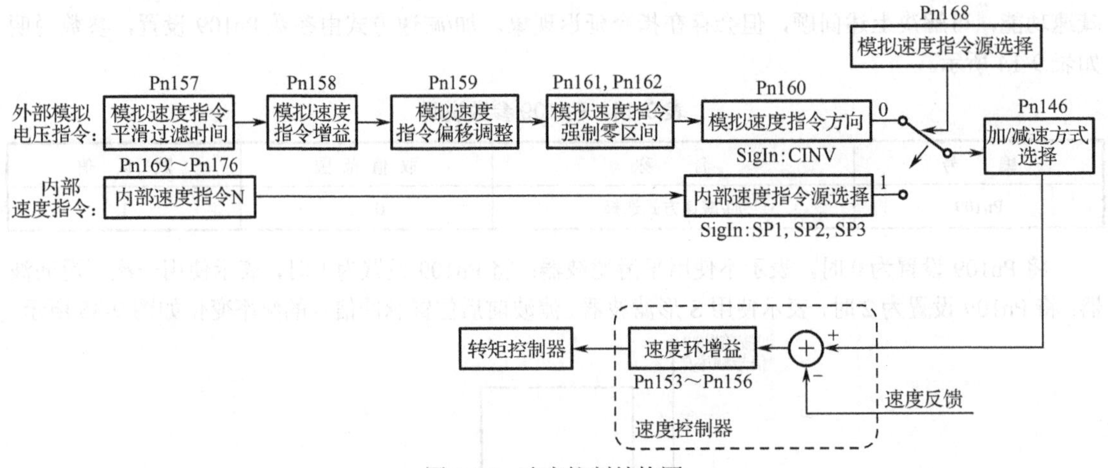

图9-36 速度控制结构图

1. 模拟速度指令平滑过滤时间

模拟速度指令平滑过滤时间由参数Pn157设置，值越大，输入模拟量的响应速度越慢，有利于减少高频噪声干扰；值越小，响应速度越快，但干扰噪声越大。参数说明如表9-17所示。

表9-17 参数Pn157说明

编号	名称	取值范围	默认值	单位
Pn157	模拟速度指令平滑过滤时间	1~500	1	0.1ms

2. 模拟速度指令增益

模拟速度指令电压与额定转速之间的比例关系如图9-37所示。电压输入范围为-10～10V。计算公式：

$$额定转速=输入电压\times Pn158$$

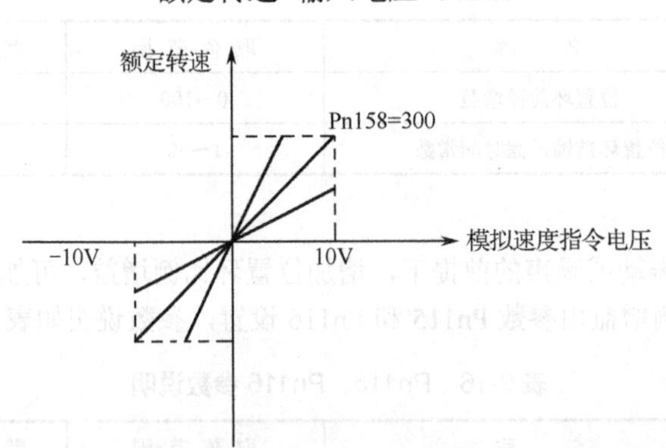

图9-37 模拟速度指令电压与额定转速之间的比例关系

例如，当输入电压为10V时，若设置Pn158为300，则相应的额定转速为10×300=3000r/min。

参数说明如表 9-18 所示。

表 9-18　参数 Pn158 说明

编　号	名　称	取 值 范 围	默 认 值	单　位
Pn158	模拟速度指令增益	1～1500	300	r/min

3. 模拟速度指令偏移调整

输入的模拟量可能存在偏移现象，此时可以通过对参数 Pn159 的设置进行补偿，偏移调整效果图如图 9-38 所示。参数说明如表 9-19 所示。

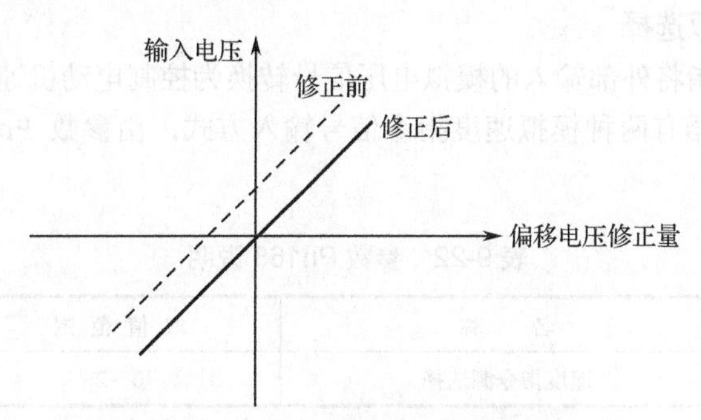

图 9-38　模拟速度指令偏移调整效果图

表 9-19　参数 Pn159 说明

编　号	名　称	取 值 范 围	单　位
Pn159	模拟速度指令偏移调整	-5000～5000	mV

手动调整偏移，步骤如下：

① 将外部 0 点位接入模拟量输入端；

② 设置参数 Pn159 为 0，观察监视模式中 dn17（电动机使能时，监控模拟速度指令电压）显示的值；

③ 若观察值不为 0，输入负的观察值到参数 Pn159 中，即可实现调整（注意电压单位转换）。

例如，dn17=1.12（V），将参数 Pn159 设置为-1120（mV）即可。

4. 模拟速度指令强制零区间

当输入电压位于下限与上限之间时，速度指令强制为 0，如图 9-39 所示。此时的输入电压是经过 Pn159 偏移调整后的输入电压。通过上、下限的设置，可使速度指令变为单极性、双极性指令。例如，设置上限为 0V，下限为-1000V，则相当于输入电压范围为 0～10V，该指令为正极性速度指令。参数说明如表 9-20 所示。

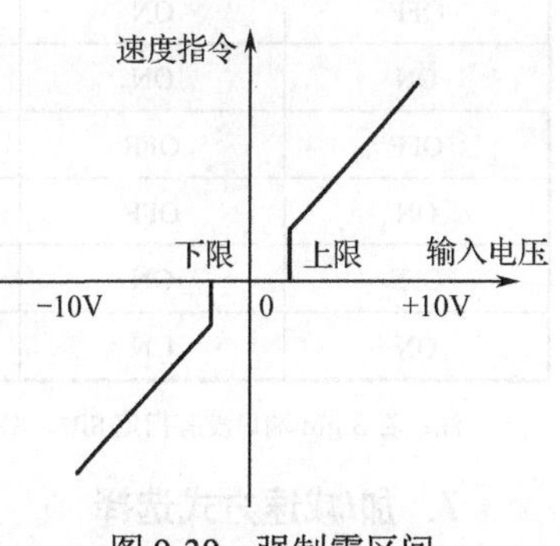

图 9-39　强制零区间

表 9-20　参数 Pn161、Pn162 说明

编　号	名　称	取 值 范 围	默 认 值	单　位
Pn161	强制零区间上限	0～1000	0	10mV
Pn162	强制零区间下限	-1000～0	0	10mV

5. 模拟速度指令方向

模拟速度指令方向由参数 Pn160 设置，参数说明如表 9-21 所示。

表 9-21　参数 Pn160 说明

编　号	名　称	取值范围	默认值
Pn160	模拟速度指令方向	0~1	0

参数 Pn160 为 0 时，输入正电压，电动机正转（ccw），输入负电压，电动机反转（cw）；

参数 Pn160 为 1 时，输入负电压，电动机正转（ccw），输入正电压，电动机反转（cw）。

6. 模拟速度指令源选择

模拟速度指令源是指将外部输入的模拟电压信号转换为控制电动机速度的指令信号的一种指令产生方式。伺服驱动器有两种模拟速度指令信号输入方式，由参数 Pn168 设置，参数说明如表 9-22 所示。

表 9-22　参数 Pn168 说明

编　号	名　称	取值范围	默认值
Pn168	速度指令源选择	0~2	0

参数 Pn168 为 0 时，信号来自外部模拟速度指令＋内部速度指令（由参数 Pn170~Pn176 设置，如何选择由输入引脚 SigIn 的 SP1、SP2、SP3 决定，见表 9-23）；

参数 Pn168 为 1 时，信号来自内部速度指令（由参数 Pn169~Pn176 设置，具体设置见表 9-23）。

参数 Pn168 为 2 时，信号来自运动控制器模拟电压指令。

表 9-23　内部速度指令源设置

SP1	SP2	SP3	内部速度指令源
OFF	OFF	OFF	内部速度 1（Pn169）/外部模拟速度指令（Pn168）
ON	OFF	OFF	内部速度 2（Pn170）
OFF	ON	OFF	内部速度 3（Pn171）
ON	ON	OFF	内部速度 4（Pn172）
OFF	OFF	ON	内部速度 5（Pn173）
ON	OFF	ON	内部速度 6（Pn174）
OFF	ON	ON	内部速度 7（Pn175）
ON	ON	ON	内部速度 8（Pn176）

注：若 SigIn 端口没有指定 SP1，SP2，SP1，则默认是 OFF。

7. 加/减速方式选择

速度指令加/减速方式与位置指令加/减速方式是一样的，不同的是，速度指令加/减速方式选择由参数 Pn146 设置。参数说明如表 9-24 所示。

表 9-24　参数 Pn146 说明

编　号	名　称	取值范围	默认值
Pn146	加/减速方式选择	0~2	1

参数 Pn146 为 0 时，不使用加/减速功能；参数 Pn146 为 1 时，使用 S 曲线加/减速功能；参数 Pn146 为 2 时，使用直线加/减速功能。在速度控制模式下有外部位置环时，此参数须为 0。

当选择 S 曲线加/减速功能时，可以设置速度指令的加/减速时间，以平滑地对伺服电动机进行启动和停止控制，参数说明如表 9-25 所示。

表 9-25　速度指令的加/减速时间设置

编　号	名　称	取值范围	默认值	单　位
Pn147	加/减速时间	5～1500	80	ms
Pn148	加速时间	5～10000	80	ms
Pn149	减速时间	5～10000	80	ms

加速时间：由 0r/min 起加速到额定转速的时间。例如，若伺服电动机的额定转速为 3000r/min，设置加速时间为 3s，则由 0r/min 加速至 1000r/min 的时间为 1s。

减速时间：由额定转速减速至 0r/min 的时间。

加/减速时间（T_s）如图 9-40 所示。

当选择直线加/减速功能时，加速时间被定义为从 0r/min 上升到额定转速的时间，减速时间被定义为从额定转速减至 0r/min 的时间，如图 9-41 所示。参数说明如表 9-26 所示。

参数越大，检测到的速度越平滑，但速度响应越慢。参数太大，容易导致振荡，参数太小，可能导致噪声。

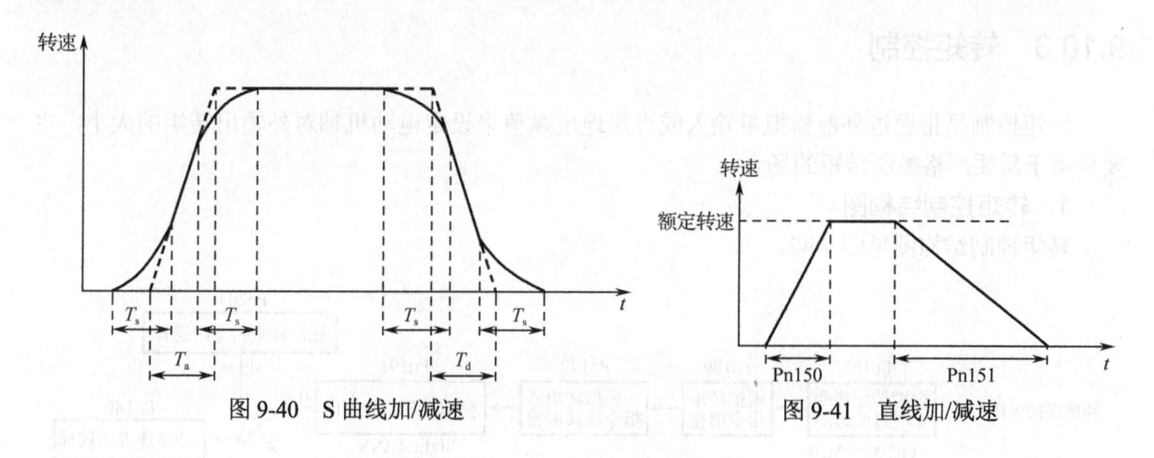

图 9-40　S 曲线加/减速　　图 9-41　直线加/减速

表 9-26　直线加/减速时间设置

编　号	名　称	取值范围	默认值	单　位
Pn150	加速时间	5～30000	80	ms
Pn151	减速时间	5～30000	80	ms

8．速度环增益

速度环增益直接决定速度控制回路的响应频宽，这个响应频宽表示的是伺服驱动器追随命令快速变化的能力。积分时间常数用来调整稳态误差的补偿速度，减小参数值，能减小速度控制误差，增强刚性，加强电动机轴抗外界力矩干扰的能力。参数说明如表 9-27 所示。

表 9-27 速度环增益说明

编 号	名 称	取值范围	默认值	单 位
Pn153	速度环比例增益 1	5～2000	100	%
Pn154	速度环积分时间常数 1	5～2000	100	%
Pn155	速度环比例增益 2	5～2000	100	%
Pn156	速度环积分时间常数 2	5～2000	100	%

速度环比例增益调整步骤如下。

① 将速度环积分时间常数设定为较大值。

② 在不产生振动和噪声的情况下，增大速度环比例增益，若发生振动，则可适当减小。

③ 在不产生振动和噪声的情况下，减小速度环积分时间常数，若发生振动，则可适当增大。

④ 若机械系统发生共振，无法得到系统的响应特性，则可调整滤波常数；抑制共振之后，重复上述步骤，可得到较好的速度和位置响应特性。

9．速度控制举例

采用内部速度控制方式，伺服驱动器内部使能，电动机顺时针旋转，转速为 6000r/min，采用 S 曲线加/减速方式，T_s=10ms，T_a=30ms，T_d=100ms，则需设置参数如下：

Pn002=1，Pn003=1，Pn146=1，Pn147=10，Pn148=30，Pn149=100，Pn168=1，Pn169=–600。

9.10.3 转矩控制

转矩控制是指通过外部模拟量输入或直接地址赋值来设定电动机轴对外输出转矩的大小，主要应用于需要严格控制转矩的场合。

1．转矩控制结构图

转矩控制结构图见图 9-42。

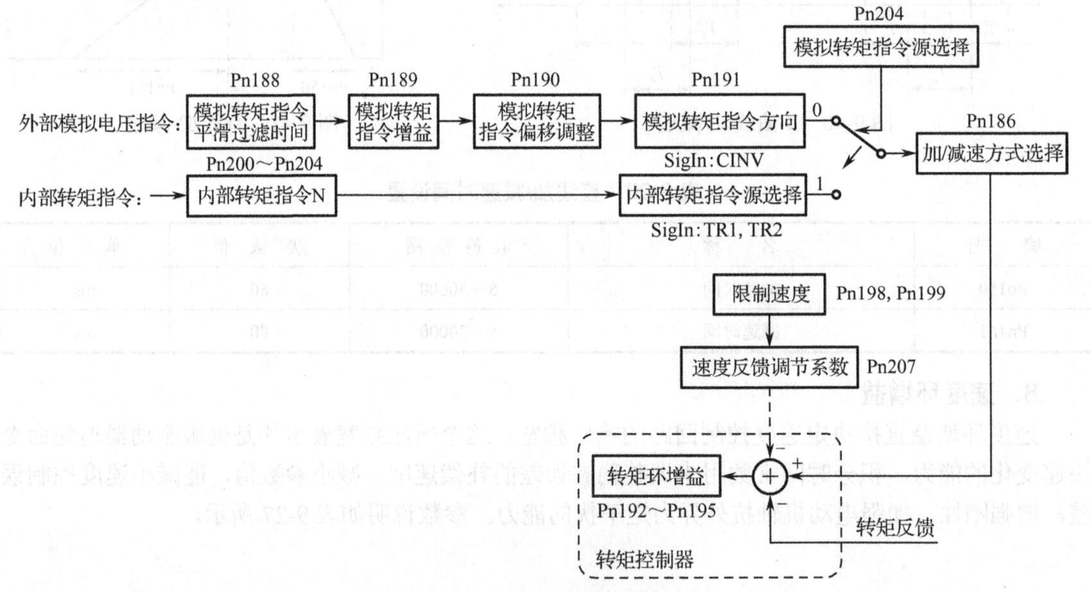

图 9-42 转矩控制结构图

2．模拟转矩指令平滑过滤时间

模拟转矩指令平滑过滤时间由参数 Pn188 设置，设置值越大，输入模拟量响应速度越慢，有利于减少高频噪声干扰；设置值越小，输入模拟量响应速度越快，但干扰噪声会变大。参数说明如表 9-28 所示。

表 9-28 参数 Pn188 说明

编 号	名 称	取值范围	默认值	单 位
Pn188	模拟转矩指令平滑过滤时间	1～500	5	0.1ms

3．模拟转矩指令增益

模拟转矩指令输入与电动机实际输入电压之间的比例关系如图 9-43 所示。输入电压的范围为 -10～10V，默认输入电压为 10V，电动机达到 3 倍频额定转矩，即 K=30。

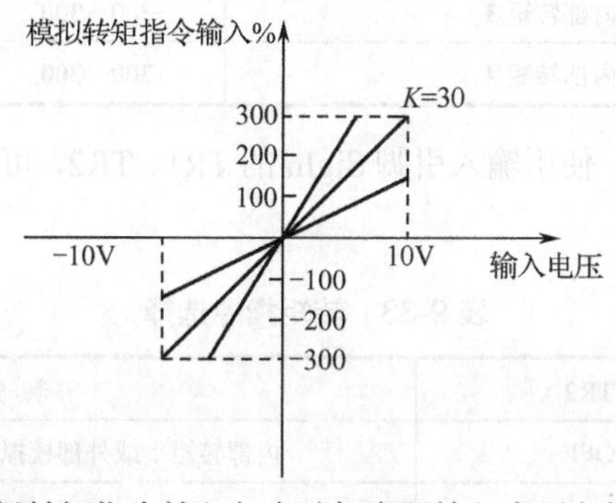

图 9-43 模拟转矩指令输入与电动机实际输入电压之间的比例关系

4．模拟转矩指令偏移调整

模拟转矩指令偏移调整由参数 Pn190 设置，参数说明如表 9-29 所示。

表 9-29 参数 Pn190 说明

编 号	名 称	取值范围	默认值	单 位
Pn190	模拟转矩指令偏移调整	-1500～1500	0	mV

调整方式可参考“模拟速度指令偏移调整”。

5．模拟转矩指令方向

模拟转矩指令方向由参数 Pn191 设置，参数说明如表 9-30 所示。

表 9-30 参数 Pn191 说明

编 号	名 称	取值范围	默认值
Pn191	模拟转矩指令方向	0～1	0

参数 Pn191 为 0 时，输入正电压时，电动机正转（ccw），输入负电压时，电动机反转（cw）；参数 Pn191 为 1 时，输入负电压时，电动机正转（ccw），输入正电压时，电动机反转（cw）。

6．模拟转矩指令源选择

模拟转矩指令源选择由参数 Pn204 设置，参数说明如表 9-31 所示。

表9-31　参数Pn204说明

编　号	名　称	取值范围	默认值
Pn204	模拟转矩指令源选择	0～1	0

参数Pn204为0时，信号来自外部模拟转矩指令；参数Pn204为1时，信号来自内部转矩。内部转矩参数设置如表9-32所示。

表9-32　内部转矩参数设置

编　号	名　称	取值范围	默认值	单　位
Pn200	内部转矩1	-300～300	0	%
Pn201	内部转矩2	-300～300	0	%
Pn202	内部转矩3	-300～300	0	%
Pn203	内部转矩4	-300～300	0	%

选择内部转矩控制模式时，使用输入引脚SigIn的TR1、TR2，可选择4种转矩指令，如表9-33所示。

表9-33　转矩指令选择

TR1	TR2	转矩指令
OFF	OFF	内部转矩1或外部模拟转矩指令（由Pn204设定）
ON	OFF	内部转矩2
OFF	ON	内部转矩3
ON	ON	内部转矩4

注：若SigIn引脚没有使用指定TR2，TR1，则TR1、TR2默认都是OFF。

7．加/减速方式选择

加/减速方式选择由参数Pn186设置，参数说明如表9-34所示。

表9-34　参数Pn186说明

编　号	名　称	取值范围	默认值
Pn186	加/减速方式选择	0～1	0

参数Pn186为0时，不使用转矩指令加/减速；参数Pn186为1时，使用转矩指令直线加/减速，直线加/减速时间由参数Pn187设置，参数说明如表9-35所示。

表9-35　参数Pn187说明

编　号	名　称	取值范围	默认值	单　位
Pn187	直线加/减速时间	1～3000	1	ms

直线加/减速时间被定义为转矩由零上升到额定转矩的时间，如图9-44所示。

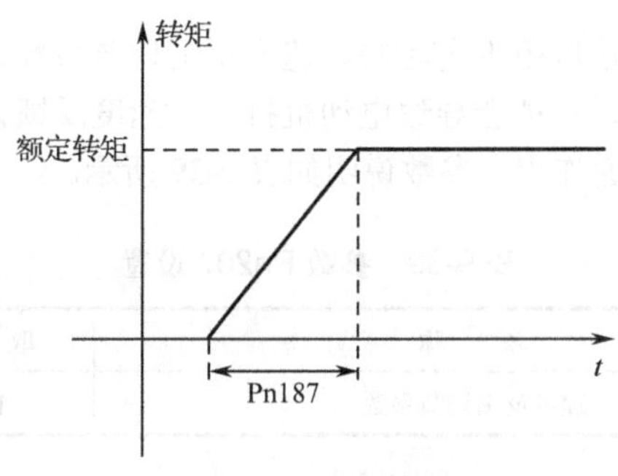

图 9-44　直线加/减速

8. 限制速度

在转矩控制模式下，电动机的运行速度被限制在“限制速度”参数范围内，以防止轻载时出现超速现象。出现超速时，系统将介入速度控制来减小实际转矩，但实际转速会略有误差，参数说明如表 9-36 所示。

表 9-36　参数 Pn198 说明

编　号	名　称	取 值 范 围	默 认 值	单　位
Pn198	限制速度	0～4500	2500	r/min

即使参数 Pn198 的设置值超过了系统允许的最大速度，实际速度也会被限制在最大速度以下。限制速度的来源由参数 Pn199 设置，如表 9-37 所示。

表 9-37　参数 Pn199 说明

编　号	名　称	取 值 范 围	默 认 值
Pn199	限制速度的来源	0～2	0

参数 Pn199 为 0 时，受参数 Pn198 限制；Pn199 为 1 时，受内部速度 1～8 限制，由 SP1，SP2，SP3 决定内部速度，具体设置见表 9-38。

表 9-38　内部速度设置

SP1	SP2	SP3	内部速度 *N*
OFF	OFF	OFF	内部速度 1
ON	OFF	OFF	内部速度 2
OFF	ON	OFF	内部速度 3
ON	ON	OFF	内部速度 4
OFF	OFF	ON	内部速度 5
ON	OFF	ON	内部速度 6
OFF	ON	ON	内部速度 7
ON	ON	ON	内部速度 8

参数 Pn199 为 2 时，若 Pn204 为 1，则所有转矩指令来源于内部转矩指令，速度受模拟速度指令限制。

9. 速度反馈调节系数

在转矩控制模式下，电动机的运行速度处于限制速度范围以外时，可介入速度反馈，以减小实际转矩，从而使速度向限制速度范围内回归。速度反馈调节系数越小，反馈量越大，调整得越快，但速度反馈调节系数太小，可能会导致电动机抖动；速度反馈调节系数太大，调整得越慢，可能发生过速现象，起不到限速作用。参数说明如表 9-39 所示。

表 9-39　参数 Pn207 设置

编　号	名　称	取 值 范 围	默 认 值
Pn207	速度反馈调节系数	1～3000	100

10．转矩环增益

可参考“速度环增益”调整。

9.10.4　增益切换

增益切换的主要参数包括：位置环比例增益、速度环比例增益、速度环积分时间常数、转矩环比例增益、转矩环积分时间常数、转矩滤波器时间常数等。

1．增益切换选择

伺服电动机控制系统有 3 个闭环负反馈 PID 调节子系统，它们的增益调节分为第一增益调节和第二增益调节，具体如表 9-40 所示。

表 9-40　增益切换选择设置

第一增益调节		第二增益调节	
参　数	名　称	参　数	名　称
Pn153	速度环比例增益 1	Pn155	速度环比例增益 2
Pn154	速度环积分时间常数 1	Pn156	速度环积分时间常数 2
Pn192	转矩环比例增益 1	Pn194	转矩环比例增益 2
Pn193	转矩环积分时间常数 1	Pn195	转矩环积分时间常数 2
Pn196	转矩滤波器时间常数 1	Pn197	转矩滤波器时间常数 2
Pn115	位置环比例增益 1	Pn116	位置环比例增益 2

注意：增益切换时，系统必须处于合适的控制模式下，参数 Pn045 满足条件，才能使增益切换满足条件，进行切换。增益切换时序图如图 9-45 所示，参数说明如表 9-41 所示。

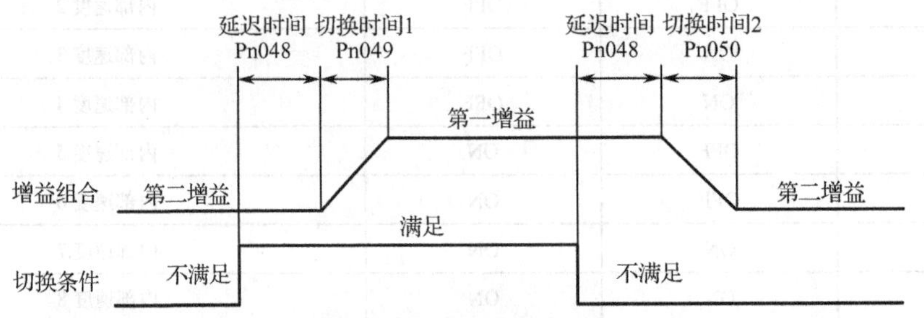

图 9-45　增益切换时序图

表 9-41　参数 Pn045 说明

编　号	名　称	取 值 范 围	默 认 值
Pn045	切换增益选择	0～5	0

Pn045 取值如表 9-42 所示。

表 9-42　Pn045 取值

设 置 值	功　能
0	固定第一增益
1	固定第二增益
2	由输入引脚 SigIn 的 Cgain 控制，OFF-第一增益，ON-第二增益
3	由模拟速度指令控制，模拟速度指令（单位：r/min）超过增益切换水平 Pn046 时，切换到第一增益
4	由脉冲偏差控制，位置偏差（单位：个脉冲）超过增益切换水平 Pn046 时，切换到第一增益
5	由电动机转速控制，反馈速度（单位：r/min）超过增益切换水平 Pn046 时，切换到第一增益

2．增益切换延迟时间

从增益切换条件满足到开始切换之间有一段延迟时间，如果在延迟时间内检测到切换条件不满足，则切换取消。参数说明如表 9-43 所示。

表 9-43　参数 Pn048 说明

编　号	名　称	取 值 范 围	默 认 值	单　位
Pn048	增益切换延迟时间	0～20000	20	0.1ms

3．增益切换时间

增益切换时，当前增益组合在增益切换时间内线性平滑地渐变到目标增益组合，组合内的各个参数同时变化，参数说明如表 9-44 所示。

表 9-44　增益切换时间说明

编　号	名　称	取 值 范 围	默 认 值	单　位
Pn049	增益切换时间 1	0～15000	0	0.1ms
Pn050	增益切换时间 2	0～15000	50	0.1ms

9.11　基于伺服电动机控制系统的定长控制

工程设计要求：采用位置控制模式，控制伺服电动机进行精准定位。

9.11.1　硬件部分

位置控制模式主要被应用于精准定位，因此将基于定长控制的伺服驱动器设置为位置控制模式，其接线实物图如图 9-46 所示。

① 交流 220V 电源的火线与伺服驱动器的 L2 端相连，零线与伺服驱动器的 L1 端相连。

② 控制端口 CN2 分别与 PLC 的输出端 Y001、Y003 及 24V 电源相连。

③ 编码器接口线与伺服驱动器的编码器端口 CN3 相连。

④ 电源线与伺服驱动器上的 U、V、W、PE 端相连。

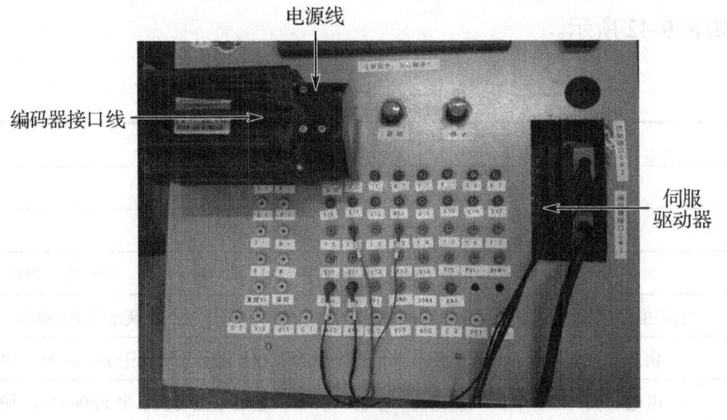

图 9-46 接线实物图

9.11.2 驱动器参数设置

已知三菱 FX1S 系列 PLC 输入伺服驱动器的频率为 100kHz，伺服电动机连接的是 2500 线的增量式编码器，其分辨率为 10000p/r，电动机的额定转速为 300r/min，求得电子齿轮比为（3000÷60）×1000÷100000=5/1。即在伺服驱动器参数模式下，设置 Pn098 为 5，Pn102 为 1。选择位置控制模式，即将 Pn002 设置为 2。

9.11.3 程序设计

程序设计可分为 PLC 程序设计和触摸屏程序设计。PLC 程序设计涉及 A/D 转换、D/A 转换和定位控制指令。触摸屏程序设计则涉及数据处理控制。

1. PLC 程序设计

根据工程设计要求，对基于伺服电动机控制系统的定长控制进行 PLC 程序设计，梯形图如图 9-47 所示。

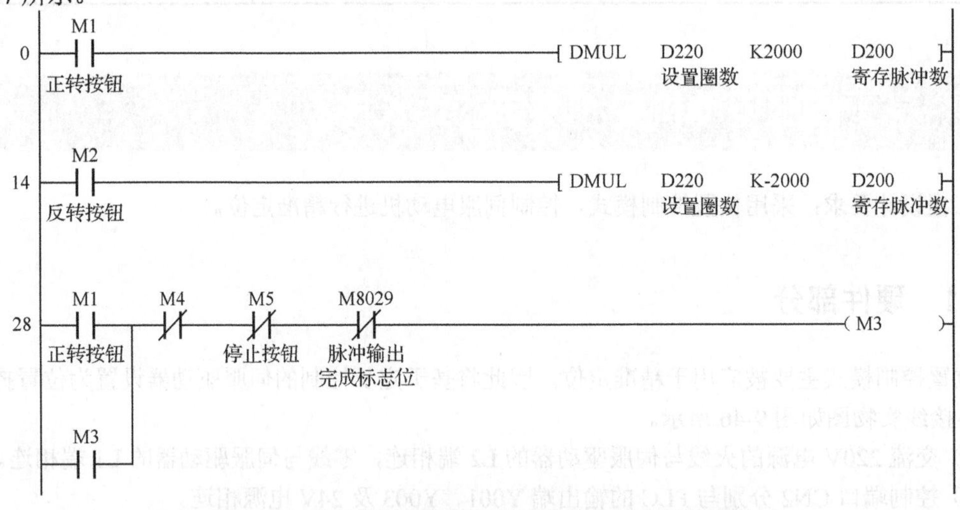

图 9-47 基于伺服电动机控制系统的定长控制梯形图

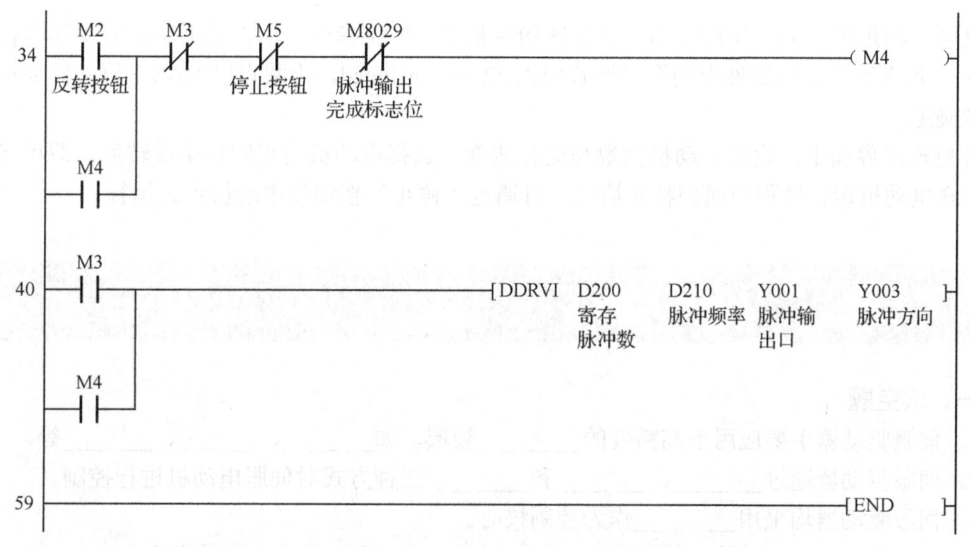

图 9-47　基于伺服电动机控制系统的定长控制梯形图（续）

梯形图说明如下。

定长控制采用相对位置指令 DRVI，因为 DRVI 指令的零点不固定，所以省去设置零点的步骤。

步骤 0～14 是设置步进电动机旋转圈数的程序。已知电子齿轮比为 5∶1，电动机旋转 1 圈计 10000 个脉冲，所以发送脉冲个数为 2000 时，计 1 圈，若设置圈数为 5，则 5×2000=10000。辅助继电器 M1 和 M2 关联触摸屏上控制电动机正反转的按钮，数据寄存器 D220 关联触摸屏上手动输入圈数的数值元件，若设置将圈数与 2000 相乘（使用 32 位乘法指令 DMUL），将运算结果存储到 D200 中，则控制电动机正转；若设置将圈数与-2000 相乘，则控制电动机反转。

步骤 28～34 给出了步进电动机正反转按钮闭合与断开的条件。自锁与互锁是步进电动机正反转的基本条件；辅助继电器 M5 关联触摸屏上控制电动机在紧急情况下停止的按钮，相当于启保停程序的作用；辅助继电器 M8029 存储脉冲输出完成标志位，当 PLC 输出端 Y001 的发送脉冲完成标志位为 1 时，即脉冲发送完毕时，M8029 置位，即 M8029 常闭触点由闭合状态变为断开状态，从而控制步进电动机停止工作。

步骤 40 使用 32 位相对位置指令 DDRVI，该指令的导通条件是 M3 正转和 M4 反转。导通后，PLC 以 Y001 端为脉冲输出端输出脉冲，脉冲数为数据寄存器 D200 中的数值；输出频率是数据寄存器 D210 中的数值，手动设置；Y003 端输出电动机控制方向，当 D220 中的数值为正数时，电动机正转，为负数时，电动机反转。

2．触摸屏程序设计

根据工程设计要求和 PLC 程序设计过程可以知道，在触摸屏界面上应当设置的元件有：

① 控制电动机圈数的数值元件，关联 PLC 的数据寄存器 D220；

② 控制速度（控制脉冲输出频率）的数值元件，关联 PLC 的数据寄存器 D210；

③“正转”按钮，关联 PLC 的辅助继电器 M1；

④“反转”按钮，关联 PLC 的辅助继电器 M2；

⑤“停止”按钮，关联 PLC 的辅助继电器 M5。

触摸屏界面上还应当有适当的文字说明，设置完成的界面如图 9-48 所示。

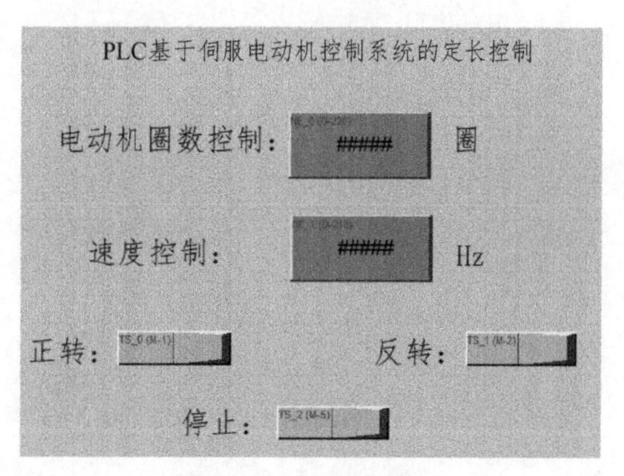

图 9-48　触摸屏界面

注意：梯形图中的乘法指令和相对位置指令都是 32 位指令，所以数据寄存器中的数据也是 32 位的，那么数值元件属性中的资料格式应为 32-bit Unsigned，小数点以上/以下位数需要根据控制要求确定。

在触摸屏界面中，设定电动机圈数与运行速度，选择电动机是正转还是反转后，即可运行系统。若在电动机运行过程中遇到特殊情况，可通过“停止”按钮使电动机停止运行。

习题 9

一、填空题

1．伺服驱动器主要应用于高精度的________领域，如_______、______、_______等。

2．伺服驱动器通过_______、_______和________三种方式对伺服电动机进行控制。

3．伺服驱动器均采用________作为控制核心。

4．伺服电动机控制系统一般包括________、________和________三大部分。

5．伺服电动机控制系统的接线方式有________和________两种。

6．编码器电缆采用双绞线可以________。

7．数字输入端口电路分为________、________。

8．本书所讲的伺服驱动器具有________、________和________等三种模式。

9．伺服电动机电子齿轮比就是对伺服电动机接收到的 PLC 发送的_______进行_______或_______。

10．相对位置指令 DRVI 的零点是________的，绝对位置指令 DRVA 的零点是________的。

二、简答题

1．简述伺服驱动器的三种控制模式。

2．简述伺服驱动器的工作原理。

3．在使用伺服驱动器时，若发现报警信息，该如何清除？

三、实操题

根据伺服驱动器的操作手册，对伺服电动机进行点动控制，电动机的运行速度为 500r/min。

第 10 章　编码器与变频器的 PLC 控制

变频器主要用于交流电动机转速的调节，除具有卓越的调速性能之外，还有显著的节能作用，是企业技术改造和产品更新换代的理想调速装置。编码器用于检测转动物体的速度、位置、角度、距离，目前已经越来越广泛地应用于各种控制场合，如机械运动检测、电动机控制（如伺服电动机均需配备编码器以供电动机控制器进行换相或速度及位置的检出）。总而言之，编码器和变频器作为工业控制的重要设备，在工业领域的应用非常广泛。

10.1　编码器概述

编码器能对信号（如比特流）或数据进行编制，将其转换为可用于通信、传输和存储的信号，编码器可以把角位移或直线位移转换为电信号。根据编码器的这一特性，编码器主要用于测量转动物体的角位移、角速度、角加速度等，其把这些物理量转变成电信号后，输出给控制系统，控制系统根据这些电信号来控制驱动装置。

目前，市面上的编码器种类众多，但是它们的结构、功能及工作原理大多相似。本书使用的编码器是一款型号为 HQK38H6-360N-G5-24 的旋转编码器，其工作电压为 5～24V。此编码器主要有五根引线，其中有一根是屏蔽线，编码器引线图如图 10-1 所示。

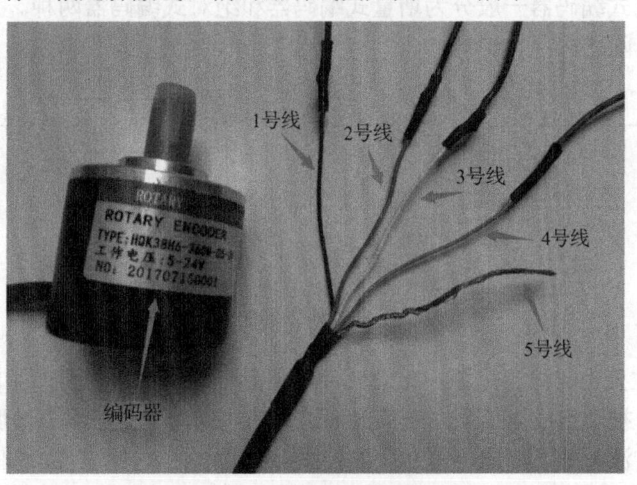

图 10-1　编码器引线图

编码器各引线的作用如表 10-1 所示。

表 10-1　编码器各引线的作用

引　　线	作　　用
1 号线（一般为黑色线）	连接 0V 电源（供电）

续表

引　　线	作　　用
2 号线（一般为红色线）	连接（5～24V）电源（供电）
3 号线（一般为白色线）	连接编码器 A 相输出
4 号线（一般为绿色线）	连接编码器 B 相输出
5 号线	屏蔽线（接地）

编码器的应用范围十分广泛，其种类也很多，编码器分类如下。

① 按照刻孔方式可分为增量式编码器、绝对式编码器和混合绝对式编码器。

② 按信号输出类型可分为电压输出编码器、集电极开路输出编码器、推挽输出编码器和长线驱动输出编码器。

③ 按使用方法可分为旋转式编码器和直线式编码器。

④ 按技术原理可分为接触式编码器和非接触式编码器。

⑤ 按工作原理可分为光电式编码器、磁电式编码器和触点电刷式编码器。

10.2 编码器的工作原理

10.2.1 光电式编码器的工作原理

光电式编码器是一种旋转式位置传感器，在现代工业控制系统中广泛应用于角速度的测量。如图 10-2 所示，其工作原理是，在一个开有若干条狭缝圆盘（码盘）的一边放上发光器件（光源），另一边放上光敏接收器件（光敏元件），当码盘旋转时，就可以在光敏元件上得到与旋转角度相对应的脉冲信号。光电式编码器一般分为增量式编码器和绝对式编码器两种。下面对这两种编码器的工作原理进行简单阐述。

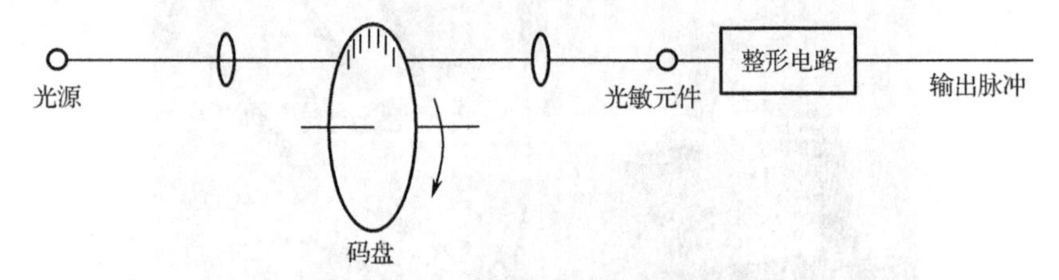

图 10-2　光电式编码器的工作原理

增量式编码器主要由码盘、光源、光敏元件和整形电路组成。光源产生的光通过旋转的码盘传送到光敏元件中，被转换成电信号，电信号通过整形电路，输出三组方波脉冲。其中 A、B 相输出的脉冲为矩形方波脉冲，相位相差 90°，如图 10-3 所示。一般来说，利用 A、B 两相的相位关系可进行方向判断，通常定义：从轴端看编码器，A 相超前 B 相 90°，则为正转；反之，则为反转。而 Z 相输出单圈脉冲，即每圈（360°）发出一个脉冲，可用于参考机械零位定位或积累量清零。增量式编码器的优点是原理构造简单，机械结构平均使用寿命长，抗干扰能力强，适合长距离通信。缺点是无法输出轴转动的绝对位置信息。

绝对式编码器直接输出数字量，在它的码盘上，沿径向方向，有若干同心码盘，形成多条道，每条道由透光和不透光的扇形区相间组成，相邻道的扇区数之间是倍数关系，码盘上的道数是它的二进制数码的位数，4 位二进制绝对式编码器码盘如图 10-4 所示，在码盘的一侧是光源，另一侧对应每条道有一个光敏元件，当码盘处于不同位置时，各光敏元件根据受光照与否，输出相应的电信号，形成二进制数。增量式编码器无法输出转动的位置信息，而绝对式编码器刚好弥补了这个缺点，绝对式编码器的特点是无论计数器在转轴的什么位置上，其都可读出一个固定的、与位置相对应的数字码。绝对式编码器的码盘必须有 N 条码道。

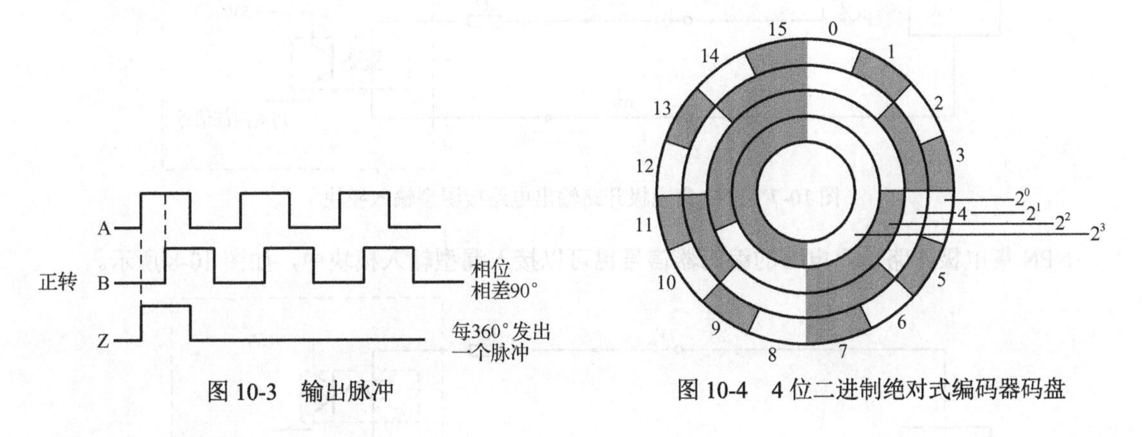

图 10-3　输出脉冲　　图 10-4　4 位二进制绝对式编码器码盘

10.2.2　编码器的分辨率

编码器码盘每旋转 360° 提供的通或者暗刻线数目称为分辨率，也称为解析分度，或直接称有多少线。增量式编码器的分辨率又称为线数。比如，2500 线 4 倍频的增量式编码器，它的分辨率是 2500×4=10000 个脉冲。

码盘上刻的缝隙越多，编码器的分辨率越高，电动机的最小刻度越小，电动机旋转的角位移越小，控制的精度也就越高。

10.2.3　编码器的输出电路

编码器的输出电路主要有集电极开路输出电路、电压输出电路、长线驱动输出电路和推挽输出电路 4 种形式。

1．集电极开路输出电路

集电极开路输出电路以晶体管发射极作为公共端（集电极悬空）。根据使用晶体管的不同，可以分为 NPN 集电极开路输出电路（见图 10-5）和 PNP 集电极开路输出电路（见图 10-6）两种形式。在编码器供电电压和信号接收装置的电压不一致的情况下，可以使用这种类型的输出电路。

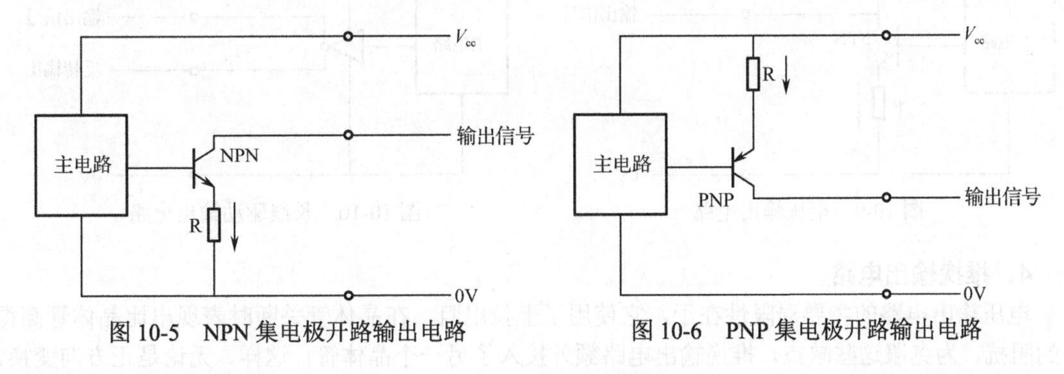

图 10-5　NPN 集电极开路输出电路　　图 10-6　PNP 集电极开路输出电路

PNP集电极开路输出电路的编码器信号可以接入漏型输入模块中，如图10-7所示。

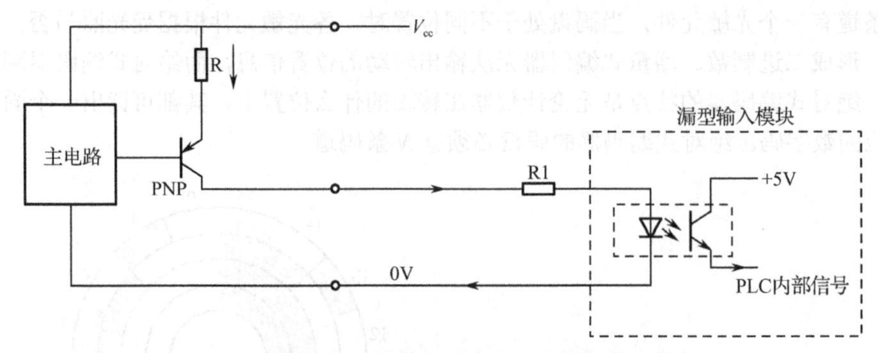

图10-7　PNP集电极开路输出电路接漏型输入模块

NPN集电极开路输出电路的编码器信号也可以接入漏型输入模块中，如图10-8所示。

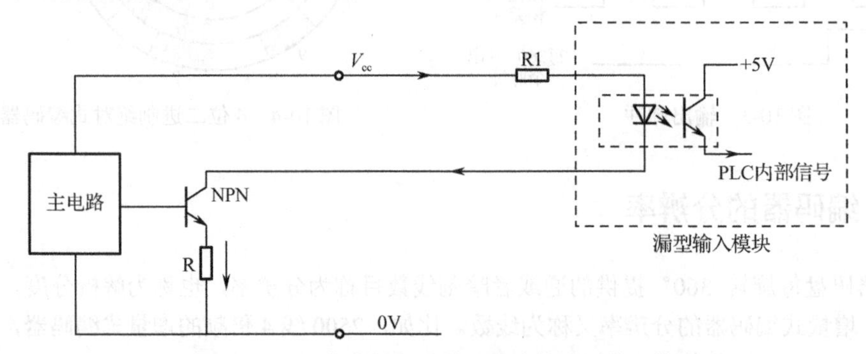

图10-8　NPN集电极开路输出电路接漏型输入模块

2．电压输出电路

电压输出电路在集电极开路输出电路的基础上，在电源和集电极之间接一个上拉电阻，使得集电极与电源之间有一个稳定的电压状态，如图10-9所示。一般在编码器供电电压和信号接收装置电压一致的情况下，使用这种类型的输出电路。

3．长线驱动输出电路

长线驱动输出电路采用专用的IC芯片，以差分的形式输出，输出信号符合RS-422标准，因此长线驱动输出电路输出信号的抗干扰能力强，可应用于高速、长距离数据传输的场合，同时还具有响应速度快和抗噪声性能强的特点。长线驱动输出电路如图10-10所示。

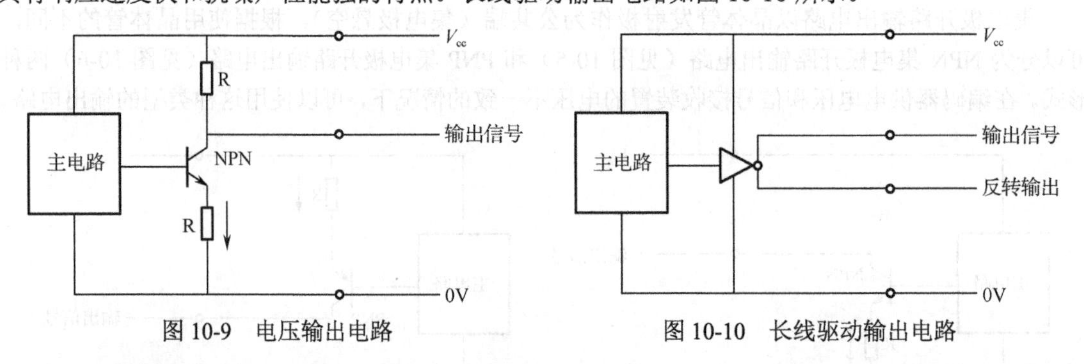

图10-9　电压输出电路　　　　图10-10　长线驱动输出电路

4．推挽输出电路

电压输出电路的主要局限性在于，它使用了上拉电阻，在晶体管关断时表现出比晶体管高得多的阻抗。为克服这些缺点，推挽输出电路额外接入了另一个晶体管，这样，无论是正方向变换，还是反方向变换，其输出阻抗都很低。推挽输出电路有利于更长距离的数据传输，可应用于 NPN 或 PNP 线路的接收器中。推挽输出电路由 PNP 和 NPN 三极管组成，如图 10-11 所示。当其中一个三极管导通时，另一个三极管关断，两个三极管交互动作。

这种输出电路具有高输入阻抗和低输出阻抗，在低输出阻抗的情况下，它可以提供大范围的电压，由于输入/输出信号相位相同且频率范围宽，因此它适用于长距离传输。推挽输出电路可以直接与 NPN、PNP 集电极输入电路相连，可以接入源型或漏型输入模块。

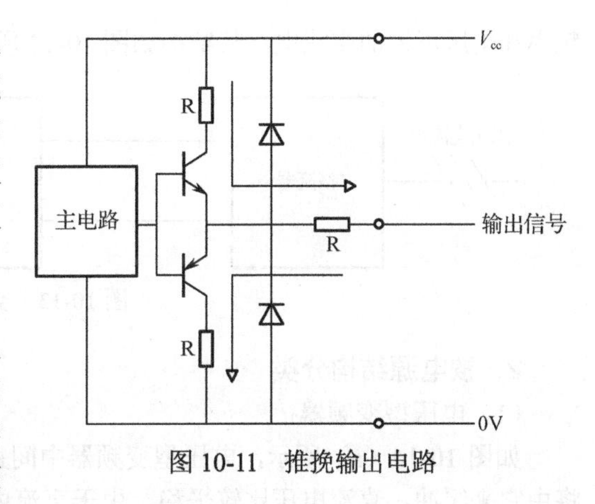

图 10-11　推挽输出电路

10.3　变频器概述

变频器是利用电力半导体器件的通断作用将工频电源变换为另一频率电源的控制装置。变频器主要分为主电路和控制电路两部分，其中，主电路由整流单元、滤波单元、中间制动电路、逆变单元组成；控制电路由运算电路、检测电路、驱动电路和保护电路组成。

随着电力电子技术、计算机技术、自动控制技术的迅速发展，变频器也在向集成化、数字化、多功能化和高性能化的方向发展。

10.3.1　变频器的分类

变频器的分类方法有很多，根据不同的用途有不同的分类方法，下面按变换的环节、电源结构、电压的调制方式、输入/输出电源的相数、应用场合等几种方法对其进行分类。

1. 按变换的环节分类

（1）交-交变频器

交-交变频器主要用于将工频交流电直接变换成另一种频率和电压可调的交流电。交-交变频器结构简单、造价低、体积小，与交-直-交变频器相比有较大的成本优势，但是控制算法相对比较复杂，目前应用较少，主要应用于大功率场合，其结构如图 10-12 所示。

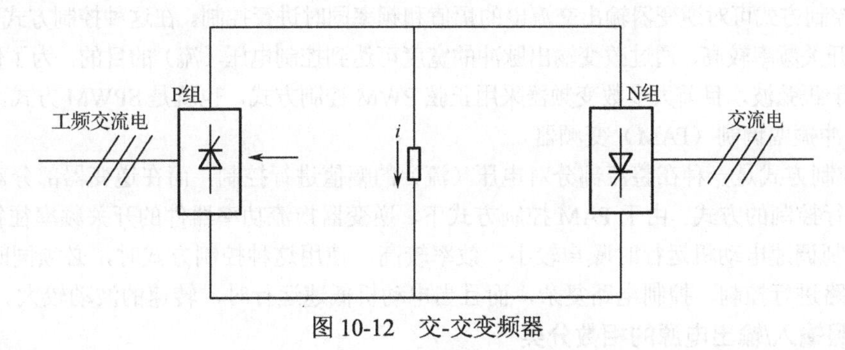

图 10-12　交-交变频器

（2）交-直-交变频器

交-直-交变频器先把工频交流电通过整流器变换成直流电，然后把直流电通过逆变器变换成频率和电压可调的交流电，其结构如图 10-13 所示，这种变频器目前应用广泛。

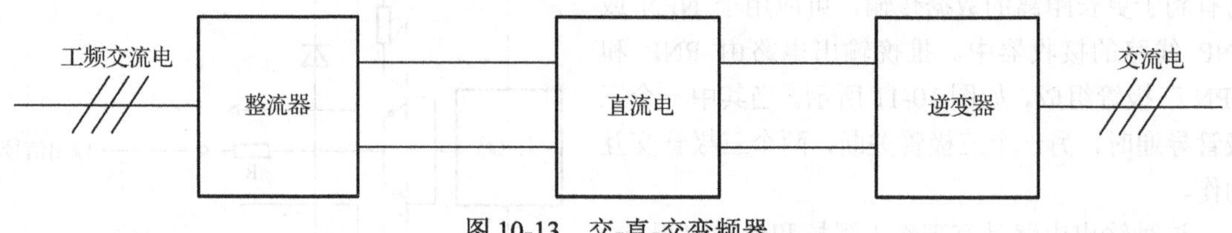

图 10-13 交-直-交变频器

2．按电源结构分类

（1）电压型变频器

如图 10-14（a）所示，电压型变频器中间直流环节的储能元件采用大电容，负载的无功功率将由它来缓冲，直流电压比较平稳。由于直流内阻较小，相当于电压源，故称为电压型变频器，常应用于负载电压变化较大的场合。

（2）电流型变频器

如图 10-14（b）所示，电流型变频器的特点是中间直流环节采用大电感作为储能元件，缓冲无功功率，即扼制电流的变化，使电压接近正弦波，由于直流内阻较大，故称为电流型变频器。电流型变频器能扼制负载电流频繁而急剧的变化，常应用于负载电流变化较大的场合。

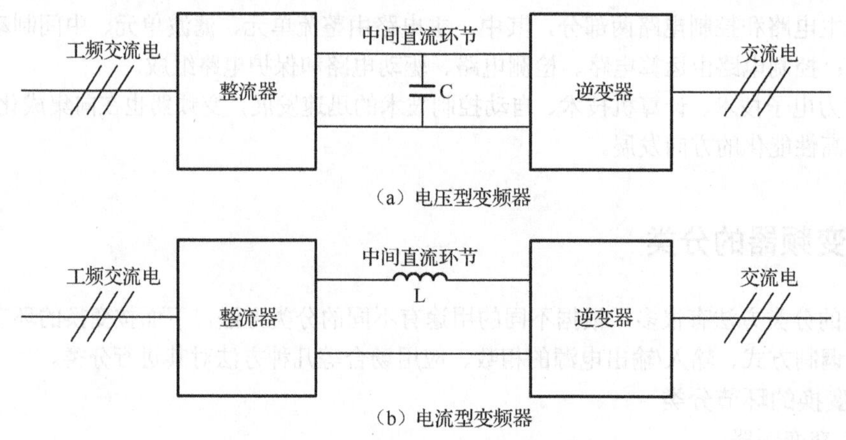

（a）电压型变频器

（b）电流型变频器

图 10-14 电压型变频器、电流型变频器

3．按照电压的调制方式分类

（1）脉宽调制（PWM）变频器

PWM 控制方式可对逆变器输出交流电的幅值和频率同时进行控制。在这种控制方式下，逆变器功率器件的开关频率较高，通过改变输出脉冲的宽度可达到控制电压（流）的目的。为了使变频器输出电压接近于正弦波，目前大多数变频器采用正弦 PWM 控制方式，也就是 SPWM 方式。

（2）脉冲振幅调制（PAM）变频器

PAM 控制方式是一种在整流部分对电压（流）的幅值进行控制，而在逆变器部分对输出交流电的频率进行控制的方式。由于 PAM 控制方式下，逆变器换流功率器件的开关频率往往较低，因此变频器控制调速电动机运行时噪声较小、效率较高。使用这种控制方式时，必须同时对整流器和逆变器电路进行控制，控制电路复杂，而且当电动机低速运行时，转速的波动较大。

4．按照输入/输出电源的相数分类

（1）三进三出变频器

三进三出变频器的输入和输出都是三相交流电，绝大多数变频器属于此类，如图 10-15 所示。

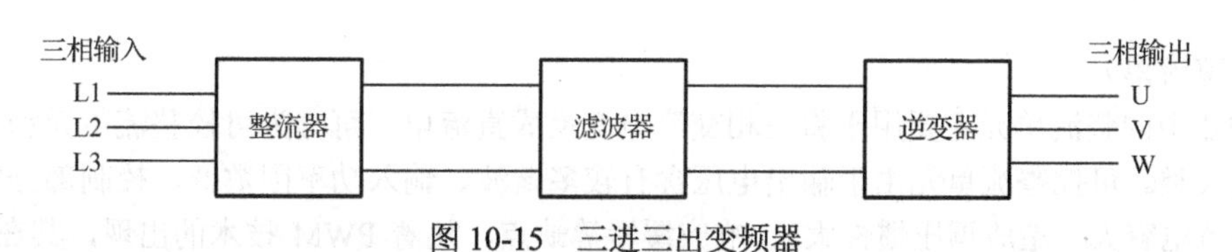

图 10-15　三进三出变频器

（2）单进三出变频器

如图 10-16 所示，变频器的输入为单相交流电，输出为三相交流电，俗称“单进三出变频器”。该类变频器通常容量较小，且适合在单相电源下使用，家用电器里的变频器就属于此类。

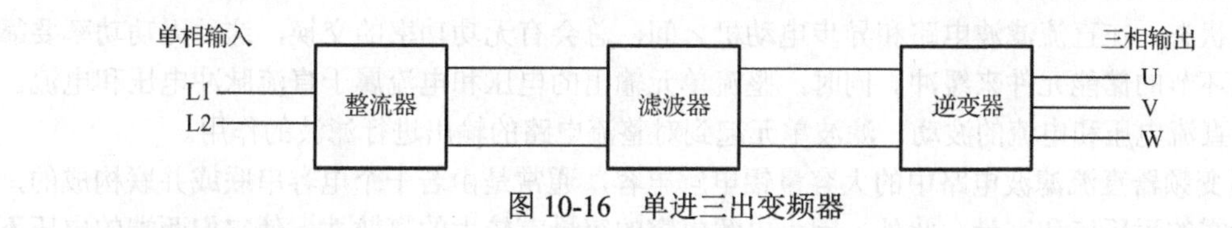

图 10-16　单进三出变频器

5．按照应用场合分类

（1）通用变频器

通用变频器的特点是通用、应用广泛，可应用在标准异步电动机、工业生产、建筑等领域。通用变频器的控制方式已经从最简单的恒压频比控制方式向高性能的矢量控制、直接转矩控制等方向发展。常用的通用变频器主要包含两大类：节能型变频器和高性能型变频器。

（2）专用变频器

专用变频器的特点是具有行业专用性，它针对不同的行业集成了 PLC 及很多硬件外设，可以在不增加外部板件的基础上直接应用于特定行业中。

10.3.2　变频器的基本组成及工作原理

一个结构完整的变频器主要由主电路和控制电路两部分组成。主电路用于电能转换，控制电路用于对电能的控制。

1．主电路

变频器主电路通常分为整流单元、滤波单元、中间制动单元、逆变单元四个部分，如图 10-17 所示。

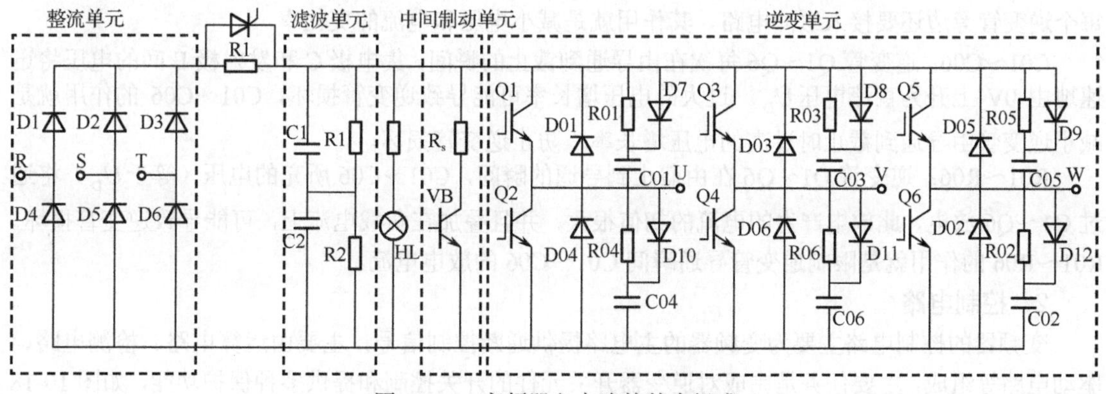

图 10-17　变频器主电路的基本组成

（1）整流单元

变频器中的整流单元主要用于将三相交流电变换成直流电，可分为可控整流单元和不可控整流单元两大类。可控整流单元由于输出电压含有较多谐波、输入功率因数低、控制部分复杂、中间直流环节电容大（造成调压惯性大）、响应缓慢等缺点，随着PWM技术的出现，其在交-直-交变频器中已经被淘汰。

（2）滤波单元

滤波单元采用大电容，直流电压波形比较平直，在理想情况下是一个内阻阻抗为零的恒压源，输出的交流电压是矩形或阶梯波。逆变器负载属于感性负载的异步电动机，无论处于电动状态，还是发电状态，在直流滤波电路和异步电动机之间，总会有无功功率的交换，这种无功功率要靠中间直流环节的储能元件来缓冲。同时，整流单元输出的电压和电流属于直流脉冲电压和电流。为了减小直流电压和电流的波动，滤波单元起到对整流电路的输出进行滤波的作用。

通用变频器直流滤波电路中的大容量铝电解电容，通常是由若干个电容串联或并联构成的，以得到所需的耐压值和容量。此外，因为电解电容的容量有较大的离散性，使它们两端的电压不相等，所以每个电容要各自并联一个阻值相等的匀压电阻，以消除离散性的影响。

（3）中间制动单元

中间制动单元由IGBT和能耗电阻组成，当电动机由电动状态进入制动状态时，电动机处于发电状态，其能量通过逆变电路中的反馈二极管流入中间直流环节，使直流电压升高而产生过电压，这种过电压称为泵升电压。为了限制泵升电压，为直流侧电容并联一个由电力晶体管和能耗电阻组成的泵升电压限制电路，当泵升电压超过一定数值时，IGBT导通，电动机反馈的能量消耗在电阻上。

（4）逆变单元

① 逆变电路

逆变管Q1～Q6：组成三相逆变桥，按一定的规律轮流导通和截止，把由D1～D6整流后的直流电逆变为交流电，这是变频器的核心部分。

续流二极管D01～D07：电动机是感性负载，其电流中有无功分量，D01～D07为无功电流返回直流电源提供“通道”；频率下降，在电动机处于再生制动状态时，再生电流通过D01～D07整流后返回给直流电路；在Q1～Q6逆变过程中，同一桥臂的两个逆变管不停地处于导通和截止状态，在这个换相过程中，也需要D01～D07提供通路。

② 缓冲电路

逆变管在导通和截止的瞬间，其电压和电流的变化率是比较大的，可能使逆变管损坏。因此，每个逆变管旁边还要接入缓冲电路，其作用就是减小电压和电流的变化率。

C01～C06：逆变管Q1～Q6每次在由导通到截止的瞬间，集电极C和发射极E间的电压将迅速地由0V上升为直流电压U_D。过大的电压增长率可能导致逆变管损坏。C01～C06的作用就是减小逆变管由导通到截止时过高的电压增长率，防止逆变管损坏。

R01～R06：逆变管Q1～Q6在由截止到导通的瞬间，C01～C06所充的电压（等于U_D）将通过Q1～Q6放电，此放电产生的电流的初值很大，并且叠加在负载电流上，可能导致逆变管损坏。R01～R06的作用就是限制逆变管导通瞬间C01～C06的放电电流。

2．控制电路

变频器的控制电路主要为变频器的主电路提供通断控制信号，主要由运算电路、检测电路、驱动电路等组成，主要任务是完成对逆变器开关元件的开关控制和提供多种保护功能，如图10-18所示。

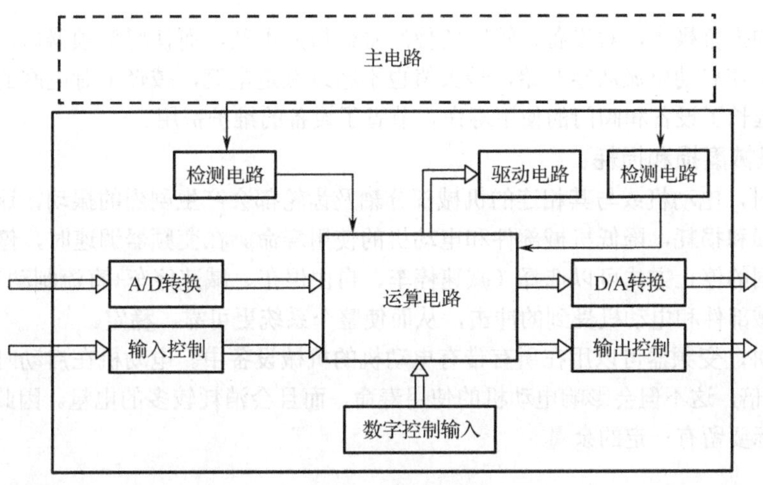

图 10-18　控制电路

（1）运算电路

运算电路的主要作用是将外部的速度、转矩等指令信号同检测电路的电流、电压信号进行比较运算，决定变频器的输出频率和电压。

（2）检测电路

检测电路用于将变频器和电动机的工作状态反馈至微处理器，由微处理器按事先确定的算法进行处理后，为各部分电路提供所需的控制或保护信号。

（3）驱动电路

驱动电路主要用于驱动各逆变管，小容量变频器的逆变管都采用 IGBT 管。驱动电路能为变频器中逆变电路的换流器件提供驱动信号。

10.4　变频器的功能与作用

变频器是利用变频技术把工频电源变换成电压、电流和频率都可调的交流电源的器件。电动机调速时，变频器可以根据电动机的特性对供电电压、电流或频率进行适当的控制与调节，使电动机满足生产工艺对不同运行速度的要求，提高工艺的高效性。除了调速功能外，变频器还具有节能、功率因数补偿、软启动及减少机械磨损与损耗等功能。

1．节能

变频器的节能主要表现在风机、水泵的应用中，为了保证生产的可靠性，各种生产机械在设计动力驱动时，都留有一定的余量，当电动机不能在满负荷下运行时，除满足动力驱动要求外，多余的力矩增加了有功功率的消耗，造成电能的浪费。风机、水泵等设备传统的调速方法通过调节入口或出口的挡板、阀门开度来调节给风量和给水量，其输入功率大，且大量能源消耗在挡板、阀门的截流过程中，当使用变频器调速时，流量减小时，降低水泵或风机的转速即可。

2．功率因数补偿

无功功率会增加线损和设备的发热，而功率因数的降低会导致电网有功功率的降低，使大量的无功电能消耗在线路中，设备使用效率降低。使用变频器后，变频器内部滤波电容能减少无功损耗，增加电网的有功功率。

3．软启动

电动机硬启动会对电网造成严重的冲击，对电网容量要求过高，启动时产生的大电流和振动对挡板和阀门的损害极大，对设备、管路的使用寿命极为不利，而使用变频器后，利用变频器的软启动功能，可使启动电流从零开始，最大值也不超过额定电流，减轻了对电网的冲击和对电网容量的要求，延长了设备和阀门的使用寿命，节省了设备的维护费用。

4．减少机械磨损和损耗

工频启动时，电动机或与其相连的机械部分轴及齿轮都会产生剧烈的振动，这种振动将进一步加剧机械磨损和损耗，降低机械部件和电动机的使用寿命。在变频器调速时，停止方式可以受控，并且有不同的停止方式可以选择（减速停车、自由停车、减速停车+直流制动），合适的停止方式能减少机械部件和电动机受到的冲击，从而使整个系统更可靠、稳定。

从理论上讲，变频器可以用在所有带有电动机的机械设备中。电动机在启动时，电流会比额定电流高5～6倍，这不但会影响电动机的使用寿命，而且会消耗较多的电量。因此，在电动机选型时，各项指标要留有一定的余量。

10.5 变频器的安装与接线

10.5.1 变频器的组成

图10-19所示的变频器为FURUN VF100-2004 INVTER通用变频器，该变频器的输入为单相220V（频率为50/60Hz），输出为三相220V（输出频率的范围为0～400Hz）。

FURUN VF100-2004 INVTER通用变频器的组成：①固定螺丝孔；②规格品牌；③电动机出力端下盖；④数字操作器LC-M02E；⑤电源入力端上盖；⑥散热通风口；⑦电源输入端口；⑧外部输入/输出端；⑨刹车电阻接线端；⑩电动机输出端。

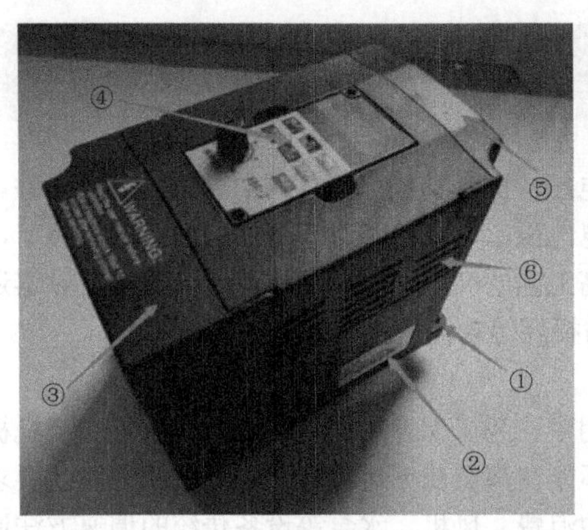

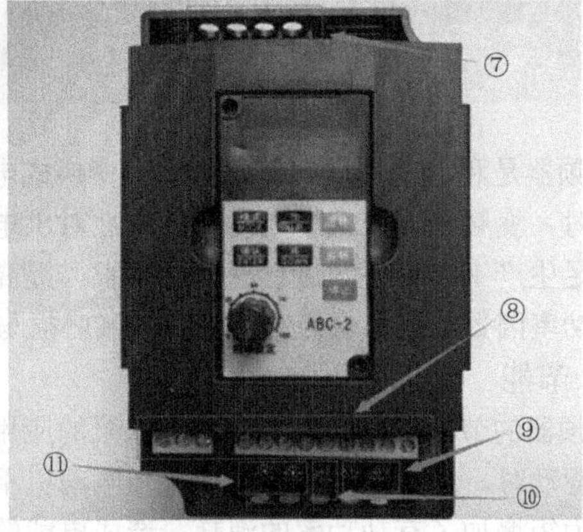

图10-19 FURUN VF100-2004 INVTER通用变频器

10.5.2 变频器的接线

现以FURUN VF100-2004 INVTER通用变频器的接线为例进行介绍，该变频器的配线分为主回路配线和控制回路配线。接线时可将外壳的盖子掀开，此时可看到主回路端口和控制回路端口，接线时必须依照配线回路准确连接。

FURUN VF100-2004 INVTER通用变频器基本接线图如图10-20所示。

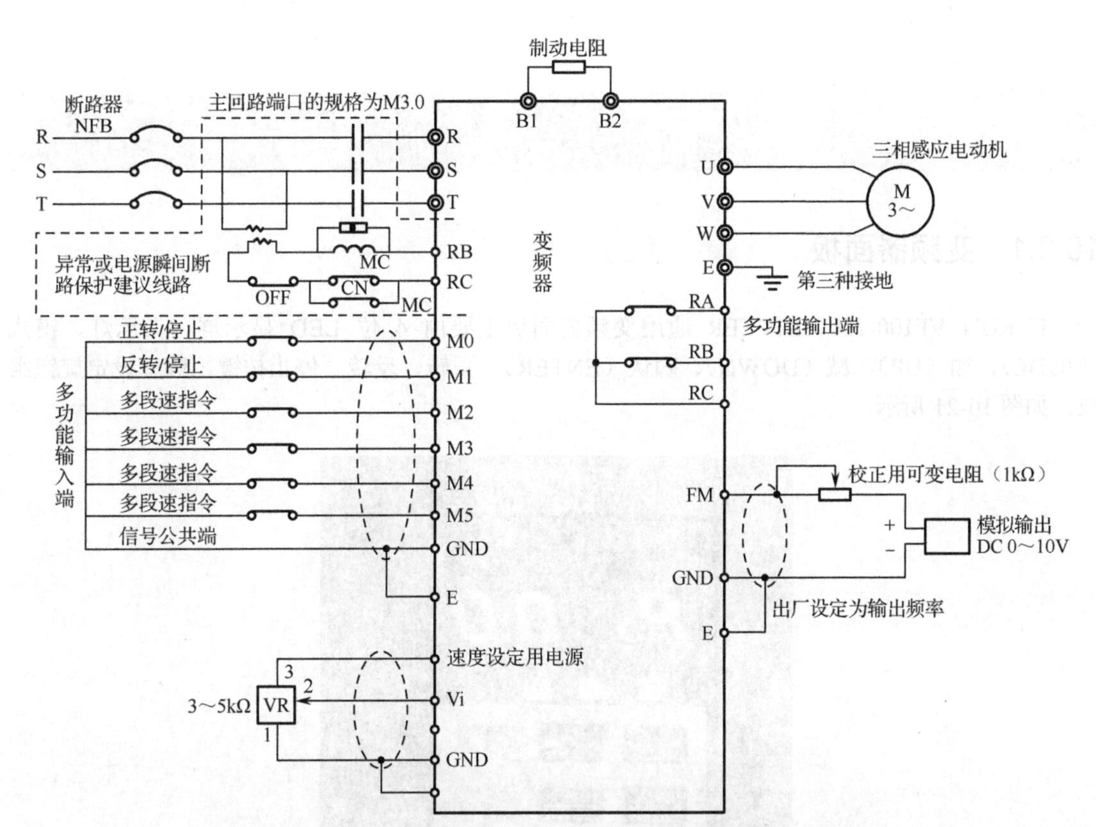

图 10-20 FURUN VF100-2004 INVTER 通用变频器基本接线图

1. 主回路端口说明及接线

主回路端口说明及接线如表 10-2 所示。

表 10-2 主回路端口说明及接线

端 口	名 称	说 明
R、S、T	电源输入端	如果变频器输入电压为单相 220V，接 S、T 两端，R 端空闲。不可输入 380V 电压，否则容易引起爆炸
U、V、W	变频器输出端	接三相电动机
B1、B2	制动电阻端	接制动电阻
E	接地端	接地

2. 控制回路端口说明及接线

控制回路端口说明及接线如表 10-3 所示。

表 10-3 控制回路端口说明及接线

端 口	名 称	说 明
M0	正转运行端	M0 为 ON 时正转，反之则处于停止状态
M1	反转运行端	M1 为 ON 时反转，反之则处于停止状态
M2、M3、M4、M5	多段速控制端	主要用于控制电动机的多段速运行
FM	模拟信号输出端	从频率、电动机电流或电压中选择一种，作为输出

10.6 变频器的面板及操作

10.6.1 变频器面板

FURUN VF100-2004 INVTER 通用变频器面板主要由 4 位 LED 显示屏、指示灯、模式（MODE）、加（UP）、减（DOWN）、确认（ENTER）、正转、反转、停止按键，频率设定旋钮组成，如图 10-21 所示。

图 10-21 FURUN VF100-2004 INVTER 通用变频器面板

FURUN VF100-2004 INVTER 通用变频器面板的按键及功能如表 10-4 所示。

表 10-4 FURUN VF100-2004 INVTER 通用变频器面板的按键及功能

按　键	功　能
模式（MODE）	模式切换
加（UP）	增大数字
减（DOWN）	减小数字
确认（ENTER）	确认修改
正转	控制正转
反转	控制反转
停止	控制停止

变频器功能参数的设定通过面板进行，电动机运行可以通过面板或端口控制电动机。变频器的功能参数如表 10-5 所示。

表 10-5　变频器的功能参数

模　式	功　能
F xx	设定频率显示（上电默认显示）
P xx	功能菜单选择
H xx	运行频率
A xx	运行电流
xxx	运行速度
C xx	母线电压

10.6.2　变频器模式参数切换

变频器的模式切换方法如下。

① 在等待状态下按 MODE 键切换模式，可以显示变频器功能菜单。

② 在显示“P xx”的功能菜单时，在选择具体参数后，按 ENTER 键保存退出，按 MODE 键退出（不保存）。

③ UP、DOWN 键用于在运行状态下调整频率，在参数设定状态下改变功能码和数据码。

④ 在等待状态下按正转键，变频器控制三相电动机正向运行。

⑤ 在等待状态下按反转键，变频器控制三相电动机反向运行。

⑥ 在运行状态下按停止键，三相电动机停止运行；在故障情况下按停止键，三相电动机回到等待状态。

示例：将键盘启动（通过正转、反转按键启动）改为端口启动（M0、M1 和 GND 连接时会正转、反转）。

具体步骤如下。

步骤 1：按 MODE 键，变频器显示“P xx”，“xx”为参数号。

步骤 2：按 UP 或 DOWN 键选择所要参数，该参数表示信号来源。

步骤 3：按 ENTER 键进入该参数，通过 UP 或 DOWN 键选择“P01”，表示信号来源为端口模拟输入。

步骤 4：按 ENTER 键保存退出。

步骤 5：按 MODE 键循环到“F xx”模式，显示变频器当前的频率值。

注意：若要修改其他功能参数，可以查阅相关手册进行。

10.6.3　故障查询

变频器在运行过程中，可能会发生各种不同的故障，为了有效查找故障原因和及时减少损失，当变频器运行异常时，会自动暂停运行并亮起警示灯，变频器的面板会显示相应的故障代码，根据故障代码，用户可以找到故障的原因并找出解决对策。变频器常见的故障及解决方法如表 10-6 所示。

表 10-6　变频器常见的故障及解决方法

故障代码	故障名称	可能原因	解决方法
OC/GFF	过流	1. 加速时间太短 2. 负载惯性过大 3. V/F 曲线不合适 4. 电网电压过低 5. 变频器功率太低 6. 对旋转中的电动机进行再启动	1. 延长加速时间 2. 减小负载惯性 3. 降低转矩或调整 V/F 曲线 4. 检查输入电源 5. 选用功率等级高的变频器 6. 适当设置直流制动功能
OU	过压	1. 减速时间太短 2. 有能量回馈性负载 3. 输入电压异常	1. 延长减速时间 2. 增加外接能耗制动组件的制动功率 3. 检查输入电源
LU	欠压	1. 输入电压异常 2. 瞬时停电 3. 输入电源接线端口松动 4. 输入电压变化大	检查电源电压
OH	过热	1. 环境温度过高 2. 风扇损坏 3. 风道堵塞	1. 降低环境温度 2. 更换风扇 3. 清理风道并改善通风条件
OL	过载	1. 转矩过高或 V/F 曲线不合适 2. 加速时间过短 3. 负载过大	1. 降低转矩，提升电压，调整 V/F 曲线 2. 延长加速时间 3. 减小负载或更换功率等级高的变频器

10.7　编码器与变频器的 PLC 控制系统设计

10.7.1　PLC 长度测量系统设计

工程设计要求：应用 PLC 和编码器完成长度测量系统设计。

编码器具有定位和测量位移量的功能。编码器每发出一个脉冲，便带动传动轮进行转动。利用编码器发出的脉冲数和传动轮的周长关系，通过 PLC 程序，可实现将脉冲数转换为长度，并将长度显示在触摸屏上。

1. 硬件接线

本系统使用的增量式旋转编码器有 A、B 两根相线，这里只需用 A 相线单方向运行，计算脉冲，将编码器 A 相线接到 PLC 的 X000 端上（高速计数通道），与之相关的计数器是 C235。通过计数器对 A 相线所产生的脉冲进行计数。编码器每转动一周，会产生 360 个脉冲，编码器上传动轮的周长是 310mm。

因此，每产生一个脉冲，传动轮的移动距离为：310mm/360=0.86111mm。

长度测量系统接线图如图 10-22 所示，编码器和传动轮实物图如图 10-23 所示。

2. PLC 程序设计

编码器带动传动轮运行的梯形图如图 10-24 所示。

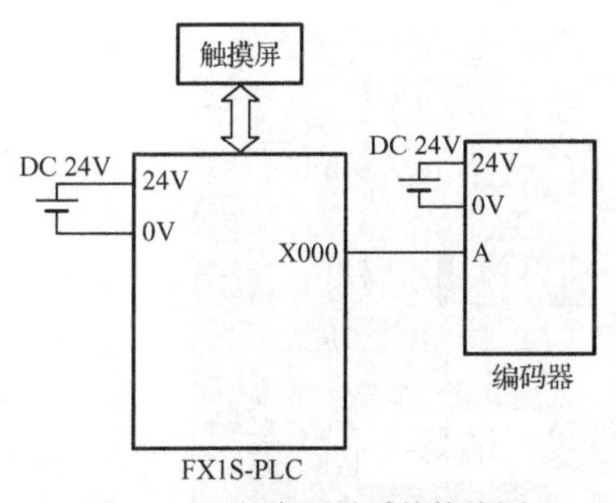

图 10-22　长度测量系统接线图

图 10-23　编码器和传动轮实物图

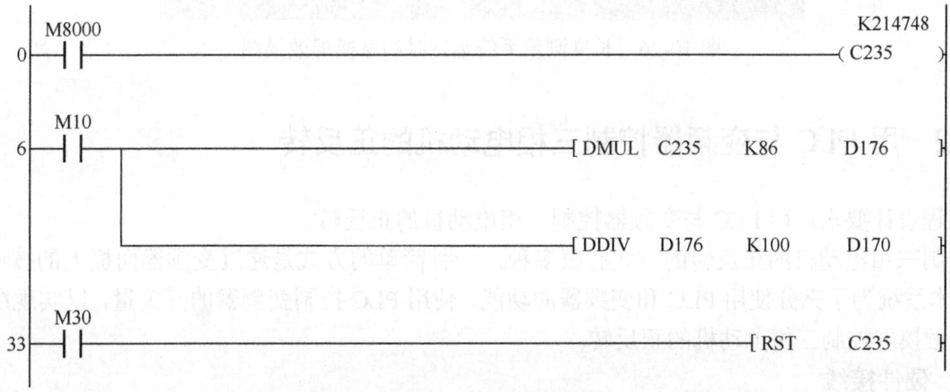

```
     M8000                                               K214748
 0 ──┤ ├──────────────────────────────────────────────( C235     )
     M10
 6 ──┤ ├──┬──────────────────────[ DMUL  C235   K86    D176   ]
          │
          └──────────────────────[ DDIV  D176   K100   D170   ]
     M30
33 ──┤ ├───────────────────────────────────[ RST    C235   ]
```

图 10-24　编码器带动传动轮运行的梯形图

梯形图主要用于处理 X000 端接收到的脉冲，通过高速计数器 C235 统计 X000 端接收的脉冲个数。编码器每发出一个脉冲，传动轮移动 0.86111mm（≈0.86mm），所以将高速计数器 C235 的计数值乘以 86 再除以 100，相当于乘以 0.86，就可以得出当前传动轮的移动长度，将其存放到 D170 中。214748 为长度测量系统测量最大长度时所需要的脉冲数。

3．触摸屏程序设计

设计一个数值元件，用于显示长度当前值，设置其读取地址为 D170。设计一个“启停键”按钮，设置其读取地址为 M10；还需要设计一个“清零”按钮，设置其读取地址为 M30。

设置完成的触摸屏界面如图 10-25 所示。

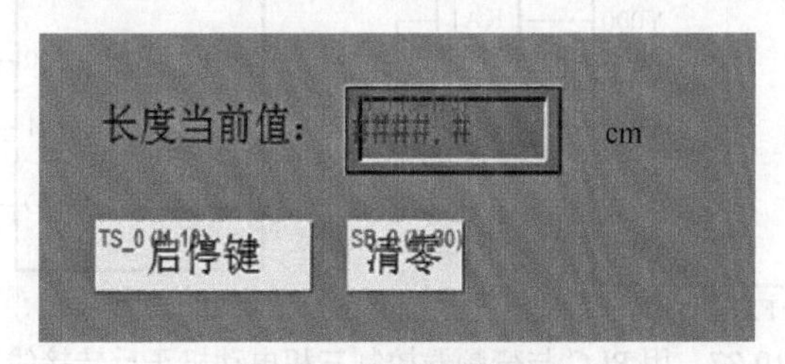

图 10-25　触摸屏界面

4．运行

运行程序，触摸屏界面如图 10-26 所示。当启动 PLC 控制柜后，在触摸屏上按下“启停键”按钮，编码器开始带动传动轮运动，系统会把传动轮的运行圈数转换为长度显示在触摸屏上；当再次按下“启停键”按钮时，编码器会停止运行。当按下“清零”按钮时，编码器就会清除长度当前值数据。

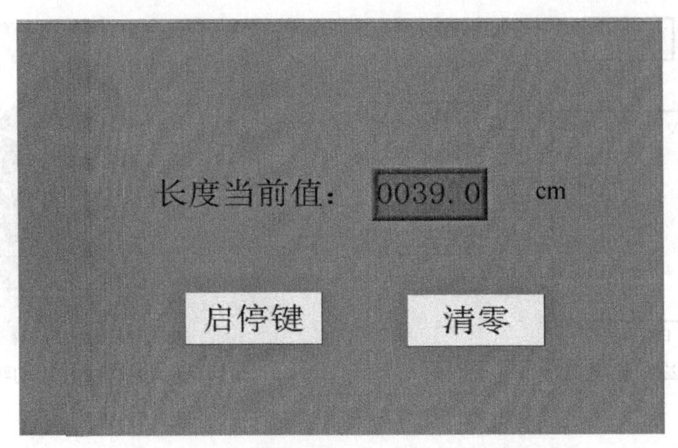

图 10-26 长度测量系统运行时的触摸屏效果图

10.7.2 用 PLC 与变频器控制三相电动机的正反转

工程设计要求：用 PLC 与变频器控制三相电动机的正反转。

控制三相电动机的正反转的方式有很多种，一种简单的方式是通过变频器面板上的按键直接控制，本系统为了充分使用 PLC 和变频器的功能，使用 PLC 控制变频器的开关量，以实现用 PLC 程序和触摸屏控制三相电动机的正反转。

1．硬件接线

本系统使用的变频器为单相输入通用变频器，输入为单相交流电，输出为三相交流电。因此，将变频器的 S、T 端分别接在交流 220V 电源的火线和零线上，将三相电动机的 U、V、W 电源线分别接在变频器对应的三相电动机接线端上。

用 PLC 与变频器控制三相电动机正反转接线图如图 10-27 所示。

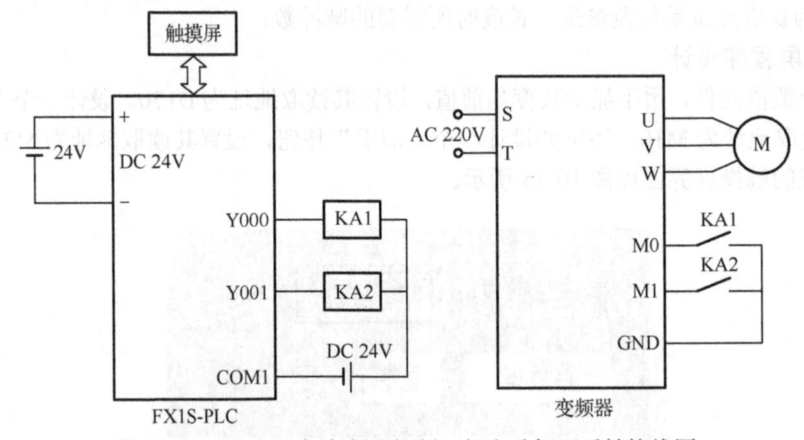

图 10-27 用 PLC 与变频器控制三相电动机正反转接线图

当 PLC 程序运行，Y000 置位时，继电器 KA1 工作，使得连接变频器 M0 端的继电器 KA1 的常开触点由断开变为闭合，电动机正转。同理，当 PLC 程序运行，Y001 置位时，继电器 KA2 工作，使得连接变频器 M1 端的继电器 KA2 的常开触点由断开变为闭合，电动机反转。

2．I/O 分配

用 PLC 与变频器控制三相电动机正反转的 I/O 分配表如表 10-7 所示。

表 10-7　I/O 分配表

输入（I）点			输出（O）点		
代　号	关 联 点	说　明	代　号	关 联 点	说　明
M0	M0	正转按钮	KA1	Y000	正转线圈
M1	M1	反转按钮	KA2	Y001	反转线圈

3. PLC 程序设计

用 PLC 与变频器控制三相电动机正反转的梯形图如图 10-28 所示。梯形图中，M0 关联触摸屏上的“正转”按钮，使用 Y000 驱动电动机正转；M1 关联触摸屏上的“反转”按钮，使用 Y001 驱动电动机反转；M2 关联触摸屏上的“停止”按钮。同时，程序中应用常闭触点 M0 和常闭触点 M1 完成正反转互锁控制，常开触点 Y000 完成正转自锁控制，常开触点 Y001 完成反转自锁控制。

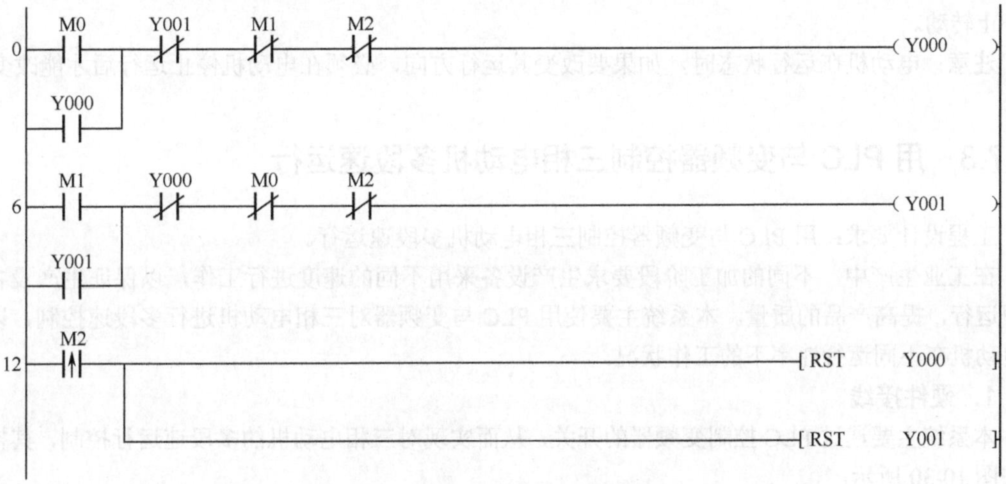

图 10-28　用 PLC 与变频器控制三相电动机正反转的梯形图

4. 触摸屏程序设计

根据工程设计要求，进行触摸屏程序设计，触摸屏界面如图 10-29 所示。界面中，“正转”按钮的读取地址为 PLC 辅助继电器 M0；“反转”按钮的读取地址为 PLC 辅助继电器 M1；“停止”按钮的读取地址为 PLC 辅助继电器 M2。

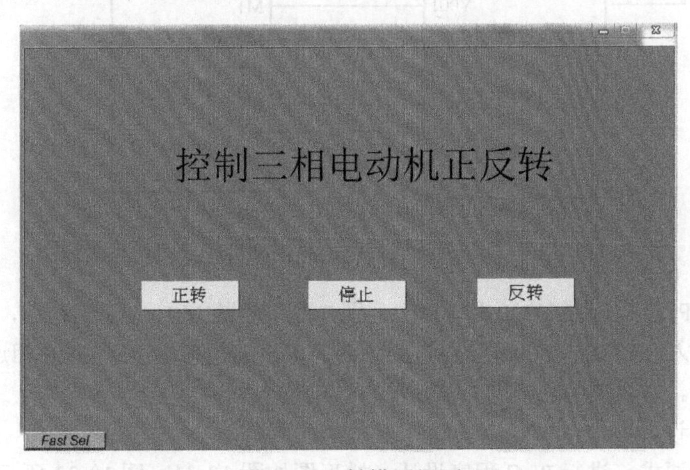

图 10-29　触摸屏界面

5．运行操作

（1）变频器参数设置

在运行之前首先要对变频器进行参数设置，操作步骤如下。

步骤1：按MODE键使变频器切换到“P xx”模式。

步骤2：按ENTER键进入“P 00”参数，将“P 00”设定为0。

步骤3：同理，通过按UP或DOWN键选择“P 01”参数，按ENTER键进入“P 01”参数，将“P 01”设定为1。

步骤4：按ENTER键，保存退出。

（2）运行

设置好变频器的参数后，给PLC上电后就可以对三相电动机进行控制了，按下触摸屏上的“正转”按钮，电动机开始正转运行，如果需要改变电动机运行的速度，可以通过变频器面板上的旋钮进行调节；按下触摸屏上的“反转”按钮，电动机反转；按下触摸屏上的“停止”按钮，电动机停止转动。

注意：电动机在运行状态时，如果要改变其运行方向，必须在电动机停止运行后才能改变。

10.7.3 用PLC与变频器控制三相电动机多段速运行

工程设计要求：用PLC与变频器控制三相电动机多段速运行。

在工业生产中，不同的加工阶段要求生产设备采用不同的速度进行工作，以保证生产设备的合理运行，提高产品的质量。本系统主要使用PLC与变频器对三相电动机进行多段速控制，以适应电动机在不同运行速率下的工作状况。

1．硬件接线

本系统主要通过PLC控制变频器的开关，从而实现对三相电动机的多段速运行控制，其接线图如图10-30所示。

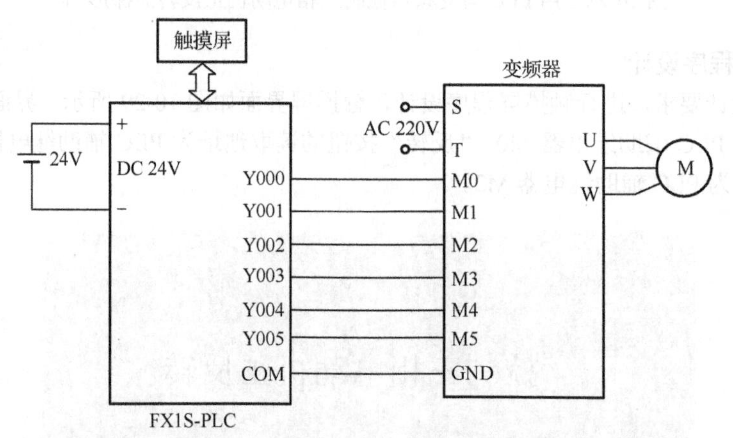

图10-30 用PLC与变频器控制三相电动机多段速运行接线图

图10-30中，PLC输出端Y000和Y001分别与变频器的M0、M1端相连，即用PLC来控制变频器的正反转输入，Y002～Y005分别与变频器的多段速模拟端M2～M5相连，用于控制三相电动机多段速运行。本系统用触摸屏完成控制参数的输入。

2．PLC程序设计

根据工程设计要求，进行PLC程序设计，梯形图如图10-31～图10-33所示。

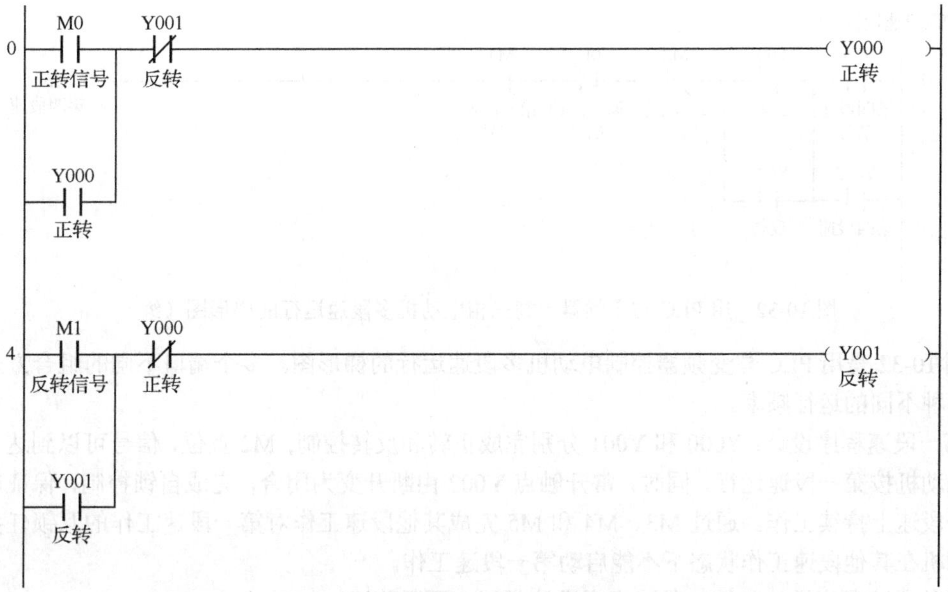

0
M0
正转信号
Y001
反转
Y000
正转
Y000
正转
4
M1
反转信号
Y000
正转
Y001
反转
Y001
反转

图 10-31　用 PLC 与变频器控制三相电动机正反转的梯形图

图 10-31 是控制三相电动机正反转的梯形图，主要作用是控制三相电动机的正反转，并以变频器默认的频率运行。

*第一段速运行
8
M2
第一段速信号
Y000
正转
M3
第二段速信号
M4
第三段速信号
M5
第四段速信号
Y002
第一段速
Y002
第一段速
Y001
反转
*第二段速运行
17
M3
第二段速信号
Y000
正转
M2
第一段速信号
M4
第三段速信号
M5
第四段速信号
Y003
第二段速
Y002
第二段速
Y001
反转
*第三段速运行
26
M4
第三段速信号
Y000
正转
M2
第一段速信号
M3
第二段速信号
M5
第四段速信号
Y004
第三段速
Y004
第三段速
Y001
反转

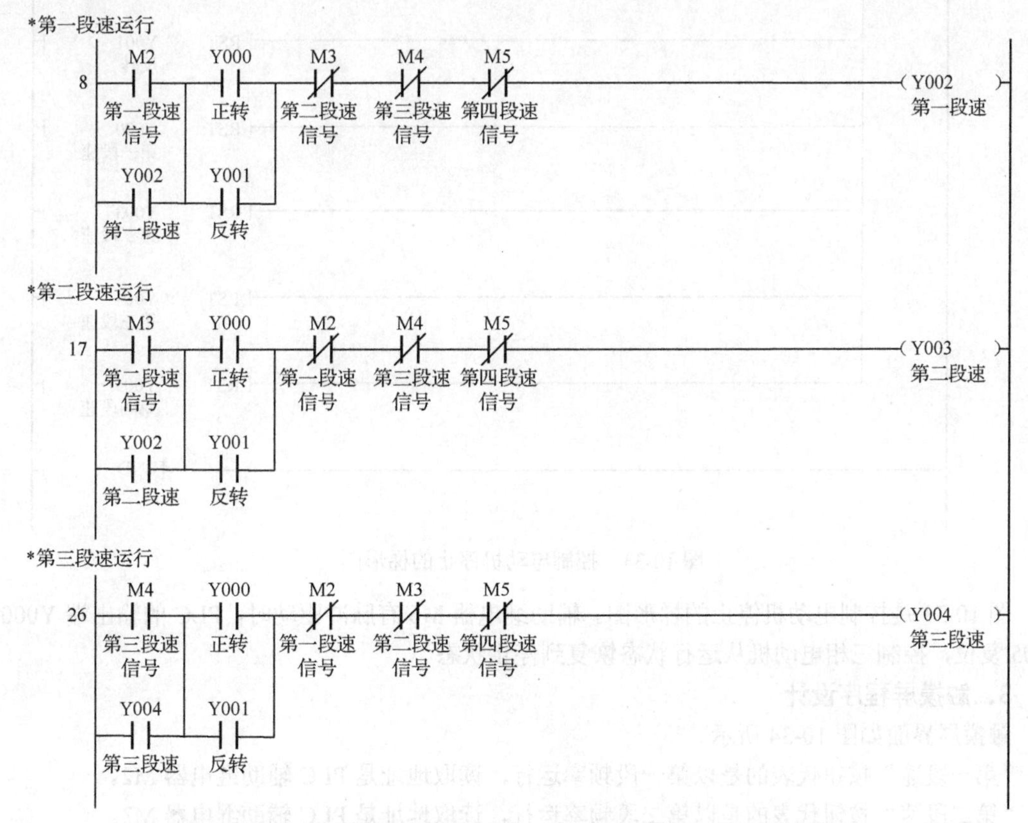

图 10-32　用 PLC 与变频器控制三相电动机多段速运行的梯形图

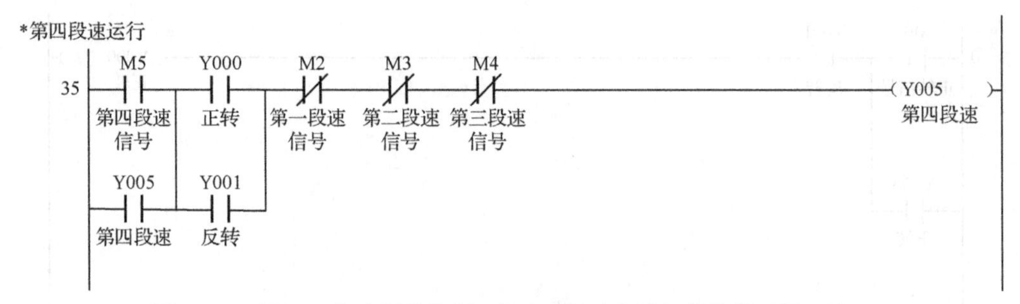

图 10-32　用 PLC 与变频器控制三相电动机多段速运行的梯形图（续）

图 10-32 是用 PLC 与变频器控制电动机多段速运行的梯形图。多个端口不同的组合方式可以组成多种不同的运行频率。

第一段速程序设计：Y000 和 Y001 分别完成正转和反转控制；M2 置位，信号可以到达 Y002，驱动电动机按第一段速运行。同时，常开触点 Y002 由断开变为闭合，完成自锁控制，保证电动机在第一段速上持续工作。通过 M3、M4 和 M5 完成其他段速工作对第一段速工作的互锁任务，保证电动机在其他段速工作状态下不能启动第一段速工作。

其他段速程序设计与第一段速程序设计类似，不再赘述。

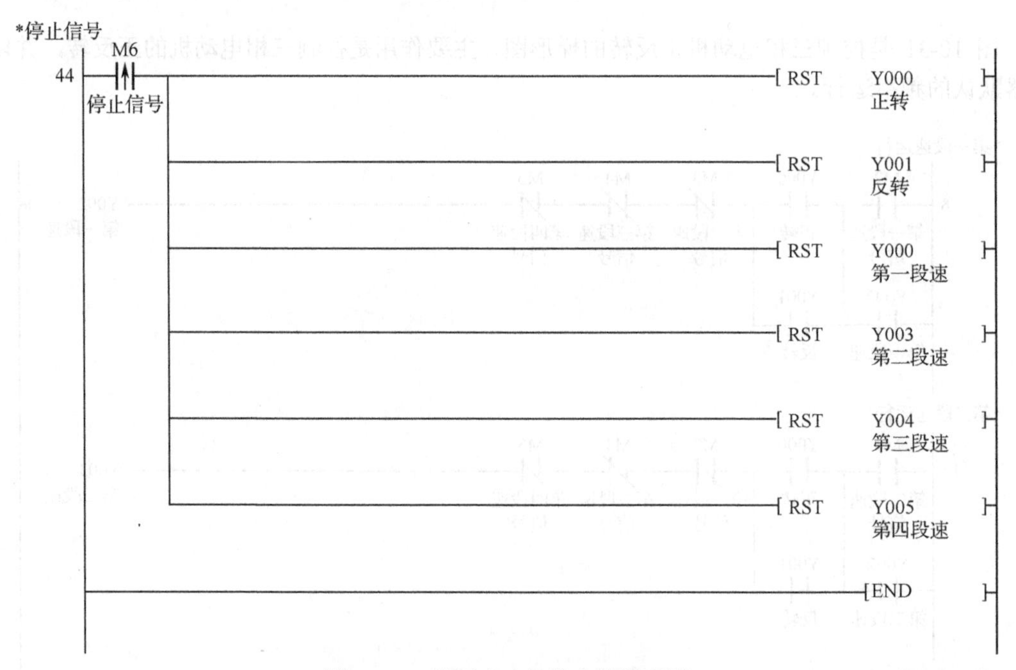

图 10-33　控制电动机停止的梯形图

图 10-33 是控制电动机停止的梯形图。辅助继电器 M6 有脉冲驱动时，PLC 的输出端 Y000～Y005 复位，控制三相电动机从运行状态恢复到停止状态。

3．触摸屏程序设计

触摸屏界面如图 10-34 所示。

“第一段速”按钮代表的是以第一段频率运行，读取地址是 PLC 辅助继电器 M2。

“第二段速”按钮代表的是以第二段频率运行，读取地址是 PLC 辅助继电器 M3。

“第三段速”按钮代表的是以第三段频率运行，读取地址是 PLC 辅助继电器 M4。

“第四段速”按钮代表的是以第四段频率运行，读取地址是 PLC 辅助继电器 M5。

“正转”“反转”按钮代表的是电动机的运行方向，读取地址是 PLC 辅助继电器 M0 和 M1。

“停止”按钮代表的是电动机停止运行，读取地址是 PLC 辅助继电器 M6。

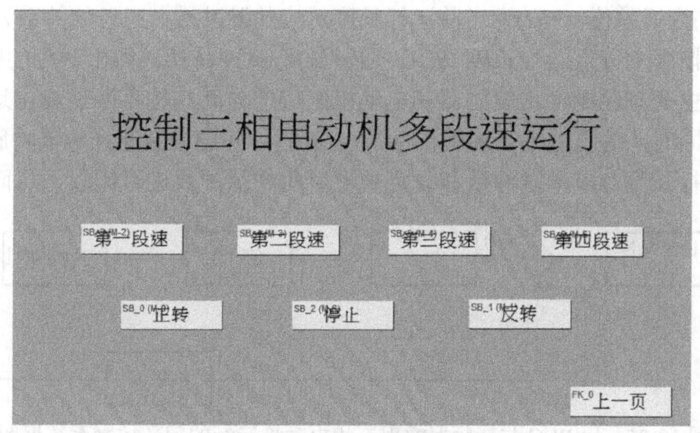

图 10-34　触摸屏界面

4．运行操作

（1）变频器参数设置

变频器多段速运行控制根据多个端口的不同组合有多种运行频率选择，本系统以 PLC 单一端口控制变频器单一端口进行电动机运行变频。多段速运行频率设定如表 10-8 所示。

表 10-8　多段速运行频率设定

变频器参数	模拟输入端	频 率 设 定	说　　明
P 03	M0、M1	200Hz	设定默认输出最大频率
P 12	M2	10Hz	第一段频率运行
P 13	M3	30Hz	第二段频率运行
P 15	M4	50Hz	第三段频率运行
P 19	M5	100Hz	第四段频率运行

（2）运行

设置好变频器参数后，可启动 PLC 进行运行操作。

按下触摸屏上的“正转”按钮时，三相电动机正转运行，按下触摸屏上的“反转”按钮时，三相电动机反转运行；运行频率为变频器面板上由旋钮指定的频率。

在按下触摸屏上的“第一段速”按钮时，三相电动机的运行频率变为 10Hz。

在按下触摸屏上的“第二段速”按钮时，三相电动机的运行频率变为 30Hz。

在按下触摸屏上的“第三段速”按钮时，三相电动机的运行频率增大到 50Hz。

在按下触摸屏上的“停止”按钮时，三相电动机停止运行。

10.7.4　用 PLC 与变频器实现三相电动机运行的闭环控制

工程设计要求：应用 PLC 与变频器实现三相电动机运行的闭环控制。

本系统中，用由编码器和电动机组成的传动结构将电动机运行长度转换成编码器的脉冲值，传送到 PLC 中，利用 PLC 的高速计数器对接收的脉冲数进行统计，将其转换成长度；把当前长度对应的脉冲数和设定长度（在触摸屏中设置）对应的脉冲数进行比较，如果输出达到设定值，则用 PLC 控制三相电动机停止运行。本系统可应用于传送带等设备的定位及定长运行。

用 PLC 与变频器实现三相电动机运行的闭环控制系统框图如图 10-35 所示，$P(t)$为设定长度对应的脉冲数，$E(t)$为误差值，$M(t)$为当前运行长度对应的脉冲数，三者的关系为：$E(t)=P(t)-M(t)$。系统运行时，在触摸屏上设定运行长度 $R(t)$，通过长度/脉冲转换，得出对应的脉冲数 $P(t)$，PLC 发送运行指令后，由变频器驱动由编码器和电动机组成的传动结构不断地输出运行长度值 $C(t)$，传动结构在转动的同时，编码器不断地输出脉冲（$M(t)$），并通过高速计数器将脉冲数反馈到 PLC 中，通过对当前运行长度对应的脉冲数和设定长度对应的脉冲数进行比较，从而实现闭环控制。

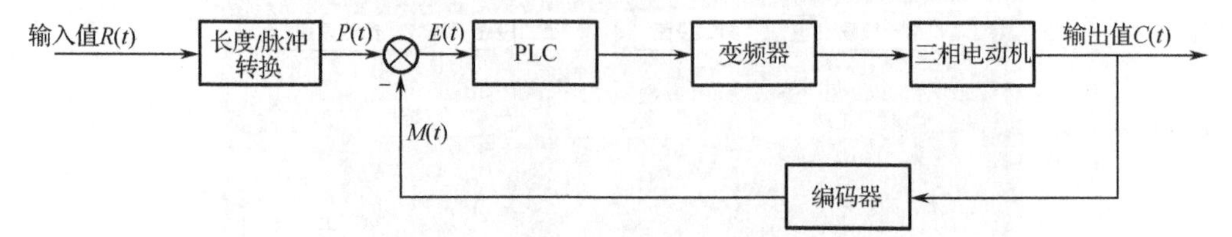

图 10-35　用 PLC 与变频器实现三相电动机运行的闭环控制系统框图

1. 硬件接线

用 PLC 与变频器实现三相电动机运行的闭环控制接线如图 10-36 所示。

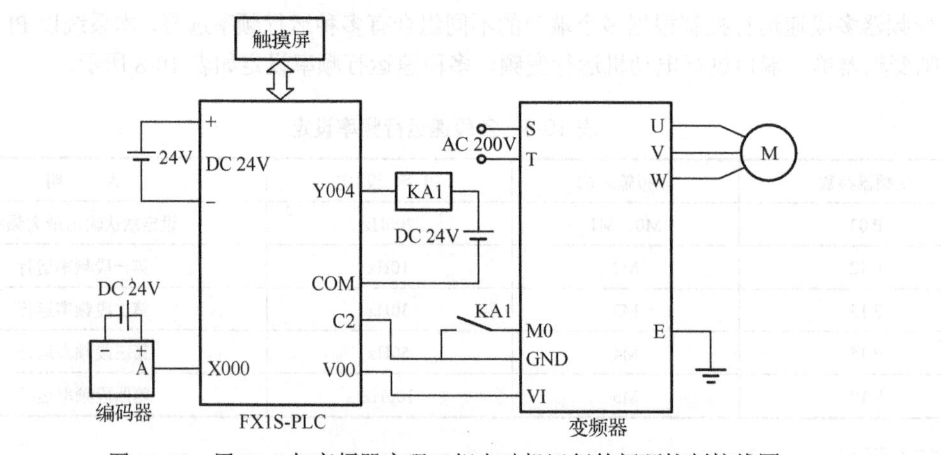

图 10-36　用 PLC 与变频器实现三相电动机运行的闭环控制接线图

在图 10-36 中，FX1S 系列 PLC、编码器、继电器 KA1 都由 24V 直流电源供电，变频器则由 220V 交流电源供电，编码器的 A 相模拟量输出端接 PLC 的输入端 X000，继电器 KA1 的线圈接 PLC 的输出端 Y004，变频器的模拟量端口 M0 经过继电器 KA1 的常开触点接 PLC 的 C2 端和变频器的 GND 端。变频器的 U、V、W 端分别对应接三相电动机的 U、V、W 三根相线。

PLC 模拟量输出模块将频率的数字量转成模拟量后，通过 V00 输出端传输到变频器的模拟量输入端 VI 中，该端对应的模拟量输出寄存器为 D8037。

2. I/O 分配

用 PLC 与变频器实现三相电动机运行的闭环控制的 I/O 分配表如表 10-9 所示。

表 10-9　I/O 分配表

输入（I）点			输出（O）点		
名　称	代　号	输入点编号	名　称	代　号	输出点编号
编码器 A 相接入点	A	X000	启动电动机	KA1	Y004
			变频器模拟量输入	VI	V00

3. PLC 程序设计

用 PLC 与变频器实现三相电动机运行的闭环控制的梯形图如下。

图 10-37 是频率换算梯形图，用于将在触摸屏上设定的频率换算成数字量，再由 PLC 经过 D/A 转换后，通过 PLC 的模拟量输出端输出。这个 PLC 数字量的量程是 0～4095，数字量通过 PLC 的模拟量输出端可以被转换为 0～10V 的电压输出，默认的频率范围是 0～50Hz（变频器默认设定的最高频率为 50Hz，可以修改），因为 4095/50Hz=82，所以 1Hz 对应的数字量为 82。因此，将频率设定寄存器 D174 中的值与 82 相乘，将结果存放到模拟量输出寄存器 D8037 中，即可实现将设定的频率量转换为数字量。

```
     M8000
205 ─┤ ├──────────────────[MUL   D174      K82    D8037    ]
                                 频率设定          模拟量输出
```

图 10-37　频率换算梯形图

图 10-38 为将当前脉冲数换算成当成长度值的梯形图。

由 10.9.1 节可知，由编码器和电动机组成的传动结构中，每个脉冲对应的长度约为 0.86mm，应用“DMUL　C235　K86　D176”和“DDIV　D176　K100　D170”指令把由 X000 端输入的脉冲数转换成长度值，即得当前长度值，将其存放到 D170 中。

由 M1、M2、M4、Y004 完成电动机的启保停控制。

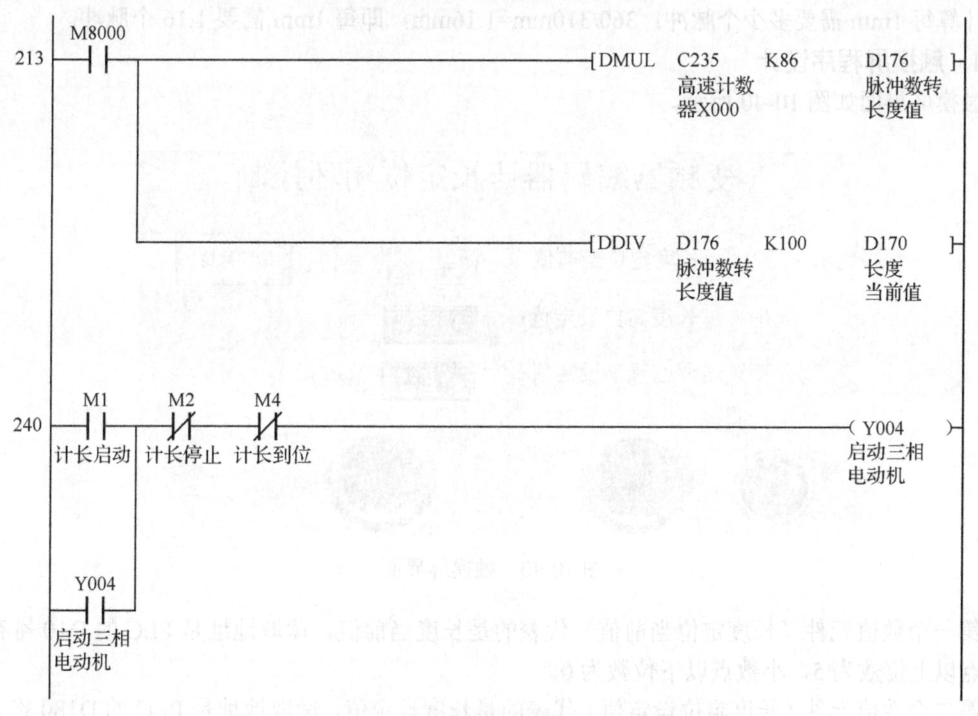

图 10-38　将当前脉冲数换算成当前长度值梯形图

图 10-39 是脉冲换算梯形图。图中，C235 为高速计数器，用来统计 PLC 接收的脉冲数。应用 DMUL 指令和 DDIV 指令把设定好的长度值（存放于 D180 中）转换成相应的脉冲数，存放在 D220 中。HSCS 指令实现将设定好的长度值对应的脉冲数和高速计数器的当前值进行比较，如果这两

个值相等，那么M4置位，高速计数器C235复位，同时M4也复位。

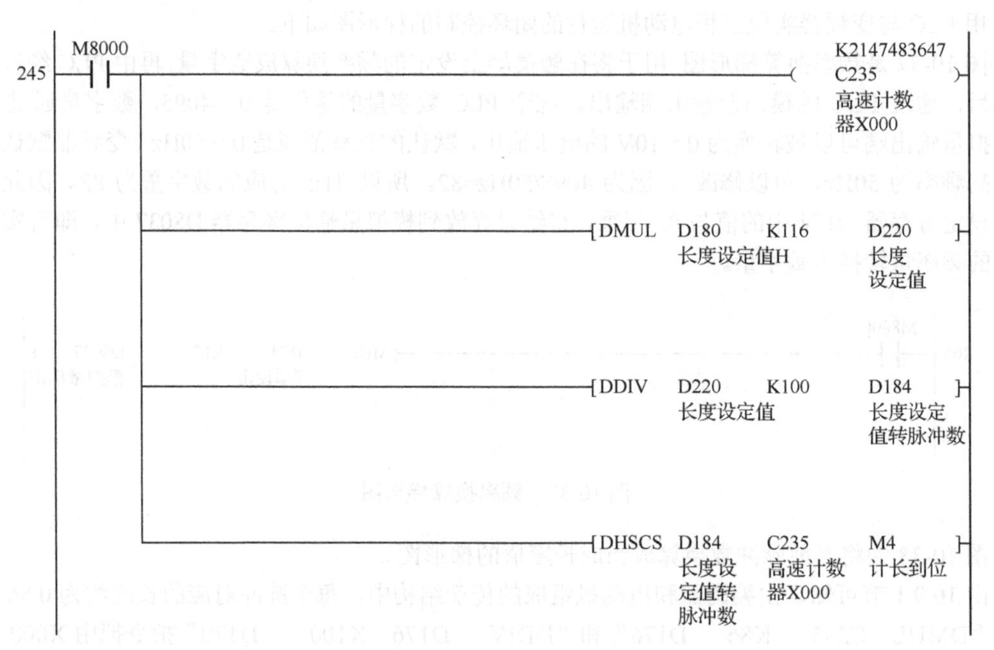

图10-39　脉冲换算梯形图

将距离转换成脉冲数的计算方法如下：

计算每1mm需要多少个脉冲：360/310mm=1.16mm，即每1mm需要1.16个脉冲。

4．触摸屏程序设计

触摸屏界面如图10-40所示。

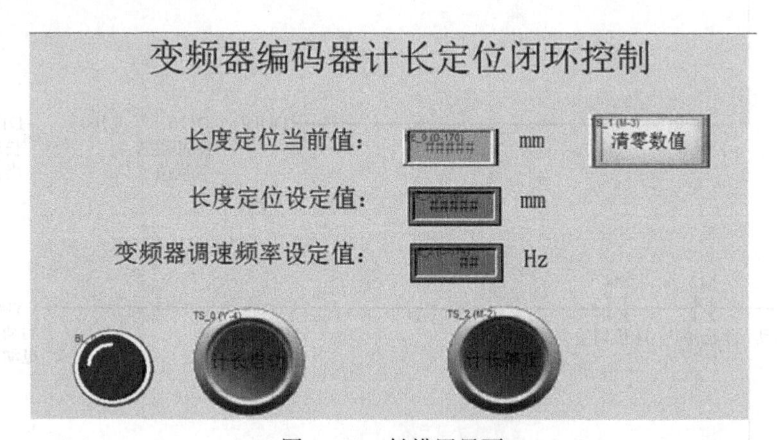

图10-40　触摸屏界面

第一个数值元件（长度定位当前值）代表的是长度当前值，读取地址是PLC的D10寄存器，小数点以上位数为5，小数点以下位数为0。

第二个数值元件（长度定位设定值）代表的是长度设定值，读取地址是PLC的D180寄存器，小数点以上位数为5，小数点以下位数为0。

第三个数值元件（变频器调速频率设定值）代表的是变频器调速频率设定值，小数点以上位数为2，小数点以下位数为0，PLC下限为15，PLC上限为50。设定频率控制电动机的运行速度时，频率太大，速度太快，容易发生危险，所以将PLC上限设为50。

用位状态切换开关元件设计“计长启动”按钮，在设置其属性时，选中“读取\写入使用不同的地址”复选框，设置其读取地址是 Y4，写入地址是 M1，开关类型是“复归型”。

用位状态切换开关元件设计“清零数值”按钮，设置其读取地址是 M3，开关类型是“复归型”。

用位状态切换开关元件设计“计长停止”按钮，设置其读取地址是 M2，开关类型是“复归型”。

用位状态指示元件显示电动机是否启动，设置其读取地址是 Y4，闪烁方式为无。

5. 运行操作

运行 PLC 程序时，首先设定运行长度值，然后按下“计长启动”按钮，三相电动机带动编码器和传动轮开始转动，触摸屏上显示当前运行的长度，长度定位当前值等于长度定位设定值时，编码器就会重新计算长度。当按下“计长停止”按钮时，三相电动机停止运行，编码器也停止计数。运行时的触摸屏界面如图 10-41 所示。

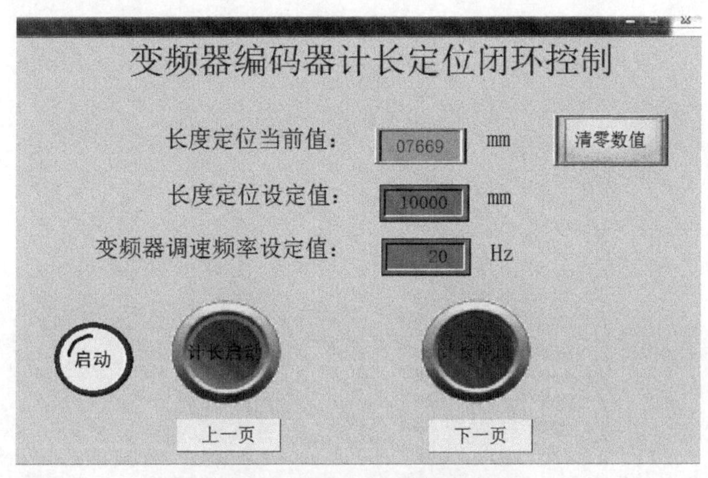

图 10-41　运行时的触摸屏界面

10.8　习题 10

一、选择题

1．下列哪种类型的编码器不属于按刻孔方式分类的编码器？（　　）

A．增量式编码器　　B．绝对式编码器

C．混合式编码器　　D．直线式编码器

2．增量式编码器 A、B 相的相位相差多少度？（　　）

A．30°　　B．45°　　C．90°　　D．180°

3．变频器交流电源输入端为 R、S、T，根据应用电压的不同，变频器可分为 220V 单相和 380V 三相两种电压输入的变频器，当接入单相 220V 电压时，连接的端口分别是（　　）。

A．R、S、T　　B．R、S　　C．S、T　　D．R、T

4．正弦波脉冲宽度调制英文缩写是（　　）。

A．PWM　　B．PAM　　C．SPAM　　D．SPWM

5．下列哪种制动方式不适用于变频调速系统？（　　）

A．反接制动　　B．回馈制动　　C．直流制动　　D．能耗制动

6．IGBT 属于（　　）控制型元件。

A．电流　　B．电压　　C．电阻　　D．频率

7. 变频器的种类很多，按滤波方式可分为电压型变频器和（　　）型变频器。

A. 电流　　B. 电阻　　C. 电感　　D. 电容

8. 下面哪个变频器的组成部分不属于控制回路？（　　）

A. 运算电路　　B. 检测电路　　C. 驱动电路　　D. 整流电路

二、简答题

1. 简述编码器的分类。
2. 编码器的集电极开路输出电路和电压输出电路有什么区别？
3. 变频器由几部分组成？其中主电路分为哪几部分？
4. 电压型变频器和电流型变频器各有什么优点？
5. 简述变频器中整流单元的作用。

附　录

附录 A　220V 伺服驱动器型号与电动机型号适配表

电动机型号	Pn001	额定转速（r/min）	额定转矩（N·m）	额定功率（kW）	KRS15	KRS20A	KRS30A	KRS50A	KRS75A
60st_m00630	0	3000	0.6	0.2	√	√	√		
60st_m01330	1	3000	1.3	0.4	√	√	√		
60st_m01930	2	3000	1.9	0.6	√	√	√		
80st_m01330	3	3000	1.3	0.4	√	√	√		
80st_m02430	4	3000	2.4	0.75	√	√	√		
80st_m03520	5	2000	3.5	0.73	√	√	√		
80st_m04025	6	2500	4	1	√	√	√		
90st_m02430	7	3000	2.4	0.75	√	√	√		
90st_m03520	8	2000	3.5	0.73	√	√	√		
90st_m04025	9	2500	4	1	√	√	√		
110st_m02030	10	3000	2	0.6	√	√	√		
110st_m04030	11	3000	4	1.2		√	√		
110st_m05030	12	3000	5	1.5			√		
110st_m06020	13	2000	6	1.2	√	√	√		
110st_m06030	14	3000	6	1.8			√		
130st_m04025	15	2500	4	1	√	√	√		
130st_m06015	16	1500	6	1	√	√	√		
130st_m05025	17	2500	5	1.3		√	√		
130st_m06025	18	2500	6	1.5			√		
130st_m07725	19	2500	7.7	2			√		
130st_m10025	20	2500	10	2.6			√	√	√
130st_m15015	21	1500	15	2.3			√		
130st_m15025	22	2500	15	3.8				√	√
150st_m15025	23	2500	15	3.8				√	√
180st_m19015	24	1500	19	3			√	√	√
180st_m21520	25	2000	21.5	4.5				√	√
40st_m00330	26	3000	0.3	0.1	√	√	√		

附录 B　SigIn 引脚功能详解

SigIn 引脚功能详解

编　　号	符　　号	功　　能	功能说明
1	Son	伺服使能	OFF：驱动器不使能，电动机不通电 ON：驱动器使能，电动机通电
2	AlarmRst	报警复位	有报警时，且该报警可以清除时，在输入信号上升沿（OFF 到 ON）时，清除该报警
3	CCWL	正转驱动禁止	OFF：禁止电动机正转 ON：允许电动机正转 注 1：若要使用正转驱动禁止功能，先设置 Pn006 参数，开启该功能，再指定到特定到输入端。默认不使用该功能 注 2：电动机正常运行时，CCWL 必须处于常闭触点（ON 状态） 注 3：原点回归时，本功能无效
4	CWL	反转驱动禁止	OFF：禁止电动机反转 ON：允许电动机反转

SigOut 引脚功能详解

编　　号	符　　号	功　　能	功能说明
1	Alarm	报警检出	OFF：有报警 ON：无报警
2	Ready	伺服准备好	OFF：有报警或故障 ON：无报警与故障
3	Emg	紧急停止检出	OFF：没有处于紧急停止状态 ON：处于紧急停止状态
4	Preach	定位完成	位置控制模式时： OFF：位置偏差大于参数 Pn104 设定的值；ON：位置偏差小于等于参数 Pn104 设定的值

附录 C　监控参数一览表

编　　号	说　明
dn-00	监控显示选项（默认为电动机运行速度），通过设置 Pn079 参数，使 dn-00 显示不同的监控状态
dn-01	速度指令（单位：r/min）
dn-02	平均转矩（单位：%）
dn-03	位置偏差量（-9999～9999）（单位：个）

续表

编　号	说　明
dn-04	交流电源电压（单位：伏）
dn-05	最大瞬时力矩（单位：%）
dn-06	脉冲输入频率（单位：kHz）
dn-07	散热片温度（单位：℃）
dn-08	当前电动机运行速度（单位：r/min）
Dn-09	有效输入指令脉冲累计值低位（-9999～9999）（单位：个）
dn-10	有效输入指令脉冲累计值高位（-5000～5000）（单位：万个）（脉冲累计值高位超出范围时，高位置 0，低位不变，重新计数）
dn-11	位置控制时，编码器有效反馈脉冲累计值低位（-9999～9999）（单位：个）
dn-12	位置控制时，编码器有效反馈脉冲累计值高位（-5000～5000）（单位：万个）（反馈脉冲累计值高位超出范围时，高位置 0，低位不变，重新计数）
dn-13	再生制动负载率
dn-14	输入端信号状态，从左至右依次为 SigIn1～SigIn4（1：高电平；0：低电平）
dn-15	输出端信号状态，从左至右依次为 SigOut1～SigOut4（1：高电平；0：低电平）
dn-16	模拟转矩指令电压（单位：V）
dn-17	模拟速度指令电压（单位：V）
dn-18	输出功能状态寄存器
dn-19	伺服上电后，电动机的反馈脉冲累计值低位（-9999～9999）（单位：个）
dn-20	伺服上电后，电动机的反馈脉冲累计值高位（-5000～5000）（单位：万个）（反馈脉冲累计值高位超出范围时，高位置 0，低位不变，重新计数）
dn-21	驱动器软件版本
dn-22	编码器 UVW 信号从左至右依次为 UVW 信号的电平状态（1：高电平；0：低电平）
dn-23	转子绝对位置
dn-24	驱动器型号

附录 D　报警内容与解决方法

报警显示	清除方式	异常报警说明	解决方法
AL-01	重新上电	存储器内容被破坏或存储器芯片损坏	1：对参数进行初始化，观察情况 2：内部芯片损坏，更换伺服放大器
AL-02	重置	在低压不足警报开启的情况下，直流母线电压低于 200V 时发出的警报	1：用电压表测量外部电源电压是否符合规格，如果符合规格，可使用辅助模式 Fn009，进行母线电压校正 2：通过显示屏面板，进入监控模式，观察显示的电压是否与外部电压一致，若相差过大，则内部元件损坏，更换伺服放大器 3：电动机负载大，启动速度过快，导致内部母线电压被拉低。如果采用单相电源接入，请用三相电源接入

续表

报警显示	清除方式	异常报警说明	排除方法
AL-03	重新上电	内部直流母线电压过高	1：用电压表测量外部电源电压是否符合规格，如果符合规格，可使用辅助模式 Fn009，进行母线电压校正 2：通过显示屏面板，进入监控模式，观察显示的电压是否与外部电压一致，若相差过大，则内部元件损坏，更换伺服放大器 3：在合理的范围内，适当减速小负载惯量或延长加/减速时间，否则需要另加制动电阻
AL-04	重新上电	智能功率模块直接产生的报警	1：检查电动机 U、V、W 三根线是否相间短路或对地短路，以及编码器线是否正常连接 2：散热片温度高，关闭电源，30 秒后重新上电，如果报警依旧出现，原因可能是内部功率模块损坏，请更换伺服放大器 3：速度环、电流环比例、积分参数设置不当
AL-05	重置	过载 1（在 Pn014 参数设定的时间内，持续大于过载能力参数 Pn012 或 Pn013 所设定倍数的电流）	1：检查电动机线 U、V、W 及编码器线是否正常 2：电动机加减速频率过高，延长加减速时间、减小负载惯量或换选更大功率容量的伺服电动机
AL-06	重新上电	过载 2（在 Pn015 参数设定的时间内，持续大于额定负载 3 倍）	解决方法参考过载 1 注：有些电动机只能承受额定负载的 2.5 或 2 倍，则不按 3 倍计算
AL-07	重置	电动机转速过高	1：检查电动机 U、V、W 三根线及编码器线是否正常 2：降低输入指令的脉冲频率或调整电子齿轮比 3：速度环比例、积分参数调整不当，重新调整
AL-08	重置	伺服放大器散热片过热，实际温度已超过 75℃	1：重复过载会造成驱动器过热，请更改电动机运行方式。为延长伺服放大器的使用寿命，应在环境温度 55℃以下使用，建议温度不要超过 40℃ 2：制动平均功率过载
AL-09	重新上电	编码器异常	1：检查电动机编码器接线是否连接到驱动器 2：检查电动机编码器接口是否虚焊、短路或脱落，编码器电源线是否正常连接 3：检查编码器的供电电压（5V±5%），编码器线较长时，需要特别注意
AL-10	重置	实际接收脉冲频率过高，超过 600kHz	降低输入指令的脉冲频率
AL-11	重置	位置脉冲偏差量大于设定值	1：检查电动机 U、V、W 三根线及编码器线是否正常 2：位置指令平滑时间常数设置得过大 3：加大位置环增益，以加快电动机的反应速度 4：利用监视模式，查看电动机输出扭力是否达到极限 5：内部 32 位脉冲计数器溢出
AL-12	重置	电流采样回路可能损坏	1：瞬时电流过大，超出可检测的范围 2：检查电动机 U、V、W 三根线是否松动脱落或存在对地短路等异常连接现象 3：采样回路损坏，更换伺服放大器

续表

报警显示	清除方式	异常报警说明	排除方法
AL-13	重新上电	CPU 内部故障	1：外部干扰过大，降低干扰 2：CPU 芯片损坏，更换伺服放大器
AL-14	重置	紧急停止信号有效	查看端口是否设置紧急停止功能，信号触点是否处于常闭状态（ON）
AL-15	重置	驱动禁止异常，CCWL 或 CWL 为 OFF	1：检查 CCWL、CWL 接线，信号触点是否处于常闭状态（ON） 2：若不使用驱动禁止功能，可设置 Pn006 参数，将其屏蔽
AL-16	重置	输入电源电压过高或制动负载率达到 85%以上	1：使用监视模式查看输入电压是否超出正常范围 2：降低启停频率 3：外接更大功率的再生制动电阻（去掉内部制动电阻，不能与之并联） 4：延长减速时间 5：检查再生电阻功率值和电阻值是否设置正确 6：更换更大功率的电动机和驱动器
AL-17	重新上电	设置的编码器输出分频比不当	重新设置 Pn016、Pn017 参数值，必须满足 DA/DB≥1
AL-18	重新上电	当前驱动器型号不支持设定的电动机型号	参考驱动器与电动机型号适配表，重新设置 Pn001
AL-19	重置	功率模块过热	功率模块温度过高，发热严重，需冷却一段时间，否则将降低模块使用寿命
AL-20	重新上电	同一功能指派给多个输入端	查看所有 SigIn 引脚，去除重复设置的引脚
AL-21	重新上电	存储器内容完全破坏	1：对参数进行初始化，观察情况。若再频繁出现报警，请更换伺服放大器 2：内部芯片损坏，更换伺服放大器
AL-22	重新上电	看门狗定时器溢出	1：重新上电，若反复出现报警，请更换伺服放大器 2：外部外扰过大，降低外部干扰

附录 E　伺服驱动器内部功能参数表

可以根据应用的不同自主地修改伺服驱动器的功能参数。

#：运行不可修改。

*：运行可修改。

//：根据版本不同，设定有所不同。

功能代码	功能定义	设定范围	出厂设定	备注
P00	主频率来源	0：面板电位器 1：端子模拟输入 //2：键盘上下键	0	#
P01	运转信号来源	0：键盘输入 1：端子 2 线 2：端子 3 线（M5 用作常闭触点）	0	#
P02	电动机停机方式选择	0：减速停车 1：自由停车	0	#

续表

功能代码	功能定义	设定范围	出厂设定	备注
P03	最高频率设定	50～400Hz	50	#
P04	最大电压频率选择	10～400Hz	50	#
P05	最高输出电压选择	50～380V		#
P06	中间频率选择	10～400Hz	1.6	#
P07	中间电压选择	0～255V	10	#
P08	最低输出频率设定	0～20Hz	1.6	#
P09	最低输出电压设定	2～50V	10	#
P10	加速时间设定	0～60s	10	#
P11	减速时间设定	0～60s	10	#
P12	第一段频率选择	0.0～400Hz M2-GND	5	*
P13	第二段频率选择	0.0～400Hz M3-GND	10	*
P14	第三段频率选择	0.0～400Hz M32-GND	15	*
P15	第四段频率选择	0.0～400Hz M4-GND	20	*
P16	第五段频率选择	0.0～400Hz M42-GND	25	*
P17	第六段频率选择	0.0～400Hz M43-GND	30	*
P18	第七段频率选择	0.0～400Hz M432-GND	35	*
P19	第八段频率选择	0.0～400Hz M5-GND	40	*
P20	第九段频率选择	0.0～400Hz M52-GND	45	*
P21	第十段频率选择	0.0～400Hz M53-GND	50	*
P22	第十一段频率选择	0.0～400Hz M532-GND	50	*
P23	第十二段频率选择	0.0～400Hz M54-GND	50	*
P24	第十三段频率选择	0.0～400Hz M542-GND	50	*
P25	第十四段频率选择	0.0～400Hz M543-GND	50	*
P26	第十五段频率选择	0.0～400Hz M5432-GND	50	*
P27	无功能			
P28	无功能			
P29	无功能			
P30	无功能			
P31	无功能			
P32	多功能M2功能	0：多段速 1：复位故障 2：外部故障 //3：点动 4：12加减速切换 //5：频率增加 //6：频率减小 7：自由停车输入 8：外部停机指令 （以上两项仅适用于M4） //9：清除计数器 10：运行中换向	0	#
P33	多功能M3功能			
P34	多功能M4功能			
P35	多功能M5功能		0	#
P36	模拟输出功能	0：设定频率；1：输出频率	0	*

续表

功能代码	功能定义	设定范围	出厂设定	备注
P37	多功能输出端子	0：无输出 1：运转中 2：频率到达 3：故障	0	*
P38	外部频率输入偏差调整	0～220%	100	#
P39	载波频率	5～12，设置后需要重新开机有效	5	#
P40	失速过流点	100%～200%，200%时不起作用	200	#
P41	失速过压点	100%～200%，200%时不起作用	200	#
P42	VI 最小值	0～1023（小于切除）	0	#
P43	VI 最大值	0～1023（大于等于）	1023	
P44	参数初始化	0～2。1：通用数据 2：雕刻机数据	0	
P45	保留	厂商参数		
P46	保留			
P47	保留			
P48	保留			

附表 F FX 系列 PLC 指令应用简表

分类	功能编号	指令编号	32 位指令	脉冲指令	功能	FX1S	FXIN	FX2N	FX3G	FX3U	FX1NC	FX2NC	FX3UC
程序流程	00	CJ	—	○	跳转指令	○	○	○	○	○	○	○	○
	01	CALL	—	○	子程序调用	○	○	○	○	○	○	○	○
	02	SRET	—	—	子程序返回	○	○	○	○	○	○	○	○
	03	IRET	—	—	中断返回	○	○	○	○	○	○	○	○
	04	EI	—	—	允许中断	○	○	○	○	○	○	○	○
	05	DI	—	—	禁止中断	○	○	○	○	○	○	○	○
	06	FEND	—	—	主程序结束	○	○	○	○	○	○	○	○
	07	WDR	—	○	监控定时器	○	○	○	○	○	○	○	○
	08	FOR	—	—	循环范围开始	○	○	○	○	○	○	○	○
	09	NEXT	—	—	循环范围结束	○	○	○	○	○	○	○	○
数据转送比较	10	CMP	○	○	比较	○	○	○	○	○	○	○	○
	11	ZCP	○	○	区间比较	○	○	○	○	○	○	○	○
	12	MOV	○	○	传送	○	○	○	○	○	○	○	○
	13	SMOV	—	○	BCD 码移位传送	—	—	○	○	○	—	○	○
	14	CML	○	○	相反传送	—	—	○	○	○	—	○	○
	15	BMOV	—	○	成批传送	○	○	○	○	○	○	○	○

续表

分类	功能编号	指令编号	32 位指令	脉冲指令	功能	FX1S	FXIN	FX2N	FX3G	FX3U	FX1NC	FX2NC	FX3UC
数据转送比较	16	FMOV	○	○	多点传送	—	—	○	○	○	—	○	○
	17	XCH	○	○	数据交换，(D) <-->	—	—	○	—	○	—	○	○
	18	BCD	○	○	二进制数转换成 BCD 码	○	○	○	○	○	○	○	○
	19	BIN	○	○	BCD 码转换成二进制数	○	○	○	○	○	○	○	○
算术与逻辑运算	20	ADD	○	○	二进制数加法	○	○	○	○	○	○	○	○
	21	SUB	○	○	二进制数减法	○	○	○	○	○	○	○	○
	22	MUL	○	○	二进制数乘法	○	○	○	○	○	○	○	○
	23	DIV	○	○	二进制数除法	○	○	○	○	○	○	○	○
	24	INC	○	○	二进制数加一	○	○	○	○	○	○	○	○
	25	DEC	○	○	二进制数减一	○	○	○	○	○	○	○	○
	26	WAND	○	○	逻辑与	○	○	○	○	○	○	○	○
	27	WOR	○	○	逻辑或	○	○	○	○	○	○	○	○
	28	WXOR	○	○	逻辑异或	○	○	○	○	○	○	○	○
	29	NEG	○	○	求二进制数补码	—	—	○	—	○	—	○	○
循环与移位指令	30	ROR	○	○	循环右移 *n* 位	—	—	○	○	○	—	○	○
	31	ROL	○	○	循环左移 *n* 位	—	—	○	○	○	—	○	○
	32	RCR	○	○	带进位左移 *n* 位	—	—	○	—	○	—	○	○
	33	RCL	○	○	带进位右移 *n* 位	—	—	○	—	○	—	○	○
	34	SFTR	—	○	位右移	○	○	○	○	○	○	○	○
	35	SFTL	—	○	位左移	○	○	○	○	○	○	○	○
	36	WSFR	—	○	字右移	—	—	○	○	○	—	○	○
	37	WSFL	—	○	字左移	—	—	○	○	○	—	○	○
	38	SFWR	—	○	FIFO（先入先出）写入	○	○	○	○	○	○	○	○
	39	SFRD	—	○	FIFO（先入先出）读出	○	○	○	○	○	○	○	○
数据处理	40	ZRST	—	○	成批复位	○	○	○	○	○	○	○	○
	41	DECO	—	○	解码	○	○	○	○	○	○	○	○
	42	ENCO	—	○	编码	○	○	○	○	○	○	○	○
	43	SUM	○	○	统计 ON 位数	—	—	○	○	○	○	○	○
	44	BON	○	○	查询位某状态	—	—	○	○	○	○	○	○
	45	WEAN	○	○	求平均值	—	—	○	○	○	○	○	○
	46	ANS	—	—	报警器置位	—	—	○	○	○	○	○	○
	47	ANR	—	○	报警器复位	—	—	○	○	○	○	○	○
	48	SQR	○	○	求平方根	—	—	○	○	○	○	○	○
	49	FTL	○	○	整数与浮点数转换	—	—	○	○	○	○	○	○

续表

分类	功能编号	指令编号	32位指令	脉冲指令	功能	FX1S	FX1N	FX2N	FX3G	FX3U	FX1NC	FX2NC	FX3UC
高速处理指令	50	REF	—	○	输入/输出刷新指令	○	○	○	○	○	○	○	○
	51	REFF	—	○	输入滤波调整指令	—	—	○	○	○	○	○	○
	52	MTR	—	—	矩阵输出	○	○	○	○	○	○	○	○
	53	HSCS	○	—	高速计数器比较置位	○	○	○	○	○	○	○	○
	54	HSCR	○	—	高速计数器比较复位	○	○	○	○	○	○	○	○
	55	HSZ	○	—	高速计数器区间比较	—	—	○	○	○	—	○	○
	56	SPD	○	—	脉冲密度	○	○	○	○	○	○	○	○
	57	PLSY	○	—	制定频率脉冲输出	○	○	○	○	○	○	○	○
	58	PWM	—	—	脉宽调制输出	○	○	○	○	○	○	○	○
	59	PLSR	○	—	带加减速脉冲输出	○	○	○	○	○	○	○	○
方便指令	60	IST	—	—	状态初始化	○	○	○	○	○	○	○	○
	61	SER	○	○	数据查找	—	—	○	○	○	—	○	○
	62	ABSD	○	—	凸轮控制绝对方式	○	○	○	○	○	○	○	○
	63	INCD	—	—	凹轮控制增量式	○	○	○	○	○	○	○	○
	64	TTMR	—	—	示教定时器	—	—	○	—	○	—	○	○
	65	STMR	—	—	特殊定时器	—	—	○	—	○	—	○	○
	66	ALT	—	○	交替输出	○	○	○	○	○	○	○	○
	67	RAMP	—	—	斜波信号	○	○	○	○	○	○	○	○
	68	ROTC	—	—	旋转工作台控制	—	—	○	—	○	—	○	○
	69	SORT	—	—	列表数据排序	—	—	○	—	○	—	○	○
外围I/O设备	70	TKY	○	—	10键输入	—	—	○	—	○	—	○	○
	71	HKY	○	—	16键输出	—	—	○	—	○	—	○	○
	72	DSW	—	—	BCD数字开关输入	○	○	○	○	○	○	○	○
	73	SEGD	—	○	七段码译码	—	—	○	—	○	—	○	○
	74	SEGL	—	—	七段码时分显示	○	○	○	○	○	○	○	○
	75	ARWS	—	—	方向开关	—	—	○	—	○	—	○	○
	76	ASC	—	—	ASCII码转换	—	—	○	—	○	—	○	○
	77	PR	—	—	ASCII码打印输出	—	—	○	—	○	—	○	○
	78	FROM	○	○	特殊功能模块读出	—	○	○	○	○	○	○	○
	79	TO	○	○	向特殊功能模块写入	—	○	○	○	○	○	○	○
外围SER设备	80	RS	—	—	串行数据传输	○	○	○	○	○	○	○	○
	81	PRUN	○	○	八进制数传送	○	○	○	○	○	○	○	○
	82	ASCI	—	○	十六进制数传送	○	○	○	○	○	○	○	○
	83	HEX	—	○	ASCII码转换十六进制数	○	○	○	○	○	○	○	○
	84	CCD	—	○	校验	○	○	○	○	○	○	○	○

续表

分类	功能编号	指令编号	32 位指令	脉冲指令	功能	FX1S	FX1N	FX2N	FX3G	FX3U	FX1NC	FX2NC	FX3UC
外围SER设备	85	VRRT	—	○	电位器变量输入	○	○	○	○	—	—	—	○
	86	VRSC	—	○	电位器变量区间	○	○	○	○	—	—	—	○
	87	RS2	—	—	串行数据传送 2	—	—	—	○	○	—	—	○
	88	PID	—	—	PID 运算	○	○	○	○	○	○	○	○
*1	102	ZPUSH	—	○	变址寄存器的批量保存	—	—	—	—	○	—	—	□
	103	ZPOP	—	○	变址寄存器的恢复	—	—	—	—	○	—	—	□
浮点数运算	110	ECMP	○	○	二进制浮点数的比较	—	—	○	—	○	—	○	○
	111	EZCP	○	○	二进制浮点数区间比较	—	—	○	—	○	—	○	○
	112	EMOV	○	○	二进制浮点数数据传送	—	—	—	—	○	—	—	○
	116	ESTR	○	○	二进制浮点数转字符串	—	—	—	—	○	—	—	○
	117	EVAL	○	○	字符串转二进制	—	—	—	—	○	—	—	○
	118	EBCD	○	○	二进制浮点数转十进制浮点数	—	—	○	—	○	—	○	○
	119	EBIN	○	○	十进制浮点数转二进制浮点数	—	—	○	—	○	—	○	○
	120	EADD	○	○	二进制浮点数加法运算	—	—	○	—	○	—	○	○
	121	ESUB	○	○	二进制浮点数减法运算	—	—	○	—	○	—	○	○
	122	EMUL	○	○	二进制浮点数乘法运算	—	—	○	—	○	—	○	○
	123	EDIV	○	○	二进制浮点数除法运算	—	—	○	—	○	—	○	○
	124	EXP	○	○	二进制浮点数指数运算	—	—	—	—	○	—	—	○
	125	LOGE	○	○	二进制浮点数自然对数运算	—	—	—	—	○	—	—	○
	126	LOG10	○	○	二进制浮点数常用对数运算	—	—	—	—	○	—	—	○
	127	ESQR	○	○	二进制浮点数开平方	—	—	○	—	○	—	○	○
	128	ENEG	○	○	二进制浮点数符号翻转	—	—	—	—	○	—	—	○
	129	INT	○	○	二进制浮点数转 BIN 整数运算	—	—	○	—	○	—	○	○
	130	SIN	○	○	二进制浮点数正弦运算	—	—	○	—	○	—	○	○
	131	COS	○	○	二进制浮点数余弦运算	—	—	○	—	○	—	○	○
	132	TAN	○	○	二进制浮点数正切运算	—	—	○	—	○	—	○	○
	133	ASIN	○	○	二进制浮点数反正弦运算	—	—	—	—	○	—	—	○
	134	ACOS	○	○	二进制浮点数反余弦运算	—	—	—	—	○	—	—	○
	135	ATAN	○	○	二进制浮点数反正切运算	—	—	—	—	○	—	—	○
	136	RAD	○	○	二进制浮点数角度转弧度	—	—	—	—	○	—	—	○
	137	DEG	○	○	二进制浮点数弧度转角度	—	—	—	—	○	—	—	○

续表

分类	功能编号	指令编号	32位指令	脉冲指令	功能	FX1S	FXIN	FX2N	FX3G	FX3U	FX1NC	FX2NC	FX3UC
数据处理2	140	WSUM	○	○	计算数据的累加值	—	—	—	—	○	—	—	□
	141	BTOB	—	○	字节单位数据分离	—	—	—	—	○	—	—	□
	142	BTOW	—	○	字节单位数据接合	—	—	—	—	○	—	—	□
	143	BIN	—	○	16位数据的4位结合	—	—	—	—	○	—	—	□
	144	DIS	—	○	16位数据的4位分离	—	—	—	—	○	—	—	□
	147	SWAP	○	○	高低字节交换	—	—	○	—	○	—	○	○
	149	SORT2	○	—	数据排序2	—	—	—	—	○	—	—	□
位置控制	150	DSZR	—	—	带DOC搜索的原点回归	—	—	—	○	○	—	—	○
	151	DVIT	○	—	中断定位	—	—	—	—	○	—	—	○
	152	TBL	○	—	通过表格设定方式进行定位	—	—	—	○	□	—	—	○
	155	ABS	○	—	读取当前绝对位置	○	○	◎	○	○	○	◎	○
	156	ZEN	○	—	原点回归	○	○	—	○	○	○	—	○
	167	PLSV	○	—	可变速脉冲输出	○	○	—	○	○	○	—	○
	158	DRVI	○	—	相对位置控制	○	○	—	○	○	○	—	○
	159	DRVA	○	—	绝对位置控制	○	○	—	○	○	○	—	○
时钟运算	160	TCMP	—	○	时钟数据比较	○	○	○	○	○	○	○	○
	161	TZCP	—	○	时钟数据区间比较	○	○	○	○	○	○	○	○
	162	TADD	—	○	时钟数据加法运算	○	○	○	○	○	○	○	○
	163	TSUB	—	○	时钟数据减法运算	○	○	○	○	○	○	○	○
	164	HTOS	○	○	时、分、秒数据转换为秒	—	—	—	—	○	—	—	○
	165	STOH	○	○	秒数据转换为“时、分、秒”	—	—	—	—	○	—	—	○
	166	TRD	—	○	时钟数据读出	○	○	○	○	○	○	○	○
	167	TWR	—	○	时钟数据写入	○	○	○	○	○	○	○	○
	169	HOUR	○	—	计时表	○	○	○	○	○	○	○	○
外部设备	170	GRY	○	○	格雷码转换	—	—	○	○	○	—	○	○
	171	GBIN	—	○	格雷码逆转换	—	—	○	○	○	—	○	○
	176	RD3A	—	○	读FXON-3A模拟量模块	—	○	◎	—	○	○	◎	○
	177	RW3A	—	○	写FXON-3A模拟量模块	—	○	◎	—	○	○	◎	○
*2	180	EXTR	—	—	扩展ROM功能	—	○	◎	—	—	—	◎	○
其他指令	182	COMRD	—	○	读取软件的注释数据	—	—	—	—	○	—	—	□
	184	RND	—	○	生成随机数	—	—	—	—	○	—	—	○
	186	DUTY	—	○	生成定时脉冲	—	—	—	—	○	—	—	□
	188	CRC	—	—	CRC运算	—	—	—	—	○	—	—	○
	189	HCMOV	○	—	高速计数器传送	—	—	—	—	○	—	—	○

续表

分类	功能编号	指令编号	32位指令	脉冲指令	功能	FX1S	FX1N	FX2N	FX3G	FX3U	FX1NC	FX2NC	FX3UC
模块数据处理	192	BK+	○	○	数据块加法指令	—	—	—	—	○	—	—	□
	193	BK-	○	○	数据块减法指令	—	—	—	—	○	—	—	□
	194	BKCMP=	○	○	数据块比较（S1）=（S2）	—	—	—	—	○	—	—	□
	195	BKCMP>	○	○	数据块比较（S1）>（S3）	—	—	—	—	○	—	—	□
	186	BKCMP<	○	○	数据块比较（S1）<（S4）	—	—	—	—	○	—	—	□
	197	BKCMP<>	○	○	数据块比较（S1）≠（S5）	—	—	—	—	○	—	—	□
	198	BKCMP<=	○	○	数据块比较（S1）≤（S6）	—	—	—	—	○	—	—	□
	199	BKCMP>=	○	○	数据块比较（S1）≥（S7）	—	—	—	—	○	—	—	□
字符串控制	200	SRTR	○	○	BIN 转字符串	—	—	—	—	○	—	—	□
	201	VAL	○	○	字符串转 BIN	—	—	—	—	○	—	—	□
	202	$+	—	○	字符串的组合	—	—	—	—	○	—	—	○
	203	LEN	—	○	检测字符串的长度	—	—	—	—	○	—	—	○
	204	RIGHT	—	○	从字符串的右侧取出	—	—	—	—	○	—	—	○
	205	LEFT	—	○	从字符串的左侧取出	—	—	—	—	○	—	—	○
	206	MIDR	—	○	从字符串的任意取出	—	—	—	—	○	—	—	○
	207	MIDW	—	○	从字符串的任意替换	—	—	—	—	○	—	—	○
	208	INSTR	—	○	字符串检索	—	—	—	—	○	—	—	□
	209	$MOV	—	○	字符串传送	—	—	—	—	○	—	—	○
数据处理3	210	FDEL	—	○	在数据表中删除数据	—	—	—	—	○	—	—	□
	211	FINS	—	○	在数据表中插入数据	—	—	—	—	○	—	—	□
	212	POP	—	○	读取入后的数据（先入后出控制用）	—	—	—	—	○	—	—	□
	213	SFR	—	○	16 位数据右移 n 位（带进位）	—	—	—	—	○	—	—	○
	214	SFL	—	○	16 位数据左移 n 位（带进位）	○	○	○	○	○	○	○	○
比较触点	224	LD=	○	—	（S）=（S2）时钟运算开始的触点接通	○	○	○	○	○	○	○	○
	225	LD>	○	—	（S）>（S3）时钟运算开始的触点接通	○	○	○	○	○	○	○	○
	226	LD<	○	—	（S）<（S4）时钟运算开始的触点接通	○	○	○	○	○	○	○	○
	228	LD<>	○	—	（S）≠（S5）时钟运算开始的触点接通	○	○	○	○	○	○	○	○
	229	LD<=	○	—	（S）≤（S6）时钟运算开始的触点接通	○	○	○	○	○	○	○	○

续表

分类	功能编号	指令编号	32 位指令	脉冲指令	功能	FX1S	FX1N	FX2N	FX3G	FX3U	FX1NC	FX2NC	FX3UC
比较触点	230	LD>=	○	—	（S）≥（S7）时钟运算开始的触点接通	○	○	○	○	○	○	○	○
	232	AND=	○	—	（S）=（S8）时串联触点接通	○	○	○	○	○	○	○	○
	233	AND>	○	—	（S）>（S9）时串联触点接通	○	○	○	○	○	○	○	○
	234	AND<	○	—	（S）<（S10）时串联触点接通	○	○	○	○	○	○	○	○
	236	AND<>	○	—	（S）≠（S11）时串联触点接通	○	○	○	○	○	○	○	○
	237	AND<=	○	—	（S）≤（S12）时串联触点接通	○	○	○	○	○	○	○	○
	238	AND>=	○	—	（S）≥（S13）时串联触点接通	○	○	○	○	○	○	○	○
	240	OR=	○	—	（S）=（S8）时并联触点接通	○	○	○	○	○	○	○	○
	241	OR>	○	—	（S）>（S9）时并联触点接通	○	○	○	○	○	○	○	○
	242	OR<	○	—	（S）<（S10）时并联触点接通	○	○	○	○	○	○	○	○
	244	OR<>	○	—	（S）≠（S11）时并联触点接通	○	○	○	○	○	○	○	○
	245	OR<=	○	—	（S）≤（S12）时并联触点接通	○	○	○	○	○	○	○	○
	246	OR>=	○	—	（S）≥（S13）时并联触点接通	○	○	○	○	○	○	○	○
数据处理4	256	LIMIT	○	○	上、下限限位控制	—	—	—	—	○	—	—	○
	257	BAND	○	○	死区控制	—	—	—	—	○	—	—	○
	258	ZONE	○	○	区域控制	—	—	—	—	○	—	—	○
	259	SCL	○	○	定坐标（不同点坐标数据）	—	—	—	—	○	—	—	○
	260	DABIN	○	○	十进制 ASCII 转 BIN	—	—	—	—	○	—	—	□
	261	BINDA	○	○	BIN 转十进制 ASCII	—	—	—	—	○	—	—	□
	269	SCL2	○	○	定坐标 2（X/Y 坐标数据）	—	—	—	—	○	—	—	◇
变频器通信	270	IVCK	—	—	变频器运行监视	—	—	—	○	○	—	—	○
	271	IVDR	—	—	变频器运行控制	—	—	—	○	○	—	—	○
	272	IVRD	—	—	读取变频器参数	—	—	—	○	○	—	—	○
	273	IVWR	—	—	写入变频器参数	—	—	—	○	○	—	—	○
	274	IVBWR	—	—	批量写入变频器参数	—	—	—	—	○	—	—	○
*3	278	RBFM	—	—	BFM 分割读取	—	—	—	—	○	—	—	□
	279	WBFM	—	—	BFM 分割写入	—	—	—	—	○	—	—	□
*4	280	HSCT	○	—	高速计数器表格比较	—	—	—	—	○	—	—	○

续表

分类	功能编号	指令编号	32 位指令	脉冲指令	功能	FX1S	FXIN	FX2N	FX3G	FX3U	FX1NC	FX2NC	FX3UC
扩展文件寄存器	290	LOADR	—	—	读取扩展文件寄存器	—	—	—	○	○	—	—	○
	291	SAVER	—	—	扩展文件寄存器批量写入	—	—	—	—	○	—	—	○
	292	INITR	—	○	扩展寄存器初始化	—	—	—	—	○	—	—	○
	293	LOGR	—	○	登录到扩展寄存器	—	—	—	—	○	—	—	○
	294	RWER	—	○	扩展文件寄存器批量写入	—	—	—	○	○	—	—	◇
	295	INITER	—	○	扩展文件寄存器初始化	—	—	—	—	○	—	—	◇